秦岭南麓马铃薯种植

蒲正斌　魏旭斌　陈　进　　主编
刘康懿　方玉川

气象出版社
China Meteorological Press

内 容 简 介

秦岭南麓基本上在中国南北过渡带以南,自然条件独特,农作物种类多样,马铃薯是其主要作物之一。本书以陕西省商洛、安康、汉中和甘肃省陇南地区为代表,首先介绍了自然条件和熟制以及马铃薯生产布局,全面而系统地阐述了秦岭南麓马铃薯育种和栽培方面的科研成果和生产成就,同时也在其生长发育、碳、氮、水分代谢等基础理论方面予以概要性阐述。作为马铃薯生产中的保证环节,对病、虫、草害的防治与防除,环境胁迫及其应对等方面,从理论和实践等方面予以具体论述。书的最后,较全面而系统地介绍了马铃薯的营养品质、加工方式和综合利用等方面内容。

本书可供从事马铃薯生产、加工的科研人员以及管理部门参考。

图书在版编目(CIP)数据

秦岭南麓马铃薯种植 / 蒲正斌等主编. -- 北京:
气象出版社 2020.5

ISBN 978-7-5029-7181-6

Ⅰ.①秦… Ⅱ.①蒲… Ⅲ.①马铃薯-栽培技术

Ⅳ.①S532

中国版本图书馆 CIP 数据核字(2020)第 040550 号

秦岭南麓马铃薯种植

蒲正斌 魏旭斌 陈 进 刘康懿 方玉川 主编

出版发行: 气象出版社

地　　址: 北京市海淀区中关村南大街 46 号　**邮政编码:** 100081

电　　话: 010-68407112(总编室)　010-68408042(发行部)

网　　址: http://www.qxcbs.com　　**E - m a i l:** qxcbs@cma.gov.cn

责任编辑: 王元庆　　　　　　　**终　审:** 吴晓鹏

责任校对: 王丽梅　　　　　　　**责任技编:** 赵相宁

封面设计: 博雅锦

印　　刷: 北京建宏印刷有限公司

开　　本: 787 mm×1092 mm　1/16　　**印　张:** 20

字　　数: 512 千字

版　　次: 2020 年 5 月第 1 版　　　　**印　次:** 2020 年 5 月第 1 次印刷

定　　价: 78.00 元

本书编委会

策　　划：曹广才（中国农业科学院作物科学研究所）

顾　　问：常　勇（榆林市农业科学研究院）

　　　　　王义存（陇南市农业科学研究所）

主　　编：蒲正斌（安康市农业科学研究院）

　　　　　魏旭斌（陇南市农业科学研究所）

　　　　　陈　进（汉中市农业科学研究所）

　　　　　刘康懿（商洛市农业科学研究所）

　　　　　方玉川（榆林市农业科学研究院）

副主编（按作者姓名的汉语拼音排序）：

　　　　　陈丽娟（榆林市农业科学研究院）

　　　　　高荣嵘（榆林市农业科学研究院）

　　　　　葛　茜（汉中市农业技术推广中心）

　　　　　李　荣（陇南市农业科学研究所）

　　　　　李海菊（安康市农业科学研究院）

　　　　　李英梅（陕西省生物农业研究所）

　　　　　卢　潇（商洛市农业科学研究所）

　　　　　苏斌惺（陇南市农业科学研究所）

　　　　　孙伟势（商洛市农业科学研究所）

　　　　　王胜宝（汉中市农业科学研究所）

　　　　　郑　敏（安康市农业科学研究院）

　　　　　郑太波（延安市农业科学研究所）

编　　委（按作者姓名的汉语拼音排序）：

　　　　　蔡阳光（安康市农业科学研究院）

　　　　　常　青（陕西省生物农业研究所）

　　　　　陈　乔（汉中职业技术学院）

　　　　　陈永刚（汉中市农业科学研究所）

　　　　　成　群（安康市农业科学研究院）

　　　　　党菲菲（延安市农业科学研究所）

　　　　　杜红梅（延安市农业科学研究所）

付伟伟(汉中市农业科学研究所)

黑登照(榆林市农业科学研究院)

胡晓燕(榆林市农业科学研究院)

黄重(汉中市农业科学研究所)

霍延梅(延安市农业科学研究所)

敬　樊(商洛市农业科学研究所)

李　夏(安康市农业科学研究院)

李　媛(延安市农业科学研究所)

李虎林(榆林市农业科学研究院)

刘小林(榆林市农业科学研究院)

马　荣(安康市农业科学研究院)

潘晓红(安康市农业科学研究院)

宋　云(延安市农业科学研究所)

孙　畅(陇南市气象局)

覃剑锋(安康市农业科学研究院)

王春霞(延安市农业科学研究所)

王毛毛(榆林市农业科学研究院)

王艳龙(汉中市农业科学研究所)

肖　萍(汉中市农业科学研究所)

杨建辉(陇南市农业科学研究所)

杨艺炜(陕西省生物农业研究所)

姚平波(镇巴县农业技术推广站)

翟建红(商洛市蚕桑果树推广站)

张小玉(陇南市农业科学研究所)

张艳艳(榆林市农业科学研究院)

张媛媛(榆林市农业科学研究院)

本书作者编写分工

前言 ································· 蒲正斌

第一章

  第一节 ························· 黄重、王胜宝、葛茜

  第二节 ························· 方玉川、刘小林、胡晓燕

第二章

  第一节 ························· 蔡阳光

  第二节 ························· 孙伟势

  第三节 ························· 蒲正斌、成群

  第四节 ························· 陈永刚、陈进、姚平波

  第五节 ························· 魏旭斌、苏斌惺、李荣

  第六节 ························· 郑敏

第三章

  第一节 ························· 卢潇

  第二节 ························· 郑太波、党菲菲、宋云、霍延梅

  第三节 ························· 高荣嵘、李虎林、张艳艳、张媛媛

第四章

  第一节 ························· 刘康懿、敬樊、翟建红

  第二节 ························· 李海菊、郑敏、潘晓红、覃剑锋、李夏、马荣

  第三节 ························· 付伟伟、王艳龙、陈乔、肖萍

  第四节 ························· 魏旭斌、苏斌惺、李荣、杨建辉、孙畅、张小玉

第五章

  第一节 ························· 李英梅、杨艺炜、常青

  第二节 ························· 常青、李英梅

第六章

  第一节 ························· 方玉川、陈丽娟、黑登照、王毛毛

  第二节 ························· 李媛、王春霞、杜红梅、郑太波

全书统稿 ························· 曹广才

前　言

秦岭南麓在地理位置上属于中国南北过渡地带。在农业生产的熟制上，也具有由二熟制向多熟制的过渡性。农作物种类众多，马铃薯是重要的作物种类。以陕西省商洛地区、安康盆地、汉中盆地和甘肃省陇南地区为代表，是秦岭南麓的重要农业区，以马铃薯而论，在育种和栽培上卓有成就。

依据秦岭南麓的陕西商洛、安康、汉中及甘肃陇南各地市近年《年鉴》统计表明，秦岭南麓马铃薯年种植面积约 277.4 万亩*，平均单产 1163kg/亩，总产达 313.7 万 t。以安康马铃薯育种栽培为代表的秦岭南麓地区，从 20 世纪 60 年代至 21 世纪初先后选育马铃薯新品种（系）50余个，其中通过国家审（认）定品种 4 个，并研究集成了完整的高产高效栽培技术，为推动秦岭南麓乃至西南部分省市马铃薯产业发展及产业扶贫做出了重要贡献。

在当今中国特色社会主义新时代，脱贫攻坚和乡村振兴是农业农村工作之重，马铃薯产业是秦岭南麓扶贫和特色产业的理想选项。为了进一步推动、加快和指导秦岭南麓马铃薯产业发展、产业科技扶贫；全面展现马铃薯产业研究的理论成果，并结合秦岭南麓马铃薯种植实际，梳理总结关键生产技术，以有出处的权威数据为据，介绍秦岭南麓马铃薯的种植面积、单产和总产水平，以及在马铃薯育种和栽培上的主要成果或成就，便是本书编写之意。

全书共分六章，其中第一章秦岭南麓自然条件和马铃薯生产布局；第二章秦岭南麓马铃薯育种；第三章马铃薯生长发育；第四章秦岭南麓马铃薯栽培；第五章马铃薯种植中环境胁迫及其应对；第六章马铃薯品质与综合利用。该书编写由陕西省马铃薯产业技术体系、陕西省生物农业研究所各专家（团队）以及甘肃省陇南市农业科学研究所马铃薯研究团队人员等组成该书编写组分工协作完成。书稿力求反映最新理论成果和切合秦岭南麓马铃薯的实用栽培技术，具有一定的实效性和操作性，可供农业管理部门、马铃薯教学科研单位和从事马铃薯生产、加工等人员参考。

本书的出版，得到陕西省马铃薯产业技术体系、陕西省马铃薯工程技术研究中心、陕西省科技重点产业创新链项目（2018ZDCXL-NY-03-01）、陕西省农业协同创新与推广联盟重大科技项目（LMZD201705）、陕西省农业科技创新转化项目（NYKJ-2018-YL02）、陇南市农业科学研究所"陇南马铃薯新品种选育"（2018-02）、中国-安康富硒产业研究院"富硒马铃薯新品种研发及产业化关键技术研究"（2018FXZX02-09）、陕西省外国专家局"汉中早熟主食马铃薯新品

---

* 1 亩 ≈ 666.7m² ，下同。

种引进及高效栽培关键技术集成与应用推广"等项目的资助。策划和统稿由中国农业科学院作物科学研究所曹广才研究员的精心安排与倾力协助;还得力于气象出版社的大力配合和支持,在此一并谨致谢忱!

限于作者水平,不当和纰漏之处,敬请同行专家和读者指正。

蒲正斌

2019 年 7 月

目　录

前言

第一章　秦岭南麓自然条件和马铃薯生产布局 ……………………………………… 1
　第一节　自然条件和熟制 …………………………………………………………… 1
　第二节　马铃薯生产布局 …………………………………………………………… 11
　参考文献 ……………………………………………………………………………… 20

第二章　秦岭南麓马铃薯育种 …………………………………………………………… 21
　第一节　种质资源和育种途径 ……………………………………………………… 21
　第二节　商洛地区马铃薯育种 ……………………………………………………… 25
　第三节　安康盆地马铃薯育种 ……………………………………………………… 31
　第四节　汉中盆地马铃薯育种 ……………………………………………………… 38
　第五节　陇南地区马铃薯育种 ……………………………………………………… 43
　第六节　秦岭南麓自育马铃薯代表品种名录 ……………………………………… 55
　参考文献 ……………………………………………………………………………… 58

第三章　马铃薯生长发育 ………………………………………………………………… 60
　第一节　生育进程 …………………………………………………………………… 60
　第二节　块茎的分化与形成 ………………………………………………………… 69
　第三节　马铃薯的碳、氮代谢和水分代谢 ………………………………………… 79
　参考文献 ……………………………………………………………………………… 100

第四章　秦岭南麓马铃薯栽培 …………………………………………………………… 105
　第一节　商洛地区马铃薯栽培 ……………………………………………………… 105
　第二节　安康盆地马铃薯栽培 ……………………………………………………… 130
　第三节　汉中盆地马铃薯栽培 ……………………………………………………… 158
　第四节　陇南地区马铃薯栽培 ……………………………………………………… 192
　参考文献 ……………………………………………………………………………… 226

第五章　马铃薯种植中环境胁迫及应对 ………………………………………………… 230
　第一节　生物胁迫及应对 …………………………………………………………… 230
　第二节　非生物胁迫及其应对 ……………………………………………………… 268

参考文献 ··· 272

第六章　马铃薯品质与综合利用 ·· 277

第一节　马铃薯品质 ··· 277

第二节　马铃薯综合利用 ·· 290

参考文献 ·· 307

第一章 秦岭南麓自然条件和马铃薯生产布局

第一节 自然条件和熟制

一、地理位置

秦岭是中国南北分界线的大动脉,素有"中华龙脉"之称,以陕西省汉中盆地、安康盆地、商洛地区和甘肃省陇南地区为代表的秦岭南麓,面巴蜀而背秦川,是北暖温带向南亚热带过渡地区。境内群山环抱、河流纵横、森林茂密、云雾缭绕、冬无严寒、夏无酷暑、水清花美、厚土田肥。是汉水、嘉陵江等江河源头发祥地,也是国家南水北调重要的水源涵养地。这里地势复杂、动植物多样、农作物种类众多,气候条件随海拔高度立体变化明显,马铃薯种植依地势垂直分布,生产季节长,生产茬口多,是马铃薯最重要的生产区之一。

(一)商洛市

商洛市地处秦岭山地,因境内有商山洛水而得名。它位于陕西省东南部,北纬33°2′30″—34°24′40″,东经108°34′20″—111°1′25″,总面积19851 km²。东与河南省南阳市、灵宝市、卢氏县、西峡县、淅川县交界;东南与湖北省郧县、郧西县相邻;西南与安康市宁陕县、旬阳县接壤;北和西北与渭南市的潼关县、华州区、华阴市及西安市的蓝田县、长安区毗连。

商洛市地形地貌结构复杂,素有"八山一水一分田"之称。境内有秦岭、蟒岭、流岭、鹃岭、新开岭和郧岭六大山脉,绵延起伏,岭谷相间排列。地势西北高、东南低,由西北向东南伸展,呈掌状分布。海拔最高点位于柞水县北秦岭主脊牛背梁(2802.1 m),最低点位于商南县梳洗楼附近的丹江谷地(215.4 m)。

地貌的多样性是商洛市的特点,总体可分为河谷川原地貌、低山丘陵地貌和中山地貌三种类型,分别占全市总土地面积的11.9%、34.6%和53.5%,具有明显的掌状岭谷地貌特征,沟大、沟多、沟深、土薄、石多。

1. 河谷川原地貌 河谷川原习惯上称之为"川道"。本地貌区包括洛河、丹江、银花河、乾佑河等主要河流及其支流两侧的河滩地,高、低阶地,各山谷间的沟台地,以及沟谷出口处的洪积扇,海拔多在850 m以下,相对高度<100 m,地面坡度<7°。该区一般地势较平缓、开阔,面积为2295.9 km²,占全市总面积的11.9%。

2. 低山丘陵地貌 低山丘陵在商洛统称为"浅山区",是河谷川原与中山之间的过渡区。海拔850~1200 m,坡度在10°~25°之间,面积为6713.9 km²,占全市总面积的34.6%。低山丘陵主要分为四个地貌单元:

(1)红色砂页岩低山丘陵　属堆积构造地貌,分布于商州至丹凤龙驹寨一线商丹盆地北侧,商南县富水至五里铺一线,洛南县城东景村、古城以南,山阳县城东过风楼、高坝一带,漫川盆地,商州红土岭至大荆腰市盆地。绝对高度 800~1200 m,坡度 25°以下。

(2)变质岩低山丘陵　该地貌山岭较平缓,常呈浑圆馒头状的山脊,侵蚀强度强于前者。绝对高度 1000~1200 m,基岩组成为变质片岩、片麻岩,夹有泥质板岩和薄层灰岩,主要分布于洛河两岸、三要、古城、景村与灵口、黄坪之间,丹凤武关、商南清油河、富水一线的两侧。河谷坡度上缓下陡,上面坡段坡度≤25°,下部陡坡一般>35°。

(3)灰岩低山丘陵　具有较为平缓的山脊和山坡,绝对高度 1000 m 左右,是以灰岩为主夹有各种片岩、碎屑岩所组成的低山丘陵,山间多呈峡谷,谷坡下部陡峻,上部平缓且较宽阔,主要分布于商南县的湘河、梳洗楼、赵川一带。

(4)花岗岩及基性岩低山丘陵　山脊和山坡亦较平缓,河谷为"V"形及"U"形,峡谷不常见。缓坡处有一定厚度的风化残积层,以粗沙碎砾为主,黏土少见。箱形谷地较开阔,系长期淤积而成,主要分布于洛南县城以南,蟒岭以北,商州黑山,商南县北部等地区。

3. 中山地貌　中山地貌在商洛占有很大的比重,面积为 10283.2 km²,占全市总面积的 53.5%,是主要山坡地分布区。该地貌单元最高峰牛背梁,海拔 2802.1 m,相对高度为 500~1200 m,坡度较大,一般为 20°~50°。中山地貌区可分为下列三个类型:

(1)变质岩中山　主要分布于洛河流城的保安、麻坪、蟒岭南部,流岭、大小鹍岭、柞水东部等地。

(2)石灰岩中山　主要分布于巡检、灵口、黑龙口的西北部、西照川以北和镇安东、南部等地区。

(3)花岗岩中山　主要分布于柞水东部、黑山以北秦岭主脊。

(二)安康市

安康市位于陕西省东南部,居川、陕、鄂、渝交接部,东经 108°00′58″—110°12′,北纬 31°42′24″—33°50′34″,南依巴山北坡,北靠秦岭主脊,汉水由西向东穿境而过,东西宽约 200 km,南北长约 240 km,是秦巴山地的重要组成部分和北亚热带季风地区的一部分,也是陕西省水热资源最为丰富的地区,兼具南北衔接、东西过渡的地带性特点。全市总面积 23 529 km²,占陕西省土地面积 11.4%。它东与湖北省的郧县、郧西县接壤,东南与湖北省的竹溪县、竹山县毗邻,南接重庆市的巫溪县,西南与重庆市的城口县、四川省的万源市相接,西与汉中市的镇巴、西乡县、洋县相连,西北与汉中市的佛坪县、西安市的周至县为邻,北与西安市的户县、长安区接壤,东北与商洛市的柞水县、镇安县毗连。

安康市以汉水为界,分为两大地域,北为秦岭地区,南为大巴山地区,以汉水—池河—月河为秦岭和大巴山的分界,其地貌呈现南北高山夹峙,河谷盆地居中的特点。全市地貌可分为亚高山、中山、低山、宽谷盆地、岩溶地貌、山地古冰川地貌 6 种类型。其中,大巴山约占全市总土地面积的 60%,秦岭约占 40%;山地约占 92.5%,丘陵约占 5.7%,川道平坝占 1.8%。海拔以白河县与湖北省交界的汉水出境处右岸为最低(海拔 168.6 m),秦岭东梁为最高(海拔 2964.6 m)。秦岭主脊横亘于北,一般海拔 2500 m 左右;大巴山主梁蜿蜒于南,一般海拔 2400 m 左右;凤凰山自西向东延伸于汉水谷地和月河川道之间,形成"三山夹两川"地势轮廓,汉水谷地平均海拔 370 m 左右。秦岭、大巴山主脊与汉水河谷的高差都在 2000 m 以上。

(三)汉中市

汉中市位于陕西省西南部,东经 105°30′50″(宁强县青木川乡马家山)至 108°16′45″(镇巴县小河乡长安寨),北纬 32°08′54″(镇巴县盐场镇杨湾南分水岭)至 33°53′16″(留坝县两河口乡童家沟北山顶)。最大直线长度东西为 258.6 km,南北为 192.9 km。北界秦岭主脊,与陕西省宝鸡市、西安市为邻,南界大巴山主脊,与四川省广元市、达县地区毗连,东与陕西省安康地区相接,西与甘肃省陇南地区接壤。汉中市位于陕西省西南部,东、北与安康市、西安市、宝鸡市接壤,西南与甘肃省、四川省毗邻,总面积 27246 km²。

汉中市境内,北部秦岭势如屏障,最高峰在洋县活人坪梁顶,海拔 3071 m,一般山体海拔为 1000~2000 m。南部米仓山(又称巴山)高峻雄峙,最高峰在镇巴县箭杆山,海拔 2534 m,一般山体海拔在 1000~1500 m;全市最低处在西乡县茶镇南沟口,海拔 371.2 m。汉水横穿盆地中部形成冲积平原,汉中盆地东西长 116 km,南北宽约 5~30 km;汉水支流牧马河与泾洋河在西乡县城东北汇合,形成冲积性宽谷坝子,名为西乡盆地。汉中盆地海拔在 500 m 上下,而秦巴山体高出汉中盆地 500~2500 m。地貌类型多样,但以山地为主,占总土地面积的 75.2%(其中低山占 18.2%,高中山占 57%),丘陵占 14.6%,平坝占 10.2%。

(四)陇南地区

陇南地区位于甘肃省南部,东接陕西,西邻甘南藏族自治州,南连四川,北靠天水市。地处东经 104°55′—106°55′,北纬 32°55′—34°55′,总面积约 2.79 万 km²。地处中国大陆二级阶梯向三级阶梯的过渡地带,位于秦巴山区、青藏高原、黄土高原三大地形交汇区域,西部向青藏高原北侧边缘过渡,北部向陇中黄土高原过渡,东部与西秦岭和汉中盆地连接,南部向四川盆地过渡,整个地形西北高东南低。西秦岭和岷山两大山系分别从东西两方伸入全境,境内形成了高山峻岭与峡谷盆地相间的复杂地形。全区按地貌的大体差别和区域切割程度的不同可划分为三个地貌类型区:一是东部浅中切割浅山丘陵盆地地貌区。本地域包括徽成盆地的成县、徽县、两当三县全部。西秦岭分为南北二支伸入本区域,形成南北高中间低凹、长槽形断陷盆地,海拔 800~2700 m。北边系北秦岭断裂割式山地,海拔一般在 1500~2700 m,相对高差 500 m 左右,为浅切割中山区,地势平缓。南边系南秦岭地垒式山地,海拔一般在 1900~2400 m,相对高差 500~1000 m,为中切割中山区。中间系缓坡丘陵盆地,海拔在 800~1300 m,相对高差 200 m 以下,坡度多在 20°以下。二是南部中深切割中高山地貌区。本区域系南秦岭西延部分和岷山山系东部分相互交错地带,包括康县、武都、文县全境,海拔大多在 900~2500 m 左右,大部分地方处于北纬 33°以南。这一区域山势较高、沟壑纵横,高山河谷交错分布。三是北部全切割中高山地貌区。该区域包括宕昌、礼县、西和三县全部,海拔在 968~4100 m,谷峰相对高差 300~1500 m 不等。宕昌县哈达铺、理川、南阳一带,礼县西汉水及其支流两岸,西和县漾水河及其支流两岸等地属浅丘陵黄土梁峁地形,相对高差小,地势平缓,河谷开阔,土地连片面积大,有许多山间小平原分布。

二、气候条件

(一)商洛市

商洛市位于秦岭南麓,属于中国南北过渡地带,也是暖温带向亚热带过渡地带。南部属北亚热带气候,北部属暖温带气候。由于受到冬夏季风和青藏高原环流的影响,加上秦岭整个山脉对南方暖湿气流的阻挡作用,所以商洛的气候属于暖温带半湿润季风气候,呈现出冬无严寒、夏无酷暑,冬春多旱、夏秋多雨、温暖湿润、四季分明的气候特征,干旱、连阴雨、暴雨、冰雹、霜冻等灾害性天气时有发生。年平均气温 7.8~13.9 ℃,最高 37~40.8 ℃,最低 -11.8~-21.6 ℃。降水量年均 710~930 mm,年日照 1860~2130 h,无霜期为 210 d 左右。

商洛市境内沟壑纵横,河流密布,共有大小河流及支流 72500 多条。其中流长 10 km 以上的约 240 条,集水面积 100 km^2 以上的 67 条,主要河流有洛河、丹江、金钱河、乾佑河、旬河,另有 5 条独流出境河流,即蓝桥河、许家河、滔河、黑漆河、新庙河,分属长江、黄河两大水系。属黄河流域的有洛河、兰桥河,流域面积 2882.8 km^2,占河流总面积的 15%;其余河流均属长江流域,流域面积 16700.9 km^2,占流域面积总量的 85%。另外,20 世纪 50—70 年代,在国家"兴修水利大搞农田基本建设"号召下,商洛各地建设了许多小水库、池塘、旱源水窖等水利设施,可作为补充灌溉水源。

(二)安康市

安康市属亚热带大陆性季风气候,气候湿润温和,四季分明,雨量充沛,无霜期长。其特点是冬季寒冷少雨,夏季多雨多有伏旱,春暖干燥,秋凉湿润并多连阴雨。多年平均气温 15~17 ℃,1 月平均气温 3~4 ℃,极端最低气温 -16.4 ℃(1991 年 12 月 28 日宁陕县);7 月平均气温 22~26 ℃,极端最高气温 42.6 ℃(1962 年 7 月 14 日白河县)。最低月均气温 3.5 ℃(1977 年 1 月),最高月均气温 26.9 ℃(1967 年 8 月)。全市平均气温年较差 22~24.8 ℃,最大日较差 36.8 ℃(1969 年 4 月镇坪县)。垂直地域性气候明显,气温的地理分布差异大。川道丘陵区一般为 15~16 ℃,秦巴中高山区为 12~13 ℃。生长期年平均 290 d,无霜期年平均 253 d,最长达 280 d,最短为 210 d。年平均日照时数为 1610 h,年总辐射 25.4 kJ/cm^2,0 ℃以上持续期 320 d(一般为 2 月 10 日—次年 12 月 20 日)。年平均降水量 1050 mm,年平均降水日数为 94 d,最多达 145 d(1974 年),最少为 68 d(1972 年)。极端年最大雨量 1240 mm(2003 年),极端年最少雨量 450 mm(1966 年)。降雨集中在每年 6 月至 9 月,7 月最多。

(三)汉中市

汉中市地处亚热带气候带,属于北亚热带季风性气候区。汉中盆地北依秦岭,南屏巴山,全年气候温和湿润,年均温 14~15 ℃,≥10 ℃积温 4500~4800 ℃·d,无霜期 240~250 d,年降水量 800~1000 mm。夏无酷暑,冬无严寒,雨量充沛,气候湿润。辖区内气温的地理分布,主要受制于地形,西部略低于东部,南北山区低于平坝和丘陵。海拔 600 m 以下的平坝地区年均气温在 14.2~14.6 ℃;一般海拔 1000 m 以上的地区年均气温低于 12 ℃;西嘉陵江河谷年均气温高于 13 ℃。汉中市降水主要集中在夏秋两季,空气相对湿度地理分布态势呈南大北小,汉江平坝、巴山山地 70%~80%,秦岭山地 73%;一年空气湿度季节分布呈冬春两季较小,夏秋较大,9 月、10 月为全年之冠,均在 80%~86%,冬季(12 月、1 月、2 月)三个月汉江平坝、巴山山地为 75%~80%,秦岭山地 58%~66%。

汉中市的河流均属长江流域,在水系组成上,主要是东西横贯的汉江水系和南北纵穿的嘉陵江水系。汉江,又名汉水,古称沔水,是长江最大的支流,汉江干流横贯汉中盆地,自西向东流经宁强、勉县、南郑、汉台、城固、洋县、西乡等县(区)境内,是本区域内水系网络的骨架。汉中市境内汉江干流长 277.8 km,占汉江全长 1532 km 的 18.1%,流域面积 19692 km²,占汉江全流域 17.43 km² 的 11.3%,占全市总土地面积 27246 km² 的 72.3%。

嘉陵江水系分布在汉中市的西部和南部。嘉陵江干流由北向南,纵穿略阳、宁强两县的西部山地,为过境大河。境内流程 141.7 km,流域狭长,西宽东窄。汉中市境内属嘉陵江水系的大小河流共 192 条,流域面积 7554 km²,占全市总土地面积的 27.7%。

(四)陇南地区

陇南地区气候在横向分布上分北亚热带、暖温带、中温带三大类型。北亚热带包括康县南部、武都南部、文县东部,白龙江、白水江、嘉陵江河谷浅山地区。在这一带有全区两个热量高值区,一个是白龙江、白水江沿岸河谷及浅山区,年平均气温在 2～14 ℃,≥10 ℃ 的积温 4000～4800 ℃·d,降水量在 600 mm 左右。另一个是嘉陵江河谷及徽成盆地;年平均气温 10～12 ℃,≥10 ℃ 积温 3500～4000 ℃·d,暖温带包括全区的中部、东部及南部的广大地区,海拔在 1100～2000 m,≥10 ℃ 的积温 2100～4000 ℃·d,降雨量 500～800 mm。中温带包括全区的北部和西部地区,主要是宕昌、西和县大部,武都区的金厂、马营、池坝,礼县的下四区等区域。这一区域海拔一般在 2000 m 以上,≥10 ℃ 积温小于 2100 ℃·d,年最低气温在 -20 ℃ 以下。

在纵向分布上,由于受山脉的走向、山势的高度、山坡的坡度和坡向等地形因素的影响,光、热、水、气和生物资源等农业诸要素具有明显的垂直分布特点,特别是气象条件的垂直差异极为明显,"山上白雪皑皑,山下春暖花开""一眼看四季,十里不同天",就是这种气候特点的真实写照。

三、土壤条件

(一)商洛市

商洛市土壤成土母质多,地形变化多端,致使土壤类型分布比较复杂。全市土壤划分为潮土、新积土、褐土、黄褐土、水稻土、黄棕壤、棕壤、紫色土、山地草甸土 9 个土类、19 个亚类、49 个土属、174 个土种,其中农耕地占有 8 个土类、16 个亚类、36 个土属。各土类占全市土壤面积情况为,潮土 0.92 万 hm²,占土壤的 0.49%;新积土 8.79 万 hm²,占土壤的 4.7%;褐土 20.55 万 hm²,占土壤的 11.1%;黄褐土 5.89 hm²,占土壤的 3.3%;黄棕壤 94.84 万 hm²,占土壤的 50.6%;棕壤 49.76 万 hm²,占土壤的 26.6%;水稻土 0.68 万 hm²,占土壤的 0.36%;紫色土 5.17 万 hm²,占土壤的 2.8%;山地草甸土 2536.2 hm²,占土壤的 0.14%。

1. 土壤区域分布

(1)河谷川原地貌　主要分布着新积土、潮土、水稻土、紫色土。新积土、潮土一般分布于各大小河流两侧的河漫滩地及河谷阶地上。其沉积物地质年代近,地势较低平,未受到地下水影响的为新积土,受地下水影响的为潮土,如在灌水条件较好,地下水位高,种植水稻的,分布有水稻土。山谷出口及山麓较平缓的山坡和沟台地,多系洪积物,为洪积型新积土。在母岩的影响下,本区域出现的岩性土,有紫色土等。

(2)低山丘陵地貌　主要分布着褐土和黄褐土。褐土是商洛重要的地带性土壤之一,其东起丹凤县铁峪铺,西至商州区黑龙口,南起丹凤县丹江河,南至商州区南部的殿岭,北至洛南县境。黄褐土分为下蜀黄土质黄褐土和黄土质黄褐土两个亚类,下蜀黄土质黄褐土主要分布于商南、山阳、镇安、柞水和丹凤县南部的沿河高阶地上,其所处地带降水丰富,淋溶作用强烈,土体中下部富含黏粒。黄土质黄褐土分布于洛南县四十里梁塬,其土壤结构坚实,结构体表面有大量的铁、锰胶膜淀积。

(3)中山地貌　主要分布黄棕壤和棕壤。黄棕壤多处于海拔较低的山坡地带,沿海拔向上分布着棕壤土壤。

2. 土壤垂直分布规律　土壤的垂直分布是土壤随山势的增高而发生的演变。商洛市土壤的垂直地带性分布因所处地理位置及海拔高度的不同而出现两种情况:

(1)南部地区河谷川原地貌　主要分布着新积土、潮土、水稻土,位于海拔 800 m 以下;基带土壤为黄褐土分布于海拔 800~900 m;海拔 900~1300 m 地带主要分布着各种基岩风化物上发育的黄棕壤及始成黄棕壤;海拔 1300~1500 m 地带为始成黄棕壤向棕壤的过渡带,始成黄棕壤与始成棕壤交错分布;海拔 1500 m 以上主要分布棕壤。

(2)北部地区河谷川原地貌　主要分布着新积土、潮土,位于海拔 800 m 以下;基带土壤为淋溶褐土,位于海拔 800~850 m;海拔 800~1200 m 主要分布着各种基岩风化物上发育的始成褐土;海拔 1200~1400 m 为始成褐土向棕壤过渡带,交替出现始成褐土与始成棕壤;1400 m 以上则主要分布着山地棕壤。

3. 第二次土壤普查养分状况　据商洛市第二次土壤普查资料显示,全市占耕地面积31.56%的土壤有机质、42.11%的土壤全 N、55.25%的土壤碱解 N、30.1%的土壤速效 P、23.78%的土壤速效 K 处于较低水平;在分析的微量元素有效养分含量中,Cu、Fe 较为丰富,而 B、Mn、Zn 则普遍缺乏。

(二)安康市

据文献资料记载(郭焕忠等,1989),安康市共有 7 个土类、15 个亚类、34 个土属、164 个土种,主要土壤类型分别为:潮土、水稻土、黄棕壤、棕壤、暗棕壤、山地草甸土、紫色土,但以黄棕壤为主。其主要土类养分状况如下:

1. 潮土　耕层厚 23 cm,pH 7.3;有机质 1.7%;全 N 0.11%;全 P 0.189%;全 K 2.49%;速效 P 17 ppm*,速效 K 124 ppm。

2. 水稻土　耕层平均 17 cm,pH 6.1~6.7;有机质 1.89%~2.14%;全 N 0.128%~0.135%;全 P 0.129%~0.154%;全 K 2.31%~2.415%;速效 P 8.9~9 ppm;速效 K 121~133 ppm。

3. 黄棕壤　占全市面积 73.46%。pH 6.1~6.7;有机质 1.5%~1.84%;全 N 0.11%~0.124%;全 P 0.149%~0.193%;全 K 1.75%~2.57%;速效 P 8.3~8.9 ppm;速效 K 111~134 ppm。

4. 紫色土　耕层 16~17 cm,pH 7.7~8.5;有机质 1.19%;全 N 0.093%;全 P 0.137%;全 K 2.11%;速效 P 5.3 ppm;速效 K 92 ppm。

5. 棕壤　耕层 19 cm,pH 6.5;有机质 3.18%;全 N 0.165%;全 P 0.199%;速效 P 15.3 ppm;速效 K 199 ppm。

6. 暗棕壤　主要分布海拔 2300 m 以上的山地。pH 6.0。林区有机质难分解。

7. 山地草甸土　是积水的蝶形洼地。主要分布在高山寒冷气候的平利千家坪、宁陕平河

＊ 1 ppm 表示百万分之一,下同。

梁、秦岭梁和岚皋界梁。pH 7.6～8.3;有机质 1.524%～1.88%;全 N 0.431%～0.047%;全 P 0.21%～0.133%;全 K 3.36%～0.46%。

(三)汉中市

汉中盆地是典型的河谷断陷盆地,为一狭长槽形山间陷落盆地,由汉江冲积而成,上覆第四纪黏土、黄土状沙质黏土及砾石。汉江自西向东穿流而过,河道两边依次为河漫滩地、阶地和低山丘陵。汉中盆地河流平均海拔 500 m 左右,盆地有四级阶地:一级阶地高出汉江 3～5 m,沙细土肥,地下水位高;二级阶地高出汉江 10～15 m,由黄灰色沙及黏土组成,是盆地主体,地面平整,面积广阔,为粮、油主产区;三级阶地高出汉江 36～50 m,地面破碎,多为瘠薄旱地;四级阶地高出汉江 70～80 m,已逐渐变为丘陵地,沟壑发育,土壤更为贫瘠。

成土母质对该区土壤形成和性质的影响较大。汉中盆地低山丘陵和河谷阶地区,按照系统分类,发育在黏黄土母质上的土壤为淋溶土纲的铁质湿润淋溶土;发育在基岩母质上的土壤为富铁土纲的黏化湿润富铁土。按照地理发生分类,发育在黏黄土母质上的土壤为黄褐土;发育在基岩母质上的土壤为黄棕壤。中山区土壤按系统分类为淋溶土纲的简育湿润淋溶土,按照地理发生分类则为棕壤。经过多年测土配方数据汇总分析,汉中盆地耕地土壤养分平均值为 pH 值 6.57、有机质 22.14 g/kg、全 N 1.33 g/kg、速效 P 17.47 mg/kg、速效 K 106.81 mg/kg。土壤有机质、pH 值、海拔和常年降水量是影响耕层土壤微量元素含量的主要因素,坡度较小、海拔较低、地形起伏较小的耕层土壤微量元素含量相对较高。有研究表明,整体上秦巴山区耕层土壤中微量元素含量表现出随土壤质地由轻壤到黏壤而增加的趋势,60%的耕层土壤中有效态 Fe 含量在 10～20 mg/kg,属"丰富水平";40%耕层土壤有效态 Cu 含量在 1.0～1.8 mg/kg,属"丰富水平";80%的耕层土壤有效态 Zn 含量在 0.5～2.0 mg/kg,属"中等水平";耕层土壤有效态 Mn 含量在 15～20 mg/kg。

(四)陇南地区

陇南地区的气候状况和地质地貌决定了陇南地区土壤分布特点:

1.陇南山地南部湿润北亚热带　主要分布在武都、文县和康县的南部,土壤为黄棕壤。基地高台地土壤为黄棕壤,山地自下到上,低山地为黄棕壤,中山地为棕壤,亚高山和高山地为亚高山草甸土和高山草甸土。河谷川地为耕作潮土。

2.陇南山地北部湿润、半湿润暖温带　主要包括武都、康县的北部,向北至渭河谷地、西界甘南高原临潭、迭部一线以东的山地,土壤为棕壤和褐土。土壤垂直带谱从下到上为褐土—淋溶土—山地棕壤—亚高山灌丛草甸土—高山草甸土。

刘东(1992)研究表明,棕土壤、褐土和黄棕壤是陇南地区主要的三种自然土壤,其成土母质多为坡积物和残积物。具体土壤特性如下:

(1)棕壤　占全地区面积的 25.4%。全地区广泛分布,为湿润地区森林植被下发育的地带性土壤,是在淋溶作用和沾化作用下形成的。土壤 pH 5.0～7.0,无石灰反应,腐殖质层厚15～25 cm,有机质含量 5%～10%。

(2)褐土　占全地区面积的 51.9%。分布于陇南山地北部,主要在武都康县北部,为山地低层土壤,发育在半湿润落叶与针叶混交林及灌丛植被下的地带性土壤,是在淋溶与溶积、沾化作用形成的。土壤 pH>7.0,有较强石灰反应,腐殖质层厚<20 cm,有机质含量 1.0%～30%。

（3）黄棕壤　占全地区面积的2.7%。分布于武都、文县、康县南部河谷地区,是在中国北亚热带生物气候条件下形成的地带性土壤的西延部分,发育在湿润地区常绿阔叶、落叶阔叶混交林及灌木草甸植被下,淋溶作用极强。土壤pH 5.6～6.5,无石灰反应,腐殖质层厚20～30 cm,有机质含量2.0%～2.4%。

四、作物种类和熟制

（一）商洛市

按照陕西省马铃薯生产布局,商洛市属于马铃薯二熟制栽培区。在二熟制条件下的作物种类及与马铃薯的接茬关系如下:

在海拔800 m以下的河谷川道地,种植的作物种类比较多,常见的有小麦、玉米、蔬菜、甘薯、豆类、油菜、高粱及谷子等。马铃薯与上述作物的接茬关系主要有下列类型:蒜苗→冬春马铃薯→玉米(轮、套作);小麦→玉米→秋播马铃薯(套作);马铃薯→夏播豆类(年内轮作);马铃薯→甘薯(套作)。

在海拔800～1000 m浅山河谷川塬地,主要作物有马铃薯、甘薯、豆类、玉米、小麦等。马铃薯常与玉米、大豆、四季豆、甘薯进行间套作,其中以马铃薯与玉米套作最为普遍。

在海拔1000～1500 m中高山区坡塬台地,作物种类主要是马铃薯、甘薯、玉米和豆类。这一区域,马铃薯经常采用地膜覆盖栽培,3月中旬播种,4月下旬至5月初套作玉米;马铃薯→四季豆→玉米三间套,马铃薯3月中下旬露地播种或地膜播种,4月下旬先后播种四季豆和玉米;马铃薯套作大豆和套作玉米类似,只是大豆播种一般推迟到立夏前后;还有种植方式是:马铃薯纯种→休闲。

（二）安康市

安康市在熟制上,多采用冬麦(油菜)-玉米(薯类)、冬麦(油菜)-水稻二熟制,兼有玉米、薯类一熟制。据《安康农作物概况》记载(2013年8月6日),安康地区农作物种类有粮食作物、油料作物、经济作物及其他作物四大类。

1.粮食作物　粮食作物生产以玉米、小麦、薯类和水稻为主。秋粮作物主要有玉米、水稻、甘薯、大豆等;夏粮作物主要是小麦和马铃薯,种植面积和产量分别占夏粮的50%左右。

2.油料作物　安康地区油料作物以油菜、芝麻、花生为主。油料作物多分布在川道、丘陵和浅山地区。

3.经济作物　安康地区经济作物品种主要有蔬菜、苎麻、烟叶、棉花、中药材等。各类蔬菜作物安康地区都有种植,以瓜类、豆类和萝卜、白菜等大路菜为主。豆类、薯类及其他小杂粮。

（三）汉中市

汉中盆地在中国马铃薯栽培生态区划中属西南单双季混作区,马铃薯栽培以春季单作栽培为主,同时平川区有少量秋播马铃薯(秋种马铃薯属马铃薯二季作区)。

据张勇等(2012)等调查:汉中市种植的农作物主要有水稻(8.68万hm²)、玉米(7.63万hm²)、小麦(4.65万hm²)、油菜、马铃薯、茶叶、蚕桑、中药材、蔬菜和小杂粮等。其中,水稻、玉米、小麦三大作物的产量分别为56.92万t、14.60万t和24.19万t。种植模式以油菜—水稻轮作、油菜—玉米轮作、小麦—水稻轮作、小麦—玉米轮作及平坝浅山丘陵区早熟马铃薯—水稻轮作和山区县的马铃薯—玉米套作为主。

(四)陇南地区

陇南地区种植的主要农作物有小麦、玉米、高粱、土豆、稻谷、大豆、棉花、胡椒、中药等。

陇南农作物在熟制上也有从一熟制、二熟制向多熟制过渡的特点,适应地理位置和气候条件的过渡性。

1949—1970 年,陇南农作物种植方式绝大部分地区采用一年一熟的粗放型种植制度,土地利用率较低。此后,由于农业科学技术的不断提高,间、套、复种面积不断增大,特别是带状种植的试验、示范和成功推广等,粗放的种植方式逐步改变,集约经营和设施农业开始发展,到 1985 年全区种植方式有一年一熟、一年二熟和二年三熟等,前茬作物有冬小麦、玉米、冬(春)油菜、马铃薯、大蒜等,复种作物有玉米、马铃薯、大豆、糜子、谷子、荞麦、绿肥和蔬菜,前茬作物收获后移栽的作物有水稻、蔬菜、烟草等。

熟制类型主要有以下四种:

1. 一年两熟或多熟制　主要在白龙江、白水江、西汉水流域,海拔 1200 m 以下的河谷区,面积约 30 万亩,占总面积的 15.2%。具体种植模式式有:冬小麦(冬油菜)—大豆(玉米),冬马铃薯—(青)玉米—蒜苗,玉米—蔬菜—冬小麦(冬油菜),冬油菜(冬小麦)—水稻—蔬菜,蒜苗—冬马铃薯—玉米

2. 二年三熟或二年四熟制　主要在海拔 1200~1700 m 的徽成盆地、浅山丘陵区和半山区,面积约 170 万亩。具体种植模式有:冬小麦—玉米(马铃薯)—冬油菜,冬小麦—荞麦(糜、谷)—蔬菜,冬油菜—玉米(大豆)—冬小麦—蔬菜,马铃薯(玉米)间种大豆—冬油菜(冬小麦)—荞麦(糜、谷),冬小麦—蔬菜—玉米(豆类)—冬油菜,胡麻—绿肥—高粱—冬小麦。

3. 三年四熟制　主要在海拔 1800~2500 m 的高山阴凉地区,面积约 150 万亩。具体种植模式有:

春小麦—蚕豆—蔬菜—中药材,马铃薯—中药材—青稞—蔬菜,春油菜—蔬菜—春小麦—中药材,蚕豆—马铃薯—燕麦—蔬菜,胡麻—蔬菜—马铃薯—中药材。

4. 一年一熟或多年一熟制　主要在海拔 2500 m 以上的高寒阴湿地区,面积约 100 万亩,该地区多数作物都是一年一熟,也有羌活等中药材两年或三年一熟。

五、马铃薯生产地位

(一)商洛市

马铃薯一直以来都是商洛市的主要农作物之一,在 20 世纪 80—90 年代以前,商洛马铃薯的播种面积长期徘徊在 30~40 万亩,推广的主栽品种较少,仅有克新 1 号、克新 3 号等品种。马铃薯脱毒技术尚未推广应用,品种退化严重,单产水平较低,平均鲜薯产量 700 kg/亩,年总产 30 万 t(鲜薯)。进入 21 世纪以来,马铃薯新品种先后引进了夏波蒂、早大白、荷兰 14 号、荷兰 15 号、虎头、中薯 3 号、中薯 5 号、大西洋、兴佳 2 号等,并且在陕西省马铃薯产业技术体系的带动下,马铃薯脱毒技术应用有了较大程度的普及,马铃薯单产水平显著提高。由于脱毒马铃薯具有较大的增产潜力,极大地激发了广大农户种植马铃薯的积极性。为了增加农民收入,

商洛市政府于 2007 年实施了"压麦扩薯"种植业结构调整战略,随着大量人力、物力和技术的投入,快速推动了商洛马铃薯播种面积和单产的稳步提高。2017 年,全市马铃薯播种面积达 85.6 万亩,平均单产达到 1260 kg/亩,总产鲜薯 107 万 t,马铃薯已成为商洛山区群众增加收入的主要来源之一。

(二)安康市

安康为传统农业地区,以玉米、小麦、油菜、水稻生产为主,兼有豆类、薯类及其他小杂粮。马铃薯种植历史悠久,面积较大,常年种植面积在 80 万亩左右,向来为中高山区人民的主要粮食作物,也是川道地区人们喜爱的蔬菜作物,在分区上属于西南单双季混作区。海拔 800 m 以上的中高山区多为春播,一年一作,海拔 800 m 以下的浅丘川道区多为秋、冬播,一年一作,冬播马铃薯一般在 12 月下旬至 1 月中旬播种,一般采用地膜覆盖栽培。据安康市统计局统计,2017 年,全市马铃薯种植面积为 85.27 万亩,单产 975 kg/亩,总产鲜薯 83.14 万 t。

(三)汉中市

马铃薯以其耐瘠抗灾、高产稳产、营养丰富、粮菜饲兼用、产业链条长的优势,被汉中市确定为农业结构调整的主要发展途径,促使其生产面积稳步增加,加工工艺不断改进,销售网络逐步拓展,形成了多渠道、多层面的产业格局,在生产面积、总产量、商品率、经济收入等方面成为当地一个重要的支柱产业。同时,随着省、市政府对马铃薯产业的重视,先后制定了"压麦扩薯"和"良种补贴"等政策,扩大马铃薯种植面积,提高马铃薯产量和质量,扶持贮藏设施建设,逐步使马铃薯生产朝着科学化、产业化的方向发展。

根据汉中市统计年鉴:1954—1965 年,马铃薯年种植面积 27.5 万亩,年平均亩产 161.1 kg(折粮产量,每 5 kg 马铃薯折合 1 kg 粮食,下同),总产 4.43 万 t,占同期粮食总产的 18.5%。1975—1984 年,马铃薯年种植面积 29.5 万亩,年平均亩产 186.1 kg,总产 5.49 万 t,占同期粮食总产的 19.7%。1985—1994 年,马铃薯年种植面积 38.9 万亩,年平均亩产 228.7 kg,总产 8.90 万 t,占同期粮食总产的 21.6%。1995—2004 年,马铃薯年种植面积 45.9 万亩,年平均亩产 248.3 kg,总产 11.40 万 t,占同期粮食总产的 24.7%。2005—2013 年,是马铃薯快速生产阶段,马铃薯年均种植面积 57.3 万亩,平均亩产 254.8 kg,总产 13.14 万 t,占同期粮食总产的 25.1%。其中 2012 年汉中马铃薯平均亩产达 268.2 kg,创历史最高水平。2013 年以后,汉中马铃薯种植面积稳定在 55 万~57 万亩,平均亩产在 190.0~250.0 kg 之间,2017 年,汉中市马铃薯种植面积 56.07 万亩,总产 11.69 万 t(见表 1-1)。

表 1-1 汉中市近 5 年耕地总面积及马铃薯面积、产量(陈进整理,2019)

项目	2013 年	2014 年	2015 年	2016 年	2017 年
马铃薯种植面积(万亩)	56.36	56.27	56.77	56.42	56.07
马铃薯产量(万 t)	10.39	10.88	11.33	11.46	11.69
马铃薯单产(kg)	184.27	193.39	199.52	202.63	208.49
常用耕地面积(亩)			3060783	3056516	3153164
年末耕地总资源(亩)			4429273	4409957	4436540
年末常用耕地面积(万 hm^2)	20.508	20.515	20.405	20.377	21.021

注:此表中数据来自汉中市 2013—2017 年统计年鉴。

(四)陇南地区

陇南是马铃薯种植大市,栽培历史悠久。据张利霞(2001)、刘瑛(2014)报道:马铃薯是陇南地区第二大粮食作物,近年播种面积在 170 万亩以上,鲜薯总产量达到 255 万 t,单产 1.5 万～7.5 万 kg/hm^2。从南到北、从河谷川坝到高山,生育期由 85 d 过渡到 170 d。在本区,马铃薯主要分布在半山及高半山贫困地区和早熟冬播区域,主要包括宕昌、西和、礼县、文县和武都等海拔 1500 m 以上的半高山和高山,以海拔 1800 m 以上的高寒阴湿区为马铃薯种植最适宜区,该区马铃薯品质好,产量在 7.5 万 kg/hm^2 以上,甚至高达 12 万 kg/hm^2。21 世纪 10 年代,各城镇郊区地膜栽培的马铃薯面积迅速增加,因其经济效益高、腾茬早而有持续增加的趋势。

21 世纪 10 年代,甘肃省委、省政府将马铃薯作为甘肃的"农业名片",在全省特色优势产业提升行动中将马铃薯产业作为第一大产业来扶持。省财政每年还安排 8000 多万元马铃薯专项资金,扶持马铃薯产业发展,拟将甘肃省建成全国最大的商品薯生产基地和重要的脱毒种薯生产基地。陇南市马铃薯产业种薯繁育及商品薯生产优势板块已初步形成,马铃薯产业化经营规模不断扩大、产业链逐步延伸、产业效益明显提高。我们有理由相信,马铃薯产业将在陇南地区迎来新一轮的重大发展机遇。

第二节　马铃薯生产布局

一、种植历史

(一)秦岭南麓马铃薯的传播

马铃薯原产于南美洲的秘鲁和玻利维亚等国的安第斯山区。不耐高温,喜温暖凉爽气候,至今已有 4000～4800 年栽培历史,被当地印第安人称为"巴巴司"。马铃薯传入中国的确切时间虽然不同的资料报道略有不同,但比较公认的传入时间是明朝万历年间(1573—1619 年)。传入途径可能有 3 种:一是由荷兰人从海路引入京津地区,最大可能由外国的政治家、商人和传教士将马铃薯作为珍品奉献给皇帝,而后推广开来;二是荷兰人从东南亚引种台湾省后传入东南沿海诸省,所以该地区称马铃薯为荷兰薯或爪哇薯;三从陆上经西南或西北传入中国,所以西南和西北地区至今仍将马铃薯称为洋芋。考虑到明朝隆庆元年(1567 年)才解除海禁,另外四川、陕西、湖北等省 17、18 世纪的地方志关于马铃薯记载最多,所以马铃薯从陆上丝绸之路传入中国的可能性更大。不管是以哪一种方式引进,可以肯定是沿着中国现在提出的"一带一路"传入的。经过 400 多年的发展,中国马铃薯产业已在全世界占据了重要地位。

马铃薯在陕西俗称洋芋、土豆。陕西省是马铃薯传入较早的地区之一。《定边营志》载:"高山之民,尤赖洋芋为生活,万历前惟种高山,近则高下俱种";《兴平县志》记载,16 世纪时当地人就种"阳芋"。陕南种植马铃薯的历史要晚一些。《城固县志》记载,康熙后,红苕、洋芋、苕子先后传入本县,到嘉庆年红苕、洋芋已种植较多。《山阳县志》(嘉庆元年版,1796 年)中有"土豆,即少陵之黄独"的记载。清末光绪九年(1883)出版的《孝义厅志》记载:洋芋系嘉庆四年

(1799)时杨大人即杨候遇春自西洋高山带至孝义厅(今柞水县)种植,高山人民以此为主食。《柞水县志》记载"道光十三年(1833 年),春旱两月,麦苗枯死,洋芋不得入种"。可见 19 世纪中叶,陕南已经开始大面积种植马铃薯。

甘肃种植马铃薯的历史较陕西要晚得多。李鹏旭(2010)认为,甘肃的马铃薯最早是由陕西与川陕鄂边境传入陇东南地区的,即甘肃省种植马铃薯最早的地区是陇南、天水等秦岭南北麓地区。蔡培川(1989)查阅有关资料,发现王权等光绪十五年(1889 年)重修《秦州直隶新志》中《艺文四·诗歌》有林之望"留别秦州诗""滇粤群凶势并张,孤军决战出仓皇……唉鹤万家闻寇警,蹲鸥一窖是军粮"(注曰:"分寇西和、三岔"和"时道路梗塞,军中缺粮,四日以羊芋充饥,累战皆捷")。蔡培川研究认为,此处的"蹲鸥"和"羊芋"皆指马铃薯,并主要种植在今天的陇南市西和县和天水市麦积区一带,已经达到了一定规模,能供应军粮。

从以上资料可以得出,17 世纪末到 18 世纪初,秦岭南麓已开始种植马铃薯,到 19 世纪已初具规模,大约有 300 多年的种植历史。

(二)秦岭南麓马铃薯的发展

新中国成立以来,秦岭南麓马铃薯生产大致经历了四个时期:一是新中国成立初至 20 世纪 70 年代的发展期。这一时期,马铃薯面积逐年扩大,但单产提高缓慢,且不够稳定。马铃薯面积从新中国成立初的 100 万亩左右发展到 200 万亩以上,但单产长期在 300 kg/亩徘徊,至 70 年代单产提高到 400 kg/亩左右。分析这段时期的马铃薯生产,基本上被作为粗粮食用,特别是在细粮产量减少的时期,马铃薯面积往往较大,以保证粮食总量的供给。1960 年陕西省马铃薯面积骤然增加到 107.5 万亩(包括陕北地区),年际间增幅达 55%,充分体现了马铃薯在口粮中的重要地位。二是 20 世纪 80 年代的调整期。这一时期马铃薯面积滑坡,单产徘徊不前,马铃薯种植面积下滑到 150 万~180 万亩,单产提高缓慢,且波动较大。分析这段时期马铃薯生产下滑的原因,主要是实行联产承包责任制后,农村生产力水平迅速提高,小麦、水稻等细粮作物的产量也迅速提高,作为粗粮的薯类作物地位则不断下降,生产滑坡。三是 20 世纪 90 年代以来的恢复期。这个时期马铃薯面积迅速回升到 240 万~260 万亩,单产有较大幅度提高,先后突破 600 kg/亩、750 kg/亩。90 年代以来马铃薯生产持续升温的一个非常重要的原因,就是马铃薯随着经济的发展,逐步由粮食作物向蔬菜,向工业加工原料,向饲料转变。马铃薯生产有着比传统粮食作物更好的效益和市场销路,生产很快恢复。四是 21 世纪以来的巩固期。这一时期,马铃薯种植面积迅速扩大,到 2017 年发展到 300 万亩以上,单产水平达到 1000~1500 kg/亩。特别是 2015 年国家农业部提出马铃薯主粮化发展战略以来,马铃薯的粮菜兼用、营养丰富的特点被广大城乡居民所认识,消费数量不断上升,使得马铃薯种植效益高于小麦、玉米、水稻等其他主粮,且马铃薯生育期较短可与多种农作物间套作,马铃薯种植面积和产量均达到历史新高。

二、马铃薯生产布局

目前,中国已成为世界马铃薯第一生产大国,马铃薯种植面积和产量均分别占世界的近 1/4。据《中国农村统计年鉴(2018)》,2017 年,中国马铃薯种植面积 7289.9 万亩,产量 1769.6 万 t,平均单产 250.3 kg/亩。东部、中部、西部、东北四大区域马铃薯种植面积分别占全国马铃薯总播种面积 6.3%、10.0%、77.8%和 5.9%;总产量分别占全国马铃薯总产量的 9.4%、

8.9％、72.6％和9.1％。可见,中国马铃薯主要分布在西部地区,全国马铃薯种植面积排名前十位的省(区、市),有6个属西部地区(四川、甘肃、贵州、云南、重庆、陕西)。

(一)中国马铃薯种植区划研究

1.根据种植条件划分　滕宗璠等(1989)在全国各地调查资料的基础上,将中国马铃薯生产按气候和种植条件划分为4个栽培区域,即:北方一季作区,中原二季作区,南方二季作区,西南一季作和二季作垂直。20世纪末21世纪初,南方广东省、广西壮族自治区、福建省等秋季晚稻收获利用冬闲田种植一季马铃薯的种植模式得到广泛推广,栽培季节与传统的南方二作区有所不同。

金黎平等(2004)根据各地栽培耕作制度、品种类型及分布,把中国马铃薯栽培区域划分为北方和西北一季作区、中原及中原二季作区、南方冬作区和西南一二季作垂直分布区等四个区域。

王凤义(2004)把中国马铃薯产区分为四个类型:北方一季作区、西南单双季混作区、中原二季作区和南方冬作区。至此,中国马铃薯生产栽培区域划分为四个区域在马铃薯学术界达成共识,即:北方一季作区、中原二季作区、西南一二季混作区和南方冬作区。

(1)北方一季作区　区域范围较大,包括东北地区的黑龙江、吉林两省和辽宁省除辽东半岛以外的大部分;华北地区的河北省北部、山西省北部、内蒙古自治区全部;西北地区的陕西省北部、宁夏回族自治区、甘肃省、青海省全部和新疆维吾尔自治区的天山以北地区。本区是中国重要的种薯生产基地,也是加工原料薯和鲜食薯生产基地,约占全国马铃薯总播种面积的49％左右。地处高寒区,纬度或海拔较高,气候冷凉,无霜期短,一般在110～70 d,年平均温度在−4～10 ℃,最冷月份平均温度−8～2.8 ℃,最热月份平均温度24 ℃左右,大于5 ℃积温在2000～3500 ℃·d之间。年降水量500～1000 mm,分布很不均匀。大部分地区土壤肥沃,马铃薯生育期日照充足,结薯期在7月至8月间,雨量充沛,昼夜温差大,有利于块茎膨大和光合产物的积累。种植马铃薯一般是一年只栽培一季,通常春种秋收,生育季节主要在夏季,故又称夏作类型。每年的4—5月份播种,9—10月份收获。晚疫病、早疫病、黑胫病发病比较严重。适宜栽培品种类型应以中晚熟为主的休眠期长、耐贮性强、抗逆性强、丰产性好的品种。

(2)中原二季作区　位于北方一季作区以南,大巴山、苗岭以东,南岭、武夷山以北各省份。包括辽宁、河北、山西三省南部,湖南、湖北二省东部,江西省北部,以及河南省、山东省、江苏省、浙江省和安徽省。受气候条件、栽培制度等影响,马铃薯栽培分散,其面积约占全国马铃薯总播种面积的7％。在该地区马铃薯多与棉、粮、菜、果等间作套种,大大提高了土地和光能利用率,增加了单位面积产量和效益。无霜期较长,为180～300 d,年平均温度10～18 ℃,最热月份平均温度22～28 ℃,最冷月份平均温度为1～4 ℃,≥5 ℃积温为3500～6500 ℃·d,年降水量在500～1750 mm。由于南北纬度相差15°左右,加之地势复杂,各地气候条件悬殊,春、秋季的播种期幅度相差较大。但共同特点是,夏季长,温度高,月平均气温超过24 ℃,有些地区降水多,连续下雨天数长达1～2个月,不适于马铃薯的生长。为躲开火热高温或多雨季节,因此,将马铃薯作为春、秋两季栽培。据陈焕丽等(2012)介绍,该区春季以生产商品薯为主,秋季主要是种薯生产,但近年来秋季马铃薯商品薯生产面积也在逐年扩大。春季生产于2月下旬至3月上旬播种,设施栽培可适当提前,5月至6月上中旬收获;秋季生产则于8月份播种,到11月份收获。应选用早熟或极早熟、休眠期短的品种,春播前要进行催芽处理,提早播种。

　　(3)西南一二季混作区　包括云南、贵州、四川、重庆、西藏等省、自治区、直辖市,以及湖南、湖北二省西部和陕西省南部。这些地区以云贵高原为主,湘西、鄂西、陕南为其延伸部分。大部分地区位于东经98°00′—171°30′,北纬22°30′—34°30′。地域辽阔,地形复杂,万山重叠,大部分地区侧坡陡峭,但顶部却比较平缓,并有山间平地或平坝错落其间。全区有高原、盆地、山地、丘陵、平坝等各种地形。在各种地形中以山地为主,占土地总面积的71.7%;其次为丘陵,占13.5%;高原占9.9%;平原面积最小,仅占4.9%。山地丘陵面积大,形成了旱地多、坡地多的耕作特点,土壤多呈偏酸性。据隋启君等(2013)介绍,该区马铃薯的面积占全国马铃薯总播种面积的39%左右,是仅次于北方一季作区的中国第二大马铃薯生产区。西南山区不同海拔及其复杂的气候特点确定了作物的垂直分布,马铃薯栽培类型多样化。低山平坝和峡谷地区,无霜期达260～300 d,以及1000～2000 m的低山地带都适宜于马铃薯二季栽培;1000 m以下的江边、河谷地带可进行冬作;半高山无霜期为230 d左右,马铃薯主要与玉米进行套种;高山区无霜期不足210 d,有的甚至只有170 d左右,马铃薯以一年一熟为主。马铃薯是山区人民的主要粮食和蔬菜,马铃薯占这些地方粮食总产的20%～40%,随着海拔的升高,比重也逐渐增大,在高海拔不适于种植玉米的地方,马铃薯成为当地农民的重要粮食作物。属于亚热带季风气候,受东南风和西南风影响,一年当中,分为雨季(5月中旬—10月)和干季(11月—次年5月初)。夏季炎热多雨,气候湿润,秋季比较凉爽,冬季温和降水偏少,受地形地势影响,地区差异性较大。年均日照时数为1894 h,为短日照地区。尤其以四川盆地、云贵高原及湘鄂西部为甚,是全国云雾最多、日照最少的地方,全年日照时数仅1100～1500 h,日照百分率大都在30%以下。在东南季风和西南季风控制之下,加上地形的影响,年降水量较多,一般达500～1000 mm,高山可达1800 mm。高原山地气温不高,除河谷、丘陵外,7月份平均温度只有22 ℃左右,云贵高原只有20～22 ℃,川滇横断山区在16～18 ℃之间。

　　(4)南方冬作区　位于南岭、武夷山以南的各省、自治区,包括江西省南部、湖南、湖北二省南部、广西壮族自治区大部、广东省大部、福建省大部、海南省和台湾省。大部分地区位于北回归线附近,即北纬26°以南。气候特点是夏长冬暖,属海洋性气候,雨量充沛,年降水量1000～3000 mm,平均气温18～24 ℃,≥5 ℃的积温6500～9000 ℃·d,无霜期300～365 d,年辐射能量461～544 kJ/m³。冬季平均气温12～16 ℃,恰逢旱季,通过人工灌溉,可显著提高马铃薯产量。粮食生产以水稻栽培为主,主要在水稻收获后,利用冬闲地栽培马铃薯,按其种植季节,有冬种、春种、秋种等三种形式,因而也称作三季作区。目前,该区马铃薯以冬种、早春种为主,产量水平普遍较高,季节和区位优势明显,市场相对稳定,因此冬作马铃薯生产效益较高。加之冬作区还有大量冬闲田可以开发利用。马铃薯播种时间范围跨度较大,为10月上旬至次年1月中旬,收获期为当年年底至次年5月上旬。该区最普遍的种植季节为11月播种,次年2—3月收获,其种植面积约为500多万亩。晚疫病和青枯病发生较严重。栽培的品种类型应选用中、早熟品种。本区是目前中国重要的商品薯出口基地,也是目前马铃薯发展最为迅速的地区,面积约占全国马铃薯总播种面积的5%。

　　2. 根据地理区域划分　钟鑫等(2016)根据全国综合农业区划10个一级农业区的划分,参考马铃薯种植特点,将马铃薯种植区域划分为东北、黄淮海、长江中下游、西北、西南、华南六个区域。其中,东北地区包括黑龙江、吉林、辽宁和内蒙古;黄淮海地区包括北京、天津、河北、河南、山东、安徽;长江中下游地区包括湖北、湖南、江西、江苏、浙江、上海;西北地区包括山西、陕西、宁夏、甘肃、新疆、青海;西南地区包括四川、重庆、贵州、云南、西藏;华南地区包括福建、广东、广西、海南。他们又运用综合比较优势指数法和灰色系统预测模型,对马铃薯主产区的比较优势及其变化趋势进行分析。结果显示:西北、西南地区是中国马铃薯生产最具综合比较优势的区域,种植主要集中在西南、西北和东北三大区域,重心逐步从东北、西北向西南地区转移,各马铃薯种植区域已形成各具特色的栽培模式;西北、西南和东北三个地区的马铃薯生产综合比较优势较高;经过GM(1,1)模型的预测发现,未来10年马铃薯生产优势区将进一步向西南、西北地区集中,中国马铃薯生产比较优势区个数也将增加。

《中国马铃薯优势区域布局规划(2008—2015)》根据中国马铃薯主产区自然资源条件、种植规模、产业化基础、产业比较优势等基本条件,将中国马铃薯主产区规划为五大优势区。

(1)东北种用、淀粉加工用和鲜食用马铃薯优势区　包括东北地区的黑龙江和吉林2省、内蒙古东部、辽宁北部和西部。地处高寒、日照充足、昼夜温差大,年平均温度在－4～10 ℃,土壤为黑土,适于马铃薯生长,为中国马铃薯种薯、淀粉加工用薯的优势区域之一。

(2)华北种用、加工用和鲜食用马铃薯优势区　包括内蒙古中西部、河北北部、山西中北部和山东西南部。本区除山东外,均地处蒙古高原,气候冷凉,年降水量在300 mm左右,无霜期在90～130 d之间,年均温度4～13 ℃。土壤以栗钙土为主。由于气候凉爽、日照充足、昼夜温差大,适合马铃薯生产,是中国马铃薯优势区域之一,单产提高潜力大。山东位于华北区南部,无霜期210 d以上,适合二季马铃薯生产,是中国早熟出口马铃薯生产优势区。

(3)西北鲜食用、加工用和种用马铃薯优势区　包括甘肃、宁夏、陕西西北部和青海东部。本区地处高寒,气候冷凉,无霜期110～180 d,年均温度4～8 ℃,降水量200～610 mm,海拔500～3600 m。土壤以黄土、黄绵土、黑垆土、栗钙土、砂土为主。由于气候凉爽、日照充足、昼夜温差大,生产的马铃薯品质优良,单产提高潜力大。马铃薯在本区属于主要作物,产业比较优势突出,生产的马铃薯除本地作为粮食、蔬菜消费、淀粉加工和种薯用外,大量调运到中原、华南、华东作为鲜薯。

(4)西南鲜食用、加工用和种用马铃薯优势区　包括云南、贵州、四川、重庆4省(市)和湖北、湖南2省的西部山区,陕西的安康地区。本区地势复杂、海拔高度变化很大。气候的区域差异和垂直变化十分明显,年平均气温较高,无霜期长,雨量充沛,特别适合马铃薯生产,主要分布在海拔700～3000 m的山区。马铃薯种植模式多样,一年四季均可种植,已形成周年生产、周年供应的产销格局,是鲜食马铃薯生产的理想区域和加工原料薯生产的优势区。

(5)南方马铃薯优势区　包括广东、广西、福建3省(区)、江西南部、湖北和湖南中东部地区。本区大部分为亚热带气候,无霜期230 d以上,日均气温≥3 ℃的作物生长期320 d以上,适于马铃薯在中稻或晚稻收获后的秋冬作栽培,是中国马铃薯种植面积增长最快和增长潜力最大的地区之一。

3. 地区性区划研究　马铃薯具有生育期短、适应性广、耐旱耐瘠薄等特点,在秦岭南北麓均有种植。秦岭是中国南方与北方的分界线,还是长江流域与黄河流域的分界线,被认为是暖温带和亚热带之间的重要分界线。农作物种类多样,马铃薯是重要的农作物之一。秦岭南麓主要涉及陕西、甘肃两省,种植区域划分如下。

(1)陕西省马铃薯区划　马铃薯是陕西省仅次于小麦、玉米的第三大粮食作物,也是主要的蔬菜作物,在陕西尤其是陕北、陕南地区农业经济发展中具有举足轻重的地位。根据陕西省地理、气候特点,结合当地马铃薯生产实际,将陕西省马铃薯生产区域划分为陕北长城沿线风沙区和丘陵沟壑一季单作区、秦岭山脉东段双季间作区、陕南双季单作区。陕西秦岭南麓马铃薯生产分别属于秦岭山脉东段双季间作区、陕南双季单作区两个栽培区域。

①陕北长城沿线风沙区和丘陵沟壑一季单作区　主要包括陕西省北部榆林和延安两市，是陕西省马铃薯的主产区，播种面积占全省的60%以上，其中定边县马铃薯年种植面积达到100万亩以上，为陕西马铃薯第一种植大县。长城沿线风沙区平均海拔1000 m以上，年平均气温8℃左右，无霜期110～150 d，降水量300～400 mm，地势平坦，地下水资源较为丰富，适宜发展专用化和规模化马铃薯生产基地，也是陕西脱毒种薯繁育基地。栽培的主要品种有克新1号、夏波蒂、费乌瑞它等。陕北南部丘陵沟壑区，平均海拔800 m左右，年平均气温8.5～9.8℃，无霜期150～160 d，降水量450～500 mm，适宜发展淀粉加工薯和菜用薯，栽培的主要品种有克新1号、陇薯3号、冀张薯8号、青薯9号等。

②秦岭山脉东段双季间作区　主要包括关中地区和陕南的商洛市。该区年平均气温12～13.5℃，无霜期199～227 d，降水量600～700 mm，雨热条件可以保证一年两熟。生产上多与玉米、蔬菜等作物间作套种，主要种植早熟菜用型马铃薯品种。

③陕南双季单作区　主要包括陕南的安康和汉中两市。雨量充沛，气体湿润，年均气温1～15℃，无霜期210～270 d，年降水量800～1000 mm，属一年两熟耕作。浅山区每年11—12月播种，通过保护地栽培，4—6月份上市，生产效益较高。高山区每年2—3月份播种，6—8月份上市，大都是单作，也有间作套种。

(2)甘肃省马铃薯区划　甘肃省马铃薯种植涉及13个市(州)的60个县，其中种植面积10万亩以上的县(区)有30个，30万亩以上的县(区)有9个，50万亩的市(州)有8个。吴正强等(2008)根据生产布局，将甘肃省马铃薯种植区域划分为中部高淀粉及菜用型生产区、河西及沿黄灌区全粉及薯片(条)加工型生产区、天水陇南早熟菜用型生产区等三大优势生产区域，优势产区种植面积占到了甘肃省的马铃薯种植总面积的70%以上。甘肃省秦岭南麓马铃薯生产属天水陇南早熟菜用型生产区。

①中部高淀粉及菜用型生产区　包括定西、兰州、临夏、白银、平凉、庆阳6个市(州)的安定、渭源、陇西、临洮、通渭、岷县、漳县、榆中、皋兰、东乡、永靖、会宁、静宁、庄浪、环县等15个县(区)。该区是甘肃省马铃薯重点种植区域。气候较冷凉，年平均气温5～9℃，年降水量200～650 mm，最热的7月份平均气温20℃左右，全年≥10℃积温2000～3000℃·d，马铃薯生长期130～177 d。年种植面积375万亩。生产上应用的主要品种有高淀粉品种陇薯3号、甘农薯2号、天薯7号、渭薯8号等，薯条、薯片、粉丝加工型品种如甘农薯1号、夏波蒂、大西洋、布尔班克及适宜外销的菜用红皮等品种。

②河西及沿黄灌区全粉及薯片(条)加工型生产区　包括武威市和张掖市的凉州区、民乐、山丹和古浪等县(区)，是甘肃省近年新兴发展的优质马铃薯高产区。该区一年四季气候凉爽，年降水量38～250 mm，但农业生产和灌溉条件较好。近年随着一些大型马铃薯加工企业的投产，该区发展优质加工型马铃薯表现出巨大潜力和优势。该区重点以培育食品加工专用型产品的生产优势区域为目标，每年优势区域种植面积达75万亩，主推品种主要是高淀粉含量的陇薯3号、甘农薯2号和加工型品种大西洋等。

③天水陇南早熟菜用型生产区　主要包括天水市和陇南市的秦州、秦安、武山、甘谷、武都、宕昌、西和、礼县等县(区)。该区气候湿润，年降水量450～950 mm，年平均气温7～15℃，最热月份(7月)平均气温22～24℃，≥10℃的活动积温2200～4750℃·d，马铃薯生长期130～246 d。该区近年以培育早春商品薯供应为主，结合种植生产加工专用薯，每年优势

区域种植面积 225 万亩左右。生产上主要应用的品种有高淀粉含量的陇薯 3 号、甘农薯 2 号、武薯 4 号等,适宜于加工的大西洋、费乌瑞它、甘农薯 1 号及粮菜兼用、冬播上市早的品种。

(二)秦岭南麓马铃薯生产布局

1. 陕南地区马铃薯生产布局　陕南是指陕西南部地区,从东往西依次是商洛、安康、汉中三个地市。陕南北靠秦岭、南倚巴山,汉江自西向东穿流而过。陕南的汉中、安康自然条件方面具有明显的南方地区特征,栽种水稻,盛产橘子、茶叶。马铃薯是陕南仅次于玉米的第二大粮食作物,常年种植面积 160 万～180 万亩,约占到陕西全省马铃薯种植面积的 36%,在保障当地粮食安全和实施脱贫攻坚战略等方面发挥着重要作用。

(1)商洛市马铃薯生产布局　商洛市位于陕西省东南部,主要河流为丹江,属于汉江流域的一部分,有南北过渡的气候条件以及秦楚文化融合的人文特征。年平均气温 12～13.5 ℃,无霜期 199～227 d,降水量 600～700 mm,光、温、水、热资源充足可以保证农作物一年两熟。本区域的最大特点是,土地资源贫乏,人均耕地不足 1 亩,而且均分布在秦岭山区。由于土地资源宝贵,老百姓为了增加收入,总结出了多种多样的马铃薯与其他作物的间作套种模式。本区山大沟深,海拔高度相差悬殊,从商南县梳洗楼 215.4 m 到柞水县牛背梁 2802.1 m,地块多为不规则条田、台田、梯田、缓坡田,播期类型有冬播、春播和秋播,其中,以春播马铃薯为主要类型,占总量的 90% 以上。生产上马铃薯多与玉米、蔬菜、豆类等作物间作套种,既有保护地栽培也有露地栽培。生产上主要以早熟、中熟菜用型马铃薯品种为主,主栽品种有克新 1 号、克新 3 号、早大白、虎头、牛角红、荷兰 14、荷兰 15 等。马铃薯在秦岭山地条件下,按照海拔和温度形成了三种相对稳定且差异明显的种植区域。

① 低热一类区冬播马铃薯　主要指海拔在 600 m 以下的河谷川塬区。马铃薯播种期既有冬播又有春播,既有保护地种植又有露地种植,马铃薯常与蔬菜轮作套种。如,冬蒜苗—冬播马铃薯—春玉米—秋菜,这一模式一般要有水利灌溉条件。蒜苗 7 月中下旬至 8 月初播种,12 月下旬至翌年 1 月上旬收获,然后播种马铃薯,4 月上中旬,在马铃薯行间播种春玉米,马铃薯 5 月中下旬收获后播种秋菜,如胡萝卜、甘蓝、萝卜、白菜等,或重复冬蒜苗—马铃薯—春玉米这一循环。马铃薯—春玉米、地膜马铃薯冬播—春玉米这两种模式对水利灌溉条件没有要求,靠自然降雨就能完成,也是这一自然区域马铃薯的主要种植模式。露地马铃薯播种一般在春节后(2 月中下旬)进行,地膜马铃薯播种一般在春节前(1 月下旬)进行,春玉米播种一般在谷雨前后(4 月下旬至 5 月初)进行。

② 中温二类区春播马铃薯　主要指海拔在 600～800 m 的旱塬丘陵区。这一区域内马铃薯均为春播,有露地播种,也有地膜播种。播种时期一般在 2 月中下旬至 3 月初,地膜马铃薯播期宜早不宜迟,破膜放苗是马铃薯生产的重要技术环节,要适时、及时进行,既要防霜冻又要防烧苗。这一区域内马铃薯与其他作物套种方式多样,主要模式是马铃薯与玉米套种,玉米于谷雨前后在马铃薯行间播种,种植行比有 1∶1、1∶2、2∶2 等 3 种类型,马铃薯收获后也有少部分种植秋菜的,如甘蓝、萝卜等(怕伏旱)。

③ 高寒山区春播马铃薯　主要指海拔 800～1400 m 的中高山区。这一区域马铃薯均为春播,播期在 3 月中下旬,玉米于谷雨后播种在马铃薯行间。马铃薯有地膜栽培也有露地栽培。该区域是马铃薯的主产区,马铃薯＋玉米是主要套作模式,马铃薯与玉米按 1∶1 行比间隔种植为主,带型为 80～90 cm 对开。也有马铃薯与玉米行比按 2∶1 的,带型为 110 cm 对

开;其次是马铃薯与豆类套作,马铃薯与豆类行比为1:2,带型为110 cm对开。

(2)安康市马铃薯生局产布局 安康地处秦岭巴山之间,马铃薯栽培历史悠久。马铃薯常与玉米、甘薯、豆类、蔬菜等作物以及茶树、果树间作套种,可以极大地提高光能和土地利用率,增加单位面积经济效益。间作套种马铃薯应选早、中熟脱毒品种,春播采用地膜覆盖栽培模式,尽可能缩短与其他作物的共处期,缓解两作物共处期间水、肥及栽培管理等矛盾。安康盆地中高山主要是马铃薯与玉米、大豆、蔬菜(萝卜、大白菜)间套作,此模式解决了中高山区一年一熟有余,两熟不足的矛盾;而在浅山、丘陵、平川二熟或三熟制区域,冬播(春收马铃薯)和秋播(冬收马铃薯),主要是马铃薯与玉米、甘薯、大豆、蔬菜、茶树、果树等间套作。

① 马铃薯与玉米间套种模式 为解决玉米遮光问题,可采用2:2的种植方式,即马铃薯和玉米各2行,小行距均为33.3 cm,每幅120 cm宽,马铃薯株距27~30 cm,马铃薯和玉米密度均为每亩3700株。对于高秆玉米可用3:2的种植方式,即3行玉米2行马铃薯,玉米行距40 cm、株距30 cm,马铃薯行距60 cm、株距27~30 cm,马铃薯与玉米的行距33.3 cm,每一幅宽200 cm,马铃薯和玉米密度均为每亩3333株。

② 马铃薯与甘薯间套种模式 行比1:1。单行马铃薯与单行甘薯相距50 cm,双行与双行之间相距100 cm,马铃薯株距27 cm,亩5000株,甘薯株距33 cm,亩4040株。马铃薯前期培土成垄,甘薯在垄中间平地栽植,待马铃薯收获时把马铃薯的垄变成平地,把甘薯的平栽变成垄作。

③ 马铃薯与大豆间套种模式 行比1:1;2:1;2:2等(马铃薯早播,大豆晚播)。

④ 马铃薯与玉米、蔬菜立体套作模式 马铃薯比玉米早播一个半月左右,蔬菜的播期因品种不同差异较大。马铃薯较其他作物耐寒,播种比其他作物早,出苗后需浇水,这样马铃薯前期浇水会降低土壤温度,影响玉米、蔬菜等间作作物的出苗及苗期生长。因此,在必须浇水时,应在两行马铃薯之间进行小水浇灌。

(3)汉中市马铃薯生产布局 汉中属最北缘的亚热带季风性气候,年平均气温14.5 ℃,1月份平均气温2.0 ℃,全年无霜期235~250 d,年降水量871.8~1122.9 mm,南依巴山,北靠秦岭,形成了典型的盆地地形,汉江从其中部穿流而过,气候温暖湿润,无霜期长,水源丰富,有近似于马铃薯原产地的生态条件,是优质高产马铃薯最佳生态区。

① 汉中马铃薯种植季节 从每年11月开始到翌年3月都有不同地区、不同栽培方式的马铃薯播种,每年4月到7月均有鲜薯收获上市,填补了全国马铃薯鲜薯淡季市场的供应。平川双膜大棚马铃薯11月上旬至11月20日先后播种,单地膜马铃薯11月10日至12月30日播种,浅山丘陵地区地膜马铃薯12月25日至翌年2月15日播种,山区地膜马铃薯2月初至2月中旬播种,露地2月下旬至3月上旬播种。

② 汉中马铃薯与其他作物的接茬关系 马铃薯在汉中川道低热区经常与水稻进行年内轮作种植,即马铃薯收获后种植秋稻;马铃薯与油菜、水稻进行年际间轮作种植;马铃薯在山区则经常与玉米间作套种。

③ 汉中马铃薯概况与特色 汉中马铃薯常年种植面积为60多万亩,总产近60万t。平川20多万亩,山区40多万亩,是仅次于水稻、油菜、玉米、小麦之后的第五大作物。平均单产每亩970 kg以上,早熟大棚每亩2500 kg以上。近年来,在产业政策和各级政府的支持下,通过新品种引进、脱毒技术推广、高产高效栽培模式集成示范,汉中马铃薯产业迅猛发展,形成了以镇巴、略阳、宁强等县区为代表的山区晚熟马铃薯主产区和以汉台、城固、洋县、勉县等县区

汉江川道为代表的地膜早熟菜用为特色的两大马铃薯主产区。

2. 陇南地区马铃薯生产布局

陇南市位于甘肃省东南部,地处秦巴山区,东接陕西,南通四川,扼陕甘川三省要冲,素称"秦陇锁钥,巴蜀咽喉"。陇南是甘肃省唯一属于长江水系并拥有亚热带气候的地区,被誉为"陇上江南"。境内高山、河谷、丘陵、盆地交错,气候垂直分布,地域差异明显,有近似于马铃薯原产地的生态条件,是甘肃省马铃薯优势产区之一。

(1)陇南市马铃薯生产情况　根据《陇南市统计年鉴》2014—2018 年统计数据,全市马铃薯种植面积五年间在 83.02 万～87.39 万亩之间变化波动,平均亩产(折粮)188.51～202.39 kg,总产量 15.65 万～17.70 万 t,各县均有种植,尤以西和、礼县、武都、宕昌四县区为全市主要种植区。近年来全市种植面积总体呈下降趋势,单产水平同甘肃省其他市州相比偏低,五年中 2018 年产量最高,亩产鲜薯 1012 kg,有巨大增产潜力。随着种植结构的不断调整发展,出现了合作社专业化发展的势头,西和县何坝民旺马铃薯专业合作社、宕昌县哈达铺镇马铃薯专业合作社、武都米仓山马铃薯合作社、武都区红平蔬菜专业合作社等在省内具有一定影响。在海拔 1200～2600 m 的高寒阴湿和半山干旱地区主要是垄作、地膜覆盖的种植方式,平作为补充;春播、单作为主体,复种夏播零星种植。播期从半山干旱地区 3 月中旬播种开始至高寒阴湿地区 5 月初播种结束,主要种植粮菜兼作类型的中晚熟品种,收获时间半山干旱区域 7 月份开始,高寒阴湿区域 9 月份开始,10 月份结束。海拔 1200 m 以下的两江一水沿岸河谷地区,主要是垄作、地膜覆盖冬播种植为主,塑料小拱棚、大棚等设施种植为补充,秋播零星存在,面积较小;播期从 12 月份开始,2 月初结束,主要种植早熟菜用型品种,收获期是 4 月份开始,6 月份结束,一年之中 7 个月有鲜薯产品供应。

(2)陇南市马铃薯生产区域划分　西和县西南部的西高山、姜席、何坝、石峡、十里、西峪等乡镇,礼县东北部的宽川、红河、永兴、永坪、石桥、固城、崖城、湫山和南部的草坪、铨水、滩坪、王坝等乡镇,武都区东北部的池坝、马营、鱼龙、三仓、磨坝、龙凤等乡镇,宕昌县南部的狮子、新寨、化马、官亭和西北部的将台、车拉、理川、哈达铺、阿乌等乡镇属高寒阴湿或半山干旱地区,海拔在 1200～2600 m,为最适宜、较具优势的春播马铃薯种植区。主要种植粮菜兼用型品种,产品以鲜食和淀粉加工为主。西和县的蒿林、大桥,成县的毛坝,武都区汉王、城郊、两水、石门等乡镇,宕昌县沙湾,文县临江等海拔 1200 m 以下地区,为冬播和设施特色种植区,主要种植早熟菜用型品种,产品可鲜食、也可粮菜兼用。

(3)陇南马铃薯与其他作物接茬关系　陇南种植农作物种类繁多,在海拔 1800 m 以上的高寒阴湿区域,选择茬口以冬小麦、玉米、蚕豆、甘蓝、黄芪、羌活、大蒜为最佳,党参、当归为次之,大黄较差;轮作模式有:春马铃薯—大黄—羌活、蚕豆—春马铃薯—党参、羌活—春马铃薯—玉米、春玉米—春马铃薯—春大蒜、冬小麦—春马铃薯—黄芪、春油菜—春马铃薯—羌活等。海拔 1700～1200 m 的半山干旱区域,选择茬口主要以冬小麦、玉米、大豆为最佳,红芪、党参、荞麦为次之;轮作模式有:冬小麦—马铃薯—红芪、玉米—马铃薯—党参、大豆—马铃薯—冬小麦、红芪—马铃薯—冬小麦等。海拔 1200 m 以下地区,属特色种植,选择茬口以水稻、大蒜、甘蓝、大白菜、萝卜、玉米为最佳,忌甘薯、西红柿、辣椒等作物;轮作模式有:水稻—冬马铃薯—大白菜、冬蒜苗—冬马铃薯—甘蓝、夏玉米—冬马铃薯—水稻、冬马铃薯—夏玉米—冬油菜等。

陇南马铃薯间套作较少,主要是西和、礼县的苹果产区和武都、礼县的花椒产区的林果、薯间作模式,以春马铃薯+苹果、春马铃薯+花椒常见,其次是冬播区域的冬马铃薯+春玉米、冬马铃薯+桃。海拔 1200 m 以下的区域的间套模式有:马铃薯+春玉米、冬大蒜+马铃薯、甘蓝+马铃薯。

参考文献

蔡培川,1989.甘肃天水马铃薯种植历史初考[J].中国农史(3):65-66.

蔡兴奎,谢从华,2016.中国马铃薯发展历史、育种现状及发展建议[J].长江蔬菜(12):30-33.

陈焕丽,吴焕章,郭赵娟,2012.中原二作区秋播马铃薯栽培技术[J].现代农业科技(24):100.

陈伊里,石瑛,秦昕,2007.北方一作区马铃薯大垄栽培模式的应用现状及推广前景[J].中国马铃薯,21(5):296-299.

谷茂,马慧英,薛世明,1999.中国马铃薯栽培史考略[J].西北农业大学学报,27(1):77-81.

谷茂,丰秀珍,2000.马铃薯栽培种的起源与进化[J].西北农业学报,9(1):114-117.

郭焕忠,王崇乐,谢家森,等,1989.安康土壤[M].西安:西安地图出版社.

胡利平,张华兰,2003.马铃薯生态气候条件分析及适生种植区划[J].甘肃气象,21(2):28-30.

金黎平,屈冬玉,谢开云,等.2004.中国马铃薯育种技术研究进展.中国马铃薯学术研讨会与第五届世界马铃薯大会论文集[M].哈尔滨:哈尔滨工程大学出版社.

李俊清,1990.陇南土壤[M].甘肃陇南地区土壤普查办公室.222-240.

李鹏旭,2010.马铃薯传入甘肃初探[J].古今农业(2):105-110.

刘东,1992.甘肃省陇南地区土壤对酸雨敏感性分析[J].甘肃环境研究与监测(2):10-14.

刘瑛,2014.陇南市马铃薯脱毒种薯生产现状分析[J].甘肃农业(17):22,24.

刘毓汉,1989.甘肃省情(第二部)[M].兰州:兰州大学出版社.

隋启君,白建明,李燕山,等.2013.适合西南地区马铃薯周年生产的新品种选育策略.马铃薯产业与农村区域发展论文集[M].哈尔滨:哈尔滨地图出版社.

唐红艳,牛宝亮,张福,2010.基于 GIS 技术的马铃薯种植区划[J].干旱地区农业研究,28(4):158-162.

滕宗璠,张畅,王永智,1982.我国马铃薯栽培区划的研究[J].马铃薯科学(1):3-8.

滕宗璠,张畅,王永智,1989.我国马铃薯适宜种植地区的分析[J].中国农业科学,22(2):35-44.

万小梅,王凤林,王治中,2013.陇南市马铃薯产业发展思考[J].甘肃农业(6):10-11.

王凤义,2004.发展马铃薯大有可为[J].农民科技培训(5):6-7.

吴正强,岳云,赵小文,等,2008.甘肃省马铃薯产业发展研究[J].中国农业资源与区划,29(6):67-72.

杨东,郭盼盼,刘强,等,2010.基于模糊数学的甘肃陇南地区农作物气候适宜性分析[J].西北农林科技大学学报:自然科学版,38(7):98-104.

翟乾祥,2004.16—19 世纪马铃薯在中国的传播[J].中国科技史料,25(1):49-53.

张丛,任艳红,2014.陇南市特色农产品区域协调性分析[J].发展(10):112.

张利霞,2001.浅析陇南地区马铃薯生产现状和发展对策[J].甘肃农村科技(6):9-10.

张勇,何文,高霞,等,2012.汉中市农作物秸秆资源应用调查与评价[J].农业环境与发展(2):24-26.

钟鑫,蒋和平,张忠明,2016.我国马铃薯主产区比较优势及发展趋势研究[J].中国农业科技导报(2):1-8.

朱聪,2013.我国马铃薯生产发展历程及现状研究[J].安徽农业科学,41(27):11121-11123.

朱琳,1994.秦巴山区农业气候资源垂直分层及农业合理化布局[J].自然资源学报,9(4):350-358.

第二章　秦岭南麓马铃薯育种

第一节　种质资源和育种途径

一、国家、陕西省、甘肃省马铃薯种质资源

(一)中国马铃薯种质资源及发展

种质资源又称遗传或基因资源,它包括一种作物当地的和外来的新、老品种及育种材料,近缘野生种以及通过有性杂交、体细胞杂交和诱变、基因工程等创造的新类型。马铃薯具有丰富的生态多样性和广阔的适应性,根据 Hawkes 的分类,目前发现马铃薯有 235 个种,其中有 7 个栽培种,228 个野生种,能结薯的种有 176 个。种质资源的搜集引进、鉴定、创新和利用一直为中国马铃薯育种者所重视。据估计,目前中国共保存了 4000 多份种质资源,其中国家种质克山试管苗库现保存各类种质资源 2200 余份,中国农业科学院蔬菜花卉研究所保存 2000 余份。保存的材料包括:国内育成和国外引进的品种和优良无性系、2n 配子材料、新型栽培种、优良加工亲本材料、野生种和近缘栽培种材料、优良孤雌生殖诱导者、双单倍体与野生种杂种、耐旱高淀粉材料等。

1. 地方品种的搜集　在 1936—1945 年间,管家骥、杨鸿祖共搜集了 800 多份地方材料。1956 年组织全国范围内的地方品种征集,共获得马铃薯地方品种 567 份,其中很多具有优良特征。筛选出 36 个优良品种,如抗晚疫病的滑石板、抗 28 星瓢虫的延边红。1983 年编写出版了《全国马铃薯品种资源编目》,收录了全国保存的种质资源 832 份,为杂交育种提供了丰富的遗传资源。

2. 国外品种的引进　马铃薯在产量、品质性状、抗病虫性及对各种逆境的耐受等方面,存在广泛的遗传多样性。为此世界各国马铃薯育种家都努力组织征集和利用各类外来种质资源。1934 年开始从国外引进了大批的品种、近缘种和野生种。1934—1936 年,管家骥从英国和美国引进 14 个品种。20 世纪 40 年代中期,前中央农业试验所从美国农业部引入了 62 份杂交组合实生种子。从 1936—1945 年,中国从英、美、苏等国引进的材料中鉴定出"胜利""卡它丁"等 6 个品种在各地推广。1947 年杨鸿祖从美国引进了 35 个杂交组合。20 世纪 80 年代末至 90 年代初从国际马铃薯中心(CIP)引进群体改良无性系 1000 余份,引进杂交组合实生种子 140 份,筛选出了一批高抗晚疫病和抗青枯病的种质资源。1995 年后,随着国际交流增加、马铃薯加工业的发展,从荷兰、美国、加拿大、俄罗斯、白俄罗斯等国和国际马铃薯中心引进了食品、淀粉加工和抗病等各类专用型品种资源。近年来中国从国际马铃薯中心共引进抗病、抗干旱和加工等种质资源 3900 多份。国外品种最基本的种质来源是 20 世纪 40—50 年代引自

美国、德国、波兰和苏联等国,少数来自加拿大、CIP。美国引入的品种资源有卡它丁、小叶子、火玛、红纹白、西北果、七百万等品种及杂交实生种子。德国品种有德友1~8号及白头翁、燕子等品种。波兰品种有波友1号(Epoka)、波友2号(Evesta)等品种。

(二)陕西省马铃薯种质资源及发展

陕西省马铃薯种植按生态、地理、气候划分为陕南种植区和陕北种植区。陕南(秦巴山区)生态气候与西南相似,而陕北(黄土高原)生态气候又与西北及华北相似,故在品种应用上差异较大。陕南多以早熟、中晚熟耐涝和抗晚疫病、青枯病、黑胫病品种为主;而陕北多以早熟、中晚熟耐旱及抗晚疫病、病毒病、环腐病品种为主。目前,陕西省开展马铃薯育种工作的单位仅有3家,分别是安康市农业科学研究院、榆林市农业科学研究院和西北农林科技大学。其中安康市农业科学研究院较早开展了马铃薯的育种工作且从未中断,保持有传统的育种优势,因此陕南多以安康市农业科学研究院自主选育及西南同类地区外引品种为主,品种种质资源数量多、创新较快。而榆林市农业科学研究院在20世纪70—80年代曾开展过育种工作,但1990—2008年间一度中断,致使大量种质资源流失,2009年才重新恢复育种工作,整个陕北地区仍以外引为主,自育品种种质资源相对较少。2013年西北农林科技大学开设育种课题,省内马铃薯育种实力进一步增强,各育种单位以加工品质优良、淀粉含量高、抗旱、耐涝、高抗晚疫病为育种目标,从国内外收集利用优良资源,配制了大量杂交组合,创造出了多个系列的马铃薯新种质和育种中间材料。可利用于杂交育种的新品种(系)约有107份。其中自育品种(系)37份,包括安康市农业科学研究院选育的安农、文胜、安薯、秦芋等系列种(系),共23份;西北农林科技大学选育的红玫瑰、黑玫瑰、紫玫瑰、黄玫瑰等系列特色品种共9份;榆林市农业科学研究院选育的榆薯品种(系)共5份。外引品种(系)(不含重复引种)70份,包括安康市农业科学研究院引进的鄂薯系列5份,云薯系列2份,丽薯系列3份,黔薯系列2份,威芋系列2份,青薯系列2份,陇薯系列2份,共18份;榆林市农业科学研究院马铃薯研究所引进的东北白、虎头、费乌瑞它、布尔班克、夏波蒂、荷兰14号、阿克瑞亚、康尼贝克(LK99)、克新1号、陇薯系列5份、青薯系列3份、冀张薯系列3份、中薯系列3份、晋(同)薯系列4份、安0302-4,共28份;西北农林科技大学引进国外不同类型种质材料24份。此外,延安、汉中、商洛等农业科学研究所共引进新品种(系)60余份,为陕西省未来马铃薯种质资源保存、开发利用、杂交育种奠定了良好基础。

(三)甘肃省马铃薯种质资源及发展

甘肃省是中国马铃薯主要产区之一,马铃薯也是该省三大粮食作物之一,2003年全省马铃薯种植面积扩大到50万hm²左右,位居全国第二;总产量达到750万t上下,位居全国第一。全省十四个市(州)全部种植马铃薯,其中定西市面积达20万hm²,安定区被农业部命名为"中国马铃薯之乡"。全省86个县(市、区)有60个种植马铃薯。甘肃省开展马铃薯育种工作已有40多年历史,甘肃省农业科学院、甘肃农业大学供应脱毒苗及微型薯,同时先后选育成陇薯系列、武薯系列、天薯系列、庄薯系列、甘农薯以及宕薯系列等新品种(系)40多个,还成功引进了"大西洋""费乌瑞它""夏波蒂"等几十个国内外优良品种,为甘肃省乃至西北马铃薯生产和粮食安全做出了贡献。甘肃省农业科学院选育的高淀粉品种陇薯3号,薯块淀粉含量高达20.09%~24.25%,是国内育成的第一个淀粉含量超过20%的新品种,已成为全省马铃薯主栽品种和淀粉加工专用品种,种植范围已扩大到周边各省区,年播种面积超过 20.0 万 hm²。2009 年,甘肃省农业科学院又成功选育出了超高淀粉马铃薯新品系 L0206-6,淀粉含量高达23%～27%,实现了中国高淀粉马铃薯选育的新突破,达到国外高淀粉育种的先进水平。选育的薯条及全粉加工专用型马铃薯新品种陇薯 7 号和 LK99,填补了国内空白,成为肯德基、麦当劳两大世界快餐巨头的供应原料。

(四)种质资源的遗传多样性保存技术

1. 田间种质库保存　中国马铃薯种质资源过去一直采用"春播、秋收、冬窖藏"的方法保存。但是,田间保存不仅需要大量的人力、物力和财力,而且不可避免地受到各种灾害(干旱、洪涝、病虫害等)和人为因素的影响,最终可能造成资源混杂或遗失。

2. 离体保存　20 世纪 80 年代以来利用茎尖脱毒、组织培养技术逐渐将资源转育成试管苗保存。离体条件下试管苗保存即避免田间病虫害的侵袭,减少资源流失,又具有占用空间小,维持费用相对较低,便于国际的种质交流等优点。离体保存可分为一般保存和缓慢生长法保存。一般保存马铃薯试管苗利用 MS 固体培养基,保存温度为 20～22 ℃,光照为 2000 lx(16 h),每 3～6 个月继代培养一次。缓慢生长法保存是通过调节培养环境条件,在 MS 培养基中添加适量甘露醇、矮壮素等,抑制保存材料的生长和减少营养消耗来延长继代培养时间。低温及甘露醇相结合也能增加试管苗的保存时间。例如克山马铃薯研究所从 20 世纪 80 年代初,就利用茎尖组织培养技术逐渐将资源材料转育成试管苗保存。

3. 微型薯保存　马铃薯微型薯的诱导成功为资源保存开辟了一条新的途径。据国际马铃薯中心报道,与试管苗相比,微型薯一般条件下可保存 2 年,低温条件下能延长至 4～5 年。例如,"八五"初期,克山马铃薯研究所利用含有 Bap 和 8% 蔗糖的 MS 培养基在光照条件下生产出部分资源的微型薯,并在 60 ℃下保存近 1 年半。

二、育种途径

(一)引种

从国外引入马铃薯品种,经过筛选鉴定,选出在生产上直接推广利用的材料,或为杂交育种提供亲本材料。例如 20 世纪 50 年代黑龙江省克山试验站从东德、波兰引入推广了 8 个品种,其中米拉、疫不加、阿奎拉和白头翁等品种在生产上发挥了较大作用。

(二)杂交育种

杂交育种又称组合育种,是根据新品种的选育目标来选配亲本,通过人工杂交的手段,把分散在不同亲本上的优良性状组合到杂种之中,对其后代进行单株系选和比较鉴定来培育新品种的一种重要育种途径。根据亲本的亲缘关系远近不同,可区分为品种间杂交(近缘杂交)和种间杂交(远缘杂交)。品种间杂交一般包括品种(系)间的杂交、自交、回交和杂种优势(指纯自交系间的杂交)等四种方式。目前已育成了 100 多个品种,其中大多数品种都是通过品种间杂交选育而成的。例如以波友 1 号为亲本之一育成了克新 2 号、克新 10 号、坝薯 9 号等品种;以米拉为亲本之一育成克新 2 号、克新 3 号及高原 2 号、超白等品种。种间杂交(远缘杂交)早在 20 世纪 50 年代就已经开始研究,仅在近缘栽培种方面取得了一些成绩,通过对新型栽培种的群体改良,筛选了一批有价值的优良亲本。应用种间杂交技术诱导普通栽培品种孤雌生殖,筛选了优良的双单倍体诱导者 NEAP-16、D-2-1 等,获得了大量双单倍体,筛选了一大批高频率产生 2n 花粉二倍体杂种材料,其中农艺、加工性状优良,稳定地高频率产生 2n 花粉(20％以上)的材料有 HS225、R22、QCE51-51-1、DY10-5 等 20 多份,2n 花粉频率最高达 35.5％。并利用这些亲本培育出一些不同用途的优良品种(东农 304、克新 11 号、内薯 7 号等)。少数品种由自交方法育成(克新 12 号、克新 13 号等),回交方法主要用于亲本材料的改良,由于马铃薯遗传基础极为复杂,杂种优势的利用还处在研究探索阶段,进展不大。

(三)自然变异选择育种

许多马铃薯品种的芽眼有时会发生基因突变,突变的频率很低(10^{-8}),遗传型改变较小,产生与原品种在形态上或其他生物学性状上不同的优异类型,将这种类型扩大繁殖成为一个新品种。例如:河北省坝上农业科学研究所育成的坝丰收品种是来自沙杂 1 号品种的芽变。

(四)辐射育种

辐射育种是通过物理手段人工诱发遗传物质的变异。在马铃薯中,其诱变频率增加 1000 倍左右,是马铃薯新品种选育的一种手段,并在实践中选育出一批有利用价值的新品种(系)。常用的是 X 射线,γ 射线,一般用来照射马铃薯块茎,通常的剂量为 2000～5000 R(伦琴)。青海省大通县农业科学研究所曾利用深眼窝品种经辐射处理后选育出高产、高抗晚疫病的新品种辐深 6-3 。

(五)天然籽实生苗育种

天然籽实生苗育种是马铃薯最原始的育种途径,在栽培天然籽实生苗的过程中,一旦发现优良性状的单株,就可以通过块茎的无性繁殖将其固定下来,经比较试验扩大繁殖就可成为一个新品种(系)。采用这种方法,中国各地选育出一批适合当地栽培的新品种(系)。例如,藏薯 1 号(波兰 2 号天然籽实生苗中选出)、本 66013(男爵品种天然籽实生苗)。

(六)生物技术育种

1. 基因转移　通过外壳蛋白基因介导,复制酶基因介导,表达基因调控序列和核酶等基因工程途径,获得了一批不同程度上抗 PVX、PVY、PLRV 的转基因马铃薯栽培种,这些转基因马铃薯多数已进入田间试验;马铃薯青枯病抗菌肽基因工程已获得成功;转抗马铃薯 PSTVd 的核酶基因工程马铃薯也已问世;马铃薯抗晚疫病转基因工程也获得重大突破,现已获得抗病植株;外源 DNA 导入方面正在试验当中,现已得到变异材料。

2. 染色体工程育种　染色体工程育种也称倍性操作育种,1963 年由 Chase 提出来的育种方案,即将四倍体降为二倍体,先在二倍体水平上进行选育、杂交和选择,然后再经过染色体加倍,使杂种恢复到四倍体水平。为野生种的利用展示了美好的应用前景。中国如今已在诱导双单倍体和单倍体,染色体加倍及 2n 配子利用等方面获得了成功。

(七)细胞工程育种

细胞工程育种主要是指利用花药组织培养、原生质体培养、体细胞融合与杂交等技术进行育种的方法。华中农业大学、甘肃农业大学、中国农业科学院蔬菜花卉研究所、东北农业大学等单位开展了此方面研究,并获得了体细胞杂种植株和其他优良品系,目前正在评价和应用于育种之中 。

邱彩玲等(2007)曾介绍,已经发现普通马铃薯共有 235 个亲缘种,其中 7 个栽培种,228个野生种。这些亲缘种中,从二倍体(2n＝2x＝24)到六倍体(2n＝6x＝72)都有存在,其中二倍体最多,约占 70% 左右 。二倍体中有许多非常宝贵的基因,如较强的抗性:抗早疫病、青枯病、Y 病毒、卷叶病毒、普通疮痂病、黑胫病、癌肿病、块茎蛾、马铃薯甲虫、根结线虫、囊线虫;抗霜冻;早熟、耐热;干物质含量高。因此,利用二倍体马铃薯资源来培育马铃薯新品种,有望培育出超过已有品种的新品种。

蒲正斌等(2012)介绍,安康盆地马铃薯育种具有区位优势、自然资源优势、生产上错季优势,技术优势等。从全国多个育种单位引进不同类型远缘杂交材料百余份;用杂交实生种子培育实生苗累计近万份;常年保持实生苗无性繁殖后代筛选材料上千份;用于杂交的原始保存材料数十份。目前已培育出一批优良品种。

第二节　商洛地区马铃薯育种

一、种质资源

据史料记载,马铃薯在明朝中后期(1573—1619)传入中国,沿着东南沿海、西南、东北三条线路向内地传播扩散,至今已有 400 多年的种植历史,种植区域遍布全国各个省(区、市)。商洛地处秦岭东南麓,穿境而过的 600 里*“商於古道”曾是秦驰道的主干道之一,是关中通往东南和中原地区的军事、商旅要道。丹凤县龙驹寨镇的船帮会馆和山阳县漫川关在历史上就是商洛有名的水旱码头,商贸活动活跃,所以有理由相信马铃薯传入商洛是比较早的。据山阳县志记载,明代末年商洛地区就有马铃薯种植,主要品种有乌洋芋、黄洋芋、白洋芋,淀粉含量最高的是乌洋芋,由于洋芋品种退化快,川道地区需要每年到高山区引种。据民国陕西省建设厅档案记载,“民国”二十八年(1939)农作物种植面积及产量年报记录,洛南县马铃薯种植面积12620 亩,鲜薯平均亩产 300 kg,总产 316 万 kg。1949 年全区种植面积 16.67 万亩,单产64 kg,总产 1070 万 kg(折粮,下同)。

据商洛市农业科学研究所资料记载:20 世纪 60 年代,商洛地区马铃薯品种主要以元乌芋、矮乌芋、骆驼洋芋等农家种为主。60 年代末开始新品种的引进,期间共引进了反修红、反帝红、白头翁、克疫等 10 个品种,70 年代曾在生产上发挥了很大的作用。1971 年,商洛市农业科学研究所从内蒙古丰镇县引进马铃薯小籽(小青果)26 个,在丰镇技术员的指导下,育苗移栽,按照组合分别收获了实生薯 500 kg,开始马铃薯新品种的选育工作;从乌盟农业科学研究所引进 70-10、70-11 等品系;从安康农业科学研究所引进安农 1-5 号、哈交 25 号等品种(系)6份,进行品系比较试验。1972 年从全国引进了 42 个品种(系)进行试验,将表现好的 8 份克新系列品种(系)同安农 5 号、白头翁、克疫等继续进行试验。同年,将 1971 种植获得的 52 个杂

---

* 1 里＝500 m。

交组合和 12 个自交种进行种植,经过 6 年的试验、观察、鉴定、优选,1978 年选育出商芋 1 号,1980 年选育出商 723-2 品系(未审),这两个品种成为商洛 20 世纪 70—80 年代的主推品种,在生产上发挥了重要作用。2000 年以来,商洛市农业科学研究所、商洛市农业技术推广中心等单位先后引进了中薯系列 6 份,陇薯系列 4 份,冀张薯系列 3 份,青薯系列 3 份,共计 16 份。据统计,目前商洛市共引进 100 多份马铃薯材料,这些马铃薯品种(系)在商洛的粮食生产上发挥了重要的作用。

二、品种演替

马铃薯自明朝末年传入商洛后,早期由于文献资料记载不详,品种较少,种植面积也小。有详细文献记载的马铃薯品种见于新中国成立以后,商洛的马铃薯种植面积由小到大,品种类型不断丰富。从 1950 年到 1990 年呈现稳定发展。1960 年第一次突破 30 万亩,达到 32.54 万亩,比 1949 年增长 95.2%,单产 69 kg(折粮,下同),比 1949 年增长 5 kg,总产 2249.5 万 kg,比 1949 年增长 1.1 倍。广大农户主要种植:元乌芋、矮乌芋、米洋芋、黄洋芋、大红袍、镇安牛头等品种。在这期间先后引进反修红、反帝红、白头翁、克疫、内蒙 2 号、多子白、长江、巫峡等品种用于生产,使得马铃薯产量不断提高。

20 世纪 70 年代初引进安农 1 号、安农 2 号、安农 3 号、安农 4 号、安农 5 号、文胜 4 号、同薯 8 号、乌蒙 601、小叶子、波友 1 号、金苹果、红眼等品种。试种后表现优质,抗病,高产,迅速推广普及。1971 年商洛地区农科所选育的新品种商芋 1 号通过省农作物审定委员会审定,在商洛广泛推广。1978 年从黑龙江引进克新 3 号良种,两年后引进东北白良种,表现出抗病、高产、结薯大、结薯集中等特点,逐步大面积推广,成为商洛马铃薯的主要骨干品种。由于引进了一些高产品种,1978 年商洛马铃薯的面积突破 40 万亩,达 45.85 万亩,比 1960 年增长40.9%,单产 74.49 kg(折粮,下同),总产 34155 t,分别比 1960 年增长 7.96% 和 51.83%。改革开放后,随着种植业结构的调整,面积稍有下降,但一直保持在 30 万亩以上,到 1990 年仍为36.44 万亩,单产 128 kg/亩,总产 46668 t。

20 世纪 80—90 年代从国内引进的克新 1 号、克新 3 号、虎头、早大白、中薯 3 号、中薯 5号、秦芋 30 号等品种用于生产。1989 年丹凤县农技站引进克新 1 号脱毒洋芋种繁殖留种,1998 年商洛地区引进津 318 试种成功。同时,商洛市农业科学研究所开展了马铃薯配套栽培技术的研究,总结出马铃薯地膜覆盖栽培技术、整薯短壮芽栽培技术、脱毒种薯栽培技术三项高产栽培技术,得到推广应用,大幅度地提高了马铃薯产量。涌现出丹凤县油坊村推广地膜覆盖马铃薯 32 亩,平均亩产鲜薯 2900 kg,比露地栽培马铃薯每亩增产 1400 kg 的高产典型。随着新品种和三项高产栽培技术的推广应用,马铃薯种植快速发展,1999 年种植面积 46.5 万亩,单产 182.8 kg,总产 8500 万 kg。

2000 年后,随着加入 WTO(世界贸易组织)和国内科研试验的广泛交流,主栽品种更加丰富,新增的主要品种有:荷兰 15、中薯 5 号、大西洋、郑薯 5 号、郑薯 7 号、夏波蒂、荷兰 803、荷兰 806、荷兰 7 号、兴佳 2 号、希森 3 号、希森 6 号。同时大力推广脱毒种薯、地膜覆盖、规范间套、配方施肥、病虫害综合防治等技术,使马铃薯产业再上新台阶。

三、自育和引进代表性品种选育

商洛市马铃薯有组织的育种工作开始于 20 世纪 70 年代,主要由商洛地区农业科学研究所牵头,先后引进 300 多份种质资源进行杂交筛选试验,选育出了商芋 1 号、723-2 等品种(系),同年代还引进了巫峡、反修 1 号、反修 2 号、安农 5 号等品种。1985—2008 年间因种种原因马铃薯育种工作中断,致使积累的大量种质资源遗失。自此以后,商洛地区马铃薯生产上所用品种皆为外引品种,以克新 1 号、克新 3 号为主。2009 年,在国家、省马铃薯产业技术体系带动下,商洛市农业科学研究所重新恢复马铃薯栽培育种研究工作。10 年来,从国内相关马铃薯科研院所、企业先后引进 40 多份优异种质资源,搜集地方品种 10 余份,建立种质资源圃,利用这些种质资源,以高产、优质、抗病、早熟为目标,配制杂交组合,选育适应商洛本地的马铃薯新品种;同时,先后引进中薯 3 号、中薯 5 号、荷兰 15、荷兰 14 、荷兰 806、兴佳 2 号、虎头、大西洋、早大白、郑薯 7 号、希森 3 号、希森 6 号等 12 个代表性优良品种,推动了商洛马铃薯品种的第三次更新换代,为商洛马铃薯的高产高效栽培提供了技术支撑。

(一)商洛地方品种

1. 元乌芋　别名:英芋头、洋山冠、二笨蛋、乌洋芋、麦黄乌洋芋。品种永久代号 315,品种产地陕西省丹凤县。该品种中熟,花浅紫蓝色,开花少,无有效花粉,无天然结实;块茎小而整齐,圆形,薯皮黑紫色,薯肉黄白色,芽眼深度中等,表皮较光滑,结薯中等集中,丰产性中等,耐贮藏;淀粉含量 15.0%,感皱缩花叶病毒,对晚疫病抗性弱(杨鸿祖,1983)。

2. 矮乌芋　品种永久代号 3119。品种产地陕西省镇安县。该品种中晚熟,花浅紫蓝色;块茎小、圆形,中等整齐,薯皮紫色,薯肉白中有紫纹,芽眼深度浅,薯皮光滑,结薯集中,不耐贮藏,丰产性低;淀粉含量 13.0%,感皱缩花叶病毒,对晚疫病抗性弱(杨鸿祖,1983)。

3. 骆驼洋芋　品种永久代号 3069,别名鸡窝洋芋。品种产地陕西省镇安县,该品种中熟,花浅紫色,花繁茂,块茎圆形,薯皮白色,薯肉白色,芽眼深,结薯集中不耐贮藏,淀粉含量 18.0%,感花叶皱缩病,对晚疫病抗性弱(杨鸿祖,1983)。

(二)自育品种(商洛马铃薯选育)

1. 商芋 1 号

(1)别名　原系谱号 719-2,永久代号 1093。

(2)选育人员　孙炯,刘培成。

(3)品种来源　陕西省商洛地区农业科学研究所用紫山药做作母本,68 黄作父本杂交育成。1981 年获商洛行署二等奖,1982 年经陕西省农作物品种审定委员会审定、命名推广,并获陕西省农委二等奖。该品种保存于黑龙江省农业科学院克山分院国家品种资源库。

(4)选育过程　1971 年从内蒙古丰镇县引进洋芋小籽 26 个,在丰镇农民技术员的指导帮助下,育苗移栽,按组合分别收获贮藏,获得实生薯 500 kg 左右。

1972 年将部分实生薯分配到各地进行群众选育,按照各组合实生薯的多少分别种植(无性系 1 代),根据洋芋种植特点,按照选种要求,筛选出单株 177 份,并进行了类型合并。

1973 年将选出单株,按株行进行播种(无性二代)。每行 15 穴,每 9 行设 1 对照行(安农 5 号,下同)在生育期观察病害大田抗性和熟性。结合收获时薯块产量等,进一步筛选出 72 个株系。

1974—1976 年按三行区进行小区试验。这三年特别是 1974 年晚疫病发生较为严重。对各种鉴定晚疫病大田抗性较为有利。进一步大量淘汰了不抗病、晚熟、植株高大不适宜间套的品种。1976 年选出 719-2、7112 等品种参加了区域试验和小面积的生产示范。对 719-2 进行了二季栽培繁殖。

1977 年对一直表现较好的 719-2 作了水肥测定和结薯习性观察,还做了大田生产鉴定。

1978 年地区决定在当地作为接班品种进行推广。目前已在商洛和蓝田等地推广种植。

(5)产量表现　从 1973 年株系(无性二代)选择开始到 1978 年区域试验,均表现出高产稳产。1976—1977 年大田示范,获得亩产 1400～1650 kg 的产量。较对照增产 24%～27%,在夏播中亩产 1258 kg,高出对照 13%。

(6)特征特性　该品种属于中晚熟品种,生育期 110～120 d。株高和株幅分别为 60 cm 和 45 cm 左右,株型直立或半直立,分枝靠下较多,茎绿色。花粉红色,叶片小,生长势强,自然结实性较差。薯块圆形或长椭圆形,薯皮红色,芽眼深红色,薯肉黄色,薯皮光滑,结薯集中,薯块整齐,品质好,耐贮藏。

(7)抗病性　据多年观察未发现环腐病、青枯病及早、晚疫病。1978 年在洛南、商县(商州区)、镇安及山阳等县调查结果表明:卷叶病毒(病情指数 6.1%,均为 1 级)影响该品种退化。在川道地区,特别是在二季作区中,发现感疮痂病,干旱年份重于多雨年份,山区较轻。

(8)栽培技术要点

春播与玉米套种,应采用宽窄行套种,1.5 m 带型(2∶2)或 2 m 带型(3∶2),夏播以纯种或宽带套种为宜。

在低热川道地区春播应适时早播,整个播种期应在 2 月中旬以前完成,最迟不超过 2 月低。如果采用夏薯作种薯,翌年春播必须进行催芽或培育短壮芽播种。

加强田间管理。生育期进行中耕除草,高培土,适时浇水,能有效防止疮痂病的发生。

2. 商 723-2　永久代号 4143(未审,选育过程资料丢失)

(1)选育人员　孙炯,刘培成。

(2)品种来源　陕西省商洛地区农业科学研究所从红二天然果后代中选出。该品种中早熟,无花,无天然结实;块茎椭圆形,大而整齐,薯皮粉红色,薯肉白色,芽眼深,薯皮光滑,结薯集中,丰产性高,对晚疫病抗性中等。1974—1977 年在镇安县、商南县、商县(商州区)等地多点试验,比安农 5 号增产 11.5%～29.6%,大田生产示范表现高产稳产,一般比安农 5 号增产 10.1%～21%。套种亩产可达到 1000 kg 左右;纯种亩产可达到 2500 kg 左右(杨鸿祖,1983 年)。

(三)商洛马铃薯品种的引进与试验

1. 巫峡

(1)品种来源　原系谱号"B76-43",别名"龙桥洋芋""快洋芋""秋洋芋",美国称 Punggo。前中央农业部实验所于 1947 年从美国农业部引进的育种中间材料"B76-43"(96－44×528－170),后经比较奠定选出,1957 年开始推广。

(2)试验情况　20 世纪 60 年代末由商洛农业科学研究所引入商洛地区(商洛市)试验种植,当年表现优异。该品种中熟,株高 50 cm,生育期 90 d 左右。植株直立型,分枝数较多,生长势中等,块茎卵圆形,顶部稍尖,白皮白肉,大中薯率高,块茎休眠期短,耐贮藏。1970 年,在商州试验,亩产 1125.3 kg,比当地对照品种镇安牛头高 85.2 kg,增幅 8.2%。1972 年,在商南、镇安、黑山试验,分别增幅 7.8%、9.1%、9.5%,1973—1975 年在商南、洛南、镇安进行试验、示范,其表现均优于当地农家种。块茎芽眼浅,大小整齐,商品薯率达到 78% 以上,抗晚疫病,感皱缩花叶病和卷叶病,一般亩产 1000～140 kg。1976 年大面积推广,1976—1985 年累计推广种植面积 180 多万亩。

(3)栽培技术要点　该品种因株型较矮小,套作玉米适宜的密度为 4500～4800 株/亩,是商洛马铃薯套作玉米的主要品种,适宜商洛低热区和中温区种植。

2. 跃进

(1)品种来源　原系谱号"58-53-混 2",又名"沙杂 11 号"。河北省张家口地区坝上农业科学研究所于 1958 年用"疫不加"(Epoka)作母本,"小叶子"(北京小黄)作父本杂交,1966 年育成命名并开始推广,1984 年经全国农作物品种审定委员会认定为国家级品种。

(2)试验情况　1970 年,商洛农科所引入试验种植。当年表现优异:株型直立,分枝较多,生长势强,株高 70 cm 左右,块茎长椭圆形,白皮白肉,表皮光滑,块茎大小整齐,结薯集中。1971 年,在农科所黑山试验基地种植,亩产 1210.3 kg,比对照品种镇安牛头增产8.9％。1972—1975 年,在洛南、丹凤、商南试验、示范种植,表现突出,其块茎蒸食品质优,适宜菜用,植株高抗晚疫病,抗环腐病和黑胫病,较抗花叶病毒病,土壤干旱时容易发生二次生长,其亩产稳定在 1350 kg 左右。1976 年推广种植,1976—1988 年累计种植 200 多万亩。

(3)栽培技术要点　该品种块茎生长膨大较快,适宜种植在水肥条件较好的田块,一般播种密度每亩 3200～3500 株左右,适宜在商洛中高山区种植。

3. 安农 5 号

(1)品种来源　陕西省安康市农业科学研究所 1966 年从"哈交 2 号"的天然实生种子后代选育。1979 年通过陕西省农作物品种审定委员会审定。

(2)试验情况:该品种 1971 年引入商洛试验种植,当年生长势较强,分枝较少,株高60 cm。茎浅紫褐色,复叶大,叶绿色,株高 79.5 cm,烂薯少,较抗晚疫病,抗环腐病和卷叶病毒病,轻感花叶病毒病,易保存。当年收获折合亩产 1169 kg,8 个参试品种中居第二位。1974年在丹凤县铁峪铺试验 1916.5 kg/亩,柞水县红岩寺镇试验 2070 kg/亩。1975 年大面积推广种植。

(3)栽培要点　培育短壮芽。选择透光性好,通风良好并且阴凉的屋子,将种薯平铺一层,在上面铺一层细沙,再铺一层种薯,盖上一层细沙,温度控制在 15～18 ℃,当薯芽长到 1～2 cm 时开始播种。该品种适宜早春播种,与玉米套作适宜密度每亩 3000 株左右,单作 4500株,齐苗后及时深锄,其后 7～10 d 浅锄一次并培土,加强后期管理。该品种抗旱,耐瘠薄,适宜商洛市中温低热区种植。

4. 克新 1 号

(1)品种来源　黑龙江省农业科学院马铃薯研究所以 374-128 为母本、Epoka 为父本经有性杂交于 1963 年选育而成,原系谱号克 6922-55。1967 年通过黑龙江省农作物品种审定委员会审定,1984 年通过国家农作物品种审定委员会审定。1987 年获国家发明二等奖。

(2)试验情况　1971 年引入商洛,单产 1871.48 kg/亩,比当地农家种 1273.33 kg/亩增产598.15 kg,增幅 47％。其块茎椭圆形或圆形,淡黄皮、白肉,表皮光滑,块大而整齐,芽眼深度中等,休眠期长,耐贮藏。植株抗晚疫病,块茎感病,高抗环腐病、卷叶病毒 PLRV 和 Y 病毒,对马铃薯纺锤块茎类病毒有耐病性,耐束顶病,较耐涝。1974—1977 年进行示范种植,1978 年开始推广,一般每亩鲜薯产量 2000 kg 左右。

（3）栽培要点　该品种属中熟品种,在商洛地热区 12 月下旬、中温区 1 月中下旬、高寒山区 3 月中下旬大面积露地垄作栽培,每亩以 3500 株为宜。

5. 克新 3 号(中熟品种)

（1）品种来源　原系谱号 6102-6-12。黑龙江省农业科学院马铃薯研究所于 1960 年用 Mira 作母本,Katahdin 作父本杂交育成。1968 年经黑龙江省农作物品种审定委员会审定、命名推广,1986 年经全国农作物品种审定委员会审定为国家级品种。

（2）试验情况　该品种 1975 年由商洛农业科学研究所首次引入。在商州试验种植,每亩施农家肥 2000 kg,磷酸二铵 25 kg,当年亩产 1200 kg。其植株较抗晚疫病,高抗 PVY 和 PL-RV,块茎扁圆形、黄皮、淡黄肉,表皮较粗糙,块茎大而整齐,芽眼较深,结薯集中;块茎休眠期长,耐贮藏;1979—1982 年示范种植,平均亩产 1280 kg。1983 年推广种植,由于块茎芽眼较深,生育期长,20 世纪 90 年代逐渐被淘汰。

（3）栽培要点　选择中等肥力平地,植株生长繁茂,生育期注意种植徒长,种植不宜过密,一般以每亩 3000~3500 株为宜。

6. 早大白

（1）品种来源　辽宁省本溪市马铃薯研究所以自育品种五里白为母本、品系 74-128 为父本杂交选育而成。1992 年、1997 年依次通过辽宁省、黑龙江省农作物品种审定委员会审定,1998 年通过全国农作物品种审定委员会审定。

（2）试验情况　20 世纪 80 年代引入商洛地区,产量 1532.96 kg/亩,比当地农家种 1273.33 kg/亩增产 259.63 kg,增幅 20％。1983 年在商南县富水镇种植,平均亩产 2211 kg。1984—1987 年在商南、镇安、商州,柞水示范,1988 年大面积推广种植。一般每亩鲜薯产量 2000 kg,高产可达 4000 kg 以上。

（3）抗性表现　对病毒病耐性较强,较抗环腐病和疮痂病,植株较抗晚疫病,块茎易感晚疫病。

（4）适宜区域　该品种早熟,适宜于商洛市低热一、二类区和中温一、二类区春播露地种植,也是设施栽培首选品种之一。

7. 荷兰 15 号

（1）品种来源　来源于荷兰,以 ZPC50-3535 作母本,ZPC5-3 做父本杂交选育而成。1981 年由国家农业部种子局从荷兰引入,原名为 FAVORITA(费乌瑞它),山东省农业科学院蔬菜花卉所引入山东栽培,取名"鲁引 1 号";1989 年天津市农业科学院蔬菜花卉所引入,取名"津引 8 号",又名"荷兰薯""晋引薯 8 号"。

（2）试验情况　20 世纪 90 年代中期,商洛农业科学研究所引入该品种试验种植。植株直立,株型扩散,株高 50 cm,茎粗壮,紫褐色,分枝少,生长势强。块茎长椭圆形,顶部圆形,皮淡黄色,肉鲜黄色,表皮光滑,芽眼少而浅,休眠期短,品质好,适宜鲜食,炸片加工等。1997 年,在商州区牧护关试验,亩产 1980 kg/亩比对照早大白增产 25.8％。2000 年推广种植,一般单产 1900 kg/亩,高产可达 3000 kg/亩。目前,荷兰 15 占商洛马铃薯种植面积的 65％左右。

（3）栽培要点:植株易感晚疫病,块茎中感病,不抗环腐病和青枯病,抗 Y 病毒和卷叶病毒,对 A 病毒和癌肿病免疫。生育期注意防病,及时中耕、除草。本品种适宜商洛市低热区、中温区套作种植,露地种植及地膜栽培。

第三节 安康盆地马铃薯育种

一、种质资源

安康属陕西秦岭南麓盆地,是中国南北过渡地带。马铃薯种植按生态、地理、气候划分与西南相似,在品种应用上与陕西北部有一定差异。多以早熟、中早熟、中晚熟耐涝、耐瘠薄和高抗晚疫病、青枯病、黑胫病等品种栽植为主;而陕北多以早熟、中晚熟、晚熟耐旱耐寒及抗晚疫病、病毒病、环腐病等品种栽植为宜。

安康市农业科学研究院从 20 世纪 60 年代初就以选育高抗晚疫病、高产、稳产、优质的马铃薯品种为目标,常年有 2~3 名科研人员蹲住在育种基地开展马铃薯引、育研究工作。70 年代初,时称安康地区农牧局针对安康地理气候特点和马铃薯育种良繁配套研究需要,建立了由安康地区农科所管理的一个马铃薯育种良繁基地——镇坪高山试验站。该站海拔 1500 m,是安康市乃至陕西省最早,覆盖秦巴山区唯一的一个马铃薯育种研究基地。

20 世纪 60 年代末,在国家按区片设立国家级马铃薯品种区试时,安康市农业科学研究院镇坪高山试验站就一直承担实施国家马铃薯品种中晚熟西南片(组)区试研究项目至今。有国家马铃薯品种区试这个平台,对安康市农业科学研究院开展马铃薯育种研究更十分有利。一是加强了与全国马铃薯育种研究单位在技术攻关领域的交流合作,二是增强了育种种质资源的相互引用与补充。安康市农业科学研究院每年利用区试项目开会(培训)之机,先后从全国多个育种单位取得不同类型的远缘种杂交材料作筛选鉴定;常年设置开展人工杂交,其杂交组合均在 15 个以上,常年就杂交实生种子培育实生苗近万份;年保持实生苗无性繁殖后代筛选材料上千份;现用于育种杂交的原始保存材料有数十份。2010 年经安康市科技局批准,与省内和邻近省市的多个研究院所联合组建成立了安康市马铃薯研发中心。总之,安康开展马铃薯育种、品种脱毒繁育与推广等研究基础扎实、优势较强。

同时,安康市农业科学研究院也是秦岭南麓开展马铃薯引、育种研究最早且具传统优势的单位,在品种种质资源应用、创新上相对较商洛、汉中、陇南的多。近年全市马铃薯研发以富硒特色(健康);品质优良、淀粉含量高;适应性强、高抗晚疫病为育种目标。先后从国内外收集,经筛选鉴定,利用优良新型栽培种材料,配制大量的杂交组合,创造出了系列马铃薯新种质及育种中间材料。可用于杂交育种的新品种(系)约有 46 份。其中自育品种(系):安农、文胜、安薯、秦芋等系列达 28 份(含国家审定品种:安薯 56 号、秦芋 30、31、32 号 4 份);引进筛选利用鄂薯系列 5 份;云薯系列 2 份;丽薯系列 3 份;黔芋系列 2 份;威芋系列 2 份;青薯系列 2 份;陇薯系列 2 份等共约 18 份。这为安康未来马铃薯种质资源保存、创新、杂交利用奠定了良好的育种基础。

二、品种演替

在安康,马铃薯栽培历史悠久,马铃薯一直是中高山区人民的主要粮食作物,也是低山、川道区人民不可缺少的蔬菜,中高山地区素有"洋芋丰收半年粮,洋芋歉收半年荒"之说。安康地处秦岭南麓盆地,立体农业特点显著,生态条件与中国西南区类似。近年来马铃薯种植面积稳定保持在 80 万亩左右,比邻近的汉中、商洛两市都大,略低于甘肃陇南市面积。其产量占安康全市粮食总产量的 20%～50%,随海拔增高,比重逐渐加大。安康市虽适合马铃薯生长,但在主产马铃薯的山区(也是种源区)马铃薯生长季节阴雨较多,晚疫病发生频繁,严重阻碍马铃薯生产及产业发展。为此,1965 年以来安康市农业科学研究院就以选育高抗晚疫病、高产、稳产、优质的马铃薯品种为目标,展开了马铃薯引、育种研究工作。

20 世纪 50 年代(新中国成立初期)当地种植老白洋芋、巫峡洋芋、鸡窝洋芋等地方老品种,由于农业生产落后,种植粗放,亩产量不到 250 kg。

60—80 年代安康种植红眼睛(早熟)、红棒棒洋芋、乌洋芋和引进米拉(老黄洋芋)、苏联红(高产红)等抗病品种,亩产在 400～600 kg,单产有所提高;60 年代中期至 80 年代初时安康地区农科所选育出文胜 4 号(175 号)、安农 5 号等系列品种(系)应用推广,平均亩产在 900 kg 左右,单产、总产不断攀升。

80 年代初至 90 年代在主推米拉、文胜 4 号(175 号)、安农 5 号品种同时,又选育出国家审(认)定新品种安薯 56 号应用推广。

在 90 年代到 21 世纪初,安康市农业科学研究院继续开展马铃薯抗病育种。于 2003 年、2006 年和 2011 年分别选育出国审秦芋 30 号(安薯 58 号)、秦芋 31 号、秦芋 32 号新品种大面积应用推广。

2014—2018 年又选育(鉴定)出了秦芋 33 号(系谱号:0402-9)、秦芋 34 号(系谱号:1108-175)、秦芋 35 号(早熟,系谱号:0302-4)、秦芋 36 号(系谱号:1103-359)等系列新品系待登记,已在安康部分县区小面积应用。

安康马铃薯到 2001 年全市种植面积和产量就由 1970 年的 38.6 万亩,单产 220 kg 发展到了 81 万亩,平均单产 600～900 kg,面积增加 2.1 倍,单产增加 2.9 倍;到 2009—2018 年全市马铃薯面积稳定保持在 75 万～80 万亩,单产增加,有 1875～2250 kg/亩的丰产片,有 3000 kg/亩左右的高产田,不仅解决了粮食安全问题,也巩固提升了安康马铃薯产业及产业科技扶贫效果。

三、自育和引进代表性品种选育

安康市农业科学研究院于 20 世纪 60 年代初就开展马铃薯引育研究工作,颇具传统优势。在马铃薯抗病育种及高产栽培技术研究上成果突出,为推动安康、秦岭南麓乃至西南马铃薯生产及产业发展做出了重要贡献。引进、自育的高产、优质、抗逆性、适应性强、种植面积大、有代表性的品种归纳如下。

(一)米拉(又名:德友 1 号)

品种来源:1952 年民主德国用"卡皮拉"(Capella)作母本,"B. R. A. 9089"作父本杂交系选育成,1956 年引入中国。

引育单位及过程:1960—1964 年由安康地区农牧局、农科所何国锐、蒲中荣等引入安康试验、示范。1965—1989 年应用推广,是原西南(含安康)山区的主栽品种。

品种特征特性及品质:该品种中晚熟(生育期 115 d 左右)。株型扩散,株高 60 cm 左右,主茎数 3～4 个,茎绿色带紫褐色斑纹,叶绿色。花冠白色,花药橙黄色,有天然结实。块茎长椭圆,黄皮黄肉,表皮较粗糙,芽眼中等深,结薯较分散,休眠期长(常温 140 d),耐贮藏。块茎蒸食品质优,淀粉含量 17%～19%,还原糖 0.25%,粗蛋白质含量 2.28%,维生素 C 含量 14.4 mg/100 g。

抗性、产量:该品种轻感马铃薯花叶和卷叶病毒,抗晚疫病、青枯病、环腐病和癌肿病。适应性、抗逆性强。每亩种植 3500～4000 株,一般亩产 1500 kg,高产可达 2500 kg 以上,在安康及周边累计推广面积约 450 万亩。

(二)文胜 4 号(原系谱号:66-175 号)

品种来源:"长薯 4 号"("疫不加"自交后代)天然自交实生种子培育实生苗后代株系选育而成。

选育单位及过程:该品种系原陕西省安康地区农业科学研究所蒲中荣等采用常规杂交育种方法,对 1965 年采收的"长薯 4 号"("疫不加"自交后代)天然自交实生种子于 1966 年培育实生苗获得实生薯单株(编号:1966-175)。1967—1973 年进行株系圃、品系比较筛选;1973—1975 年参加安康地区区域试验、生产试验及示范。

品种特征特性、品质及抗性、产量:该品种从出苗到成熟生育期 80～85 d(中早熟种)。株高约 64 cm,茎绿色,叶深绿色。花白色,天然结实少。匍匐茎短,薯块大小整齐度好,块茎长扁型,淡黄皮白肉,表皮光滑,牙眼多中等深,块茎休眠期较短(110～120 d),耐贮藏。干物质含量 22.15%,淀粉含量 12.14%～16.9%,还原糖含量 0.95%,粗蛋白含量 2.28%,维生素 C 含量 10.6 mg/100g,蒸食品质中等。植株中感晚疫病,块茎抗晚疫病,较抗花叶病(PVX、PVY)、抗卷叶病(PLRV)、抗环腐病、疮痂病,较抗青枯病,易感黑胫病。一般产量 1250～1500 kg/亩,高产可达 4000 kg/亩。适宜在中国西南、西北及中原一带种植。

品种审定、获奖及应用:1977 年通过陕西省农作物品种审定委员会审定;定名:文胜 4 号(原名:175 号)。1978 年获安康地区科学技术进步一等奖,陕西省科技进步奖。1977—1996 年在安康(陕南)及跨省大面积应用,累计推广面积约 480 万亩。

(三)安农 5 号(原系谱号:67-20)

品种来源:由"哈交 25 号"的天然实生种子培育实生苗后代株系选育而成。

选育单位、方法、过程:该品种系原陕西省安康地区农业科学研究所蒲中荣等采用常规杂交育种方法,对 1966 年采收的"哈交 25 号"天然自交实生种子;于 1967 年培育实生苗获得实生薯单株(编号:67-20)。1968—1974 年进行株系圃、品系比较筛选;1975—1977 年参加安康地区区域试验、生产试验、示范。

品种特征特性、品质及抗性、产量:该品种中早熟(生育期 80 d 左右),株高 63 cm 左右,茎淡紫色,叶绿色。花淡紫色,匍匐茎中等长,薯块大小中等、整齐,长椭圆,红皮黄肉,表皮光滑,芽眼多而浅,块茎休眠期短,耐贮藏。干物质含量 24.5%,淀粉含量 11.9%～18.6%,还原糖含量 0.52%,粗蛋白含量 2.28%,维生素 C 含量 8.5 mg/(100 g),蒸食品质优。植株中感晚疫病,块茎高抗晚疫病,抗环腐病,感黑茎病,较抗疮痂病及青枯病,轻感花叶病毒,抗卷叶病毒,耐束顶病,抗旱、耐瘠薄。一般产量 1500 kg/亩,高产可达 2500 kg/亩,适宜在陕西南部及中国西南大部分区域种植。

品种审定、获奖及应用:1979 年通过陕西省农作物品种审定委员会审定;定名安农 5 号。1980 年获安康地区科学技术进步奖,1978—1994 年在安康(陕南)及跨省大面积应用,累计推广面积约 280 万亩。

(四)安薯 56 号(原系谱号:790056)

品种来源:以品种"文胜 4 号"作母本,与"克新 2 号"作父本杂交获得杂交实生种子培育实生苗,以单株株系培育而成。

选育单位、方法、过程:该品种系原陕西省安康地区农业科学研究所蒲中荣等采用常规杂交育种方法,于 1978 年以品种"文胜 4 号"作母本,与"克新 2 号"作父本杂交获得杂交实生种子,1979 年培育实生苗获得实生薯单株(编号:790056),1980—1986 年进行株系、品系圃比较筛选;1987—1989 年参加安康地区及国家西南片品种区域试验、生产试验及示范。

品种特征特性、品质及抗性、产量:该品种中早熟,生育期(出苗至成熟)80 d 左右。株高 42~65.5 cm,主茎数 2~4 个,茎淡紫色,叶深绿色、花紫色。匍匐茎短,薯块大小上等、整齐,圆形,淡黄皮白肉,表皮略麻,芽眼多中等深,块茎休眠期短,耐贮藏。淀粉含量 17.66%,粗蛋白含量 2.54%,粗脂肪含量 0.27%,维生素 C 含量 213.6 mg/kg,蒸食干面、香甜。植株高抗晚疫病,块茎较抗晚疫病;抗环腐病,感黑茎病,较抗疮痂病及青枯病;抗花叶病(PVX、PVY)、抗卷叶病(PLRV)。耐涝、耐旱、耐瘠薄,一般产量 1500 kg/亩,高产可达 2950 kg/亩,适宜在陕西南部及中国大部分区域种植。

品种审定、获奖及应用:1989 年通过陕西省农作物品种审定委员会审定,定名安薯 56 号。1993 年国家审定定名"GS 安薯 56 号"审定编号:GS05002-1993;1991—1992 年获安康地区科学技术进步一等奖,陕西省科技进步二等奖。1988—2003 年在安康(陕南)及跨省大面积应用,累计推广面积约 300 万亩。

(五)秦芋 30 号(系谱号:922-30)

品种来源:以 BOKA(波友 1 号)作母本,4081 无性优系(米拉/卡塔丁)作父本杂交,实生苗培育,单株系选育成。

选育单位、方法、过程:该品种系陕西省安康市农业科学研究所蒲中荣、蒲正斌等采用常规杂交育种方法,于 1991 年以 BOKA(波友 1 号)作母本,4081 无性优系(米拉/卡塔丁)作父本杂交,1992 年以该组合实生种子培育实生苗,从中得到实生薯单株(编号:922-30)。1993—1998 年进行株系圃、品系比较筛选;1999—2001 年国家西南组区域试验、生产试验示范。

品种特征特性、品质及抗性、产量:该品种中晚熟,生育期(出苗至成熟)85~90 d。株高 32.6~78.0 cm,主茎数 2~3 个,茎绿色,叶绿色。花白色,天然结实少。匍匐茎短,薯块大小中等、整齐、扁圆,淡黄皮黄肉,表皮光滑,芽眼多而浅,块茎休眠期长,耐贮藏。淀粉含量 17.57%,还原糖含量 0.19%,粗蛋白含量 2.25%,维生素 C 含量 15.67 mg/(100 g)。蒸食品干面、甜香。植株高抗晚疫病,块茎抗病,抗环腐病、疮痂病,抗青枯病,轻感花叶病毒,高抗卷叶病毒,耐束顶病,耐涝、耐旱。一般产量 1283~1547 kg/亩,高产可达 2528~2543 kg/亩。适宜在陕西南部、中国西南及中原大面积种植。

品种审定、获奖及应用:2002 年通过陕西省农作物品种审定委员会审定定名"安薯 58 号",2003 年通过国家农作物品种审定委员会审定定名为国审"秦芋 30 号",审定编号:2003002。2002—2003 年获安康市科学技术进步一等奖,陕西省科技进步三等奖。2001—2017 年在安康、秦岭南麓及跨省大面积应用,累计推广面积约 400 万亩。

(六)费乌瑞它(又名:荷兰 7 号、15 号)

品种来源:荷兰 ZPC 公司用"ZPC50-35"作母本,"ZPC55-37"作父本杂交育成。

选育单位、方法、过程:该品种系荷兰 ZPC 公司以常规杂交育种方法选育获得,1980 年由原农业部从荷兰引入中国。1991 年陕西安康市农科所蒲中荣等以特早熟品种从内蒙古引入安康。1992—1995 年试验、示范;1996—2001 年在安康浅山、丘陵、川道区以早熟品种大面积应用种植。

品种特征特性、品质及抗性、产量:特早熟(蔬菜型)品种(出苗至成熟 65～70 d)。株型直立,株高 60 cm 左右,茎紫褐色,叶绿色。花冠紫色,天然结果少。块茎长椭圆形,皮色淡黄,肉色深黄,表皮光滑,芽眼少而浅,匍匐茎短,休眠期短。耐水肥,耐贮运。淀粉含量 12%～14%,还原糖含量 0.5%,粗蛋白含量 1.6%,维生素 C 含量 13.6 mg/(100 g),蒸食品质较差。抗马铃薯 Y 病毒和卷叶病毒,对 A 病毒和癌肿病免疫,易感晚疫病,不抗环腐病和青枯病。种植密度:每亩种 4000～5000 株。一般产量 1100～1700 kg/亩,高产可达 3000 kg/亩。

品种应用:该品种全国东、西、南、北均可种植。1996—2014 年在安康及周边累计应用推广面积约达 180 万亩。

(七)秦芋 31 号(原代号:康 971-12)

品种来源:以云 94-51(引自云南会泽,属远缘新型栽培种,高产、高抗晚疫病)×89-1[高源 3 号(牛头×德友一号)×文胜 4 号(175 号)杂交后代的优系]有性杂交,实生苗培育系统选育而成。

选育单位、方法、过程:该品种系陕西省安康市农业科学研究所蒲正斌等采用常规杂交育种方法,于 1996 年以云 94-51×89-1 有性杂交,1997 年实生苗培育从中选出单株(编号:971-12);1998—2003 年进行株系圃、品系比较筛选;2002—2004 年参加国家西南组区域试验、生产试验、示范。

品种特征特性、品质及抗性、产量:该品种中晚熟,生育期(出苗至成熟)80～85 d。株高 75.0 cm 左右,主茎数 2～3 个,茎绿色,叶绿色。花冠白色,天然结实极少,匍匐茎短,薯块大、整齐,圆扁,淡黄皮白肉,表皮略麻,芽眼较浅,块茎休眠期长,贮藏性较差。干物质含量 21.6%;淀粉含量 15.7%,还原糖含量 0.2%,维生素 C 含量 20.4 mg/(100 g),粗蛋白含量 1.7%,蒸食品质较优。植株抗晚疫病,块茎抗晚疫病,抗环腐病、疮痂病,抗青枯病,轻感花叶病毒,抗卷叶病毒,耐束顶病,感干腐病。一般产量 1238～1770 kg/亩,高产可达 2052 kg/亩。适宜在中国西南多地大面积种植。

品种审定、获奖及应用:2006 年通过国家农作物品种审定委员会审定,定名为国审"秦芋 31 号"品种;审定编号:国审薯 2006008。2009—2010 年获安康市科学技术进步一等奖,陕西省科技进步三等奖。2005—2013 年在安康、秦岭南麓及跨省大面积应用,累计推广面积约 130 万亩。

(八)鄂马铃薯 5 号(原代号:T962-76)

品种来源:以 393143-12 作母本,NS51-5 作父本杂交,系统选育而成。

选育单位、方法、过程:该品种系湖北省恩施州农业科学研究院(中国南方马铃薯研究中心)刘介民等采用常规杂交育种方法,于 1995 年以引进国际马铃薯中心抗晚疫病实生籽筛选材料 393143-12 作母本,南方马铃薯中心筛选的马铃薯新型栽培种 NS51-5 作父本杂交获得杂交实生种子;1996 年以该组合实生种子培育实生苗获得实生薯优良单株(编号为:T962-76)。1997—2004 年边扩繁、边进行系谱、品系比较、省区域试验,表现中晚熟、抗病、高产、稳产。2005—2007 年参加国家中晚熟西南组区域、生产试验。2009 年安康市农科所张百忍、蒲正斌等以百万亩脱毒马铃薯项目基地建设引入安康;2010—2013 年扩繁推广。

品种特征特性、品质及抗性、产量:该品种中晚熟,生育期(出苗至成熟)94 d 左右。株高62 cm,主茎数 2～5 个,茎叶绿色,叶片较小。花白色,天然结实中等,匍匐茎短,薯块大小中等、整齐,薯形长扁,淡黄皮白肉,表皮光滑,芽眼多而浅,块茎休眠期长,耐涝、耐旱、耐贮藏。干物质含量 22.7％,淀粉 14.5％,还原糖 0.22％,粗蛋白含量 1.88％,维生素 C 含量 16.6 mg/100 g,蒸食品质较优。植株及块茎抗晚疫病,抗环腐病、疮痂病,抗青枯病,抗花叶病毒,抗卷叶病毒,耐束顶病。一般产量 1568～2718 kg/亩,高产可达 2800 kg/亩以上。适宜在中国西南区大面积栽培,是 2009 年以来西南区的主推主栽品种;也是目前西南区马铃薯新品种选育做区试鉴定的主要对照种。

品种审定、获奖及应用:2008 年通过国家农作物品种审定委员会审定,定名为国审"鄂马铃薯 5 号"品种,审定编号:国审薯 2008001。2010—2013 年引入安康扩繁推广,2014 年获陕西省科技推广三等奖。2012—2020 年在安康、秦岭南麓大面积应用,累计推广面积约达 140余万亩。

(九)秦芋 32 号(原代号:康 0102-5)

品种来源:以秦芋 30 号×89-1(高原 3 号×文胜 4 号)有性杂交,实生苗培育,株系选育而成。

选育单位、方法、过程:该品种系陕西省安康市农业科学研究所蒲正斌等采用常规杂交育种方法,2000 年以秦芋 30 号×89-1(高原 3 号×文胜 4 号)有性杂交,2001 年培育实生苗,从收获实生薯中选出单株(编号:0102-5);2002—2007 年进行株系圃、品系比较筛选及国家级马铃薯品种中晚熟西南组繁种试验;2008—2010 年参加国家中晚熟西南组区域试验、生产试验、示范。

品种特征特性、品质及抗性、产量:该品种中晚熟,生育期(出苗至成熟)85 d 左右。株高55.5～63.5 cm,主茎数 2～4 个,茎绿色,叶绿色。花冠白色,天然结实极少。匍匐茎短,薯块大小中等、整齐、圆扁,淡黄皮黄肉,表皮光滑,芽眼较浅,常温条件下块茎休眠期 160 d 左右,耐贮藏。干物质含量 18.5％,淀粉含量 11.8％,还原糖含量 0.29％,粗蛋白含量 2.1％,维生素 C 含量 14.2 mg/(100 g),蒸食品质较优。植株抗晚疫病,块茎抗晚疫病,抗环腐病、疮痂病,抗青枯病,轻感花叶病毒,抗卷叶病毒,耐束顶病,耐涝、耐旱。一般产量 1473.5～1724.4 kg/亩,高产可达 2500 kg/亩以上。适宜在中国西南区种植。

品种审定、获奖及应用:2011 年通过国家农作物品种审定委员会审定,定名为国审"秦芋32 号"品种,审定编号:国审薯 2011003。2012 年获安康市科学技术进步一等奖,2013 年陕西省科技成果登记,2019 年 7 月申报陕西省科技进步三等奖。2010—2015 年在安康、秦岭南麓及跨省大面积应用,累计推广面积约达 200 万亩。

(十)秦芋 33 号(原代号:康 0402-9)

品种来源:以秦芋 30 号×晋 90-7-23 有性杂交,实生苗培育,单株、株系选育而成。

选育单位、方法、过程:该品种系陕西省安康市农业科学研究所蒲正斌等采用常规杂交育种方法,2003 年以本所选育的国审品种秦芋 30 号[BOKA(波友 1 号)×4081 无性优系(米拉/卡塔丁后代)]作母本,晋 90-7-23(山西省农业科学院高寒区作物研究所引入优良品系)作父本杂交获得杂交实生种子;2004 年将其杂交实生种子培育实生苗,从该组合实生苗家系 2100 个单株中选出编号为"康 S0402-9"优良单株。2005—2013 年边扩繁、边进行系谱、品系比较试验筛选;经筛选观察该品种具有高产、稳产、抗病、商品薯高等优点,2014 年将康 S0402-9 申请参加国家级马铃薯品种中晚熟西南组繁种(预备)试验。2014—2016 年参加国家西南组区域试验、生产试验;2017—2019 年在安康个别县区示范种植。

品种特征特性、品质及抗性、产量:该品种中晚熟,生育期(出苗至成熟)85～90 d。株高55.1 cm,出苗率 98.2%,茎叶绿色。花冠白色,开花繁茂性中等,天然结实性弱,匍匐茎短。块茎椭圆形,白皮白肉,表皮光滑,芽眼浅,幼芽紫红色,圆柱形,有白色绒毛。块茎大小较整齐。平均单株主茎数 3.8 个,单株结薯数 7.4 个,平均单薯重 71.9 g,商品薯率 76.8%。常温条件下薯块休眠期 120 d 左右,耐贮运。块茎干物质含量 18.53%,淀粉含量 11.41%,还原糖含量 0.21%,粗蛋白含量 2.43%,维生素 C 含量 13.03 mg/(100 g)。该品种抗轻花叶病毒病(PVX),抗重花叶病毒病(PVY);经河北农业大学植物保护学院接种鉴定,该品种中抗晚疫病;经湖北恩施中国南方马铃薯研究中心田间鉴定"康 S0402-9"的植株对晚疫病的田间抗性略差于对照品种鄂马铃薯 5 号。抗逆性强,适应性广,综合性状突出。一般产量 1740.4～1797.8 kg/亩,高产可达 2781.1 kg/亩以上。适宜在陕西南部、中国西南区种植。

品种认定(登记)、获奖及应用:按现马铃薯(非主要农作物)实行登记制要求,待做完 DUS(一致性)测试后申请品种登记。计划该品种于 2021 年前完成网上认定登记,暂无申请报奖。预计推算该品种于 2016—2030 年间,在安康、秦岭南麓及跨省大面积应用,累计推广面积约可达 180 万亩左右。

(十一)秦芋 35 号(原代号:0302-4)

品种来源:以国审品种秦芋 30 号[BOKA(波友 1 号)×4081 无性优系(米拉/卡塔丁后代)]作母本,合作 88(云南省经作研究所引入)作父本杂交,实生苗株系选育而成。

选育单位、方法、过程:该品种系陕西省安康市农业科学研究所蒲正斌等采用常规杂交育种方法,2002 年从秦芋 30 号×合作 88 杂交组合获得实生种子;2003 年将其杂交实生种子培育实生苗,从该组合实生苗家系中选出单株(编号:0302-4)优良单株。2004—2012 年边扩繁、边进行系谱、品系比较试验,表现早熟、抗病、高产、稳产。2013—2016 年陕西省内的汉中、榆林、商洛从全国多个育种单位引进不同品种(系)参加品比筛选试验,该品种在三地点 20 余个参试品种中分居第一和第三位。

品种特征特性、品质及抗性、产量:该品种早熟,生育期(出苗至成熟)75 d 左右,茎、叶绿色,花冠白色,花繁茂性中等,天然结实少。株高 51.3 cm,主茎数 2.3 个,匍匐茎短,薯块扁圆,皮淡黄光滑,肉白色,芽眼较浅。单株块茎数 8.6 个,单株块茎质量 575 g,平均单薯质量66.9 g,薯块大小整齐,商品薯 87.8%。田间无二次生长,无裂薯,无空心薯,耐贮运。经西北农林科技大学测试中心测定:该品种淀粉含量 9.57 g/(100 g),干物质含量 20.0 g/(100 g),还原糖未检测,蛋白质含量 1.93 g/(100 g)。经西北农林科技大学植保学院接种鉴定,该品种抗轻花叶病毒病(PVX),抗重花叶病毒病(PVY);轻感晚疫病。一般产量 1586~2815 kg/亩,高水肥条件产量可达 3560.6 kg/亩。适宜在陕西南部、我国西南中低山及川道区种植。

　　品种认定(登记)、获奖及应用:2017 年 4 月下旬由安康市种业局组织省、市专家组对该品种做了现场鉴定验收。按现马铃薯(非主要农作物)实行登记制要求,待做完 DUS(一致性)测试后申请品种登记。计划该品种于 2021 年前完成网上认定登记,暂无申请报奖。预计推算该品种于 2015—2030 年间,在安康、秦岭南麓及跨省大面积应用,累计推广面积约可达 200 万亩左右。

第四节　汉中盆地马铃薯育种

一、种质资源

(一)汉中马铃薯栽培种来源

1. 马铃薯在中国的引入与扩散　马铃薯(*Solanum tuberosum* L.)是茄科茄属一年生草本植物,栽培历史达千年以上。目前世界各国栽培的马铃薯,主要是从南美引进欧洲后经过选择的后代,属于四倍体栽培种。根据科学考证,马铃薯有两个起源中心:栽培种主要分布在南美洲哥伦比亚、秘鲁、玻利维亚的安第斯山区及乌拉圭等地,其起源中心以秘鲁和玻利维亚交界处 Titicaca(的的喀喀湖)盆地地区。以二倍体种为多,被认为是所有其他栽培种祖先的 *Solannum stenotomum* 二倍体栽培种在起源中心的密度最大,野生种只有二倍体。野生种的另一个起源中心则是中美洲及墨西哥,那里分布着具有系列倍性的野生多倍体种。这里的野生种尽管倍性复杂,但数量较少,一直还没有发现原始栽培种。马铃薯的野生种早在 14000 年以前就在安第斯山区遍布,但其由野生逐渐向栽培植物进化则大约发生在公元前 5000—前 2000年。最终马铃薯离开安第斯山区来到欧洲,通过变异、杂交、选择、进化成为在长日照条件下也能结薯的栽培品种,这一过程大约发生在 16 世纪中叶至 18 世纪。通过染色体倍性研究,目前全世界除南美洲以外的栽培马铃薯都是欧洲马铃薯的后代。马铃薯栽培种是在人类干预下由野生种进化而来的,在进化的过程中,马铃薯栽培种保持了祖先的远系繁殖、自交不亲和或近交衰退的习性。马铃薯栽培种的无性繁殖保持了其异质性和杂种优势,因无性繁殖而导致的病害积累和危害问题在冷凉的生态条件下减缓。

　　中国马铃薯皆为国外引入,有学者认为马铃薯最早引入中国的时间为明万历年间(1573—1619 年),也有学者认为马铃薯最早引入中国种植的时间是 18 世纪。据史料记载和学者们的考证,马铃薯可能由东南、西北、南路三条路径传入中国。第一条路径东南:由荷兰—台湾—福建、广东传入中国,荷兰是世界上出产优质马铃薯种薯的国家之一,在盘踞台湾期间荷兰人将马铃薯带到台湾种植,后经过台湾海峡,马铃薯传入大陆的广东、福建一带,并向江浙一带传播,在这里马铃薯又被称为荷兰薯。第二条路径是西北:由俄国、哈萨克斯坦—新疆—山西传入中国,理由是由晋商自俄国或哈萨克汗国(今哈萨克斯坦)沿古丝绸之路引入中国。由于气候适宜,种植面积扩大,至今老百姓仍把马铃薯叫作"洋芋蛋"。第三条路径是南路:主要由南洋印尼(荷属爪哇)传入广东、广西,在这些地方马铃薯又被称为爪哇薯,进入广东、广西后,由于南方沿海地区海拔低,马铃薯在无性繁殖过程中有严重的退化现象,出现植株矮化、花叶、卷叶、皱缩叶、产量降低、病害积累、绝收绝种等现象,马铃薯自此又向云南、贵州、四川传播,如:四川《越西厅志》(1906)有"羊芋,出夷地"的记载。此外,马铃薯还有可能由海路传入中国。有资料考证,1650年荷兰人约翰斯特鲁斯(John struys)在台湾见到马铃薯的栽培。

马铃薯传入中国后,其扩散分布区域主要与气候区紧密关联。早期马铃薯通过各种途径传入中国之后,其传播区域集中稳定在气候适宜,利于其生长发育和种性保存的高寒山地及冷凉地区,如四川、贵州、云南、湖北、湖南、陕西等地的冷凉山区。四川地方志中就有较多关于马铃薯的记载内容,并以山区尤为集中。19世纪末至20世纪初期,随着马铃薯栽培技术的进步和国际范围内技术交流的增加,马铃薯在中国迅速传播扩散,传播区域扩大到新疆、甘肃、山西、辽宁、吉林、黑龙江、江西、上海等地。20世纪中后期,马铃薯在全国各地迅速传播种植,到90年代末,中国马铃薯的播种面积已经达到7000余万亩,成为世界马铃薯第一种植大国。

2. 马铃薯引入陕西的时间及扩散 陕北、关中是马铃薯最早传入陕西的地区,传入路径可能有两条:一条是从海路传入京津和华北地区,南下扩散传入陕北、关中;另一条由西北路的俄国、哈萨克斯坦,由晋商带回山西,再由山西扩散传入陕北地区;这条传入路径可能性最大。据考证,定边县是陕西最早种植马铃薯的地区。《定边营志》载:"高山之民,尤赖马铃薯为生活,万历前惟种高山,近则高下俱种",证明早在400多年前的明万历年间,陕西省就开始种植马铃薯,清嘉庆二十二年,《定边县志·物产》里,也详细记载了马铃薯的生产情况。马铃薯传入陕西后由北向南扩散。经历曲折发展,到20世纪30年代得到迅速发展,1935年,共产党率领中国工农红军经两万五千里长征到达陕北,在陕北建立红色革命根据地。为了"备荒自卫",增加粮食产量,1944年陕甘宁边区政府下达了中国第一份马铃薯生产推广红头文件(1944年2月26日,指字第49号),广泛动员群众推广种洋芋。2008年陕西省农业厅组建成立陕西省马铃薯产业技术体系,进一步推动陕西马铃薯产业向前发展,全省马铃薯面积达400多万亩,总产400余万t。

3. 马铃薯引入汉中的时间及种植 汉中北依秦岭,南屏巴山,东控荆楚,西接甘陇,四面环山,中位盆地;冬无严寒,夏无酷暑,气候湿润,四季分明;光照充足,植被茂密,有近似于马铃薯原产地的生态条件,是优质高产马铃薯最佳生态区,也是陕西省马铃薯主要产区之一。

古栈道,是中国古代交通史上的奇迹,体现了华夏先民们出色的聪明智慧和高超的筑路技术。链接川陕间的古代栈道或凿山为道,或修桥渡水,或依山傍崖盘旋于高山峡谷之间。"一骑红尘妃子笑,无人知是荔枝来",象征古代"高速公路"的子午古栈道(也叫荔枝古栈道),北连长安,南接川江,途经汉中,它不但为杨贵妃送去了南方的荔枝,也为汉中后来马铃薯的传播提供了便捷。

400年前,马铃薯从东南亚引入广东、广西后,向云南、贵州、四川、重庆扩散传播。马铃薯传入汉中的通道有两条:第一条,西线传入,马铃薯扩散至四川后,沿金牛茶马古栈道从成都—经剑门关—广元—至明月峡—再经陆路由棋盘关—黄坝驿传入汉中的宁强县;由四川经水路沿嘉陵江—至燕子砭—阳平关传入汉中宁强县,由于宁强县境内多为山区,水源充足,气候冷凉,传入境内的马铃薯在民间得以迅速扩散,并从宁强县经过五丁关向勉县及汉中扩散种植。第二条,南线传入,马铃薯传播至四川后,经子午古栈道,由川东重庆的涪陵,走万源,传入陕西省的镇巴县,由于镇巴县地处大巴山腹地,境内峭峰突兀,植被茂密,溪流交错,沟岭纵横,米仓山、星子山、大楮河、泾洋河等丰厚的土地资源和水资源,为马铃薯生长提供了有力保障,马铃薯面积和生产逐年扩展,后经镇巴县杨家河镇、平安镇向西乡县的子午镇扩散种植,由镇巴县西南永乐镇向南郑县南部山区的碑坝镇扩散种植,再由西乡、南郑向汉中其他县区扩散。汉中市农业科学研究所技术人员在对汉中秦巴山区马铃薯早期栽培品种经过长期自然条件选择和栽培过程中主动或被动人工选择形成的地方品种调查时发现,汉中马铃薯早期栽培品种与四川巴山山区马铃薯早期栽培应用的品种基本一致,汉中秦巴山区马铃薯地方品种与四川地方品种类型及部分品种特征特性相似度较高,在马铃薯地方品种资源聚类分析试验中,秦巴山区马铃薯地方种与四川北部地区地方种 SSR 凝胶图像显示了较高的相似度。因此,技术人员认为:汉中马铃薯早期栽培品种主要从四川传入的可能性较高。

(二)汉中马铃薯种质资源

汉中属西南山地马铃薯一季二季混播区,汉中平川区马铃薯以冬播早熟栽培为主,也可秋播。种薯主要以陕北、内蒙古等北方地区繁育的脱毒种薯为主;汉中秦巴山区马铃薯栽培多以自繁留种栽培为主。因此在秦巴山区特别是交通条件落后的高海拔山区,部分引进品种在多年自繁留种栽培中,经过自然条件选择和人为选择,形成了一批适宜汉中当地气候生态条件和消费习惯的地方品种,如镇巴红皮、红眼皮、乌洋芋、汉山洋芋、红庙洋芋等,这些地方品种一般都对晚疫病抗性较好、物质含量高、淀粉含量适中、耐贮藏、食味品质好、口感软绵,符合汉中当地消费需求。由于汉中目前尚无从事马铃薯育种专业机构及团队,汉中地方马铃薯品种利用尚属空白,随着近年外调种薯推广力度加大,汉中地方品种种植面积逐渐减少,部分品种已逐渐退出生产,因此汉中地方马铃薯品种急需挖掘、保护。近年来,汉中市农业科学研究所和各级农技推广部门紧密合作,先后引进早大白、费乌瑞它、克新系列、中薯系列、冀张薯 8 号、冀张薯 10 号、陇薯系列、青薯系列等新品种 60 余个,曾经收集地方老品种和国内外马铃薯新品种及种质资源 150 余份(因储藏保存问题已中断),试验筛选推出了紫花白、早大白、费乌瑞它、中薯 5 号、青薯 9 号等适宜汉中种植的马铃薯新品种在汉中地区广泛种植,同时还从甘肃引进了黑美人、黑金刚,从内蒙古引进了红美、从西北农林科技大学引进了红玫瑰、黑玫瑰、紫玫瑰、黄玫瑰等系列彩色马铃薯品种,但对这些品种的应用仅限于栽培生产,目前对汉中当地地方品种资源及引进品种在新品种选育改良方面的利用工作尚未开展。

二、汉中马铃薯品种更替和品种利用

(一)品种更替

汉中马铃薯栽培历史悠久,在长期栽培过程中,从国内外引进的众多马铃薯品种中,通过自然气候条件,耕作栽培习惯和食用口味喜好等适应性选择,形成了一些优良的地方品种。新中国成立前,汉中马铃薯栽培主要以地方品种为主。新中国成立后,对农业科研高度重视,20世纪 50 年代后,马铃薯科研开始取得重大进展,各地农业科研单位马铃薯品种引育工作成效显著,先后经历了地方优良品种收集整理与提纯复壮,国内外优良种质资源引进和筛选利用,杂交育种和脱毒技术在种薯生产上应用等阶段。汉中马铃薯栽培品种也逐渐丰富,20 世纪 60年代先后引进了米拉、丰收白、红眼窝、虎头、红纹白和白头翁等品种。70 年代到 80 年代,随着马铃薯育种的发展,周边的马铃薯育种单位育成的一批新品种在该地区得到大面积推广,如:陕西省安康市农业科学研究所育成的安农5号、175号(文胜四号),从黑龙江省农业科学院克山分院引进的克新系列(克新1号、克新2号、克新3号、克新4号、克新6号、克新8号)、东农303、波兰2号等马铃薯品种,其中克新1号和克新8号至今仍是汉中地区的主要栽培品种。20世纪90年代至今,汉中先后引进推广了费乌瑞它、荷兰15、兴佳2号、东农303、早大白、希森3号、大西洋、夏波蒂、中薯3号、中薯5号、秦芋30号(安薯58号)、秦芋31号、秦芋32号、鄂马铃薯5号、鄂马铃薯7号、陇薯7号、陇薯10号、青薯9号、冀张薯8号等品种,这些品种构成了汉中地区现阶段的主要栽培品种,除少部分品种为中熟、中晚熟鲜食、菜用型马铃薯品种外,其他均为早熟、中早熟菜用型马铃薯品种,具有抗晚疫病、丰产性佳、商品性状好等优点。

(二)品种利用

1. 早大白 辽宁省本溪马铃薯研究中心育成的极早熟品种。1979年利用母本五里白和父本74-128配置杂交组合,经过3年的筛选,1987年参加省级区域试验,1992年通过辽宁省农作物品种审定委员会审定,1996年通过黑龙江省农作物品种审定委员会认定,1998年通过全国农作物品种审定委员会审定,审定编号:国审薯1998001;1996年获国家级"两高一优"农产品称号;一般亩产2500 kg左右,每亩高产可达5000 kg左右,大中薯率90%以上。该品种品质好、适口性好,用于鲜薯食用。该品种适应性广,中国南北方均可栽培种植,黑龙江、河北、北京、山东、江苏和广东等地均有种植,适宜马铃薯二季作区种植,特别是在陕南、鄂北、苏北保护地早熟栽培应用普遍,市场前景广阔。

2. 费乌瑞它(Favorita) 荷兰HZPC公司用"ZPC-35"作母本,"ZPC55-37"作父本杂交选育而成。1980年由农业部种子局从荷兰引进,又名荷兰薯、鲁引1号、津引8号等。该品种早熟,有明显的高产优势和优良的消费品质,耐贮藏。蒸食品质好,口感佳,味道美,熟后不变色不回生,食用品质极好,适合鲜薯食用和鲜薯出口,一般单产约25500 kg/hm²,高产可达52500 kg/hm²。该品种在山东、辽宁、黑龙江、陕西等地均可种植。

3. 紫花白(克新1号) 黑龙江省农业科学院马铃薯研究所用"374-128"作母本,"疫不加(Epoka)"作父本于1963年经有性杂交系统选育而成,原谱系号592-55。1967年通过黑龙江省农作物品种审定委员会审定,1984年经全国农作物品种审定委员会认定为国家级品种。1987年获国家发明二等奖。紫花白是一个中熟高产品种,商品薯率高,一般产22500~30000 kg/hm²,在水肥条件较好的地区种植,最高产可达45000~60000 kg/hm²;主要作鲜薯菜用,但目前在中国也用于炸条加工和全粉加工,食用品质中等。适应性广,是中国主栽品种之一,适于黑、吉、辽、冀、内蒙古、晋、陕、甘等省(区)种植,南方有些省也有种植,是中国目前种植面积最大品种,也是汉中应用范围最广、种植时间最长、面积最大的品种。

4. 米拉 又名"德友1号""和平",德国品种。1952年民主德国用"卡皮拉"(Capella)作母本,"B. R. A. 9089"作父本杂交系选育成。1956年引入中国,1960—1964年引种区试、生试(示范)1965—1989年应用推广;中熟,食用品质优良,一般单产22500 kg/hm²,高产可达37500 kg/hm²以上。米拉是无霜期较长、雨水多、湿度大、晚疫病易流行的陕南、鄂北、豫南山区的主栽品种。

5. 中薯5号 中国农业科学院蔬菜花卉研究所1998年从中薯3号天然结实后代中选育而成。2004年通过国家农作物品种审定委员会审定,审定编号:湘审薯2016003。早熟品种,适合鲜薯食用和加工。一般单产 30000 kg/hm²,适宜在北京、山东、河南、辽宁、黑龙江、广东、广西、江西、福建、陕西、重庆等区域不同季节栽培。

6. 鄂马铃薯 5 号　湖北恩施中国南方马铃薯研究中心育成。用品种 393143-12×NS51-5 后代系统选育而成。2005 年 3 月经湖北省品种审定委员会审定,2008 年 8 月 7 日第二届国家农作物品种审定委员会第二次会议审定通过,审定编号为国审薯 2008001。属中晚熟、高淀粉马铃薯品种,品质好,适宜油炸食品、淀粉、全粉等加工和鲜食。一般单产 30000 kg/hm²,高产达 45000 kg/hm²。适宜在湖北、云南、贵州、四川、重庆、陕西南部的西南马铃薯产区种植。

7. 秦芋 30 号　陕西省安康市农业科学研究所蒲正斌等育成。1991 年以 BOKA(波友 1 号)作母本,4081 无性优系(米拉/卡塔丁)作父本杂交,1992 年以该组合实生种子培育实生苗,从中以单株株系筛选而成。1993—1998 年进行株系圃、品系比较筛选;1999—2001 年国家西南组区域试验、生产试验示范;2003 年 2 月 8 日经国家农作物品种审定委员会审定,审定编号为国审薯 2003002;中熟,食用品质好,适合油炸、淀粉加工和鲜食。平均产量 25890 kg/hm²。适宜在西南马铃薯产区海拔 2200m 以下地区种植。陕南、鄂北种植较多。

8. 青薯 9 号　青海省农林科学院用品种 387521.3/APHRODITE 系统选育而成的马铃薯品种。由青海省农林科学院生物技术研究所申报,2006 年通过青海省国家农作物品种审定委员会审定;2011 年 10 月 8 日经第二届国家农作物品种审定委员会第五次会议审定通过,审定编号为国审薯 2011001。高淀粉晚熟鲜食品种,亩产 4949 kg。适宜在青海东南部、宁夏南部、甘肃中部一季作区作为晚熟鲜食品种种植;陕南山区也作晚熟品种种植。

9. 希森 3 号　是乐陵希森马铃薯产业集团有限公司,用品种 Favorita×K9304 选育而成的马铃薯品种。由乐陵希森马铃薯产业集团有限公司提出申请,2017 年 9 月 3 日经省级农业主管部门审查,全国农业技术推广服务中心复核,符合《非主要农作物品种登记办法》的要求,登记编号为 GPD 马铃薯(2017)370002。早熟鲜食品种,第一生长周期亩产 1860.9 kg,比对照津薯 8 号增产 13.8%;第二生长周期亩产 1432.5 kg,比对照津薯 8 号增产 14.4%。适宜在内蒙古、河北北部、山西北部及陕西北部等北方一季作区,山东、山西、河北南部、陕西南部、河南、安徽等中原二季作区,广西、四川、重庆等南方冬作区种植。

10. 秦芋 31 号　安康市农业科学研究所于 1996 年以云 94-51(母本)×89-1(父本)有性杂交,获得杂交实生种子;1997 年实生苗培育系统选育而成。1998—2002 年进行株系圃、品系比较筛选;2003—2005 年国家西南组区域试验、生产试验、示范;2006 年经国家农作物品种审定委员会审定;2006 年 8 月经第一届国家农作物品种审定委员会第五次会议审定通过,审定编号为国审薯 2006008。中晚熟高淀粉品种,蒸食品质优。生产试验块茎亩产 2052 kg,适宜在云南、贵州毕节、四川、重庆、湖北恩施和宜昌、陕西安康西南一作区种植。

11. 秦芋 32 号　2000 年安康市农业科学研究所以秦芋 30 号(母本)×89-1(高原 3 号/文胜 4 号)有性杂交,获得杂交实生种子;2001 年实生苗培育,株系选育而成。2002—2007 年进行株系圃、品系比较筛选;2008—2010 年国家西南组区域试验、生产试验、示范;2011 年 10 月 8 日经第二届国家农作物品种审定委员会第五次会议审定通过,审定编号为国审薯 2011003。中晚熟鲜食品种,品质好,区试亩产 1599 kg。适宜在湖北宜昌,云南大理、昭通,贵州毕节,陕西南部,四川中南部作为中晚熟鲜食品种种植。

12. 陇薯 3 号　陇薯 3 号(原代号 161-2),是甘肃省农业科学院粮食作物研究所以具有近缘栽培种 S. andigena 血缘的创新中间材料 35-131 为母本,以育成品系 73-21-1 为父本,组配杂交,并经系统定向选择育成的高淀粉马铃薯品种。1995 年通过甘肃省农作物品种审定委员会审定,2002 年 4 月获甘肃省科技进步二等奖。该品种中晚熟,食用品质优良,口感好,适合加工淀粉和食用;产量高,平均每亩产 2800 kg 左右;不仅适宜甘肃省高寒阴湿和半干旱地区推广种植,而且种植范围还扩大到宁夏、陕西、青海、新疆、河北、内蒙古、黑龙江等省区。

13. 安薯 56 号　由安康市农业科学研究所选育,品种来源 175×克新二号。1990 年陕西省农作物品种审定委员会审定,1994 年全国农作物品种审定委员会审定,品种登记号:GS05002—1993。属中熟类型,淀粉含量高,食味品质好,每亩产量 3000 kg 左右。耐湿耐旱,适应性广,适宜陕西西南地区栽培种植。

14. 榆薯 1 号　榆林农业科学研究院于 1986 年以叶绿卡(母本)×85-15-2(父本)杂交获得实生种子;1987 年培育实生苗,经株系选育而成。1988—1992 年进行株系圃、品系筛选;品系区域试验、生产试验。1993 年通过陕西省农作物品种审定委员会审定。中晚熟品种,一般亩产 1600 kg 左右。淀粉含量高,蒸食品质优,适口性好,属鲜薯食用和淀粉加工兼用品种。适宜在榆林地区和陕南地区种植。

15. 东农 303　原东北农学院选育而成的优良马铃薯品种。是以品种"白头翁"作为母本,"卡它丁"作为父本杂交而成,1986 年经全国农作物品种审定委员会审定为国家级品种。极早熟;品质优,块茎蒸食品质优,食味佳,适于鲜薯食用和鲜薯出口;每亩产薯 1800～2000 kg,适宜中国东北地区、青藏高原、云贵高原、福建冬作区种植。

16. 黑金刚　黑金刚马铃薯全生育期约 90 d 左右,属中熟品种。株高约 60 cm,主茎发达,幼苗直立,分枝较少,生长势强。茎粗 1.37 cm,茎深紫色,横断面呈三棱形,叶柄紫色,花冠紫色,花瓣深紫色。耐旱、耐寒,适应性广,较抗早疫病、晚疫病、环腐病、黑胫病和病毒病。薯块长椭圆形,芽眼较浅,表皮光滑,呈黑紫色,富有光泽,薯肉深紫色,富含花青素,品质好,耐储藏。结薯集中,单株结薯 6～8 个,块茎单重 120～300 g。淀粉含量 13%～15%,口感香面,品质好。各地均有引种,作为特色马铃薯品种栽培。

17. 兴佳 2 号　中熟品种,由黑龙江省大兴安岭地区农林科学研究院以 Gloria 为母本,21-36-27-31 为父本,通过有性杂交选育而成。2015 年通过黑龙江省农作物品种审定委员会审定。该品种适宜秦岭南麓大部分地区种植。

18. 中薯 18 号　中晚熟鲜食品种,产量 33150 kg/hm^2,中薯 18 号是由中国农业科学院蔬菜花卉研究所从国际马铃薯中心引进"C91.628×C93.154"的实生种子选育的马铃薯新品种。2011 年通过内蒙古自治区审定。2014 年通过国家农作物品种审定委员会审定,审定编号为国审薯 2014001,定名为"中薯 18 号"。

适合于秦岭南麓大部分地区种植。

第五节　陇南地区马铃薯育种

一、种质资源

(一)概况

马铃薯的原产地在南美洲安第斯山脉,印第安人种植马铃薯已经有数千年的历史。在秦岭南麓陇南地区内据说最早是经西方传教士(洋人)带进来的一种作物,通俗的叫法是洋芋,又因为其块茎生长在土壤下面,形状像豆子,又被称为土豆;除传教士带进外,也有可能是往来商人或官员带进来的情况,皆无据可考。传入陇南初期地方史料很少,可考证的资料更少,马铃薯传入陇南地区的准确年代未能考证,民间传说是明末清初,至今已有 350 多年的种植历史。

马铃薯自从传入陇南起,种植的范围和规模逐渐扩大,很快就发展成为陇南地区主要农作物之一,在 21 世纪以前就已发展成为全市人民的主粮。由于是传入作物,没有野生资源,现有的就是栽培品种,所以种质资源匮乏。作为珍贵资源的地方品种,本应具有独特的区域适应性,现在越来越少,甚至逐渐消失,究其原因主要存在四个方面:第一是新中国成立后,尤其是 20 世纪 90 年代,各县区良繁体系不断健全完善,积极引进陇南之外的品种,引进品种在农艺性状方面有某些优势,引进品种的大力推广客观上淘汰了地方品种。第二是 2000 年以来,农技、种子及相关育种部门大力推广脱毒种薯,把脱毒种薯在生产上全覆盖作为项目实施的重要目标,所推广的脱毒种薯都是新品种。第三是陇南地方品种经过长期种植,本身已经严重退化,产量低,农民生活水平提高后,对优良品种的要求更高,不喜欢种植薯型不好、产量又低的地方品种。第四是原有地方品种的芽眼既多又深,且薯型不规则,不利于食用时清洗,影响人们继续种植。

种质资源包括当地的和外来的新老品种、育种材料、近缘野生种和通过有性杂交、体细胞杂交、诱变及基因工程创造的新类型。在 1934—1936 年,从美英等国引进马铃薯品种 14 个,根据陇南市农业科学研究所资料,1956 年,武都专区引进了马铃薯品种西北果和甘岷 1 号,开启了新中国成立后陇南地区马铃薯引种的序幕。

作为育种材料用的种质资源,只有开展育种工作的单位或个人才会收集和保存。1978 年以前,生产使用种子是以生产队自育、自繁、自留、自用的形式存在,表现出规模小、并且杂乱的现象,由于各生产队对材料的重视程度不高和科技力量有限,在育种工作中,"杂交"利用率低,主要是自然结实种子筛选和杂交相结合,培育新品种,种质资源保护意识淡薄。

到 80 年代改革开放初期,国家大量引进马铃薯品种和资源材料的时期,陇南地区农业科学研究所引进了一大批材料,但本所及其他两家开展育种工作的单位,对材料的保存方式一样,都采取的是"春种、秋收、冬窖存"的原始办法。这就使材料受干旱、洪涝、病虫鼠害以及人为因素的影响,致使种质资源不可避免地出现混杂和丢失。截至 2019 年以前,陇南地区没有现代化水平的、专业的马铃薯种质资源库,甚至没有一家专业的农作物种质资源库。开展马铃薯育种工作的三家单位,虽然在育种过程中引进了较多的优良品种,但育种材料中缺乏抗病、低还原糖、高淀粉及专用型种质材料,具有优良农艺性状的材料稀少。研究领域受资金、技术力量的限制,对种质资源缺乏系统研究,种质材料的改良工作远远落后于周边其他地区,野生资源的开发和利用是空白,对已引进的种质资源没有有效的评价和鉴定,直接导致杂交利用率非常低。现存种质资源材料主要是引进品种,数量少,是野生种群还是普通栽培种群,缺乏具体资料,品种系谱、遗传距离变幅值和遗传信息,就不能评价和区分,品种区分依靠农艺形状、特征特性和熟性。

种质资源的发展,需要合理引进马铃薯野生种和原始栽培种,积极挖掘本地马铃薯种质资源,对引进材料开展有针对性的研究、评价、鉴定,通过对产量、品质、抗性及对各种环境胁迫的耐性等遗传性状的研究,筛选出适宜本地区需要的具有特定优良性状的马铃薯材料,才能提高杂交有效率。陇南市农业科学研究所马铃薯种质资源的搜集、研究、保护和利用工作,几经波折,终未能如愿,近 20 年期间进展不大。

陇南市农业科学研究所,在宕昌县哈达铺镇召藏村育种基地建有半地下贮藏窖一座,采用的是常规育种方式,采取的手段是杂交和自然结实选择二者相结合,种质材料的保存方式就是连年种植,获得新块茎贮藏保存,缺点是材料易退化、混淆和丢失。品种创新工作,截至 2019 年已定名和审定的品种有武薯系列 1～8 号 8 个品种,现在育种工作中保存的种质资源有克新 6 号、克新 4 号、克新 18 号、武薯 3 号、内薯 3 号、国瑞 1 号、91-2-16、合作 88、卡它丁、远杂 47、陇薯 7 号、青薯 9 号、晋薯 7 号、晋薯 10 号、乌洋芋等 51 份。

宕昌县马铃薯开发中心,在理川镇马铃薯试验基地采用常规育种的方式育种,截至 2019 年审定和定名品种有宕薯 1～6 号 6 个品种,育种工中的种质资源有胜利 1 号、青薯 168 等 41 份。

西和县何坝镇民旺马铃薯专业合作社,主要开展马铃薯良种繁育工作,育种的手段是传统地方品种脱毒、提纯复壮和常规育种结合,引育保存的种质资源材料有中薯 7 号、中薯 8 号、克新 6 号、克新 7 号、W-49、克新 2 号、L1039-6、09-4-105、L0736-8、L08102-7、陇薯 9 号、L20529-9、09-4-14、陇薯 12、08-3-5、陇薯 14 号、LY08104-12、天薯 11 号、天薯 12 号、西和蓝、L0916-4、陇薯 8 号、L0529-2、陇薯 6 号、L20916-14、陇薯 10 号等 26 份。

(二)种质资源材料简介

以陇南市农业科学研究所现保存可利用的部分种质资源材料简介如下。

1. 乌洋芋　属地方品种

特征特性:株型半直立,生长势中等,分枝数较少,茎紫色,叶绿色,花冠白色,天然结实少。薯块扁圆形,紫皮白肉,芽眼较深,芽眼多,匍匐茎长度中等。株高 50 cm,单株主茎数 2.1 个,单株结薯 3.1 个,平均单薯重 97 g,商品薯率 60.0%。

熟期类型:中晚熟。

2. 品系 Ln1201　陇南市农业科学研究所选育。

选育方法:2011 年以地方品种乌洋芋为母本,以陇薯 7 号为父本杂交,实生苗单株选择繁殖,选育而成。

选育过程:2012 年实生苗单株入选,2014 年参加选种试验,2015—2018 年期间参加品比试验,2019 年进入大田生产示范。

特征特性:株型半直立,生长势强,分枝数中等,叶繁茂,茎中上部浅绿色,基部紫色。叶绿色,花冠紫色,天然结实数中等,薯块圆形,紫皮黄肉,芽眼较深,匍匐茎长度中等。株高 90 cm,单株主茎数 3.5 个,单株结薯 6.1 个,平均单薯重 107.0g,商品薯率 68.0%。

熟期类型:晚熟,出苗后 120 d 左右成熟。

产量表现:试验期间平均亩产 1570 kg 左右,选种试验最高亩产可达 2950 kg。

品质:2018 年 11 月甘肃省农业科学院农业测试中心检测,干物质含量 22.6g/100 g,蛋白质含量 1.74 g/100 g,粗淀粉含量 15.91%,维生素 C 含量 15.2 mg/100 g,还原糖含量 0.15 g/100 g。

3. 陇薯 14 号　甘肃省农业科学院马铃薯研究所,陇南农业科学研究所引进。

特征特性:株型半直立,株高 81 cm,生长势强,分枝数中等。叶繁茂,茎浅绿色,叶绿色。花冠白色,天然结实性强。薯块圆形,薯皮浅黄色,薯肉浅黄色,芽眼浅平,匍匐茎短。单株结薯 5.1 个,平均单薯重 107.0 g,商品薯率 73.0%。感晚疫病。

熟期类型:晚熟,出苗后 120 d 左右成熟。

4. 品系 2353　国际马铃薯中心,陇南农业科学研究所引进。

特征特性:株型半直立,生长势强。分枝数较少,茎浅绿色,叶绿色。花冠白色,天然结实性强。薯块圆形,白皮白肉,芽眼浅平,匍匐茎长。株高 83 cm。单株结薯 6.27 个,平均单薯重 138.0 g,商品薯率 80.0%;块茎烹煮食用微有麻味。

熟期类型:晚熟,出苗后 120 d 左右成熟。

5. 品系 20　国际马铃薯中心,陇南农业科学研究所引进。

特征特性:株型半直立,株高 80 cm,生长势中等,分枝数较少。茎浅绿色,叶绿色。花冠白色,无天然结实。薯块圆形,白皮白肉,芽眼浅平,匍匐茎短。单株结薯 4.5 个,平均单薯重 136.0 g,商品薯率 88.0%。

熟期类型:中晚熟,出苗后 105 d 左右成熟。

6. 凉薯 3 号　四川省凉山彝族自治州昭觉农业科学研究所,于 1971 年用"米拉"作母本,"9-49"(Pontiac×永丰)作父本杂交,1976 年育成,1986 年审定。陇南市农业科学研究所引进。

特征特性:株型直立,株高 70 cm,生长势中等,分枝数少,茎浅绿色,叶绿色。花冠浅紫色,天然结实少,浆果绿色。薯块长圆形,黄皮黄肉,芽眼浅平,匍匐茎短。单株结薯 3.5 个,平均单薯重 122.0 g,商品薯率 70.0%。

熟期类型:中晚熟,出苗后 104 d 左右成熟。

7. 冀张薯 8 号　河北省高寒作物研究所,陇市南农业科学研究所引进。

特征特性:株型直立,株高 78 cm,生长势强,分枝数少,茎绿色,叶绿色,花冠白色,天然结实少。薯块椭圆形,黄皮白肉,芽眼浅平,匍匐茎短。单株结薯 5.5 个,平均单薯重 92.0 g,商品薯率 80.0%。

熟期类型:中晚熟,出苗后 104 d 左右成熟。

8. 冀张薯 12 号　河北省高寒作物研究所,陇南市农业科学研究所引进。

特征特性:株型直立,株高 74 cm,生长势中等,分枝数中等。茎绿色,叶绿色。花冠浅紫色,天然结实少。薯块长圆形,黄皮白肉,芽眼浅平,匍匐茎短。单株结薯 5.1 个,平均单薯重 132.0 g,商品薯率 82.0%。

熟期类型:中晚熟,出苗后 98 d 左右成熟。

9. 克新 6 号　黑龙江克山农科院,陇南市农业科学研究所引进。

特征特性:株型直立,株高 40 cm,生长势中等,分枝数少。茎绿色,叶绿色,花冠浅红色,天然结实少。薯块圆形,白皮白肉,芽眼浅平,匍匐茎短。单株结薯 3.1 个,平均单薯重 103.0 g,商品薯率 73.0%。

熟期类型:早熟,出苗到成熟 82 d 左右。

10. 陇薯 6 号　甘肃省农业科学院马铃薯研究所,陇南市农业科学研究所引进。

特征特性:株型直立,株高 67 cm,生长势中等,分枝数少,茎绿色,叶深绿色,花冠白色,天然结实少。薯块圆形,白皮白肉,芽眼浅,匍匐茎短。单株结薯 2.9 个,平均单薯重 86.0 g,商品薯率 70.0%。

熟期类型:中早熟,出苗到成熟 92 d 左右。

11. 中薯 7 号　中国农业科学院蔬菜花卉研究所,西和县何坝镇民旺马铃薯合作社引进。

特征特性:株型半直立,生长势强。株高 50 cm,叶深绿色,茎紫色,花冠紫红色。块茎圆形,薯皮淡黄色、薯肉乳白色,薯皮光滑,芽眼浅,匍匐茎短,结薯集中,商品薯率 61.7%。

熟期类型:早熟品种,出苗后生育期 64 d 左右。

12. 中薯 8 号　中国农业科学院蔬菜花卉研究所,西和县何坝镇民旺马铃薯合作社引进。

特征特性:植株直立,生长势强,株高 52 cm,分枝少,枝叶繁茂,茎绿色,叶绿色、复叶大,叶缘微波浪状。花冠白色。块茎长圆形,薯皮淡黄色、薯肉淡黄色,薯皮光滑,芽眼浅,匍匐茎短,结薯集中,块茎大而整齐,商品薯率 77%。

熟期类型:早熟品种,出苗后生育期 63 d 左右。

13. 合作 88　云南师范大学薯类作物研究所、会泽县农技中心利用国际马铃薯中心提供的杂交组合选育。

特征特性:株型直立,生长势强,株高 85 cm,分枝少,茎绿色,茎粗,叶深绿色、复叶大。花冠紫色。天然结实少;结薯集中,薯形为长椭圆,薯皮红色、薯肉白色,表皮光滑,芽眼浅少,休眠期长。

熟期类型:属晚熟品种,生育期为 125 d 左右。

14. 国瑞 1 号　甘肃国瑞农业科技有限公司于 2009 年从国家马铃薯种质资源库引进材料中选育而成。

特征特性:株型半直立,株高 61 cm 左右。茎绿带褐色,叶片深绿色。花冠蓝白色,天然结实少;薯块椭圆形,薯皮紫色,薯肉紫色,芽眼浅;匍匐茎短,单株结薯 3.4 个,结薯集中。

熟期类型:晚熟,生育期 122 d 左右。

二、品种演替

马铃薯传入陇南种植以后,人们就发现其块茎既可以和面粉一块做饭吃,又可以直接或配上其他菜炒着吃,也可以蒸煮和烧烤着直接吃,以灵活多样的无数吃法深受陇南人民的喜爱,尤其是蒸煮和烧烤的几种做法,就体现出了马铃薯作为粮食典型特性,而且其烹饪方法既简单又灵活。在餐饮行业将直接用块茎做出来的小吃有"洋芋搅团、洋芋擦擦、洋芋丸子、洋芋饼子、洋芋蒸菜"等,是陇南特色餐饮的一大名片。很早时候,陇南人民在劳作的期间,一种做法是将家中蒸煮或烧烤好的块茎带上,另一种做法是直接带上块茎,在田间劳动期间休息间隙,就地取柴生火,烧烤土豆吃,完全可以顶一顿饭。在 300 多年前,那时的人们大都缺食少衣,抗击自然灾害的能力很低;在种植作物中相对于冬小麦和玉米等其他作物,马铃薯的耐寒、抗雹等多种自然灾害的特性在种植过程中越来越被人们喜爱。另一个特点就是生育期具有"伸展性",尤其是晚熟品种,成熟期易受水肥和气候的影响,地下块茎边长边吃,块茎膨大到一定量,就能满足人们鲜食的需求,这时就可以灵活采收,扒开基部看有个大的先"偷"掉,也有的地方叫揣,个小的留下继续生长。由于马铃薯具有以上特征,所以在陇南种植区域越来越广,种植面积也就越来越大。在那个时代,种植作物就是为了解决人们的吃饭问题,种植马铃薯获得的块茎绝大多数是鲜食,对品种的要求主要是产量高,薯香味浓,皮色、肉色和芽眼深浅和多少都不是重要的问题。

据"民国"十六年(1927 年)《甘肃西和植物调查表》统计,西和县洋芋总产约一千石,折合主粮 7.2 万 kg。"民国"二十八年(1939 年),《新西北》月刊第五期《礼县西和县之农村经济实况》记载,平川地在平常年景作物收获产量表中,洋芋种子 50 斤,每亩产量 10 斗,每斗斤数 72

斤。民国 34 年(1945 年),《农业概况估计》记载,陇南出产的各种农作物有果品、蔬菜、粮食、棉麻、烟叶、药材等约 100 种,其中马铃薯为第三大作物。以上资料统计的马铃薯种植面积和产量,表明在民国时期马铃薯在陇南已广泛种植,但没有品种的描述。据调查,西和、礼县的地方志在农业生产方面是空白的,缺少马铃薯品种详细资料的记载。

1949 年,武都全区(专区)马铃薯种植面积 33.69 万亩,占粮食作物播种面积的 11.8%,平均单产 68.5 kg(折主粮)。新中国成立初期,随着社会全面恢复发展,农业生产全区以粮为纲,各县相继建立了良种场,也就有了初步的良种繁育体系。

1956 年 11 月 8 日,武都专区农业试验推广站(陇南市农业科学研究所前身)成立,属专业农业科学研究和农业生产技术推广的政府机构,成立之初,就全面开展农业科学试验和技术推广的研究,主要开展马铃薯良种推广及良种繁育、密植问题、土壤调查与改良、肥料问题、植物保护问题、培植高额卫星田等工作。陇南地区种植的一些传统马铃薯品种有了正式的文字记载,通过查找农科所马铃薯研究的历史资料,出现了乌洋芋、兰花洋芋、黑洋芋、牛头洋芋、红花洋芋、白花洋芋、紫花洋芋、四斤黄、大平头、蛮三洋芋、漫洋芋等,从此有了名称记录。

1955 年武都县渭子坪公社马铃薯晚疫病爆发,洋芋死的十分严重,1956 年农民连种子都十分缺乏。政府从岷县调给该生产队一批洋芋种子,该队队员杨仲选、老许挑了 3 颗西北果,种了 11 窝,被猪害了 2 窝,剩余 9 窝共收了 30 kg。甘岷 1 号由甘肃省农科院洋芋工作组周光会给了杨仲达、老许各一颗,种了 8 窝收了 25 kg,由于生产队十分重视,逐年扩大起来,1962 年,该村种植马铃薯西北果、甘岷 1 号共 28 亩,支援外地良种 12500 kg,而附近队种植的其他洋芋大量死亡。在当时,表现良好的西北果、甘岷 1 号高度抗晚疫病,而且产量也高出兰花、漫洋芋两个品种 20%~30%,该品种还具有抗寒性,在渭子坪生产队洋芋地已经落雪的时候,其茎秆仍是绿色。

1958 年武都专区农业试验站在武都开展了马铃薯品种观察试验,参试品种有西北果、红眼窝等 11 个。试验结果是:根据生长情况来看,表现较好的有红眼窝、隆安洋芋、西北果、六月白等 4 个品种;甘岷 1 号植株健壮,但比前 4 个品种植株较矮,B355-42、白发财、贵州扁担生长中等、隆 709 及本地洋芋植株生长最弱,隆安 717 生长中等,也较隆安洋芋矮。

1959 年,武都专区农业试验推广站在良种普及和原有选种工作的基础上,选育马铃薯品种 1 个,但资料丢失。

1962 年开始,武都专区农业试验推广站开展马铃薯不同部位芽眼种植、原始材料、晚疫病流行规律性及中心病株出现的气象条件、间作防治块茎腐烂等项目的研究,期间引进参试的品种有甘岷 1 号、西北果、漫洋芋 4 号、德友 2 号、天水红洋芋、天水秤砣、秦安大白洋芋、靖远白、贵州红洋芋、贵州扁担、隆安洋芋、C437、农林 1 号、岳斯、阿奎拉、岷县 5 号、56-54、56-69、76-16、岷县 7 号、米脂白、岷县 3 号、cornelia、波友 1 号、波友 2 号、Mep kgp、密斯、卡尼拉、渭会 7 号等品种,为陇南地区马铃薯良种繁育和推广奠定了基础。引进品种、材料在开展试验研究的同时,一些好的品种、材料也就在地区内逐渐推广种植,马铃薯良种推广在那个时代主要是贯彻"四自一辅"(自选、自繁、自留、自用)的方针,以生产队为主体进行种子生产和繁育的模式为主;良种推广较为缓慢。

20 世纪 70 年代初期,甘肃省农业科学院在武都米仓山选育的马铃薯品种米仓 1 号、米仓 2 号,在武都地区广泛种植。1972 年前,宕昌县农牧局选育的宕薯 1 号、宕薯 2 号、宕薯 3 号等在宕昌县广泛种植。

从 1970 年开始,武都地区农业科学研究所(1985 年更名为陇南地区农业科学研究所,2005 年更名为陇南市农业科学研究所)在宕昌县牛家公社召藏大队组织开展马铃薯育种工作。召藏大队,位于北纬 34°13′,东经 104°14′,海拔 2231 m,属典型的高寒阴湿地区,传统的农作物主要有马铃薯、当归、大黄、蚕豆等。为了满足当时提高产量的要求,育种的目标和指标都是高产。武都地区农科所开展育种工作期间,引进一部分品种,有渭会 1 号、渭会 2 号、工业、元薯 9 号、渭薯 5 号、胜利 1 号、横沟 1 号等,用于杂交育种的同时,在全区广泛推广种植。

1972 年,武都县金厂公社渭子大队(原)选育的渭选 2 号和下沟大队选育的大红眼洋芋在武都高寒阴湿地区广泛种植。

1975 年陇南地区内开展品种选育的地方主要有宕昌县召藏大队、小堡子村,武都县仓头山,以各育种单位开展育种工作所在地为试验、示范点,西北果、胜利 1 号、红花洋芋、临薯 7 号、渭会 1 号、红眼窝、兰花洋芋、大白花、长薯洋芋、武仓 1 号、武仓 2 号、武仓 3 号、武仓 5 号、武仓 6 号是当地大田主要种植的品种,其中宕昌县大面积种植西北果,武都大面积种植兰花洋芋、大白花。

1976 年武都地区农科所制定洋芋五年规划,品系 72-2-10 在不同区域试验示范种植,在武都县光明公社(原)艾坪大队种植,亩产 2100 kg,较当地主要种植兰花洋芋增产 49%;在蒲池公社王坪大队亩产 2000 kg,较当地主要种植大白花增产 58.4%;在康县平洛公社种植,亩产 1047.5 kg,较对照红花洋芋增产 19.84%。

1977 年开始,依据武都地区洋芋良种联合区试和召藏试验点两年示范种植的结果,在陇南区域内推广临薯 10 号、2-7、71-5-5、72-2-10、71-19-19、72-1-9、72-2-32。其中临薯 10 号,种植生长表现好,分枝多,植株整齐,株高 72 cm,结薯多,薯块大,抗环腐病,不抗晚疫病,中晚熟品种,亩产最高 1981.5 kg。2-7,是农科所自育新品系,株型直立,茎秆粗壮,分枝少,生长整齐一致,株高 100 cm 以上,薯块大,抗逆性强,中晚熟品种,最高亩产达 2575 kg。71-5-5,渭源县会川公社本庙大队选育品系,植株田间生长表现好,整齐一致,株高 72 cm,株型直立,属晚熟品系。72-2-10,是农科所自育新品系,生长势好,株型半直立,薯块大且均匀,产量高,品质好;抗旱并耐涝,中晚熟品系,1975 年最高亩产 2425 kg。71-19-19,甘肃省农科院会川实验组选育的新品系,植株生长势好,株型半直立,株高 75 cm,中抗晚疫病,属晚熟品系。

1978 年,武都地区行政公署和各县成立了种子站,农作物良种推广开始推行"四化一供",对马铃种就是种子区域化,推广统一供种。农科所选育品系 72-2-10,以岷县、宕昌、武都等区域为重点,推广面积达到 7500 亩。

1980 年,武都地区马铃薯种植面积 42 万多亩,其中武都面积最大,为 15 万亩,其次是宕昌;各地因地制宜,选择和推广马铃薯良种。高寒阴湿地区推广大白花、小白花、武薯 1 号、武薯 2 号、大平洋芋、宕薯 4 号、武薯 4 号、武薯 5 号、中心 21 号、中心 24 号。半山干旱地区,推广武仓 3 号、武仓 5 号、武仓 6 号、武薯 1 号、武薯 2 号。浅山丘陵地区推广波友 2 号、康薯 1 号、白波 8 号、南湖塔等。农科所开展兰花洋芋、乌洋芋的提纯复壮,同时引进天薯 2 号在宕昌哈达铺地区种植,天薯 3 号在陇南半山以上地区种植。

到了 80 年代后期,对种植品种逐渐提出了高标准的品质要求,马铃薯推广良种要求鲜薯淀粉含量在 18% 以上,干物质含量 25% 以上,粗蛋白含量 1.8% 以上,还原糖含量 0.25% 以下,维生素 C 含量 18 mg/100 g 以上,龙葵素含量 8 mg/100 g 以下。抗晚疫病、抗环腐病,块茎大中薯率 70%、商品率 80% 以上。

　　1985年6月武都地区更名为陇南地区,1987年3月19日,陇南地区农牧处品种审定领导小组成立,办公室设在陇南地区种子公司,陇南地区农业科学研究所共选育出了武薯1号、武薯2号、武薯3号、武薯4号等4个品种。从1987—1995年,通过品种审定领导小组审定的马铃薯品种共有3个,即农科所选育的武薯5号、武薯6号、武薯7号。经过20多年的推广,武薯系列品种全面进入陇南地区马铃薯主产区,陇南最适宜种植马铃薯的区域逐渐成形,即北部的西和全境及武都区鱼龙、甘泉、隆兴、龙坝、礼县红河、盐官、宽川、祁山、永兴、石桥、雷王、太塘、龙林、滩坪、雷坝、王坝;西北部的宕昌全境(除沙湾),礼县固城、湫山、草坪,武都的池坝、金厂、蒲池等乡镇;西南部文县口头坝、尖山、临江、城关、铁楼、中寨,武都的外纳、透防、玉皇、汉王、马街、安化、汉林、两水、石门、角弓、龙凤、三河、坪牙,宕昌的沙湾等乡镇,形成三大块。

　　1994年,陇南地区农业科学研究所选育的武薯8号通过了甘肃省品种审定委员会的审定,陇南地区扶贫开发办公室和农科所共同开展向陇南地区高寒阴湿乡镇赠送优良新品种,进行示范推广种植工作,在全区高寒贫困乡镇全面布点、示范种植,推广武薯8号。签订协议的乡镇主要有宕昌县牛家乡、哈达铺镇、阿坞乡、金木乡、城关镇、化马乡、何家堡乡、新城子乡、临江乡、甘江头乡、官亭乡、秦峪乡、南河乡、贾河乡、簸箕乡、将台乡、韩院乡、南阳等18个乡镇,武都县有池坝乡、金厂乡、马营乡、鱼龙乡、熊池乡、黄坪乡、佛崖乡、蒲池乡、马街乡等9个,西和县有西高山乡、石峡乡、姜席乡、大桥乡、苏合乡、十里乡、河口乡、何坝乡、喜集乡、赵五乡等10个,礼县有白关乡、沙金乡、铨水乡、滩坪乡、草坪乡、王坝乡等6个。每个示范点赠送良种100 kg,由农科所派出工作人员,逐乡送到点上,一年示范、二年推广,四年(1997年)普及种植。这次示范种植,西和县西高山乡繁殖1900 kg良种兑换给吴山、冯坪、新庄、李湾和下寨5个村,宕昌县南阳区政府与农科所协议调种5万kg,推广武薯8号 。

　　1995年6月10日,武薯7号获陇南地区1994年度科技进步二等奖,同时在陇南地区推广。

　　从2000年开始,陇南地区农业科学研究所马铃薯育种工作受试验经费的制约,主要承担甘肃省马铃薯区试陇南点试验,对试验中表现优秀的新品系和对照陇薯3号、克新6号等在哈达铺地区开展试验示范推广。

　　2005—2006年陇南市经济作物总站在武都区城郊乡渭子沟村、角弓乡下侯子村、两水镇后坝村、汉王镇仓园村、蔡家湾村、罗寨村、桔柑乡桔柑村、文县城关镇西园村、贾昌村、尚德镇河口村、石坊镇下坝村引进费乌瑞它、大西洋、抗疫白、早熟180、早大白、天引薯1号、天引薯2号、富金等马铃薯良种推广种植。

　　2007年12月西和县何坝镇民旺马铃薯专业合作社成立,合作社建设的西和县脱毒马铃薯种薯生产基地,取得预期成效,具有较大的创新,下设陇南民乐种业科技有限公司、广丰农机专业合作社。其中,民乐种业科技有限公司,已取得脱毒马铃薯种薯原原种、原种以及良种的生产许可证,主要开展马铃薯引种、地方品种提纯复壮、脱毒微薯原种繁殖和良种推广工作。2014年3月引进中薯7号、中薯8号、克新2号、L1039-6、09-4-105、L0736-8、L08102-7、陇薯9号、L20529-9、09-4-14、陇薯12号、08-3-5、陇薯14号、LY08104-12、天薯11号、天薯12号、西和蓝、L0916-4、陇薯8号、W-49、L0529-2、陇薯6号、L20916-14、陇薯10号等开展品种试验,选出了西和蓝、黄江2号、陇薯6号、陇薯10号、陇薯12号、陇薯14号等6个适宜当地种植的品种,在西和、礼县推广种植。

　　2011年,陇南市农业科学研究所马铃薯育种试验工作中,依托新项目实施先后引进了阿奎拉、定薯1号、定薯14号、克新18号、冀张薯8号、冀张薯12号、陇薯7号、陇薯10号、陇薯

14 号、LK99、青薯 9 号、青薯 168、天薯 11 号、远杂 47、2353、87、20 等品种(系),在哈达铺及周边地区示范推广种植。

2012 年,宕昌县马铃薯中心选育的宕薯 5 号、宕薯 6 号通过了甘肃省品种审定委员会审定,并在宕昌全县开展推广种植。根据陇南市种子站资料,全市种植品种有武薯 3 号、武薯 8 号、陇薯 3 号、陇薯 6 号、陇薯 7 号、荷兰 15 号、费乌瑞它、庄薯 3 号、夏波蒂、天引薯 3 号、天引薯 4 号等。

2013 年,全市种植品种有武薯 3 号、武薯 4 号、武薯 8 号、陇薯 7 号、陇薯 3 号、陇薯 6 号、天引薯 3 号、天引薯 4 号、陇薯 8 号、陇薯 10 号、宕薯 5 号、宕薯 6 号、庄薯 3 号、荷兰 15 号、克新 19 号、克新 23 号、中薯 23 号、费乌瑞它、青薯 9 号、青薯 168、天薯 10 号、天薯 11 号、天薯 13 号等。

2015 年,全市种植品种有武薯 3 号、武薯 4 号、武薯 8 号、费乌瑞它、克新 2 号、陇薯 3 号、陇薯 6 号、陇薯 7 号、陇薯 9 号、陇薯 10 号、LK99、宕薯 5 号、宕薯 6 号、新大坪、天薯 3 号、荷兰 15 号、天薯 7 号、克新 2 号、青薯 168、大西洋、青薯 9 号、天薯 10 号、天薯 11 号、天薯 13 号等。

2017 年,全市种植品种有武薯 3 号、武薯 4 号、费乌瑞它、陇薯 3 号、陇薯 7 号、陇薯 10 号、宕薯 5 号、克新 1 号、青薯 168、青薯 9 号、早大白、LK99、黄江 2 号、西和蓝、天薯 10 号、天薯 11 号、天薯 13 号等。

2018 年,陇南市农科所选育的品系 01-9-15-1,在参加甘肃省马铃薯联合区试的同时,在西和何坝、礼县石桥、草坪等属不同生态区域的乡镇开展试验示范种植,武都米仓山马铃薯合作社引进冀张薯、华颂等品种种植。

2019 年陇南市农科所选育的品系 01-9-15-1 在宕昌县哈达铺镇召藏村、力藏村、金木村、理川镇杨家村、哈竜沟村示范推广种植。

陇南地区马铃薯种植 300 多年来,种植初期品种演替过程简单、缓慢,主要靠农户串换和购买,品种相对单一。新中国成立后,建立了良种育、繁和推的体系,通过试验示范推广,品种演替加快,20 世纪 90 年代主栽品种相对突出。2000 年以来,区域内育种工作低迷,种植品种演替逐渐以引进为主,2018 年全市 87.39 万亩马铃薯种植面积,据不完全统计种植品种达 40 个,表现出多样化、演替快的特点。

三、自育和引进代表性品种选育

陇南地区开展马铃薯新品种选育的单位有陇南市农业科学研究所、宕昌县马铃薯开发中心、西和县民旺马铃薯专业合作社三家单位,自育有代表性的 12 个品种介绍如下。

1. 武薯 1 号

选育单位:甘肃省陇南市农业科学研究所选育。选育人员:李德生。审定不详。

选育方法:1970 年以渭会 1 号为母本,以渭会 2 号为父本杂交选育而成。

选育过程:1974 年进入预备试验,1974—1976 年进入品比试验,1976—1977 年参加武都地区区域试验,1977—1978 年参加甘肃省马铃薯联合区试,1976 年进入大田生产示范。

熟期类型:晚熟,出苗后 120 d 左右成熟。

产量表现:一般亩产 2150 kg 左右,最高亩产可达 2750 kg,大中薯率可达 85.0%。

品质:煮食口感和风味好。鲜薯干物质含量 21.2%,淀粉含量 15.0%。

适宜种植地区:适宜酒泉上坝、武威黄羊、临潭、定西、临夏、武都等地推广种植。

2. 武薯 2 号,原名武芋 2 号

选育单位:甘肃省陇南市农业科学研究所。选育人员:李德生。审定不详。

选育方法:1970 年以渭会 1 号为母本,以渭会 2 号为父本杂交选育而成的。

选育过程:1974 年进入品鉴圃试验,1975 年参加召藏点品比试验,1976—1977 参加全区多点试验,1977—1978 年参加全省马铃薯良种联合区域试验,1976 年进入大田生产试验、示范。

熟期类型:晚熟,出苗后 120～130 d 成熟。

产量表现:平均亩产 1806 kg 左右,最高亩产可达 2500 kg,大中薯率可达 85.0%。

品质:煮食口感和风味好,鲜薯淀粉含量 20.02%。

适宜种植地区:适宜西北、华北地区一季作区推广种植。

3. 武薯 3 号

选育单位:甘肃省陇南市农业科学研究所。选育人员:李德生,严文凯、刘利亚。审定情况不详。

选育方法:1974 年以早熟白为母本,长薯 4 号为父本杂交选育而成的。

选育过程:1974 年有性杂交,1975 年进入选种圃试验,1976 年进入预试圃试验,1979—1980 年参加省、地两级区域试验,1978 年逐步进入大田生产试验、示范推广。

熟期类型:中熟,出苗后 100～110 d 可收获。

产量表现:试验期间平均亩产 1806 kg 左右,示范种植最高亩产可达 2500 kg。

品质:鲜食口感和风味好,淀粉含量 17.0% 以上。

适宜种植区域:适宜临夏、定西、兰州、平凉、静宁、永昌、会宁及陇南地区推广种植。

4. 武薯 4 号

选育单位:甘肃省陇南市农业科学研究所。选育人员:李德生、严文凯、刘利亚。审定情况不详。

选育方法:1975 年以 72-2-10 为母本,工业为父本杂交选育而成的。

选育过程:1975 年有性杂交,1976 年实生苗选择单株入选,1977 年进入选种圃试验,1978 年进入预试圃试验,1979—1982 年品比试验,1981—1983 年参加全区多点区域试验,1980 年逐步进入大田生产试验、示范推广。

熟期类型:晚熟,出苗后 130 天左右成熟。

产量表现:平均亩产 1857.5 kg 左右,高的亩产可达 3933 kg。

品质:煮食口感和风味好,淀粉含量 18.0%～21.92% 之间,干物质含量 18.24%～28.67%;蛋白质含量 1.82%,赖氨酸含量 0.104%,维生素 C 含量 21.16 mg/(100 g)。

适宜种植区域:适宜在海拔 1500～2500 m 的岷县、宕昌、武都、文县、礼县的高半山地区推广种植,也可在康县、成县等地的浅山丘陵地区与玉米套种。

5. 武薯 5 号

选育单位:甘肃省陇南市农业科学研究所。选育人员:李德生、严文凯。1988 年陇南地区农作物品种审定委员会审定。

选育方法:1975 年以元薯 9 号母本,72-1-10 为父本杂交选育而成的,又叫 72 洋芋。

选育过程:1975 年有性杂交,1976 年实生苗选择单株入选,1977 年进入选种圃试验,1978 年进入预试圃试验,1979—1982 年召藏点品比试验,1981—1986 年参加全区多点区域试验,

1980 年逐步进入大田生产试验、示范,1988 年通过省科委鉴定验收,1988 年 10 月获陇南地区农作物优良品种证书。

熟期类型:晚熟,出苗后 115～127 d 成熟。

产量表现:平均亩产 1857.5 kg 左右,最高的亩产可达 3933 kg,大中薯率可达 85.0%。

品质:煮食口感和风味好,淀粉含量 17.17%,干物质含量 23.6%,粗蛋白质含量 5.56%,还原糖含量 1.41%,维生素 C 含量 30.3 mg/100 g。

适宜种植区域:适宜在海拔 1500～2500 m 的岷县、宕昌、武都、文县、礼县的高半山地区推广种植,也可在康县、成县等地的浅山丘陵地区与玉米套种。

6. 武薯 6 号

选育单位:甘肃省陇南市农业科学研究所。选育人员:李德生、严文凯。1991 年陇南地区农作物品种审定委员会审定。

选育方法:1977 年以渭薯 5 号为母本,73-2-7 为父本杂交选育而成。

选育过程:1977 年有性杂交,1978 年培育实生苗单株入选,1979 年进入选种圃试验,1981 年参加品鉴试验,1982—1984 年召藏点品比试验,1984—1986 年参加全区多点区域试验,1982 年逐步进入大田生产试验、示范,1988 年省农科院植保所进行抗性鉴定,完成育种程序。1991 年获陇南地区农作物优良品种合格证书。

熟期类型:晚熟,出苗后 135～140 d 成熟。

产量表现:平均亩产 2067 kg,高的亩产可达 2641 kg,大中薯率可达 90.0% 以上。

品质:煮食口感和风味好。1988 年兰州大学品质分析:存放 5 个月的块茎淀粉含量 15.6%,干物质含量 22%,含糖量 1.0%,维生素 C 含量 25.88 mg/100 g。省农科院品质分析:淀粉含量 18.74%,还原糖 0.79%,干物质 24%,蛋白质含量 4.84%,维生素 C 含量 26.2 mg/(100 g),龙葵素含量低。

适宜种植区域:适宜在文县、武都、宕昌、岷县、西和、礼县海拔 1300～2500 m 的高半山区种植,也可在徽县、康县、成县等地的浅山丘陵地区种植。

7. 武薯 7 号

选育单位:甘肃省陇南市农业科学研究所。选育人员:李德生、严文凯、刘华文。1991 年陇南地区农作物品种审定委员会审定。

选育方法:1980 年以武薯 4 号为母本,73-21-1 为父本杂交选育而成。

选育过程:1980 有性杂交,1981 年培育实生苗单株入选,1982—1983 年进入选种圃、预试圃试验,1984—1987 年召藏点连续品鉴和品比试验,1987—1989 年参加甘肃省区域试验,同时逐步进入大田生产试验、示范,1988 年甘肃省农科院植保所进行抗性鉴定,完成育种程序。1991 年 10 月通过甘肃省科委组织的鉴定验收。

熟期类型:晚熟,出苗后 123 d 成熟。

产量表现:平均亩产 1874 kg,最高亩产可达 3048.1 kg,1985—1987 年的品比试验中,亩产 1539～2517 kg,较对照大白花增产 10%～23.1%,1987 年参加全省区试,在 9 处 23 点次中,有 20 个点次增产,占所有点次的 87%,有一个点次居第一位,7 点次居第二位,1 点次居第三位,3 点次居第四位,综合平均亩产 1874 kg,较统一对照陇薯 1 号增产 21.6%,在参试的 11 个品种中居第三位。在 1987—1991 年生产示范中,平均亩产 2000 kg 以上。大中薯率可达 80.7% 以上。

品质:煮食口感和风味好。甘肃省农科院中心测试室品质分析:淀粉含量 18.74%,还原糖 0.35%~0.52%,干物质 25.14%,粗蛋白质 1.49%~1.83%,维生素 C 含量 14.3%~17.5 mg/(100 g),龙葵素含量 5.95 mg/(100 g)。

适宜种植区域:适宜在全省高山二阴地区种植,也可在高半山地区种植。

8. 武薯 8 号

选育单位:甘肃省陇南市农业科学研究所。选育人员:李德生、严文凯。审定情况不详。

选育方法:1981 年以武薯 4 号为母本,爱得嘉为父本杂交选育而成。

选育过程:1981 有性杂交,1982 年培育实生苗单株入选,1986—1988 年召藏点连续品比试验,1989—1991 年参加甘肃省区域试验,1992 年参加陇南区试,1988 年进入大田生产试验、示范,同时进行品质化验和抗性鉴定,完成育种程序。1993 年 9 月 23 日通过甘肃省科委组织的鉴定验收。

熟期类型:中晚熟,出苗后 117 d 左右成熟。

产量表现:平均亩产 2374 kg 左右,最高的亩产可达 2560 kg。

品质:鲜食口感和风味好,1993 年甘肃省农科院中心测试室品质分析:淀粉含量 18.06%,还原糖 1.03%,干物质 25.14%,粗蛋白 1.35%,维生素 C 含量 21.5 mg/(100 g),龙葵素含量 7.5 mg/(100 g)。

适宜区域:适宜在甘肃省定西、陇南、甘南、临夏、天水、平凉、庆阳、武威等地区海拔 1360~2570 m 范围内种植。

9. 宕薯 5 号

选育单位:甘肃省宕昌县马铃薯开发中心。选育人员刘月宝。审定年代:2012 年,甘农牧发(2012)23 号甘肃省农牧厅关于第 27 次农作物品种审定结果的通告。

品种来源:1998 年以秦芋 30 号为母本,以克新 4 号为父本杂交选育而成。

选育过程:1998 年组配杂交,1999 年实生苗培育,选择优势单株,2000—2002 年无性种植选择,2003 年品系鉴定试验,2004—2007 年品种比较试验,2008 年参加省品种预备试验,2009—2010 年参加省区域试验,2011 年参加省区试生产试验,2012 年审定。

熟期类型:晚熟,出苗至成熟 125 d 左右。

产量:平均亩产 1382.5 kg,生产试验平均亩产 1548.7 kg。

品质:薯块含干物质平均 22.1%,淀粉平均含量 17.5%,粗蛋白 2.52%,维生素 C 平均 13.35 mg/(100 g),还原糖含量平均 0.305%,符合育种目标要求。

适宜种植区域:全省区域试验及生产试验结果表明,稳产性好,适应性较强,适宜甘肃省高寒阴湿、二阴地区及半干旱地区推广种植。

10. 宕薯 6 号

品种来源:1999 年以陇薯 3 号为母本,94-3-17 为父本杂交选育而成。

选育单位:甘肃省宕昌县马铃薯开发中心。选育人员:刘月宝。审定年代 2012 年,甘农牧发(2012)23 号甘肃省农牧厅关于第 27 次农作物品种审定结果的通告。

选育过程:1999 年组配杂交,2000 年实生苗培育,优势单株选择,2001—2002 年无性种植选择,2003 年品系鉴定试验,2004—2007 年品系比较试验,2008 年参加省品种预备试验,2009—2010 年参加甘肃省马铃薯区域试验,2011 年省区试生产试验、示范,2012 年审定。

熟期类型:晚熟,出苗至成熟 127 d 左右。

产量:平均亩产1388.5 kg,生产试验中,平均亩产1749.1 kg。

品质:干物质平均23.9%,淀粉平均17.45%,粗蛋白平均2.48%,维生素C平均14.88 mg/(100 g),还原糖含量平均4.07 g/kg。

适宜区域:全省区域试验及生产试验结果表明,稳产性好、适应性较强,适宜我省高寒阴湿、二阴地区及半干旱地区推广种植。

11. 西和蓝

品种来源:原西和县地方品种提纯脱毒复壮。

选育单位:甘肃省西和县农业和农村局、西和县何坝镇民旺马铃薯专业合作社。选育人员:吴二牛、陈玉霞、郭威成、郭玉美、郭大权、王成。

选育过程:2012年在何坝镇冯茂村发现地方品种,2013年试验观察其特征特性表现良好,在专家推荐下,2014年在甘肃省农科院马铃薯所完成脱毒苗培育,试管苗经合作社培养,网棚种植,在2016—2017年将生产的原种在马寨(海拔高度1620 m,川地,水肥条件好)试验点和铁古试验点(海拔高度1900 m,高半山区)试验,产量表现突出。2017—2018年参加甘肃省联合区域试验,现正在整理品系资料,尚未登记。

熟期类型:中晚熟,出苗至成熟110 d左右。

产量:2016—2017年品系比较试验中,平均亩产1866 kg。

适宜区域:适宜西和高半山及高寒阴湿地区种植。

12. 品系01-9-15-1

品种来源:以定薯1号为母本,阮吉尔为父本杂交选育而成。

选育单位:甘肃省陇南市农业科学研究所,定西市农科院。选育人员:魏旭斌、李德明、苏斌惺、李荣。

选育过程:2011年由定西市农科院提供低代杂交材料,陇南市农科所无性繁殖,2012—2014年陇南市农科所在召藏村试验基地开始低代材料选种试验,2015年参加本所品鉴试验,2016—2018年参加本所品系比较试验,同时,2018年参加甘肃省马铃薯联合区试,并在西和何坝村、礼县石桥镇汉阳村、草坪乡湾里村开展不同生态区域内多点试验,2018年11月甘肃省农科院农业测试中心完成一次品质分析,2019年在理川镇杨家村、哈竜沟村、哈达铺镇召藏村、力藏村、金木村示范种植。

熟期类型:中晚熟品种,生育期105~120 d。

产量:2015—2018年在农科所试验期间中平均亩产1747.25 kg,最高亩产2150 kg,三年据全试验的第一位,一年居第二位,高产、稳产。

适宜区域:陇南地区高寒阴湿及半山干旱地区种植。

第六节　秦岭南麓自育马铃薯代表品种名录

一、文胜4号(原名175号)

选育单位:陕西省安康市农业科学研究所。选育人员:蒲中荣等。

审定时间:1977年陕西省农作物品种审定委员会审定。

二、安农 5 号（系谱号：67-20）

品种来源：于 1966 年由"哈交 25 号"的天然实生种子后代选育。

熟期类型：中早熟品种，生育期 75～80 d。选育单位：陕西省安康市农业科学研究所。选育人员：蒲中荣等。审定时间：1979 年陕西省农作物品种审定委员会审定。

三、安薯 56 号

品种来源：于 1978 年以品种"文胜 4 号"作母本，与"克新 2 号"作父本杂交获得杂交实生种子，1979 年培育实生苗，从中以单株株系培育而成。

选育单位：陕西省安康市农业科学研究所。选育人员：蒲中荣等。审定时间：1989 年陕西省农作物品种审定委员会审定，1993 年国家农作物品种审定委员会审定。获奖情况：1990 年安康地区科学技术进步一等奖，1992 年陕西省科学技术进步二等奖。

四、秦芋 30 号（原名安薯 58 号）

品种来源：于 1991 年以 BOKA（波友 1 号）作母本，4081 无性优系（米拉/卡塔丁）作父本杂交，1992 年以该组合实生种子培育实生苗，从中以单株株系筛选而成。

选育单位：陕西省安康市农业科学研究所。选育人员：蒲中荣、蒲正斌等。

审定时间：2001 年陕西省农作物品种审定委员会审定，2003 年农业部国家农作物品种审定委员会审定。获奖情况：2002 年安康市科学技术一等奖，2003 年陕西省科学技术三等奖。

五、秦芋 31 号

品种来源：于 1996 年以云 94-51×89-1 有性杂交，1997 年实生苗培育系统选育而成。

选育单位：陕西省安康市农业科学研究所。选育人员：蒲正斌等。审定时间：2007 年农业部国家农作物品种审定委员会审定。获奖情况：2010 年安康市科学技术一等奖，2011 年陕西省科学技术三等奖。

六、秦芋 32 号

品种来源：2000 年以秦芋 30 号/89-1（高原 3 号/文胜 4 号）有性杂交，2001 年实生苗培育，株系选育而成。

选育单位：陕西省安康市农业科学研究所。选育人员：蒲正斌等。审定时间：2011 年农业部国家农作物品种审定委员会审定。获奖情况：2013 年安康市科学技术一等奖。

七、秦芋 33 号（原代号：康 0402-9）

品种来源：以秦芋 30 号×晋 90-7-23 有性杂交，实生苗培育，单株、株系选育而成。

选育单位：陕西省安康市农业科学研究所。选育人员：蒲正斌等。登记时间：2018 年 5 月陕西省种子管理站。

八、秦芋 35 号（原代号：0302-4）

品种来源：以国审品种秦芋 30 号［BOKA（波友 1 号）×4081 无性优系（米拉/卡塔丁后

代）]作母本,合作 88(云南省经作研究所引入)作父本杂交,实生苗株系选育而成。

选育单位:陕西省安康市农业科学研究所。选育人员:蒲正斌等。鉴定时间:2017 年 4 月安康市种业局。登记时间:2018 年 5 月陕西省种子管理站。

九、武薯 1 号

品种来源:陇南市农业科学研究所 1970 年以渭会 1 号为母本,以渭会 2 号为父本杂交选育而成的鲜薯食用型、淀粉加工型马铃薯品种。原代号 72-2-10。

审定情况:1981 审定,具体文件不详。

十、武薯 2 号

品种来源:陇南市农业科学研究所 1970 年以渭会 1 号为母本,以渭会 2 号为父本杂交选育而成的鲜薯食用型、淀粉加工型及全粉加工型马铃薯品种。原名武芋 2 号,原代号 72-2-32。

审定情况:1981 年审定,具体文件不详。

十一、武薯 3 号

品种来源:陇南市农业科学研究所 1973 年以早熟白为母本,以长薯 4 号为父本杂交选育而成的鲜薯食用型、淀粉加工型及全粉加工型马铃薯品种。原代号 74-8-2。

审定情况:1981 审定,具体文件不详。

十二、武薯 4 号

品种来源:陇南市农业科学研究所 1975 年以 72-2-10 为母本,以工业为父本杂交选育而成的鲜薯食用型、淀粉加工型马铃薯品种。原代号 76-6-1。

审定情况:1986 年通过甘肃省陇南地区农作物品种审定委员会审定,审定编号:陇审字第043 号。

十三、武薯 5 号

品种来源:陇南市农业科学研究所 1975 年以元薯 9 号为母本,以 71-1-10 为父本杂交选育而成的鲜薯食用型、淀粉加工型马铃薯品种。原代号 76-7-2。

审定情况:1991 年通过甘肃省陇南地区农作品种审定委员会审定,审定编号:陇审字第002 号。

十四、武薯 6 号

品种来源:陇南市农业科学研究所 1977 年以渭薯 5 号为母本,以 73-2-7 为父本杂交选育而成的鲜薯食用型、淀粉加工型马铃薯品种。原代号 78-9-2。

审定情况:1991 年通过甘肃省陇南地区农作物品种审定委员会审定,审定编号:陇审字第003 号。

十五、武薯 7 号

品种来源:陇南市农业科学研究所 1980 年以武薯 4 号为母本,以 73-21-1 为父本杂交选育而成的鲜薯食用型、淀粉加工型马铃薯品种。原代号81-5-78。

　　审定情况:1991通过甘肃省陇南地区农作物品种审定委员会审定,审定编号:陇审字第004号。

十六、武薯8号

　　品种来源:陇南市农业科学研究所1981年以武薯4号为母本,以爱得嘉为父本杂交选育而成的鲜薯食用型、淀粉加工型马铃薯品种。原代号82-4-24。

　　审定情况:甘肃省农作物品种审定委员会审定,具体文件不详。

十七、宕薯5号

　　品种来源:母本秦芋30号×父本克新4号。

　　选育单位:甘肃省宕昌县马铃薯开发中心。选育人员:刘月宝。审定年代:2012年,甘农牧发(2012)23号甘肃省农牧厅关于第27次农作物品种审定结果的通告。

十八、宕薯6号

　　品种来源:母本陇3号×父本94-3-17。

　　选育单位:甘肃省宕昌县马铃薯开发中心。选育人员:刘月宝。审定年代:2012年,甘农牧发(2012)23号甘肃省农牧厅关于第27次农作物品种审定结果的通告。

参考文献

陈桂朝,2014.马铃薯传奇[M].武汉:华中科技大学出版社.

陈珏,秦玉芝,熊兴耀,2010.马铃薯种质资源的研究与利用[J].农产品加工(学刊)(8):70-73.

陈亚兰,陈鑫,2015.马铃薯遗传育种技术[M].武汉:武汉大学出版社.

程永芳,张明慧,巩檑,等,2015.马铃薯种质资源遗传多样性分析及杂交子代SRAP鉴定[J].分子植物育种,13(8):1757-1765.

姜红玉,2017.马铃薯育种现状及改良对策[J].农业工程技术,37(5):76-76.

李葵花,高亚迪,2009.原生质体融合技术在马铃薯育种中的应用[J].辽宁农业科学(3):44-46.

卢翠华,邱宏,张丽利,2009.马铃薯组织培养原理与技术[M].北京:中国农业科学技术出版社.

蒲正斌,2006.陕西省马铃薯育种发展概况及存在的问题[J].中国马铃薯,20(6):378-379.

蒲正斌,郑敏,张百忍,等,2012.安康市马铃薯育种及相关产业发展现状及对策[J].陕西农业科学,58(1):137-139.

邱彩玲,白雅梅,吕典秋,等,2007.二倍体马铃薯在育种中的应用[J].中国马铃薯,21(6):355-359.

孙慧生,2003.马铃薯育种学[M].北京:中国农业出版社.

唐洪明,1989.中国马铃薯主要品种[M].北京:中国农业科技出版社.

王怀利,2014."芽变育种"在马铃薯种选育上的应用[J].种子,33(10):102-103.

邢宝龙,方玉川,张万萍,等,2017.中国高原地区马铃薯栽培[M].北京:中国农业出版社.

徐新荣,2005.商洛地区志[M].北京:方志出版社.

杨光圣,员海燕,2009.作物育种原理[M],北京:科学出版社.

杨鸿祖,1983.全国马铃薯品种资源编目[M].哈尔滨:黑龙江科学技术出版社.

杨小琴,方玉川,张艳艳,2016.马铃薯种质资源超低温保存技术研究进展[J].农业科技通讯(1):3-5.

杨映辉,2017.马铃薯优质高产高效生产关键技术[M].北京:中国农业科学技术出版社.

叶玉珍,2017.不同马铃薯种质资源的遗传多样性分析[J].南方农业学报,48(11):1930-1936.

张丽莉,宿飞飞,陈伊里,等,2007.我国马铃薯种质资源研究现状与育种方法[J].中国马铃薯,21(4):223-225.

张千友,2016.中国马铃薯主粮化战略研究[M].北京:中国农业出版社.

第三章　马铃薯生长发育

第一节　生育进程

一、生育期

马铃薯（*Solanum tuberosum* L.）是茄科（Solanaceae）茄属（*Solanum*）草本植物。其地上部分从出苗至浆果成熟是一个完整的生活周期，即为生育期，其长短用天数表示。在生产中的春播条件下，其生育期在一个年度内完成，表现为一年生植物；而在秋、冬播条件下，其生育期则在两个年度内完成，表现为二年生植物。

在生产中，收获的是地下块茎，从种薯（块茎）播种至匍匐茎分化、块茎分化至块茎形成也看作生育期，其长短用天数表示。以此区分马铃薯的早熟、中熟、晚熟品种。

早熟品种：出苗后 60～80 d 内可以收获的品种。包括极早熟品种（60 d）、早熟品种（70 d）、中早熟品种（80 d），这类品种生育期短，植株块茎形成早，膨大速度快，块茎休眠期短，适宜二季作及南方冬作栽培。可适当密植，以每亩 4000～4500 株为宜。栽培上要求土壤有中上等肥力，生长期需要肥水充足，不适于旱地栽培。早熟品种一般植株矮小，适宜与其他作物间作套种。

中熟品种：出苗后 80～95 d 内可以成熟的品种，这些品种生育期较长，适宜一季作区栽培，部分品种可以用于二季作区早春栽培和南方冬季栽培。

晚熟品种：出苗后 95～105 d 以上可以成熟的品种。这些品种生育期长，一般植株高大，单株产量较高，仅适宜一季作区栽培。晚熟品种根系分布广且较深，茎叶生长时间长，容易徒长，所以栽培时应适当增加磷、钾肥，以促进块茎的形成膨大。晚熟品种节间稍长，植株较高，大部分品种植株高度在 80 cm 左右，高的可达到 100 cm，这类品种适宜北方一季作区栽培，能发挥增产潜力。

常见马铃薯品种熟性见表 3-1。

表 3-1　常见马铃薯品种熟性表（刘康懿、孙伟势、卢潇整理）

熟性	品种
早熟	荷兰十五、荷兰 7 号、金冠、荷兰十四、中薯 2 号、中薯 3 号、中薯 4 号、中薯 5 号、中薯 6 号、中薯 7 号、中薯 8 号、富金、早大白、尤金、克新 4 号、中薯 12 号、中薯 14 号、东农 303、希森 3 号、希森 4 号、希森紫玫瑰 1 号、诺金诺赛特、诺兰德、男爵、豫马铃薯 1 号、豫马铃薯 2 号、郑薯 7 号、郑薯 8 号、兴佳 2 号
中早熟	东农 304、诺迟普、红拉索达、华颂 7 号、华颂 3 号
中熟	克新 3 号、克新 18 号、中薯 10 号、冀张薯 4 号、冀张薯 7 号、东农 305、希森 5 号、希森红玫瑰 2 号、延薯 9 号、夏波蒂、超越、米拉、斯诺顿、晋薯 2 号、永丰 3 号、大西洋

续表

熟 性	品 种
中晚熟	中薯9号、中薯15号、克新1号、克新12号、克新13号、克新15号、希森6号、希森黑玫瑰1号、永丰2号、中薯16号、中薯17号、冀张薯8号、冀张薯12号、陇薯3号、陇薯6号、陇薯7号、高原7号、青薯6号、青薯9号、延薯4号、丽薯2号、丽薯6号、卡它丁、维道克、阿克瑞亚、维拉斯、底西芮、台湾红皮、内薯7号
晚熟	诺赛特-布尔班克、康尼贝克、红旁蒂克、晋薯7号、陇薯8号、陇薯10号、青薯168、青薯10号

但实际上,从播种种薯到收获成薯的过程中,包括了植株地上部分和地下部分两套生育过程。

不同熟期类型品种,植株地上部分从出苗到浆果成熟各自的天数范围不同,极早熟生育期少于60 d、早熟60～75 d、中早熟76～90 d、中熟91～105 d、中晚熟106～120 d、晚熟121～135 d、极晚熟135 d以上。

二、生育时期

(一)地上部分的生育时期

马铃薯的地上部分生育进程一般可分为播种期、出苗期、团棵期、现蕾期、开花期、结果期。

1. 播种期 进行马铃薯种质资源形态特征和生物学特性鉴定时的播种日期。以"年月日"表示。播种后在适宜的温、湿条件下,种薯打破休眠,块茎幼芽萌发(一般为主芽、顶芽),继之在幼芽节处,根原基发生新根和匍匐茎原茎。

2. 出苗期 出苗株数达75%的日期。以"年月日"表示。随着根系生长,幼芽出土,并生长出3～4片微具分裂的幼叶时,即马铃薯发芽出苗。播种至出苗的时间与土温关系密切,当土温7 ℃时幼芽开始生长,8～9 ℃时,出苗需35～40 d,13～15 ℃时,约需25～30 d,16～18 ℃时,需20～21 d,18～20 ℃时需15 d左右。一般春播、冬播,温度较低,播种到出苗需30～40 d;秋播温度较高,播种到出苗需15～20 d。块茎萌发至出苗期间,是以根系形成和芽的生长为中心,同时进行叶、侧芽、花原基分化,而发育强大根系是构成壮苗的基础。

3. 团棵期 从幼苗出土至第6片叶或第8片叶展开时为幼苗期,共15～20 d,相当于完成一个叶序的生长,称其为团棵。马铃薯茎是合轴分枝,当顶芽活动到一定程度后就开始花芽分化。一般靠近顶芽的腋芽最先发生为分枝,代替主茎位置,所以主轴实际上是由一段茎与其他各级侧枝分段连接而成。幼苗期是以茎叶生长和根系发育为中心,同时伴随匍匐茎的伸长和花芽分化,此期发育好坏是决定光合面积大小,根系吸收能力及块茎形成多少的基础。

4. 现蕾期 花蕾超出顶叶的植株占总株数的75%的日期。当幼苗达7～13叶时,第一段茎的顶芽孕蕾,将由侧芽代替主轴生长,而茎的向上生长表现为暂时延缓,标志植株进入现蕾期,幼苗期结束,此期一般15～25 d。当幼芽有3～4叶全展后,幼苗加速生长,叶数增多。据试验,当单株叶面积为200～400 cm^{2}时,母薯有效养分基本耗尽,便进入自养生活。出苗后7～15 d地下各茎节匍匐茎由下向上相继生长,当地上部现蕾时,匍匐茎顶端停止极性生长,开始膨大,此期匍匐茎周围开始陆续发生次生根并不断扩展。

5. 开花期 第一花序有1～2朵花开放的植株占总株数10%的日期称为始花期;当第一花序有1～2朵花开放的植株占总株数75%时称为盛花期。从现蕾开始,当主茎达8～17叶时,地上部开始开花,地下部块茎膨大直径达 3 cm 时结束,历时 20～30 d,此阶段地上茎急剧伸长。到末期,主茎及主茎叶完全建成,分枝及分枝叶已大部分形成扩展,叶面积达总叶面积的 50%～80%,根系不断扩大,同一植株的块茎大多数在这一时期形成。马铃薯在这个时期完成自花授粉,形成自交果实(浆果)。此期的生长中心是地上部茎叶生长和地下部块茎形成并进时期,其中有一个转折期(即地上部主茎生长暂时延缓),转折点标志可用茎叶干重与块茎干重相等为准。早熟品种大体从现蕾到始花,晚熟品种从始花到盛花,在转折期因所需营养物质急剧增加,造成养分供不应求,出现地上部缓慢生长,一般约 10 d 左右,如果此期营养状况好,缓慢生长期短,反之则长。栽培上应促控结合,确保茎叶良好生长,制造足够养分,使转折期适时出现,保证充足养分转运至块茎,既要防止茎叶疯长,养分过多,不利块茎形成,又要避免茎叶生长不良,养分不足,引起茎叶早衰而影响产量。

6. 结果期　从第一花序着果到浆果形成、结籽、成熟的时期,称为结果期,可分为浆果形成期与结籽期。浆果形成期为盛花至茎叶衰老阶段,地下部块茎增长进入最盛期并与地上部生长相一致,生长中心是地上部有性繁殖的浆果进入成熟时期,地下部块茎膨大和增重,其块茎增长速度为块茎形成期的 5～9 倍,是决定块茎产量和大中薯率的关键时期。盛花期块茎膨大的同时,茎叶和分枝迅速增长,鲜重继续增加,叶面积达到最高值,其生长势持续至终花期,植株总干重达最高峰,以后生长逐渐减慢至停止。当地上部与地下部块茎鲜重相当时,称为平衡期,当平衡期出现早时,丰产性能就高,相反则低。结籽期茎叶生长缓慢直至停止,植株下部叶片开始枯萎,浆果成熟呈淡绿色或淡黄色,果内结籽(种子),地下块茎进入淀粉积累期。此期块茎体积不再增大,茎叶中贮藏的养分继续向块茎转移,淀粉不断积累,块茎重量迅速增加,周皮加厚,茎叶完全枯萎,薯皮容易剥离,块茎充分成熟,逐渐转入休眠。此期特点是以淀粉积累为中心,淀粉积累一直继续到叶片全部枯死前。栽培上既要防茎叶早衰,也要防水分、氮肥过多,贪青晚熟,降低产量与品质。

(二)地下部分的生育时期

1. 匍匐茎的分化和形成　匍匐茎也称匍匐枝,由地下茎节间处长出,是地下茎的分枝,是茎的变态。匍匐茎呈白色,在土壤中沿水平方向伸长。匍匐茎具有向地性和背光性,入土不深,大部分集中在地表 0～10 cm 土层内。匍匐茎的长短因品种不同差异很大,早熟品种一般较短,为 3～10 cm,晚熟品种较长,有的达 10 cm 以上。匍匐茎顶端膨大形成块茎。

匍匐茎比地上茎细弱得多,但具有地上茎的一切特性,担负着输送大量营养和水分的功能,在其节上能形成纤细的不定根和 2 次匍匐茎,2 次匍匐茎上还能形成 3 次匍匐茎。在氮肥施用过多的情况下,如遇高温高湿,特别是气温高达 29 ℃ 以上时,块茎的形成和生长受到抑制,光合产物常用作茎叶生长和呼吸消耗,造成茎叶徒长和大量匍匐茎穿出地面而形成地上茎。

生产中多选用匍匐茎适中的品种,便于管理收获。单株匍匐茎多,结薯也多,但薯块较小,因此每株匍匐茎以形成 3～5 个薯块为好。生长期间如果温度高、培土过晚或过浅,匍匐茎会露出或窜出地面,形成新的地上茎。

2. 块茎的分化和形成

(1)分化部位　马铃薯地下茎的叶腋间通常会发生 1～3 个匍匐茎,这些匍匐茎顶端膨大形成块茎。

（2）块茎的形成

① 块茎形成期　从现蕾到开花为块茎形成期,当匍匐茎顶端停止极性生长后,由于皮层、髓部及韧皮部的薄壁细胞的分生和扩大,并积累大量淀粉,从而使匍匐茎顶端膨大形成块茎。这个时期内,最先是从匍匐茎顶端以下弯钩处的一个节间开始膨大,接着是稍后的第二个节间也开始进入块茎的发育中。当匍匐茎的第二个节间进入膨大后,由于这两个节间的膨大,匍匐茎的钩状顶端变直,此时匍匐茎的顶端有鳞片状小叶。当匍匐茎膨大成球状,剖面直径达 0.5 cm 左右时,在块茎上有 4～8 个芽眼明显可见,并呈螺旋形排列,可看到 4～5 个顶芽密集在一起。当块茎直径达 1.2 cm 左右时,鳞片状小叶消失,表明块茎的雏形已经建成。该时期易发生晚疫病,要做好晚疫病防控工作,并及时除草、追肥。

② 块茎膨大期　这个时期也叫块茎增长期,块茎的生长是一种向顶生长运动,从开花始期到开花末期是块茎体积和重量快速增长的时期,块茎的膨大依靠细胞的分裂和细胞体积的增大,块茎增大速率与细胞数量和细胞增大速率呈直线相关。这个时期光合作用非常旺盛,对水分和养分的需求也是一生中最多的时期。一般在花后 15 d 左右,块茎膨大速度最快,大约有一半的产量是在此期间形成的。田间要做到及时浇水、追肥,预防早疫病的发生。

③ 块茎成熟期　当开花结实结束时,茎叶生长缓慢乃至停止,下部叶片开始枯黄,即标志着块茎进入形成末期。此期以积累淀粉为中心,块茎体积虽然不再增大,但淀粉、蛋白质和灰分却继续增加,从而使重量增加达到成熟。

（三）马铃薯地上和地下部分生育时期的对应关系（图 3-1）

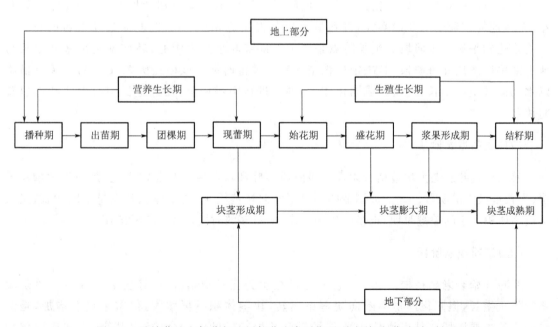

图 3-1　马铃薯地上部分与地下部分生育时期及对应关系(郑太波,制图)

三、生育阶段

目前国内外对马铃薯生育期划分标准不统一。马铃薯从播种到成熟收获分为五个生长发育阶段,早熟品种各个生长发育阶段需要时间短些,而中晚熟品种则长些。

(一)芽条生长阶段

从种薯播种后芽眼开始萌芽,至幼苗出土为芽条生长阶段。块茎萌发时,首先从幼芽发生,其顶端着生一些鳞片状小叶,即"胚叶",随后在幼芽基部的几节上发生幼根。该时期是以根系形成和芽条生长为中心,是马铃薯发苗扎根、结薯和壮株的基础。影响根系形成和芽条生长的关键因素是种薯本身,即种薯休眠解除的程度、种薯生理年龄的大小、种薯中营养成分及其含量、是否携带病毒。外界因素主要是土壤温度和墒情。该阶段的长短差异较大,短者20～30 d,长者可达数月之久。关键措施是把种薯中的养分、水分及内源激素调动起来,促进早发芽、多发根、快出苗、出壮苗。

(二)幼苗阶段

从幼苗出土到现蕾为幼苗阶段。该阶段以茎叶生长和根系发育为主,同时伴随着匍匐茎的伸长以及花芽和侧枝茎叶的分化,是决定匍匐茎数量和根系发达程度的关键时期。多数品种在出苗后7～10 d匍匐茎伸长,再经10～15 d顶端开始膨大。植株顶端第一花序开始孕育花蕾,侧枝开始发生,标志着幼苗期的结束。一般经历15～20 d。各项农艺措施的主要目标在于促根、壮苗,保证根系、茎叶和块茎的协调分化与生长。

(三)块茎形成阶段

现蕾至第一花序开始开花为块茎形成阶段。经历地上茎顶端叶展开,第一花序开始开花,全株匍匐茎顶端均开始膨大,直到最大块茎直径达3～4 cm,地上部茎叶干物重和块茎干物重达到平衡。该阶段的生长特点是由地上部茎叶生长为中心,转向地上部茎叶生长与地下部块茎形成并进阶段,是决定单株结薯数的关键时期。该期经历30 d左右。关键措施以水肥促进茎叶生长,迅速建成同化体系,同时进行中耕培土,促进生长中心由茎叶迅速转向块茎。

(四)块茎增长阶段

盛花至茎叶衰老为块茎增长阶段。该阶段茎叶和块茎生长都非常迅速,是一生中增长最快、生长量最大的阶段。地上部制造的养分不断向块茎输送,块茎体积和重量不断增长,是决定块茎体积大小的关键时期,也是一生中需水、肥最多的时期,经历15～25 d。

(五)淀粉积累阶段

茎叶开始衰老到植株基部2/3左右茎叶枯黄为淀粉积累阶段,经历20～30 d。该阶段茎叶停止生长,但同化产物不断向块茎中运转,块茎体积不再增大,但重量仍在增加,是淀粉积累的主要阶段。技术措施主要是尽量延长根、茎、叶的寿命,减缓其衰亡,加速同化物向块茎转移和积累,使块茎充分成熟。在生产实践中,马铃薯无绝对的成熟期。收获期决定于生产目的和轮作中的要求,一般当植株地上部茎叶枯黄,块茎内淀粉积累达到最高值,即为成熟收获期。

四、生育进程的影响因素

(一)温度的影响

1. 块茎萌芽和出苗的三基点温度 马铃薯性喜冷凉,不耐高温,生育期间以日平均气温17~21 ℃为适宜。块茎萌发的最低温度为5~7 ℃,芽条生长的最适温度为13~18 ℃,在这个温度范围内,芽条苗壮,发根早,生长速度快。新收获的块茎,芽条生长则要求25~27 ℃的高温,但芽条细弱,根数少。茎的伸长以18 ℃最适宜,6~9 ℃伸长极缓慢,高温则易引起茎徒长。

马铃薯茎叶生长最适宜的温度为17~21 ℃。在-0.8 ℃时幼苗受冷害,-1.5 ℃时幼苗受冻害,-3 ℃时植株全部冻死。当温度低于7 ℃或高于42 ℃时,茎叶停止生长。当日平均气温达到25~27 ℃时,茎叶生长受到一定影响。

块茎形成最适宜温度是20 ℃左右。低温块茎形成较早,如在15 ℃出苗后7 d形成,25 ℃出苗后21 d形成,27~32 ℃高温则引起块茎发生次生生长,形成畸形小薯。块茎增长的最适温度为15~18 ℃,20 ℃时块茎增长速度减缓,25 ℃时块茎生长趋于停止,29 ℃时,块茎完全停止生长。昼夜温差大,有利于块茎膨大,特别是较低的夜温,有利于茎叶同化产物向块茎运转。马铃薯抵抗低温能力较差,当气温降到-1~-2 ℃时,地上部茎叶将受冻害,-3 ℃时,植株死亡,块茎亦受冻害。

2. 温度对马铃薯生长发育的影响 温度对马铃薯各个器官的生长发育和产量形成有很大的作用,它关系到安排播种期、决定种植密度和安排田间管理措施等。马铃薯生长发育需要冷凉的气候条件,但经长期选育的各种类型的品种的耐寒、耐热性不同,对温度的反应也有差异。

(1)打破休眠 马铃薯芽在5 ℃左右生长非常缓慢,随着温度上升至22 ℃时生长也随之加快,芽生长的适宜温度是13~18 ℃,新收获的种薯要求在较高温度25~27 ℃下催芽才能出芽。因此,在催芽时应根据种薯的生理年龄的不同,在不同的温度下打破休眠,使芽健壮,适合于播种。

(2)播种 当地下10 cm的地温为7~8 ℃时幼芽即可生长,达10~12 ℃时可顺利出苗,当夜间最低气温稳定的高于-2 ℃时即可播种。利用地膜覆盖,可适时早播。应防止形成"梦生薯",即播种后块茎上的幼芽变成子块茎。这是因为播种前种薯窖温度过高,芽长,播种后遇低温,无生长条件,引起种薯养分转移,形成新的薯块。在生产实践中,大芽种薯不宜过早播种。

(3)茎叶生长 马铃薯叶生长的最低温度为7 ℃,在低温条件下,比之高温叶数较少,但小叶较大而平展。在12~14 ℃下有利增加叶重,18 ℃有利增加茎重,叶在16 ℃较低温度比在27 ℃高温下生长较快。对花器官的影响主要是夜间温度,12 ℃形成花芽,但不开花,18 ℃时大量开花。

(4)块茎形成和发育 马铃薯块茎形成和生长发育的适宜温度为17~21 ℃。当温度低于2 ℃或高于29 ℃时块茎停止生长,并会引起匍匐茎长出地面转变成茎叶生长。低温可以提早块茎的形成,高温容易引起块茎二次生长,形成小薯。昼夜温差与块茎生长也有密切关系,温差越大,对块茎生长越有利,较低的夜温有利于同化产物向块茎运输。应注意块茎的二次生长,即在块茎膨大期间,遇长时间高温而停止生长,浇水或降雨后土温下降块茎又开始生长,形成畸形薯,影响商品性。品种的耐高温能力强弱不同,应根据栽培目的选择优良品种。薯块膨大期间应注意适时浇水,调节土温,满足块茎生长要求。

(5)开花结实　马铃薯开花最适宜温度为 15~17 ℃,低于 5 ℃或高于 38 ℃不开花。花在 -0.5 ℃时受冻害,在 -1 ℃时致死。夜温在 16 ℃以上开花良好,12 ℃以下形成花芽但不开花。16~18 h 的长日照和高湿有利于花芽分化,促进开花和结实。

2. 积温效应　秦岭南麓属于马铃薯二作区,马铃薯生长全生育期需要有效积温为 1000~2500 ℃·d(以 10 cm 土层 10 ℃以上温度计算),多数品种为 1500~2000 ℃·d,芽条生长期需有效积温为 260~300 ℃·d。早熟品种要求较低,而中晚熟品种则要求较高。马铃薯早熟、中熟、晚熟品种生长发育所需的有效积温分别为 1000 ℃·d、1400 ℃·d、1800 ℃·d。

(二)光周期的影响

马铃薯是喜光植物,需强光照,栽培的马铃薯品种基本上都是长日照类型的,即花芽分化与开花需要长日光周期条件。在生长期间日照时间长,光照强度大,有利于光合作用。但短日照条件有利于块茎的分化与发育。品种不同,对日照的长短反应也不同。早熟品种对日照长短反应不敏感,在春季和初夏的长日照条件下,对块茎的形成和膨大影响不大,而晚熟品种则必须经渐次缩短的日长条件,才能获得高产。王延波(1994)介绍,大多数马铃薯品种开花的光周期反应需要长日照。块茎形成则是中性的。农业上应用的马铃薯品种短日照通常加速块茎形成。

马铃薯的生长形态建成和产量对光照强度及光周期有强烈反应。光照不仅影响马铃薯植株的生产量,而且影响同化产物的分配。因此在栽种马铃薯时应合理密植,避免植株间互相遮光,影响光合作用。

1. 光周期对马铃薯茎叶生长的影响　马铃薯茎叶生长需要强光照,长日照 16 h 左右。在长日照条件下,光照充足时,枝叶繁茂,生长健壮,容易开花结果。相反,在弱光条件下,如树荫下或是与玉米等作物间作套作时,如果间隔距离小,共生时间长,玉米遮光,而植株矮小的马铃薯光照不足,养分积累少,茎叶嫩弱,叶片很薄,不开花。虽然日照使茎的长度缩短,植株提早衰亡,但不同品种对光周期的反应不同,有的比较敏感,有的比较迟钝。日照影响花芽的分化,花芽在短日照下形成较早,开花结实则需要长日照、强光和适当高温。

2. 光周期对马铃薯块茎形成和生长发育的影响　短日照缩短茎的生长时期,日照长短不影响匍匐茎的发生,但块茎发生提早,促进植株早衰,提前成熟。一般每天光照时数在 11~13 h 左右。高温短日照下块茎的产量往往比高温长日照下要高,因此,在高原与高纬度地区,光照强,温差大,适合马铃薯的生长和养分积累,一般都能获得较高的产量。光长可明显地抑制块茎上芽的生长。室内贮藏的块茎在不见光的条件下,通过休眠期后若窖温高,易生白嫩芽,如果把萌芽的块茎放在散射光下,即使在最适合芽生长点温度 15~18 ℃下,芽也长得很慢,在散射光下对种薯催大芽,是一项重要的增产措施。

早熟品种对日照长短的反应不敏感,在春季和初夏的长日照条件下,对块茎的形成和膨大影响不大,而晚熟品种相反,只有通过生长后期逐渐缩短日照,才能获得高产。日长、光强和温度三者有互作的影响。高温一般促进茎伸长,不利于叶片和块茎的发育,在弱光下更显著,但高温的不利影响,短日照可以抵消,能使茎矮壮,叶片肥大,块茎形成早。因此,高温短日照下块茎的产量往往比高温长日照较高。高温弱光和长日照,则使茎叶徒长,块茎几乎不能形成、匍匐茎形成枝条。开花则需要强光、长日照和适当高温。因此,马铃薯属于长日照作物。

马伟清等(2010)试验报道,在不添加任何激素的条件下,在短光照条件下培养试管苗,有利于前期试管薯的形成。但由于短光照条件下培养的试管苗较弱,易形成早衰,所以不利于后期试管薯的形成及膨大。而长光周期培养的试管苗生长势强,则不利于试管薯的形成,然而一旦形成试管薯,则有利于营养物质的积累,形成大的试管薯。光照强度对不同品种的试管薯形成和膨大的反应不同。

马铃薯各个生育时期,对产量形成最有利的条件是:幼苗期短日照、强光和适当高温,有利于促根、壮苗和提早结薯;块茎形成期长日照、强光和适当高温,有利于建立强大的同化系统;块茎增长及淀粉积累期短日照、强光、适当低温和较大的昼夜温差,有利于同化产物向块茎运转,促进高产。肖关丽等(2010)研究不同温光条件下马铃薯生长、块茎形成及其与内源 GA3(赤霉素)、ABA(脱落酸)和 JA(茉莉酸)的关系。选用 4 个马铃薯品种——大西洋、合作 88、米拉和中甸红,设 15 ℃ 8 h、15 ℃ 12 h、15 ℃ 16 h、25 ℃ 8 h、25 ℃ 12 h 和 25 ℃ 16 h 共 6 个温度、光照(以下简称温光)处理,观察不同温光条件下马铃薯生长及块茎形成,并对不同温光条件下的内源 GA3、ABA 和 JA 进行测定分析。结果是马铃薯不同品种对温度和光照的敏感性存在差异,大西洋对温度反应较敏感,25 ℃高温条件下,8 h、12 h 和 16 h 三个光照处理后均无块茎形成;合作 88 对光照反应较敏感,在 16 h 长日光照条件下,15 ℃、25 ℃ 两个温度处理后均无块茎形成;中甸红在高温和长日照(25 ℃ 16 h)的共同作用下无块茎形成;米拉在所有温光处理下均有块茎形成。不同温光条件下马铃薯叶片内源 GA3、ABA 和 JA 测定分析结果表明,GA3 在无块茎形成的温光条件下含量较高而在块茎形成温光条件下含量显著降低;ABA 和 JA 含量无论在何种温光条件下都随马铃薯生育进程持续增高。GA3 是抑制结薯的重要因子,ABA 和 JA 含量升高与植株衰老的关系比与块茎形成的关系更为密切。

(1)常见光敏感型品种

大西洋:中晚熟品种,生育期 90 d,适宜北方一季区。

米拉:中晚熟品种,生育期 105～115 d 左右。适于无霜期较长、雨多湿度大、晚疫病易流行的西南一季作山区。

中薯 5 号:早熟品种,生育期 60 d 左右。适宜平原二季区做春秋两季种植。

夏波蒂:中晚熟品种,全生育期 120±3 d。适宜北部、西北部高海拔冷凉干旱一作区种植。

费乌瑞它:早熟品种,生育期 60～70 d。适宜性较广,黑龙江、辽宁、内蒙古、河北、北京、山东、江苏和广东等地均有种植,是适宜于出口的品种。

(2)常见光钝感品种

克新 1 号:中熟品种,生育期 90 d 左右。适于黑、吉、辽、冀、内蒙古、晋、陕、甘等省(区)种植,南方有些省也有种植。

青薯 9 号:中晚熟品种,生育期 125±5 d,全生育期 165±5 d。适宜在青海省海拔 2600 m以下的东部农业区和柴达木灌区以及甘肃西北部二阴地区种植。

(三)水分的影响

马铃薯属于需水量大的农作物之一,其茎叶的含水量占到 90%,块茎中含水量也达 80%左右。马铃薯必须有充足的水分才能提高产量,水能够让马铃薯更充分地吸收土壤中的无机盐营养。马铃薯的光合作用和有机营养制造都离不开水。实验表明,每生产 1 kg 鲜薯,需吸收水分 140 L 左右,因此水在马铃薯的生长发育周期中十分重要。要具备充足的水源供给马铃薯种植。

植株的蒸发和蒸腾作用消耗着土壤水分,当水分由田间最大持水量损失到作物生长开始受限制的水量时,这一水量称临界亏缺。临界亏缺值以降水量单位毫米(mm)表示,它相当于恢复到土壤田间最大持水量所需补充的水量。马铃薯的水分临界亏缺值估计为 25 mm,相当于 $250 \ m^3/hm^2$ 的水量。土壤水分消耗超过这一临界值时,马铃薯叶片的气孔便缩小或关闭,蒸腾率随之下降,生理代谢不能正常进行,使其生长受阻,因此导致了马铃薯减产。

马铃薯不同生长发育期的需水特点有所不同:

1. 发芽期　马铃薯发芽期所需水分主要靠种薯自身薯块里的水分供应,如芽块较大,能达到 30～40 g,土壤含水量也能够达到 14% 左右,就可以保证发芽出苗。

2. 幼苗期　幼苗期叶面积小,蒸腾量不大。因此,此时的耗水量相对较少。一般幼苗期的耗水量是全生育期耗水量的 10%,土壤保持最大持水量的 60% 最佳。此时不宜水分过剩,否则影响根系发育,并降低后期抗旱能力,但水分不足则影响地上部分发育,造成发育缓慢,棵小叶小,花蕾脱落。

3. 块茎形成期　马铃薯块茎形成时期需要充足的水分,此时蒸腾量迅速增大,耗水量占全生育期耗水量的 30% 左右,为确保植株各器官迅速建成,利于块茎增长,要保持田间最大持水量在 70%～75%。水分不足会造成植株生长缓慢,块茎减少,影响增产。

4. 块茎膨大期　从开花到花落后的一周是块茎膨大期,此时马铃薯需水量最多,田间持水量应保持在 75%～80%。此时植株体内营养分配由供应茎叶迅速生长为主,转变为主要满足块茎迅速膨大为主,这时茎叶的生长速度明显减缓。

据测定,这个阶段的需水量占全生育期需水总量的 50% 以上。此时如缺水会导致块茎停止生长。以后即使再降雨或有水分供应,植株和块茎恢复生长后,块茎容易出现二次生长,形成串薯等畸形薯块,降低产品质量。但水分也不能过大,如果水分过大,茎叶就易出现疯长的现象,这不仅大量消耗了营养,而且会使茎叶细嫩倒伏,为病害的侵染造成了有利条件。

5. 淀粉积累期　马铃薯淀粉积累期需适量水分供应,保证植株叶面积的寿命和养分向块茎转移,淀粉积累期耗水量约占全生育期需水量的 10% 左右,保持田间最大持水量的 60%～65% 即可。不可水分过大,土壤过于潮湿,块茎的气孔开裂外翻,就会造成薯皮粗糙。这种薯皮易被病菌侵入,对贮藏不利。如造成田间烂薯,将严重减产。

马铃薯的需水量与环境条件密切相关,特别是与马铃薯叶的光合作用和蒸腾作用、植株所处的气候条件、土壤类型、土壤中的有机质含量、使用肥料的种类与数量及田间管理、植株的品种等有很大的关系。需水量的大小由很多因素决定。例如,植株茂密比稀疏耗水量少,空气湿度高、风速慢或太阳辐射强度小时,需水量少。另外,马铃薯植株所需营养物质的吸收、利用光合作用产物的制造和运输都离不开水。植株生长所需要的无机元素营养都必须溶解于水后才能被根部吸收。如果土壤中缺水,营养物质再多,植株也无法利用。同样,植株光合作用和呼吸作用一刻也离不开水,水分不足,不仅影响养分的制造和运输,而且还会造成茎叶萎蔫,块茎减产。

(四)栽培措施的影响

生产上影响马铃薯生长发育的栽培措施很多,如播种时间、播种方式、种植密度、覆膜及施肥等。康跃虎等(2004)等报道,在1次/2 d~1次/8 d的灌溉频率范围内,增加灌溉频率,可显著提高马铃薯的水分利用效率、块茎的生长速率及产量,反之亦然。温宏昌等(2017)研究了不同栽培模式对马铃薯生育期的影响得出,覆膜能够使出苗期、现蕾期、开花期与成熟期提前,同时,覆膜使生育期缩短,而露地较覆膜模式使植株生长的出苗期、现蕾期、开花期与成熟期延迟,使生育期延长。温宏昌等(2017)认为,由于覆膜能够提高地温,较高的地温可以促进植株迅速生长,提早进入生殖生长期,加快完成其生育周期。而密度与施肥方式对植株的生长发育影响较小。在早春干旱,温度较低的山区可以用覆膜栽培的方式解决出苗率低,生长缓慢的实际问题。

但是,栽培措施对马铃薯生长发育的影响主要表现在播期上。杨进荣(1998)认为早播提前了马铃薯出苗期,相对延长了地上茎叶生长的时间,并使其最大值出现提前,为块茎膨大所需的光合产物提供了生产场地,相应提早了块茎的形成时间,增加了单株结薯数,从而影响了产量;葛长琴等(2008)通过研究认为,马铃薯不同播期对其产量及抗病性有着显著影响,不同播期间产量差异达到极显著水平,不同播期间马铃薯主要病害发病程度差异大。杨志刚等(2012)试验表明,在秋覆膜马铃薯种植中播种期不同对其生长特别是干物质积累、淀粉含量和最终产量影响较大;张凯等(2012)研究表明随着播期的推迟,马铃薯全生育期缩短,株高出现明显变化,单株干物质最大积累速率提前;吴炫柯等(2013)研究表明:随着播期的推迟,马铃薯全生育期明显缩短,不同播期下,各生育阶段相差最大的是出苗期和开花始期。通过对不同播种期各个生育期气象条件的比较得出,播种到出苗期的低温寡照以及开花盛期—成熟期的高温对柳州马铃薯影响较大,综合来看,2月20日左右播种马铃薯最为适宜。

从生育进程上,体现了播期的影响。一般是在同季播种条件下,随着播期的推迟,生育天数逐渐缩短,主要是营养生长阶段的缩短。

第二节　块茎的分化与形成

马铃薯块茎的发育包含匍匐茎的发生、匍匐茎的伸长、匍匐茎纵向生长停止、匍匐茎顶端辐射生长、块茎发生和膨大5个步骤。

一、匍匐茎的形成

(一)匍匐茎定义及特性

1. 匍匐茎　匍匐茎也称匍匐枝,由地下茎节间处长出,是地下茎的分枝,是茎的变态。马铃薯匍匐茎是马铃薯植株基部地下茎节发生的侧枝,具有伸长的空间,着生螺旋分布的鳞片叶,顶端呈弯钩状。与普通侧枝明显不同的是,匍匐茎顶端具有一个较长的染色很深的高密度细胞分生组织圆柱,其分生细胞的数量远多于普通侧枝顶端的分生细胞。

2. 匍匐茎的特性　匍匐茎呈白色,在土壤中沿水平方向伸长。匍匐茎具有向地性和背光性,入土不深,大部分集中在地表0~10 cm土层内。匍匐茎的长短因品种不同差异很大,早熟品种一般较短,为3~10 cm,晚熟品种较长,有的达10 cm以上。匍匐茎顶端膨大形成块茎。匍匐茎比地上茎细弱,但具有地上茎的一切特性,担负着输送大量营养和水分的功能,在其节上能形成纤细的不定根和 2 次匍匐茎,2 次匍匐茎上还能形成 3 次匍匐茎。因此,马铃薯能形成块茎多少,主要取决于主茎上所发生的匍匐茎形成块茎的各种条件,即受到匍匐茎发生的位置、发生时间、数量及生长状况等因素的影响。

(二)匍匐茎形成的时期

通常情况下,马铃薯出苗后 7~10 d 发生匍匐茎,出苗后 15 d 前后就能够形成马铃薯整个生育期的总匍匐茎数量的 50% 以上。形成匍匐茎后,匍匐茎的尖端最先膨大开始发育进而形成块茎。

当地下部分产生匍匐茎时,地上部分芽上的幼芽开始产生幼茎。通常植株长到团棵期开始有块茎发生,此时花芽分化于主茎顶端,匍匐茎出现生长停止。当地上茎继续生长的同时,匍匐茎停止伸长并在第一和第二节上开始膨大形成块茎。块茎形成始于开花前后。研究表明,开花时期和块茎形成时期并无直接的相关性,但因品种不同而存在差异。

(三)匍匐茎建成规律

匍匐茎的形成是块茎形成的前提条件和基础,但其建成又与光合系统的大小和干物质分配密切相关,匍匐茎数量不仅与叶片数密切相关,而且与叶面积和叶干重密切相关。刘克礼等(2003a)通过试验研究了马铃薯匍匐茎的形成,认为马铃薯植株一定大小的光合面积是匍匐茎形成的物质基础,幼苗期较大的叶面积利于匍匐茎的形成。叶片干物质积累量越大,匍匐茎数量越多;光合系统质量越高,匍匐茎数量越多。同时,匍匐茎数量还与群体密度,施肥水平有关。高密群体由于有群体效应,出苗较快,形成的匍匐茎数量较低密群体多,尤其是在出苗的早期。由于匍匐茎的发生和形成同地上幼茎叶的生长在同一时期,对光合产物的分配存在竞争,使匍匐茎因叶片数的增多而减少,生产上采取增加矿质养分促进匍匐茎快速建成,施 P 处理较之未施 P 处理,形成的匍匐茎数量要多,因为增施 P 肥有利于早发苗,促进了匍匐茎的快速建成;高 K 处理则对匍匐茎的早期形成略有抑制。对多种肥料进行组合配比,匍匐茎的形成稳定增长,可见,适宜的 N、P、K 配比有利于匍匐茎的适时建成,形成较多的有效匍匐茎。

(四)匍匐茎的数量与块茎分化的关系

由于发生匍匐茎受栽培技术、自然条件及遗传因素的影响,植株生长过程中所产生的匍匐茎不是都能够形成块茎。研究表明,在马铃薯主茎任何节位上可发生一个匍匐茎,有时也发生 2~3 个。在正常情况下,匍匐茎的成薯率因不同品种存在差别,一般为 50%~70%,匍匐茎数量愈多,形成的块茎数量愈多,没有膨大发育成块茎的不良匍匐茎,生长到后期大多数会自然死亡腐烂。王翠松等(2003)介绍,当块茎作为播种材料播种时,有些腋芽破除休眠萌发生长,长到一定阶段后,茎的叶腋处分化出侧生分生组织,其中地上部分的腋芽长成侧枝,地下部分的腋芽长成匍匐茎。在适宜的条件下,匍匐茎停止生长,其顶部区域的髓细胞和表皮层细胞开始膨大,而后进行纵裂,最终导致匍匐茎近顶端部的膨大。只有在黑暗条件下,匍匐茎横向生长,进而膨大成为块茎;在光照条件下,匍匐茎向上生长,转化成为正常的枝条,从而失去形成块茎的能力。在生产上,应采取合理的栽培措施,如施用速效磷肥作基肥,促进种薯中的养分迅速转化并供给幼芽和幼根的生长,促进发芽出苗,有利于叶片的早发与迅速伸展,因而有利于匍匐茎的形成。

二、块茎的分化与形成

(一)分化与形成过程

马铃薯是一种收获块茎的粮食作物。其块茎除可食用外,亦可用于繁殖。马铃薯种质资源除少量野生种可用实生种子种植作长期繁殖保存外,绝大部分栽培种都是以块茎的方式无性繁殖。可以说,马铃薯的种植起始于块茎(种薯),又收获于块茎(食用薯)。块茎既关系到播种繁殖,又关系到收获,因此对马铃薯块茎的研究非常重要。块茎的形成是从匍匐茎的发生开始的,块茎的形成和匍匐茎的形成是马铃薯产量形成的前提条件和基础。

1. 块茎分化和形成过程植株的形态变化　李灿辉等(1998)对马铃薯块茎形成机理研究指出,马铃薯植株上块茎开始发生和形成时,植株的生长发生了急剧的变化。通常主要表现为:匍匐茎顶端出现钩状弯曲,弯曲部位膨大,继而发育成块茎;植株上的叶片变大、变薄;叶柄与茎秆的夹角增大;茎秆生长受抑制;节间缩短;侧芽发育成枝条的趋势被抑制;花芽及花的败育率增加;根的生长及根系发育受抑制;块茎成熟和植株衰老加快等。有学者对马铃薯块茎形成的研究得出,匍匐茎形成后,通常是匍匐茎的前端开始发育形成块茎,有人将其分成三个区域:顶端区域(apical region)即茎尖(tip)、弯勾区域(hook)和近顶端区域(sub-apical region)。其中具有弯勾区域和近顶端的膨大是块茎发生的典型形态特征。普遍认为,匍匐茎顶端变厚膨大形成块茎后,匍匐茎就停止伸长生长。但是,也有研究使用不同的马铃薯品种,观察到匍匐茎顶端伸长生长形成新的节间,才能使块茎继续生长。因而,不同品种决定块茎发育的细微差别。有学者用茉莉酸(JA)处理培养匍匐茎发现,在块茎形成过程中,顶端区域变窄,叶原基消失,近顶端分生组织膨大开始形成块茎。有学者使马铃薯单节切段在不含赤霉素(GA)的8%蔗糖的培养基中黑暗培养,可以从腋芽发育形成块茎:暗培养第4 d,长出1 cm大约有8个节间的腋芽。随后腋芽停止伸长生长,其茎尖开始横向生长使块茎膨大,整个膨大过程发生在第1~3节间,第3节间以上既不伸长也不膨大。块茎的体内发生过程与体外发生过程类似,在匍匐茎顶部至少先发育出8个茎节,块茎才开始膨大。其涉及的匍匐茎的伸长和节间数目变化很大,与体外发生体系不同的是,其在匍匐茎直到顶端最后一个间节也发生膨大。

就块茎形成过程本身而言,从形态学的角度观察,一般将其分成匍匐茎形成和匍匐茎亚顶端区域膨大成块茎两个阶段。但是匍匐茎形成和块茎发生及形成之间并无必然的因果联系。一般情况下,块茎即发生于匍匐茎顶端的弯曲部位。匍匐茎顶端转变成块茎的过程包含了细胞膨大,细胞分裂加快,但纵向分裂停止;淀粉、贮藏蛋白沉积等最终导致块茎的形成。

2. 块茎分化和形成过程的细胞形态学动态变化　在马铃薯块茎形成过程中,基于细胞水平的研究集中在细胞分裂、细胞增大和细胞骨架的变化上。块茎形成早期,匍匐茎顶端细胞的径向分裂,促使匍匐茎纵向伸长生长。马铃薯匍匐茎的伸长生长向径向生长转变是诱导块茎形成的转折点,径向生长导致匍匐茎开始膨大。有报道表明,这种早期膨大是由细胞直径增加,即细胞增大引起的,在细胞增大之后,才观察到细胞分裂现象的存在。也有研究者认为,细胞分裂早于细胞增大,与块茎形成相关的最早变化是在匍匐茎近顶端区有丝分裂指数的增加和淀粉的储藏。因此,对块茎发育细胞分裂和细胞增大的时序调控与协调仍然缺乏了解。

细胞分裂导致细胞增殖,这种细胞增殖方向的改变与微管的定位有关。细胞增殖的方向是由细胞壁纤维素微纤维的沉积方向决定的,微纤维的方向由皮层微管(MTs)控制。横向的微纤维阻止细胞的横向扩增,使细胞和组织纵向生长。调控细胞增殖方向的植物激素可能与MTs 定位有关,激素通过调控 MTs 的定位来控制细胞增殖方向。研究表明,在无赤霉素条件下,观察到腋芽中皮层细胞的微管从横向方向变成纵向,而在有赤霉素的条件下,没有这种微管的方向改变,细胞继续纵向生长,形成具匍匐茎的芽,说明赤霉素通过促进纵向增殖而抑制细胞横向增殖,决定植物各组织的皮层细胞微管横向定位,这可能是赤霉素抑制马铃薯块茎形成的原因之一。

在块茎的发育过程中,许多组织或区域都发生了细胞增殖和增大现象。早期观点认为,块茎的最初膨大是原形成层活动所导致的。原形成层使新的韧皮部形成,新的薄壁细胞在韧皮部边缘形成。现在普遍的观点则认为块茎的形成是由髓、皮层和环髓区域细胞在数目和大小上的增加所引起。块茎开始形成时,匍匐茎的伸长停止,髓部和皮层部细胞伸长并纵向分裂,引起匍匐茎顶端膨大。当块茎达到 0.8 cm 时,纵向分裂停止。在体内条件下,环髓区域有任意方向的细胞分裂和细胞伸长,一直持续到块茎达到最终直径;试管苗切段发育的腋芽因没有环髓区域,块茎直径达到 0.8 mm 后无法进行后续发育,说明环髓区域是于块茎初具形态后在块茎次生生长中起作用。

3. 块茎分化和形成过程中块茎体积的动态变化　研究表明,随着马铃薯匍匐茎顶端膨大、块茎形成,块茎的干物质积累始终呈递增趋势,其积累过程符合三次曲线变化。块茎形成期干物质积累较少,进入块茎增长期干物质积累量直线增加,至成熟期时,块茎干重约占全株干重的 70% 左右。块茎干重增长速率前期较低,进入块茎增长期迅速增加,而淀粉的积累则是成熟期最快。

马铃薯块茎体积的变化与块茎干物质积累的变化相似,亦呈三次曲线变化。在块茎形成初期,体积增长较缓慢,进入块茎增长中期后,体积呈直线增长,到淀粉积累期,体积增长又逐渐减缓。块茎体积增长速率呈二次曲线变化,出苗后 55 d 以前,块茎体积的增长速率较低,出苗后 55~70 d 内,块茎体积增长速率加快,峰值出现在出苗后 70 d 左右,接近成熟期,增长速率又有所下降。

4. 块茎分化的分子调控　马铃薯块茎发育是由相关基因的表达与调控产生的。以前对马铃薯块茎形成的相关研究,集中在块茎发育后期淀粉积累和蛋白质合成的基因分析上,发育早期的相关研究甚少。目前的研究发现,在块茎发育早期中,植物开花相关的 FT 基因参与马铃薯在短日照条件下诱导结薯的反应,叶片感受光周期并产生信号,向地下的匍匐茎传导而诱导结薯。脂氧合酶(OXs)也参与控制马铃薯块茎发生,在新形成的块茎顶端和亚顶端区 Lox1 家族转录积累,特别在环髓区的维管组织内大量富集,这个区域外是块茎增大时细胞生长最活跃的区域。在体外培养体系中,MADS-box 基因 POTM1-1,是一个块茎发生的早期基因,在马铃薯块茎发生过程中,它可能作为一个转录因子调节块茎发生的某个或几个关键基因的表达来决定腋芽发育方向,当该基因诱导表达时腋芽则发育形成块茎,当抑制该基因表达时腋芽则发育成具匍匐茎的芽。POTM1-1 在腋芽、地下匍匐茎尖和新形成的块茎中高表达,但是在成熟的块茎中表达量相对较低。进一步的研究发现,POTM1 的 RNA 在马铃薯营养分生组织,特别是在分生组织的原套、原体层和原形成层中积累,这显示 POTM1 通过调控营养分生组织中的细胞生长来控制腋芽的发育。还有研究发现,在块茎发育的早期阶段,GA2-氧化酶基因(StGA2ox1)的表达量上调,推测该基因可能是通过改变在匍匐茎亚顶端的 GA 水平,来调节块茎早期的发育的。

在块茎发育的后期,则主要涉及淀粉积累和蛋白质合成。ADP-葡萄糖焦磷酸化酶(AGP)是淀粉形成的关键酶。研究表明,转反义 AGP 基因马铃薯植株中 AGP 的酶活性显著降低,淀粉合成受阻,其块茎的淀粉含量只有正常植株块茎的 2%。对占块茎总蛋白 40% 的糖蛋白 Patatin 蛋白进行分析发现,处于生长发育中的块茎,其 Patatin 和 Patatin mRNA 的含量急剧增加,且只在块茎中特异表达。研究者还从马铃薯叶片中克隆出一段包含开放读码框的长 532bp 的序列,该序列编码一个 98 氨基酸的小蛋白,含有 10 个氨基酸的 C 端结构域,可能是内质网转运过程中的信号肽,参与块茎形成过程中蛋白质的折叠和转运。

(二)马铃薯块茎分化与形成的影响因素

1. 光周期的影响 刘梦芸等(1994)使马铃薯出苗后 1 个月内接受每日 8 h 短日照处理,并与当时自然光照长度进行比较,研究光照长度对块茎形成期内源激素的影响,探讨块茎形成与激素水平的关系。结果表明:短日照处理使块茎形成显著提早,但使结薯数减少,植株茎叶生长受抑,块茎淀粉含量降低;短日照处理使叶片中 ABA 含量提早增高,GA 含量提早减少,GA 与 ABA 的比值提早显著降低。

罗玉等(2011)以马铃薯"大西洋"单节茎段培养为实验体系,记录了 8% 蔗糖处理不同时间及全黑暗、短日照(每日 8 h)、长日照(每日 16 h)下对结薯情况影响的差异。结果全黑暗是诱导结薯的最佳处理,块茎生成百分率最高,诱导强度最高,薯块白色,多无柄。诱导结薯不同处理时间后转入短日照条件下,能结薯,块茎生成率低,紫红色,多保龄球状。诱导结薯不同处理时间后转入长日照条件下,没有块茎生成,全部长成匍匐茎。

许真等(2008)介绍了光周期调节马铃薯块茎形成的分子机制。综合了赤霉素(gibberellins,GAs)、马铃薯 StCOL3(CONSTANS,LIKE3)基因和 StFT(FLOWERINGLOCUS)基因以及蔗糖运输载体(sucrose transporters,SUTs)在短日照调节马铃薯块茎形成中的作用。

谢婷婷等(2013)介绍,马铃薯块茎形成机理不仅是植物发育生物学研究的重要内容之一,也是提高马铃薯产量、品质的重要保障。早期研究发现,光周期是诱导马铃薯块茎形成的一个关键环境因子,短日照利于马铃薯块茎形成。近 10 多年来,光周期调控马铃薯块茎形成机理研究取得了重要进展。已有研究发现,马铃薯块茎形成与拟南芥等植物的开花过程有较多相似之处。大量参与植物开花的重要基因,如光敏色素、CONSTANS(CO)、FLOWERING LOCUS T(FT)、LOV 蓝光受体蛋白家族及 CDF 转录因子等在马铃薯块茎形成过程中都起到重要的调控作用。此外,马铃薯中发现的同源异型框基因 POTH1 及其相互作用基因 StBEL5 也在光调控马铃薯块茎形成过程中扮演重要角色。马铃薯中发现的同源异型框基因 POTH1 及其相互作用基因 StBEL5 也在光调控马铃薯块茎形成过程中扮演重要角色。

综上所述,马铃薯属于长日照植物。马铃薯地上部分和地下部分是一个整体,地上部分的苗壮生长保证了块茎的生长和养分积累。多数研究认为,长日照条件利于马铃薯地上部分的生长,短日照条件有利于块茎的分化、发育和成熟。在组织培养条件下,黑暗条件对马铃薯试管薯的形成具有促进作用,黑暗处理有利于匍匐茎的形成,而之后的短日照有利于块茎的膨大。对野生型马铃薯品种 S. andigena 进行处理发现,该品种只在 8 h 光照/16 h 黑暗条件下能形成块茎,而在 16 h 光照/8 h 黑暗条件下则不能形成块茎,而即使是在 8 h 光照/16 h 黑暗条件下,仅在午夜补充 15 min 的光照都会导致马铃薯不能形成块茎,说明马铃薯野生型品种结薯严格受到短日照调控,同时也说明诱导块茎形成的是黑暗持续的时间,而不是光照持续的时间。

2. 温光综合作用的影响　马铃薯块茎的发育和生长，不仅单独与光周期和温度条件关系紧密，还受到温度和光照双因子互作影响。马铃薯形成块茎的最适宜日平均温度范围是 15～18 ℃，超过 21 ℃，块茎的生长发育会受到一定的抑制，当超过 24 ℃，这种抑制就会加强，温度高到 29 ℃，生长基本停止。马铃薯因品种的差异对光周期的感应程度也不同，光周期的变化对马铃薯普通栽培品种中的晚熟品种的薯块和茎叶的生长影响要比其他类型品种都要大。多数早熟品种对光周期反应不是特别的敏感，尤其是极早熟的品种，即便是在长日照条件下也能正常的结薯，并且还能获得不低的产量。

马铃薯生长发育的影响因素主要包括日照时间、光照强度和温度，三个因素往往具有同时存在、同时作用的互作效应。肖特等（2011）通过试验，在温室遮阴和人工气候室温光处理条件下，适度降低光照强度和温度可明显促进马铃薯块茎的形成和发育，利于获得高产。高温通常会促进茎叶的伸长生长，而叶片和块茎的生长则不适宜在高温条件下，尤其是在光照不强的条件下，影响更加明显；但短日照处理可以消除高温带来的负面影响，能够使植株生长变得矮壮、叶片长得更肥大，并促进块茎提早形成。因此，高温、短日照条件下的马铃薯薯块茎的产量通常要高于高温、长日照条件；在高温弱光照和高温长日照条件下，马铃薯的茎叶会徒长，几乎不能形成有效的块茎，过度伸长的匍匐茎最终演变成地上分枝；马铃薯开花的条件是必须满足每天至少 12 h 以上的强光日照、18～22 ℃的温度以及相对空气湿度为 75％～90％。

肖特等（2015）为明确马铃薯块茎内微量元素积累受温光处理因素的影响机制，以内蒙古中西部地区常用马铃薯品种内农薯 1 号、底西芮和费乌瑞它为试验材料。采取温室遮光和人工气候室长短日照处理，并研究了马铃薯块茎内 K、Fe、Zn、Se 四种元素含量变化情况。结果表明：在遮阳网遮光处理后能够较显著地降低温室内温度，减弱温室内光照强度，一层、两层遮光条件下温度降低值与自然条件比较平均为 1.9 ℃和 3.3 ℃；光照强度减少值为 27840.5 lx 和 45442.9 lx。K、Fe、Zn、Se 在三个马铃薯品种块茎内含量随发育时期不断降低，遮光在生育前期影响较小，生育后期响较大。块茎内 K 含量的积累在生育后期长日照处理能得到促进。同一品种块茎内 Fe、Zn、Se 的含量经过不同长、短日照光周期处理后差异不显著，块茎内对光周期变化不敏感元素为 Fe、Zn、Se。

马铃薯的生长发育受激素的影响极大。研究人员在试管马铃薯的各个生育期间，分析研究了不同种类的内源激素，结果表明光照条件下，茎、叶和根中的五种内源激素的含量均有增加，但增加的程度不同；黑暗条件下培养 3 d 后，当匍匐茎形成时，GA3（赤霉素）、KT（激动素）、6-BA（6-苄基嘌呤）及 IAA（吲哚乙酸）在茎、叶中的含量有所下降；培养 7 d 后，当匍匐茎的顶端膨大时，茎、叶内的 GA3、KT 和 6-BA 显著增高，而根中的 GA3 和 6-BA 含量则下降显著，IAA 和 ABA（脱落酸）含量在茎、叶和根中无明显变化；培养 14 d 后，当块茎基本形成时，IAA 和 6-BA 含量呈缓慢上升趋势，根中的 GA3 含量开始下降，茎、叶中的 GA3 含量则相对比较稳定。

很多研究者认为，马铃薯能结薯的最关键因素之一是块茎形成过程中 GAs 的减少。试验表明（Xu 等，1998）在光照条件下，培养试管苗中的内源 GA_1 含量一直保持在较高水平，而在黑暗条件下，GA_1 的含量在匍匐茎形成期间增加，在结薯期减少。另据报道，在试管薯的发育形成期间，GAs 和短日照共同协同调控块茎的形成，GA_{20} 能明显增强短日照效应，利于块茎形成。门福义（2000）研究马铃薯蕾花果的脱落与内源激素和光照的相关性时发现蕾、花、果中高浓度的 ABA 含量是诱发脱落的最主要原因。此外,不利的因素(如缺乏养分、水分胁迫等)也会增加马铃薯植株中 ABA 的浓度,加速脱花落果。但长日照和较大的光照强度则会抑制 ABA 的大量生成,能有效降低蕾花果的脱落数量。因此生产中马铃薯开花需强光、长日照。

3. 氮素的影响 马铃薯对矿质营养的反应非常敏感,是高产喜肥的作物。养分是马铃薯生长发育过程中最重要的影响因素之一。N、P、K 为马铃薯生长发育过程中的三大必需营养元素。N 素营养与马铃薯块茎的形成密切相关,增加介质中的 N 素供应不仅会抑制块茎的形成,还调控着地上部分生长,所以 N 素涉及马铃薯植株整个生育期的调控,尤其在块茎形成以后,足够的光合面积是为块茎膨大提供物质来源的保障。研究表明,在马铃薯生育早期保证充足的 N 素,能促进植株根系的发育,增强抗旱性,提高出苗率,并能促进茎叶的迅速生长。适宜的 N 素可显著提高马铃薯块茎的产量与淀粉的含量,并使生长中心和营养中心转移适当推后,可以延迟叶片衰老,增加后期的光合势,显著提高块茎的膨大速率,增加结薯数和大中薯的比例,从而达到马铃薯的优质高产。金黎平等(2002)研究表明,在马铃薯生产过程中,若施 N 不足,则会抑制马铃薯的生长和产量的形成;适宜施 N,有利于促进马铃薯植株生长,提高马铃薯的光合作用及养分的积累;若施 N 过量,则会导致马铃薯植株地上部容易贪青徒长,出现倒伏的现象。郑顺林等(2010)通过随机区组试验研究了施 N 水平对马铃薯块茎形成期叶片光合特性的影响。结果表明,施 N 可促进叶绿素合成,提高气孔开闭变化幅度、光合光响应灵敏度及光能转化效率;低 N 对马铃薯块茎形成期光合特性的影响程度较中、高 N 处理小,光合作用自身气孔调节能力以施中 N 处理最高;随施 N 水平提高,马铃薯块茎形成期光补偿点、表观量子效率、最大净光合速率、表观暗呼吸速率均逐渐提高,高 N 处理具有更高光能转化效率。

(1)氮素供应数量、时间、空间影响马铃薯块茎的形成 Werner(1935)在沙培条件下研究了 N 素供应与块茎形成的关系,发现在长日照和高温条件下,若对正在进行旺盛营养生长的马铃薯植株停止供 N 或提供完全营养液中 N 素的 10%的量,会促使植株很快形成块茎。Krauss 等(1978)发现,在水培条件下,连续供 N 会阻碍块茎的形成,而停止供 N 的第 2 天,块茎便开始形成,停止供 N 的第 4 天全部植株形成块茎,而且,间断 N 素供应的次数越多,对块茎的形成越有利,而后从地下器官的生长状况出发,更为精确地给出了在匍匐茎生长阶段,间断 N 素的供应能限制匍匐茎的生长从而促进块茎的发生。Sarkar 等(1998)则直接用不同的 N 素浓度进行试验,验证了低 N 浓度相对于高 N 浓度更有利于块茎的形成。Kleinkopf 等(1981)在大田环境条件下证实了减少 N 素的供应对块茎的形成有利。他们的研究还表明,过量施用 N 肥,会导致块茎的形成相对于低 N 条件下推迟 7~10 d,这可能是因为 N 素在马铃薯植株体内的分配影响着块茎的生长,而过量的 N 素如果分配在叶片中则会延迟块茎的形成所造成的。更多的组培试验证明,培养基中高浓度的 N 素抑制外植体形成块茎,其中包括腋芽块茎的形成,而低浓度 N 素有利于块茎的形成,微型薯的发育随着培养基中 N 浓度的提高而被推迟,数量随 N 素浓度的增加而减少。但是在水培条件下若一开始就限制 N 素的供应,则会对块茎的形成起到微小的阻碍作用。Sattelmacher(1979)的研究发现,如果从马铃薯植株生长的介质中去掉 N 素,可诱导块茎形成,而且当对根系停止供 N 时,对叶片喷施尿素不能阻止块茎的形成。所有这些研究不仅充分地表明了 N 素的供应数量、N 素供应的时间和供 N 部位等与块茎的形成密切相关,同时也表明,尽管 N 素是植物生长发育必不可少的大量元素,但其在块茎形成的某一特定阶段可能是非必须要素,尤其是在大田试验中,大田土壤本身具有一定量的储存 N,不像水培等人工控制性强的试验中存在完全无 N 环境,在马铃薯生产中定时限 N 在节约 N 素的同时将更有利于马铃薯块茎的形成。

(2)氮素形态影响　马铃薯块茎的形成中硝态氮(NO_3^--N)和铵态氮(NH_4^+-N)是两种可被植物直接吸收利用的 N 源,不同作物的生长发育对不同形态 N 素的反应存在着明显的差异,对于以地下变态根为收获对象的作物甘薯来说,施用 NH_4^+-N 相对于施用 NO_3^--N 更有利于高产高效。同一作物施用不同形态的 N 素,对提高作物抗盐碱性、降低植株体内重金属含量的反应也不同。尽管目前已有较多的试验表明,硝铵混合 N 源更利于马铃薯植株对 N 素的吸收、对营养生长和品质指标变化都有作用,但关于 N 素形态与块茎的形成关系的研究却相对较少。Roberts 等(1992)在大田试验条件下采用放射性标记技术研究表明,N 素从叶片向块茎中的运输与块茎的生长状况密切相关,不同形态的 N 素能引起马铃薯植株体内 N 素的分配及运输差异。Garner 等(1989)发现,降低培养基中 NO_3^-:NH_4^+ 的值,试管苗形成的微型薯数量和直径均减小。Chen 等(1993)再次在组培苗上研究发现,提高培养基中的 NO_3^--N 的含量,植株相应表现出较高的蔗糖利用率和较快的块茎干物质积累速率,而且匍匐茎茎尖将要膨大部位的细胞数量和直径也要高于低 NO_3^--N 浓度处理下的植株匍匐茎的,NO_3^--N 表现出促进块茎的形成。但是胡云海等(1991)的研究却显示,介质中较高的 NO_3^--N 含量不利于块茎的形成,而一定浓度的 NH_4^+-N 有利于块茎的形成。不同形态 N 素在作物生长上的差异主要是因为植株对氮素吸收后引起了作物根际土壤 pH 值的变化,Wan 等(1994)在水培条件下研究表明,马铃薯植株的生长会受到介质 pH 值的强烈影响,相对于高的介质 pH 值,降低介质中 pH 值会促进块茎的形成。

4. 植物激素的影响　植物激素是指一些植物体内合成,并从产生之处运送到别处,对生长发育产生显著作用的微量有机物。目前,主要有五种:生长素类(IAA)、赤霉素类(GA)、细胞分裂素类(CTK)、乙烯(ETH)和脱落酸(ABA),其中前三类是促进生长的物质,脱落酸是一种抑制生长的物质,乙烯是促进器官成熟的物质。在马铃薯块茎的形成及发育过程中,五类激素分别起着不同的作用,而且在不同时期施用和施用不同浓度都会影响到块茎的发育,而且由于植物具有微量刺激的独特特点,因而在国内外的研究报道较多。

马铃薯块茎的形成过程是由两个相对独立的阶段:匍匐茎形成阶段和匍匐茎顶端膨大阶段组成的,这两个阶段的发育分别受不同的因素控制,或可以称为同一因素在这两个不同阶段具有不同的作用。

(1)激素对匍匐茎形成的影响　作为块茎形成的第一阶段,匍匐茎形成的质量和数量将直接影响到块茎的生长发育。匍匐茎实际上是马铃薯地下茎节上的腋芽水平生长的侧枝。经试验证明,马铃薯腋芽同时具有发育成侧枝和匍匐茎的潜力,而发育的最终结果就取决于体内激素水平和外界环境,Booth(1963)试验证明,只有在较强的顶端优势存在的前提下,才能产生匍匐茎。对于激素的作用,有试验表明,赤霉素 GA 能够促进匍匐茎的形成,而且在 IAA 存在的前提下,还能刺激匍匐茎的发育,这也说明,IAA 也具有促匍匐茎的作用。但是,细胞分裂素的作用却正好相反,它具有促进叶枝形成的功能。可见,马铃薯主茎上侧芽究竟发育成匍匐茎还是叶枝,取决于体内细胞分裂素和赤霉素的比例关系。乙烯作为一种逆境胁迫产物,抑制匍匐茎的发育,脱落酸 ABA 和生长延缓剂也具有抑制匍匐茎伸长的作用。

(2)激素对块茎形成和发育的影响　马铃薯块茎是由匍匐茎顶端停止极性生长,由倒数第二个伸长的节间膨大发育而成的。激素对马铃薯形成的作用不尽相同。有报道认为,脱落酸和细胞分裂素类物质是块茎形成的主要刺激物,但根据多方面深层次的试验证明,目前较为一致的看法是:马铃薯块茎形成受多种激素综合调节,而外界因素是通过刺激植株体内激素成分和比例变化的结果而起作用的。从蒙美莲等(1994)研究结果可以看出,马铃薯块茎形成期,脱落酸含量显著增加,赤霉素含量则显著降低,赤霉素与脱落酸比值下降到一定水平是块茎开始形成的重要条件。外加脱落酸喷施叶面,使块茎形成提早,但结薯数并未增加;外加赤霉素喷施叶面,使植株细高,匍匐茎细长,块茎形成显著延迟,块茎显著减少。

① 生长素类对块茎形成的影响 生长素是最早发现的植物激素,但有关它在块茎形成过程中的作用和报道却很少,而且现有报道观点也不一致。胡云海等(1992)的研究认为,IAA对块茎形成有促进作用,内源 IAA 的上升有利于块茎形成。Sergeeva(2000)报道,外施 IAA对早期块茎的膨大有促进作用,并能抑制匍匐茎的伸长,Jackson(1999)认为,IAA 在对腋芽的发生及匍匐茎伸长的抑制上具有较大的作用。蒙美莲等(1994)也提出马铃薯块茎形成期,脱落酸含量显著增加,赤霉素含量则显著降低,赤霉素与脱落酸比值下降到一定水平是块茎开始形成的重要条件。有报道称,IAA 能抑制匍匐茎的伸长,形成小的无柄块茎,并能促进早期块茎的膨大。有研究认为,凡能刺激马铃薯块茎形成的条件均可使根和匍匐茎中含量显著上升。

但是 Palmer(1969)的研究认为,块茎形成时植株体内 IAA 含量并没有增加。据王军等(1984)的报道,生长素虽能增加试管块茎的大小,但并无诱导作用。早期的研究认为 IAA 在 GA_3 存在的条件下只对匍匐茎的形成具有促进作用。Kumar(1974)的研究结果显示,较高浓度的 IAA 抑制块茎形成,同样也有认为对块茎形成没有明显效果的报道。由此可见,生长素在块茎形成中的作用并不肯定,可能对块茎形成的作用还需要其他因素协同才能表现出来。

② 赤霉素对块茎形成的影响 在块茎形成过程中,赤霉素(GA)的相关研究是最多的。在离体培养诱导块茎形成过程中,外源施加赤霉酸可以逆转细胞分裂素的促进作用,同时还可以模拟非诱导条件下的其他效应,促进茎的生长,对块茎的形成起到阻碍作用。它可以抑制或延迟块茎形成,不但使单株块茎形成数减少,也使块茎重量减轻。也有报道认为,由于 GA 的重要作用始终贯穿整个生长过程中,因而外界环境对块茎形成的影响也是通过 GA 起作用的。比如长日照和高温,都因能使 GA 类物质的含量增加而抑制块茎的形成。同样,施用 N 素可以使 GA 类物质的活性提高,同样起到抑制块茎形成的效果。

也有报道认为 GA_3 本身并不是块茎形成刺激物。而且,李灿辉等(1998)试验证明,当用 GA_3 合成抑制剂(CCC 和 B9)及效应拮抗剂(ABA)在长日照和短日照加光间断条件下不能诱导块茎形成,而且在全黑暗诱导块茎形成条件下,也未表现出促进块茎形成和显著提高产量的效果。郭予榕(1996)试验发现,GA_3 与 6-苄氨基嘌呤(6-BA)混合处理可以增加块茎的重量,这可能是 GA_3 通过调节植株 6-BA 的平衡实现的。

③ 细胞分裂素对块茎形成的影响 关于外源细胞分裂素(CTK)对块茎形成作用的研究也较多。一般认为,细胞分裂素类物质对块茎形成具有促进作用,同时也可以促进匍匐茎的形成。细胞分裂素是一类有利于块茎形成的激素,研究发现玉米素(ZT)和玉米素核苷(ZR)可促进马铃薯黄化苗节段的块茎形成。更多的研究报道,在离体条件下 6-BA 可诱导块茎的形成,并促进侧芽发育成气生块茎。田长恩(1993)的试验称,细胞分裂素可以诱导匍匐茎顶端膨大,从而促进块茎的形成膨大,6-糖基氨基嘌呤(KT)和 BA 促进离体器官的块茎形成,马铃薯植株中总的细胞分裂素水平在诱导条件下比在非诱导条件下明显增加,认为 CTK 可能通过促进淀粉积累和细胞分裂及抑制细胞伸长而促进块茎形成,是主要的块茎形成促进物质。

但也有研究认为,块茎形成期间叶片中 CTK 活性增高并非是诱导块茎形成的原因。外部施用 CTK 后,虽可增加块茎数量,但块茎却变小,块茎总产量并没有提高,因此认为 CTK 虽可诱导块茎的分裂及加粗生长,但对块茎形成并没有促进作用。宋占午(1992)指出,ZT 和 KT 都可以提高匍匐茎中碳水化合物的含量,降低蔗糖酶活性,但均不促进完整植株的块茎形成。在李灿辉等(1998)的试验中,离体培养条件下施用 6-BA 虽能延缓衰老,却没有促进块茎形成的作用。在 Palmer 等(1970)后来的报道中又指出,从 CTK 在块茎形成过程中的含量变化分析,它不可能是块茎形成物质。McGrady 等(1986)亦报道,在诱导单节茎段块茎形成的试验体系中,添加 CTK 对茎段上块茎的形成能力无任何影响。有研究指出,加入 BA 虽能显著提高试管块茎的大薯率和鲜薯产量,但平均块茎数量却显著下降。另外,据 Ewing 等(1994)报道,用 BA 处理马铃薯枝条会抑制无柄块茎的生长,推迟块茎形成。Hammes 等(1975)认为是块茎产生后,块茎本身就成了新的代谢库,该代谢库的存在导致了叶片中 CTK 的增加。因此 CTK 不是唯一对块茎形成起决定作用的因子,它可能与其他激素相配合调节块茎的形成,出现以上两种作用相反的情况,可能是由于 CTK 的作用决定于与其他激素的共同作用或作用时间不同的缘故。

④ 乙烯对块茎形成的影响作用　乙烯在马铃薯块茎形成过程中的作用,有截然不同的两种观点。一方面称乙烯具有促进块茎形成的积极作用;也有乙烯抑制块茎形成的报道,并称乙烯的抑制作用主要是通过抑制细胞分裂素对亚顶端分生组织的促进作用,不利于淀粉积累所致。Vregdenhil 等(1989)认为,这种分歧主要来源乙烯具有匍匐茎伸长和块茎发生的双重作用,但他也认为乙烯对后者的抑制作用是很短暂的,因而可以认为乙烯是具有促进块茎形成的作用的。

⑤ 脱落酸对块茎形成的影响作用　在现有的有关脱落酸在马铃薯块茎形成过程中的作用的报道中,促进和抑制的报道都有。刘梦芸等(1994)认为内源 ABA 含量随块茎形成而增加,而且外加 ABA 对块茎有明显的促进作用。Wareing 等(1980)曾报道了 ABA 在块茎形成中的积极作用,指出它可抑制匍匐茎的伸长,促进其横向加粗生长,但首要条件是短日照。郭得平等(1991)认为,ABA 本身并不诱导块茎形成,它的主要作用是抵消 GA 类物质的活性。而且蒙美莲等(1994)的试验指出:虽然 ABA 与 GA_3 处于一定平衡水平才开始形成块茎,且在块茎形成期间 ABA 与 GA_3 的比值一直较高。同时,在这一试验中,也肯定了 GA_3 对块茎形成的抑制作用和 ABA 对块茎形成的促进作用,但是认为二者发生作用并没有完全的相关性。胡云海等(1989)亦报道 ABA 对马铃薯块茎形成作用不明显。研究发现,若同时施加 ABA 和 GA_3,ABA 对块茎形成的促进作用就会被 GA_3 抵消。因此他们认为,ABA 并非块茎形成的直接诱导因子,外源施加 ABA 只能部分地抵消 GA_3 对块茎形成的抑制作用。

⑥ 茉莉酸对块茎形成发育的影响作用　众多研究者认为茉莉酸(JAs)可能与块茎形成有关,通过外源添加茉莉酸类物质的方法对其在块茎形成过程中的作用进行了探索,并先后证实茉莉酸类物质具有块茎诱导活性,推测其有可能是块茎形成的信号。还有许多研究表明茉莉酸类物质可能在块茎、块根以及鳞茎的形成中起着重要的作用,JAs 能使匍匐茎伸长停止,诱导顶尖分生区膨大,而膨大是来自细胞扩张而非分裂,同时 JAs 还能刺激匍匐茎在切口和离体条件下形成块茎。据 Koda 等(1994)报道,在块茎发生时植株体内 JAs 水平大量上升,诱导髓部细胞膨大,从而使块茎得以形成。他们同时认为,JAs 可能亦在块茎发生时起到信号传递的作用。还有试验结果表明茉莉酸与赤霉素的平衡水平可能调控着马铃薯块茎的形成。

Takahashi 等(1994)报道称,JAs 诱导细胞膨大时蔗糖含量上升,果糖及葡萄糖含量则无变化;JAs 诱导块茎细胞膨大增加了细胞壁的多糖含量,包括纤维素、半纤维素和果胶,因此推断 JAs 诱导细胞膨大是由于蔗糖积累导致渗透压增加,以及使细胞壁结构发生变化致使细胞伸展性增加,说明纤维素可能参与了 JAs 诱导细胞的膨大过程。Koda 等(1994)也报道了 JAs 在细胞骨架的微管重排中起着重要的作用。JAs 及块茎葡萄糖苷仅作为块茎形成的信号,在叶片中合成并长距离运输到匍匐茎后导致 JAs 水平的上升,然后 JAs 通过诱导髓部细胞膨大促使块茎形成。

(3)其他生长调节剂在块茎形成过程中的作用

① B9 对块茎形成发育的影响作用　B9 是一种植物生长延缓剂,具有抑制茎叶伸长的作用。在马铃薯块茎形成生长过程中,施用 B9 能同时延缓地上部和匍匐茎二者的生长,而且在一定浓度和时期施用,能调节营养物质的运输方向,使更多的同化物转移向块茎,增加块茎数目,加快块茎膨大速度,进而提高块茎产量。

② 多效唑对块茎形成发育的影响作用　多效唑(PP333)能抑制植物内源生长素和赤霉素的合成,加速乙烯和脱落酸的合成,从而有效控制茎叶生长,促使光合产物及时向块茎转运,提高产量。同样施用多效唑可以增加薯块个数,使薯形变大,中大薯含量提高。但是,过高浓度的 PP333(>300 ppm)却会导致产量下降,这可能是浓度过高,抑制茎叶生长,限制光合面积。PP333 的最佳施用时期是初花期。

综上所述,在马铃薯块茎的形成和发育过程中,各类植物激素发挥着不同的作用,任何一种激素的作用都无法对马铃薯块茎形成的复杂过程进行完全的解释,说明马铃薯块茎的形成和发育是受多种激素共同调节作用的,块茎的形成过程可能是由两种或更多的激素的相对水平,即由促进和抑制物质间的平衡关系来调控。单种激素的绝对含量并不能完全决定块茎的形态建成,内源生长物质间的平衡水平才是调控的关键因子,决定着块茎发生的早晚与形成的多少。

第三节　马铃薯的碳、氮代谢和水分代谢

碳氮营养是植物的生命基础。植物体的干物质中有 90% 是有机化合物,碳占有机化合物的 45%,是植物体内含量最多的一种必须大量营养元素。碳原子是组成植物体内有机化合物的主要骨架,与其他元素有各种不同形式的组合。N 素是蛋白质的主要成分,占蛋白质含量的 16%~18%。N 素也是细胞质、细胞核、酶的组成成分。此外,核酸、叶绿素、植物激素等也有 N 素。可见,C 和 N 在植物的生命活动中占有重要地位(汤日圣等,2000)。碳氮代谢则是作物最基本的两大代谢过程,其在生育时期的变化动态直接影响着光合产物的形成、转化及蛋白质的合成和矿质营养的吸收等,且二者之间存在着密切的关系。碳代谢需要氮代谢提供酶蛋白、光合色素,氮代谢需要依赖碳代谢提供碳源和能量,二者共同需要还原力、ATP 和碳骨架。马铃薯是重要的粮食作物,碳氮代谢不仅影响马铃薯的生长发育,而且还关系到产量的高低和品质的优劣,在马铃薯生长发育过程中,二者必须保持适宜的水平,过高和过低都不利于产量和品质的提高。

地球上最早的生命是在水中产生的,植物也不例外,起初在水中发生,而后逐渐进化,有的

仍保持水生状态,大部分进化为陆生植物。因此,水是一切植物的生存条件,缺少水,植物的生长发育受阻、停顿,甚至死亡,没有水就没有生命。在农业生产上,水是决定产量的重要因素,所以对植物水分代谢的研究受到全世界农业工作者普遍的关注。水分在马铃薯生长发育过程中发挥着重要作用,同时也是决定马铃薯块茎产量和品质的关键因素。

一、碳代谢

碳代谢是植物体内有机物质的合成、转化和降解的代谢过程。植物从环境吸收水分及二氧化碳等,然后把这些简单的、低能量的无机物质合成复杂的、具有高能量的有机物质,并利用这些物质来建造自己的细胞、组织和器官,或作为呼吸消耗的底物,或作为贮存物质贮藏于果实、种子和延存器官基本的生理代谢。碳代谢在作物生育过程中的动态变化和强度对作物产量和品质的形成影响重大。碳代谢包括碳水化合物的合成和分解两部分,其中,光合作用是重要的碳水化合物合成过程,呼吸作用是重要的碳水化合物分解过程。

高等植物的碳同化途径有三条,即卡尔文循环(C_3)、C_4 途径和景天酸代谢途径(CAM),其中卡尔文循环最基本也最普遍。根据植物光合碳代谢途径的不同,将植物分为 C_3 植物、C_4 植物和 CAM 植物。高等植物大多为 C_3 植物,C_4 植物和景天酸代谢植物是由 C_3 植物进化而来的。CO_2 光合同化过程的最初产物是 2 分子的 3-磷酸甘油酸的植物,称为 C_3 植物;而最初产物为四碳化合物苹果酸或天门冬氨酸,然后再转化形成三碳化合物的植物,称为 C_4 植物;夜间吸收并固定 CO_2,白天气孔关闭,进行脱羧,CO_2 被再固定进入 C_3 途径的植物,称为 CAM 植物。马铃薯是 C_3 植物,叶绿体只存在于叶肉细胞中,维管束鞘细胞排列疏松,其中并没有叶绿体的存在,因此,马铃薯光合作用的场所在叶肉细胞,光合作用的产物首先在叶肉细胞中累积。

(一)光合作用

碳代谢过程中,光合作用是一个重要部分,除了受作物自身的遗传特性影响外,还受温度、光照、水分、CO_2 浓度、O_2 浓度和矿质营养等环境因子的影响。作物体内,仅有 5%~10% 的作物生物学产量来自根部吸收的营养物质,而 90%~95% 则来自于作物的光合作用,植物作为地球上的"生产者"在给其他生物如动物和微生物提供食物和能量方面起着重要作用(张翼飞等,2013)。绿色植物的光合作用是绿色植物特有的一种生化现象,光合作用(photosynthesis)即植物吸收光能,由于叶绿素的作用,使 CO_2 还原形成 O_2,同时由 CO_2 和水形成碳水化合物,因此太阳光、叶绿素、CO_2 和水是光合作用不可缺少的因素。光是光合作用的能量来源,叶绿体是光合作用进行的场所,CO_2 和水则是光合作用的原料,一切生理活动必须在一定的温度条件下进行,因此适宜的温度也是光合作用中一个重要条件。

光合作用只能在植物中含有叶绿素的绿色部位进行,植物的绿叶就是进行光合作用的主要器官。植物的叶片是由表皮组织,叶肉组织和输导组织三部分构成,表皮组织可以透过阳光有利于光合作用。在叶的上、下表皮上布满了小孔称为"气孔",气孔是植物水分蒸腾和气体交换的器官,光合作用的原料 CO_2 就是通过气孔进入细胞的。光合作用中光能的吸收、传递及转换是由光合色素完成,电子传递是由类囊体膜上的 PSⅡ复合体、PSⅠ复合体和 $Cytb_6/f$ 复合体协同完成。一般过程可表示如下:

$$6CO_2 + 12H_2O \xrightarrow[\text{叶绿体}]{\text{光、酶}} (CH_2O)_6 + 6O_2$$

CH_2O 代表光合作用的最终产物碳水化合物。式中的反应物 CO_2 中的碳是氧化态,而生成物 CH_2O 中的碳是还原态,所以光合作用是一个氧化还原反应。其中 CO_2 作为氧化剂,在反应中被还原,而 H_2O 则作为还原剂,在反应中提供所需的氢质子,本身则被氧化。

光合作用包括光反应和暗反应两个阶段。光反应场所在叶绿体类囊体的薄膜上,暗反应的场所在叶绿体的基质中。光反应阶段的特征是光驱动下水分子氧化释放的电子通过电子传递系统传递给烟酰胺腺嘌呤二核苷酸磷酸($NADP^+$),使它还原为 NADPH,电子传递的另一结果是基质中质子被泵送到类囊体腔中,形成的跨膜质子梯动 ADP 磷酸化生成 ATP。暗反应阶段是利用光反应生成的 NADPH 和 ATP 进行碳的同化作用,使气体 CO_2 还原为糖,由于这阶段基本上不直接依赖于光,而只是依赖于 ATP 和 NADPH 的提供,故称为暗反应阶段。大气之所以能经常保持 21% 的氧含量,主要依赖于光合作用。光合作用一方面为有氧呼吸提供了条件,另一方面氧气的积累逐渐形成了大气表层的臭氧层,臭氧层能吸收太阳光中对生物体有害的强烈的紫外辐射。

1. 暗反应的生理生化途径

卡尔文循环又称 C_3 途径,是卡尔文通过实验发现的 CO_2 在光合作用中被固定的一种类似于 Kerbs cycle 的新陈代谢过程,在此途径中 CO_2 的固定是一个循环过程,故称为卡尔文循环(图 3-2)。在此循环中,必须发生三次取代作用,固定三摩尔 CO_2,才能合成一摩尔的固定 CO_2 产生的碳水化合物 3-磷酸甘油酸(PGA)。后者被在光反应中生成的 $NADPH+H^+$ 还原,此过程需要消耗 ATP,产物是 3-磷酸丙糖。后来经过一系列复杂的生化反应,一个碳原子将会被用于合成葡萄糖而离开循环。剩下的五个碳原子经一系列变化,最后再生成一分子 1,5-二磷酸核酮糖,循环重新开始,循环运行六次,生成一分子的葡萄糖。可分为羧化阶段、还原阶段和再生阶段三个阶段,具体如下。

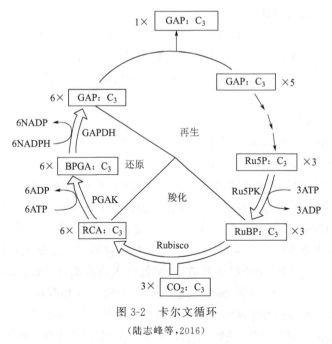

图 3-2 卡尔文循环

(陆志峰等,2016)

(1)羧化阶段(carboxylation phase) C_3 植物将吸收到的一分子 CO_2 通过一种叫二磷酸核酮糖羧化/加氧酶(Rubisco)的作用整合到一个五碳糖分子,1,5-二磷酸核酮糖(RuBP)的第二位碳原子上，此过程称为 CO_2 的固定。这一步反应的意义是，把原本并不活泼的 CO_2 分子活化，使之随后能够被还原。但是这种六碳化合物极不稳定，会立刻分解为两分子的三碳化合物 3-磷酸甘油酸，这就是羧化阶段。

（2）还原阶段（reduction phase）　3-磷酸甘油酸在 3-磷酸甘油酸激酶（PGAK）催化下，形成 1,3-二磷酸甘油酸（DPGA），然后在甘油醛磷酸脱氢酶作用下被 NADPH 还原，变为甘油醛-3-磷酸，这就是 CO_2 还原阶段。羧化阶段产生的 PGA 是一种有机酸，尚未达到糖的能级，为了把 PGA 转化成糖，要消耗光反应中产生的同化力。ATP 提供能量，NADPH 提供还原力使 PGA 的羧基转变成 3-磷酸甘油醛（GAP）的醛基，这也是光反应与暗反应的联结点。当 CO_2 被还原为 GAP 时，光合作用光反应中形成的同化力 ATP 和 NADPH 携带的能量转储存于碳水化合物中。

（3）再生阶段（regeneration phase）由 GAP 经过一系列的转变，重新形成 CO_2 受体 RuBP 的过程。这一阶段也需要光反应产生的 ATP 驱动。首先 GAP 在丙糖磷酸异构酶作用下，转变为二羟丙酮磷酸（DHAP）。GAP 和 DHAP 在果糖二磷酸醛缩酶的作用下形成果糖-1,6-二磷酸（FBP），FBP 在果糖-1,6-二磷酸酶作用下释放磷酸，形成果糖-6-磷酸（F6P）。F6P 进一步转化为葡萄糖-6-磷酸（G6P）。G6P 可在叶绿体中合成淀粉，同时部分 F6P 进一步转变下去。

F6P 与 GAP 在转酮酶作用下，生成赤藓糖-4-磷酸（E4P）和木酮糖-5-磷酸（Xu5P）。在果糖二磷酸醛缩酶催化下，E4P 和 DHAP 形成景天庚酮糖-1,7-二磷酸（SBP）。SBP 脱去磷酸后成为景天庚酮糖-7-磷酸（S7P），该反应由景天庚酮糖-1,7-二磷酸酶催化。

S7P 又与 GAP 在转酮酶的催化下，形成核糖-5-磷酸（R5P）和 Xu5P。在核酮糖磷酸异构酶的作用下，R5P 转变为 Ru5P。Xu5P 在核酮糖-5-磷酸差向异构酶作用下形成 Ru5P。Ru5P 在核酮糖-5-磷酸激酶催化下又消耗了一个 ATP，形成 CO_2 受体 RuBP。

C_3 途径的总反应式可写成：

$$3CO_2 + 5H_2O + 9ATP + 6NADPH + 6H^+ \rightarrow GAP + 9ADP + 8Pi + 6NADP^+$$

由总反应式可见，每同化一分子 CO_2，要消耗 3 分子 ATP 和 2 分子 NADPH。还原 3 分子 CO_2 可形成一个磷酸丙糖（GAP 或 DHAP）。磷酸丙糖可在叶绿体内形成淀粉或运出叶绿体在细胞质中合成蔗糖。

2. 完成暗反应的酶系统

作物光合碳代谢受一系列酶的调控。

（1）1,5-二磷酸核酮糖羧化酶（Rubisco）　是光合碳代谢中的第一个关键酶，也常被称为光合作用的限速酶。光饱和的光合速率与该酶的活性之间存在正相关关系，因此，活化的该酶量不足，常是光合作用的一个重要限制因素，同时，它还能调节 CO_2 同化的另一种酶，即磷酸烯醇式丙酮酸羧化酶（PEPCase），许多研究表明，Rubisco 含量或其羧化活性与光合速率关系密切，Rubisco 初始活力下降是光合衰退的内在因素。Rubisco 是植物体内含量最丰富的酶，约占叶片中可溶性蛋白质总量的 40% 以上，在叶绿体基质中，活性位点浓度高达 4mol/L，约为它催化的底物 CO_2 浓度的 500 倍以上。但 Rubisco 酶羧化能力低下，一般认为 Rubisco 酶羧化能力低下的原因是：Rubisco 酶对 CO_2 的亲和力非常低，Rubisco 酶是一个双功酶，既能催化 RuBP 与 CO_2 结合进行羧化反应，又能催化其与 O_2 结合进行氧化反应，羧化反应和氧化反应的速率取决于叶绿体内 CO_2 浓度和 O_2 浓度的比值，以及 Rubisco 酶对 CO_2 和 O_2 的亲和力。

（2）3-磷酸甘油酸激酶（PGAK）　3-磷酸甘油酸在 PGAK 的催化下，形成 1,3-二磷酸甘油酸(DPGA)。PGA 是一种有机酸,尚未达到糖的能级,为了把 PGA 转化成糖,要消耗光反应中产生的同化力。ATP 提供能量,NADPH 提供还原力使 PGA 的羧基转变成 GAP 的醛基,这也是光反应与暗反应的联结点,当 CO_2 被还原为 GAP 时,光合作用的贮能过程即告完成。

(3)3-磷酸甘油醛脱氢酶(GAPDH) 由 Gap A 和 Gap B 两种亚基组成,依赖 NADPH 进行光合反应的碳固定,是卡尔文循环中催化光合最初产物 3-磷酸甘油酸(3-PGA)还原成 3-磷酸甘油醛的关键调节酶,3-磷酸甘油醛既是叶绿体光合产物输出的一种形式,又是形成核酮糖-5-磷酸的底物,因此,GAPDH 活性的高低会影响光合作用的运转效率。

(4)丙糖磷酸异构酶(TPI) TPI 在 Calvin 循环中也占有重要地位,能够催化二羟丙酮磷酸和甘油醛-3-磷酸,这两种丙糖磷酸异构体之间可逆转换,丙糖磷酸异构酶是由两个相同的亚基所形成的二聚体,每一个亚基都含有 250 个左右的氨基酸残基。

(5)果糖-1,6-二磷酸醛缩酶(ALD) ALD 是 Calvin 循环中固定 CO_2 后第一个催化 3C 化合物转化为 6C 化合物的酶,也是控制光合作用速率的重要酶之一。通过反抑制表达的手段,发现适度降低胞质 ALD 酶活性后,马铃薯植株叶片的生长和光合作用被部分抑制,细胞内的糖和淀粉水平被改变(康瑞娟等,2004)。同时胞质 ALD 表达水平的降低也能导致 RuBP 的急剧减少,因此,ALD 对 Calvin 循环中碳代谢流的控制及 RuBP 的再生起关键作用。

(6)果糖-1,6-二磷酸酶(FBPase) 果糖-1,6 二磷酸酶又称果糖-1,6 二磷酸酯酶,催化1,6-二磷酸果糖和水生成 6-磷酸果糖和无机磷,在光合作用同化物蔗糖的合成中起关键性的作用,是 Calvin 循环中的关键酶,FBPase 的过量表达研究显示,能够提高植株光合能力、蔗糖合成水平,促进糖类积累,从而加速植株生长。

3. 马铃薯的光饱和点和光补偿点

(1)光饱和点 在一定的光照强度范围内,光合作用随光照强度的上升而增强,但光照强度达到一定的数值以后,光合作用维持在一定的水平而不再提高,此现象称为光饱和现象(light saturation),而此时的光照强度临界值称为光饱和点(light saturation point,LSP)。光饱和点是植物光合能力的重要体现,光饱和点的高低反映了光合机构暗反应过程对同化力的最大需求量,暗反应能力越强,所需要的同化力越多,光饱和点也相应越高,同时,光饱和点能够反映不同品种对强光的适应能力。

(2)光补偿点 光照强度在光饱和点以下时,随光强减弱,光合速率也降低,当光强减弱到某一值时,光合作用吸收的 CO_2 与呼吸作用释放的 CO_2 处于动态平衡,这时的光照强度称为光补偿点(light compensation point,LCP)。LCP 能够反映不同品种对光的适应能力。植物在光补偿点时有机物的形成与消耗相等,即净光合速率等于零,没有光合产物积累,加上夜间的呼吸消耗,还会造成光合产物的亏缺。

马铃薯是喜光作物,在生长期间日照时间长,光照强度大,有利于光合作用。栽培的马铃薯品种,基本上都是长日照类型的。光照充足时枝叶繁茂,生长健壮,容易开花结果,块茎大产量高,特别在高纬度与高海拔地区,光照强、温差大适合马铃薯的生长和养分积累,一般都能获得高产量。相反,在树荫下或与玉米等作物间套作时,如果行间距小、共生时间长,玉米遮光,而植株较矮的马铃薯光照不足,养分积累少,茎叶嫩弱,不开花、块茎小,产量低。就是马铃薯单作的条件下,如用植株高大的品种,密度大、株行距小时,也常出现互相拥挤,下部枝叶交错,通风、透光差,也会影响光合作用和产量。马铃薯叶片的光饱和点约为 $1400\ \mu mol/(m^2 \cdot s)$,光补偿点约为 $50\ \mu mol/(m^2 \cdot s)$(梁振娟等,2015),在光饱和点和光补偿点之间,随着光照强度的增加,叶片的气孔导度和蒸腾速率升高,胞间 CO_2 浓度降低,随着 CO_2 浓度的增加,光合速率升高,较强的光照有利于马铃薯有机物的积累。作物群体的光饱和点与补偿点并不是一个常数,它随叶面积指数、CO_2 含量、温度、土壤有效水分等许多因子而变化。低温胁迫下,马铃薯叶片光饱和点、光补偿点均降低(秦玉芝等,2013)。张贵合等(2017)试验表明,相对其他品种(合作 88、P8、N8、滇薯 701),青薯 9 号具有较低的光补偿点,苗期持续弱光处理使马铃薯光饱和点降低,普通栽培品种 Favorita 的光补偿点,原始栽培种 Yan 的光补偿点上升(秦玉芝等,2014)。根据植物对光照强度的反应,可分为喜阳植物和耐阴植物,喜阳植物的光合作用水平随光照强度可一直增加到等于全部太阳光照时(即不存在光饱和现象),而耐阴植物在光照强度仅及晴天时的 1/10 时,光合作用就不再增加了,栽培农作物多属喜阳植物,由于喜阳植物的光饱和点较高,所以对太阳能的利用率较高,生产潜力也较大。

马铃薯生长、形态建成和产量对光照强度及光周期有强烈反应。如果将植株长期处于光照强度弱或光照不足的情况下,植株生长细弱、叶片薄,颜色淡,光合生产率低,块茎小,产量低,严重影响马铃薯的商品性。长日照对茎叶生长和开花有利,短日照有利于养分积累、块茎膨大,在马铃薯生长期间,日照时间为 11~13h/d,光照充足,在此光照条件下,茎叶生长旺盛,光合作用强,养分积累多,块茎大而整齐、产量高、商品性好。

(3)马铃薯不同时期对光照的需求

① 发芽对光照的要求　光对块茎芽的伸长有抑制作用,度过休眠期的块茎,放在散射光下催芽,可使幼芽催成粗壮、绿色短状芽。这样的芽播种时不易损伤,出苗整齐、健壮。生理年龄处于多芽期时,在散射光下催芽,可使每个块茎产生多个短状芽,增加结薯数,获得高产。因此,在散射光下催芽,使种薯产生 2~3 cm 的大芽是一项重要的增产措施。催出的大芽基部,可见到有许多凸起的根点,播种后,当温度、水分适合时,根点很快生根,吸收水分和养分,使地上部芽条早发棵、早结薯,为高产打下良好的基础。

② 茎叶生长对光照的要求　强光照、短日照和适宜的温度有利于幼苗期根的形成,使幼苗根系发达,茎叶健壮。发棵期需要在强光照、较长的日照时间和合适的温度下,才能使植株生长快,达到枝繁叶茂、茎秆粗壮,形成强大的同化体系,为地下块茎的膨大奠定良好的基础。

结薯期强光、短日照、昼夜温差大,有利于块茎的膨大和养分的积累,薯块大、淀粉含量高,块茎产量和商品性非常好。在高纬度、高海拔地区,生长条件非常符合马铃薯各生长期理想的光照强度和光长,因此,生产的马铃薯块茎大、干物质含量高、产量高。在强光、长日照条件下,有利于植株发棵、长叶,种植过密时,植株相互遮阴,光照不足,中下部叶片及早枯黄、落叶,降低光合生产率,造成减产。因此在种植马铃薯时,也要结合当地的光照条件适当安排种植密度。

③ 块茎形成和膨大对光照的要求　日照长短不影响匍匐茎的形成,但短日照可以抑制马铃薯植株高度,也可以抑制匍匐茎的长度,并且可以使匍匐茎顶端提早膨大,使马铃薯成熟期提前。因此有些品种在北方的长日照地区表现为中熟品种,但在南方短日照地区却可以早熟,并且芽眼有变浅的趋势。在中原春秋二季作区,由于栽培日照时间春季长于秋季,因此,同一品种秋播时表现植株较矮、结薯期提前。

4. 影响马铃薯光合作用的因素

(1)光照　光照强度直接制约着光合作用的强度。一方面,同化 CO_2 所需的 ATP 和 NADPH 来自于光反应;另一方面,暗反应中的若干关键性酶,像 RuBP 酶受光的活化。一般来说,光照强度增加,光合反应速率增加,但是光照强度超过某一临界值之后,光合反应速率则会下降。除了光的强弱会影响反应速率,光的质量也会产生影响,因为光合作用只能利用可见光,而且叶绿体的吸收光谱是决定关键,如果光照和叶绿体吸收光谱不符合,那么光的质量就较低,导致光合作用不强。

秦玉芝等(2014)研究发现,持续弱光胁迫使两种基因型马铃薯叶片光合作用的表观量子效率(AQE)、光合作用饱和点(LSP)、叶片最大净光合速率(Pnmax)、CO_2饱和点(CSP)、叶绿素含量降低,表观羧化率(EC)、CO_2补偿点(CCP)上升,Favorita 的光补偿点(LCP)、表观羧化率(EC)下降,Yan 的光补偿点(LCP)上升,表观羧化率(EC)、CO_2饱和点(CSP)与对照差异不显著,长期弱光胁迫使马铃薯叶片气孔密度、叶绿体数量下降,Favorita 的叶绿体基粒数、基粒片层数含量升高,Yan 的叶绿体基粒片层数不增反降。唐道彬等(2017)以红、蓝、红蓝(7∶1)、红蓝(5∶1)和白光 5 种光质 LED 灯作为光源,其中白光为对照,研究光质对水培脱毒马铃薯植株叶片发育、叶片光合性能、叶绿素荧光特性和结薯特性的影响。结果表明,在红蓝光(5∶1)处理条件下,水培马铃薯植株生长前期叶面积系数、叶绿素含量、气孔密度、气孔导度(G_s)均高于其他处理,P_n、ΦPSII、qP 和 ETR 等显著高于白光处理,块茎形成和膨大最快,且定植 60 d 时叶绿素含量下降,P_n 和 PSII 活性中心开放程度显著下降,成熟期提前,微型薯产量和成薯率最高;在单色红光处理下,植株叶面积系数、叶绿素含量、G_s、P_n、F_v/F_o、ΦPSII 和 qP 下降,NPQ 升高,块茎的形成和膨大缓慢,产量最低;在单色蓝光处理下前期叶片生长较快,块茎形成早,但不利于匍匐茎的形成,并引起叶片早衰,制约了块茎产量的提高。

(2)CO_2浓度 CO_2 是植物进行光合作用的原料,只有当环境中的 CO_2 达到一定浓度时,植物才能进行光合作用。一般来说,在一定的范围内,植物光合作用的强度随 CO_2 浓度的增加而增加,达到一定浓度后,光合作用强度就不再增加或增加很少,如 CO_2 浓度继续升高,光合作用不但不会增加,反而要下降,甚至引起植物 CO_2 中毒而影响植物正常的生长发育。

增加 CO_2 浓度可显著增加马铃薯植株的叶面积、叶片净光合速率和胞间 CO_2 浓度,降低马铃薯植株叶片气孔导度和蒸腾速率(赵竞宇等,2016)。何长征等(2005)也发现,随着 CO_2 浓度的增加,马铃薯光合速率升高,其 CO_2 的饱和点约为 2000 $\mu mol/mol$,在 CO_2 的饱和点以下,随着 CO_2 浓度的增加,气孔导度和蒸腾速率呈下降趋势,而胞间 CO_2 浓度持续增加。增温的同时提高 CO_2 浓度,可以使马铃薯叶片净光合速率和水分利用效率提高,干物质积累增多,产量增加(姚玉璧等,2018)。

(3)温度 光合作用需要酶的参与,温度会影响酶的活性,一般随着温度上升,光合作用会增强,而温度超过某一临界值以后,光合作用就会减弱。昼夜温差对光合净同化率有很大的影响,白天温度较高,日光充足,有利于光合作用进行,夜间温度较低,可降低呼吸消耗,因此,在一定温度范围内,昼夜温差大,有利于光合产物积累。通常 10~35 ℃的变温对光合作用的影响往往是可逆的,而极端高温会造成叶绿体膜结构的不可逆损伤并使酶类变性,极端低温也会使膜脂肪凝固,从而破坏膜结构。

马铃薯净光合速率随环境温度的降低而下降,10 ℃下所有供试马铃薯材料的表观量子速率、光饱和点、光补偿点、气孔导度和蒸腾速率均显著低于对照,随着环境温度由 20 ℃降到 5 ℃,马铃薯叶片胞间 CO_2 浓度先下降后升高,且认为 5 ℃下马铃薯光合作用的特点可以作为对其进行耐寒性评价的依据(秦玉芝等 2013)。高温胁迫对马铃薯光合作用也有影响,王连喜等(2011)通过研究短期高温胁迫对不同生育期马铃薯光合作用的影响发现,出苗期高温胁迫下的马铃薯净光合速率和叶室内外 CO_2 浓度差均出现滞后性,而气孔导度和蒸腾速率的变化趋势与常温下相一致,但数值均高于常温下,其中对净光合速率影响最大的因子是叶室内外 CO_2 浓度差;分枝期高温胁迫下净光合速率、叶室内外 CO_2 浓度、气孔导度和蒸腾速率虽然变化趋势与常温下相近,但是均在中午出现一次突变,达到峰值,而水分利用率变化与常温下基本一致,其中对净光合速率影响最大的因子也是叶室内外 CO_2 浓度差,其次是蒸腾速率,得出高温胁迫对不同生育期马铃薯光合作用均有影响,且分枝期大于出苗期。

(4)水分　光合作用反应过程需要水参与,如果水分不足,会导致叶片气孔闭合,无法有效吸收 CO_2,降低反应速率。另外水分还承担着运输物质的作用,水分不足会导致光合作用反应物质运输变慢,从而影响效率。

刘素军等(2018)试验表明,随着水分胁迫时间的延长,马铃薯叶片 SPAD 值、P_n、T_r、G_s、C_i 均下降;随着水分胁迫程度的增加,马铃薯叶片 SPAD 值、P_n、T_r、G_s、C_i 和产量先增加后下降;随着复水时间的延长,马铃薯叶片 SPAD 值、P_n、T_r、G_s、C_i 均增加,但不同水分胁迫处理各指标的恢复速度和恢复程度不同。尹智宇等(2017)也认为,干旱胁迫下,马铃薯叶片叶绿素 a、叶绿素 b、叶绿素 a/b、总叶绿素、蒸腾速率、净光合速率、气孔导度、胞间 CO_2 浓度均降低。贾立国等(2018)同样也认为,马铃薯植株叶面积和净光合速率、蒸腾速率、气孔导度随干旱胁迫程度的增加而降低。

(5)矿质元素　绿色植物进行光合作用时,需要多种必需的矿质元素。矿质营养直接或间接影响光合作用,N、P、S、Mg 是叶绿体结构中组成叶绿素、蛋白质和片层膜的成分;Cu、Fe 是电子传递体的重要成分;磷酸基团在光反应、暗反应中均具有重要作用,它是构成同化力 ATP 和 NADPH 以及光合碳还原循环中许多中间产物的成分;Mn 和 Cl 是光合放氧的必需因子;K 和 Ca 对气孔开闭和同化物运输具有调节作用,因此,农业生产中合理施肥的增产作用,是靠调节植物的光合作用而间接实现的,又如绿色植物通过光合作用合成糖类,以及将糖类运输到块根、块茎和种子等器官中,都需要 K,再如 Mg 是叶绿体的重要组成成分,没有 Mg 就不能合成叶绿素。

不同营养元素组合处理马铃薯品种陇薯 5 号叶片光合生理参数和相对叶绿素含量均具有生育阶段性差异,N、P、K 与中微量营养元素配施条件下,陇薯 5 号整个生育期叶片光合生理参数和相对叶绿素含量相对较高(罗爱花等,2017)。黄科等(2011)认为,高 N 低 P 水平时,N 水平一定的情况下,马铃薯净光合速率随着 P 水平的提高而增加,而在高 N 高 P、低 N 低 P、低 N 高 P 水平时则表现为马铃薯净光合速率随着 P 水平的提高而降低,说明 N、P 组合对马铃薯光合作用的积极效应需要在适合的范围之内。低浓度 Mn 元素处理可促进马铃薯各生育时期植株的生长和叶面积的扩大,提高了叶片 SPAD 值和可溶性糖含量,在现蕾期和生育后期叶片净光合速率和蒸腾速率提高,气孔导度增加,促进光合产物的积累和运输,但高浓度 Mn 元素处理对光合效率存在抑制作用(贾景丽等,2009)。白宝璋等(1997)试验表明,播前采用适宜浓度的硫酸铜溶液处理种薯,能够提高马铃薯叶片的光合色素含量、光合速率和比叶重,并能改善光合产物在茎枝与块茎之间的分配比率,促进光合产物向块茎运输。

(6)栽培措施　种植方式和密度都能影响马铃薯的光合作用。吴娜等(2015)发现马铃薯/燕麦间作具有一定的间作优势。在开花期,与单作相比,间作马铃薯叶片的净光合速率、气孔导度、蒸腾速率显著降低,胞间 CO_2 显著提高;成熟期,光合指标的变化趋势与开花期相反。黄承建等(2013)也发现,马铃薯/玉米套作模式下,整个生育期马铃薯叶绿素含量套作高于单作,叶面积指数、比叶重和叶绿素 a/b 值套作低于单作。纪晓玲等(2018)依靠不同覆盖栽培方式对马铃薯光合特性及产量的影响研究表明,在马铃薯盛花期,P_n、T_r、G_s 均值均表现为秸秆覆盖＞全膜覆盖＞垄膜覆盖＞双沟覆膜＞露地,C_i 为秸秆覆盖＞垄膜覆盖＞全膜覆盖＞双沟覆膜＞露地,叶片水分利用效率为垄膜覆盖＞双沟覆膜＞露地＞全膜覆盖＞秸秆覆盖。肥料方面,施肥、密度对马铃薯光合速率的影响为钾肥＞氮肥＞磷肥＞密度(田丰,2010)。灌溉方面,韩翠莲等(2018)设置膜下滴灌、裸地滴灌、沟灌和漫灌四个处理,对比研究了不同灌水方式对马铃薯叶片 SPAD 值,光合特性指标以及产量和水分利用效率的影响。结果表明,各处理均较漫灌处理显著提高了马铃薯叶片的 SPAD 值,且以膜下滴灌增幅最为显著,马铃薯全生育期内,膜下滴灌处理叶片光合特性指标均明显优于其他各处理,且各处理光合特性指标显著高于漫灌处理,在马铃薯块茎形成期各处理光合特性指标较漫灌处理增幅达到最大。密度方面,杨晓璐等(2018)试验表明,行株距比在低密度下为 1.5、高密度下为 2.5 时,可提高茎叶干物质量、叶面积指数、叶绿素含量、净光合速率、蒸腾速率、气孔导度、最大光能转化效率、实际光化学量子效率、光化学猝灭系数。田再民等(2014)以冀张薯 8 号为材料,采用相同行距、不同株距种植马铃薯,研究密度(37500、52500、67500、82500 株/hm^2)对马铃薯光合特性及产量的影响,结果表明,不同密度下马铃薯叶片的净光合速率上升,在盛花期达峰值,至终花期有所下降,至成熟期光合速率达最低值。

5. 光呼吸

光呼吸(Photorespiration)是所有进行光合作用的细胞在光照和高氧低 CO_2 情况下发生的一个生化过程。它是光合作用一个损耗能量的副反应。特点是呼吸基质在被分解转化过程中虽也放出 CO_2,但不能转换成能量 ATP,而使光合产物被白白地耗费掉。光呼吸的生化途径是一个乙醇酸的氧化代谢途径,被氧化的底物是乙醇酸,它是 C_2 化合物,因此光呼吸途径又叫 C_2 光呼吸碳氧化途径,简称 C_2 循环(图 3-3)。

(1)途径 光呼吸途径涉及叶绿体、过氧化物酶体和线粒体三个细胞器。这一途径在三个细胞器内的众多酶类共同参与下得以完成。其中由 Rubisco 催化 RuBP 和 O_2 生成 2-磷酸乙醇酸的加氧反应,是光呼吸途径的第一步。在叶绿体内,RuBP 加 O_2 生成的 2-磷酸乙醇酸,被磷酸酶(PGLP)脱磷酸生成乙醇酸。之后,乙醇酸被转运至过氧化物酶体,在过氧化物酶体内,乙醇酸在乙醇酸氧化酶(GO)作用下,被氧化成乙醛酸,乙醛酸在转氨酶作用下,由谷氨酸得到氨基,生成甘氨酸。甘氨酸转移到线粒体,2 分子甘氨酸在甘氨酸脱羧酶复合体(GDC)和丝氨酸羟甲基转移酶(SHMT)作用下生成丝氨酸。这一步分为两个反应,1 分子甘氨酸首先被甘氨酸脱羧酶复合体脱羧生成 N_5,N_{10}-亚甲基四氢叶酸,放出 NH_3 和 CO_2,另 1 分子甘氨酸在丝氨酸羟甲基转移酶作用下与 N_5,N_{10}-亚甲基四氢叶酸反应生成丝氨酸。丝氨酸从线粒体转出,重新进入过氧化物酶体,在转氨酶作用下移去氨基生成羟基丙酮酸,羟基丙酮酸被还原成甘油酸,并返回叶绿体,最后甘油酸被磷酸激酶催化生成终产物 3-PGA。

光呼吸途径中释放的 NH_3 需要重新被固定,否则会造成 N 素损失和细胞毒害。固定发生在叶绿体内,NH_3 从线粒体转移到叶绿体后,先在谷氨酰胺合成酶催化下与谷氨酸生成谷氨酰胺,然后谷氨酰胺进一步与 α-酮戊二酸生成谷氨酸,NH_3 被固定,催化这一步的酶是谷氨酸合成酶。

光呼吸过程中,除上述途径外,还存在 1 个乙醛酸代谢旁路途径,乙醛酸代谢旁路途径起始于乙醛酸脱羧反应。在该途径中,在线粒体由乙醇酸氧化形成的乙醛酸不是经转氨基生成甘氨酸,而是被脱羧生成甲酸,之后形成 N_5,N_{10}-亚甲基四氢叶酸,重新回到光呼吸过程。乙醛酸代谢旁路途径在甘氨酸脱羧酶受到影响时,对维持光呼吸运转有重要意义,由于这一旁路途径不放出 NH_3,因此可以减少 N 素损失,同时避免 NH_3 的毒害作用。

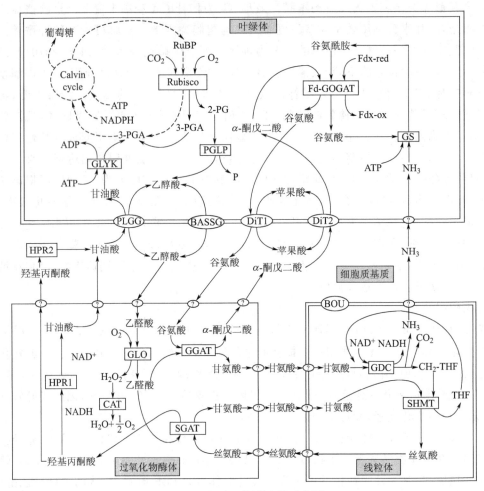

图 3-3　光呼吸代谢途径示意图

(侯学文等,2019)

(2)生理功能　目前认为光呼吸的主要生理功能有:①回收碳素。通过 C_2 循环可以回收乙醇酸中 75% 的碳素;②维持 C_3 光合碳循环的运转。在叶片气孔关闭或外界 CO_2 浓度降低时,光呼吸释放的 CO_2 能被 C_3 途径再利用,以维持光合作用的正常运转;③防止强光对光合机构的破坏。当光反应形成的同化力超过暗反应的需要时,由光激发的高能电子会传递给 O_2 形成 O_2^-,后者对光合机构具有伤害作用。光呼吸可消耗过剩的同化力和高能电子,减少 O_2^- 的形成,对光合器官起保护作用;④消除乙醇酸。乙醇酸对细胞有毒害作用,它的产生在代谢中是不可避免的。另外,光呼吸代谢中产生的甘氨酸和丝氨酸也可为蛋白质合成提供部分原料。因此,对植物来说,光呼吸是一个必需的生理过程,光呼吸有缺陷的突变体在正常空气中不能存活,只有在高 CO_2 浓度下才能存活,说明在正常条件下光呼吸不可缺少。

(3)光呼吸在马铃薯生产上的应用　植物通过光合作用将 CO_2 和水转化为能量,Rubisco 是参与光合作用的关键酶,在富氧环境中,这种酶会错把 O_2 认作 CO_2,与之结合生成有害物质,这种光合作用"小故障"导致的有毒中间产物要依靠光呼吸降解,但后者是一个损耗能量的过程,不利于提高产量。为节省这种能量的消耗,利用基因改造,缩短光呼吸原本复杂的反应路径是一种能大幅提高光合作用效率的独特手段。姚振等(2018)将大肠杆菌的乙醇酸代谢途径引入马铃薯叶绿体构建光呼吸代谢支路,为光呼吸的代谢改造研究提供了一个新的思路,并解除了质体转化载体构建中基因数量的限制,对于叶绿体中复杂的代谢途径构建具有借鉴意义。同时姚振等(2017)利用 LoxP-Cre 同源重组原理,以表达盒堆积的方式组合光呼吸代谢支路改造基因 AtGDH、EcGCL 和 EcTSR,成功构建了多基因转化载体 pYL-GCL-GDH-TSR,通过根癌农杆菌侵染以及潮霉素筛选,获得了马铃薯转化植株,分子检测表明,转基因植株中 3 个目的基因在 mRNA 水平均能得到表达,但在蛋白水平无表达。

(二)呼吸作用

呼吸作用(respiration)是生物界普遍存在的一个生理过程,是一切生物所共有的生理功能,它遍及植物的每个生活细胞,是新陈代谢的重要组成部分,和光合作用共同组成植物代谢的核心,是指生活细胞内的有机物在一系列酶的催化下,逐步氧化分解,并释放能量的过程。呼吸作用既为生命活动提供可利用的能量,又为植物体内多种重要有机物的形成提供重要的原料及还原剂,从而把所有的代谢活动都带动起来,成为植物代谢的一个中心。因此,呼吸作用的性质和强弱必然会影响到植物的生活,关系着农作物的产量和品质。

呼吸作用包括有氧呼吸和无氧呼吸两大类型。有氧呼吸(aerobic respiration)是指细胞在氧的参与下,通过多种酶的催化作用,把有机物彻底氧化分解(通常以分解葡萄糖为主),产生 CO_2 和水,释放能量,合成大量 ATP 的过程。无氧呼吸(anaerobic respiration)是指在无氧条件下,生活细胞把某些有机物氧化分解成不彻底的氧化产物,同时释放少量能量的过程。有氧呼吸是高等植物进行呼吸的主要形式,通常所说的呼吸作用主要指有氧呼吸。有氧呼吸分为三个阶段,分别在植物的细胞质基质、线粒体基质和线粒体内膜上进行。三个阶段可概括为:糖酵解、三羧酸循环(又叫柠檬酸循环)和电子传递及氧化磷酸化。下面介绍有氧呼吸各个阶段:

1. 糖酵解　糖酵解途径又称 EMP 途径,是将葡萄糖和糖原降解为丙酮酸并伴随着 ATP 生成的一系列反应,是一切生物有机体中普遍存在的葡萄糖降解的途径。糖酵解途径在无氧及有氧条件下都能进行,是葡萄糖进行有氧或者无氧分解的共同代谢途径(图 3-4)。可分为 10 个反应,具体如下:

(1)葡萄糖的磷酸化　进入细胞内的葡萄糖首先在第 6 位碳上被磷酸化生成 6-磷酸葡萄糖,磷酸根由 ATP 供给,这一过程不仅活化了葡萄糖,有利于它进一步参与合成与分解代谢,同时还能使进入细胞的葡萄糖不再逸出细胞。催化此反应的酶是己糖激酶(hexokinase, HK)。己糖激酶催化的反应不可逆,反应需要消耗能量 ATP,Mg^{2+} 是反应的激活剂,它能催化葡萄糖、甘露糖、氨基葡萄糖、果糖进行不可逆的磷酸化反应,生成相应的 6-磷酸酯,6-磷酸葡萄糖是 HK 的反馈抑制物,此酶是糖氧化反应过程的限速酶(rate limiting enzyme)或称关键酶(key enzyme)。

(2)6-磷酸葡萄糖的异构反应　这是由磷酸己糖异构酶(phosphohexose isomerase)催化 6-磷酸葡萄糖转变为 6-磷酸果糖(fructose-6-phosphate,F-6-P)的过程,此反应是可逆的。

(3)6-磷酸果糖的磷酸化　此反应是 6 磷酸果糖第一位上的 C 进一步磷酸化生成 1,6-二磷酸果糖,磷酸根由 ATP 供给,催化此反应的酶是磷酸果糖激酶 1(phosphofructokinase 1,

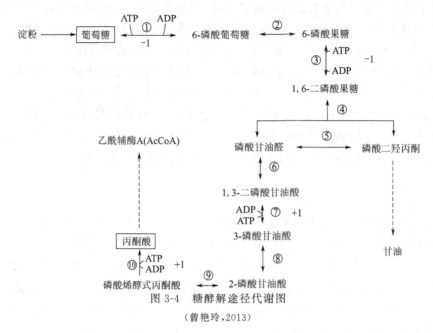

图 3-4 糖酵解途径代谢图

（曾艳玲，2013）

PFK1）。PFK1 催化的反应是不可逆反应，它是糖的有氧氧化过程中最重要的限速酶，它也是变构酶，柠檬酸、ATP 等是变构抑制剂，ADP、AMP、Pi、1，6-二磷酸果糖等是变构激活剂。

（4）1，6-二磷酸果糖裂解反应　醛缩酶（aldolase）催化 1，6-二磷酸果糖生成磷酸二羟丙酮和 3-磷酸甘油醛，此反应是可逆的。

（5）磷酸二羟丙酮的异构反应　磷酸丙糖异构酶（triose phosphate isomerase）催化磷酸二羟丙酮转变为 3-磷酸甘油醛，此反应也是可逆的。

到此 1 分子葡萄糖生成 2 分子 3-磷酸甘油醛，通过两次磷酸化作用消耗 2 分子 ATP。

（6）3-磷酸甘油醛氧化反应　此反应由 3-磷酸甘油醛脱氢酶（glyceraldehyde 3-phosphate-dehydrogenase）催化。3-磷酸甘油醛氧化脱氢并磷酸化生成含有 1 个高能磷酸键的 1，3-二磷酸甘油酸，本反应脱下的氢和电子转给脱氢酶的辅酶 NAD^+ 生成 $NADH+H^+$，磷酸根来自无机磷酸。

（7）1，3-二磷酸甘油酸的高能磷酸键转移反应　在磷酸甘油酸激酶（PGK）催化下，1，3-二磷酸甘油酸生成 3-磷酸甘油酸，同时其 C1 位上的高能磷酸根转移给 ADP 生成 ATP，这种底物氧化过程中产生的能量直接将 ADP 磷酸化生成 ATP 的过程，称为底物水平磷酸化（substrate level phosphorylation）。此激酶催化的反应是可逆的。

（8）3-磷酸甘油酸的变位反应　在磷酸甘油酸变位酶（phosphoglycerate mutase）催化下 3-磷酸甘油酸 C3 位上的磷酸基转变到 C2 位上生成 2-磷酸甘油酸。此反应是可逆的。

（9）2-磷酸甘油酸的脱水反应　由烯醇化酶（enolase）催化，2-磷酸甘油酸脱水的同时，能量重新分配，生成含高能磷酸键的磷酸烯醇式丙酮酸（PEP）。本反应也是可逆的。

（10）磷酸烯醇式丙酮酸的磷酸转移　在丙酮酸激酶（pyruvate kinase，PK）催化下，磷酸烯醇式丙酮酸上的高能磷酸根转移至 ADP 生成 ATP，这是又一次底物水平上的磷酸化过程。此反应是不可逆的。

2. 三羧酸循环　三羧酸循环也称柠檬酸循环（citric acid cycle），是一个由一系列酶促反应构成的循环反应系统,在该反应过程中,首先由乙酰辅酶 A 与草酰乙酸缩合生成含有 3 个羧基的柠檬酸,经过 4 次脱氢,1 次底物水平磷酸化,最终生成 2 分子 CO_2,并且重新生成草酰乙酸的循环反应过程。反应链如下(图 3-5):

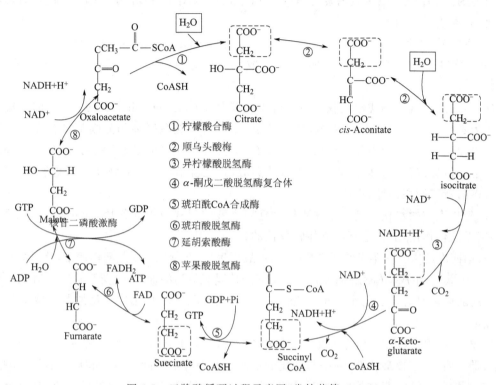

图 3-5　三羧酸循环过程示意图(常桂英等,2017)

(Citrate:柠檬酸;cis-Aconitate:顺乌头酸;Isocitrate:异柠檬酸;α-Ketoglutarate:α-酮戊二酸;succinyl CoA:琥珀酰 CoA;succinate:琥珀酸;fumarate:延胡索酸;malate:苹果酸;oxaloacetata:草酰乙酸;CoASH:辅酶 A)

(1)乙酰-CoA 进入三羧酸循环　乙酰 CoA 具有硫酯键,乙酰基有足够能量与草酰乙酸的羧基进行醛醇型缩合。首先柠檬酸合酶的组氨酸残基作为碱基与乙酰-CoA 作用,使乙酰-CoA 的甲基上失去一个 H^+,生成的碳阴离子对草酰乙酸的羰基碳进行亲核攻击,生成柠檬酰-CoA 中间体,然后高能硫酯键水解放出游离的柠檬酸,使反应不可逆地向右进行。该反应由柠檬酸合酶(citratesynthase)催化,是很强的放能反应。由草酰乙酸和乙酰-CoA 合成柠檬酸是三羧酸循环的重要调节点,柠檬酸合酶是一个变构酶,ATP 是柠檬酸合酶的变构抑制剂,此外,α-酮戊二酸、NADH 能变构抑制其活性,长链脂酰-CoA 也可抑制它的活性,AMP 可对抗 ATP 的抑制而起激活作用。

(2)异柠檬酸形成　柠檬酸的叔醇基不易氧化,转变成异柠檬酸而使叔醇变成仲醇,就易于氧化,此反应由顺乌头酸酶催化,为可逆反应。

(3)第一次脱氢——异柠檬酸脱氢酶　在异柠檬酸脱氢酶作用下,异柠檬酸的仲醇氧化成羰基,生成草酰琥珀酸(oxalosuccinicacid)的中间产物,后者在同一酶表面,快速脱羧生成 α-酮戊二酸(α-ketoglutarate)、NADH 和 CO_2,此反应为 β-氧化脱羧,此酶需要镁离子作为激活剂。此反应是不可逆的,是三羧酸循环中的限速步骤,ADP 是异柠檬酸脱氢酶的激活剂,而 ATP、NADH 是此酶的抑制剂。

(4)第二次脱氢——α-酮戊二酸脱氢酶　在 α-酮戊二酸脱氢酶系作用下,α-酮戊二酸氧化脱羧生成琥珀酰-CoA、NADH+H+ 和 CO_2,反应过程完全类似于丙酮酸脱氢酶系催化的氧化脱羧,属于 α-氧化脱羧,氧化产生的能量中一部分储存于琥珀酰的高能硫酯键中。此反应也是不可逆的。α-酮戊二酸脱氢酶复合体受 ATP、GTP、NADH 和琥珀酰-CoA 抑制,但其不受磷酸化/去磷酸化的调控。

(5)底物磷酸化生成 ATP　在琥珀酸硫激酶(succinatethiokinase)的作用下,琥珀酰-CoA 的硫酯键水解,释放的自由能用于合成 GTP,此时,琥珀酰-CoA 生成琥珀酸和辅酶 A。

(6)第三次脱氢——琥珀酸脱氢酶　琥珀酸脱氢酶(succinatedehydrogenase)催化琥珀酸氧化成为延胡索酸。该酶结合在线粒体内膜上,而其他三羧酸循环的酶则都是存在线粒体基质中的,这酶含有铁硫中心和共价结合的 FAD,来自琥珀酸的电子通过 FAD 和铁硫中心,然后进入电子传递链到 O_2,丙二酸是琥珀酸的类似物,是琥珀酸脱氢酶强有力的竞争性抑制物,所以可以阻断三羧酸循环。

(7)延胡索酸的水化　延胡索酸酶仅对延胡索酸的反式双键起作用,而对顺丁烯二酸(马来酸)则无催化作用,因而是高度立体特异性的。

(8)第四次脱氢——苹果酸脱氢酶(草酰乙酸再生)　在苹果酸脱氢酶作用下,苹果酸仲醇基脱氢氧化成羰基,生成草酰乙酸(oxalocetate),NAD^+ 是脱氢酶的辅酶,接受氢成为 $NADH+H^+$。

三羧酸循环具有重要的生物学意义。一方面,三羧酸循环是机体将糖或其他物质氧化而获得能量的最有效方式。在糖代谢中,糖经此途径氧化产生的能量最多,每分子葡萄糖经有氧氧化生成 H_2O 和 CO_2 时,可净产生 32 分子 ATP 或 30 分子 ATP;另一方面,三羧酸循环是糖、脂、蛋白质,甚至核酸代谢,联络与转化的枢纽。此循环的中间产物(如草酰乙酸、α-酮戊二酸)是合成糖、氨基酸、脂肪等的原料,某些代谢物质,还能参与嘌呤和嘧啶的合成,甚至合成卟啉,参与血红蛋白合成。且三羧酸循环是糖、蛋白质和脂肪彻底氧化分解的共同途径,蛋白质的水解产物(如谷氨酸、天冬氨酸、丙氨酸等脱氨后或转氨后的碳架)要通过三羧酸循环才能被彻底氧化,产生大量能量,脂肪分解后的产物脂肪酸经 β-氧化后生成乙酰-CoA 以及甘油,甘油经过糖酵解途径也生成乙酰-CoA,最终也要经过三羧酸循环而被彻底氧化,糖代谢的所有途径最后生成丙酮酸,脱氢成为乙酰-CoA,参与三羧酸循环。综上所述,三羧酸循环是联系三大物质代谢的枢纽,也是能量代谢的枢纽。

3. 电子传递及氧化磷酸化　呼吸电子传递链(respiratory electron-transport chain)由一系列可作为电子载体的酶复合体和辅助因子构成,可将来自还原型辅酶或底物的电子传递给有氧代谢的最终的电子受体分子氧。在电子传递链中,各电子传递体的氧化还原反应从高能水平向低能水平顺序传递,在传递过程中释放的能量通过磷酸化而被储存到 ATP 中,ATP 的形成发生在线粒体内膜上。电子从一个底物传递给分子氧的氧化与酶催化的由 ADP 和 Pi 生成 ATP 与磷酸化相偶联的过程为氧化磷酸化(oxidative phosphorylation),磷酸化作用与氧化过程的电子传递紧密相关。

4. 马铃薯的 CO_2 饱和点和 CO_2 补偿点

(1)CO_2 补偿点(CO_2 compensation point)　是指在光下植物光合过程所吸收的 CO_2 量与呼吸过程所释放 CO_2 量达到动态平衡时外界环境中的 CO_2 浓度。当外界 CO_2 浓度处于补偿点时,植物的光合速率与呼吸速率相等,有机物的形成与消耗相等,无干物质积累,当外界

CO_2 浓度低于补偿点时,则光合速率低于呼吸速率,植物不但不能积累光合产物,反而需要动用贮藏物质,只有在外界 CO_2 浓度高于补偿点时,才能有效地积累干物质。

根据 CO_2 补偿点高低可把植物分为三类:一是高补偿点植物,CO_2 补偿点较高,一般在 $40\sim70\ \mu L/LCO_2$,属于这一类的植物都是 C_3 植物,如小麦、水稻、大豆、油菜等绝大多数栽培作物;二是低补偿点植物,CO_2 补偿点较低,通常在 $0\sim5\ \mu L/LCO_2$,属于这一类的植物都是 C_4 植物,如玉米、高粱、甘蔗、苋菜等;三是不定补偿点植物,属于这一类植物都是具有景天酸代谢途径的植物,如龙舌兰、仙人掌等,这类植物夜间气孔开放,活跃吸收 CO_2,其补偿点为 $0\sim5\ \mu L/LCO_2$,白天气孔关闭,其补偿点或者维持在这一水平上,或者上升甚至高达 $200\ \mu L/LCO_2$。相比之下,低补偿点植物(C_4 植物)在外界 CO_2 浓度较低的情况下即有较高的光合速率,因而能够有效地积累干物质。

(2)CO_2 饱和点(CO_2 saturation point) 当空气中 CO_2 浓度较低时,植物的光合速率会随着 CO_2 浓度的增加而提高,但是当空气中的 CO_2 浓度增加到一定程度后,植物的光合速率就不会再随着 CO_2 浓度的增加而提高,这时空气中的 CO_2 浓度就称为 CO_2 饱和点。此时(光照一定)光合作用光反应阶段速度跟不上,[H](即还原态氢)和 ATP 不够,所以 CO_2 固定的化合物(如三碳化合物)无法被还原导致的。一般 C_3 植物的 CO_2 饱和点比 C_4 植物高,C_4 植物在大气 CO_2 浓度下就能达到饱和,而 C_3 植物 CO_2 饱和点不明显,光合速率在较高 CO_2 浓度下还会随浓度上升而升高。

CO_2 补偿点和饱和点高低可衡量作物在不同 CO_2 浓度下对 CO_2 的利用率,掌握马铃薯 CO_2 补偿点和饱和点的特性,在生产实践中有重要指导作用。例如,在栽培实践中,通过改良马铃薯群体结构,便于通风透光,可达到提高光合作用增加产量的目的。又如,在温室栽培马铃薯时适当提高室内 CO_2 的浓度,通过放一定量的干冰或多施有机肥,以增加光合作用强度。随着 CO_2 浓度的增加,马铃薯叶片光合速率升高,其 CO_2 的饱和点约为 $2000\ \mu mol/mol$,在 CO_2 的饱和点以下,随着 CO_2 浓度的增加,气孔导度和蒸腾速率呈下降趋势,而胞间 CO_2 浓度持续增加(何长征等,2005),增施 CO_2 也可显著提高马铃薯植株的叶面积,这不仅是增施 CO_2 持续提高马铃薯光合速率产生的结果表现,而且由于光合面积的增加,使得马铃薯植株整体光合性能得以进一步提升(赵竞宇等,2016)。马铃薯叶片 CO_2 补偿点和饱和点不是一个固定值,它们也会随外界条件的变化而变动,例如,当光照强度增大或温度降低时,CO_2 补偿点降低;而当光照强度增大时,CO_2 饱和点则会升高。秦玉芝等(2014)发现,苗期持续弱光处理使马铃薯 CO_2 饱和点降低,CO_2 补偿点上升。李彩斌等(2017)也发现,遮阴后耐弱光基因型马铃薯具有较低的 CO_2 补偿点。

二、氮代谢

N 素是植物生长发育所必需的矿质元素之一,是构成蛋白质、氨基酸、叶绿素等物质的重要成分。植物的生长发育,如根的构型、叶片发育、种子休眠和植物开花等都显著受到 N 素供应的影响。N 素在植物体干物质中占的比例接近 2%,是作物从土壤中吸收量最多的元素,同时也是除了水以外对作物生长发育影响最重要的元素。

N 素是构成蛋白质的基本元素。氨基酸是构成蛋白质的基本结构单位,每个氨基酸都含有一个氨基和一个羧基,在形成蛋白质过程中,无机 N 素首先被植物的根吸收,在体内被同化为谷氨酸,再由谷氨酸转化为其他氨基酸,经过氨基和羧基的脱水缩合,折叠修饰作用后构成蛋白质。植物体内还含有游离氨基酸,这部分氨基酸不构成蛋白质,在机体内以游离状态存在。

N素是核酸的重要成分。核酸是生命的遗传物质,由核苷酸构成,每个核苷酸包含有一分子核糖,一分子含氮碱基和一分子磷酸基团构成。N素存在于嘌呤和嘧啶碱基中,占核酸的15%～16%。核酸是植物生长发育和生命活动的物质基础,遗传信息从DNA转录到RNA,再有RNA传递给蛋白质,完成基因表达,调控生命正常活动。

N素是光合色素的重要组成成分。植物在叶绿体上进行光合作用,机体通过光合作用将外界无机物变为有机物,为机体的生命活动储存物质积累并提供能量。N素是叶绿素和叶绿体的重要组成成分,叶绿素a和叶绿素b中均含有N素,从而N素直接或者间接影响植物体的光合作用。当N素供应不足时,植物叶片会变黄,光合作用减弱,产物减少,从而导致作物产量显著降低。

N素还是酶的主要组成元素。酶几乎参与机体所有生命活动,在各种代谢活动和生化过程中起到催化的作用。机体内大部分酶的本质是蛋白质,N素是构成蛋白质的基础物质,因此N素在生物体的代谢活动中发挥重要作用,从而直接或间接影响植物的生长发育。

N素还参与其他物质,如维生素类物质和体内生物碱的合成。维生素在调节机体组织活动中发挥重要的作用,如植物体内的生物氧化过程需要许多氧化还原酶、黄酶的辅酶或辅基,维生素B₂通过与蛋白质相结合,成为这些黄素蛋白,在氧化过程中发挥作用。因此,在植物生长发育过程中,N素是非常重要的矿质元素。

N素不仅是生命物质的重要组成元素,同时硝酸盐在信号通路中也发挥重要的功能。大量的研究证明,硝酸盐参与信号响应,并调节基因转录,植物细胞通过迅速的感知硝酸盐,启动硝酸盐信号通路,从而调节基因的表达和响应器官代谢活动。

近年来,由于不合理的施用N肥造成了日益严峻的N素资源和环境问题。缺N会限制农作物的产量,而N肥施用过量则不仅造成资源浪费,而且还会引起环境污染,同时过多或过少的N肥都会对农作物的产量和品质造成不良影响。因此,研究作物N代谢的机理,提高作物对N肥的吸收、利用效率具有重要的理论和应用价值。马铃薯生产上表现为一种喜肥作物,在马铃薯的生长过程中不断吸收矿物质、H_2O和CO_2,通过这一营养过程而促进了产量的形成,进而完成马铃薯植株体的生长发育和其他生理生化过程。矿质元素的含量在马铃薯块茎中的含量相对较低,可是马铃薯的体内的同化产物形成运输和再分配在生长发育过程中都需要矿质营养元素的参加,矿质元素的重要意义在马铃薯生长发育及产量的形成过程中有明显的体现。科学合理地增大营养物质的投入是获得马铃薯高产的重要途径,在马铃薯众多的营养元素中N营养对生长发育、产量获得和品质建成有重要的影响,而马铃薯生长发育所需N素的来源,一部分由土壤供应,另一部分则需要靠基肥和追肥补给。

(一)氮素的吸收和同化

NO_3^-和NH_4^+是植物根系从土壤中吸收的无机N素形式,由于具有毒性,铵首先被根同化,然后再以有机形式运输到地上部分,相反,硝酸盐可被同化为铵,再在根或茎中合成氨基酸。植物对N素的吸收呈季节性和昼夜波动,以此保障植物持续正常的生长和发育。植物根系对N素吸收与对其他矿质离子吸收相似,N素从土壤溶液进入植株根部表观自由空间,其后透过质膜进入细胞内部。植物从外界环境获取N素主要通过三条途径:①直接吸收土壤中的铵或有机 N；②通过硝酸还原酶还原无机 N 转化为植物可直接利用的有机 N；③通过固氮菌对 N_2 的固氮作用。植物 N 素的同化作用主要指植物吸收环境中的 NO_3^- 或者 NH_4^+ 后再经过体内一系列反应，合成自身需要的氨基酸和蛋白质等含氮有机化合物的过程，植物在 N 素同化中需要与其他代谢过程相互协调才能更好地促进植物生长。

1. 硝态氮的吸收与同化　NO_3^- 的吸收是逆电化学势梯度进行的主动吸收过程。高等植物中负责吸收硝酸盐的主要是 NRT 型硝态氮转运蛋白家族的成员，NRT1 是低亲和性的硝酸盐转运系统的组成成分，NRT2 是高亲和性的硝酸盐转运系统的组成成分。不考虑硝酸盐转运蛋白的类型，硝酸盐通过质膜向内运输，需要克服强烈的电位梯度，因为带负电荷的硝酸根离子不仅需要克服负的质膜电位，还有内部较高的硝酸盐浓度梯度，因此，硝酸盐的吸收是一个消耗能量的过程。硝酸盐转运蛋白跨膜运输硝酸盐，伴随着氢离子的同向转移，相反地，H^+-ATP 酶需要消耗 ATP，由氢离子泵向外运输氢离子以维持质膜上的氢离子梯度。

NO_3^- 进入植物体后，其中的一部分 NO_3^- 可进入根细胞的液泡中储存起来，暂时不被同化，而大部分或在根系中同化为氨基酸、蛋白质，或以 NO_3^- 形式直接通过木质部运输到地上部。根中合成的氨基酸也可向地上部运输，而在叶片中合成蛋白质。叶片中的 NO_3^- 也可进入液泡暂时贮存起来，或进一步同化为各种有机态氮，另外，叶片中合成的氨基酸也可以通过韧皮部向根部运输。

NO_3^- 的吸收受到介质 pH 值和存在离子（如 Ca^{2+} 等）的影响。pH 值升高时，NO_3^- 的吸收减少。究其原因，一是 OH^- 与 NO_3^- 存在竞争作用；二是植物所吸收的 NO_3^- 在体内同化时细胞内 pH 值上升，碱性加强，而主要靠细胞内所形成的有机酸进行中和，从而影响有机酸的形成，进而影响植物对 NO_3^- 的吸收。

NO_3^- 的同化即硝酸盐还原成氨的过程，经两步完成。第一步，NO_3^- 在细胞质中经硝酸还原酶催化还原成 HNO_2，而 HNO_2 则以分子态透过质膜。第二步，是 HNO_2 在叶绿体或前质体内由亚硝酸还原酶催化而成氨。

2. 铵态氮的吸收与同化　铵进入植物细胞有多种途径，如：质膜上存在一种非选择性阳离子通道可以转运铵；由于铵的化学性质与钾离子类似，钾离子通道也可允许铵的通过；另外，铵也可以通过水通道蛋白 AtTIP 跨膜向液泡内运输。

铵态氮被作物吸收后，在根细胞中很快同化为氨基酸，然后向地上部运输。很少以 NH_4^+ 方式直接送往地上部，铵态氮可直接与植物呼吸作用产生的 α-酮戊二酸结合生成氨基酸，氨基酸进一步合成蛋白质。

NH_4^+ 主要通过谷氨酰胺合成酶（GS）和谷氨酸合成酶（GOGAT）途径形成氨基酸，其中 GS 是 NH_4^+ 同化过程的关键酶。除了通过 GS 和 GOGAT 途径外，谷氨酸脱氢酶（GDH）和天冬酰胺酸合成酶（AS）也是同化 NH_4^+ 的两个酶。

（二）氨基酸的生物合成

不同生物体内氨基酸生物合成的途径大不相同，甚至同种生物不同组织或器官也存在很大差异。但许多氨基酸的生物合成都有其共同特点：合成的起始物来自机体内的几个主要代谢途径特别是糖代谢（包括糖酵解、柠檬酸循环或磷酸戊糖途径）的中间产物，其氨基主要来自谷氨酸的转氨基作用。根据起始物不同可将氨基酸的合成划分为六大类型：①α-酮戊二酸衍生类型—谷氨酸型，合成谷氨酸、谷氨酰胺、脯氨酸、精氨酸、赖氨酸；②草酰乙酸衍生类型—天冬氨酸型,合成天冬氨酸、天冬酰胺、苏氨酸、甲硫氨酸、异亮氨酸、赖氨酸;③丙酮酸衍生类型—丙氨酸型,合成丙氨酸、缬氨酸、亮氨酸;④甘油酸-α-磷酸衍生类型—丝氨酸型,合成丝氨酸、甘氨酸、半胱氨酸;⑤赤藓糖-4-磷酸和烯醇丙酮酸磷酸衍生类型—芳香氨酸型,合成苯丙氨酸、酪氨酸、色氨酸;⑥组氨酸类型,合成组氨酸。

生物体内氨基酸的合成主要在转氨酶的催化下通过转氨基作用形成,各种转氨酶催化的反应都是可逆的,转氨基过程既发生在氨基酸分解过程,也发生在氨基酸合成过程,反应方向与当时细胞中具体代谢的需要有关。合成氨基酸根据前体物质的不同,合成场所也不固定,主要在细胞质中。转氨酶广泛存在于植物体内,许多氨基酸都可作为氨基的供体,其中最重要的是谷氨酸,它可由 α-酮戊二酸与无机态氨合成,然后再通过转氨基作用转给其他 α-酮酸合成相应的氨基酸,因此,谷氨酸作为氨基的转换站。

马铃薯蛋白中含有大量的氨基酸,除八种人体必需氨基酸外,半必需氨基酸含量也十分丰富,还含有鲜味氨基酸、甜味氨基酸、芳香氨基酸及药效氨基酸等,是一般粮食作物所不能比拟的。马铃薯赖氨酸含量高,使得其作为主食非常具有吸引力,谷物蛋白如作为主食的大米和小麦缺乏赖氨酸,因此用马铃薯作为主食正好能弥补米饭、面条和馒头等的缺陷(曾凡逵等,2015)。马铃薯氨基酸含量受品种、产地等多种因素的影响,不同品种氨基酸含量不同。赵凤敏等(2014)利用系统聚类法对 29 个马铃薯品种的氨基酸营养价值进行分类,筛选出氨基酸营养价值最高的 6 个马铃薯品种,分别为 LBr-25、青薯 168、高原 7 号、俄 8、渝马铃薯 1 号和 Shepody。呼德尔朝鲁等(2016)以内蒙古自治区三个主产区夏波蒂马铃薯为原材料试验得出,三个产区的马铃薯样本中氨基酸种类齐全,含量丰富,同一品种不同产地氨基酸含量有差异,三份马铃薯样本中均为天冬氨酸含量最高,谷氨酸次之。不同工艺下马铃薯氨基酸组成和含量也不同。鞠栋等(2017)试验表明,氨基酸比值系数最高为马铃薯复配粉,其次是马铃薯全粉和马铃薯薯渣粉,马铃薯冻干粉最低,必需氨基酸指数和生物价最高为马铃薯复配粉和马铃薯渣粉,其次为马铃薯冻干粉和马铃薯全粉,高筋小麦粉最低。

(三)蛋白质的生物合成

蛋白质的生物合成是指生物按照从脱氧核糖核酸(DNA)转录得到的信使核糖核酸(mRNA)上的遗传信息合成蛋白质的过程,蛋白质生物合成亦称为翻译(Translation),即把 mRNA 分子中碱基排列顺序转变为蛋白质或多肽链中的氨基酸排列顺序过程。这是基因表达的第二步,产生基因产物蛋白质的最后阶段。核糖体是蛋白质生物合成的场所,核糖体有大、小亚基组成,其组成成分包括核糖体 RNA(rRNA)和蛋白质。蛋白质的生物合成包括以下五个阶段:

1. 氨基酸的活化　　在蛋白质生物合成中,各种氨基酸在参入肽链之前必须先经活化,然后再由其特异的 tRNA 携带至核糖体上,才能以 mRNA 为模板缩合成肽链。氨基酸活化后与相应的 tRNA 结合的反应,均是由特异的氨基酰-tRNA 合成酶(amino acyl-tRNA synthetase,简写为 aaRS)催化完成的。

2. 多肽链合成的起始　　蛋白质合成起始复合物的形成中需要起始因子,起始因子 eIF3 首先结合在 40S 小亚基上,同时在 eIF2 和 eIF5B 作用下,与 Met-tRNA$_i^{Met}$ 及 GTP 结合,形成了 43S 起始前复合体。43S 起始前复合体对 mRNA 的识别是从对 5′端帽结构的识别开始的。这一识别过程需要由具有三个亚基的 elF4F 来介导,其中一个亚基直接与 5′端帽结构相结合,其他两个亚基与 mRNA 链非特异性结合。随后 eIF4B 加入到这一复合体上,并激活 eIF4F 中一个亚基的 RNA 解旋酶活性,来解开 mRNA 末端的任何二级结构。eIF4F/B 与展开的 rnR-BjA 的结合体通过 eIF4F 和 eIF3 的相互作用结合到 43S 起始前复合体上。一旦 mRNA 的 5′ 端组装好,小亚基和它的结合因子就按照 5′→3′ 方向沿着 mRNA 移动。在移动过程中,小亚基寻找 mRNA 的起始密码子。起始密码子的识别是通过起始 tRNA 的反密码子和起始密码子之间的碱基配对作用,可使 mRNA 上的起始密码子 AUG 在 Met-tRNA$_i^{Met}$ 的反密码子位置固定下来。正确的碱基配对引起 eIF2 和 eIF3 的释放,这两个因子的脱离使得游离的 60S 大亚基结合到小亚基上,形成了 80s 起始复合体。这就为肽链的延长做好了准备。

3. 肽链的延长 肽链的延长是将 mRNA 的核苷酸序列翻译为多肽链氨基酸顺序的过程,是一个在核糖体上循环发生的过程,这个过程中每个循环会通过肽键将一个氨基酸连接到延伸的肽链上。多肽的序列由 mRNA 上的密码子决定。延伸过程包括由延伸因子催化的酶促过程,氨基酰-tRNA 结合到 A 位点,肽键的形成和移位。

4. 肽链的终止和释放 肽链合成的终止包括两个阶段:肽链合成的终止反应,即在终止因子的作用下肽链停止延伸。终止后反应包括 tRNA 的逐出和核糖体与 mRNA 的分离以及大小亚基的分离。

5. 蛋白质合成后的加工修饰 新生多肽链不具备蛋白质的生物学活性,必须经过复杂的加工过程才能转变为具有天然构象的功能蛋白质,这一加工过程称为翻译后修饰。翻译后修饰使得蛋白质组成更加多样化,从而使蛋白质结构上呈现更大的复杂性。

新鲜马铃薯块茎蛋白质含量为 1.7%～2.1%,马铃薯块茎当中蛋白质种类非常多(曾凡逵等,2015),且马铃薯是块茎类作物中蛋白质含量最高的,它能供给人体大量的黏体蛋白质(谢庆华和吴毅歆,2002)。马铃薯蛋白的营养价值很高,是优质的天然氮源,具有广阔的发展前景,一方面,能很好地被人体所吸收,属于完全蛋白质,其蛋白效价可以与鸡蛋、酪蛋白相媲美,营养价值优于从谷物或豆类中提取的蛋白质;另一方面,马铃薯蛋白最接近动物蛋白,是很好的保健食品,其蛋白质的净消化利用率也很高,可利用价值为 71%,比谷物高 21%(唐世明等,2016),所以提高马铃薯蛋白质的含量具有重要意义。

马铃薯蛋白质含量是由一个复杂的微效多基因控制的数量性状,其蛋白质含量的高低除受遗传因素控制外,地理环境和栽培措施等条件的影响也很大,因此必须在适宜的条件下方能充分发挥其潜力。张凤军等(2008)对马铃薯参试品种在西北地区不同生态条件下的蛋白质含量变化进行测定和稳定性分析,结果表明,6 个品种平均蛋白质含量为 2.32%,陇薯 3 号最高(2.69%),青 97-1-38 最低(2.05%);7 个地点平均蛋白质含量为 2.32%,甘肃定西最高(2.68%),青海海南州最低(1.86%),鄂 95P3-3 和青 97-1-38 这两个品种的回归系数<1,是稳定性较好的品种。张婷等(2019)则发现,产地相同的情况下,红玫瑰、黑玫瑰与荷兰 7 号 3 种马铃薯的蛋白质含量差异不显著,均在 1.5%～2.0%,其中,红玫瑰最高,荷兰 7 号最低。康鹏玲等(2017)通过研究不同种植密度对马铃薯加工品质的影响发现,不同种植密度可以影响马铃薯加工品质,3500 株/亩种植时蛋白质含量显著高于其他种植密度。

三、水分代谢

水是植物的一个重要的先天环境条件。植物的一切正常生命活动只有在含有一定量水分的条件下才能进行,否则就会受到阻碍,甚至死亡。由于绿色植物是自养型的,要维持正常的生命活动,就必须高效率地进行光合作用。为此,它必须发展大量的叶面积,充分地接受阳光,并且与周围环境不断地进行气体交换(吸收 CO_2 和释放 O_2)。但由于大气的水势比植物体的水势低得多,所以,在接受阳光的表面必然成了水分蒸发的表面,气体交换的通道也是水蒸气散失的通道。因此,植物一方面通过根系不断地从环境中吸收水分,经过根、茎的运输分配到植物体的各部分,以满足正常生命活动的需要;另一方面植物体又不可避免地要丢失大量水分到环境中去,故植物体实际上是处于不断吸水和不断丢水的动态平衡之中。当植物吸水量补偿不了失水量时,常发生萎蔫现象,严重时可引起叶、花、果的脱落,甚至死亡。将植物对水分的吸收、运输、丢失的过程称为植物的水分代谢(water metabolism),农业生产上通过各种合理管理措施(如灌溉、蹲苗等),来调节和维持作物的水分平衡。

(一)水分的生理作用

1. 水是原生质的主要成分　原生质的含水量一般在 $80\% \sim 90\%$,这些水使原生质呈溶胶状态,从而保证了新陈代谢旺盛地进行,例如根尖、茎尖。如果含水量减少,原生质会由溶胶状态变成凝胶状态,生命活动就大大减弱。例如休眠的种子。如果细胞失水过多,就可能引起原生质破坏而招致细胞死亡。

2. 水是新陈代谢过程的反应物质　在光合作用、呼吸作用、有机物的合成和分解的过程中,都必须有水分子参与。

3. 水是植物对物质吸收和运输的溶剂　一般说来,植物不能直接吸收固态的无机物和有机物,这些物质只有溶解在水中才能被植物吸收。同样,各种物质在植物体内的运输也必须溶解于水中才能进行。

4. 水能保持植物体的固有状态　细胞含有大量水分,能够维持细胞的紧张度(即膨胀),使植物体的枝叶挺立,便于充分接受光照和交换气体,同时也使花朵开放,有利于传粉。

5. 水能维持植物体的正常体温　水具有很高的汽化热和比热,又有较高的导热性,因此水在植物体内的不断流动和叶面蒸腾,能够顺利地散发叶片所吸收的热量,保证植物体即使在炎夏强烈的光照下,也不致被阳光灼伤。

(二)水分代谢

1. 水分的吸收　植物根系是吸收水分的主要器官,根系吸水的部位主要是根尖,包括分生区、伸长区和根毛区,其中根毛区吸水能力最强。水分还可以通过皮孔、裂口或伤口处进入植物体。植物根系吸水包括主动吸水和被动吸水两种方式。植物根系以蒸腾拉力为动力的吸水过程称为被动吸水(passive absorption of water),所谓蒸腾拉力(transpirational pull)是指因叶片蒸腾作用而产生的使导管中水分上升的力量。当叶片蒸腾时,气孔下腔周围细胞的水以水蒸气形式扩散到水势低的大气中,从而导致叶片细胞水势下降,这样就产生了一系列相邻细胞间的水分运输,使叶脉导管失水,而压力势下降,并造成根冠间导管中的压力梯度,在压力梯度下,根导管中水分向上输送,其结果造成根部细胞水分亏缺(water deficit),水势降低,从而使根部细胞从周围土壤中吸水。而根系代谢活动引起的根系从环境吸水的过程叫主动吸水(initiative absorption of water),主动吸水的机理是根系代谢活动引起离子吸收与运输,造成了内外水势差,从而使水按照下降的水势梯度,从环境通过表皮、皮层进入中柱导管,并向上运输。主动吸水是由于根系的生命活动,产生的把水从根部向上压送的力量。吐水、伤流和根压都是主动吸水的表现。

2. 水分的运输 水在植物体内的运输途径主要是通过根和茎的导管来进行的。水分从土壤进入植物体内后进入大气的主要途径是：土壤水→根毛→根皮层→根中柱鞘→中柱薄壁细胞→根导管→茎导管→叶柄导管→叶脉导管→叶肉细胞→叶细胞间隙→气孔下室→气孔→大气。

水分从根向地上部运输的途径可分为两部分：一部分是经过维管束中的死细胞和细胞壁与细胞间隙进行长距离运输，即所谓的质外体部分；另一部分与活细胞有关，属短距离径向运输，包括根毛→根皮层→根中柱以及叶脉导管到叶肉细胞→叶细胞间隙，即共质体运输。径向运输距离短，但运输阻力大，因为水分要通过生活细胞，这一部分是水分传导的制约点，沿导管或管胞的长距离运输中，水分主要通过死细胞，阻力小，运输速度快。

在导管或管胞中，水分向上转运的动力是由导管两端的水势差决定的，叶片因蒸腾作用不断失水，叶片与根系之间形成水势梯度，在这一水势梯度的推动作用下，水分源源不断地沿导管上升，蒸腾作用越强，此水势梯度越大，则水分运转也越快。蒸腾作用是植物吸收水分和运输水分的主要动力，植物蒸腾水分的途径必须通过气孔，而气孔的开闭是可以调节的，如叶片细胞中水分不足，气孔就会关闭，蒸腾作用就会减弱，这对于避免水分的过度散失具有非常重要的意义。

蒸腾作用（transpiration）是指植物体内的水分以气态散失到大气中去的过程。蒸腾作用能产生蒸腾拉力，促进矿物质营养的运输和合理分配，降低植物体的温度，有利于 CO_2 的同化。叶片的蒸腾作用方式有两种：一是角质层蒸腾（cuticular transpiration），是指植物体内的水分通过角质层而蒸腾的过程；二是气孔蒸腾（stomatal transpiration），是指植物体内的水分通过气孔而蒸腾的过程。植物以气孔蒸腾为主。蒸腾作用的强弱常用蒸腾速率、蒸腾效率和蒸腾系数来表示。蒸腾系数越小，则表示该植物利用水分的效率越高。在植物生产上，采取有效措施适当减少蒸腾消耗：一是减少蒸腾面积，移栽植物时，可去掉一些枝叶；二是降低蒸腾速率，在午后或阴天移栽植物，或栽后搭棚遮阴，或实行设施栽培；三是使用抗蒸腾剂。影响作物蒸腾作用的因素主要有光照、空气湿度、风速、温度等。

3. 水分的利用与散失 植物吸收的水分 90% 以上通过上述的蒸腾作用散失到大气中去，只有少量的水分在植物体内参与光合作用、呼吸作用等生命活动。通过蒸腾作用散失水分这一过程具有重要的意义：一是植物吸收水分和运输水分的主要动力；二是促进植物运输溶解在水中的矿质元素经导管向上运输；三是能够降低叶片的温度，防止叶片被强光灼伤，对叶片具保护作用。

(三)马铃薯需水规律

马铃薯是需水较多的作物，但不同生育期需水明显不同，发芽期芽条仅凭块茎内的水分便能正常生长，待芽条发生根系从土壤吸收水分后才能正常出苗，苗期耗水量占全生育期的 $10\%\sim15\%$；块茎形成期耗水量占全生育期的 $23\%\sim28\%$ 以上；块茎增长期耗水量占全生育期的 $45\%\sim50\%$ 以上，是全生育期中需水量最多的时期；淀粉积累期则不需要过多的水分，该时期耗水量约占全生育期的 10%。马铃薯的需水敏感期为开花期，在开花期保持较高的水分，可提高马铃薯产量，马铃薯整个生育期田间持水量前期保持 $60\%\sim70\%$，后期保持 $70\%\sim80\%$，对丰产最为有利，其中田间持水量在幼苗期为 65% 左右为宜，在块茎形成和块茎增长期则以 70%～80%为宜,在淀粉积累期为 60%～65%即可。可见,马铃薯全生育期的需水规律总体上表现为前期耗水强度小、中期变大、后期又减小的近似抛物线的变化趋势。马铃薯对土壤水分的需求规律与需水量规律基本相同,块茎形成至块茎增长期是需水高峰期和关键期。不同气候条件、不同品种马铃薯生长发育期间的耗水量表现较大差异,这与当地的降雨量、蒸发量密切相关,其中,降雨量是关键,在生产上应根据品种水分需求特性及种植期间气候条件尤其是降雨状况做好补水或排水工作,为马铃薯生长提供适宜的土壤水分环境。

(四)水分平衡

在水分供应充足的情况下,植物体的水分处于平衡状态,但当外界条件发生变化时,如遇到干旱、盐渍时,平衡就会被打破,其中,干旱是马铃薯生产中最常见的自然灾害。马铃薯具有对干旱较强的敏感性和避旱特性,当干旱时,马铃薯块茎会利用自身储藏的水分在土壤中存活而推迟出苗,或出苗后遇到干旱根系加深、提前开花或推迟生长,到雨季可以开始恢复性迅速生长,但长时间的干旱,往往造成马铃薯不可恢复的产量损失,包括对出苗、植株生物量、结薯数量、块茎膨大等产生影响。中国马铃薯种植区主要分布在降雨量少,且无灌溉设施的地区,如西北干旱、半干旱地区和冬季降水稀少的南方地区。马铃薯是典型的温带气候作物,季节性干旱或难以预测的不定期干旱是造成马铃薯减产和品质下降的重要因子。干旱胁迫下,马铃薯叶片脯氨酸含量、可溶性糖含量、可溶性蛋白含量、超氧化物歧化酶、过氧化物酶、过氧化氢酶、丙二醛均增加,叶绿素 a、叶绿素 b、叶绿素 a/b、总叶绿素、蒸腾速率、净光合速率、气孔导度、胞间 CO_2 浓度均降低(尹智宇等,2017),不同生育时期干旱胁迫均增加马铃薯块茎二次生长的比例,影响马铃薯的品质(抗艳红等,2010)。块茎形成初期干旱胁迫对单株薯数无显著影响,但持续干旱胁迫产量降低,主要通过降低平均单薯重来影响单株生产能力(杨先泉等,2011)。

参考文献

白宝璋,孙存华,田文勋,等,1997.铜对马铃薯叶片光合特性的影响[J].吉林农业大学学报(3):12-17.
常桂英,邢力,刘飞,2010.生物化学.[M].北京:化学工业出版社.
陈明,2015.浅谈对"光合作用过程图解"的记忆和应用[J].生物学教学,40(09):72-73.
陈占飞,常勇,任亚梅,等,2018.陕西马铃薯[M].北京:中国农业科学技术出版社.
高媛,秦永林,樊明,等,2012.马铃薯块茎形成的氮素营养调控[J].作物杂志(6):o14-18.
葛长琴,刁艳梅,2008.不同播期对马铃薯产量的影响[J].农技服务(07):21.
郭得平,应振土,Shah G A,1991.植物激素与马铃薯块茎形成[J].植物生理学通讯(02):130-133,96.
郭予榕,1996.生长调节剂对马铃薯某些生理特性的协同效应[J].河南科学,14(增刊):36-38.
韩翠莲,霍轶珍,朱冬梅,2018.不同灌溉方式对马铃薯光合特性和产量的影响[J].节水灌溉(3):27-30.
Haverkort A J,刘素洁,1992.与纬度和海拔有关的马铃薯栽培体系生态学[J].国外农学—杂粮作物(3):36-39.
何长征,刘明月,宋勇,等,2005.马铃薯叶片光合特性研究[J].湖南农业大学学报(自然科学版),31(5):518-520.
侯学文,李英杰,钟琪,等,2019.光呼吸代谢途径及其调控的研究进展[J].植物生理学报,55(3):255-264.
呼德尔朝鲁,杨丽敏,卢莎,2016.三种不同产地马铃薯氨基酸分析与评价[J].世界最新医学信息文摘(电子版)(93):112-113.

胡云海,蒋先明,1989.不同糖类和 BA 对马铃薯(S. Tuberosum)试管薯的影响[J].马铃薯杂志,3(04): 203-206.

胡云海,蒋先明,1991.氮源对马铃薯微型薯的影响[J].马铃薯杂志,5(4):199-203,238.

胡云海,蒋先明,1992.植物激素对微型薯形成的影响[J].马铃薯杂志,6(1):14-22.

黄承建,赵思毅,王龙昌,等,2013.马铃薯/玉米套作对马铃薯品种光合特性及产量的影响[J].作物学报(2): 330-342.

黄科,刘明月,何长征,等,2011.氮磷钾配施对马铃薯净光合速率的影响研究[J].湖南农业科学(15):53-55.

纪晓玲,张雄,张静,等,2018.不同覆盖方式对马铃薯光合特性及产量的影响[J].西北农业学报,27(6): 819-825.

贾景丽,周芳,赵娜,等,2009.微量元素锰对马铃薯光合性能的影响[J].江苏农业科学(4):111-112.

贾立国,陈玉珍,樊明寿,等,2018.干旱对马铃薯光合特性及块茎形成的影响[J].干旱区资源与环境,32(2): 188-193.

金黎平,屈冬玉,2002.马铃薯优良品种及丰产栽培技术[M].北京:中国劳动社会保障出版社.

鞠栋,木泰华,孙红男,等,2017.不同工艺马铃薯粉物化特性及氨基酸组成比较[J].核农学报,31(6): 1100-1109.

康鹏玲,杨素,马娟娟,等,2018.种植密度对马铃薯加工品质的影响[J].食品与发酵科技,54(1):83-89.

康瑞娟,施定基,丛威,等,2004.果糖-1,6-二磷酸醛缩酶和丙糖磷酸异构酶共表达对蓝藻光合作用效率的影响[J].生物工程学报,20(6):851-855.

康跃虎,王凤新,刘士平,等,2004.滴灌调控土壤水分对马铃薯生长的影响[J].农业工程学报(02):66-72.

抗艳红,赵海超,龚学臣,等,2010.不同生育期干旱胁迫对马铃薯产量及品质的影响[J].安徽农业科学,38 (30):16820-16822.

李彩斌,郭华春,2017.耐弱光基因型马铃薯在遮阴条件下的光合和荧光特性分析[J].中国生态农业学报,25 (8):1181-1189.

李灿辉,王军等,1998.离体培养条件下植物生长物质对马铃薯块茎形成的影响[J].马铃薯杂志,12(2): 67-73.

梁振娟,马浪浪,陈玉章,等,2015.马铃薯叶片光合特性研究进展[J].农业科技通讯(3):41-45.

刘克礼,高聚林,张宝林,2003a.马铃薯匍匐茎与块茎建成规律的研究[J].中国马铃薯,17(3):151-156.

刘克礼,高聚林,张保林,等,2003b.马铃薯器官生长发育与产量形成的研究[J].中国马铃薯,17(3):141-145.

刘梦芸,蒙美莲,门福义,等,1994.光周期对马铃薯块茎形成的影响及对激素的调节[J].马铃薯杂志,8(4): 193-197.

刘素军,蒙美莲,陈有君,等,2018.水分胁迫下马铃薯叶片光合特性的变化及其响应机制研究[J].西北农林科技大学学报(自然科学版),335(8):35-44.

陆志峰,任涛,鲁剑巍,等,2016.缺钾油菜叶片光合速率下降的主导因子及其机理[J].植物营养与肥料学报,22(1):122-131.

罗玉,李灿辉,2011.不同糖处理及光周期对马铃薯块茎形成的影响[J].红河学院学报,10(6):94-99.

罗爱花,陆立银,谢奎忠,等,2017.营养元素配施对陇薯5号马铃薯光合生理特性及品质的影响[J].甘肃农业科技(11):63-66.

马伟清,董道峰,陈广侠,等,2010.光照长度、强度及温度对试管薯诱导的影响[J].中国马铃薯,24(5): 257-262.

门福义,王俊平,宋伯符,等,2000.马铃薯蕾花果脱落与内源激素和光照的关系[J].中国马铃薯,14(4): 198-201.

蒙美莲,刘梦云,门福义,等,1994.赤霉素和脱落酸对马铃薯块茎形成的影响[J].中国马铃薯,8(3):134-137.

蒲育林,王克敏,王瑞英,1994.植物生长调节剂 B9 对马铃薯微型种薯产量的影响[J].马铃薯杂志,8(3):162-164.

秦玉芝,陈珏,邢铮,等,2013.低温逆境对马铃薯叶片光合作用的影响[J].湖南农业大学学报(自科版),39(1):26-30.

秦玉芝,邢铮,邹剑锋,等.2014.持续弱光胁迫对马铃薯苗期生长和光合特性的影响[J].中国农业科学,47(3):537-545.

全锋,张爱霞,曹先维,2002.植物激素在马铃薯块茎形成发育过程中的作用[J].中国马铃薯(1):29-32.

宋占午,1992.细胞分裂素对马铃薯块茎形成的影响[J].西北师范大学学报(自然科学版)(01):55-61.

苏亚拉其其格,樊明寿,贾立国,等,2015.氮素形态对马铃薯块茎形成的影响及机理[J].土壤通报(2):209-512.

汤日圣,张大栋,郭士伟,等,2000.烯效唑和三唑酮调节水稻秧苗生长的增效作用及机理[J].中国水稻科学,14(1):51-54.

唐道彬,张晓勇,王季春,等,2017.不同光质对水培脱毒马铃薯光合与结薯特性的影响[J].园艺学报,44(4):691-702.

唐世明,曹君迈,陈彦云,等,2016.马铃薯块茎蛋白质提取方法的筛选[J].江苏农业科学,44(9):326-329.

田长恩,1993.植物生长调节剂在马铃薯生产中的应用[J].马铃薯杂志,7(04):223-226.

田丰,张永成,张凤军,等,2010.不同肥料和密度对马铃薯光合特性和产量的影响[J].西北农业学报,19(6):95-98.

田再民,龚学臣,祁利潘,等,2014.不同种植密度对冀张薯 8 号光合特性的影响[J].湖北农业科学,53(13):2995-2998.

童相兵,严飞龙,等,1999.烯效唑对马铃薯产量影响的探讨[J].马铃薯杂志,13(4):221-222.

王翠松,张红梅,李云峰,2003.马铃薯块茎发育过程中的影响因子[J].中国马铃薯,17(1):29-33.

王军,王家旺,1984.马铃薯气生块茎的诱导形成[J].植物生理学通讯(06):35-38.

王连喜,金鑫,李剑萍,等,2011.短期高温胁迫对不同生育期马铃薯光合作用的影响[J].安徽农业科学,39(17):10207-10210.

王晓黎,沈学善,李春荣,等,2015.不同品种和栽培措施对盆周山区春马铃薯生育期和产量的影响[J].中国农学通报,31(30):128-131.

王延波,1994.光周期对 3 个马铃薯种形态机能特征的影响[J].国外农学—杂粮作物(1):34-37.

温宏昌,杨志奇,裴国平,等,2017.不同栽培模式对马铃薯生育期的影响[J].中国农业文摘-农业工程,29(05):66-69,51.

吴娜,刘晓侠,刘吉利,等,2015.马铃薯/燕麦间作对马铃薯光合特性与产量的影响[J].草业学报,24(8):65-72.

吴炫柯,韦剑锋,2013.不同播期对马铃薯生长发育和开花盛期农艺性状的影响[J].作物杂志(4):27-31.

肖关丽,郭华春,2010.马铃薯温光反应及其与内源激素关系的研究[J].中国农业科学,43(7):1500-1507.

肖特,马艳红,于肖夏,等,2011.温光处理对不同马铃薯品种块茎形成发育影响的研究[J].内蒙古农业大学学报(自然科学版):32(4):110-115.

肖特,于肖夏,崔阔澍,等,2015.温光处理对马铃薯块茎钾及 3 种微量元素含量的影响[J].中国农业信息,(15):8-10.

谢庆华,吴毅歆,2002.马铃薯品种营养成分分析测定[J].云南师范大学学报,22(2):50-52.

谢婷婷,柳俊,2013.光周期诱导马铃薯块茎形成的分子机理研究进展[J].中国农业科学,46(22):4657-4664.

邢宝龙,方玉川,张万萍,等,2017.中国高原地区马铃薯栽培[M].北京:中国农业出版社.

许真,徐蝉,郭得平,2008.光周期调节马铃薯块茎形成的分子机制[J].细胞生物学杂志,30(6):731-736.

杨建勋,张恒瑜,蔺永平,等,2007.土壤温度波动与马铃薯块茎发育的关系探讨[J].陕西农业科学(6):

131-133.

杨进荣,1998.不同播期对忻革6号马铃薯生长发育的影响[J].中国马铃薯(04):230-231.

杨先泉,张佳,倪苏,等,2011.持续干旱胁迫对不同马铃薯基因型产量形成的影响[J].西南农业学报,24(3):854-857.

杨晓璐,杨航,王季春,等,2018.马铃薯行株距比对光合特性及产量品质的影响[J].园艺学报,45(8):140-151.

杨志刚,曾凡文,2012.不同播种期对秋覆膜马铃薯生长发育及产量的影响[J].内蒙古农业科技(01):37-38,43.

姚玉璧,雷俊,牛海洋,等,2018.CO_2浓度升高与增温对半干旱区马铃薯光合特性的协同影响[J].生态环境学报,27(5):793-801.

姚振,沈博然,彭新湘,2017.LoxP-Cre重组技术在构建马铃薯光呼吸代谢支路中的应用[J].长江大学学报(自然科学版),14(18):37-43,4.

姚振,沈博然,彭新湘,2018.马铃薯多基因质体转化载体及其在光呼吸支路构建中的应用[J].分子植物育种,16(12):3949-3955.

尹智宇,肖关丽,2017.干旱胁迫对冬马铃薯苗期生理指标及光合特性的影响[J].云南农业大学学报(自然科学版),32(6):992-998.

曾凡逵,许丹,刘刚,2015.马铃薯营养综述[J].中国马铃薯,29(4):233-243.

曾艳玲,2013.油茶种仁糖酵解途径解析及醛缩酶基因家族功能研究[D].长沙:中南林业科技大学.

张婷,杨慧仙,杨秀丽,等,2019.3种马铃薯淀粉、蛋白质、花青素含量的测定及比较响[J].山西农业科学,47(4):560-562,576.

张凤军,张永成,田丰,2008.马铃薯蛋白质含量的地域性差异分析[J].西北农业学报(1):263-265.

张贵合,张光海,郭华春,2017.不同马铃薯品种(系)在不同生态条件种植的光合特性差异分析[J].西南农业学报(11):93-98.

张凯,王润元,李巧珍,等,2012.播期对陇中黄土高原半干旱区马铃薯生长发育及产量的影响[J].生态学杂志,31(09):2261-2268.

张翼飞,于崧,李彩凤,2013.甜菜幼苗生长及叶片光化学活性对氮素的响应特征[J].核农学报(9):157-166.

赵凤敏,李树君,张小燕,等,2014.不同品种马铃薯的氨基酸营养价值评价[J].中国粮油学报,29(9):13-18.

赵竞宇,刘广晶,崔世茂,等,2016.增施CO_2对马铃薯植株光合特性及产量的影响[J].作物杂志(3):79-83.

郑顺林,李国培,袁继超,等,2010.施氮水平对马铃薯块茎形成期光合特性的影响[J].西北农业学报,19(3):98-103.

朱德群,1979.什么叫作物的光饱和点和光补偿点?[J].农业科技通讯(7):13-13.

Booth A,1963.In the Growth of the potato[M].ed.Ivins.J.D.and Milthorpe.F.L.London,Butterworth.

Bouth A,1963.The role of growth substances in the development of stolons.In the Growth of the Potato[M].eds JD Ivans and FLMilthorpe.Butterworths,London.

Camargo D C,Montoya F,Córcoles J I,et al,2015.Modeling the impacts of irrigation treatments on potato growth and development[J].Agricultural Water Management,150:119-128.

Chen J J,Liao Y J,1993.Nitrogen—induced changes in the growth and metabolism of cultured potatotubers[J].J Amer Soc Hort Sci,118:831-834.

Dimenstein L,Lisker N,Kedar N,et al,1997.Changes in the content of steroidal glycoalkaloids in potato tubers grown in the field and in the greenhouse under different conditions of light,temperature and daylength[J].Physiological and Molecular Plant Pathology(50):391-402.

Ewing E E,Struik P C,1994.Tuber formation in potato:induction,initiation and growth[J].Horti Reviews,15:135-151.

Garner N,Blake J,1989. The induct ioubstances[J]. Annals of Botany,63:663—674.

Hammes P S and Nel P C,1975. Control mechanisms in the tuberization process[J]. Potato Research,18: 262-272.

Hancock R D,Morris W L,2014. Ducren and development of potato micro-tuberin vitroon media free of growth regulating sux L J M,et al. Physiological,biochemical and molecular responses of the potato [J]. Plant,Cell & Environment,37(2):439-450.

Jackson,1999. Multiple signaling pathways control tuber induction in potato[J]. Plant physiology,119(1):1-8.

Koda Y,Kikuta Y,1994. Wound-induced accumulation of jasmonic acid in tissues of potato tubers[J]. Plant and Cell Physiology,35,751-756.

Kolomiets M V,Hannapel D J,Chen H,et al,2001. Lipoxygenase is involved in the control of potato tuber development[J]. Plant Cell,13(3):613-626.

Krauss A,1978. Tuberization and abscisic acid content in Solanum tuberosum as affected by nitrogen nutrition [J]. American Journal of Potato Research(21):183-193.

Kumar D,Wareing P F,1974. Studies on tuberization of solanumandigen[J]. New phytol(73):833-840.

McGrady J J,Struik P C,Ewing E E,1986. Effects of exogenous applications of cytokinin on the development of potato(Solanum tuberosum L.)cuttings[J]. Potato Research,29(2):191-205.

Morris W L,Ducreux L,Griffths D W,et al,2004. Carotenogenesis during tuber development and storage in potato[J]. Journal of Experimental Botany,55(399):975-982.

Palmer C E,Smith O E,1969. Cytokinins and tuber initiation in the potato solanum tuberosum L[J]. Nature, 211:279-280.

Plamer C E,Smith O E,1970. Effects of kinetin on tuber formation on isolated stolons of solanum tuberosum L. cultured in vitro[J]. Plant and Cell Physiology,11:303-314.

Roberts S,Cheng H H,Buttler I W,1992. Recovery of starter nitrogen-15 fertilizer with supplementarity applied ammonium nitrateon irriga-ted potato[J]. American Potato Journal,1992. 69:309—314.

Sarkar. D ,Prakash S,1998. Effect of inorganic nitrogen nutrition on cytokinin-induced potato microtuber production in vitro[J]. Potato Research(41):211-217

Sattelmacher B,1979. Tuberization in potato plants as affected by applications of nitrogen to the roots and leaves[J]. Potato Research(22):49-57

Smith O E,Rappaport L,1969. Gibberellins,inhibitors,and tuber formation in the potato,Solanum tuberosum [J]. American Potato Journal,46:185-191.

Sonnewald S,Sonnewald U,2014. Regulation of potato tuber sprouting[J]. Planta,239(1):27-38.

Vreugdenhil D and Strik P C,1989. An integrated view of the hormonal regulation of tuber formation in potato (Solanum tuberosum). Physiol Plant,75:525-531.

Wan W Y,Cao W X,Tibbits T W,1994. Tuber initiation in hydroponi- cally grown potato by alteration of solution pH[J]. Hort Science,29(6):621-623.

Wareing P F,Jerming A M V,1980. The hormonal control of tuberization in potato[M]. In Plant Growth.

Werner H O,1935. The effect of temperature,photoperiod and nitrogen level upon tuberization in the potato [J]. The American Potato Journal(12):274-280.

Xu X,van Lammeren A A,Vermeer,et al,1998. The role of gibberellin,abscisic acid,and sucrose in the regulation of potato tuber formation in vitro[J]. Plant physiology,117(2):575-584.

第四章 秦岭南麓马铃薯栽培

第一节 商洛地区马铃薯栽培

一、环境特征

(一)地势地形

详见第一章第一节。

(二)气候

1.气候总体特点 商洛位于秦岭南麓,属于中国南北气候过渡地带,也是暖温带向亚热带过渡地带。南部属北亚热带气候,北部属暖温带气候。全市冬无严寒、夏无酷暑,冬春多旱,夏秋多雨、温暖湿润、四季分明。

商洛市常年平均气温 7.8~13.9 ℃,年平均降水量 696.8~830.1 mm,年平均日照时数 1848.1~2055.8 h。根据商洛市气象局《商洛市 2012 年气象评价》统计数据,2012 年全市平均气温 11.2~13.8 ℃,极端最高气温 37.8 ℃(6 月 13 日丹凤县),极端最低气温-14.8 ℃(12 月 30 日洛南县);全市总降水量 525.3~652.0 mm,与历年相比偏少 12%~28%;全市日照时数 1736.6~2196.8 h,与历年相比除镇安县、洛南县偏多 43.3 h、245.9 h 外,其余偏少 33.1~211.9 h。根据商洛市气象局《商洛市 2016 年气候影响评价分析》统计数据,2016 年全市平均气温 12.4~15.0 ℃,极端最高气温 37.3 ℃(6 月 22 日山阳县),极端最低气温-17.4 ℃(1 月 25 日柞水县);全市总降水量 582.4~821.6 mm,与历年相比除柞水县偏多 5.8%外,其余地方偏少 4.7%~19.3%;全市日照时数 1784.4~2078.2 h,与历年相比除镇安县、柞水县和丹凤县偏少 41.4~150.5 h 外,其余均偏多 25.8~259.3 h。

2.灾害性天气 由于山大沟深,谷壑纵横,峰峦叠嶂,地形复杂,垂直高度差异较大,具有明显的山地立体气候特点,各地光、热、水气候资源和气象灾害都有明显的差异,分布极不平衡。气象灾害有干旱、暴雨、连阴雨、冰雹、霜冻、大风、寒潮降温等。

(1)干旱 商洛气候干旱类型有冬旱、春旱、冬春连旱和伏旱四种类型。冬旱常常发生在 11 月至翌年 1 月间,表现为降雨降雪稀少,土壤墒情差,空气干燥,一般都伴随暖冬大气候现象,受影响最大的作物是冬小麦;春旱 2 月下旬至 4 月下旬,发生概率 20%~30%,常常表现为春季风大,有降雨过程但降水量很小或不降雨,影响较大的是马铃薯、玉米等作物的播种和小麦的返青拔节;冬春连旱指(11 月至翌年 4 月)冬季降雨降雪少,春季降雨也少,发生概率 10%~20%,遇到这样的气候,冬小麦返青拔节受阻,马铃薯播种难以进行,夏粮会大幅度减产;伏旱,指 7 月中旬至 8 月中旬,10～15 d 不降雨就会产生旱象,伏旱群众"称卡脖旱"经常制约春夏玉米产量的形成,发生概率 30％～40％。

(2)暴雨、冰雹　暴雨、冰雹在商洛发生经常以局部突发为特点,多发生在春末至夏中,常常伴有短时间大风,会导致夏秋农作物倒伏,叶片破碎,引起减产。

(3)连阴雨　也叫华西秋雨(当地群众称之为 40 d 老霖雨)。发生时段在秋末至白露、寒露期间,即 8 月下旬至 10 月中旬,发生概率 70％～80％,易造成江河洪涝、滑坡、泥石流、洪灾等灾害。个别年份,秋雨过后,刮西风降温,易造成"秋封"现象,对秋收作物籽粒灌浆影响极大。

(4)大风寒潮冷害　也叫倒春寒,多见于仲春至春末,此时气温已回暖有一段时间,小麦已进入拔节、穗分化阶段,低热区的马铃薯也处在出苗期,北方强冷空气横扫过来,气温突降到 5 ℃以下,对小麦、春播马铃薯、果树及设施农业造成低温冷害。这种气候现象发生概率较大,可达 80％～90％。而且,发生的时间越晚对农业生产危害越大。

(三)土壤

商洛土壤成土母质多,地形变化多端,致使土壤类型分布比较复杂。全市土壤划分为潮土、新积土、褐土、黄褐土、水稻土、黄棕壤、棕壤、紫色土、山地草甸土 9 个土类、19 个亚类、49 个土属、174 个土种,其中农耕地占有 8 个土类、16 个亚类、36 个土属。各土类占全市土壤面积情况为,潮土 0.92 万 hm^2,占土壤面积的 0.49％;新积土 8.79 万 hm^2,占土壤面积的 4.7％;褐土 20.55 万 hm^2,占土壤面积的 11.1％;黄褐土 5.89 万 hm^2,占土壤面积的 3.3％;黄棕壤 94.84 万 hm^2,占土壤面积的 50.6％;棕壤 49.76 万 hm^2,占土壤面积的 26.6％;水稻土 0.68 万 hm^2,占土壤面积的 0.36％;紫色土 5.17 万 hm^2,占土壤面积的 2.8％;山地草甸土 2536.2 hm^2,占土壤面积的 0.14％。

1. 土壤区域分布

(1)河谷川原地貌　主要分布着新积土、潮土、水稻土、紫色土。新积土、潮土一般分布于各大小河流两侧的河漫滩地及河谷阶地上。其沉积物地质年代近,地势较低平,未受到地下水影响的为新积土,受地下水影响的为潮土,如在灌水条件较好,地下水位高,种植水稻的,分布有水稻土。山谷出口及山麓较平缓的山坡和沟台地,多系洪积物,为洪积型新积土。在母岩的影响下,本区域出现的岩性土,有紫色土等。

(2)低山丘陵地貌　主要分布着褐土和黄褐土。褐土是商洛重要的地带性土壤之一,其东起丹凤县铁峪铺,西至商州区黑龙口,南起丹凤县丹江河,南至商州区南部的殿岭,北至洛南县境。黄褐土分为下蜀黄土质黄褐土和黄土质黄褐土两个亚类,下蜀黄土质黄褐土主要分布于商南、山阳、镇安、柞水和丹凤县南部的沿河高阶地上,其所处地带降水丰富,淋溶作用强烈,土体中下部富含黏粒。黄土质黄褐土分布于洛南县四十里梁塬,其土壤结构坚实,结构体表面有大量的铁、锰胶膜淀积。

(3)中山地貌　主要分布黄棕壤和棕壤。黄棕壤多处于海拔较低的山坡地带,沿海拔向上分布着棕壤土壤。

2. 土壤垂直分布规律
土壤的垂直分布是土壤随山势的增高而发生的演变。商洛市土壤的垂直地带性分布因所处地理位置及海拔高度的不同而出现两种情况:

(1)南部地区　河谷川原地貌主要分布着新积土、潮土、水稻土,位于海拔 800 m 以下;基带土壤为黄褐土,分布于海拔 800～900 m;900～1300 m 主要分布着各种基岩风化物上发育的黄棕壤及始成黄棕壤;1300～1500 m 为始成黄棕壤向棕壤的过渡带,始成黄棕壤与始成棕壤交错分布;1500 m 以上,主要分布棕壤。

（2）北部地区　河谷川原地貌主要分布着新积土、潮土,位于海拔 800 m 以下;基带土壤为淋溶褐土,位于海拔 800～850 m;800～1200 m 主要分布着各种基岩风化物上发育的始成褐土;1200～1400 m 为始成褐土向棕壤过渡带,交替出现始成褐土与始成棕壤;1400 m 以上则主要分布着山地棕壤。

3. 第二次土壤普查养分状况　据商洛市第二次土壤普查资料显示,全市占耕地面积 31.56% 的土壤有机质、42.11% 的土壤全氮、55.25% 的土壤碱解氮、30.1% 的土壤速效磷、23.78% 的土壤速效钾处于较低水平;在分析的微量元素有效养分含量中,Cu、Fe 较为丰富,而 B、Mn、Zn 则普遍缺乏。

（四）水资源

商洛市年降水量年均 700～830 mm,境内沟壑纵横,河流密布,共有大小河流及支流 72500 多条。其中流长 10 km 以上的约 240 条,集水面积 100 km² 以上的 67 条,主要河流有洛河、丹江、金钱河、乾佑河、旬河,另有 5 条独流出境河流,即蓝桥河、许家河、滔河、黑漆河、新庙河,分属长江、黄河两大水系。属黄河流域的有洛河、蓝桥河,流域面积 2882.8 km²,占河流总面积的 15%;其余河流均属长江流域,流域面积 16700.9 km²,占流域面积总量的 85%。

另外,20 世纪 50—70 年代,在国家兴修水利大搞农田基本建设号召下,商洛各县建设了 2000 万～8000 万 m³ 的中型水库 10 座,还有许多小水库、池塘、旱塬水窖等水利设施,可作为补充灌溉水源。进入 21 世纪以来,各地政府实施了"水、电、路、视、讯村村通工程",偏远山区群众在政府资助下利用高山山泉或者打井,修建了众多自来饮水工程,户户基本通了自来水,为群众房前屋后的土地提供了灌溉水源。

二、熟制、农作物种类和农田布局

基于地处中国南北气候过渡地带的特点,商洛的农作物种类较为丰富,常见的农作物在这里均能正常生长成熟,复种指数可达 2;其中蟒岭以南的中、低海拔区域,小麦、玉米（水稻）可实现一年二熟,而蟒岭以北及其他海拔 1000 m 以上的丘陵山地则需要间作套种实现一年二熟,复种指数 1.8 左右。

（一）农田分布的海拔范围

商洛市农田面积 220 多万亩,分布海拔范围在 215.4～1500 m,海拔 1500 m 以上主要为林业用地。按照地貌特点分为河谷川道地、浅山河谷川塬地、中高山区坡塬台地。河谷川道地主要在海拔 800 m 以下,该区一般地势开阔较平缓,是基本农田的优质分布区;浅山河谷川塬地海拔在 800～1200 m,坡度在 10°～25°,是基本农田的主要分布区;中高山区坡塬台地海拔在 1200～1500 m。其中,后两类农田是马铃薯生产的主要区域,占到全市马铃薯总面积和总产量的 95% 以上。2000—2014 年,随着城镇化建设快速推进,铁路、高速公路建设、移民搬迁、工业园建设等大量占用农耕地,全市常用耕地面积 14 年共减少 19.6 万亩,而且减少的大多数是河谷川道地区的基本农田,人均耕地面积由 2000 年人均 0.93 亩下降到人均 0.79 亩,其中旱地占比 86.6%。

(二)二熟制条件下的作物种类及与马铃薯的接茬关系

在海拔 800 m 以下的河谷川道地,种植的作物种类比较多,常见的有小麦、玉米、蔬菜、甘薯、豆类、油菜、高粱及谷子等。马铃薯与上述作物的接茬关系主要有下列类型:蒜苗→冬春马铃薯→玉米(轮、套作);小麦→玉米→秋播马铃薯(套作);马铃薯→夏播豆类(年内轮作);马铃薯→水稻(年内轮作)。

在海拔 800~1000 m 浅山河谷川塬地,主要作物有马铃薯、甘薯、豆类、玉米、小麦等。马铃薯常与玉米、大豆、四季豆、甘薯进行间套作,其中以马铃薯与玉米套作最为普遍,套作行比与带型详见第一章。

在海拔 1000~1500 m 中高山区坡塬台地,作物种类主要是马铃薯、甘薯、玉米和豆类。这一区域,马铃薯经常采用地膜覆盖栽培,3 月中旬播种,4 月下旬至 5 月初套作玉米;马铃薯→四季豆→玉米三间套,马铃薯 3 月中下旬露地播种或地膜播种,4 月下旬先后播种四季豆和玉米;马铃薯套作大豆和套作玉米类似,只是大豆播种一般推迟到立夏前后;马铃薯纯种→休闲。

三、商洛地区马铃薯大田常规栽培技术

(一)选茬和选地整地

1. 选茬　马铃薯属茄科植物,轮作换茬要求比较严格,从高产、高效、优质的农业生产角度看,要更经济地利用土壤肥力和土地面积,更有效地防治病虫草害,减少农药和除草剂的使用量,生产无污染的马铃薯产品,恰当调配茬口及合理轮作是十分必要的。在大田栽培时,马铃薯适合与禾谷类作物轮作。因禾谷类作物与马铃薯病虫草害方面发生不一致,伴生的田间杂草种类也不尽相同,轮作可以把马铃薯的病虫草害发生降到最低程度,同时也有利于消灭杂草,减少农药使用量,减少对环境的污染。适宜的前茬作物,各地不完全一样,应根据各地的经验和轮作体系选择,大体上以玉米、麦类、杂粮、谷子等作物为好,其次是大豆、高粱、水稻,而麻类、甜菜、甘薯等作物较差。在城市郊区蔬菜栽培较多的地区,最好的前茬作物是葱蒜、芹菜、四季豆等。茄果类如番茄、茄子、辣椒,以及十字花科中的白菜、甘蓝等蔬菜,因多与马铃薯有共同的病害,一般不宜相互接茬。商洛大部分地区马铃薯种植模式主要以地膜马铃薯套种玉米为主。其次,商洛马铃薯按播期主要有春播、冬播和秋播,播种时期不同,茬口也不尽相同。

春播:种植春季露地马铃薯的前茬主要以大白菜、萝卜、甘蓝、大葱、黄瓜、大豆、玉米等作物为主,其中以玉米、大豆为前茬较好。早春地膜覆盖和早春拱棚种植马铃薯主要集中在中温区的洛南县石门、四皓、保安;商州区的黑龙口、麻池河;丹凤县的花瓶子、铁峪铺;山阳的板岩镇、色河镇;镇安的柴坪镇、余师乡、结子乡、高峰镇、黄家湾;柞水的肖台、营盘等乡镇,前茬选择同春季露地种植马铃薯的大致相同,应避免连作和与其他茄科作物如番茄、辣椒、茄子等连作。

秋播:秋季种植马铃薯应选择地势较高、土地平坦、能灌能排水的地块,以防雨后田间积水,造成烂种死苗,严重缺株断垄而减产,商洛主要集中在高寒山区的商南县十里坪镇、白鲁础;丹凤县的蔡川、庾家河、庾岭镇;商州区的牧护关、黑山、东岳庙;镇安的木王镇、米粮镇、西

口镇、茅坪乡；柞水的万青、红岩寺；洛南的洛源、巡检等乡镇。前茬以黄瓜、西瓜、豆类、洋葱、小麦、油菜为好。不能以番茄、茄子、辣椒等茄科蔬菜作前茬，更不能连作。在有土壤传播病害的地区，更应注意。在前茬收获后，及时灭茬耕地，让其休垡。

冬播：冬播地膜覆盖主要集中在低热区的商州沙河子；丹凤的龙驹；商南的富水、青山；山阳的十里、户垣；镇安的永乐、回龙、结子乡；柞水的凤镇、柴庄等地。前茬主要以大白菜、萝卜、甘蓝、大葱、黄瓜、大豆、玉米等作物为主。

2. 选地整地　根据马铃薯的植物习性和生长发育规律，马铃薯生产一般选择透气性较好的沙壤土，采用垄作栽培有利于早春提高地温促进早出苗和中期块茎膨大以及后期排涝。

具体农艺操作为，前茬作物收获后，适时（一般于秋播结束后至上冻前，11月至12月初）合墒人工深翻或机械深翻整地，经过冻垡杀灭害虫及虫卵。播前再深翻一次，清除残茬，耙糖平整。并结合深翻整地，施入腐熟农家肥，酌情用辛硫磷颗粒剂 1.5～2 kg/亩，拌细土 10 kg/亩，防治地下害虫蛴螬（土蚕）、金针虫为害块茎。

冬播田块，适宜低热川道区和保护地。秋作收获后，及时整地施入基肥，蓄墒后于 12 月中下旬播种覆膜，为防止晚霜可在起垄时将垄做成"瓦沟形"，中间凹陷 5～8 cm，破膜放苗时间推迟到当地晚霜后进行。

春播田块，秋作收获后，冬前要进行深翻蓄墒，早春整地保墒。也可瞅准时机采用地膜保墒提温，待地温气温适宜时破膜播种。

地膜覆盖栽培马铃薯宜选择气候冷凉，昼夜温差大，土壤深厚的沙质土壤，还要选择冷空气不易聚集或经过的田块，可以减轻或避免晚霜危害。露地播种马铃薯则较为简单，由于播期晚一点，可不必考虑晚霜的危害。

马铃薯结薯是在地面之下，只要土壤中的水分、养分、空气和温度等合适，马铃薯根系就会发达，植株就能健壮生长，就能多结薯、结大薯。整地是改善土壤条件最有效的措施。

整地的过程主要是深耕（深翻）和耙压（耙糖、镇压）。用块茎播种后须根大多分布在 20～40 cm 深的土层中，深耕不仅使土壤疏松，利于提高土温，给根系的发展和块茎的膨大创造良好的条件，而且可以增强土壤的蓄水和渗水力，有利于北方前期抗旱后期抗涝。深耕还能促进土壤微生物的活动和繁殖，加速有机质分解，促进土壤中有效养分的增加，防止肥料的流失。深耕最好在秋末冬初进行，因为耕地越早，越有利于土壤熟化和冻垡，使之可以接纳冬春雨雪，有利于保墒，并能冻死害虫。特别是高寒一季作区，农户种植马铃薯的土地面积大，基本都采取平地垄作方式，头年秋季深耕松土显得更为重要。在春旱严重的地区，无论是春耕还是秋翻，都应做到随翻随耙糖，做到地平、土细、地喧、上实下虚，以起到保墒的作用。在春雨多、土壤湿度大的地方，除深耕和耙糖外，还要起垄，以便散墒和提高地温。

（二）选用良种

商洛栽培的马铃薯以生育期在 70～90 d 的早熟和中早熟品种比较适宜。生产上种植的马铃薯品种主要有商芋 1 号、安农 5 号、克新 1 号（紫花白）、克新 3 号、虎头、兴佳 2 号、早大白、中薯 3 号、中薯 5 号、荷兰 15 号、大西洋、夏波蒂、青薯 9 号、荷兰 14 等，以及近年来从乐陵希森马铃薯产业集团有限公司引进的高产马铃薯新品种希森 3 号和希森 6 号等。

1. 商芋 1 号　由陕西省原商洛地区农业科学研究所孙炯和刘培成 1971 年用紫山药做作母本，68 黄作父本杂交选育而成。原系谱号 719-2，永久代号 1093。1981 年获商洛行署二等奖,1982 年经陕西省农作物品种审定委员会审定、命名推广,并获陕西省农委二等奖。

特征特性:属于中晚熟品种,生育期 110～120 d,株高和株幅分别为 60 cm 和 45 cm 左右。株型直立或半直立,分枝靠下较多,茎绿色,花粉红色,叶片小,生长势强,自然结实性较差。薯块圆形或长椭圆形,薯皮红色,芽眼深红色,薯肉黄色,薯皮光滑,结薯集中,薯块整齐,品质好,耐贮藏。据多年观察未发现环腐病,青枯病及早、晚疫病。1978 年在洛南、商县(商州区)、镇安及山阳等县调查结果表明:卷叶病毒(病情指数 6.1%,均为 1 级)会影响该品种退化。在川道地区,特别是在二季作区中,发现感疮痂病,干旱年份重于多雨年份,山区较轻。

1976—1977 年大田示范,获得亩产 1400～1650 kg 的产量,较对照增产 24%～27%,在夏播中亩产 1258 kg,高出对照 13%。

该品种抗旱,耐瘠薄,适宜商洛市中温低热区种植。

2. 安农 5 号　由陕西省安康市农业科学研究所于 1966 年由"哈交 25 号"的天然实生种子后代选育,1967 年用天然自交实生苗获得实生薯单株(编号:1967-20)。1979 年通过陕西省农作物品种审定委员会审定。

属早熟品种,生育天数 70 d 左右。株型开展,分枝较少,株高 60 cm。茎浅紫褐色,复叶大,叶绿色,生长势强。花冠淡紫色,能天然结果,浆果绿色。块茎长椭圆形,红皮黄肉,表皮光滑,芽眼较浅,休眠期短,耐贮藏。结薯较集中,块茎中等,大中薯率 78%。干物质含量 17%～22%,淀粉含量 12%～18%,粗蛋白质含量 2.88%,维生素 C 含量 8.5 mg/(100 g)鲜薯,还原糖含量 0.5%,食用品质好,适宜鲜食。植株较抗晚疫病,抗环腐病和卷叶病毒病,轻感花叶病毒病。一般亩产 1500 kg,高产可达 2500 kg。

该品种抗旱,耐瘠薄,适宜商洛市中温低热区种植。

3. 克新 1 号　由黑龙江省农业科学院马铃薯研究所以 374-128 为母本、Epoka 为父本经有性杂交于 1963 年选育而成。1967 年通过黑龙江省农作物品种审定委员会审定,1984 年通过国家农作物品种审定委员会审定。1987 年获国家发明二等奖。

属中熟品种,生育天数 83 d 左右。株型开展,分枝数中等。株高 50 cm 左右,茎粗壮,绿色,生长势强。叶片绿色,茸毛中等,复叶肥大,侧小叶 4 对,排列疏密中等。花序总梗绿色,花柄节无色,幼芽基部圆形、紫色,顶部钝形。花冠淡紫色,有外重瓣,花药黄绿色,花粉不育,雌蕊败育,不能天然结实和作杂交亲本。块茎椭圆形或圆形,淡黄皮、白肉,表皮光滑,块大而整齐,芽眼深度中等,休眠期长,耐贮藏。结薯早而集中,块茎膨大快,大中薯率 73.1%。干物质含量 18.1%,淀粉含量 13%,还原糖含量 0.52%,粗蛋白含量 0.65%,维生素 C 含量 14.4 mg/(100 g)鲜薯。食用品质中等。植株抗晚疫病,块茎感病,高抗环腐病、卷叶病毒 PLRV 和 Y 病毒,对马铃薯纺锤块茎类病毒有耐病性,耐束顶病,较耐涝。一般亩产 2000 kg,高产者可达 3000 kg。

该品种抗旱性强,适宜商洛市大部地区种植,特别是干旱地区。

4. 虎头　虎头原系谱号"59-15-1",河北省张家口地区坝上农业科学研究所于 1959 年用"紫山药"作母本,"小叶子"(北京小黄)作父本杂交,1966 年育成,命名并开始推广。1984 年经全国农作物品种审定委员会认定为国家级品种。

耐贮藏,抗晚疫病、环腐病,轻感卷叶病毒,抗旱性强。

特征特性:中晚熟品种,属抗旱类型,生长势强,株高 60 cm 左右,株型直立,分枝数量多,生长整齐;茎绿稍带紫色;叶片肥厚,叶脉明显,叶深绿色;开花期短,开花少,花冠白色,花药橙黄色,有花粉但授粉困难,结果少;浆果绿色,比较小,有种子。结薯较集中,薯块整齐均匀,薯块扁圆形,薯皮白黄色,薯肉浅黄色,芽眼较深。淀粉含量较高,约18%左右,还原糖0.2%,粗蛋白质1.74%,维生素C含量17.2 mg/100 g;一般亩产量为1500 kg左右,在高产田每亩产量为3000 kg。

该品种抗旱,耐瘠薄,适宜商洛市中温低热区种植。

5. 兴佳2号　由黑龙江省大兴安岭地区农林科学研究院以gloria为母本,21-36-27-31为父本,通过有性杂交选育而成。2015年通过黑龙江省农作物品种审定委员会审定。

属中熟品种,生育期90 d左右。株型直立,株高70 cm左右,分枝较多,茎绿色,茎横断面三棱形,叶深绿色。花冠白色,花药黄色,子房断面无色。块茎椭圆形,皮淡黄色,肉浅黄色,表皮光滑,芽眼浅。结薯集中,单株结薯3~5个,大中薯率达86%;干物质含量19.8%,淀粉含量12%~15%,还原糖含量0.57%,粗蛋白含量1.10%~2.13%,维生素C含量11.18~14.34 mg/100 g鲜薯。抗晚疫病,抗PVX、PVY病毒,较耐寒。

该品种适宜商洛市大部分地区种植。

6. 早大白　由辽宁省本溪市马铃薯研究所以五里白为母本、74-128为父本选育而成。1992年通过辽宁省农作物品种审定委员会审定,1998年通过国家农作物品种审定委员会审定。品种登记号为国审薯980001。

属极早熟品种,生育天数60~65 d。植株直立,繁茂性中等,株高50 cm左右。茎叶绿色,侧小叶5对,顶小叶卵形。花冠白色,花药橙黄色,可天然结实,但结实性偏弱。薯块扁圆形,白皮白肉,表皮光滑,芽眼深度中等,休眠期中等,耐贮性一般。结薯集中,单株结薯3~5个,大中薯率高达90%以上。块茎干物质含量21.9%,淀粉含量11%~13%,还原糖含量1.2%,粗蛋白质含量2.13%,维生素C含量12.9 mg/100 g鲜薯,品质好,适口性好。苗期喜温抗旱,耐病毒病,较抗环腐病和疮痂病,感晚疫病。一般亩产1500 kg,在高水肥地栽培产量可达4000 kg以上。

该品种适应性较广,商品性好,上市早,便于倒茬,适宜在商洛市中温低热区种植。

7. 中薯3号　由中国农业科学院蔬菜花卉研究所育成。1994年通过北京市农作物品种审定委员会审定。2005年通过国家农作物品种审定委员会审定,审定编号:国审薯2005005。

属中早熟品种,生育天数80 d左右。株型直立,株高60 cm左右,分枝少,茎粗壮、绿色。复叶大,小叶绿色,茸毛少,侧小叶4对,叶缘波状,叶色浅绿,生长势较强。花冠白色,花药橙色,雌蕊柱头3裂,能天然结实。匍匐茎短,结薯集中,单株结薯数4~5个,薯块大小中等、整齐,大中薯率可达90%。薯块椭圆形,顶部圆形,皮肉均为淡黄色,表皮光滑,芽眼浅而少,休眠期短。干物质含量20%,淀粉含量12%~14%,粗蛋白含量1.82%,还原糖含量0.3%,维生素C含量20 mg/100 g鲜薯,食味好,适合作鲜薯食用。植株田间表现抗马铃薯重花叶病(PVY),较抗轻花叶病毒病(PVX)和卷叶病毒病,不感疮痂病,退化慢,不抗晚疫病。一般每亩产1500~2000 kg,高产可达2500 kg。

该品种适应性较强,较抗瘠薄和干旱,休眠期短,适宜商洛市中温低热区种植。

8. 中薯5号　由中国农科院蔬菜花卉研究所于1998年育成,为中薯3号天然结实后代。2001年通过北京市农作物品种审定委员会审定,2004年通过国家农作物品种审定委员会审定,审定编号:国审薯2004002。

属早熟品种,生育天数65 d左右。株型直立,株高50 cm左右,分枝数少,生长势较强。

茎绿色,复叶大小中等,叶深绿色,叶缘平展。花冠白色,天然结实性中等,有种子;块茎略扁长圆形、圆形,皮肉均为淡黄色,表皮光滑,芽眼极浅,休眠期短。结薯集中,大而整齐,大中薯率70%左右。干物质含量18.84%、淀粉含量10.44%、还原糖含量0.51%、粗蛋白含量1.84%、维生素C含量26.3 mg/100 g鲜薯;炒食品质优,炸片色泽浅。抗重花叶病毒病PVY,中抗轻花叶病毒病PVX、卷叶病毒病PLRV,较抗晚疫病,不抗疮痂病。一般亩产2000 kg左右。

适宜商洛市中温低热区种植。

9. 荷兰15　来源于荷兰,以ZPC50-3535作母本,ZPC5-3做父本杂交选育而成。1981年由国家农业部种子局从荷兰引入,原名为FAVORITA(费乌瑞它),山东省农业科学院蔬菜花卉所引入山东栽培,取名"鲁引1号";1989年天津市农业科学院蔬菜花卉所引入,取名"津引8号",又名"荷兰薯""晋引薯8号"。

属中早熟品种,生育天数76 d。植株直立,株型扩散,株高50 cm,茎粗壮,紫褐色,分枝少,生长势强。复叶大,下垂,侧小叶3~5对,排列较稀,叶色浅绿,茸毛中等,叶缘有轻微波状。花序梗绿色,花柄节有色,花冠蓝紫色,瓣尖无色,花冠大,雄蕊橙黄色,柱头2裂,花中等长,子房断面无色。花粉量较多,天然结实性强。浆果大、深绿色,有种子。块茎长椭圆形,顶部圆形,皮淡黄色,肉鲜黄色,表皮光滑,芽眼少而浅,休眠期短,较耐贮藏。结薯集中4~5个,块茎膨大快,大中薯率69%。干物质含量17.7%,淀粉含量13.6%,还原糖含量0.03%,粗蛋白质含量1.67%,维生素C含量13.6 mg/100 g鲜薯,品质好,适宜炸片加工。植株易感晚疫病,块茎中感病,不抗环腐病和青枯病,抗Y病毒和卷叶病毒,对A病毒和癌肿病免疫。一般单产1900 kg/亩,高产可达3000 kg/亩。

适宜商洛市中温低热区种植。

10. 大西洋　来源于美国,由B5141-6(*Lenape*)作母本,旺西(*Wauseon*)作父本杂交选育而成。1978年由国家农业部和中国农业科学院引入中国。

属中早熟品种,生育天数77 d。株形直立,分枝数中等,株高50 cm左右,茎基部紫褐色,茎秆粗壮,生长势较强。叶亮绿色,复叶肥大,叶缘平展。花冠淡紫色,雄蕊黄色,花粉育性差,可天然结实。块茎卵圆形或圆形,顶部平,淡黄皮白肉,表皮有轻微网纹,芽眼浅而少,块茎休眠期中等,耐贮藏。结薯集中,薯块大小中等而整齐,大中薯率67%。干物质含量23%,淀粉含量17.9%,还原糖含量0.15%,蒸食品质好,是目前主要的炸片品种。该品种免疫马铃薯普通花叶病毒(PVX),较抗卷叶病毒病和网状坏死病毒,易感晚疫病、束顶病、环腐病。在干旱季节,薯肉有时会产生褐色斑点。一般亩产1500 kg,高产可达3000 kg。

该品种喜肥水,适应性较广,适宜商洛市中温低热区种植。

11. 夏波蒂　加拿大品种,以BakeKing为母本,F58050为父本经杂交选育而成。1987年由河北省围场满族蒙古族自治县农业局从美国引入中国,是目前用于油炸薯条的主要品种。

属中熟品种,生育期90 d左右。株型直立,分枝较多,株型直立,高50 cm。叶片大而多,茎、叶黄绿色,花冠浅紫色间有白色,花期较短。薯形长椭圆,白皮白肉,表皮光滑,芽眼极浅且突出,储藏性好。结薯较晚,结薯集中,大中薯率80%~85%。薯块大,薯的顶端朝上生长,很容易顶破土层露出地面,从而造成青头现象,故适于大垄栽培,方便培土。干物质含量19.5%,淀粉含量17.3%,还原糖含量0.02%,非常适于炸条、烤片和水煮,是马铃薯薯条加工的理想品种。植株不抗旱,不抗涝,喜通气好的土壤,喜肥;退化速度快,易感晚疫病、早疫病和疮痂病,产量水平随生产条件变幅的大小而变化。一般亩产1700 kg,最高可达3000 kg以上。

适宜商洛市高寒区,干旱、半干旱、有水浇条件的地区栽培。

12. 青薯 9 号 青海省农林科学院生物技术研究所从国际马铃薯中心引进杂交组合(387521.3APHRODⅠTE)材料 C92.140-05 中选出优良单株 ZT,后经系统选育而成。2006年通过青海省农作物品种审定委员会审定;2011年通过国家农作物品种审定委员会审定。

中晚熟品种,生育期 115 d。株型直立,株高 89.3 cm 左右,分枝多,生长势强。茎绿色带褐色,叶深绿色,复叶大。花冠紫色,开花繁茂性中等,天然结实少。薯块椭圆形,薯皮红色,有网纹,薯肉黄色,芽眼少且浅。结薯集中,单株主茎数 2.9 个,结薯数 5.2 个。耐贮性好,休眠期 40～50 d。块茎干物质含量 23.6%,淀粉含量 11.5%,维生素 C 含量 18.6 mg/100 g 鲜薯,还原糖含量 0.19%。植株中抗马铃薯 X 病毒,抗马铃薯 Y 病毒,抗晚疫病。

该品种适宜商洛市大中高山区种植。

13. 荷兰 14 张家口市农业科学院马铃薯研究所以荷兰品种"Konda"为母本,经单选、鉴定、品比、区试和生产示范鉴定等培育而成。1988年通过河北省农作物品种审定委员会审定。

中熟鲜薯食用型品种。出苗后生育期 95 d;主茎粗壮,半直立,株高 60～70cm,花冠粉色,结实性强,块茎形成早、膨大快,薯块卵圆形,红皮黄肉,芽眼浅,表皮光滑,结薯集中,商品薯率90%以上,适合外销。抗 PVX、PVY 病毒病,轻感 PLRV 病毒病,高抗晚疫病、早疫病。干物质含量 23.21%,淀粉含量 15.22%,蛋白质 2.14%,维生素 C 含量 15.91 mg/(100 g),还原糖0.33%。蒸煮食味佳。突出特点是薯块形成早,大薯率高。大面积种植平均亩产 2500 kg左右。

该品种适宜商洛市大部分地区种植。

14. 希森 3 号 "希森 3 号"是国家马铃薯工程技术研究中心和乐陵希森马铃薯产业集团有限公司以"Favorita-F3"为母本,"K9304"为父本通过有性杂交系统选育而成。2012年5月通过山西省农作物品种审定委员会审定,审定编号:晋审薯 2012003。由乐陵希森马铃薯产业集团有限公司提出申请,2017年9月3日经省级农业主管部门审查,全国农业技术推广服务中心复核,符合《非主要农作物品种登记办法》的要求,登记编号为 GPD 马铃薯(2017)370002。

早熟鲜食品种,出苗后 70～80 d 收获。株型直立,株高 60～70 cm,茎绿色,复叶大,绿色,叶缘波状,花冠淡紫色,不能天然结实。块茎长椭圆形,大而整齐,黄皮黄肉,表皮光滑,芽眼浅,结薯集中,耐贮藏。干物质含量 21.2%,淀粉含量 13.1%,蛋白质 2.6%,维生素 C 含量 16.6 mg/(100 g)鲜薯,还原糖含量 0.6%,菜用品质好。中感晚疫病,抗 X 病毒病、中抗 Y病毒病。2010年参加山西省马铃薯早熟区区域试验,平均亩产 2281.6 kg,比对照津引薯 8 号(下同)增产 13.8%,5 个试点全部增产。2011年参加山西省早熟组生产试验,平均亩产1432.5 kg,比对照增产 14.4%,5 个试点全部增产。注意事项:不抗晚疫病。做好晚疫病预测预报,及时进行药剂防治。

该品种适宜商洛市大部分地区种植。

15. 希森 6 号 "希森 6 号"是国家马铃薯工程技术研究中心和乐陵希森马铃薯产业集团有限公司以"夏波蒂"为母本,"XS9304"为父本通过有性杂交系统选育而成。2016年通过内蒙古自治区主要农作物品种审定委员会审定,审定编号:蒙审薯 2016003。同年通过国家马铃薯品种鉴定委员会鉴定,鉴定编号:国品鉴马铃薯 2016003。

该品种为中晚熟鲜食及加工兼用型品种,该品种生育期 90 d 左右,株高 60～70 cm,株型直立,生长势强。茎色绿色,叶色绿色,花冠白色,天然结实性少,单株主茎数 2.3 个,单株结薯数 7.7 块,匍匐茎中等。薯形长椭圆,黄皮黄肉,薯皮光滑,芽眼浅,结薯集中,耐贮藏。干物质 22.6%,淀粉 15.1%,蛋白质 1.78%,维生素 C 含量 14.8 mg/100 g,还原糖含量 0.14%,菜用品质好,炸条性状好。高感晚疫病,抗 Y 病毒,中抗 X 病毒。2013—2014 年参加内蒙古自治区品种区域试验,平均产量 2459 kg/亩,较对照品种"夏波蒂"增产 46.40%。

该品种适宜商洛市大部分地区种植。

(三)选用脱毒种薯及播前处理

马铃薯种薯脱毒是马铃薯高产栽培的主要技术,自 2007 年实施"压麦扩薯"种植业结构调整战略以来,此项技术得到了广泛应用,特别是 2009 年建立马铃薯产业技术体系后,商洛市建立了由商洛市农业科学研究所负责建设茎尖剥离组织培养实验室和原原种(一代)生产,各县农技中心在农业科学研究所技术指导下建设原种(二代)繁殖基地,区域重点镇(乡)、村在市县技术指导下建设一级栽培用(三代)种薯繁殖基地,经过多年规范和完善,形成了市、县、镇(乡)、村四级分工协作完成的微型薯→原种→一级种薯的三代繁殖体系,以确保生产出合格的马铃薯脱毒栽培种。

1. 选用脱毒种薯 根据种植目的,因地制宜、合理选择适于本地区种植的马铃薯品种。脱毒种薯具有较大的增产潜力。因此,在条件许可的情况下,选择高代脱毒种薯可获得较高的产量。

目前,商洛市主栽的马铃薯脱毒品种有夏波蒂、早大白、克新 1 号、中薯 3 号、中薯 5 号、荷兰 15 号、大西洋、兴佳 2 号等。

2. 切块标准 在播种前 20 d 左右,选择色鲜、光滑、大小适中、符合该品种特征的薯块做种,剔除有病虫害、畸形、龟裂、尖头的劣薯。一般在播种前 3～4 d 进行切块。切块前晒种 2～3 d,选用中等大小的种薯,每个种薯以 50～100 g 为宜,每亩需种薯 120 kg 左右。切块不宜太小,一般不能低于 20 g,以免母薯水分、养分不足,影响幼苗发育,且切块过小不抗旱,容易导致芽干缺苗。50 g 以上块茎要切块,每个切块以 25～30 g 为宜,至少带 1～2 个芽眼。切块时应尽量切成小立方块,减少切面,多带薯肉,不要切成小薄片、小块或挖芽眼。

30 g 的小种薯可整薯直播;50 g 左右的种薯可从顶部到尾部纵切成 2 块;70～90 g 的种薯切成 3 块,方法是先从基部切下带 2 个芽眼的 1 块,剩余部分纵切为 2 块;100 g 左右的种薯可纵切为 4 块,这样有利于增加带顶芽的块数。对于大薯块来说,可以从种薯的尾部开始,按芽眼排列顺序螺旋形向顶部斜切,最后将顶部一分为二,以免将来出苗密集;如果想利用顶端优势增产时,可以将种薯从中部横切一刀,将顶半部留做种用切块,下部可留作他用。

3. 消毒 切种时准备两把切种刀具,每切一块种薯换一次刀具,换下的刀具浸到事先准备好的消毒液(75%酒精)中,以防切种刀具传病。当切到病薯、坏烂薯块时应将其销毁,同时应将切刀消毒,否则会传播病菌。其消毒方法是用火烧烤切刀,或用 75%酒精反复擦洗切刀,或用 0.2%高锰酸钾浸泡切刀 20～30 min 后再用。

4. 切块后管理 薯块切好后先将其平摊在温度 17～18 ℃、相对湿度 80%～85%的条件下晾干伤口,需 3～4 d,使之产生木栓层,这样可避免催芽过程中烂薯。切记不可长时间堆放切好的种块,以防止高温引起烂种。在晾切块时,不能在过于干燥的环境中进行,以免薯块失水过多。

薯块切好可不催芽,每 100 kg 种薯用甲霜灵锰锌 200 g,块茎膨大素 5 g,加水 3～4 kg 进行拌种,以 10~15 cm 厚度平铺于房内晾干,第二天即可播种,但不催芽出苗慢。

5. 催芽　对切好后的薯块进行催芽,不但出苗早,植株生长健壮,还可保证一次全苗,提高产量。常用的催芽方法有:

(1)苗床催芽　在温室北墙根处、塑料大棚内的走道头上(远离棚门一端)用 2~3 层砖墙砌一方池,大小视种薯数量而定,也可利用现有的苗床。如果地面过干,应先喷洒少量水使之略显潮湿,然后铺 1 层薯块,再铺撒 1 层经日光消毒或药物消毒的湿沙或湿锯末,这样可连铺 3~5 层薯块,最后上面盖草苫或麻袋保湿。

(2)室内催芽　种薯数量不多时,可直接在房屋或温室内催芽。可将薯块装在筐内或编织袋内,也可按 10~15 cm 厚将其摊在地面上,然后将筐、编织袋或薯堆用湿麻袋或湿草苫盖严。

(3)化学催芽　切好的薯块放在 1~1.5 mg/kg(ppm)"九二〇"水溶液浸种 3~5 min(1 g10%九二〇用酒精溶解后加水 65~100 kg 左右,可浸薯块 2000 kg)。浸种晾干后上床催芽,催芽时可选室内、温床、温室、塑料膜覆盖等方法。

催芽温度应保持在 12~15 ℃,最高不超过 18 ℃,在芽长 2 cm 左右时,将带芽薯块置于室内散射光下使芽变绿,即可播种。如发现烂薯,应及时将其挑出,同时将周边其他薯块也都扒出来晾晒一下,然后再催芽。化学催芽法对休眠未打破的种薯效果明显,可以促进芽眼萌发幼芽提早出苗,常用于秋播马铃薯。

(4)短壮芽培育　短壮芽栽培技术曾是商洛防止种薯退化,解决川道地区就地留种的一项有效技术措施。带短壮芽的小整薯播种后,出苗早,植株生长健壮,一般比无芽种薯增产 40%以上。在马铃薯就地留种困难地区,选用 1200 m 以上高海拔地区生产的种薯,剔除病薯和烂薯,选择大小一致,每千克 40 个(单个薯块 25 g)左右,薯形端正,色泽鲜艳,具有该品种典型特征特性的薯块,晾干水汽(一般摊放 10~15 d 即可)。选择室内透光性好,光线强,四周密闭的场地,打扫干净,用生石灰喷洒消毒。将种薯单层摆放于室内,芽眼向上直立靠放。控制好室内的透光情况,如果室内光线不足,可采用日光灯或白炽灯补充光源。保持室内 68%的相对湿度,湿度太小,种薯萎缩时,可适当喷散少量清水,提高室内湿度。

催芽温度应保持在 8~15 ℃,最高不超过 18 ℃。短壮芽催芽,要防止芽薯在 -1~2 ℃时发生冻害,应及时采取取暖措施,使室内温度保持在 6 ℃以上。经过一个冬季的催芽,芽长约 2 cm 左右,即可播种。播种时应剔除烂薯和芽不够壮的小薯。

(四)播种

1. 播种方式　马铃薯为中耕作物,因块茎在地表下膨大形成,喜疏松,透气良好的土壤,所以比较适合于垄作栽培。垄作可以提高地温,促使早熟,虽不抗旱,但能防涝。垄作便于除草和中耕培土,也便于集中施肥,便于灌溉。垄体高出地面,经铲地和中耕松土,有利于气体交换,为块茎的膨大提供良好的环境条件。商洛市大部分马铃薯栽培区都采用垄作栽培形式,但部分干旱沙土地区,为了春季保墒,加之沙土地容易排水,也会采用平播方式。

垄作栽培的播种方式是多种多样的,各地有各地的特点,各种方法各具有优缺点,使用中应与当地当时条件结合,以有利于保苗和后期管理为主要考虑。根据播种时薯块在土层中所处的位置,大体上可以把播种方法分成三大类。

(1)垄上播　即把种薯播在地平面以上或是与地表面相平,适合春季土壤冷凉黏重的地块和秋季涝灾频繁出现的地区。因薯位高,可防止结薯期涝害引起的烂薯问题。为了防止春季翻地重新起垄跑墒,春旱地多使用原垄垄上播,以利于保墒出苗。

常用的垄上播种的方法是原垄开沟播种,即用小锄在原垄顶上开成沟,深浅可根据土壤墒情确定。一般在 15 cm 左右,不能太浅太窄,把种薯播在浅沟中,同时把有机肥也顺沟施入,最后顺原垄沟覆土,把土覆到垄顶上合成原垄,镇压一遍。垄上播的特点是垄体高,种薯在上,覆土薄、土温高,能促使早出苗、苗齐、苗壮。但因覆土薄、垄体面大,蒸发快,故不抗旱,若遇到严重的春旱往往会导致缺苗断垄。为防止出现这种情况,最好的办法就是采用整薯播种。这种播种方法不宜过多施入种肥。

(2)垄下播　即把种薯种在地平面以下。常用的垄下播种方法有:

① 点老沟播种法　即在原垄沟中点播种薯,施有机肥,然后用犁破开原垄合成新垄,最后镇压一遍。这种方法省工省时,点种、施肥、合垄、覆土可同时进行,播种速度快,利于争取农时。劳动力不足时,多用这种粗放种植方法。但所选地块的垄沟应该干净,前作为小根茬作物,最好是秋起垄,或经播前清理的地块。如果前茬为休闲荒地,采用原垄沟播种,由于落地草籽被深埋,常引起草荒,影响产量,加大收获难度。

② 原垄引墒播种　类似上法,但先在原垄沟中趟一犁,趟出暄土,露出湿土,然后把种薯播在上面,施入有机肥,再破开原垄合成新垄以覆土,最后镇压。此法是对传统点老沟办法的改进,有的地方采用犁后和两侧加深松装置,拓宽和加深耕松面积,具有明显的增产效果。

③ 平播后起垄　在上年秋翻秋耙平整的地块上,一般可采用平播后起垄的播种方式。平播的主要目的是利用春季田间良好的墒情,减少耕作时土壤多次翻动跑墒。播种起垄和出苗后起垄方式具体做法如下:按设计行距开沟,小块地多为人力开沟,要使用划行器或拉绳定距。开沟深度一般不超过 10 cm,播种薯,施有机肥和种肥于沟内,人工或机械覆土。随翻随起垄,在两沟之间起犁,向两沟内覆土,因覆土不能过厚,所合成新垄为小垄,随后进行镇压。不起垄的,开播种沟可稍深些,播种施肥后覆土,随后进行镇压;待出苗后起垄的,出苗后进行第一次中耕起垄。

2. 播种时期　在商洛地区,马铃薯主要播种时期有春播,也可冬播和秋播。

在高寒山区施行春播,播种时间从 3 月中旬至 4 月上旬;中温区于 2 月中、下旬播种;低热区于 1 月中旬至 2 月中旬播种。

低热区主要施行冬播,适宜区域主要在商南、山阳、镇安、丹凤四个县的河谷川道地,在地膜覆盖条件下,播种时间从 12 月下旬至翌年 1 月上中旬,加盖地膜可将收获期提早到 5 月上旬,赶上较好的价格。地膜覆盖播种可分为先覆膜后播种和先播种后覆膜两种方式,前一种方式的优点是整地覆膜可提前进行,可以提高地温提升底墒,待适当时机打孔播种,并免去了出苗时破膜放苗工序,缺点是覆膜后土壤不能吸收春季少量降水,播种时需要专用打孔器播,播种速度慢;先播种后覆膜,一般是整地播种一次完工,优点是能充分吸收自然降水,播种速度快,缺点是破膜放苗需要多次进行,如果放苗不及时,遇到大晴天容易出现"烧苗"。

(1)播期对马铃薯生育期和产量及品质的影响　适时播种是提高马铃薯产量的一项重要措施,播种过早或过迟都会对马铃薯产量造成较大减产。

过早播种,气温较低,经过播前处理的种薯,体温已达到 6 ℃左右,幼芽已经开始萌动或开始伸长,当地温低于芽块体温,不仅限制了种薯继续发芽,有时还会出现梦生薯。而且,马铃薯出苗缓慢,易形成烂薯而导致缺苗断垄。低温限制了马铃薯主茎伸长和茎叶扩展,马铃薯地上部生长受阻,影响根系养分吸收,地下匍匐茎顶端膨大分化形成的薯数不多,从而使产量不高。

还有,过早播种,出苗后易受到晚霜危害,二次发苗会推迟马铃薯发育进程。

适时播种,气温升高,雨水充分,马铃薯生育期缩短,播种至出苗阶段持续日数也缩短,马铃薯出苗速度加快,生育中后期雨水充足,马铃薯地上部积累的光合同化产物可以满足地下块茎生长需求,植株分枝数增多,植株生长强壮,薯块数量增加,虽然地上部分光合作用积累的同化产物不足以使所有分化形成的薯块发展成大薯,但中小薯产量增加明显,从而使产量提高。

播种过晚,使得马铃薯生育期缩短,地上部积累的光合同化产物总量减少,对产量影响较大。当地温超过 25 ℃时,地下块茎生长趋于停止,对薯块的生长不利,特别是当地温超过 30 ℃时,容易引起块茎次生生长,形成畸形小薯(群众称背娃娃)。

(2)适期早播　在商洛地区,马铃薯播种主要有春播和冬播两个时期。一般来说,在适宜播期内马铃薯早播与产量呈正相关。高寒山区春播时间在 3 月中旬至 4 月上旬,中温区于 2 月中、下旬播种,低热区春播时间一般从 1 月中旬至 2 月中旬;冬播马铃薯主要在低热区,播种时间在 12 月下旬-翌年 1 月上中旬,一般采取单膜或多膜覆盖;因海拔不同,秋播一般在 7 月下旬至 8 月上旬进行,生产中不多见。

在二熟制条件下,播季和播期的选择依马铃薯的前、后茬衔接关系而定。马铃薯根系生长的起始温度为 4~5 ℃,低温条件下播种,有利于马铃薯先长根后长茎叶。因此,马铃薯可适当早播。

一般催过芽的种薯在当地正常晚霜前 25~30 d,以当地 10 cm 地温稳定通过 5 ℃,达到 6~7 ℃时进行播种为宜。地膜马铃薯的适宜播期川道为 2 月上、中旬,山区在 2 月中、下旬,最迟不能超过 3 月上旬;多膜覆盖马铃薯播期可大幅提前。双膜覆盖播期为 1 月下旬,三膜覆盖为 1 月上旬播种,设施好的可提前到 12 月上旬。播期应避过低温、大风、雨、雪天气,以防种薯受冻。

(五)合理密植

不同种植密度对马铃薯生育期有一定的影响,随密度的增加马铃薯的现蕾期、开花期和成熟期等都有一定的推迟,平均株高、平均主茎数呈现递增趋势,而平均主茎粗呈现下降趋势。一般马铃薯栽植密度以 4000 株/亩,产量最高。但马铃薯的最佳栽植密度也受品种、用途、栽植方式、土壤肥力水平等因素的影响。

一般早熟品种播种密度 4500~5000 株/亩,晚熟品种播种密度 3500~4000 株/亩,炸片原料薯生产的播种密度 4500 株/亩左右,炸条用原料薯播种密度 3500~4000 株/亩之间,种薯生产的播种密度 5000 株/亩以上。

同样的品种,在土壤肥力较高或施肥水平较高的条件下,可适当增加播种密度,反之,则应当适当降低播种密度。具体的株距和行距,应根据品种特征特性和播种方式来确定。

商洛马铃薯套种玉米是主要种植模式,面积在 40 万亩左右,不同产量水平、不同栽培方式下的栽植密度也各有不同。

1. 平均亩产 2000~2500 kg 水平

(1)2 行马铃薯—2 行玉米套种田　采用 160~170 cm 对开带,马铃薯带 87 cm,带上种植 2 行马铃薯,株距 30~33 cm,种植密度 2400~2700 株/亩。

(2)2 行马铃薯—1 行玉米套种田　采用 110 cm 对开带,株距 28~30 cm,带上种植 2 行马铃薯,种植密度 4000~4300 株/亩。

(3)纯种田　采用 100 cm 对开带,带上种植 2 行马铃薯,株距 24～27 cm,种植密度 5000～5500 株/亩。

2. 平均亩产 1500～2000 kg 水平

(1)2 行马铃薯—2 行玉米套种田　采用 160～170 cm 对开带,马铃薯带 87 cm,带上种植 2 行马铃薯,株距 32～35 cm,种植密度 2300～2500 株/亩。

(2)2 行马铃薯—1 行玉米套种田　采用 110 cm 带,带上种植 2 行马铃薯,株距 29～33 cm,种植密度 3700～4200 株/亩。

(3)纯种田　采用 100 cm 带,带上种植 2 行马铃薯,株距 27～30 cm,种植密度 4500～5000 株/亩。

(六)种植方式

商洛耕地面积少,以小田块和坡地居多,土壤瘠薄,而马铃薯具有耐贫瘠的特点,较适应本地种植。在传统观念的束缚下,认为马铃薯是蔬菜,不是主粮,不能与小麦、玉米争地,只能种植在坡地。通常与大豆、谷子、板蓝根、桔梗、丹参等轮作,秋季收获后备耕,第二年春种马铃薯,马铃薯收获后还可以复种秋菜或秋杂粮(绿豆、红小豆、荞麦)。为了改善土壤的理化性质,增加土壤的有机质含量,也常在马铃薯收获后,种植紫云英、苜蓿、草木樨等绿肥作物,8 月中下旬至 9 月初深翻入土,为下茬作物提供养分。

现在,随着化肥供给的丰富充足,马铃薯生产用肥几乎全部采用农家粪肥与化肥相结合,为了方便群众科学施肥,农业技术部门专门结合当地土壤养分状况配制了马铃薯专用肥。

1. 单作　单作指在同一块田地上种植一种作物的种植方式,也称为纯种、清种、净种。与间作相反,在同一块土地上,一个完整的植物生育期内只种同一种作物,这种方式作物单一,群体结构单一,全田作物对环境条件要求一致,生育比较一致,便于田间统一管理与作业。

马铃薯单作在商洛一般不常见,这是由商洛"八山一水一分田"的土地资源决定的。马铃薯单作一般选用生育期在 70～90 d 的中早熟品种,近年受群众喜爱的品种有,荷兰 15、荷兰 14、早大白、大西洋、中暑 5 号、希森 3 号、希森 6 号等,纯种亩产可达 3000 kg 左右。

2. 间套作

(1)实施条件　间作套种是指在同一土地上按照不同比例种植不同种类农作物的种植方式。间作套种是运用群落的空间结构原理,充分利用光能、空间和时间资源提高农作物产量。间套作适应于一年两熟不能完成或不能稳定完成,而一熟又有富余的地方。间套作模式要合理选择间套作物,要求间套作的作物与马铃薯之间不冲突,以充分利用土地、光、热资源;既要考虑季节、茬口的安排,又要考虑两种作物的共生期长短。间套作模式要合理安排好田间布局、空间布局,使作物之间相互遮阴程度减少到最低,而单位面积上的光能利用率达到最高;有利于马铃薯的培土;减少作物之间用水冲突;保证田间通风良好;合理利用水分,方便收获。

马铃薯间套作在商洛主要分布在海拔 800～1200 m 的中高山区,以中、早熟品种为主。在川道地区也可间套作,要适时早播,并采用地膜保护栽培,使马铃薯在 5 月中下旬或 6 月上中旬收获,提早上市,填补市场空白,提高经济效益。许多春茬作物在马铃薯收获时仍处于苗期,为了充分利用土地资源和光热资源,提高土地产出率,采用马铃薯与其他作物间套作是一种非常好的增产措施。

马铃薯生育期短、耐低温,与其他作物进行间套作,变一年一熟为一年二熟或多熟,从而大大增加单位面积的经济效益。间套作作物之间播种和收获时间不同,因而可以提早播种期,延迟收获期,延长土地及光能的利用。间套作模式还能延缓病、虫、草害发生,减轻危害程度。据调查,马铃薯与玉米间套作时,马铃薯块茎的地下害虫咬食率下降76%左右。

间作套种模式应合理利用马铃薯的品种优势,选择早熟、高产、株型矮、分枝少的马铃薯品种,商洛间套品种以早大白、荷兰15号、中薯5号、荷兰14号、兴佳2号为主,也可选择克新1号、克新3号,最近,经2018—2019年两年品比试验和示范进一步确认新引进的中薯5号、希森3号、希森6号、荷兰806等品种表现突出。

马铃薯与玉米间套作是商洛最普遍的种植模式,占马铃薯播种面积60万亩的70%左右,常采用两种行比,即马铃薯:玉米为1:2,带宽110～120 cm;马铃薯:玉米为2:2,带宽150～160 cm。生产中,群众还经常在玉米与马铃薯夹缝处播种1行四季豆,待玉米拔节和马铃薯封垄时四季豆可收获。

(2)规格和模式

① 地膜玉米—马铃薯模式　该模式采用2行地膜玉米1行露地马铃薯。这种模式以玉米为主,带宽150 cm,玉米株距35 cm,马铃薯株距26 cm。马铃薯3月下旬—4月上旬播种,以克新1号为主,亩播种1700株,平均亩产1400 kg,亩产值1400元;玉米4月中下旬播种,品种以豫玉22、正大12为主,亩株数2500株,亩产量550～600 kg,亩产值990～1080元。折粮食亩总产量830～880 kg,亩总产值2400～2500元左右。分别比当地传统小麦—大豆种植模式,亩产量250 kg、亩产值660元(小麦亩产150 kg,产值300元;大豆100 kg产值360元)亩增产580～630 kg,增值1740～1840元,增幅232%～252%和264%～279%。例如:柞水县红岩寺盘龙寺村五组南郑,常年种植该模式2.5亩,据农技部门实际调查测产,平均亩产马铃薯1450 kg,玉米600 kg,马铃薯亩产值2160元(700 kg做种薯,每kg 1.8元,产值1260元;另外750 kg做商品薯,每kg1.2元,产值900元),玉米亩产值1080元,两项合计亩总产值3240元,仅此一项,该户年收入8100元。

一些地方也有1行地膜玉米—2行马铃薯、2行地膜玉米—2行地膜马铃薯等种植方式。其中2行地膜玉米—2行马铃薯,采用160～170 cm对开带,据在商州区杨斜镇秦先村、月亮湾村和牧户关镇秦关村调查,该模式种植面积达11240亩,其中套秋菜(白菜、白萝卜或胡萝卜)面积达3800亩。马铃薯亩密度1900株,亩产1000 kg,产值1000元;玉米亩密度2800株,亩产500 kg,产值900元;秋菜胡萝卜平均亩产1100 kg,产值1760元;白萝卜亩产2000 kg,产值2000元;白菜亩产2000 kg,产值2000元,该模式平均亩产值4000元左右。

② 春播地膜马铃薯—春玉米—秋菜模式　该模式采用160～170 cm对开带,2行春播地膜马铃薯—2行春玉米。这种模式的特点是有利于实现作物均衡增产。马铃薯春播川道在2月上中旬,浅山在2月中下旬进行,种植2行马铃薯,地膜覆盖。玉米4月上、中旬播种2行。6月上旬马铃薯收获后整地,7月份可在空行种植2行白菜、白萝卜,或栽植2行中晚熟甘蓝、菜花等,还可8月中旬在玉米行间种植大蒜4～5行。据多点调查,地膜马铃薯—春玉米—萝卜(大白菜)套种模式,马铃薯平均亩产2080 kg,折粮416 kg,产值1664元;玉米亩产460 kg,产值828元;萝卜(大白菜)亩产2500 kg,产值1500元;全年折粮,亩产876 kg,增产蔬菜2500 kg,亩总产值3992元,比原来小麦—玉米—大豆种植模式,亩产粮800 kg(其中小麦300 kg,玉米450 kg,大豆50 kg),亩增收粮食76 kg,增幅9.5%;比传统模式亩产值1125元,增加产值2867元,增幅254.84%。

商州、山阳部分地区采用 2 行春播地膜马铃薯—1 行春玉米—秋菜种植模式。马铃薯亩密度 3500 株,亩产 2800 kg,产值 2800 元;玉米亩密度 2200 株,亩产 500 kg,产值 900 元;白萝卜亩产 2000 kg,产值 2000 元;大白菜亩产 2000 kg,产值 2000 元,该模式平均亩产值 5700 元。

③ 冬播地膜马铃薯—夏玉米模式 采用 90 cm 带型,12 月中下旬种植 2 行冬播地膜马铃薯,品种选用早大白,密度 5000 株/亩左右,5 月上旬收获后及时整地种植夏玉米。马铃薯平均亩产 1800 kg,由于上市早,每千克 2.4 元,产值 4400 元;夏玉米亩产 450 kg,产值 810 元,亩总产值 5210 元。比传统小麦—夏玉米模式,亩产值 1070 元(小麦 250 kg,产值 350 元;玉米 400 kg,产值 720 元),亩增值 4140 元,增幅 386.9%。镇安县回龙镇和平村 3 组李顺平常年种植该模式 1.2 亩,据调查,平均亩产马铃薯 1850 kg,由于管理好,4 月初开始上市,平均售价每千克 2.6 元,亩产值 4810 元,夏玉米亩产 400 kg,产值 720 元,亩总产值 5530 元。

④ 露地马铃薯—春玉米—秋菜模式 采用 160～170 cm 对开带,2 行露地马铃薯—2 行春玉米。马铃薯 2 月中下旬播种,玉米 4 月上、中旬播种;6 月中下旬马铃薯收获后整地,7 月份在空行种植白萝卜。据多点调查,露地马铃薯—春玉米—萝卜套种模式,马铃薯平均亩产 1300 kg,产值 1170 元(每千克 0.9 元);玉米亩产 440 kg,产值 792 元(每千克 1.8 元);萝卜亩产 2200 kg,产值 1320 元;全年亩总产值 3282 元。比小麦—玉米—大豆种植模式亩产值 1200 元(其中小麦 300 kg、210 元;玉米 450 kg、810 元;大豆 50 kg、180 元),亩增产 2082 元,增幅 172.5%。

商州、山阳部分地区采用 2 行春播马铃薯—1 行春玉米—秋菜种植模式,据商州区在沙河子镇南村、林沟村调查,马铃薯亩密度 3400 株,亩产 1400 kg,产值 1040 元;玉米亩密度 2100 株,亩产 400 kg,产值 720 元;胡萝卜平均亩产 1600 kg,产值 2560 元;白萝卜亩产 2800 kg,产值 2800 元;大白菜 2800 kg,产值 2800 元,该模式平均亩产值 4480 元。

3. 轮作 不宜与茄科作物和十字花科作物轮作,也不宜与甘薯等作物轮作。可与禾本科、豆科、百合科等作物轮作。

(1)不宜与马铃薯轮作的作物 马铃薯不是耐连作作物,也不宜与茄科作物(茄子、辣椒、番茄、烟草等)进行轮作。主要是因为同科植物有相同或类似的病虫害侵袭,容易形成病原有害生物累积;马铃薯也不宜与甘薯、胡萝卜、甜菜、山药等块根、块茎类作物轮作,由于块根、块茎类作物吸收土壤营养元素与马铃薯相类似,容易造成缺素症。

(2)适宜与马铃薯轮作的作物 马铃薯可与禾谷类、豆类、棉花等作物进行轮作倒茬;蔬菜类可与洋葱、大蒜、芹菜等非茄科蔬菜轮作,以减轻病害发生。

商洛马铃薯与其他作物轮作的规格和模式主要以年内作物轮换的方式实施。

① 马铃薯—春玉米—大白菜分行轮作垄沟种植 采用 133 cm 的带型,地膜马铃薯占 83 cm,起垄沟播马铃薯 2 行,行距 50 cm,株距 23～25 cm,密度为 3800～4500 株/亩。春玉米占 50 cm,沟播 2 行,行距 33 cm,株距 30～35 cm,密度 2800～3300 株/亩。马铃薯收获后在 83 cm 的空带上穴播 2 行大白菜,行距 50 cm,株距 22～25 cm,密度 4000～4600 株/亩。可产马铃薯 1800 kg/亩,玉米 550 kg/亩,大白菜 6000 kg/亩,平均收入 3660 元/亩,比传统模式净增 1460 元/亩。

② 马铃薯—夏播大豆 低热川道地区,马铃薯春播纯种,亩产马铃薯 1200 kg,在马铃薯收获后,于 7 月 10 日前,旋耕(或人工)灭茬后条播或撒播大豆,条播,株行距为 15～16 cm× 40 cm,亩留苗 10000～11000 株,亩产 100 kg 左右。

③ 马铃薯—春玉米—红小豆(绿豆)　中山丘陵区,马铃薯春播套种玉米,马铃薯收获后播种红小豆。采用 160 cm 带型,马铃薯、玉米各种 2 行,或 110 cm 带型,2 行玉米,1 行马铃薯,亩产马铃薯 800～1000 kg,马铃薯 7 月中旬收获后,可播种红小豆,红小豆条播株行距一般为 20 cm×40 cm,亩留苗 8000～10000 株,亩产 80 kg 左右。春玉米亩产 300～400 kg。

(七)田间管理

1. 按生育阶段进行管理　马铃薯的各个生育时期,因生长发育阶段的不同,所需营养物质的种类和数量不同。从发芽至幼苗期,由于块茎中含有丰富的营养物质,所以吸收养分较少,约占全生育期的 25% 左右;块茎形成期至块茎膨大期,由于茎叶大量生长和块茎迅速形成,所以吸收养分较多,约占全生育期的 50% 以上,淀粉积累期吸收养分又减少了,约占全生育期的 25% 左右。因此,施足基肥,在块茎形成期适时追肥对马铃薯增产具有重要的作用。

2. 科学施肥

(1)施足底肥　适宜商洛地区种植的马铃薯多为中早熟品种,全生育期在 70～90 d,所以马铃薯施肥在商洛以底肥为主,根据需要适量追肥。底肥以腐熟的农家肥配以适量的化肥施用。根据 2009—2016 年商洛马铃薯高产创建技术规范总结的结论,马铃薯施肥应坚持"增施农家肥,控氮稳磷增钾补微"的施肥原则。马铃薯测土配方施肥肥料效应试验得到的技术参数,每生产 100 kg 马铃薯块茎,需吸收氮(N)0.43 kg、磷(P_2O_5)0.23 kg、钾(K_2O)0.53 kg,氮、磷、钾的比例为 1:0.53:1.23。

马铃薯在商洛不同目标产量的施肥配方

① 目标产量:>2000 kg。

施肥方案:每亩施农家肥 2000～2500 kg、纯 N:10～12 kg、P_2O_5:6～8 kg、K_2O:10～12 kg。

施肥方法一:每亩施农家肥 2000～2500 kg、尿素:17.5～20 kg、磷酸二铵:13～18 kg、硫酸钾:20～24 kg。

施肥方法二:每亩施农家肥 2000～2500 kg、马铃薯专用配方肥:80～100 kg。

② 目标产量:1500～2000 kg。

施肥方案:每亩施农家肥 1500～2000 kg、纯 N:8～10 kg、P_2O_5:5～6 kg、K_2O:9～10 kg。

施肥方案一:每亩施农家肥 1500～2000 kg、尿素:13～17 kg、磷酸二铵:12～14 kg、硫酸钾:18～20 kg。

施肥方案二:每亩施农家肥 1500～2000 kg、马铃薯专用配方肥:65～80 kg。

③ 目标产量:1000～1500 kg。

施肥方案:每亩施农家肥 1000～1500 kg、纯 N:7～8 kg、P_2O_5:4～5 kg、K_2O:8～9 kg。

施肥方案一:每亩 施农家肥 1000～1500 kg、尿素:12～14 kg、磷酸二铵:9～12 kg、硫酸钾:16～18 kg。

施肥方案二:每亩施农家肥 1000～1500 kg、马铃薯专用配方肥:60～70 kg。

④ 目标产量:<1000 kg。

施肥方案:每亩施农家肥 1000～1500 kg、纯 N:5～7 kg、P_2O_5:3～4 kg、K_2O:7～8 kg。

施肥方案一:每亩施农家肥 1000～1500 kg、尿素:9～12 kg、磷酸二铵:7～9 kg、硫酸钾

14～16 kg。

施肥方案二：每亩施农家肥 1000～1500 kg、马铃薯专用配方肥：50 kg。

（2）按需追肥　根据生育过程的植株长势和需肥规律，确定追肥时期、肥料种类和用量。掌握控氮稳磷增钾并适当补充微量元素的原则。一般在马铃薯播种时将农家肥和 N、P、K 化肥作基肥，开沟或挖窝一次施入（群众简称"一炮轰"），农家肥施于种薯上，化肥施于两种薯之间，种薯与化肥间隔 10 cm 左右。根据马铃薯生长发育情况，可在马铃薯现蕾期到块茎膨大期距植株 8～10 cm 用木棍打孔，每亩追施尿素 4～5 kg；在马铃薯现蕾后，叶面喷施 0.2％的磷酸二氢钾溶液两次，防止早衰。

有关试验（吕慧峰等，2010）表明，对马铃薯进行 N、P、K 分期施肥能明显提高薯块产量并改善部分营养品质。

① 施氮　谷涿涟等（2013）在相同施 N 水平下，通过小区试验研究不同时期追施 N 肥对马铃薯中晚熟品种克新 13 干物质积累、转运及块茎产量的影响。结果表明，在 N 150 kg/hm^2 用量条件下，与全部 N 肥作基肥相比，将 2/3 N 肥作基肥施入，1/3 N 肥在块茎形成末期施用，可使块茎产量提高 9.5％，商品薯产量提高 19.3％，收获指数提高 13.2％；将 2/3 N 肥作基肥施入，1/3 N 肥在块茎形成初期施用或将全部 N 肥分别在苗期和块茎形成末期施用则使块茎产量有不同程度下降，而商品薯率有所提高，但差异未达显著水平。研究还表明，与全部 N 肥作基肥相比，在苗期至块茎形成末期追施 N 肥，都不会降低块茎中的淀粉含量和干物质含量。

② 施磷　P 肥作为缓效肥，是 P 元素的来源。P 是核酸、蛋白质和磷脂的主要成分，与植物蛋白质合成、细胞分裂、细胞生长有密切关系，所以 P 在植物全生育期内都发挥着重要作用，它对马铃薯的块茎形成和膨大影响显著，P 不足时产量明显降低，严重缺乏时还会使马铃薯块茎空心。因此，群众在种植马铃薯实践中认识到 P 肥的重要，除了施用农家肥以外，一般亩产 1500 kg 的田块需要施入 9 kg/亩的磷酸二铵，P 肥的施用在商洛马铃薯生产上常采用，有机农家肥深翻整地时施入或播种时施入（要求腐熟），化肥播种时与种薯同时埋入土中，肥料与种薯保持 10 cm 左右距离，防止肥料腐蚀种薯。

③ 施钾　K 元素参与植物碳水化合物代谢，能促进植物蛋白质的合成，K 充足时，合成的蛋白质较多；K 与糖类的合成有关，K 肥充足时，蔗糖、淀粉、纤维素和木质素含量较高，葡萄糖积累较少；K 可促进糖类运输到储藏器官；K 可使细胞原生质胶体膨胀，施 K 肥能提高作物的抗旱抗寒性，作物幼苗缺 K 时经常表现茎秆柔弱易倒伏。马铃薯是喜 K 作物，K 肥对马铃薯的产量、品质影响显著，因此，马铃薯要获得高产，科学施足 K 肥尤为重要。

在商洛马铃薯生产中，K 素来源主要有 4 个途径，一是群众在种薯切块后有用草木灰拌种的习惯；二是种马铃薯有施用农家肥的习惯；三是硫酸钾等化学 K 肥的应用逐步普及；四是叶面肥磷酸二氢钾的施用。

草木灰拌种：将种薯切块后用干净新鲜的草木灰涂撒在种薯切块切面，种薯浸出的汁液会黏附草木灰，一方面起到快速愈合切面的作用，另一方面也让种薯带上了 K 肥。一般每 100 kg 薯块拌草木灰 10～15 kg 即可。

农家肥施用：一般会施用腐熟人粪尿和牲畜粪，主要是在深翻整地前，腐熟牲畜粪也常常在播种时沟施或窝施，亩用量差别也较大，从每亩 300 kg 至 2000 kg 不等。

硫酸钾施用：一般是做种肥（也叫基肥）在播种时施于种薯旁 10 cm 处，每亩用量 7～9 kg.

（3）复合肥与复混肥的应用　商洛马铃薯生产中常用的复合肥主要是磷酸二铵、磷酸二氢钾和马铃薯专用复混肥。

磷酸二铵常常和尿素、硫酸钾按适当比例混合后，在播种时作为种肥，施于距种薯 10 cm 处，然后拥土覆盖即可；磷酸二氢钾常作为叶面肥，在马铃薯开花以后，结合病虫防治与杀虫剂（高效氯氰菊酯）、杀菌剂类农药（烯酰吗啉）混合一起喷施叶面，防虫、防病、防早衰。即，"一喷三防"，一般进行两次即可。

3. 合理灌溉

(1)商洛地区的水资源　商洛市年降水量平均在 700～830 mm，南部的山阳、镇安、柞水、商南 4 县相对较多一些，北部的商州、洛南、丹凤少一些，降雨分布不均，多集中在后半年，占全年降水量 70% 以上，春旱时常会影响到马铃薯的生产。

(2)节水补充灌溉　丘陵山地多采用地膜覆盖蓄墒解决春旱问题，有灌溉条件的地方则采用畦灌或沟灌的模式进行补水。低热川道区冬播马铃薯多采用保护地栽培，一般都有灌溉水源，多采用河水或井水畦灌，极少数人采用滴灌模式。中高山区由于播种期较晚，马铃薯生长期刚好与春末初夏降雨季吻合，自然降水足够马铃薯生长需要。

4. 防病治虫除草　商洛马铃薯生产中常见的主要病害有马铃薯病毒病、晚疫病、早疫病、疮痂病、粉痂病、软腐病、环腐病、枯萎病、青枯病、黑胫病和缺素症等。这些病害发生传播的主要原因或者途径主要是种薯带病、重茬种植引起。其中晚疫病的发生流行与年份气象因子（温暖潮湿）密切相关，经常发生在 4 月底至 5 月中旬时间段的春季连阴雨天气，晚疫病孢子受气流传播而流行，若发生在 5 月上旬常常给马铃薯生产造成毁灭性减产，若发生在 5 月中旬后也会造成马铃薯严重减产。因此，生产上选用抗晚疫病的马铃薯品种非常重要。

马铃薯的常见虫害有，蚜虫、28 星瓢虫；金针虫（硬虫）、蛴螬（土蚕）等，前两种为地上害虫，后两种为地下害虫。

马铃薯的田间杂草种类比较多，主要有小花牵牛、菅草、香附子、狗尾草、灰绿藜、节节草、绿叶苋、马唐、刺儿菜、飞蓬草、婆婆针、马齿苋等。

为害马铃薯生产的病虫草害种类繁多，随着现在种薯市场流通距离加大，导致马铃薯病害传播打破地域界限，给马铃薯病害防治带来更大挑战，限于篇幅，这里仅就防治原则及途径作一介绍，具体病虫害防治详见第五章。

防治原则与途径如下：

(1)坚持"预防为主，综合防治"的原则　加强检疫监督和执法工作，杜绝检疫性病害通过人为调种渠道传播；综合应用农业、物理、生物防治等绿色防控措施，辅助使用化学农药。

(2)农业防治　因地制宜选用抗、耐病优良品种和高代脱毒种薯，入冬前深翻整地，合理布局，实行轮作倒茬、中耕除草、清洁田园，降低病虫源基数。

(3)物理防治　安装太阳能杀虫灯诱杀蛴螬、地老虎等地下害虫的成虫，每 60 亩安装 1 台。

(4)生物防治　提倡"健身栽培法"，采用轮作倒茬、适期播种、合理密植、增施有机肥、K 肥，提高作物抗病性，选择对天敌杀伤力小的高效低毒低残留农药，减少化学农药使用量，保护利用自然天敌。

(5)化学药剂防治　详见第五章。

四、收获和贮藏

(一)收获标准和时期

当马铃薯植株茎叶开始褪绿,基部叶片开始枯黄脱落、块茎达到生理成熟时收获。也可根据马铃薯的生长情况,市场需求和块茎用途选择适宜的收获期,不需要等到完全生理成熟才收获。收获宜选择在晴天进行,要尽量减少机械损伤,以提高薯块商品率。收获后要放在阴暗通风的地方,摊薄晾干,避免阳光直射使薯块变绿,影响品质。

马铃薯采收期应根据鲜薯、加工薯和种薯生产的特点,来确定其合理的采收期。食用鲜薯收获期的确定需要考虑产量和产值的关系,一般来说,马铃薯生理成熟期的产量虽高,但产值不一定最高。市场的规律是以少、鲜为贵,早收获的马铃薯价格高,因此,要根据市场价格确定适宜的收获期。对同一品种来说,晚收获的马铃薯产量高,在马铃薯块茎膨大期,如果温、湿度适宜,每亩马铃薯每天要增加鲜薯产量 40~50 kg。因此,收获时期根据市场的价格,衡量早收获 10 d 的产值是否高于晚收获 10 d 产量增加的产值,以确定效益最高的收获期;加工薯生产要求块茎达到正常生理成熟期才能收获,对同一品种而言,马铃薯生理成熟时产量最高,干物质含量最高,还原糖含量最低,此时是最佳的收获期;种薯生产要求保证种薯的种性与品质,因此收获时要考虑天气和病害对种薯的影响。根据天气预报,早杀秧,早收获,还要考虑有翅蚜的迁飞预报,及早收获,减少感病和烂薯的概率。

马铃薯采收期还要根据品种特点、自然特点和栽培模式来确定其合理的采收期。不同马铃薯品种的生育期差别很大,因此,采收期的确定首先要考虑不同品种的生育特点,这样才能保证马铃薯最佳的产量性状。自然特点也严重影响马铃薯的收获期,经常发生涝害的地方,应在雨季来临之前收获,保证产品质量与数量。雨水少、土壤疏松的地方,可适当晚收,秋霜来临早的地方,早收获可以预防霜冻。由于马铃薯的栽培模式不同,催大芽、地膜覆盖、多重覆膜的早熟马铃薯可根据市场价格和块茎大小收获,马铃薯套种其他作物时应根据套种的作物生长需要及时收获,避免影响套种作物的正常生长。

(二)收获方法

马铃薯收获前,应压秧、杀秧、检修农机具等。

1.压秧 在收获时,如果地上部分茎叶未枯萎,可采用压秧方法,在收获前一周用木棍或木碾子将植株压倒,使植株轻微受伤,以促使茎叶中的营养物质迅速回流到块茎中,起到催熟增产的作用。如果土壤湿度过大,不宜碾压,以免造成土壤板结,不利于收获。

2.杀秧 如收获前遇到连阴雨,或者土壤湿度过大而植株又未枯死时,则应在收获前 10 d 把薯秧全部割除并运出田间,或用马铃薯秸秆粉碎机粉碎薯秧,或者用灭生性除草剂如百草枯等喷洒植株灭秧,以利于土壤水分的蒸发,促进薯皮木栓化,便于收获。

3.适当晚收 当薯块被霜害冻死后,不要立即收获,根据天气情况,延长 10 d 左右,薯皮木栓化后再收获。

4.农机具检修 收获前,全面检修机械或木犁等用具,准备足够的筐篓或其他盛装工具,入窖前的临时预贮场所等。

马铃薯的收获方法因种植地状况、种植规模、机械化水平和经济条件而不同。可用拉犁、人力挖掘和机械化收获。不论采用那一种收获方式,第一,要注意正确使用工具,减少薯块损伤;第二,要收获彻底,大小薯一块收,不能将小薯遗漏在土壤中;第三,收获时要先收获种薯再收获商品薯,如果品种不一样,要分别收获,避免混杂;第四,商品薯和加工薯,在收获和运输过程中应注意遮光,避免长时间暴露阳光下使薯皮变绿,失去食用和加工价值。

(三)贮藏

按照不同品种,不同用途(种薯、鲜薯、加工薯)分别收获。马铃薯薯块收获后,可在田间就地晾晒,散发部分水分以便贮藏和运输。先装种薯,再装鲜薯和加工薯。收获后的马铃薯要进行预贮 7～10 d,去除表面泥土再进行挑选。筛选种薯时,去除带病虫害、损伤、腐烂、不完整、薯皮开裂、受冻、畸形、杂薯等;筛选鲜薯和加工薯时,去除青头、发芽、带病、腐烂、损伤、受冻、畸形薯等。

1. 脱毒种薯分级 随着中国经济、国际贸易和技术合作的发展,中国已制定了国家马铃薯脱毒种薯质量标准,并使之与国际标准接轨,该标准已于 2012 年颁布实施(GB18133-2012)。脱毒种薯分为基础种薯和合格种薯,按照生产代次可将脱毒种薯分为四个级别,即,原原种、原种、一级种和二级种。

(1)原原种 利用组织培养苗在配备防虫网的温室条件生产出来的,不带马铃薯病毒、类病毒及其他马铃薯病虫害的微型种薯。根据国标,脱毒原原种属于基础种薯,它的来源是试管苗在网棚温室无土生产,单个种薯重在 10 g 以下,纯度是 100%,不带任何病害,只要发现带任一病毒的块茎或有一块杂薯均可认为本批种子不合格。

(2)原种 用原原种在良好隔离环境中生产的,经质量检测不带疫性病虫害,非检疫性限定有害生物和其他检测项目应符合 GB18133-2012 要求。原种是用于生产一级种的种薯。

(3)一级种 在相对隔离环境中,用原种作种薯生产的,经质量检测不带检疫性病虫害,非检疫性限定有害生物和其他检测项目国标要求的种薯。

(4)二级种薯 在相对隔离环境中,用一级种作种薯生产的,经质量检测不带检疫性病虫害,非检疫性限定有害生物和其他检测项目符合国标要求的种薯,二级种薯即可用于大田生产应用。

2. 商品薯分级 商品薯按照用途主要分为鲜食型、薯片加工型、薯条加工型、全粉加工型、淀粉加工型。商品薯等级分为 3 个级别:一级、二级、三级。

(1)鲜食型 根据《马铃薯商品薯分级与检验规程》(GBT31784-2015),鲜食型商品薯分级指标见表 4-1

表 4-1 鲜食型商品薯分级指标

检测项目	一级	二级	三级
质量	150g 以上≥95%	100g 以上≥93%	75g 以上≥90%
腐烂(%)	≤0.5	≤3	≤5
杂质(%)	≤2	≤3	≤5

续表

检测项目		一级	二级	三级
缺陷	机械损伤(%)	≤5	≤10	≤15
	青皮(%)	≤1	≤3	≤5
	发芽(%)	0	≤1	≤3
	畸形(%)	≤10	≤15	≤20
	疮痂病(%)	≤2	≤5	≤10
	黑痣病(%)	≤3	≤5	≤10
	虫伤(%)	≤1	≤3	≤5
	总缺陷(%)	≤12	≤18	≤25

注1:腐烂:由于软腐病、湿腐病、晚疫病、青枯病、干腐病、冻伤等造成的腐烂。
注2:疮痂病:病斑占块茎表面的20%以上或病斑深度达2 mm时为病薯。
注3:黑痣病:病斑占块茎表面积的20%以上时为病薯。
注4:发芽指标不适用于休眠期短的品种。
注5:本表中质量不适用于品种特性结薯小的马铃薯品种。

(2)薯片加工型　根据《马铃薯商品薯分级与检验规程》(GBT 31784-2015),薯片加工型商品薯基本要求:圆形或卵圆形、芽眼浅;还原糖含量<0.2%;蔗糖含量<0.15 mg/g。薯片加工型商品薯分级指标见表4-2.

表4-2　薯片加工型商品薯分级指标

检测项目		一级	二级	三级
缺陷	大小不合格率(%)	≤3	≤5	≤10
	腐烂(%)	≤1	≤2	≤3
	杂质(%)	≤2	≤3	≤5
	品种混杂(%)	0	≤1	≤3
	机械损伤(%)	≤5	≤10	≤15
	青皮(%)	≤1	≤3	≤5
	空心(%)	≤2	≤5	≤8
	内部变色(%)	0	≤3	≤5
	畸形(%)	≤3	≤5	≤10
	虫伤(%)	≤1	≤3	≤5
	疮痂病(%)	≤2	≤5	≤10
	总缺陷(%)	≤7	≤12	≤17
油炸次品率(%)		≤10	≤20	≤30
干物质含量(%)		21.00~24.00	20.00~20.99	19.00~19.99

注1:大小不合格率:指块茎的最短直径不在4.5~9.5 cm范围内的块茎所占百分率。
注2:腐烂:由于软腐病、湿腐病、晚疫病、青枯病、干腐病、冻伤等造成的腐烂。
注3:疮痂病:病斑占块茎表面积的20%以上或病斑深度达2 mm时为病薯
注4:油炸次品率:通过油炸表现出异色、斑点的薯片质量占总炸片质量的百分率。

(3)薯条加工型　基本要求:长形或长椭圆形、芽眼浅;还原糖含量<0.25%;蔗糖含量

$<$0.15 cm/g。

根据《马铃薯商品薯分级与检验规程》(GBT 31784-2015),薯条加工型商品薯分级指标见表 4-3。

表 4-3 薯条加工型商品薯分级指标

	检测项目	一级	二级	三级
	大小不合格率(%)	≤3	≤5	≤10
	腐烂(%)	≤1	≤2	≤3
	杂质(%)	≤2	≤3	≤5
	品种混杂(%)	0	≤1	≤3
	机械损伤(%)	≤5	≤10	≤15
	青皮(%)	≤1	≤3	≤5
	空心(%)	≤2	≤5	≤10
缺陷	内部变色(%)	0	≤3	≤5
	畸形(%)	≤3	≤5	≤10
	虫伤(%)	≤1	≤3	≤5
	疮痂病(%)	≤2	≤5	≤10
	总缺陷(%)	≤7	≤12	≤17
	炸条颜色不合格率(%)	0	≤10	≤20
	干物含量/%	21.00~23.00	20.00~20.99	18.50~19.99

注 1:大小不合格率:茎轴长度不在 7.5~17.5 cm 范围内的块茎所占百分率。
注 2:腐烂:由于软腐病、湿腐病、晚疫病、青枯病、干腐病、冻伤等造成的腐烂。
注 3:疮痂病:病斑占块茎表面积的 20% 以上或病斑深度达 2 mm 时为病薯
注 4:炸条颜色不合格率:根据色板对比,炸条颜色≥3 级为不合格,不合格薯条质量占炸条质量的百分率。

(4)全粉加工型 基本要求:块茎还原糖≤0.3%;块茎芽眼浅;块茎最小直径≥4 cm。

根据《马铃薯商品薯分级与检验规程》(GBT 31784-2015),全粉加工型商品薯分级指标见表 4-4。

表 4-4 全粉加工型商品薯分级指标

	检测项目	一级	二级	三级
	腐烂(%)	≤1	≤2	≤3
	杂质(%)	≤3	≤4	≤6
	品种混杂(%)	≤5	≤8	≤10
	机械损伤(%)	≤5	≤10	≤15
	青皮(%)	≤1	≤3	≤5
	空心(%)	≤3	≤6	≤10
缺陷	内部变色(%)	0	≤3	≤5
	畸形(%)	≤3	≤5	≤10
	虫伤(%)	≤3	≤5	≤10
	疮痂病(%)	≤2	≤5	≤10
	总缺陷(%)	≤8	≤13	≤18

续表

检测项目	一级	二级	三级
干物质含量(%)	≥21.00	≥19.00	≥16.00

注 1:腐烂:由于软腐病、湿腐病、晚疫病、青枯病、干腐病、冻伤等造成的腐烂。

注 2:疮痂病:病斑占块茎表面积的 20% 以上或病斑深度达 2 mm 时为病薯

(5)淀粉加工型　根据《马铃薯商品薯分级与检验规程》(GBT 31784-2015),淀粉加工型商品薯分级指标见表 4-5。

表 4-5　淀粉加工型商品薯指标

	检测项目	一级	二级	三级
缺陷	腐烂(%)	≤1	≤3	≤5
	杂质(%)	≤3	≤4	≤6
	机械伤(%)	≤7	≤12	≤17
	虫伤(%)	≤3	≤5	≤10
	淀粉含量(%)	≥16.00	≥13.00	≥10.00

注:腐烂:由于软腐病、湿腐病、晚疫病、青枯病、干腐病、冻伤等造成的腐烂。

3. 贮藏方法　因为各地的气候条件不同、马铃薯的种植特点以及收获后需要的贮藏期不同,贮藏方法各异。

(1)马铃薯散装贮藏　散装贮藏是马铃薯长期贮藏的最常用的方式。马铃薯与空气充分接触,有利于马铃薯呼吸,贮藏量较大,易于贮藏期间防腐处理,管理过程方便。自然通风贮藏的马铃薯堆的高度不能超过 2.0 m,以避免贮藏堆中的温度不一致。农户贮藏窖中马铃薯堆的高度不宜超过窖高度的 2/3,并且堆的高度控制在 1.5 m 以内为宜。带有制冷装置的强制通风贮藏库内薯堆的高度为 3.5~4 m 较为合适。

(2)马铃薯箱式贮藏　箱装贮藏适宜种薯分类贮藏,易于贮藏管理的防腐处理,便于搬运,互相不挤压,适宜机械恒温库贮藏;库房建筑可采用工业建筑,其对墙体的测压为零;箱式贮藏更能体现出在物流方面的优越性。箱式贮藏一般常用的包装箱有瓦楞纸箱、木条箱、竹箱和铁箱等,其中,木条箱是马铃薯种薯最理想的包装箱。

(3)马铃薯袋装贮藏　袋装贮藏的贮藏量相对较少,便于搬运,但贮藏过程中施药不方便,袋内通风不良。一般常用的包装袋有网袋、编织袋、麻袋等,是大型马铃薯贮藏库较为常用的形式。大型库垛长一般是 8~10 m,便于观察,倒翻薯垛也方便,省时省工,出库方便,但袋内薯块热量散失困难,通风不良易造成薯块发芽或腐烂。

(4)马铃薯其他贮藏

① 沟(埋)藏　沟藏又称埋藏,马铃薯怕热、怕冷、怕受伤,收获后的马铃薯应放在遮阴通风处 10 d 左右,待表面薯皮干燥后进行埋藏。一般挖宽 1.2 m,深 1.4~2.0 m 的坑,长度不限,底部垫沙,马铃薯上面覆盖 5~10 cm 的干沙,再盖 20 cm 的土,沟内每隔 1 m 左右放置一个通风管,通风管高出地面 10 cm 左右。严冬季节增加盖土厚度,并将通风管堵塞,防止雨雪侵入。

② 棚窖贮藏　棚窖贮藏具有省工、省料、出入方便的优点,缺点是保温性能差,适宜建在

地下水位低,土质坚实的地方。建窖时,选在背风向阳,地势较高的地方。根据入土深浅分为半地下式和地下式两种类型。较温暖的地区或地下水位较高的地方多采用半地下式,一般入土深1.0~1.5 m,地上堆土墙高1.1~1.5 m;寒冷地区多采用地下式贮藏。一般挖深2.5~3.0 m,宽1.6~2.0 m。

③土窑窖贮藏　土窑窖是一种适于丘陵山区的贮藏方式,利于山坡、崖头建造。建窖时,窖门高1.6 m、宽0.8 m,窖身宽2.0 m,窖高2.5~3.0 m,窖地面下倾15°,长度自定,窖顶部插一根直径20~30 cm通气管。

④拱形窖贮藏　拱形窖用砖砌成,四周和顶部盖土,坚实耐用,保温性好。可建造地下式、半地下式、窖式,结构由贮藏室、通风孔、窖门组成。规格分为大、中、小三种形式。

⑤夹板式贮藏　马铃薯夹板贮藏费用低,适应性广。薯堆底层堆宽1~3 m,高度通常为宽度的1/3~1/2,长度自定,马铃薯放置好后,覆盖20~30 cm左右的土层防止冻害。

⑥室内贮藏　室内贮藏是利用闲置的房子改建的贮藏马铃薯的场所。可将马铃薯装在筐内或网袋内放置,贮藏初期开窗通风,避免窗户透光,冬季增加保温设施,四周密封,避免冻伤,冻害。

⑦散射光种薯贮藏　散射光可以用于多种不同种薯贮藏体系。在阳光的照射下,块茎的幼芽就不会继续快速伸长;否则块茎在窖内严重发芽,有的薯芽长到1 m左右,严重影响种薯的质量。据试验:种薯发芽后掰第一次薯芽减产6%,掰第二次薯芽减产7%~17%,掰第三次薯芽减产30%左右。因而种薯在贮藏期间最好不让其过早发芽。散射光照射有利于种薯薯皮愈合,抑制种薯表面多种病菌,减缓幼芽生长。

⑧利用抑芽剂贮藏　抑芽剂用于马铃薯的贮运保鲜,可以有效提高马铃薯的质量和商品价值,明显延长马铃薯的贮藏时间和马铃薯加工生产时间,对提升马铃薯的产业水平具有重要的促进作用。常用的马铃薯抑芽剂有氯苯胺灵(CIPC),其施用方法有熏蒸、粉施、喷雾和洗薯4种,以熏蒸抑芽效果最好,可长达9个月。熏蒸的适应浓度范围为0.5%~1%,一次熏蒸的时间在48h左右,洗薯块的适宜浓度范围为1%。切忌将马铃薯抑芽剂用于种薯和在种薯贮藏窖内进行抑芽处理,以防止影响种薯的发芽,给生产造成损失。

4. 根据马铃薯用途分别贮藏

(1)种薯贮藏　种薯贮藏要做到"一干六无",即薯皮干燥、无冰块、无烂薯、无伤口、无冻伤、无泥土及其他杂质。种薯贮藏初期应以降温散热,通风换气为主,最适温度应在4 ℃;贮藏中期应防冻保暖,温度控制在1~3 ℃;贮藏末期应注意通风,温度控制在4 ℃。贮藏期间湿度应控制在80%~90%。

(2)菜用鲜薯贮藏　在贮藏期间减少有机营养物质的消耗,避免见光使薯皮变绿,贮藏温度在2~4 ℃低温下,湿度保持在85%~90%。贮藏期间,经常检查,及时去除病薯、烂薯,减少贮藏损失。

(3)薯片加工原料薯贮藏　贮藏温度控制在10~12 ℃,每天降0.2 ℃为宜,湿度保持在85%~95%,贮藏期间不腐烂、不发芽、不变色,无病虫,无鼠害。干物质保持在20%~25%,还原糖不增加,保持在0.3%以下。

(4)薯条加工原料薯贮藏　贮藏温度控制在7~8 ℃左右,湿度应在85%~92%,干物质含量不降低,应保持在19.6%以上,还原糖不增加,保持在0.2%以下。在贮藏超过3个月以上的情况下,可将原料薯预先贮藏在3~5 ℃,在加工前10~15 d,升到13~15 ℃。

(5)淀粉加工原料薯贮藏 贮藏条件与其他马铃薯贮藏基本相同,避免出现低温、缩水及通风不良导致的黑心,贮藏期间预防薯块腐烂,从而影响到产品的品质和产量。

在马铃薯的贮藏过程中,很多环节都影响到马铃薯的特性,只有把握好每个贮藏环节才做到马铃薯的安全贮藏,从而确保贮藏后不同用途薯块的特性。

五、机械化现状和发展

(一)机械化现状

商洛地处秦岭山区,80%以上的耕地皆为坡耕地,适宜机械化耕作的地块本来就不多。2010年以来政府先后实施了通乡、通村水泥路工程,交通基础设施虽然取得了很大进步,但农田耕作交通道路依然落后,加之土地承包经营后,大块地也变成了窄溜溜的地,而商洛地区马铃薯多数种植在山地、坡塬地,要实现机械化耕作难度不言而喻。

仅有的马铃薯机械化种植仅限于由政府农业机械推广站主导的有大块地的专业合作社,开展一些示范,虽有一定规模,但数量有限,占马铃薯种植总面积不到1%。

马铃薯生产主要是以家庭为单位的小农经营管理模式,种植面积小,产出以满足自己的需求为主,剩余的小部分才上市交易,农户无意愿投资购买机械。

在国家马铃薯主粮化战略的推动下,政府投入了一定的资金,购买了耕作收获机械和无人植保机,在马铃薯主产区开展了马铃薯机械化播种、收获及田间病虫害统一防治的示范,给广大农户特别是农村种植大户和农场经营者一个应用现代科技武装传统农业的导向和指引。

(二)商洛马铃薯耕作机械化发展的方向选择

适应商洛马铃薯作业的机械应当是"小型化"和"多功能化"。加大政府投资,引进、研发适应山地马铃薯全程机械化耕作的小型机械,减轻劳动强度提高劳动效率,是农机研究者应该解决的难题,因此,制定政策调动科技人才的积极性,吸引有志者投身到马铃薯产业机械化、轻量化技术研究中来。

积极推动农村"三变"改革,兴办家庭农场和生产合作社,整合土地、人力、产业政策等生产要素,为马铃薯机械化生产破除制度障碍,发展适度规模经营,让投身马铃薯产业的生产者有利可图才能让机械化生产推广应用。以推进马铃薯主粮化战略实施为契机,加大马铃薯产业科技投入,加快马铃薯全产业链布局建设,突破马铃薯深加工瓶颈,提高马铃薯产业附加值,促进马铃薯生产机械化程度进一步提高。

第二节　安康盆地马铃薯栽培

一、环境特征

(一)地势地形和农田布局

安康属陕西秦岭南麓盆地,是中国南北过渡地带。位于陕西省东南部,介于东经108°00′

58″—110°12′,北纬31°42′24″—33°50′34″之间,南依巴山北坡,北靠秦岭主脊,东与湖北省的郧县、郧西县接壤,东南与湖北省的竹溪县、竹山县毗邻,南接重庆市的巫溪县,西南与重庆市的城口县、四川省的万源市相接,西与汉中市的镇巴县、西乡县、洋县相连,西北与汉中市的佛坪县、西安市的周至县为邻,北与西安市的户县、长安区接壤,东北与商洛市的柞水县、镇安县毗连。全市总面积23529 km²,占全省总面积的11.4%,辖1区9县。

安康以汉江为界,分为两大地域,北为秦岭地区,南为大巴山地区,以汉水—池河—月河—汉水为秦岭和大巴山分界,其地貌呈现南北高山夹峙,河谷盆地居中的特点。境内的主要山脉有秦岭的东梁、平梁河、南羊山和大巴山的化龙山、凤凰山、笔架山。在本市土地面积中,大巴山约占60%,秦岭约占40%;山地约占92.5%,丘陵约占5.7%,川道平坝占1.8%。地势西高东低,地形起伏较大,最高处是秦岭东梁,海拔2964.6 m,最低处为白河县与湖北省交界的汉江右岸,海拔170 m。

安康在大地构造位置上属于秦岭地槽褶皱系南部和扬子准地台北部汉南古陆的东北缘,分别由东西走向的秦岭地槽褶皱带复合交接组成。具南北衔接,东西过渡的特点。全区地貌可分为亚高山地貌、中山地貌、低山地貌、宽谷盆地、岩溶地貌、山地古冰川地貌6种类型。

1. 亚高山地貌 指海拔1800 m以上的山地。主要分布在秦岭和大巴山的主分水岭及秦岭平河梁和南羊山,大巴山的化龙山、凤凰山、笔架山。面积约占全市总面积的10%。其特点是:山坡陡峻,山顶突兀尖削,多齿状和刀状山脊,河流切割深度500~1000 m以上,河谷狭窄深邃,多呈V型峡谷和嶂谷。是安康盆地粮食作物分布的上限。

2. 中山地貌 指海拔800~1800 m的山地。分布在亚高山的下围,占全市总面积的55%。其特点是:河流切割深度300~1000 m,物理风化和流水切割作用较亚高山陡坡地形弱。山脊一般狭长平缓,起伏较小,局部有陡峭孤峰。水系较发达,流水侵蚀以下切为主。河谷多呈V型谷,箱型谷及U型谷较少。山坡主要为直形和凹形坡,坡度在30°~50°以上。在海拔800~900 m和1150~1300 m,有两级夷平面。是安康地区耕地的主要分布区,是小麦、玉米两熟和小麦、玉米、大麦、马铃薯、四季豆等作物一熟的地带。

3. 低山地貌 指海拔在170~800 m的山地。主要分布在大巴山北部和秦岭南麓,沿河谷插在部分中山之间,面积约占全市的31%,河流切割深度100~500 m。主要特征是:山势低,分水岭平缓,山脊上有微小平缓的山顶,且有1~3 m厚的残积层。坡度多在25°~40°之间,小于25°的缓坡上有1~8 m坡积层。多滑坡、泥石流发育。流水侵蚀和堆积作用较旺盛,河谷弯曲大,切割深度80~250 m。汉水及月河的一级支流多近南北流向,在横切坚硬岩石地段常形成深切曲线峡谷,横断面呈漏斗状。在河谷下部谷坡较陡,多在35°~70°左右;河谷上部谷形渐宽,谷坡30°~40°左右;在接近分水岭坡段,常出现10°~20°的缓坡。河流穿过松软岩层或较大断裂带,形成宽谷、坝子或小盆地,保存有1~4级阶地与河漫滩堆积,是安康地区耕地的集中分布区。

海拔800 m是安康地区秦巴山区垂直自然带中亚热带分布的上限,是亚热带经济植物的越冬区,生长良好,有稻麦两熟的热量条件。

4. 宽谷盆地地貌 宽谷盆地在安康统称为"月河川道",面积约占全市总面积的3%。此地貌包括河谷盆地、阶地和坝子,以及低缓的丘陵,以石泉经汉阴至安康的冲击盆地最大(包括石泉-古堰盆地、马池盆地、汉阴盆地、恒口盆地和安康盆地),其次是汉水、月河、池河、饶峰河等主要河流及其支流两侧的级阶地与河漫滩地,还有旬阳的两岔河-蜀河宽谷、旱坝川古河道与旬河下游谷地,平利的长安、广佛、洛河、大贵四个坝子和县河川道,紫阳与安康的蒿坪河谷地等。该区域地势平坦、宽阔,灌溉条件好,土壤肥沃,农业生产水平较高,是安康地区粮油主产区。

5.岩溶地貌　其分布是大巴山多于秦岭,亚高山、中山区多于低山区,条带状和孤立零星小块岩溶多于大面积成片分布的岩溶。大巴山岩溶地貌集中在高滩、岚皋官元和镇坪钟宝一线以南的主分水岭地带,以溶洞、岩溶泉和溶沟分布较广,岩溶洼地、岩溶丘陵、甘谷、漏斗、落水洞等一般集中在海拔 2200~2500 m 的亚高山区。

6.山地古冰川地貌　主要分布在秦岭海拔 2100~2900 m 的山地,有冰成围谷、冰斗、角峰、刃脊和冰川槽谷等。冰成围谷呈舌状、半椭圆和缓波浪状的地面,水系不发育,横断面呈漏斗状,在宁陕沙沟大岭和小岭可以见到。大巴山冰川地貌以笔架山最为典型。

根据 2017 年《安康年鉴》统计数据,安康盆地常年耕地总面积 500 万亩,人均 1.7 亩,基本农田面积 465 万亩,人均基本农田 1.6 亩。全市耕地主要分布在汉滨区、旬阳县、紫阳县和汉阴县。耕地中,汉滨区占比重大,占全市耕地总面积的 25.86%,且质量高。其次为旬阳县和紫阳县;而宁陕县耕地面积最少,仅占全市耕地总面积的 1.4%,且质量低。全市 25°以上坡耕地占耕地总量的 54.57%;小于 25°的耕地占耕地总量的 45.43%,其中坡度小于 6°的耕地仅占耕地总面积的 5.25%。山地与丘陵占土地总面积的 97.93%,生产条件优越的河谷盆地仅占土地总面积的 2.07%。

(二)气候

安康盆地气候属北温带与南亚热带交汇的过渡地带,气候特征总体上也体现由北温带向南亚热带的过渡性。气候湿润温和,四季分明,雨量充沛,无霜期长。垂直地域性气候明显,气温的地理分布差异大。汉江、月河川道和海拔 600 m 以上地区年平均气温在 14 ℃以上,海拔 600 m 以上地区年平均气温在 14 ℃以下,年极端最高气温 40 ℃,年极端最低气温 −11 ℃。年平均降水量为 938 mm,年平均日照时数为 1667.12 h,最大冻土深度 7 cm,常年主导风向为西南西风。主要气候特点是冬季寒冷少雨,夏季多雨多有伏旱,春暖干燥,秋凉湿润并多连阴雨。主要灾害性天气是伏旱、暴雨和连阴雨。

2017 年安康市年平均气温 12(宁陕、镇坪)~15 ℃,川道丘陵区一般为 15~16 ℃,秦巴中高山区为 12~13 ℃。年平均日照时数在 1495.6(镇坪)~1836.2 h(白河)。年降水量 750~1100 mm 之间。全市无霜期 210~270 d,平均 8 个月以上。

(三)土壤

全市土壤以黄棕壤为主。根据 1985 年土壤普查结果,全市共有七个土类、十五个亚类、三十四个土属、164 个土种。七个土类分别为潮土、水稻土、黄棕壤、棕壤、暗棕壤、山地草甸土、紫色土。主要分布及土类养分状况如下(郭焕忠等,1989):

1.潮土　主要分布在汉水、月河及其支流交汇的宽阔平缓地段。耕层厚 23 cm,pH7.3。有机质 1.7%,全氮 0.11%;全磷 0.189%;全钾 2.49%;速效磷 17 ppm,速效钾 124 ppm。

2.水稻土　主要分布于河谷两岸及海拔 800 m 以下的山间谷地。耕层平均 17 cm,pH6.1~6.7。有机质 1.89%~2.14%;全氮 0.128%~0.135%;全磷 0.129%~0.154%;全钾 2.31%~2.415%;速效磷 8.9~9 ppm;速效钾 121~133 ppm。

3. 黄棕壤　是安康地区面积最大的土壤类型,大巴山北坡海拔 1400 m 和秦岭南坡海拔 1300 m 以下除潮土和水稻土外皆是黄棕壤,占全市面积 73.46%。pH 6.1~6.7;有机质 1.5%~1.84%;全氮 0.11%~0.124%;全磷 0.149%~0.193%;全钾 1.75%~2.57%;速效磷 8.3%~8.9 ppm;速效钾 111~134 ppm。

4. 紫色土　耕层 16~17 cm,pH 7.7~8.5;有机质 1.19%;全氮 0.093%;全磷 0.137%;全钾 2.11%;速效磷 5.3 ppm;速效钾 92 ppm。

5. 棕壤　在垂直分带上,分布于山地黄棕壤之上,是在落叶阔叶林和针阔叶混交林下多种母质上形成的。在自然植被下的棕壤,表层有暗褐色腐殖质层,开垦后土质松软,宜种植药材。多分布在宁陕县海拔 1300~2600 m 和大巴山主脊海拔 1400~2700 m 的高山区,安康市桥亭、马坪和旬阳县南羊山及汉阴县凤凰山亦有小面积分布。耕层 19 cm,pH6.5,有机质 3.18%,全氮 0.165%,全磷 0.199%,速效磷 15.3 ppm,速效钾 199 ppm。

6. 暗棕壤　主要分布在海拔 2300 m 以上的山地。pH 6.0,林区有机质难分解。

7. 山地草甸土　是积水的蝶形洼地。主要分布在高山寒冷气候的平利千家坪、宁陕平河梁、秦岭梁和岚皋界梁。pH 7.6~8.3;有机质 1.524%~1.88%;全氮 0.431%~0.047%;全磷 0.21%~0.133%;全钾 3.36%~0.46%。

二、熟制和马铃薯生产

(一)熟制

安康属亚热带大陆性季风气候,气候湿润温和,实施二熟制向多熟制过渡的种植制度。在熟制上,多采用冬麦(油菜)-玉米(薯类)、冬麦(油菜)-水稻二熟制,兼有玉米、薯类一熟制。

玉米、马铃薯、水稻、油菜为主要作物,小麦、大豆、魔芋、甘薯、小杂粮等也是传统作物。在不同海拔农田,马铃薯即可春播,也可秋、冬播。

在海拔 700 m 以下的浅山、丘陵、平川二作区,多为秋、冬播。种植的作物种类比较多,常见的有小麦、玉米、蔬菜、甘薯、豆类、油菜等。马铃薯与上述作物的接茬关系主要有下列类型:蒜苗→冬春马铃薯→玉米(轮、套作);小麦→玉米→秋播马铃薯(套作);马铃薯→夏播豆类(年内轮作);冬播马铃薯一般在 12 月下旬至 1 月中旬播种,一般采用地膜覆盖栽培,以大棚地膜(双膜)及露地地膜(单膜)栽培为主。

在海拔 800~1800 m 的中高山区一作区,多为春播,一年一作。主要作物有马铃薯、甘薯、玉米、小杂粮、豆类、小麦等。马铃薯常与玉米、大豆、甘薯进行间套作,其中以马铃薯与玉米套作最为普遍。中高山区每年 2 月中旬至 3 月春播,多以中熟、中晚熟品种露地垄作栽培为主。4 月下旬先后播种四季豆和玉米;马铃薯套作大豆,和套作玉米类似,只是大豆播种一般推迟到立夏前后;马铃薯纯种→休闲。

秦岭南坡海拔 800 m 以上中高山区,包括宁陕县以及汉阴、汉滨、旬阳等县(区)部分地区,夏粮以马铃薯为主。月河流域川道区,包括石泉县、汉阴县、汉滨区部分地区,夏粮以小麦为主。海拔 900 m 以上中高山区,包括紫阳县、岚皋县、平利县和镇坪县部分地区,夏粮以马铃薯为主。

(二)马铃薯生产地位

马铃薯是安康市主要粮食作物之一,在当地更有着悠久的种植历史,面积较大,常年种植在80余万亩,全市九县一区均有种植,主要分布在镇坪、平利、岚皋、紫阳和宁陕五大主产县。主栽品种主要有安薯56号、秦芋30号、秦芋31号、秦芋32号、秦芋33号(0402-9)、秦芋35号(0302-4)、早大白、费乌瑞它、鄂马铃薯5号、紫花白等食、菜兼用型品种。

近几年,马铃薯播种面积呈上升之势,根据《安康市统计年鉴》资料显示,2018年播种面积达85.7万亩,平均亩产(折粮产量,每5 kg马铃薯折合1 kg粮食,下同)206 kg,总产量达17.7万t,播种面积较上年稳定,亩产增长5.64%,总产量增长6.63%(表4-6)。

表4-6　2016-2018年安康市马铃薯播种面积、产量、单产(折主粮)

(李海菊整理,2019)

年份	面积(万亩)	总产量(万t)	单产(kg/亩)
2016	83.9	16.2	193
2017	85.3	16.6	195
2018	85.7	17.7	206

注:表中数据来自《安康市统计年鉴》;马铃薯产量为鲜薯折主粮(5∶1)。

马铃薯因其适应性强、产量高、经济效益好,在安康种植历史悠久,是当地的主要粮食、蔬菜、经济作物,对安康农业、农村、经济发展意义重大。按照"转方式、强品牌、增效益"的发展思路,提升品牌质量,加大宣传推介,打造安康富硒地域品牌。在新形势下马铃薯产业更要健康、持续、稳步发展,未来安康市马铃薯在已有传统消费的基础上:一是加速马铃薯脱毒种薯繁育体系建设,促进产业全面升级,助推脱贫攻坚;二是加强具有国家农业农村部认证的"镇坪洋芋"地理标志保护产品的生产与开发,优化区域马铃薯品牌消费格局,提升"镇坪洋芋"的品牌知名度和市场竞争力;三是要以"中国安康富硒产业研究院"为依托,重点开展安康富硒(特色)马铃薯新品种、新产品的研发;四是在马铃薯主食产品多样化以及提高精深加工水平上下功夫,提高安康马铃薯产业效益。五是瞄准薯型性,淘汰商品性差的品种,开发适合秦岭南麓的主食化及加工专用型品种,扩大消费,提升产业稳定性和附加值。

三、安康盆地马铃薯大田常规栽培技术

(一)选茬和选地整地

1. 选茬　马铃薯不耐连作,连作地蛴螬、蝼蛄等地下害虫危害猖獗,青枯病等病菌在土壤里都能存活,而土壤是其传播的主要途径之一,所以连作地病害发病率明显高于轮作地。马铃薯是一种需K量较大的作物,连作地K等营养元素严重缺乏,影响马铃薯块茎的膨大。马铃薯属茄科作物,因而不能与辣椒、茄子、烟草、番茄等其他茄科作物连作,也不能与白菜、甘蓝等十字花科作物连作,因为它们与马铃薯有同源病害,还不宜与甘薯、胡萝卜、甜菜等块根类作物轮种。轮种年限最少在四年以上,在蔬菜区可与大葱、大蒜、芹菜等非茄科蔬菜轮作,马铃薯与水稻、麦类、玉米、大豆等作物轮作比较好,既利于减少病害的发生,也利于减少杂草生长。

在海拔800 m以下的河谷川道地,种植的作物种类比较多,常见的有小麦、玉米、蔬菜、甘薯、豆类、油菜、高粱及谷子等。马铃薯与上述作物的接茬关系主要有下列类型:蒜苗→冬春马铃薯→玉米(轮、套作);小麦→玉米→秋播马铃薯(套作);马铃薯→夏播豆类(年内轮作);马铃薯→甘薯(套作)。

在海拔800~1000 m浅山河谷川塬地,主要作物有马铃薯、甘薯、豆类、玉米、小麦等。马

铃薯常与玉米、大豆、四季豆、甘薯进行间套作,其中以马铃薯与玉米套作最为普遍。

在海拔 1000～1500 m 中高山区坡塬台地,作物种类主要是马铃薯、甘薯、玉米和豆类。这一区域,马铃薯经常采用地膜覆盖栽培,3 月中旬播种,4 月下旬至 5 月初套作玉米;马铃薯→四季豆→玉米三间套,马铃薯 3 月中下旬露地播种或地膜播种,4 月下旬先后播种四季豆和玉米;马铃薯套作大豆和套作玉米类似,只是大豆播种一般推迟到立夏前后。

2. 选地　根据马铃薯根系喜"氧"怕"涝"的特点,在选择地块方面着重考虑以下几方面因素。一是土壤质地。选择土质疏松、耕作层深厚、土壤肥沃的沙壤地。二是排灌方便。干旱时能灌水,多雨时能排水,排灌便利的地块。马铃薯是需水较多的作物,结薯期缺水,就会严重影响块茎膨大,这时遇到雨季或突然补水,块茎就会出现二次生长现象,容易形成畸形薯,产量和商品品质就会受到严重影响。三是前茬安排。马铃薯属茄科作物,不耐连作,要避免前茬已种过茄科作物的地块种植马铃薯,防止由于同科作物对同一养分的过分消耗而产生缺素症;连作会加重马铃薯病虫发生基数;前茬马铃薯产生的根系残留物也会对重茬马铃薯高效栽培产生一定影响。地块应是 2～3 年以上前茬不种马铃薯、烟草、番茄、茄子、辣椒等茄科作物的轮作地为佳。四是交通便利。便捷的交通运输也是必须考虑的重要因素。

3. 整地　以春整地为主,秦岭南麓地区也有秋整地习惯。

(1)冬前整地或秋整地　秋整地的过程主要是深耕细耙。在前茬作物收获后,应及时灭茬深耕。深耕为马铃薯的根系生长提供了足够的空间,有利于加强土壤的疏松和透气效果,消灭杂草,强化土壤的蓄水能力、抗旱能力以及保肥能力,促进微生物活动,冻死害虫等,有效地为马铃薯的根系生长以及薯块膨大创造出理想的生存环境。据调查,深耕 30～33 cm 比 13 cm 左右的可增产 20% 以上;深耕 27 cm 充分细耙比耕深 13 cm 细耙的增产 15% 左右(汤祊德等,1992),耕深在一定范围内越深越好,具有显著的增产效益。当耕深超出一定范围时,可能会使土壤下层的生土翻耕起来,反而不利于农作物的生长,在大田农事操作中,一般深耕 30 cm 左右为最佳,同时保证土地的平整性和细碎性。深耕后,水地应浇水踏实,旱地要随耕随耙耱。深耕时基肥随即施入,基肥常用农家肥或农家肥混合化肥,达到待播状态。

(2)春整地　"春耕如翻饼,秋耕如掘井",春耕深度较秋耕稍浅些,避免秋季深耕翻入土的杂草种子和虫卵又翻上来,以减轻杂草和虫害危害。秋雨多的地区,土壤黏重,不适合秋耕可在来年早春进行春耕,春耕在播种前 10～15 d 进行,施用农家肥后旋耕一次,土壤墒情不足时开沟浇水,接墒后播种。

(3)深松　马铃薯根系发达,穿透力差,深耕可使土壤疏松透气及蓄水、保肥,打造适宜马铃薯生长的优越条件。深松是随少耕、免耕而发展起来代替传统耕作,适用于旱地农业的保护性耕作作法。它是利用深松铲来疏松土壤,加深耕层而不翻转土壤,改善耕层土壤的结构,从而减轻土壤侵蚀,提高土壤的蓄水保墒能力,有利于作物的生长和产量的提高。在土层薄或盐碱地,深松有以下特点:可以防止未熟化土壤、含盐分高的土壤被翻到表层,影响马铃薯出苗生长;不打乱土层,既能使土层上部保持一定的坚实度,减少多次耕翻对团粒结构的破坏,又可打破铧式犁形成的平板犁底层;用超深松犁,深松深度可达 40 cm 以上,改良土壤效果优于深翻,深松可增加土壤透水速度和透水量,减轻土壤水分径流并可接纳大量降水,增加底墒,克服干旱。因此,在旱地保护性耕作体系中,深松愈来愈受到广泛重视。

(4)整地标准　在土层深厚的地块,在前作收获后(一般于秋播结束后至上冻前,11 月至 12 月初),就要及时进行深耕细耙。深耕以 30 cm 左右为好。深耕可以改变土壤的物理性状,使表土层深厚疏松,为根系的发展和块茎的膨大创造良好条件;翻耕深度保证到 30 cm,这样可使土壤疏松透气,提高土壤蓄水、保肥、抗旱能力。

为了使植株生长苗壮,易于多结薯,结大薯。有条件的地方最好在深耕前地面撒施有机肥(土肥、圈粪),耕翻入土内,能使土壤中水、肥、气、热条件得到更好改善和协调;促使土壤微生物的活动和繁殖,加速分解有机质,促使土壤中有效养分增加;还可以减轻甚至消灭借土壤传播的病、虫、杂草危害。

4. 起垄   在 800 m 以上的中高山区马铃薯常以窄垄(行距 50~60 cm、株距 27~30 cm)及宽垄(行距 70~80 cm、株距 30~33.3 cm)起垄露地或地膜栽培。而浅山、丘陵、平川区,马铃薯则以做厢挖窝平作覆膜栽培模式常见,其播种格式是按薄膜宽窄度及地块长短而确定做厢宽窄度,一般以 1.5 m 或 2 m 宽度做厢后挖窝平作覆膜。而起垄覆膜栽培模式,是在深耕细作的基础上做垄,垄宽 1.0 m,垄沟宽 30 cm,垄沟深 15~20 cm,将垄沟内的表土均匀撒在两边垄面,垄面宽 75 cm。一垄双行,播前在垄面开双行沟条播,双行沟之间行距 33.3 cm,株距 27~30 cm,错窝摆放,每亩 5000~4000 株。播种深度以 10 cm 为宜,覆土 5 cm,然后用规格 80 cm 或 100 cm 宽的地膜覆盖压实。

旱平地、坡原地、下湿地、沟槽地适宜起垄栽培。地块整好后,播前深翻 30 cm 起垄,垄宽 80 cm,垄沟距 20~30 cm,垄高 21 cm,垄面宽 70 cm,每垄种植 2 行,适于用 80 cm 幅宽地膜覆盖。将底肥施入垄中,打碎垄面土块,轻度进行镇压,要求垄面平整,无坷垃,无残茬。

(二)选用良种

1. 选用适宜熟期类型的品种

(1)根据播季选用品种   在当前国内推广应用的马铃薯品种,按从出苗至成熟的天数多少,可以分为极早熟品种(60 d 以内)、早熟品种(61~70 d)、中早熟品种(71~85 d)、中熟品种(86~105 d)、中晚熟品种(106~120 d)和晚熟品种(120 d 以上)。

安康属中纬度秦岭南麓盆地(包含有汉中、商洛大部区域),马铃薯在分区上属西南垂直分布一、二作混合区,种植历史悠久,面积较大,常年种植在 80 万亩以上。本区域的中高山马铃薯一直是山区人民的主要粮食作物;而在浅山、丘陵、平川区也是人们喜爱的鲜食蔬菜。中高山区每年 2 月中旬至 3 月春播,一年一作,多以中熟、中晚熟品种露地垄作栽培为主;浅山、丘陵、平川区冬播一作,秋播一作,以大棚地膜(双膜)及露地地膜(单膜)栽培为主。春马铃薯为上年 12 月中旬至翌年 1 月上、中旬冬播;秋播以(4—5 月)春收马铃薯(30~50 g)的整薯留用为种薯或以中高山初夏收获休眠期短的早熟马铃薯在 8 月下旬至 9 月上中旬播种。冬播春收的单膜、双膜马铃薯或秋播冬收的大棚马铃薯主要为鲜食菜用,生长时间短,种植品种以早熟、中早熟品种为主。根据播期选择适宜马铃薯品种,具体选择何种类型品种还要结合栽培用途适时进行调整。

安康的中高山一作区(春播区),年降水量 1000 mm 左右,种植马铃薯地块均为坡度 30°左右的山地,地块小,坡度较大,土地瘠薄,肥力差,单产较低。本区域(6—9 月)因降雨充沛,相对湿度大,是马铃薯晚疫病高发区。故在品种选择上,一定要重点考虑晚疫病抗性问题,应选用高抗、高产、质优的中熟或中晚熟型品种作栽培。其适宜品种有安康市农业科学研究所近年来育成的国审品种秦芋 30 号,秦芋 31 号,秦芋 32 号、0402-9(定名秦芋 33 号待登记)及外引的鄂马铃薯 5 号、HB0462-16、青薯 2 号、青薯 9 号、丽薯 11 号、陇薯 7 号等。

浅山、丘陵、平川二作区(冬、秋播区),种植马铃薯地块均为坡度20°以下的缓平地或平地。适宜种植马铃薯的土壤肥力均匀,产量稳定。种植品种以抗晚疫病(或能避病)、高产、质优、商品薯率高、薯型好、芽眼浅的早熟、中早熟型品种。适宜本海拔区域栽培的品种有费乌瑞它、早大白、文胜4号、安农5号、安薯56号、秦芋35号(原代号:0302-4,安康市农业科学研究所近年新育成品系)等。

(2)根据海拔选用品种 安康盆地的中高山一作区,海拔为800~1800 m,年降水量1000 mm左右,种植马铃薯地块均为坡度30°左右的山地,地块小,坡度较大,土地瘠薄,肥力差,单产较低。本区域(6—9月)因降雨充沛,相对湿度大,是马铃薯晚疫病高发区。故在品种选择上,一定要重点考虑晚疫病抗性问题,应选用高抗、高产、质优的中熟或中晚熟品种作栽培。其适宜品种有安康市农业科学研究所近年来育成的国审品种秦芋30号,秦芋31号,秦芋32号、0402-9及外引的鄂马铃薯5号、HB0462-16、青薯2号、青薯9号、丽薯11号、陇薯3号、陇薯7号等。

浅山、丘陵、平川二作区,海拔700~300 m,种植马铃薯地块均为20°左右的缓平地或平地。适宜种植马铃薯的土壤肥力均匀,产量稳定。种植品种以抗晚疫病(或能避病)、高产、质优、商品薯率高、薯型好、芽眼浅的早熟、中早熟种。适宜本海拔区域栽培的品种有费乌瑞它、早大白、文胜4号、安农5号、安薯56号及近年安康市农业科学研究所育成的新品系0302-4、0402-9等。

2. 良种简介 安康市农业科学研究所、甘肃省宕昌县马铃薯开发中心、陇南市农科所等科研单位于20世纪60年代初就开展马铃薯新品种引育研究工作。经多年的不断努力,先后选育了文胜4号(175号)、安农5号等,宕薯系列、武薯系列等12个省审品种,选育出安薯56号、秦芋30号、秦芋31号、秦芋32号4个国审品种。其中"秦芋30号"曾被列入国家"863"计划管理品种。目前这些新品种正在秦岭南麓马铃薯主产区大面积应用,不但对解决山区人民温饱问题起到了重要作用,也为马铃薯产业发展、推动产业扶贫做出了重要贡献。

(1)文胜4号(原名175号)

品种来源:安康市农业科学研究所于1966年由"长薯4号"("疫不加"自交后代)的天然实生种子后代选育。

熟期类型:中熟品种,生育期85d左右。

产量和品质:一般产量1250~1500 kg/亩,高产可达4000 kg/亩。鲜食型品种,蒸食品质中等,干物质含量22.15%,淀粉含量12.14%~16.9%,还原糖含量0.95%,粗蛋白含量2.28%,维生素C含量10.6 mg/100g鲜薯。

抗性:植株中感晚疫病,块茎抗晚疫病,较抗花叶病(PVX、PVY)、抗卷叶病(PLRV)、抗环腐病、疮痂病,较抗青枯病,易感黑胫病。

适宜在中国西南、西北及中原一带种植。

(2)安农5号(系谱号:67-20)

品种来源:安康市农业科学研究所于1966年由"哈交25号"的天然实生种子后代选育。

熟期类型:中早熟品种,生育期75~80 d。

产量和品质:一般产量1500 kg/亩,高产可达2500 kg/亩。鲜食兼加工品种,蒸食品质优,干物质含量24.5%,淀粉含量11.9%~18.6%,还原糖含量0.52%,粗蛋白含量2.28%,维生素C含量8.5 mg/100g鲜薯。

抗性:植株中感晚疫病,块茎高抗晚疫病,抗环腐病,感黑茎病,较抗疮痂病及青枯病,轻感花叶病毒,抗卷叶病毒,耐束顶病,抗旱、耐瘠薄。

适宜在陕西南部及中国西南大部分区域种植。

(3)安薯56号

品种来源:安康市农业科学研究所于1978年以品种"文胜4号"作母本,与"克新2号"作父本杂交获得杂交实生种子,1979年培育实生苗,从中以单株株系培育而成。

熟期类型:中早熟品种,生育期80 d左右。

产量和品质:一般产量1500 kg/亩,高产可达2950 kg/亩。鲜食兼加工型品种,蒸食干面、香甜,淀粉含量17.66%,粗蛋白含量2.54%,粗脂肪含量0.27%,维生素C含量21.36 mg/100 g鲜薯。

抗性:植株高抗晚疫病,块茎较抗晚疫病;抗环腐病,感黑茎病,较抗疮痂病及青枯病;抗花叶病(PVX、PVY)、抗卷叶病(PLRV)。耐涝、耐旱、耐瘠薄。

适宜在陕西南部及中国大部分区域种植。

(4)秦芋30号(原名安薯58号)

品种来源:安康市农业科学研究所于1991年以BOKA(波友1号)作母本,4081无性优系(米拉/卡塔丁)作父本杂交,1992年以该组合实生种子培育实生苗,从中以单株株系筛选而成。

熟期类型:中晚熟品种,生育期85～90 d。

产量和品质:一般产量1283～1547 kg/亩,高产可达2528～2543 kg/亩。蒸食干面、甜香,淀粉含量17.57%,还原糖含量0.19%,粗蛋白含量2.25%,维生素C含量15.67 mg/(100 g)鲜薯。

抗性:植株高抗晚疫病,块茎抗病,抗环腐病、疮痂病,抗青枯病,轻感花叶病,高抗卷叶病毒,耐束顶病,耐涝、耐旱。

适宜在陕西南部、中国西南及中原大面积种植。

(5)秦芋31号

品种来源:安康市农业科学研究所于1996年以云94-51×89-1有性杂交,1997年实生苗培育系统选育而成。

熟期类型:中晚熟品种,生育期85～90 d。

特征特性:株高75.0 cm左右,茎绿色,叶绿色,花白色,天然结实极少,匍匐茎短,薯块大、整齐,扁圆形,淡黄皮白肉,表皮略麻,芽眼较浅,块茎休眠期长,贮藏性较差。植株抗晚疫病,块茎抗晚疫病,抗环腐病、疮痂病,抗青枯病,抗花叶病毒,抗卷叶病毒,耐束顶病。一般产量1238～1770 kg/亩,高产可达2052 kg/亩。鲜食型品种。蒸食品质较优,干物质含量18.5%,淀粉含量11.8%,还原糖含量0.29%,粗蛋白含量2.1%,维生素C含量14.2 mg/100 g鲜薯。

适宜在中国西南多地大面积种植。

(6)秦芋32号

品种来源:安康市农业科学研究所2000年以秦芋30号/89-1(高原3号/文胜4号)有性杂交,2001年实生苗培育,株系选育而成。

熟期类型:中熟品种,生育期80 d左右。

特征特性:株高 55.5~63.5 cm,茎绿色,叶绿色,花白色,天然结实极少,匍匐茎短,薯块大小中等、整齐,扁圆形,淡黄皮黄肉,表皮光滑,芽眼较浅,块茎休眠期较长,耐涝、耐旱、耐贮藏。植株抗晚疫病,块茎抗晚疫病,抗环腐病、疮痂病,抗青枯病,轻感花叶病毒,抗卷叶病毒,耐束顶病。一般产量 1473.5~1724.4 kg/亩,高产可达 2500 kg/亩以上。适宜在中国西南区种植。鲜食、菜用型品种。蒸食品质较优,干物质含量 18.5%,淀粉含量 11.8%,还原糖含量 0.29%,粗蛋白含量 2.1%,维生素 C 含量 14.2 mg/100 g 鲜薯。

适宜在中国西南区种植。

(7)秦芋 33 号(原代号:康 0402-9)

品种来源:安康市农业科学研究所以秦芋 30 号×晋 90-7-23 有性杂交,实生苗培育,单株、株系选育而成。

熟期类型:该品种中晚熟,生育期(出苗至成熟)85~90 d。

特征特性:株高 55.1 cm,出苗率 98.2%,茎叶绿色,花冠白色,开花繁茂性中等,天然结实性弱,匍匐茎短。块茎椭圆形,白皮白肉,表皮光滑,芽眼浅,幼芽紫红色,圆柱形,有白色绒毛。块茎大小较整齐。平均单株主茎数 3.8 个,单株结薯数 7.4 个,平均单薯重 71.9g,商品薯率 76.8%。常温条件下薯块休眠期 120 天左右,耐贮运。块茎干物质含量 18.53%,淀粉含量 11.41%,还原糖含量 0.21%,粗蛋白含量 2.43%,维生素 C 含量 13.03 mg/100 g。

抗性、产量:该品种抗轻花叶病毒病(PVX),抗重花叶病毒病(PVY);经河北农业大学植物保护学院接种鉴定,该品种中抗晚疫病;经湖北恩施中国南方马铃薯研究中心田间鉴定"康 S0402-9"的植株对晚疫病的田间抗性略差于对照品种鄂马铃薯 5 号。抗逆性强,适应性广,综合性状突出。一般产量 1740.4~1797.8 kg/亩,高产可达 2781.1 kg/亩以上。

适宜在陕西南部、中国西南区种植。

(8)秦芋 35 号(原代号:0302-4)

品种来源:安康市农业科学研究所以国审品种秦芋 30 号[BOKA(波友 1 号)×4081 无性优系(米拉/卡塔丁后代)]作母本,合作 88(云南省经作研究所引入)作父本杂交,实生苗株系选育而成。

品种特征特性:该品种早熟,生育期(出苗至成熟)75 d 左右。茎、叶绿色,花冠白色,花繁茂性中等,天然结实少。株高 51.3 cm,主茎数 2.3 个,匍匐茎短,薯块扁圆,皮淡黄光滑,肉白色,芽眼较浅。单株块茎数 8.6 个,单株块茎质量 575 g,平均单薯质量 66.9 g,薯块大小整齐,商品薯 87.8%。田间无二次生长,无裂薯,无空心薯,耐贮运。经西北农林科技大学测试中心测定:该品种淀粉含量 9.57g/(100 g),干物质含量 20.0 g/(100 g),还原糖未检测,蛋白质含量 1.93 g/(100 g)。

抗性、产量:经西北农林科技大学植保学院接种鉴定,该品种抗轻花叶病毒病(PVX),抗重花叶病毒病(PVY);轻感晚疫病。一般产量 1586~2815 kg/亩,高水肥条件产量可达 3560.6 kg/亩。

适宜在陕西南部、中国西南中低山及川道区种植。

(9)鄂马铃薯 5 号(原代号:T962-76)

品种来源:湖北省恩施州农业科学研究院(中国南方马铃薯研究中心)于 1995 年以 393143-12 作母本,NS51-5 作父本杂交,系统选育而成。

熟期类型:中晚熟,生育期(出苗至成熟)94 d 左右。

特征特性、品质:株高 62 cm,主茎数 2～5 个,茎叶绿色,叶片较小,花白色,天然结实中等,匍匐茎短,薯块大小中等、整齐,薯形长扁,淡黄皮白肉,表皮光滑,牙眼多而浅,块茎休眠期长,耐涝、耐旱、耐贮藏。干物质含量 22.7%,淀粉含量 14.5%,还原糖含量 0.22%,粗蛋白含量 1.88%,维生素 C 含量 16.6 mg/100 g,蒸食品质较优。

抗性、产量:植株及块茎抗晚疫病,抗环腐病、疮痂病,抗青枯病,抗花叶病毒,抗卷叶病毒,耐束顶病。一般产量 1568～2718 kg/亩,高产可达 2800 kg/亩以上。适宜在中国西南区大面积栽培,是 2009 年以来西南区的主推主栽品种;也是目前西南区马铃薯新品种选育做区试鉴定的主要对照种。

(10)费乌瑞它(又名:荷兰 7 号、15 号)

品种来源:荷兰 ZPC 公司用"ZPC50-35"作母本,"ZPC55-37"作父本杂交育成。

熟期类型:特早熟(蔬菜型)品种,生育期 65～70 d。

特征特性:株型直立,株高 60 cm 左右,茎紫褐色,叶绿色,花冠紫色,天然结果少。块茎长椭圆形,皮色淡黄,肉色深黄,表皮光滑,芽眼少而浅,匍匐茎短,休眠期短。耐水肥,耐贮运。淀粉含量 12%～14%,还原糖 0.5%,粗蛋白含量 1.6%,维生素 C 含量 13.6 mg/(100 g),蒸食品质较差。

抗性、产量:抗马铃薯 Y 病毒和卷叶病毒,对 A 病毒和癌肿病免疫,易感晚疫病,不抗环腐病和青枯病。种植密度:每亩种 4000～5000 株。一般产量 1100～1700 kg/亩,高产可达 3000 kg/亩。

(11)早大白

品种来源:辽宁省本溪市农业科学研究所选育而成,亲本组合为五里白×74-128。

熟期类型:极早熟品种,生育期 60 d 左右。

特征特性:植株直立,繁茂性中等,株高 50 cm 左右,单株结薯 3～5 个。薯块扁圆形,白皮白肉,表皮光滑,薯块好看,结薯集中,芽眼深度中等。块茎干物质含量 21.9%,含淀粉 11%～13%,还原糖 1.2%,含粗蛋白质 2.13%,维生素 C 含量 12.9 mg/100 g,食味中等。休眠期中等,耐贮性一般。

抗性产量:对病毒病耐性较强,较抗环腐病和疮痂病,感晚疫病。一般每亩 2000 kg,高产可达 4000 kg 以上。

(12)米拉(又名:德友 1 号)

品种来源:1952 年民主德国用"卡皮拉"(Capella)作母本,"B. R. A. 9089"作父本杂交系选育成。

熟期类型:中晚熟,生育期 115 d 左右。

特征特性:该品种株型扩散,株高 60 cm 左右,主茎数 3～4 个,茎绿色带紫褐色斑纹,叶绿色,花冠白色,花药橙黄色,有天然结实,块茎长椭圆,黄皮黄肉,表皮较粗糙,芽眼中等深,结薯较分散,休眠期长(常温 140 d),耐贮藏。块茎蒸食品质优,淀粉含量 17%～19%,还原糖 0.25%,粗蛋白质含量 2.28%,维生素 C 含量 14.4 mg/100 g。

抗性、产量:该品种轻感马铃薯花叶和卷叶病毒,抗晚疫病、青枯病、环腐病和癌肿病。适应性、抗逆性强。每亩种植 3500～4000 株,一般每亩 1500 kg,高产可达 2500 kg 以上。

(三)选用脱毒种薯及播前处理

1. 脱毒种薯来源

(1)外购 选择有资质的脱毒种薯企业调种,优先选高代种薯,有条件的可以在种薯生长期内到田间进行甄别,选择对花叶病、卷叶病、黑胫病、环腐病、疮痂病等病株发生率控制较好的种薯企业调种。

(2)自育

① 马铃薯试管苗组培扩繁技术　从培养植株上剥离具有1~2个叶原基的茎尖分生组织(直径约0.2 mm)并转到 MS 培养基上,在20(±1) ℃条件下先黑暗培养 7 d,然后微光培养 7 d,最后转到正常光照下培养。等长出芽和根后将再生植株转到 MS 培养基上,每 1 个月左右转接一次,达到较多的数量,生产试管苗的同时为水培苗生产提供母苗。

② 病毒检测技术　严格遵循 NT/T401-2000 脱毒马铃薯种薯(苗)病毒检测技术规程和GB7331-2003 马铃薯产地检疫规程进行病毒检测。

包括脱毒种薯和脱毒试管苗的检测。脱毒种薯的病毒检测:田间取薯、催芽、取样检测。脱毒试管苗的病毒检测:按国家标准要求抽检试管苗。进行 PVX、PVY、PLRV 和 PVS、PVA和 PVM 六种病毒的检测,建立了从马铃薯茎尖剥离、脱毒苗快繁、温室微型薯生产、大田种薯繁育的完整的脱毒马铃薯种薯质量检测体系。

③ 试管苗水(雾)培扩繁技术　利用马铃薯茎易生根特点,采取营养液水培循环技术,进行试管苗扦插,促进生根形成一个完整的苗子,然后从长成的苗子上部剪取 2~3 个节间的小段进行扦插,依次循环进行。本技术达到了 3 d 开始形成根原始体,5 d 生根,7 d 形成须根系,10~12 d 长到 5~7 片叶出温室的理想效果,每平方米一次可繁殖 2500 株脱毒苗,而且可以循环生产,不需要专门炼苗,且苗子生长健壮,栽植成活率高达 90% 以上。

④ 脱毒原种生产技术　种薯繁育基地选择在海拔高,风力大,交通方便,气候冷凉的山地,达到繁种地周围蚜虫密度低、没有带毒的马铃薯和其他马铃薯的寄主,确保种薯质量,同时利用马铃薯栽培密度控制块茎大小的原理,高密度移栽马铃薯脱毒水(雾)培苗生产繁殖 5~50 g 脱毒种薯。春季生产脱毒苗,秋季生产脱毒薯,周年生产技术的成熟,使得马铃薯种薯生产可根据生产需要,不受季节限制,人工调控进行可周年生产。

2. 脱毒种薯的播前处理

(1)整薯处理　在选用良种的基础上,选择薯形规整,具有本品种典型特征特性,薯皮光滑、色泽鲜明,重量为 25~50 g 左右的健康小种薯作种。选择种薯时,要严格去除病、烂、畸形薯。用小整薯作种可以省种、省工,减轻运输压力和费用。整薯播种母薯营养充足,具有顶芽优势。整薯外面有一层完整的表皮,能防止块茎内水分的蒸发和养分的损失。一个块茎就是一个小水库、营养库,可供萌芽生长利用,因此,能抗旱。霜冻后能较快恢复生长,保苗率高,并能防止以种薯带病传染的环腐病、黑胫病、青枯病和病毒病。避免了切刀传菌及病菌和健薯切面接触,以及切面与土壤接触传菌、传毒的机会,保证苗全苗壮。

(2)切块　种薯以 100~250 g 大小为宜。马铃薯块茎上可萌发的芽主要是薯顶部和中部的芽。受顶端优势的影响,往往处于顶部的芽最容易萌发,为了保证马铃薯出苗整齐一致,常常采用带顶芽切块。切芽块的场地和装芽块的工具,要用 2% 的硫酸铜溶液或 1500 倍高锰酸钾溶液喷雾。切块时期一般在播种前 1 月进行,也可随切随播。将种薯以薯块顶芽为中心纵劈一刀,切成两半后再分切。如果顶部芽眼不够,可带薯块中部芽眼进行分切。切块大小以45~60 g 为宜,大一些的种薯要合理分切以控制用种成本。切块时要注意工具消毒,用 2~3把刀浸泡于 1000 倍高锰酸钾溶液中轮换使用,防止病菌通过刀口传播,切块时筛捡病虫薯,切完后将切好的薯块在室内及时拌种,同时注意防冻保存。

3. 催芽

(1)整薯催芽　是指播种前 20 d 内,将未萌动发芽种薯在室内升温催芽。当催出的幼芽有 3~4 cm 时,将其顶(头)部向上,尾部向下转摊在干燥、透风、透光的地板上使薯块长出的芽见光变绿,形成短粗坚实不易碰掉的绿色芽。

(2)小整薯短壮芽　马铃薯春播整薯短壮芽是指选择 25~45 g 的整薯,顶(头)部向上,尾部向下,排列在干燥、有光的房屋里度过休眠后萌发形成的绿色短壮芽整薯。

壮芽是在低温、适温、干燥、见光、透气的房屋里,将冬前结束休眠发芽的薯块顶部朝上一个靠一个摆放,使薯块长出的芽见光变绿,形成短粗坚实不易碰掉的绿色芽。

(3)中、高山区短壮芽夏播留种　是指在安康中高山用春播种薯留存少部分,单个摊放在干燥、透风、透光的木板上,形成绿色短壮芽在 7 月下旬至 8 月上旬播种,于 10 月霜降前后收获。作为种薯的一种保种留种栽培技术。

(4)整薯育芽移栽　在平地上做成长 8~12 m,宽 1.4 m,深 14~16 cm 的浅窖。在窖内平铺 5 cm 左右湿润细沙,将 50 g 以上薯块芽眼朝上,一个靠一个排放后,上面又覆盖 6 cm 厚细沙。然后用竹棍搭成 70~80 cm 高的弧形拱棚用薄膜盖上育芽。当芽长到 1~2 片小叶时开始搬芽移栽。搬芽后的薯块放回原处,用细沙盖上继续育芽移栽;这样重复到第三次或第四次育出的芽可连同母薯移栽至大田。这是一种极为省种的高产栽培。特别是脱毒种薯扩繁最实用。

(四)播种

1. 播种方式

(1)垄作　安康山区土层薄,限制了马铃薯根系和块茎的生长发育,同一品种块茎的大小比北方小,除生长期差异外,主要原因是北方土层厚,土质好(沙壤),因此平作少,多垄作。垄作具有出苗早,薯块大,产量高,病害轻,烂薯少等优点。坡度在 25°以下的缓平地、平地均适宜垄作栽培。垄作分单行垄作栽培技术和双行垄作栽培技术。

(2)地膜覆盖

① 膜覆盖栽培　适宜安康中低山及浅丘、平川区栽培。地膜栽培的好处是可达到"三早""三高""五有利"。"三早"即早出苗、早收获、早上市;"三高"一是高产,比未覆膜增产 35%~76%;二是商品薯高,比未覆膜的大中薯增加 27%~36%;三是高效,以亩增产 400~500 kg,单价 2 元,亩增产值 800~1000 元;"五有利"一是早结薯、早收获,避过或减轻晚疫病或二十八星瓢虫危害;二是覆膜雨水多时可顺沟排除膜上的雨水,膜内不积水,以减少烂薯;三是覆膜提前了马铃薯生育期,利于低海拔地区种植中晚熟品种,也可缩短与间套种作物的共生期;四是覆膜生育期缩短,提前收获,利于安排后茬作物,提高复种指数;五是利于改善地面小气候,增加马铃薯下部叶片的光合作用。

地膜覆盖栽培的方法:因地制宜晒种催芽是把种薯放在温暖条件下促使早发芽,利于早出苗,通过选芽种播还利于苗全苗壮,但要因地制宜;适时播种最佳播种期是播种出苗后晚霜刚过,因为早播出苗早,容易遭受晚霜危害,一般在土壤 10 cm 深地温达 4 ℃时开始播种;地膜马铃薯并不进行锄草,播种深度以 16 cm 左右为宜;播种密度以地膜宽度决定,1 m 宽的地膜,双行垄作,垄面宽 70 cm,小行距 30~33.3 cm,大行距 50~60 cm,垄作两侧土壤厚度不少于 20~15 cm,早熟品种株距 25~27 cm,中晚熟品种株距 27~33.3 cm;垄面要平展,表土耙平展无坷垃,无残茬,以防戳破地膜。

②双膜覆盖栽培(即拱棚＋地膜覆盖)　适宜平川区早上市马铃薯栽培。双膜栽培比单膜栽培有三大好处。一是高产、商品率高、避霜冻。即增产达20％～30％,大中薯率显著提高,食用价值高,避免霜冻害;二是早收获,早上市,经济效益显著提高;三是收获期早,为下茬作物高产提供了充足的生长发育时间。

双膜栽培的方法:适时播种催芽一般在大田露地播种前15～20 d进行播种催芽,经30～45 d薯芽长2 cm左右即可移栽;精细整地施足基肥;适时移栽合理密植将薯芽长到2 cm左右的健壮薯芽按行距40～50 cm,株距25～30 cm移栽,密度可根据地力及肥力水平决定;薯芽移栽后喷施除草剂,再覆盖地膜及搭建弧形拱棚,盖上塑料薄膜,四周密封,待薯苗初生叶展平时,从拱棚一边揭开薄膜,对地膜用烟头烧孔或刀片割孔放苗后再盖上揭开的塑料膜。还要防积雪压棚,当气温稳定在15 ℃左右时,塑料薄膜要日揭夜盖,以防高温烧苗,低温冻害。

2. 适期播种

(1)春播　在低海拔地区,露地播种时期一般在1月下旬—2月中旬;海拔800 m以上的中、高地区,2月中旬—3月中下旬为适宜播期。

(2)冬播　冬播马铃薯在冬季由于地温低不会出苗,但适当早播能够促进芽在土中形成和根系的生长,加快母薯内营养物质的转化,为早出苗、早发棵打好基础。安康800 m以下地区冬播马铃薯一般在12月中下旬至下年1月上旬播种为宜。结合起垄先在垄面挖双行浅窝或开双行浅沟(深8 cm左右),小行距33.3 cm,按株距27 cm放好种子,每亩4900株左右,然后将底肥中化学肥料充分拌匀,结合有机肥一次性施在距种薯6～7 cm处,再将垄沟内的土覆盖在种子和肥料表面,覆盖深度以9 cm左右为宜。

(3)播期对马铃薯生育期和产量的影响　播期对马铃薯生长发育及产量具有明显的调节作用,同时对生育期及不同生育阶段持续时间影响同样明显,随着播期的推迟,马铃薯全生育期明显缩短。不同播期下,各生育阶段持续天数相差最大的是播种期—出苗期。不同播期对开花盛期的植株农艺性状影响显著。播期过早或过晚,都对植株生长不利,只有播期适宜,株高、单株叶片数、匍匐茎数、根系数、叶面积指数、叶片干重、茎干重及根干重才能增大,且产量增加。

在安康低海拔地区,春马铃薯露地栽培适宜播期为1月下旬至2月中旬;在800 m及以上地区,马铃薯适宜播期为2月中旬至3月中下旬。其主要原因是:马铃薯在地面下10 cm地温4 ℃块茎休眠后萌动,7～8 ℃幼芽发育,17～21 ℃适宜茎叶生长发育,15～20 ℃最适宜块茎生长。安康地处北温带与南亚热带交汇处,马铃薯播种期容易受低温霜冻危害,春季干旱少雨,马铃薯出苗难,播种过早,发芽出苗提前,容易受低温霜冻危害;播种过晚,发芽、出苗晚,生育期短,薯块小,产量低,效益差。因此,安康春植马铃薯播期不能过早;冬播马铃薯播种期不宜过晚。

3. 合理密植　合理密植能使马铃薯最大化增产,具体表现在三个方面:一是有利于马铃薯光合作用。无论是在种植初期,还是后期马铃薯块茎的地下成长期,充分的光合作用,都是其正常成长与增产的基础。适中的密度下,单株马铃薯之间互相不影响光合作用的进行,都能充分地成长。二是有利于马铃薯通风。风能帮助马铃薯实现叶片的呼吸,加快马铃薯的蒸腾作用,促进马铃薯根部对水分的吸收和其他养分的吸收。三是有利于马铃薯地下成长,在适中密度下,为马铃薯预设了足够的地下空间,为马铃薯的块茎地下成长做好了准备工作。

不同地域、不同的品种,采用不同的密度,进而追求最大化生产。以安康为例,该地区多处土地耕层厚 10 cm 右,土层浅,很难通过培育大薯和增加垂直结薯量来增加产量。因此,增加种植密度是提高马铃薯单产的关键途径。常规种植密度约 3500～4000 株/亩,单产水平约 942 kg/亩。而通过 3000～7000 株/亩密度梯度试验得出,5000 株/亩密度种植产量效果最佳。

(五)种植方式

1. 单作　单作以垄作为例分为单行垄作栽培和双行垄作栽培。具体来说,单行垄作即在深耕细作的基础上做垄,行距 55～65 cm,株距 27～30 cm,播种深度 8～10 cm;而双行垄作垄高 20～25 cm,沟宽 15 cm,垄宽 75～85 cm(包括垄沟),垄面与播种的薯块距离 15～20 cm,垄面播种小行距 33 cm,株距 27～30 cm(开沟错窝摆放);播种深度 8～10 cm,覆土 4～5 cm。

2. 间套作

(1)实施条件　结合安康农业生产特点与自然条件,本地区多采用马铃薯与其他作物套作种植,而马铃薯与玉米的种植模式因能充分提高土地的复种指数而被广泛采用。该模式是典型的高低位作物套作模式,不但能够改善田间小环境,提高作物光、热、水、气的利用率,而且能够从生态的角度防治田间病虫草害的危害,具有较强的增产效益。

(2)规格和模式　马铃薯与玉米间作

① 早熟马铃薯品种与玉米 2：2 间作　双行马铃薯(带宽 70 cm)和双行玉米(带宽 80 cm)。每一播幅为 150 cm 宽。马铃薯播种小行距 30 cm,株距 20～25 cm;玉米播种小行距 40 cm,株距 27～33 cm。

② 中晚熟马铃薯品种与玉米 2：2 间作　双行马铃薯(带宽 80 cm)和双行玉米(带宽 90 cm),每一播幅为 170 cm 宽。马铃薯播种小行距 33 cm,株距 27～30 cm;玉米播种小行距 45 cm,株距 30～33 cm。

③ 马铃薯与甘薯套作　单行马铃薯与单行甘薯相距 50 cm,双行与双行之间相距 100 cm,马铃薯株距 27 cm,亩 5000 株,甘薯株距 33 cm,亩 4040 株。马铃薯前期培土成垄,甘薯在垄中间平地栽植,待马铃薯收获时把马铃薯的垄变成平地,把甘薯的平栽变成垄作。

3. 轮作

(1)茬口关系　合理的倒换茬口可以提高作物产量。马铃薯最好的前茬作物是禾谷类作物,以麦茬优先。豆科植物因其根部有大量根瘤,可以固定土壤中游离的 N 素,也是马铃薯较好的前茬作物。值得注意的是,豆茬地下害虫较多,特别是隔年豆茬,地下害虫更严重,可造成马铃薯缺苗减产,因此必须加强防虫措施。

茄果类作物,如番茄、茄子、辣椒,以及白菜和甘蓝等为前茬的地块上,不宜种植马铃薯,以防止共患病害的发生。

(2)规格和模式　马铃薯轮作周期的长短因地制宜,在病虫害发生较轻、施肥量较多的地块,轮作周期可以短一些,一般以 3 年为主;反之,则应适当延长轮作周期。

马铃薯是茄科草本植物,为菜粮两用作物。可与非茄科作物轮作,既可改良土壤,也有利于病虫害防治。其中主要以玉米—马铃薯、水稻—马铃薯、油菜—马铃薯和小麦—马铃薯等轮作为主。马铃薯常与水稻、蔬菜轮作,粮食产区两季水稻、一季马铃薯也是不错的选择。

（六）田间管理

1. 定苗和中耕

（1）放苗、查苗补苗和定苗　安康浅丘、平川区露地种植马铃薯约 3 月 10 日出苗，地膜栽培可提前 15～25 日出苗。出苗前后要勤查看，发现有 50% 种薯出土展开二叶后要及时划膜放苗。放苗时间需灵活掌握，过早由于倒春寒容易使幼苗受冻，过迟强光下容易烧苗，具体时间应以本地晚霜期结束为准。春季马铃薯苗出齐后，要及时进行查苗，有缺的及时补苗，以保证全苗。补苗的方法是：播种时将多余的薯块密植于田间地头，用来补苗。补苗时，缺穴中如有病烂薯，要先将病薯和其周围土挖掉，再带母薯栽植补苗。土壤干旱时，应挖窝浇水且结合施用少量肥料后栽苗，以减少缓苗时间，尽快恢复生长。如果没有备用苗，可从田间出苗的垄行间，选取多苗的穴，自其母薯块基部掰下多余的苗，进行移植补苗。在齐苗后，及时间苗定苗，间苗时做到去弱留强，第一次间苗后每穴留苗 3～4 株，第二次间苗后每穴留苗 2～3 株。

（2）中耕除草和培土　地膜马铃薯为充分发挥地膜的作用，苗期一般不揭膜不中耕，现蕾时进行中耕。中耕前将残余的地膜去掉，再于株行间中耕松土。结合中耕给植株培土，培土厚度不超过 10 cm，以增厚结薯层，避免薯块外露，降低品质。

2. 科学施肥

（1）施足底肥　"有收无收在于水，收多收少在于肥"。施肥是调节土壤养分，保持养分平衡的重要手段。施用大量有机肥作基肥常常是马铃薯丰产的基础，在此基础上增施化肥能使马铃薯持久增产。浅丘、川道冬播马铃薯生育期较短，对肥料的需求比较集中，因此施足底肥对马铃薯的增产起着重要的作用。马铃薯的底肥应占总用肥量的 3/5 或 2/3。在马铃薯播种时，要施足腐熟堆肥、沼肥和农家肥，重施基肥。施入纯 N 165 kg/hm^2、P$_2$O$_5$ 285 kg/hm^2、K$_2$O 240 kg/hm^2，或按 N∶P∶K＝2∶4∶3 的比例施入，确保施肥合理，促进块茎膨大。

（2）按需追肥　马铃薯追肥应遵循控 N 稳 P 增 K 并适当补充微量元素的原则。根据生育过程的植株长势和需肥规律，确定好追肥时期、肥料种类和用量。一般在幼苗齐苗后 15 d 内，幼苗长到 6～7 片顶叶时按需追肥。追肥方法：在株旁打孔施入，弱苗多施，壮苗少施或不施，宜在降雨前后施肥，干旱不宜施肥以防烧根伤苗。一般在块茎形成期追施纯 N 150 kg/hm^2、K$_2$O 150 kg/hm^2。随后的追肥时间和次数根据植株的田间长势和叶柄检测情况而定。多采用叶面追肥的方法，每次追施 K$_2$SO$_4$ 45～60 kg/hm^2、尿素 45～60 kg/hm^2。施足底肥，苗期早补追肥，才能促使马铃薯前期生长旺盛，使茎粗叶大色深的丰产长相早日形成。

① 施氮　N 肥能使马铃薯植株长高、叶面积增大和加快块茎淀粉积累。适当施用 N 肥，能促进马铃薯枝叶繁茂，叶色深绿，有利于光合作用。但施用 N 肥过量就会引起植株徒长、贪青晚熟、结薯期延迟，降低产量；还易受病害侵袭，造成更大的产量损失。相反，如果 N 肥不足，则马铃薯植株生长不良；茎矮而细小，叶片小，叶色淡绿，分枝少，植株下部叶片变黄。如果不通过施 N 肥进行校正，整个植株将变黄而且生长弱而不正常，产量很低。植株对 N 肥反应的程度与 N 素缺乏水平有关。早期发现植株缺 N 可及时追肥，变低产为高产。但施用 N 肥过多不但投资大，还会造成茎叶陡长，产量低。

安康地区常用的 N 肥有：尿素、碳铵、硝铵、磷酸二铵等。尿素（15 kg/亩）不易被土壤吸附，移动性大，作追肥效果好，也可作底肥；碳铵（50 kg/亩）易挥发，也易被土壤吸附，宜作底肥深施，追肥也要深施；硝铵（10 kg/亩），移动性大，用于坡地作追肥，效果高于其他任何 N 肥；

磷酸二铵(30～40 kg/亩),N少P多,宜与二至三倍的N肥混合作底肥。

②施磷 P肥虽然在马铃薯生长过程中需要量较少,但却是马铃薯植株健康发育不可缺少的重要肥料。P肥能促进马铃薯根系发育,P肥充足时幼苗发育健壮,还有促进早熟、增进块茎品质和提高耐贮性的作用。P肥不足时马铃薯植株生长发育缓慢,小叶纺锤状,有的叶片发皱或叶片成杯状,比正常叶片颜色深一些,茎秆矮小。

常用的P肥有:过磷酸钙(100 kg/亩)、磷酸二铵(30～40 kg/亩)。P肥在土壤中移动性小,不宜作追肥,宜作底肥集中施于播种沟、穴中,加入一定量N肥后和农家肥拌匀作底肥效果好。

③施钾 K肥的功能不仅能提高马铃薯叶片的光合效率,而且能促进有机物的合成和运输,增强抗逆性,改善产品质量。缺K时马铃薯植株节间缩短,发育迟缓,叶片变小,叶缘向下弯曲,植株下部叶片早枯。早期症状是深色或蓝绿色的光滑叶片。然后老叶变成青铜色和有坏死斑(表面类似早疫病),而且早衰。根系不发达,匍匐茎缩短,块茎小、产量低、品质差、块茎表面,尤其是在顶部有下陷的坏死斑。

马铃薯需K肥最多,常用的K肥有:草木灰(100～150 kg/亩)、硫酸钾(15～20 kg/亩)、磷酸二氢钾,忌用氯化钾肥。肥料可结合整地撒施或结合播种窝施或条施。磷酸二氢钾,易作种肥和叶面喷肥。

(3)复合肥的应用 马铃薯在生长过程中形成大量的茎叶和块茎,因此,需要的营养物质较多。肥料三要素中,以K的需要量最多,N次之,P较少。生产上,马铃薯的底肥应占总用肥量的3/5左右。底肥以腐熟的堆厩肥和人畜粪等有机肥为主,再配合化学N、P、K肥。一般亩施有机肥1000～1500 kg,尿素15 kg,过磷酸钙50 kg(或磷酸二铵30 kg),草木灰100～150 kg(或硫酸钾15～20 kg)。马铃薯从播种到出苗时间较长,出苗后,要及早用清粪水加少量N素化肥追施芽苗肥,以促进幼苗迅速生长。现蕾期结合培土,视苗情追施一次结薯肥,以K肥为主,配合N肥,施肥量视植株长势长相而定,若底肥充足,叶色浓绿时一般不需要追肥。开花以后,一般不再施肥,若后期表现脱肥早衰现象,可用P、K或结合微量元素进行叶面喷施。除N、P、K常规复合肥外,现增效复合肥已开始应用于马铃薯生产中。增效复合肥料是指在传统复合肥料生产过程中添加了尖端肥料增效技术的一种新型复合肥料。与而传统复合肥相比,能够明显提高肥料利用率,增强肥效,是复合肥料高效化、优质化的发展方向。安康地区春季马铃薯生产中应用增效复合肥,增产效果明显。

(4)平衡施肥 平衡施肥是在以农家肥为基础的条件下,根据作物需肥规律,土壤供肥性能与肥料效应,在生产前提出N、P、K肥和微肥的适用量和施用方法的施肥技术。马铃薯平衡施肥技术的目的在于使马铃薯单产水平在原有水平的基础上有所提高,还能增强抗病力,改善块茎品质,增加大中薯个数,提高商品率,淀粉含量增加,投肥合理,养分配比平衡,产出高,投入低,施肥效益明显增加。

平衡施肥技术要因地定产,按产配肥,科学施肥。平衡施肥按精密程度分类 优化配方平衡和粗配方平衡。优化配方平衡施肥需要化验土壤和肥料的成分及含量,进行配肥平衡试验,适用范围小。而粗配方只是在对肥料用量与产量进行宏观控制。准确度虽然差,但适用范围大。常用的配方有:①有机肥(农家肥)(2000～3000 kg/亩)、尿素(15～20 kg/亩)、磷酸二铵(20～25 kg/亩)、K_2SO_4型复合肥(20～30 kg/亩);②腐熟农家肥(3000 kg/亩)、碳铵(50～60 kg/亩)、P肥(40～60 kg/亩)、K_2SO_4(15～20 kg/亩)。

3. 节水补充灌溉

安康盆地水资源丰富,年平均天然降水在 900 mm 以上。农田一般不需灌溉,但天然降水在季节之间分配不均,大部分降水集中在 5—10 月。马铃薯生育期间如遇干旱,也需进行补充灌溉。主要通过修建蓄水池蓄水,开设排水沟渠排水的方式补充灌溉。平川区大棚早春马铃薯常用滴灌或喷灌设施,根据棚内需水情况给予补水灌溉。

4. 防病治虫除草

(1)马铃薯主要病害　马铃薯的病害种类较多,安康地区常见的马铃薯病害有晚疫病、病毒病、青枯病、环腐病、疮痂病、癌肿病等(具体详见第五章)。

(2)马铃薯田间主要害虫　安康地区为害马铃薯的害虫主要有瓢虫、蛴螬、蚜虫、蝼蛄等(详见第五章)。

(3)马铃薯田间主要杂草　安康地区为害马铃薯的主要杂草种类为禾本科杂草狗尾草、虎尾草和无芒稗,阔叶杂草反枝苋、藜、田旋花等(详见第五章)。

5. 预防水灾和霜冻

(1)水灾　陕南秦巴山区地表年最大流量在汛期 5—9 月均有出现,7 月频次最多,其次是 9 月和 8 月。水灾类型有暴雨、洪水、泥石流(特殊山洪)及其暴雨洪水造成的严重水土流失,洪水灾害都是因暴雨形成的,具有突发性。

马铃薯成株期发生水灾,水分过多则土壤氧气不足,根系发育不良,茎叶徒长。块茎成熟期雨水过多容易造成田间和贮藏期发生生理和病理的腐烂。一般早熟品种结薯生长早,表现更为显著。中晚熟品种结薯生长晚,一般未到成熟时就收获了,生长势强,抗性强,块茎腐烂率低。马铃薯的最适宜的土壤湿度为田间最大持水量的 60%～80%。土壤水分超过 80%,茎叶生长快但块茎生长慢。要做好马铃薯地块的水灾防范工作,地势高排水良好的地块可作宽畦,地势低排水不良的则要作窄畦或高畦。灾害过后要及时进行排涝、补苗等救灾工作。

(2)霜冻　地膜马铃薯在有降霜或降雪来临前,易发生霜冻,对马铃薯产量造成严重影响。可在膜上幼苗之间放上少量的稀疏稻草、麦草或玉米秆,然后再加上一层地膜,等晚霜过后或化雪后撤出。

四、收获和贮藏

(一)收获标准和时期

1. 马铃薯成熟的标志　马铃薯叶色由绿转黄达到 70% 时,这时块茎容易与匍匐茎分离,周皮变硬,比重增加,干物质含量达最高限度,即为生理成熟期,此时是块茎产量最高也是收获的最佳时期。

2. 马铃薯采收时期　马铃薯采收期应根据鲜薯、加工薯和种薯生产的特点,以及品种特点、自然特点和栽培模式来确定其合理的采收期。

食用鲜薯收获期的确定需要考虑产量和产值的关系。一般来说,马铃薯生理成熟期的产量高,但产值不一定最高。市场的规律是以少、鲜为贵,早收获的马铃薯价格高,因此,要根据市场价格确定适宜的收获期。

同一品种晚收获的马铃薯产量高,在马铃薯块茎膨大期,如果温、湿度适宜,每亩马铃薯每天要增加鲜薯产量 40～50 kg。因此,收获时期根据市场的价格,衡量早收获 10 d 的产值是否高于晚收获 10 d 产量增加的产值,以确定效益最高的收获期。

加工生产要求块茎达到正常生理成熟期才能收获,对同一品种而言,马铃薯生理成熟时产量最高,干物质含量最高,还原糖含量最低,此时是最佳的收获期。

种薯生产要求保证种薯的种性与品质,因此收获时要考虑天气和病害对种薯的影响。根据天气预报,早杀秧,早收获,还要考虑有翅蚜的迁飞预报,及早收获,减少感病和烂薯率。

自然特点也会严重影响马铃薯的收获期,经常发生涝害的地方,应在雨季来临之前收获,保证产品质量与数量。雨水少、土壤疏松的地方,可适当晚收,秋霜来临早的地方,早收获可以预防霜冻。收获期要选择晴天上午、下午或阴天,切记雨天收获,避免块茎沾水带泥病菌传染造成腐烂。晴天收获避免块茎在烈日下曝晒,以免引起芽眼老化和形成龙葵碱毒素,降低品质。

由于马铃薯的栽培模式不同,地膜覆盖、多重覆膜的早熟马铃薯可根据市场价格和块茎大小收获,马铃薯套种回茬地,轮作安排及晚疫病危害、蚜虫危害等原因,虽然块茎尚未达到生理成熟,但为了及时给下一季作物早播(栽),避免病菌传播,减轻生长后期不利气候的影响,应采取提前收获。

(二)收获方法

收获方式有机械收获,畜力收获、人力挖掘。不论用什么方式收获,第一收获过程中,要尽量减少机械损伤,如发现损伤过多时应及时纠正;第二若土壤黏重应适当晾干再拾捡装袋,但不要在烈日下曝晒。众所周知,收获是田间作业的最后环节,收获时间的选择、收获质量的高低直接影响产量和商品性。所以,适时采取有效的技术方法收获,减少不必要的损失,才能丰产丰收,获得更好的经济效益。

1.农机具检修　收获前应检修好收获农机具,准备好足够包装,还要准备好预贮场地等。

2.促进薯皮老化　收获前 7～10 d 应停止浇水,以促进薯皮老化,降低块茎内水分含量,以增强其耐贮性。

3.压秧处理　收获前地上部茎叶尚未枯萎时,可采用压秧的方法。在收获前一周用磙子把植株压倒,造成轻微创伤,使茎叶营养迅速转入块茎,起到催熟增产作用。

4.割秧处理　在收获前 2～3 d 采取机械杀秧的方法把地上植株割倒,清除田间残留枝叶,以免病菌传播,留茬 10～20 cm,有利于土壤水分蒸发,便于收获。收获时土壤湿度以块茎干净不带泥土最佳。

5.收获次序　先收获种薯,后收获商品薯,防种薯感病。品种不同应分别收获,防止混杂。收获的块茎要防日晒雨淋造成烂薯。收获时有受伤破损的块茎要及时清除,以防病菌入侵造成腐烂并传染至健康块茎。

选择适宜收获天气:收获要选晴天,使块茎收后可适当晾晒干燥。块茎在秋高气爽的阳光下其表皮水分易晒干,带病菌和虫蛀的块茎可表现出特征和特点,易被发现剔除。刚收获的块茎湿度大,要在干燥处堆放,堆高不宜超过 1 m,通风要好。

6.避免烈日暴晒　收获方式可用机械收获,第一收获过程中,要尽量减少机械损伤,如发现损伤过多时应及时纠正;第二若土壤黏重应适当晾干再拾捡装袋,但不要在烈日下曝晒。中午运输不完,在田间应集中堆成较大的堆,用茎叶盖严,严防暴晒。

(三)贮藏

1. 对收获后的马铃薯按用途和类型分级

(1)商品薯贮藏　在无光线的黑暗低温条件下贮藏,防止光照引起块茎表皮变绿,龙葵素升高,人、畜食后中毒

(2)种薯贮藏　种薯贮藏温度如不能控制在 2~4 ℃的条件,种薯常会在贮藏期发芽。如不及时处理,芽会大量消耗块茎养分,降低种薯质量。为了抑制芽的生长,可摊放在干燥、有光的地方形成绿色短壮芽。

(3)加工薯贮藏　不论哪种加工用的马铃薯,都不宜在太低的温度下贮藏。防止淀粉转化为糖,对加工产品不利,尤其是还原糖超过 0.4% 的块茎,炸片或炸条都会出现褐色,影响产品质量和销售价格。但为了延迟发芽期,仍在 4 ℃左右的低温条件下贮藏,在加工前 2~3 周把准备加工的块茎放在 12 ℃下进行处理,还原糖仍可逆转为淀粉,可减轻对加工品质的影响。

2. 贮藏方式和设施　秦岭南麓地区的农民,根据多年的经验总结出一系列马铃薯贮藏方法,其中小型农户贮藏以自然通风贮藏,堆藏法、袋藏法、井窖堆藏法最为普遍,大型加工企业,园区农场的贮藏设施采用通风贮藏库、机械恒温贮藏库、化学及药物贮藏等方法。

(1)堆藏贮藏　选择通风良好、场地干燥的空房,清扫干净,消毒待用。可每立方米用40 mL 福尔马林加 35 g 硫酸钾兑水配成混合溶液,用喷雾器和洒水壶均匀喷洒在房间的地面、墙顶及墙壁,然后,关门窗密闭 12~24 h,消完毒的房间就可以堆藏马铃薯。堆藏时要注意高度,休眠期短、容易发芽的品种薯堆高度不宜超过 1 m;休眠期长、耐贮藏的品种薯堆高度5~2 m 为宜。总体原则是贮藏量不超过房间容积的 2/3,以利通风。薯堆上边用遮阳网或草帘盖好进行暗光贮藏。

(2)散装贮藏　散装贮藏是安康市马铃薯长期贮藏的最常用的方式(详见本章第一节)。

(3)箱式贮藏　(详见本章第一节)。

(4)室内(阁楼)贮藏　陕南中高山和高寒山区马铃薯种植户常利用闲置房子、木制阁楼来贮藏马铃薯。农户将 7—8 月收获的马铃薯,先去掉泥土和烂薯,按大小分选,晾干以后直接堆放在闲置阁楼房间内,薯堆高度 0.5~0.8m,马铃薯贮藏前用高锰酸钾溶液消毒。秦岭南麓12 月下旬至翌年 1—2 月温度较低,可用稻草、树叶覆盖薯堆表面保温,这种储藏方式薯块容易失去水分,表皮变皱,贮藏时应注意防止失水。

(5)袋装贮藏　秦岭南麓丘陵地区农户喜欢用竹筐、编织袋贮藏马铃薯。袋装贮藏的贮藏量相对较少,便于搬运,但贮藏过程中施药不方便,袋内通风不良。一般常用的包装袋有网袋、编织袋、麻袋等,是大型马铃薯贮藏库较为常用的形式。大型库垛长一般是 8~10 m,便于观察,倒翻薯垛也方便,省时省工,出库方便,但袋内薯块热量散失困难,通风不良易造成薯块发芽或腐烂。采用的方法应先用高锰酸钾溶液浸泡、喷洒竹筐及编织袋表面进行消毒处理,将收获的马铃薯去掉烂薯和泥土,晾干后,按用途和大小分级,然后装入竹筐或编织袋,单层或多层直接堆放在房间,贮藏马铃薯的房间应提前消毒。种植面积小、收获量不多的农户多采用此方法。

(6)井窖贮藏　海拔 700~900 m 山区部分种植户喜欢用井窖来贮藏马铃薯和红薯,一般选择地势高、地下水位低、土质坚实、排水良好、管理方便的地方挖窖,是秦岭南麓农户普遍采用的一种贮藏设施。这类窖的优点是造价低,建窖灵活机动,窖温受外界气温变化的影响小,

窖温比较恒定。缺点是通风透气性差,腐烂率高,贮藏量小,劳动强度大,出入不方便。

井窖开挖时以水平方向向土崖挖成窖洞,挖成I字平窖或Y字平窖洞高1.6~2.5 m、宽1.5~2 m、长7~10 m,窖顶呈拱圆形,底部倾斜,入窖前先用高锰酸钾、甲醛溶液或石灰水对窖内四周消毒,将收获待贮藏的马铃薯泥土清理干净,严格选去烂薯、病薯和伤薯,堆放于避光通风处10~15 d;然后将挑选、分级和经过后熟处理过的马铃薯堆放进去。入窖时应该轻拿轻放,防止碰伤。马铃薯入井窖后,窖内相对湿度保持在80%~85%,并用高锰酸钾和甲醛溶液熏蒸消毒杀菌,每月熏蒸一次,防止块茎腐烂和病害的蔓延。

(7)机械恒温贮藏　是一种现代化的贮藏设施,借助机械制冷系统将库内的热吸收传送到库外,可以人工控制和调节库温,不受气候条件和生产季节所限,一年四季均可用于马铃薯贮藏。库内设有温湿度传感器,可以检测温湿度。库内地面设有通风系统。恒温贮藏库的建筑结构科学合理,贮藏容量可大可小,装运方便,库内温湿度可以随时自动调节,并利用数字化系统实现远程监控。贮藏马铃薯时间较长,并保持新鲜状态,而且可以一库多用,既可贮藏马铃薯,也可贮藏蔬菜、水果等农产品,是较理想的一种贮藏方法。但建设投资大,设备复杂,管理技术要求高,适于有经济实力、资源充足的单位使用。目前安康市农业科学研究所有这个现代化的贮藏设施。

(8)化学贮藏　当温度保持在6℃条件下,马铃薯度过休眠期以后就开始萌芽。较低的温度可以长时期使马铃薯被动休眠不发芽,但作为加工和食用的商品马铃薯,温度过低会使淀粉含量迅速降低,加工品质下降;保持库温在7℃以上是储藏加工用薯最理想的贮存温度,但又会使大量薯块发芽,尤其是在秦岭以南地区,马铃薯收获后正是6月、7月高温季节,大型低温库少,马铃薯贮藏中发芽失水严重。因此,为了解决温度过高贮藏马铃薯发芽的问题,种植户们在当地马铃薯技术人员指导下,开始使用抑芽剂等化学辅助方法贮藏马铃薯,效果很好。目前,生产上应用的抑芽剂主要有两大类:一是收获前茎叶杀青抑芽,如青鲜素(MH);一是贮藏期薯堆拌药抑芽,如氯苯胺灵、萘乙酸、乙烯利等。

使用方法和药量:一是粉剂拌土撒在薯堆里,以含量2.5%的氯苯胺灵为例,要储藏1000 kg马铃薯,称量0.4~0.8 kg的氯苯胺灵粉剂,拌细土25 kg,分层均匀撒在薯堆中即可,一般药薯比为(0.4~0.8):100,薯块每堆放30~40 cm厚度就需要撒一层药土。二是杀青抑芽,即在适宜收获前20~28d用30~40 kg/mL浓度的青鲜素(MH),均匀喷洒在马铃薯茎叶上面,可抑制马铃薯块茎发芽。三是气雾剂施药储藏法,多用于大型库且有通风道的储藏库或窖内。具体做法是:按药量比例先配制好抑芽剂药液,装入热力气雾发生器中,然后启动机器,产生气雾,随通风管道吹入薯堆。无论哪种方式,用药结束以后都必须封闭窖门和通风口1~2 d,经过抑芽剂处理过的薯块,抑芽效果可以达到90%~95%,因此抑芽剂切忌在种薯中使用,以免影响种薯的出苗率和整齐度,给马铃薯生产造成损失。

3. 贮藏期阶段管理　根据马铃薯贮藏期间生理反应和气候环境变化,薯块入藏后应分三个阶段进行管理。

(1)贮藏初期　11月底(即入库初期),块茎呼吸旺盛,放热多,此阶段的管理以降温为主,通气孔要经常打开,尽量通风散热,随着外部温度逐渐降低,通风孔应改为白天大开,夜间小开或关闭。

(2)贮藏中期　从12月至第二年2月份,正是严寒冬季,外部温度很低。此阶段的管理主要是防寒保温,要密封通气孔,必要时可在薯堆上盖草吸湿防冻。

(3)贮藏末期　3—4月份,外界温度转高,温升高易造成块茎发芽。此阶段重点是保持入藏室内低温,勿使逐渐升高的外部温度影响窖温,以免块茎发芽。白天避免开通风口,若温度过高时可在夜间打开通风降温,也可倒堆散热。

4. 贮藏期技术要点

(1)贮藏消毒　新薯贮藏前应把贮藏地点打扫干净,并用来苏儿喷一遍消毒灭菌,而后新薯入藏,以防残存病菌感染。

(2)严格选薯　入藏时严格剔除病、烂、损伤和虫咬的块茎,防止入藏后发病。

(3)控制堆高　薯堆高度以0.5～1.0 m,耐贮藏,休眠期较长的品种堆高1.5～2.0 m为宜,但最高不超过2 m,贮藏量不能超过全入藏面积的2/3。

(4)控制温湿度　长期贮藏的块茎,温度在2～4 ℃最合适,这样块茎不会发芽。湿度维持在85%～90%为宜,可使块茎不致皱缩,保持新鲜状态。

(5)通风换气　薯堆内安置通风换气筒,把马铃薯呼吸排出的CO_2及时排出,使新鲜空气进入薯堆,以保持块茎的正常生理活动。

(6)覆盖散湿　块茎入藏后,在冬季温度降低到0 ℃以下之前,在薯堆表面覆盖一层干草或旧麻带等,厚度随温度高低而定,温度低盖厚些,温度高盖薄些,达到吸湿,散发马铃薯块呼吸散发的水分,防止上层块茎表面凝结水分滋生霉菌腐烂,保持适宜温度。

5. 安全贮藏的条件

(1)温度　温度调节和最佳温度控制是马铃薯贮藏期间管理的关键。温度过高会使薯堆发热休眠期缩短,薯块内心变黑、烂薯;温度过低(0 ℃以下)又会导致薯块受冻、变黑变硬进而很快腐烂。例如在-3 ℃环境下,马铃薯块茎就已经受冻,-5 ℃环境下只需2 h薯块就已冻坏。根据薯块用途不同和薯块贮藏期生理变化特点,后熟阶段最适宜温度为10～15 ℃;休眠期最适宜温度为:做种薯用2～5 ℃;做鲜食用4～7 ℃;做淀粉加工用7～9 ℃,并在出库前7～14 d温度恢复到14～20 ℃。经过低温1～3 ℃处理的种薯,休眠期过后在15～20 ℃条件下10～15 d便可发芽。温度的高低变化可促使淀粉和还原糖相互逆转。贮藏期间,温度一直保持在1～4 ℃状态下,马铃薯皮孔关闭,呼吸代谢微弱,薯块重量损失最小,不利发芽,而且,不利各种病原菌萌生,贮藏效果最好。因此,贮藏期的室内温既要保持适宜的低温,又要尽可能保持适宜温度的稳定性,防止忽高忽低。

(2)湿度　贮藏马铃薯还要保持相对湿度的稳定,如果湿度过高,块茎上会出现小水滴,从而促使薯块长出白须根或发芽,过于潮湿还有利于病原菌和腐生菌的繁衍生长使块茎腐烂;湿度过大还会缩短马铃薯的休眠期。反之,如果湿度过低,虽然可以减少病害和发芽,但又会使块茎中的水分大量蒸发而皱缩,降低块茎的商品性和外观性。一般来说,马铃薯商品薯和种薯最适宜的贮藏湿度为85%～90%。

(3)光照　一般来说,收获后贮藏商品马铃薯应避免太阳光直射。光可以促使薯块萌芽,同时还会使马铃薯内的龙葵素即茄碱苷含量增加,薯块表皮变绿。正常成熟的马铃薯块茎每100 g龙葵素含量10～15 mg,对人畜无害。在阳光照射下变绿或萌芽的马铃薯,每100 g薯块中龙葵素的含量可高达5000 mg,人畜大量食用这种马铃薯后便会引起急性中毒。不过,有临床研究,患有十二指肠和肠道疾病的病人,在食用龙葵素含量20～40 mg的马铃薯后,病情可以大大缓解。相关研究表明:龙葵素20 mg为人体食用后有无不适反应的临界值。当然,如果是做种用的薯块,经过光照变绿后,产生的茄碱苷可以杀死马铃薯表皮病菌,保护种薯。表皮变绿的马铃薯经过暗光处理一段时间后,绿色会淡化或褪去。

(4)空气　马铃薯块茎在贮藏期间由于不断地进行呼吸和蒸发,所含的淀粉逐渐转化为糖,再分解为 CO_2 和水,并放出大量的热,使空气过分潮湿,温度升高。因此,在马铃薯贮藏期间,在保持合适的温度和湿度的前提下,必须经常注意贮藏窖的通风换气,及时排出 CO_2、水分和热气,通风次数可以多一些,但每次时间不宜过长。总的来说,较低的温度对马铃薯贮藏是有利的,贮藏马铃薯还要保持相对湿度的稳定和经常通风。此外,薯块贮藏前的药剂消毒处理也是必不能少,有资料报道,贮藏前将马铃薯放入浓度为 1% 的稀盐酸溶液中浸泡 15 min 左右,这样,可使马铃薯贮藏一年后,相对减少一半左右的损耗,且这样不影响食用及繁殖。当然,在实际操作中,安全贮藏马铃薯还必须做到以下几点:根据贮藏期间生理变化和气候变化,应两头防热,中间防寒,控制贮藏窖的温湿度。准备贮藏的马铃薯收获前 10 d 必须停止浇水,以减少含水量,促使薯皮老化,以利于及早进入休眠和减少病害。在运输和贮藏过程中,要尽量减少转运次数,避免机械损伤,以减少块茎损耗和腐烂。入藏前要严格挑选薯块,凡是损伤、受冻、虫蛀、感病的薯块不能入窖,以免感染病菌(干腐和湿腐病)导致烂薯。入选的薯块应先放在阴凉通风的地方摊晾几天,然后再入库贮藏。贮藏要具备防水、防冻、通风等条件,以利安全贮藏。贮藏地点应选择地势高燥,排水良好,地下水位低,向阳背风的地方。鲜食的薯块必须在无光条件下贮藏。

6. 根据马铃薯用途分别贮藏

(1)种薯贮藏　种薯贮藏要做到薯皮干燥、无冰块、无烂薯、无伤口、无冻伤、无泥土及其他杂质。种薯贮藏初期应以降温散热,通风换气为主,最适温度应在 4 ℃;贮藏中期应防冻保暖,温度控制在 1～3 ℃;贮藏末期应注意通风,温度控制在 4 ℃。贮藏期间湿度应控制在 80%～90%。

(2)菜用鲜薯贮藏　在贮藏期间减少有机营养物质的消耗,避免见光使薯皮变绿。贮藏温度在 2～4 ℃低温下,湿度保持在 85%～90%。贮藏期间,经常检查,及时去除病薯、烂薯,减少贮藏损失。

(3)薯片加工原料薯贮藏　贮藏温度控制在 10～12 ℃,每天降 0.2 ℃为宜,湿度保持 85%～95%,贮藏期间不腐烂、不发芽、不变色、无病虫、无鼠害。干物质保持在 20%～25%,还原糖不增加,保持在 0.3% 以下。

(4)薯条加工原料薯贮藏　贮藏温度控制在 7～8 ℃,湿度应在 85%～92%,干物质含量不降低,还原糖不增加。

(5)淀粉加工原料薯贮藏　贮藏条件与其他马铃薯贮藏基本相同,避免出现低温及通风不良导致的黑心,贮藏期间预防薯块腐烂,从而影响到产品的品质和产量。在马铃薯的贮藏过程中,很多环节都影响到马铃薯的特性,只有把握好每个贮藏环节才做到马铃薯的安全贮藏,从而确保贮藏后不同用途薯块的特性。

五、地膜覆盖栽培

马铃薯地膜覆盖栽培技术是农作物种植过程中常见的一种种植方式,具有保温、保水、保肥等特点,对促进植株生长、开花结果有着重要的作用。在马铃薯的种植过程中推广地膜覆盖栽培技术,能增产 20%～70%,并且使得大薯率增加 25% 左右。

(一)单膜覆盖

单膜覆盖也称地膜覆盖,适宜安康中低山及丘陵、平川区地区栽培。

1. 先种后覆膜　整地→开沟→施肥农药→播种→做床→喷除草剂→覆膜→引苗及管理。

播种期以当地地温稳定在 6～7 ℃,一般温暖区在 2 月上中旬,温凉区在 2 月下中旬到 3 月上旬。按照不同间套作类型起垄,垄上开沟播种马铃薯,肥料施入种薯间,然后覆土 10 cm,整平垄面。播后立即覆膜,膜紧贴垄面,两边用土压实,垄面每隔 3 m 压一土腰带,防风揭膜。播种后 20～30 d,注意观察出苗情况,当薯芽露出地表长出 1～2 片叶,即可破膜放苗。注意放苗后要用细土将苗周围地膜压严压实,防止大风揭膜,利于保温保墒。为防止冻害,按照"放大不放小,放绿不放黄"的原则,适时放苗,对于小、黄苗,可适当推迟放苗时间。应坚持晴天早晨放苗,阴天可全天放苗。

2. 先覆膜后种　整地→开沟→施肥农药→做床→喷除草剂→覆膜→播种→引苗及管理。

覆膜期以当地地温稳定通过 3～5 ℃,一般温暖区在 1 月中旬,温凉区在 2 月上旬在墒情较好时,按照不同间套作类型起垄,肥料施于垄底,垄起好后,立即覆膜,膜紧贴垄面,两边用土压实,垄面每隔 3m 压一土腰带,防风揭膜。

3. 单膜覆盖技术

(1)选地　选择地势平坦,土层深厚,土质疏松,保水肥性能良好,有浇灌条件的中等地力以上的地块。

(2)整地　上年秋季进行深翻 17～25 cm,来不及秋翻要春翻,翻后及时进行耙、压、耢,达到深、松、平、净,无根碴、土石块、杂物,并有良好墒情的程度。

(3)施肥及施农药

① 施肥　每亩施腐熟好的农家肥 4000 kg 以上,种化肥;磷酸二铵 20 kg,尿素 8～10 kg,硫酸钾或氯化钾 8～10 kg。施用 N、P、K 各 15% 的三元素或多元素复合肥(撒可富、燕丰、艳阳天)40 kg 或马铃薯专用肥 50 kg,加尿素 5～8 kg。

② 施农药　地下害虫防治可选用谷秕或谷糠、麦麸子、玉米渣 2～3 kg,炒熟,拌 50% 锌硫磷乳油(杀虫剂)50～100 g,开播种沟时均匀撒施在沟内,也可与农家肥、种化肥均匀撒施地表后耙入土中。

(4)播种

① 选种　选择高产、抗病、商品性好、耐贮运的早代脱毒种薯做种薯,挖芽前晾晒 1～2 d,摧芽 1～2 mm。

② 挖芽　选择块茎顶端或中部芽眼做种芽,芽块重 40～50 g。为防治马铃薯环腐病等种薯传染性病害,选用 50% 多菌灵或 75% 酒精进行切刀消毒。

③ 种子处理　为防治马铃薯晚疫病、早疫病、黑茎病等种子带菌病害,可选用 25% 甲霜灵或 50% 多菌灵、70% 代森锰锌、80% 托布津,亩用量 50～100 g,拌种。

④ 开沟　化肥、农家肥、毒饵与土壤混翻后形式的,行距 40 cm,开沟深 15 cm 左右,点两条垄隔一垄再点两条垄,以此类推;开沟施化肥、农家肥毒饵形式的,开沟深 17 cm,将化肥、毒饵、农家肥施入沟内,芽块与化肥要用土隔离,防止烧芽,也可以在两苗行之间另开沟施入种化肥。

⑤ 播种　根据选择品种、地力水平、栽培管理条件确定适宜密度,一般株距 20～25 cm,芽

眼朝上,等距按芽点播。

(5)做床

① 带距　一般一床(75~80 cm)加一沟(45~40 cm)为一带,即 120 cm。

② 行距　床内两行之间为小行距 40 cm,两床之间为大行距 80 cm。

③ 床高　一般 5~10 cm,应视地势而定,易涝则高,易旱应低。

④ 做床播种后用木犁距两苗垄外 20~25 cm 处开沟,覆床面土,随后用耙子找细,使床面平、细、净,中间稍高呈平脊型,做出床肩角。

(6)喷施除草剂　选用 48%氟乐灵,亩用量 150~200 mL,或 72%都尔,亩用量 120~130 mL,加水 50~60 kg 稀释,将 70%~80%药液均匀喷施在床表面和侧面上。剩余 20%~30%药液待覆膜压实后,再喷施在覆膜后的床沟内。

(7)覆膜　地膜应选择 90~100 cm 宽,0.008 mm 厚的超薄膜,亩用量 4~5 kg,覆膜时要拉紧,压实防止风刮坏。先覆膜后播种法,即覆膜后选用打眼器按设计行距、株距,打眼深 10~15 cm,深浅一致,播种后封土压严。

(8)田间管理

① 引苗　播种后及时到田间检查苗情,发现苗出土或即将出土时,用小铲或利器在苗上方割 T 形口引苗出膜外,并用湿土封住膜孔。也可选用压土引苗法,即 60%芽顶端距苗床面 2~3 cm 时,在膜床苗沟顶部压两行湿土,使马铃薯芽自行破膜而出。

② 覆膜检查　播种后及生长过程中要经常检查膜破损、风揭、牲畜践踏等情况,发现后及时采取补救措施。

③ 防虫灭病促产量　使用膨大素"一拌二喷"即芽块拌种、花期、膨大期各喷一次,提高产量 20%~30%。

害虫防治:在 28 星瓢虫,豆元青发生始盛期,选用 3%虫螨克或 2.5%高效氯氰菊酯、20%速灭杀丁、2.5%敌杀死 1500~2500 倍液喷施防治;晚疫病防治选用 25%甲霜灵或 72%霜疫净、80%可杀得、72%克露、喷克,亩用药 100g,兑水 50~60 kg,发病前 5~7d,叶面均匀喷施,间隔 7~10 d 再喷 3~4 次。

(9)注意事项

覆膜种植较裸地种植出苗早 7 d 左右,设计出苗期应在晚霜之后 2~3 d。

覆膜地块墒情要好,土壤含水量 16%~18%,墒情不好不易覆膜。

覆膜地块应选择水浇条件肥沃地块,增产潜力大、效益高。

覆膜地块种子、应选用早代脱毒种子大芽块或小薯整播,切忌小芽块或尾部芽块及劣性种子,确保苗全苗壮,增产增效。

收获前要彻底清除残膜,避免或减少土地污染。

重施农家肥、有机肥,避免或减缓土壤肥力下降。

4. 单膜覆盖栽培要点　地膜覆盖春马铃薯具有增温保湿、出苗整齐、提早膨大、增产增收的效果,特别是可使海拔 400 m 以下地区春季马铃薯提前收获。

(1)整地起垄　要求土壤疏松肥沃,提早翻耕,精细整地,宜采用宽垄双行地膜覆盖栽培,垄宽 0.7~0.8 m,垄高 0.15~0.22 m。

(2)选用良种　选用早熟、高产、商品性好的种薯。使用无虫伤、无病斑、无破损、无畸形的健康种薯。亩用种量约需 150 kg。大薯可切开播种,每个种薯重 30 g 左右,芽眼 1~2 个。

（3）适时早播 一般海拔 400 m 以下地区在 12 月中下旬即日均气温在 5 ℃前播种,密度为 4000～5000 窝/亩,播后覆土盖膜,将薄膜四边嵌入沟中用细土压严。

（4）重施基肥 增施 P、K 肥在播种前开沟,一次施足基肥,一般每亩施足 2500～4000 kg 优质农家肥,25～30 kg 过磷酸钙,100～150 kg 草木灰,也可用 20～25 kg 硫酸钾代替,45％复合肥 50～75 kg＋腐熟农家肥 1500～2000 kg。

（5）除草盖膜 草害严重的地块,播种覆土后盖膜前应进行化学除草,防止草害。可亩用 50％乙草胺 75～100 mL 全田喷雾,施药时要求土壤湿润,田面平整,以提高除草效果。盖膜时要求土地湿润,泥细面平,地膜平贴垄面,膜边用湿土压紧,以提高增温效果,防止大风吹揭地膜。

（6）破膜放苗 薯芽出苗顶膜时,及时在膜上破一小口引苗出膜,破膜不能过晚,以防高温烧苗,破膜孔也不宜过大,否则影响保温效果和引起杂草滋生。若此时终霜已过,用细土把放苗口封严即可。

（7）田间管理 当苗高 20～25 cm 时,及时每亩喷施磷酸二氢钾 100 g 兑水 50 kg 进行叶面追肥,可起到增强植株抗性、减轻病害、提早成熟和提高产量的作用。当田间出现晚疫病中心病株时要及早用 72％克露 600 倍喷雾防治。防治蚜虫可用 10％吡虫啉 1000 倍喷雾防治。

5. 效益分析 地膜覆盖提早结薯,显著增加大中薯商品率。地膜覆盖比未覆盖者提早结薯 10 d,恰处于适宜马铃薯块茎膨大 18 ℃左右的温度,大中薯显著增加达 35.6％。适时收获地膜覆盖栽培可比露地栽培提早上市 10 d 左右。晴天收获,保证薯块外观光滑,增加商品性,抢到市场销售空档,提高经济效益。

地膜栽培可以达到三早、三高、五有利。三早即早出苗、早收获、早上市。三高一是高产,比未覆膜增产 35％～76％,二是商品薯高,比未覆膜的大中薯增加 27％～36％,三是高效,以亩增产 400～500 kg,单价 2 元/kg 计,亩增产值 800～1000 元。"五有利"一是早结薯、早收获,避免或减轻晚疫病或二十八星瓢虫为害;二是覆雨水多时可顺沟排出膜上的雨水,膜内不积水,以减少烂薯;三是覆膜提前了马铃薯生育期,利于低海拔地区种植中晚熟品种,也可缩短与间套种作物的共生期;四是覆膜生育期缩短,提前收获,利于安排后茬作物,提高复种指数;五是利于改善地面小气候增加马铃薯下部叶片的光合作用。

（二）双膜覆盖

适宜川道区域早上市马铃薯栽培。双膜覆盖即拱棚＋地膜覆盖。

1. 双膜覆盖技术

（1）茬口安排 设施栽培马铃薯的前茬以甘蓝、大白菜、萝卜、大豆、玉米等作物较好。应避免与其他茄科植物如番茄、辣椒、茄子、烟草等轮作。

（2）深耕整地 设施栽培马铃薯的地块要深耕,一般深耕不能浅于 25 cm。整地要深浅一致,深耕增加土壤保墒能力,以利于根系顺利伸展,同时还可以增加土壤的透气性,养料分解,满足根系对养分的需求。在前茬作物收获后,应及时灭茬和深耕。

（3）种薯选择 选用品种以早熟脱毒种薯为主,播种前,精选种薯,选择薯形规整、符合品种特征、薯皮光滑、色彩鲜艳、大小适中无损伤的薯块做种薯。大于 50 g 种薯要进行切块,每个切块 30～50 g,切出的切块大小均匀一致则出苗整齐健壮。

（4）种薯催芽 设施栽培马铃薯应催大芽提早播种。一般在 12 月中下旬至 1 月上旬催芽播种,可在播前20 d催芽。催芽可利用温室或比较温暖的室内,在避光条件下,按照薯块上、中、下部顺序,把切块分级催芽,芽床适宜温度为15～18 ℃,低于10 ℃易烂种,高于25 ℃虽然出芽快,但是薯芽细弱。苗床应用高锰酸钾或春雷霉素消毒,土质以手握成团、落地散碎为宜。

① 室内催芽　块茎切好后按照1∶1的比例与湿润的细沙混掺均匀,摊开,厚度25～30 cm,长度因场所而定,上面和四周盖上6～8 cm的细沙。另一种方法,先铺一层细沙,再放一层马铃薯(5～7 cm),然后,铺一层细沙(厚度以不见马铃薯为宜),依次一层切块一层细沙,可放3～4层,待薯芽长到2～3 m左右时,取出播种。

② 培育壮芽　当薯芽长到1.5～2 cm时,将薯块取出移至温度10～15 ℃,有散射光的室内或冬暖大棚内摊晾炼芽,直到幼芽变绿为止。

③ 培育短壮芽　将薯块放在有散射光照射的室内或冬暖大棚内,让其发芽,当薯芽长到2～3 cm左右时播种。这样培育的薯芽健壮,不易感病。

④ 用赤霉素(九二〇)催芽　切块种薯用0.3～0.5 mg/L水溶液浸种30 min,捞出晾干后催芽;整薯用5 mg/L水溶液浸种5 min,捞出后立即埋入沙床催芽。浸种后发芽、出苗快而整齐,但是幼苗稍黄,10 d以后可恢复正常。

(5)合理密植　春季拱棚栽培马铃薯,采用宽窄行种植,其栽培技术和地膜覆盖马铃薯种植一样。有些地方还采用双膜覆盖,播种后先盖地膜,再扣拱棚。100 cm一宽垄,每垄播种双行,株距20 m,每亩6667株;株距25 cm,每亩5336株。或者是80 cm一宽垄,每垄种两行,行距20 cm左右,株距25～30 cm,亩定植5500～6000株。以节约用地和充分利用拱棚。

(6)适时播种　当气温稳定通过3 ℃以上,10 cm地温稳定在1 ℃以上时即可播种,一般在1月下旬至2月上旬,要选择无大风、无寒流的晴天播种,以9时到16时为宜,并于当天扣棚。

(7)播种方法　定植开沟,沟深20 cm,沟宽20 cm,浇水造墒,待水渗干后,按每亩100～200 g地虫克星(或地虫克绝)防地下害虫。再按株距20 cm放入薯块,放薯块的方式为三角。每亩施硫酸钾型复合肥50 kg,饼肥或马铃薯专用有机肥200 kg,化肥施在薯块空间不能接触到薯块,然后盖土起垄,垄顶至薯块土层厚15～18 cm,用耙钉拉平,最后盖地膜、扣棚即可。

(8)建棚和扣棚　生产上可选用2垄、4垄、6垄、8垄拱棚栽培,但以4垄拱棚为好。4垄棚即以4垄一拱棚,拱杆长2.5～3 m,竹竿搭梢对接,拱高1 m左右,棚宽3～3,2 m,可选用4 m宽的农膜覆盖。播种覆膜结束后及时扣棚,注意用土将棚四周农膜压紧压实,每隔15 m用铁丝或压膜线加固棚膜,防止大风揭棚。

(9)田间管理

① 破膜放苗　定植后10～15 d薯苗破土顶膜,这时应及时人工破膜放苗,放苗后用土盖严苗周围薄膜,以增温度保湿度,利于苗齐苗壮。

② 及时通风　马铃薯与其他作物一样,进行光合作用必须有充足的CO_2。拱棚马铃薯出苗不通风,CO_2供应不足,影响光合作用,株植生长不良,叶子发黄,因此需要及时通风。拱棚马铃薯幼苗时期,应由棚的侧面通风,可以防止冷风直接吹到马铃薯幼苗上,以减少通风口处对马铃薯植株的伤害。具体做法是:在大棚钢架或竹木结构棚架外,先把1～1.5 m高的农膜固定在棚架侧面中部,下边开沟用土压实,称为底膜;棚架上面扣顶膜,下拉底膜,中部露出通风空隙,其通风空隙可根据苗的生长情况、气温、风力随时调节,拱棚马铃薯栽培还有顺风和逆风两种通风方式。前期气温低,一般都顺风、通风,即在上风头和下风头开通风口;后期温度回

升,一般采用双向通风,即上风头和下风头都通风,使空气能够对流,利于降低棚内温度。另外,还要轮换通风,锻炼植株逐渐适应外部环境的能力,气温高时,以便将膜全部揭掉。

③温光调节　3月中下旬气温达到20℃以上时,每天9时打开棚两端通风,将气温控制在白天22～28℃、夜间12～14℃的范围内。进入4月可视气温高低,由半揭棚膜到全揭棚膜,由白天揭晚上盖到撤棚以防高温伤苗。在撤棚全揭膜前,最好浇1次透水,等温度升上来后再全揭膜。禁止全揭膜后立即浇水,降低地温,影响植株生长。生育期间要经常用软布擦拭棚面上的灰尘,用竹竿轻轻振落棚膜上的水滴,以保持最大化大采光。

④防止低温冷害　拱棚马铃薯的播种期早于大田马铃薯30 d左右,早春气温多变,应随时注意天气变化,气温在2～5℃,马铃薯不会受冻害,但气温降到-2～1℃,则易受冻害,应及时采取防冻措施。浇水可减少低温冷害的影响,对短时期的3～2℃低温防冻效果明显。必要时夜晚可在棚外加盖草毡等覆盖物进行保温。马铃薯受冻后可采取及时浇水、控制棚温过高(棚温上升到15℃时应及时通风,棚温不宜超过25℃),冻害严重的植株及早喷施赤霉素等恢复生长。

⑤肥水管理　拱棚马铃薯由于拱棚升温快土壤水分蒸发量大,一般要求足墒播种。出苗前不需要浇水,如干旱需要浇水时,要防止大水漫垄;马铃薯出苗后,及时浇水助长。以后根据土壤墒情适时浇水,保持土壤见湿见干,田间不能出现干旱现象,待苗高15～20 cm喷施叶面肥。在马铃薯整个生长期间,喷3次叶面肥,一般在浇水前两天喷施叶面肥。浇水应在晴天中午进行,尽量避开雨天浇水,以防棚内湿度过大,导致晚疫病的发生和流行,晚上可在棚内点燃百菌清烟雾剂,进行防病。

(10)适时收获,提早上市　收获前5～7 d停止浇水,以便提高马铃薯表皮的光洁度,收获时应大小分开,防止脱皮、碰伤和机械创伤,保证产品质量。

2. 双膜覆盖的田间管理要点　薯芽移栽后喷施除草剂,再覆盖地膜,在地膜上用竹棍或竹片拱成弧形小拱棚,覆盖塑料薄膜,然后将四周密封,待薯苗初生叶展平后,从一边揭去塑料薄膜,对地膜用烟头烧孔或用刀片割孔放苗,再盖上塑料薄膜。这期间如有大雪覆盖时,要及时扫除积雪,防止压塌薄膜损害幼苗。当气温稳定在15℃左右时,塑料薄膜要日揭夜盖,以防日间高温烧苗,夜间低温冻害。夜间温度回升后揭去塑料薄膜。

3. 效益分析　双膜覆盖栽培马铃薯亩产可达3000 kg左右,按市场价2.0元/kg计算,亩产值6000元,除去种子450元、化肥400元、农药100元、水电费100元、耕地费200元、人工播种收获费1500～2000元,每亩净收入2700～3200元。

六、机械化现状和发展

(一)机械化现状

秦岭山区,各种地貌之间的差异性较大,而且马铃薯的种植区域也多为山地,地形坡度较大、道路崎岖不平,整体的生产种植规模不大,不利于机械化生产,机械化程度很低,适宜机械化耕作的地块不多,因此实现机械化耕作难度大。加之仅有的马铃薯机械化种植限于有大块地的专业合作社,虽有一定规模,但数量有限,占马铃薯种植总面积不到1%,大部分马铃薯种植主要是以家庭为单位的小农经营管理模式,种植面积小,产出以满足自己的需求为主,剩余的小部分才上市交易,农户无意愿投资购买机械。

（二）现有机械设备

马铃薯全程机械化主要有播前整地、播种、中耕、施肥和收获5个环节。其中收获一般可以分为杀秧和挖掘两个部分。目前秦岭南麓主要还是人工收获马铃薯，效率低、劳动强度大、生产成本高、且损伤丢薯率高。2014年以来，各地逐渐实现了马铃薯机收"零"突破，主要机型为国内引进的青岛洪珠4U-83型马铃薯收获机，配套动力为18.4～25.7 kW四轮拖拉机，可实现挖掘、清土、铺放等功能；山东华源4UP-600型马铃薯收获机，配套动力为7.4～11 kW手扶拖拉机，特别适宜于套种模式和大棚种植马铃薯收获，作业幅宽仅为600 mm，两种机型虽然生产率小，但与过去相比也大大降低了马铃薯收获成本和时间。

（三）机械化发展方向选择

加大政府投资，引进、研发适应山地马铃薯全程机械化耕作的小型机械，减轻劳动强度提高劳动效率，吸引有志者投身到马铃薯产业中来积极推动农村"三变"改革，整合土地、人力、产业政策等生产要素，为马铃薯机械化生产破除制度障碍，促进马铃薯机械化程度快速发展。

研发适宜高山、丘陵、川道种植马铃薯的机械，主要是解决地区马铃薯收获的机械化问题，要根据各地区的种植模式研发相应机型，同时在研发上应综合考虑农技农业结合、配套动力、机具可靠性和一机多用等多种因素。

第三节　汉中盆地马铃薯栽培

一、环境特征

（一）地势地形和农田布局

汉中位于中国南北过渡地带，陕西省西南部，地处秦巴山区西段、汉水上游谷地平坝（即汉中盆地），属川、陕、甘三省毗邻地区，总面积27246 km²，占全省的12.97%，介于东经105°30′50″—108°16′45″和北纬32°08′54″—33°53′16″，北倚秦岭，南屏巴山，中为汉江上游谷地平坝。秦岭、巴山山系与环抱其中的平原构成了汉中典型的盆地地形，境内地势南北高，中间低，东西约126 km，南北宽约5～20 km，形成了"两山夹一川"的地貌骨架。根据自然特点，汉中盆地地貌类型可划分为中山、低山、丘陵和平坝4个类型。其中海拔在1000 m以上的为高中山，面积2312.1万亩，占盆地面积的56.86%，该区域主要以林果、高山蔬菜、中药材、茶叶等种植为主；海拔在801～1000 m的低山和海拔在601～800 m的丘陵，面积分别为745.3万亩和602.3万亩，分别占盆地面积的18.33%和14.81%，这两个区域主要以马铃薯、玉米、小杂粮、茶叶、魔芋等经济作物种植为主；海拔600 m以下的平坝，面积406.5万亩，占盆地面积的10%，该区域主要以水稻、油菜、甘薯、油菜、果蔬等种植为主。

（二）气候

汉中盆地地处内陆，属北亚热带季风区大陆性气候。从全国气候分区看，本区处于东部季风气候区域内的温带和亚热带两个气候带的过渡地带,该区域气候具有南北衔接、东西过渡的地带性特点。总体而言,该区全年气候温暖湿润,夏无酷暑,冬无严寒,雨热同季,动植物荟萃,资源丰富,非常适宜马铃薯等作物生长。与此同时,本区地形中间低四周高,垂直差异大,从而形成了北亚热带、暖温带和中温带三个气候层次。北亚热带一般在海拔800 m以下地区,面积为1009.5万亩,占24.8%,是主要的农耕区和亚热带经济植物区;暖温带一般在800~1250 m(秦岭)和1350 m(巴山),面积1698.3万亩,占41.8%,是农林牧兼营区;海拔在1250~1350 m以上为中温带主要是林区,面积1358万亩,占33.4%。

1. 光照资源　汉中盆地多云雨天气,是全省日照时数最少的区域,年平均日照1300~1800 h,占全年可照时数的29%~40%,太阳年辐射总量365.3~466.8 kJ/cm²,年生理辐射总量182.7~223.6 kJ/cm²,其日照时数和太阳辐射随着纬度的北移而增加,其分布为南少北多,南部年日照一般少于1600 h,镇巴最少仅1301.3 h,汉中平坝中部1638~1768 h;秦岭南坡较多,海拔1000 m的山地1800 h以上。日照时数年际差异大。汉江平坝和秦岭山地日照时数最多年份2000~2100 h,最少年为1100~1400 h;米仓山山地最多年份为1600~2000 h,最少仅1000h左右。春夏两季日照时数约占全年的60%,冬秋两季占40%。汉江平坝和米仓山山地8月份日照最多,2月份最少;秦岭山地日照6月份最多,2月份最少。汉中地区年日照百分率为30%~41%,其年、季节分布呈由南而北增高之势。南部年日照百分率较低,镇巴最低为30%;往北日照百分率增加,汉江平坝和嘉陵江河谷在40%左右,秦岭南坡日照百分率均达到40%以上。日照时数从冬季的最低值全年70~110 h以后,逐月上升,8月达到最高值,全年180~230 h,秋季急剧下降,逐月降到低值。汉中地区太阳总辐射的分布,由南向北增大。秦岭南坡较丰富,留坝、佛坪县可达44.8亿J/m²;汉江平坝区的洋县可达44.7亿J/m²;米仓山东部和嘉陵江河谷的太阳总辐射较少,都在42亿J/m²,镇巴全年仅为36.6亿J/m²。春季太阳总辐射逐月增加,夏季达到最高值,进入秋雨期,总辐射很快减少,随后冬季低落到一年最低值。1981—2015年西北地区马铃薯生育期太阳辐射在3500~3800 MJ/m²之间,气温日较差在12.0~13.5 ℃,能够满足马铃薯的生长。因此,太阳辐射和气温日较差变化对汉中盆地马铃薯产量没有显著影响。

2. 热量资源　汉中盆地大部分地区冬无严寒,夏无酷暑,水资源丰富,气候温暖湿润,作物越冬条件好,热量条件优于其他同纬度地区。汉中地区气温的地理分布,主要受制于地形,西部低于东部,南北山区低于平坝和丘陵。海拔600 m以下的平坝区年均气温在14.2~14.6 ℃;一般海拔1000 m以上的地方年均气温低于12 ℃(表4-7)。

据20世纪80年代初期农业资源调查:镇巴梨溪坪位于巴山主脊山顶海拔1664 m,年平均气温7.9 ℃;南郑黎坪位于巴山北坡海拔1531 m,年平均气温为7.6 ℃;洋县活人坪位于秦岭主脊,海拔3071 m,年平均气温低于5 ℃,是全区最冷的地方。1983年7月至1984年6月,南郑在不同海拔高度设气象哨观测,地处北部平坝的周家坪(气象站海拔536.5 m),与中山北坡的陈家坪(海拔1210 m)比较高差673.5 m,年平均气温相差3.5 ℃;与米仓山的山脊处的大坪梁(海拔2229 m)比较高差1692.5 m,年平均气温相差9.7 ℃。秦岭与米仓山山地在同一高度上的年平均气温,米仓山比秦岭偏高0.3~0.6 ℃。

3. 降水资源　马铃薯的生长发育对气象条件的依赖性强,对气候变化的反应既敏感又脆弱,影响马铃薯产量的气象因素主要是气温、水分和光照。温度还明显影响马铃薯块茎的膨大。增重过程分析发现,马铃薯块茎的最大增重量及平均增重速率的高低与块茎增重持续期间适宜土温(14~22 ℃)日数的长短有密切关系。汉中盆地日照比较充足,昼夜温差较大,雨量热量分布与马铃薯生长期同步,非常适宜马铃薯生长。马铃薯根系较浅,对水分亏缺较为敏感,干旱胁迫会引起播种后的种薯延迟或者不能发芽,出苗后的植株生长缓慢、叶片光合能力降低,最终导致块茎产量和收获指数下降,随着水分胁迫时间的延长和胁迫强度的增加,干旱的抑制作用也逐渐增大。

汉中盆地全市平均年降水量 986.8 mm,但受地形影响,区域内降水时空分布不均,差异较大。在空间上,呈现出山区大于平坝丘陵,巴山多于秦岭。巴山山区年均降水量在 1100~1700 mm,平坝及丘陵区年均降水量在 800~900 mm;秦岭南坡以褒河为界,以东由南向北递增,变幅在 900~1000 mm,以西由北向南递增,变幅在 800~1000 mm 之间。在时间上,年内降水主要集中在 7—10 月,约占全年降水量的 70%,年际降水量变化,变差系数在 0.18~0.32。汉中盆地降雨量相对较多,因而降雨量对马铃薯产量的影响并不显著。

表 4-7   汉中站(站号 57127)2014—2018 年 5 年气象资料(葛茜整理,2019)

年	月	最高气温(℃)	平均最高气温(℃)	最低气温(℃)	平均最低气温(℃)	平均气温(℃)	平均相对湿度(%)	最小相对湿度(%)	最大日降水量(mm)	月总降水量(mm)	日降水量≥0.1mm日数(d)	日照时数(h)	月日照百分率(%)
2014	1	15.5	10.1	3.2	0.8	4.4	69.0	缺测	1.5	2.0	3.0	95.1	30.0
	2	18.1	8.4	0.9	2.8	5.1	73.0	缺测	2.5	9.9	10.0	24.9	8.0
	3	24.6	16.7	3.1	8.2	11.7	70.0	缺测	10.8	37.3	8.0	92.1	25.0
	4	27.8	21.5	9.1	13.4	16.8	74.0	缺测	56.3	117.1	11.0	101.9	26.0
	5	30.1	25.1	10.9	15.6	19.6	70.0	缺测	34.3	68.3	10.0	141.1	33.0
	6	33.5	28.9	17.7	20.8	24.3	75.0	缺测	23.5	84.7	11.0	122.6	29.0
	7	37.8	32.8	19.9	23.4	27.6	68.0	缺测	29.9	71.5	11.0	239.2	55.0
	8	38.2	30.5	18.4	21.8	25.4	73.0	缺测	37.7	108.3	13.0	172.3	42.0
	9	31.1	24.6	15.5	18.5	20.9	87.0	缺测	67.8	269.0	18.0	80.4	22.0
	10	26.1	20.5	7.9	14.5	16.7	83.0	缺测	27.6	80.5	11.0	73.1	21.0
	11	17.0	13.3	4.9	8.3	10.3	85.0	缺测	7.9	36.7	13.0	49.9	16.0
	12	12.4	8.5	3.5	0.7	3.8	70.0	缺测	0.5	0.7	2.0	95.7	31.0
2015	1	12.7	8.9	1.7	1.5	4.4	77.0	缺测	5.7	9.4	4.0	61.8	19.0
	2	19.5	11.4	1.6	3.7	6.7	71.0	缺测	2.6	10.1	9.0	71.6	23.0
	3	26.3	17.0	0.7	8.7	12.0	71.0	缺测	5.7	22.1	11.0	96.8	26.0
	4	32.7	23.1	6.8	12.7	17.2	69.0	缺测	82.7	152.2	13.0	172.4	44.0
	5	32.7	27.0	10.4	16.5	20.9	71.0	缺测	33.3	90.6	16.0	178.9	42.0
	6	34.9	27.9	16.5	20.4	23.5	78.0	缺测	48.5	203.1	15.0	106.8	25.0
	7	35.6	32.0	19.1	22.3	26.4	72.0	缺测	7.7	29.3	11.0	222.5	51.0
	8	36.0	30.9	17.8	21.7	25.6	75.0	缺测	48.1	72.8	11.0	203.2	50.0
	9	32.3	24.9	14.9	18.6	21.1	83.0	缺测	49.2	158.1	15.0	71.2	19.0
	10	27.4	21.0	9.2	13.7	16.6	81.0	缺测	19.2	51.8	11.0	108.8	31.0
	11	16.3	13.1	2.6	9.0	10.7	90.0	缺测	12.1	38.5	13.0	23.7	8.0
	12	15.5	9.5	3.4	2.4	5.3	81.0	缺测	3.6	6.5	2.0	79.7	26.0

续表

年	月	最高气温（℃）	平均最高气温（℃）	最低气温（℃）	平均最低气温（℃）	平均气温（℃）	平均相对湿度（%）	最小相对湿度（%）	最大日降水量（mm）	月总降水量（mm）	日降水量≥0.1mm日数(d)	日照时数（h）	月日照百分率（%）
2016	1	14.6	7.6	8.2	0.5	3.4	71.6	12.0	2.8	4.1	4.0	缺测	缺测
	2	21.3	12.0	3.3	2.1	6.1	63.5	13.0	9.3	17.7	2.0	104.0	缺测
	3	24.5	17.5	1.3	8.6	12.4	61.8	16.0	13.1	24.8	9.0	缺测	缺测
	4	29.9	22.7	9.0	13.3	17.3	72.2	17.0	12.0	33.6	11.0	缺测	缺测
	5	32.7	25.7	10.6	16.0	20.1	68.1	19.0	34.7	99.3	10.0	164.0	缺测
	6	37.0	31.0	15.9	21.1	25.6	66.6	22.0	19.9	61.2	11.0	194.0	缺测
	7	36.2	32.6	18.4	23.5	27.3	75.5	35.0	25.8	107.4	11.0	178.0	缺测
	8	38.6	33.5	19.3	24.4	28.3	71.4	30.0	8.8	19.3	7.0	208.0	缺测
	9	35.5	27.3	15.7	18.9	22.3	77.6	19.0	25.2	90.4	10.0	85.0	缺测
	10	30.8	19.1	7.1	13.6	15.8	87.7	39.0	13.8	67.9	20.0	49.0	缺测
	11	20.7	14.0	0.3	7.7	10.1	88.0	48.0	13.9	35.0	7.0	46.0	缺测
	12	18.4	10.4	1.4	3.3	6.2	84.2	15.0	1.0	2.2	4.0	75.3	缺测
2017	1	12.8	8.2	2.5	2.5	4.8	82.5	27.0	2.2	5.8	7.0	38.9	缺测
	2	17.7	11.1	1.1	2.8	6.2	75.8	29.0	7.3	10.0	2.0	60.3	缺测
	3	25.3	15.7	2.6	7.3	10.9	67.7	8.0	22.3	62.4	6.0	96.6	缺测
	4	28.6	22.9	8.8	12.7	17.1	72.6	17.0	18.0	45.1	11.0	156.1	缺测
	5	33.1	27.1	12.1	16.3	20.9	67.6	13.0	30.5	93.5	10.0	169.1	缺测
	6	33.8	29.4	17.1	20.4	24.4	73.4	30.0	37.5	109.8	9.0	188.5	缺测
	7	38.9	34.1	20.7	24.0	28.5	70.2	29.0	43.5	113.2	10.0	260.8	缺测
	8	38.0	32.0	17.8	23.3	27.0	72.9	25.0	46.2	146.4	10.0	162.6	缺测
	9	30.1	24.6	15.4	18.8	21.1	88.2	37.0	32.1	148.6	19.0	72.4	缺测
	10	25.2	17.4	9.5	13.0	14.7	91.3	56.0	35.8	169.1	17.0	19.7	缺测
	11	20.7	13.8	0.9	7.6	10.0	87.7	31.0	4.1	7.0	5.0	48.5	缺测
	12	14.9	10.0	2.9	1.4	4.7	72.6	17.0	0.0	0.0	0.0	108.0	缺测
2018	1	13.5	6.7	4.7	0.4	2.4	74.0	22.0	3.7	12.3	6.0	82.0	缺测
	2	20.6	11.7	4.0	2.2	6.0	64.0	13.0	1.7	2.8	3.0	114.2	缺测
	3	28.1	19.8	3.2	9.1	13.4	75.3	23.0	8.2	36.8	11.0	147.6	缺测
	4	30.5	23.8	4.7	13.4	17.9	71.1	17.0	6.6	缺测	1.0	166.3	缺测
	5	35.0	26.3	11.9	17.5	21.3	70.7	15.0	8.5	31.1	10.0	132.6	缺测
	6	35.7	29.9	15.8	21.1	25.0	74.2	25.0	53.4	151.5	11.0	162.2	缺测
	7	36.6	31.2	20.6	23.7	26.8	81.6	40.0	66.0	203.3	17.0	141.0	缺测
	8	36.1	33.7	21.1	24.1	28.3	66.7	31.0	13.5	25.2	6.0	245.5	缺测
	9	32.1	24.8	12.8	18.3	20.9	77.2	28.0	17.2	41.3	16.0	24.3	缺测
	10	25.7	20.2	7.7	12.1	15.3	74.4	18.0	51.0	85.9	12.0	61.0	缺测
	11	22.3	12.9	1.4	6.3	9.0	79.3	24.0	17.5	39.9	23.0	20.0	缺测
	12	11.2	6.6	2.0	2.7	4.3	76.2	40.0	7.4	7.4	1.0	236.4	缺测

(三)土壤

汉中盆地处于全国黄棕土壤带的最北端和西部边缘,主要地带土壤类型为黄棕壤、棕壤和暗壤。在耕作活动和区域性成土因素影响下,主要地带土壤类型为水稻土、潮土、紫色土、新积土等农业土壤和区域性土壤。据普查,全区共有八个土类,19个亚类,46个土属、115个土种。

土壤分布既受地带性因素影响又受区域性因素影响,具有明显的垂直地带性分布规律和区域性分布特点。八个土类中按其垂直分布,由高向低依次为:暗棕壤(含暗棕壤和暗棕壤性土两个亚类)、棕壤(含棕壤、棕壤性土和漂洗土三个亚类)、黄棕壤(含黄褐土、黄棕壤、黄棕壤性土三个亚类,其中黄褐土分布较低)、石质土、紫色土、水稻土(含淹育性、潴育性、潜育性、脱潜育性和漂洗性五个亚类)、新积土(淤土)、潮土(含潮土、湿潮土两个亚类),前三类为地带性土壤,后五类为区域性土壤。据统计,全区土壤总面积为3946.87万亩,占土地总面积97.1%。

1.暗棕壤　仅勉县等少数县2200 m以上的高中山地带有所分布,约27.25万亩,占土壤总面积的0.69%。草甸植被,土质肥沃,灰褐色,呈微酸性反应,适宜耐冷药材生长。

2.棕壤　分布在1500～2200 m的中高山地带,约403.77万亩,占土壤总面积的10.23%,是在植被较好和气候冷凉条件下发育而成的土壤,呈中性至微酸性反应。所处海拔较高,坡度较大,土性潮湿冷凉,有机质含量丰富,土层松软,多为杂灌和部分阔叶林地。

3.黄棕壤　是全区主要土壤,约3112.20万亩,占土壤总面积的78.85%,分布在1700 m以下的山丘地带。土壤呈微酸性至酸性反应,目前多为针阔叶混交林和草灌植被,有少部分为农耕地。

4.石质土　是岩基风化最年幼的土壤,主要分南郑、勉县、西乡等县侵蚀严重的山头,仅生长苔藓和稀疏杂草,约56.53万亩,占土壤总面积的1.43%。

5.紫色土　分布在西乡、镇巴、宁强三县,约44.77万亩,占土壤总面积的1.13%,系紫色页岩和沙砾岩母质发育而成,土壤带紫色,为重石质的沙土或壤土。目前多为杂灌树木林地。

6.水稻土　是全区稻田的主要土壤,约285.07万亩,占土壤总面积的7.23%;其中:潴育性水稻土169.60万亩,占59.5%,是全区水稻土主要类型,系种稻历史较长、发育较为成熟的水稻土,肥力较高,通透性较好,保肥供肥能较强,水、气、热较协调,种植性较广,多为一年两熟,产量水平较高;淹育性水稻土71.86万亩,占水稻土的25.2%,系种植历史较短、幼年水稻土,肥力较低,但通透性较好,种植性较广,适宜稻麦轮作;脱潜育性水稻土14.01万亩,占水稻土的4.9%,土性冷凉,通透性差,耕性不良,肥力低,多数缺磷;潜育性水稻土29.07万亩,占水稻土的10.2%,受地下水影响大,泥脚深,耕作困难,水温土温低,宜种性窄,多为一季冬水田;漂洗性水稻土0.53万亩,肥力较低。

7.新积土　分布在江河沿岸漫滩地区,系近代淤积形成,基本没有发育,用于农业生产时,需培肥改良;约9.39万亩,占土壤总面积的0.24%。

8.潮土　分布在江河沿岸,土质松软,耕性良好,但保水保肥力差,肥力较低,宜于瓜果蔬菜种植。约7.89万亩,占土壤总面积的0.2%。

据土壤普查测定分析,汉中盆地土壤养分状况具体情况见表4-8。

表 4-8　汉中盆地土壤养分状况(王艳龙整理,2019)

指标	养分含量			丰缺面积(%)			
	平均	最高	最低	丰富	适中	较缺	极缺
全氮(%)	0.121	0.294	0.033	7.9	31.3	60.8	
速效氮(ppm)	85.5	240.6	26.1				
全磷(%)	0.127	0.385	0.044	25.8		30.2	44.0
速效磷(ppm)	8.8	53.7	1.5				
全钾(%)	2.127	3.240	1.154	25.1	52.0	23.0	
速效钾(ppm)	119.0	311.2	33.6				
有机质(%)	1.39	4.92	0.59	13.5	69.8	19.7	

注:①速效氮>150 ppm 为丰富,90~150 ppm 为适中,<90 ppm 为较缺;速效磷>10 ppm 为丰富,5~10 ppm 为较缺,<5 ppm 为极缺;速效钾>150 ppm 为丰富,70~150 ppm 为适中,<70 ppm 为较缺;有机质含量>3%为丰富,1%~3%为适中,0.6%~1.0%为较缺。②汉中盆地土壤养分状况数据来源于陕西省汉中地区农业区划。

从表 4-8 可以看出,全区土壤速效氮缺乏的占 60.8%,含量较高的仅占 7.9%,速效磷较缺的占 30.2%,极缺的占 44.0%,钾的含量多数在 70~150 ppm,一般不缺,有机质含量多数适中,含量丰富和缺乏的各占 13.5%和 16.7%。

(四)水系

汉中盆地的河流均属长江流域,在水系组成上,主要是东西横贯的汉江水系和南北纵穿的嘉陵江水系。

1.汉江水系　是长江最大的一级支流,本区是汉江上游,流域范围北迄秦岭,南达米仓山,西接嘉陵江流域,东至子午河、茶镇与楮河一带,是中国秦岭、巴山的分界河。汉江干流自西向东流经宁强、勉县、汉台、南郑、城固、洋县和西乡县境,横贯汉中盆地,是本区域内水系网络的骨架;支流流域面积在 1000 km² 以上的有沮水、褒河、湑水河、牧马河和泾洋河 5 条;500~1000 km² 的 11 条为:玉带河、白河、养家河、红岩河、太白河、濂水河、冷水河、酉水河、金水河、椒溪河与楮河;100~500 km² 的 34 条:堰河、文川河、南沙河、溢水河、水河、峡河、沙河和巴庙河等。境内汉江干流长 277.8 km,占全长 1532 km 的 18.1%,流域面积 19692 km²,占全流域17.43 万 km² 的 11.3%,占总土地面积 27246 km² 的 72.3%。

2.嘉陵江水系　分布在汉中盆地西部和西南部。干流由北向南,纵穿略阳、宁强两县,为过境大河,流域狭长。1000 km² 以上流域面积的支流有青泥河、西汉水、燕子河,均发源于甘肃省境内,在本区内集水面积较小,500~1000 km² 的有八渡河、广坪河,100~500 km² 有窑坪河、金家河、大沟、东渡河、乐素河、巩家河、三道河、清河、安乐河、茅坪河、金溪河等,发源于宁强、南郑、西乡、镇巴县境,米仓山南坡的一些河流,各自向南入川,汇入嘉陵江支流渠江水系。其中,500~1000 km² 流域面积的有毛坝河、碑坝河、徐家河;100~500 km² 的有三道河、后河、白玉河、毛家河、汤家河、渔水河,10~100 km² 的河流 166 条。境内属嘉陵江水系的河流共 192 条,集水面积 7554 km²,占汉中地区总土地面积的 27.7%。嘉陵江上游流域森林植被破坏严重,是江河泥沙的主要源地,境内水土流失面积占总土地面积的 40%以上。近年来,该区域被列为长江上游嘉陵江流域水土保持治理重点区进行综合治理。

汉中盆地大部分地区水、热、土、气等条件配合良好。目前,相当面积的高寒山地仍然难以利用。北亚热带和暖温带（面积 2707.8 万亩,占全区土地面积的 66.6%）土壤、热量和降水相对良好,气候温暖湿润,适宜多种作物生长。800 m 以下的亚热带地区冬无严寒,夏无酷热,且土质较好,是水稻、油菜等粮油作物和柑橘、茶叶等经济作为的适生区,但 1400 m 以上的高寒地带水热配合较差,农业生产受到很大限制,尚有大量林地待开发利用。汉中盆地降水主要集中在夏、秋两季,空气相对湿度呈南大北小,汉江平坝、巴山山地 70%～80%,秦岭山地 73%;空气湿度季节分布呈冬春较小,夏秋较大。

二、熟制和马铃薯生产

(一)熟制

汉中盆地处于中国南北过渡带,具有高度的环境复杂性、气候敏感性和生物多样性。汉中盆地属全国马铃薯种植区中的西南单双季混作区。在熟制上,马铃薯一年四季都有种植,都有上市。依据海拔高度的不同,有一季作和二季作栽培类型,周年生产特点突出。中高山区(海拔 800 m 以上)气温低、无霜期短,雨量充沛、四季分明,属春播马铃薯一季作区,以中熟品种为主,多为春种秋收一年一季作栽培;平川丘陵区(海拔 800 m 以下)气温高、无霜期长、春早、夏长、冬暖、雨量多、湿度大,多实行二季栽培,以早熟品种春季保护地栽培和商品薯成熟期提前收获、提高效益为主,一般出苗后 50～70 d 收获。同时,有少量秋播马铃薯,用早熟品种播种,生育期 80 d 左右;一季作马铃薯以本区域消费为主,其他季节马铃薯以外销为主。由于地形复杂,地块较小,马铃薯生产以农民一家一户种植为主,生产规模小,机械化程度低,中小型机械的研发和应用是未来的发展方向。

汉中盆地马铃薯的播种期、收获时期随着生态区域和栽培方式不同而不同。在 5～7 ℃或以当地终霜期为准向前推 40 d 左右作为春播马铃薯适播期。一般将结薯期安排在地温 16～18 ℃,气温白天 24～28 ℃和夜间 16～18 ℃。以当地初霜期向前推 50～70 d 为秋播马铃薯适播期,再根据出苗所需天数,可确定播种期。汉中盆地马铃薯除露地栽培外,保护地栽培面积也较大,主要有地膜覆盖栽培、小拱棚覆盖栽培、地膜加大棚双膜覆盖栽培等模式见表 4-9。

表 4-9　汉中盆地马铃薯在不同栽培区域、栽培方式下的播种期和收获期(王艳龙整理,2019)

栽培区域	栽培方式	播种期(月/旬)	收获期(月/旬)
高山区(海拔 1200 m 以上)	露地	3/上～3/中	7/下～8/上
中高山区(海拔 800～1200 m)	露地	2/上～2/中	7/上～7/中
	地膜	1/上～1/下	6/中～6/下
平川丘陵区(海拔 800 m 以下)	露地	12/下～1/下	5/下
	地膜	12/上～1/下	5/上～5/中
	大棚	12/上～12/中	4/中～4/下
	秋播	8/中～8/下	11/下～12/上

马铃薯属茄科作物,栽培上采取与非茄科作物轮作,轮作方式采用旱—旱轮作,应间隔两年以上,水—旱轮作可间隔一年。

此外,还可与高秆、生长期长的喜温作物间套作。汉中盆地马铃薯主要栽培模式有以下几种:

1. 马铃薯—水稻轮作 马铃薯在 12 月至翌年元月上旬播种,翌年 5 月收获后种植水稻。实现马铃薯水—旱轮作,可减轻病害,同时马铃薯茎叶还田可为水稻提供肥料,增加土壤有机质,有助于提高水稻产量。

2. 马铃薯—玉米间套作 丘陵山区马铃薯种植多为此种模式,一般采用单垄双行马铃薯间套两行玉米,综合效益比只种马铃薯或只种玉米高。

3. 地膜马铃薯—西瓜或花生、蔬菜轮作 5 月上旬,地膜早熟菜用马铃薯收获后,轮作种植西瓜或花生,秋季轮作种植甘蓝、萝卜等,复种系数高,经济效益显著。

4. 大棚马铃薯—苦瓜(丝瓜)轮作 4 月中下旬,大棚马铃薯收获后,移栽苦瓜或丝瓜等耐热蔬菜。

(二)马铃薯生产地位

马铃薯具有产量高、抗逆性强、适应性广、生育期短、营养丰富、食用价值高、耐贮藏、经济效益好等特点,是集粮食、蔬菜、饲料和工业原料于一体多用途的农产品。为促进马铃薯产业发展,陕西省制定下发了《马铃薯产业发展规划》及《加快马铃薯产业发展的意见》提出了陕南压麦扩种马铃薯等政策,同时在粮油作物高产创建活动、百万亩设施蔬菜工程的实施中,重点向马铃薯倾斜,增加对马铃薯产业的扶持力度,加快实施马铃薯产业发展。近年来,汉中市委、市政府通过加大扶持力度,扩大种植面积,强化技术应用推广,延伸产业链条,拓展销售网络等方式,逐步形成了多渠道、多层面的产业发展格局,为汉中市发展马铃薯产业、农村经济繁荣和农民增收致富奠定了基础。

1. 种植面积和产量水平 目前,中国已经成为世界马铃薯生产第一大国,尤其是在中西部贫困地区和边远地区,马铃薯产业已经成为重要的支柱产业。据国家统计局数据:2016 年全国马铃薯播种面积 480.240 万 hm^2、产量 1698.57 万 t,陕西省马铃薯播种面积 29.59 万 hm^2、产量 74.7 万 t,播种面积和产量分别占全国的 6.1% 和 4.4%,全国和陕西省马铃薯的播种面积和产量情况见表 4-10。

表 4-10　近 5 a 全国和陕西省马铃薯播种面积和产量(葛茜整理,2019)

指标	2012 年	2013 年	2014 年	2015 年	2016 年
全国马铃薯产量(万 t)	1687.17	1717.59	1683.11	1645.33	1698.57
全国马铃薯播种面积(万 hm^2)	503.077	502.576	491.041	478.558	480.240
陕西省马铃薯产量(万 t)	66.70	69.10	77.20	73.80	74.70
陕西省马铃薯播种面积(万 hm^2)	26.70	28.16	29.72	29.68	29.59

陕西省的陕南、关中以夏薯作蔬菜供应为主,陕北以秋薯为主,既做蔬菜也做加工,加工产品主要有粉条、粉丝等。马铃薯是汉中盆地的特色主导产业之一。目前,全市现有马铃薯蔬菜产业协会 2 个,马铃薯专业合作社 5 个,种薯企业 5 家,马铃薯蔬菜中型批发市场 3 个,建成千亩早熟双膜马铃薯高产高效示范园 1 个、百亩以上高效示范园 30 余个,马铃薯全程小型机械化生产示范基地 1 个、示范村 20 余个,初步形成了菜用马铃薯为主,加工用马铃薯不断发展的品种结构格局。汉江沿岸的汉台、南郑、城固、洋县等平川县区以早大白、紫花白、荷兰 15、中薯 5 号等早熟菜用型马铃薯品种为主,采用双膜栽培可在 4 月上中旬收获上市,供西安、兰州、太原等北方城市;宁强、镇巴、留坝、佛坪等山区县以中晚熟、兼用型马铃薯品种为主,5—6 月

收获上市,主要供当地市场和邻省周边城市。据汉中市统计局数据:截至 2018 年底,马铃薯种植面积 56.4 万亩,产量 11.4 万 t,单价 2.6 元/kg,产值 5.9 亿元,其中种植面积和产量最大是镇巴县,单价和产值最高的县是勉县,汉中盆地各县区马铃薯生产情况见表 4-11,表 4-12。

表 4-11　汉中近 2013—2017 年耕地面积、马铃薯种植面积(葛茜整理,2019)

项目	2013 年	2014 年	2015 年	2016 年	2017 年	
马铃薯种植面积(万亩)	56.36	56.27	56.77	56.42	56.07	此项数据来源为农业局
马铃薯总产量(万 t)	10.39	10.88	11.33	11.46	11.69	
马铃薯单产(kg)	184.27	193.39	199.52	202.63	208.49	
常用耕地面积(亩)			3060783	3056516	3153164	
年末耕地总资源(亩)			4429273	4409957	4436540	此项数据来源为汉中统计年鉴
年末常用耕地面积(万 hm²)	20.508	20.515	20.405	20.377	21.021	此项数据来源为陕西统计年鉴

表 4-12　2018 年汉中盆地各县区马铃薯生产情况(王艳龙整理,2019)

县区	面积(亩)	产量(t)	产值(万元)	单价(元/0.5 kg)
全　市	564162	114315	59718	2.61
汉台区	4385	1518	810	2.67
南郑区	58800	12525	2430	0.97
城固县	37505	7614	9131	6.00
洋县	51257	16863	9151	2.71
西乡县	59522	8107	3262	2.01
勉县	32901	8258	12403	7.51
宁强县	78026	15826	9522	3.01
略阳县	24448	4298	1510	1.76
镇巴县	197011	35376	9593	1.36
留坝县	8796	1924	1460	3.79
佛坪县	11511	2006	446	1.11

注:产值中包含红薯,因此单价与市场有一定差异。

2. 主推品种　汉中盆地马铃薯品种有地方品种和引进品种两大类:地方品种如米花洋芋、镇巴乌洋芋、略阳红洋芋等为中早熟品种,抗病性强、商品性差、食味优良,日渐退化,已极少种植;目前,生产上种植的马铃薯品种有早大白、费乌瑞它、中薯 3 号、中薯 5 号、中薯 18、荷兰 15、兴佳 2 号、希森 3 号、紫花白、秦芋 31 号、秦芋 32 号、克新 6 号、克新 8 号、青薯 9 号、陇薯 3 号、陇薯 7 号、冀张薯 8 号、鄂马铃薯等,其中以早熟品种早大白、荷兰 15、兴佳 2 号、中薯 5 号、中熟晚熟品种紫花白、克新 8 号、青薯 9 号、秦芋 31 号为汉中马铃薯主栽品种,这 8 个品种每年的播种面积占汉中马铃薯推广品种及种植面积的 85% 以上。

3. 汉中盆地马铃薯生产布局　马铃薯在汉中种植历史悠久,是重要的粮食和经济作物。在长期生产实践中,按照自然条件、耕作制度、品种特性的不同,基本形成了以下三大生产区域,即平坝川道冬播栽培区,浅山丘陵坡地冬、春播栽培区,高山春播栽培区。

(1)马铃薯平川冬播栽培区　主要分布在汉台、南郑、城固、洋县等海拔高度在 400~700 m 左右的平川县区,年均气温 14.2~14.6 ℃,年均降水量 665~867 mm,马铃薯为一年二熟或二年三熟。马铃薯种植面积约 20 万亩,平均亩产 276.5 kg(折粮),多与水稻轮作,年均复种面积达 5 万亩左右。

(2)马铃薯浅山丘陵冬播和春播栽培区　主要分布在秦岭南坡和巴山北坡海拔高度在 700~900 m 的丘陵地带,年均气温 13.7~13.9 ℃,年均降水量 935~1123 mm,马铃薯多实行与玉米、豆类轮作或与玉米间作套种。该区马铃薯种植既有冬播也有春播,面积约 30 万亩,平均亩产 263.3 kg(折粮),高于汉中盆地马铃薯平均亩产 2.3%。

(3)马铃薯高山春播栽培区　主要分布在留坝县、略阳、宁强、南郑、西乡、镇巴等海拔 900 m 以上的区域,年均气温 7~9 ℃,年均降水量 769~853 mm,马铃薯成熟偏晚,多一年一熟或实行间作套种。马铃薯播种面积约 10 万亩,由于土壤肥力低,冰雹、霜冻、雨涝等灾害严重,平均亩产 232.4 kg(折粮),低于汉中盆地马铃薯平均亩产 9.7%。

三、汉中盆地马铃薯大田常规栽培技术

(一)选茬和选地整地

1. 选茬　马铃薯作为粮食和蔬菜,与人们的生活息息相关。它与茄子、辣椒、烟草、番茄等作物都属于茄科,茄科作物的共同特点是不耐连茬。同一块地连续种植茄科作物会存在一定的连茬障碍,导致土壤微生物菌群结构不合理、酶活性不强、营养不平衡、病害加重等诸多问题,不仅会加重病害发生基数,而且对产量和品质都有一定的影响。所以,在选茬方面尽量避免前 2 年内前茬种植过茄科或十字花科作物的地块。在汉中马铃薯种植区,选择前茬种植了水稻、豆科作物、夏玉米、牧草等作物的地块或进行了 3 年以上轮作的茄科地块最为理想。

2. 选地整地

(1)选地　马铃薯根系生长和块茎发育具有喜"氧""湿""钾"的典型特点。所以在选地方面宜选择背风向阳、土壤肥沃、耕作层深厚、土质疏松、地势平坦、方便排灌的沙壤土或壤土为好。同时应选择前茬 3 年内未种过茄科作物的地块种植。

(2)整地　前茬作物收获后,即可整地。整地宜精细,春季播种的地块尽量选择冬前翻地,经过冬季低温霜冻可以杀灭杂菌,同时土壤经过自然融冻,有利于土壤熟化和保墒。播种前再进行耕翻和平整土地,使耕层土壤更加疏松,达到改善土壤结构,创造利于马铃薯根系生长和块茎膨大的土壤环境。耕翻土地时,要施足底肥,通常将富含有机质的经充分腐熟的农家肥、秸秆沤制的堆肥、化学肥料撒入土壤一同翻耙,中等地力条件的地块,每公顷施农家肥 45000 kg,含 K 量高的复混肥 50~100 kg。

3. 起垄　秦岭南麓马铃薯种植区主要以高起垄栽培为主,但在汉中的镇巴、宁强等高海拔地区,农户常常采用起低垄或不起垄(平作)的方法种植马铃薯。高起垄栽培主要目的是为了控制土壤水分,提高地温,增加土壤氧含量,充分发挥行距边际效应,达到增加产量和效益的目的。根据起垄的高低分为高起垄,低起垄和不起垄。通常认为从沟底到垄顶的距离低于 15 cm 为低起垄,高于 15 cm 为高起垄。又根据起垄种植方式的不同,又分为单垄双行,单垄单行,一膜多垄。单垄双行在平川区地膜栽培和露地栽培较为常见,设施栽培全部采用单垄双行种植方法。垄高 20~30 cm,垄距 85~90 cm,垄宽 55~60 cm,小行距 30 cm,株距 24~

30 cm,播种 5500 株/亩;单垄单行在丘陵区露地和地膜种植较多,垄距 55～60 cm,垄高 15～20 cm,株距 24 cm,播种 5000 株/亩;一些平川地区还采取单垄单行地膜覆盖种植法,又叫一膜多垄种植法,即根据地膜不同宽幅规格(0.8 m、1.2 m、1.5 m)等不同规格,采用一张地膜覆盖多行的种植方法。起垄从一膜双垄、一膜三垄、一膜四垄、一膜五垄至一膜七垄。垄高 10～15 cm,垄距 35～40 cm,单垄单行,垄顶馒头状。种植 5500 株/亩。

(二)选用良种

1. 早大白　由辽宁省本溪市马铃薯研究所以五里白为母本、74-128 为父本选育而成。1992 年通过辽宁省农作物品种审定委员会审定,1998 年通过国家农作物品种审定委员会审定。品种登记号为国审薯 980001。

属极早熟品种,生育天数 60～65 d。植株直立,繁茂性中等,株高 50 cm 左右。茎叶绿色,侧小叶 5 对,顶小叶卵形。花冠白色,花药橙黄色,可天然结实,但结实性偏弱。薯块扁圆形,白皮白肉,表皮光滑,芽眼深度中等,休眠期中等,耐贮性一般。结薯集中,单株结薯 3～5 个,大中薯率高达 90%以上。块茎干物质含量 21.9%,淀粉含量 11%～13%,还原糖含量 1.2%,粗蛋白质含量 2.13%,维生素 C 含量 12.9 mg/100 g 鲜薯,品质好,适口性好。苗期喜温抗旱,耐病毒病,较抗环腐病和疮痂病,感晚疫病。一般亩产 1500 kg,在高水肥地栽培产量可达 4000 kg 以上。

该品种适应性较广,商品性好,上市早,便于倒茬,适宜在陕南汉中浅山丘陵区及平川区种植,是目前大棚种植的主栽品种,在汉中 4 月下旬上市。

2. 东农 303　东北农业大学农学系用白头翁(Anemone)做母本,卡它丁(Katahdin)做父本杂交育成。东农 303 是 1986 年经全国农作物品种审定委员会审定为国家级品种,属于极早熟品种,出苗后 55～60 d 即可收获。株高 45 cm 左右,茎直立、绿色,复叶较大,生长势强。花冠白色,花药黄绿色,雄性不育。块茎长椭圆形,大小适中,表皮光滑,黄皮黄肉,芽眼浅。结薯集中,单株结薯 7～8 个。淀粉含量 13.1%～14.0%,还原糖含量 0.3%,粗蛋白质含量 2.52%,维生素 C 含量 15.2 mg/(100 g)鲜薯,东农 303 块茎形成早,出苗后 55～60 d 收获。适宜密植,产量高,一般每公顷种植 6.2～6.8 万株,可产鲜薯 22500～30000 kg/hm²,高产的可达 45000 kg/hm²。品质好,淀粉含量在 13.0%～14.0%上下,粗蛋白质含量 2.52%,维生素 C 含量 15.2 mg/100 g 鲜薯,还原糖 0.03%,适合食品加工和出口。植株较抗晚疫病和花叶病毒病,易感卷叶病毒病,较耐涝,耐贮藏,不宜在干旱地区种植,适宜于水肥条件较好的地方作早熟栽培。

该品种适应性较广,商品性好,适宜在陕南汉中浅山丘陵区及平川区种植,在汉中 4 月下旬上市。

3. 荷兰 15 号　荷兰 15 号由荷兰选育,1980 年由国家农业部种子局从荷兰引入,原名为 Favorita(费乌瑞它),又名"荷兰薯"。山东省农业科学院蔬菜花卉所引入山东栽培取名鲁引 1 号;1989 年天津市农业科学院蔬菜花卉所引入取名"津引 8 号"。

早熟品种,生育天数 60～70 d。植株直立,株型扩散,株高 60 cm,茎粗壮,呈紫褐色,分枝少,生长势强。复叶大,下垂,侧小叶 3～5 对,排列较稀,叶色浅绿,茸毛中等,叶缘有轻微波状。花序梗绿色,花柄节有色,花冠蓝紫色,瓣尖无色,花冠大,雄蕊橙黄色,柱头 2 裂,花中等长,子房断面无色。花粉量较多,天然结实性强。浆果大、深绿色,有种子。块茎长椭圆形,顶部圆形,皮淡黄色,肉鲜黄色,表皮光滑,芽眼少而浅,休眠期短,较耐贮藏。结薯集中4～5个,块茎膨大快,大中薯率69%。干物质含量17.7%,淀粉含量13.6%,还原糖含量0.03%,粗蛋白质含量1.67%,维生素C含量13.6 mg/100 g鲜薯,品质好,适宜炸片加工,食味品质好,是鲜薯出口的主要品种。植株易感晚疫病,块茎中感病,不抗环腐病和青枯病,抗Y病毒和卷叶病毒,对A病毒和癌肿病免疫。结薯集中,一般单产37500 kg/hm²,高产可达3000 kg/亩,适宜陕南汉中市浅山丘陵区种植。该品种对光敏感,块茎膨大期注意及早中耕、高培土。收获、贮藏和运输过程中,注意避光,以免块茎变绿影响品质。

4. 秦芋30号　安康市农业科学研究所选育,又名922-30、安薯58号。以EPOKA(波友1号)为母本,4081无性系(米拉×卡塔丁杂交后代)为父本,杂交选育而成。该品种于2001年8月29日经陕西省第30次农作物品种审定委员会通过,命名为"安薯58号",编号陕审薯2001001号,2003年2月8日经国家农作物品种审定委员会会议审定通过,命名为"秦芋30号",审定编号:国审薯2003002号。

中熟,生育期95 d左右。株型较扩散,生长势强,株高36.1～78.0 cm,主茎数1～3个,分枝数5～8个,茎绿色,茎横断面三棱形。花冠白色,天然结实少,块茎大中薯为长扁形,小薯为近圆形,表面光滑,浅黄色,薯肉淡黄色,芽眼少而浅。结薯较集中,商品薯率76.5%～89.5%,田间烂薯率低(1.8%左右),耐贮藏,休眠期150 d左右。抗逆性强,适应性广,耐雨涝、干旱、冰雹、霜冻等灾害性气候。淀粉含量15.4%,还原糖含量0.19%,维生素C含量15.67 mg/100 g鲜薯,食用品质好,适合油炸、淀粉加工和鲜食。平均产量25890 kg/hm²。种植密度单作4500～5000株/亩,套种3000～3500株/亩。田间高抗晚疫病。该品种淀粉含量高。适宜云南、贵州1200 m以上马铃薯种植区及陕南1000 m地区种植。

5. 青薯9号　青海省农林科学院生物技术研究所通过国际项目合作,2001年通过国际合作项目从国际马铃薯中心引进杂交组合(387521.3＊APHRODITE)实生种子,选育的优良单株C92.104～05(代号:CPC2001-05),经系统选育而成。2006年通过青海省农作物品种审定委员会审定;2011年通过国家农作物品种审定委员会审定。

中晚熟品种,生育期120 d左右。株型直立,株高89.3 cm左右,分枝多,幼苗生长势强,株丛繁茂性强,植株耐寒、耐旱。茎绿色带褐色,叶深绿色,复叶大挺拔,叶缘平展。花冠淡紫色,开花繁茂性中等,天然结实少。薯块椭圆形,薯皮红色,有网纹,薯肉黄色,芽眼少且浅。结薯集中,单株主茎数2.9个,结薯数5.2个。耐贮性好,休眠期40～50 d。块茎干物质含量25.7%,淀粉含量19.8%,维生素C含量23.0 mg/100 g鲜薯,还原糖含量0.25%。2004—2006年青海省区试中,两年平均单产49360 kg/hm²。2005—2006年品种区试中,两年平均单产达到55630 kg/hm²,比对照青薯2号增产10.3%,增产显著,平均商品率82.2%。植株中抗马铃薯X病毒,抗马铃薯Y病毒和PLRV病毒,高抗晚疫病,抗环腐病。

该品种适宜陕南大部分地区种植。

6. 紫花白(克新1号)　黑龙江省农业科学院马铃薯研究所于1958年用374-128做母本,Epoka做父本杂交选育,1967年选育而成,在全省推广。1984年通过全国农作物品种审定委员会审定为国审品种。1987年获国家发明二等奖。

中熟品种,生育期90 d。株型直立,分枝数中等,株高70 cm左右。茎粗壮、绿色;叶绿色,复叶肥大,侧小叶4对,排列疏密中等。花序总梗绿色,花柄节无色,花冠淡紫色,有外重瓣,雄蕊黄绿色,柱头 2 裂,雌蕊败育,不能天然结实。块茎椭圆形,大而整齐,白皮白肉,芽眼较多,深度中等,块茎休眠期长,耐贮性中等。干物质 18.1%,淀粉 13%~14%,还原糖 0.52%,粗蛋白 0.65%,维生素 C14.4 mg/(100 g)鲜薯。前期生长势强、植株繁茂、结薯早,中后期块茎膨大快、结薯集中,商品薯率高,表皮光滑。一般产 22500~30000 kg/hm²,在水肥条件较好的地区种植,最高产可达 45000~60000 kg/hm²。抗 Y 病毒和卷叶病毒,高抗环腐病。

该品种耐旱耐束顶,较耐涝,具有很强的适应性和抗逆性,中国北方地区及南北过渡带各地均有栽培,是中国的主栽品种之一。

7. 米拉(Mira)　米拉又名"德友 1 号""和平",德国品种。用卡皮拉(Capella)做母本,B. R. A. 9089 做父本杂交育成,1956 年引入中国。

中晚熟品种,从出苗到成熟 105~115 d。株型开展,分枝数中等,株高 60 cm,茎绿色基部带紫色,生长势较强,叶绿色。茸毛中等,花序总梗绿色,花柄节无色,花冠白色,天然结实性弱,浆果绿色、小、有种子。株型开展,株高 60 cm,茎绿色。花冠白色。块茎长圆形,黄皮黄肉,表皮稍粗,块茎大小中等,芽眼较多,深度中等,结薯较分散。块茎休眠期长,耐贮藏。食用品质优良,鲜薯干物质含量 25.6%,淀粉含量 17.5%~19%,还原糖含量 0.25%,粗蛋白含量 1.1%,维生素 C 含量 14.4~15.4 mg/(100 g)鲜薯。抗晚疫病,高抗癌肿病,不抗疮痂病,感青枯病,轻感花叶病毒病和卷叶病毒病。一般单产 22500 kg/hm²,高产可达 37500 kg/hm²以上。

为无霜期较长、雨水多、湿度大、晚疫病易流行的陕南、鄂北、豫南山区的主栽品种。

8. 鄂马铃薯 5 号　湖北恩施中国南方马铃薯研究中心育成。用 393143-12 做母本,Ns51-5 做父本,杂交后选育而成。2005 年 3 月通过湖北省农作物品种审定委员会审定并定名。2008 年 8 月第二届国家农作物品种审定委员会第二次会议审定通过,审定编号为国审薯 2008001。

中晚熟品种,从出苗至成熟 94 d 左右。株型较扩散,生长势强,株高 62 cm 左右。茎叶绿色,叶片较小,花冠白色,开花繁茂,匍匐茎短,结薯集中。天然结实较少。块茎大薯为长扁形,中薯及小薯为扁圆形,表皮光滑,黄皮白肉,芽眼浅,芽眼数中等,单株结薯 10 个,大中薯率80%以上,商品薯率 74.5%。干物质含量 22.7%,淀粉含量 14.5%,还原糖含量 0.16%,维生素 C 含量 16.6 mg/100g 鲜薯,蛋白质含量 1.88%。适宜油炸食品、淀粉、全粉等加工和鲜食。2002 年在恩施州不同海拔地区单作示范,平均单产 27870 kg/hm²。高产达 45000 kg/hm²,比对照品种鄂马铃薯 3 号增产 39.65%。种植密度为单作条件下种植 4000 株/亩;套作条件下,1.6 m 内采用 2:2 带型套种玉米或其他作物,马铃薯 2400 株/亩。

植株高抗晚疫病,烂薯率在 1%以下,抗花叶病和卷叶病,是陕南、鄂北、豫南山区单作、间、套作高产品种。

9. 沙杂 15　榆林市农业科学研究院 1962 年从河北省张家口地区农业科学研究所引入的杂交后代株系选择而成,1965 年进行品种比较试验,1981 年通过陕西省农作物品种审定委员会审定。

晚熟品种,生育期 130 d 左右。植株半直立,株高 70 cm,分枝较多,株丛繁茂,茎绿带紫色,叶深绿色,花少,白色,块茎扁圆形,薯皮淡黄,薯肉白色,结薯浅而分散,大中薯占 80%左右,淀粉含量 15.9%,耐贮藏。水浇地平均产量 30000 kg/hm²。高抗晚疫病,抗溃性、耐涝性较强。

该品种在秦岭南麓的高海拔山区种植普遍较多。

10. 克新 6 号　黑龙江省农业科学院马铃薯研究所于 1965 年用 S41956 做母本,96-56 做父本杂交育成,1970 年确定在全省推广。

中熟品种,生育日数 90 d 左右(出苗至茎叶枯黄)。块茎膨大期早,速度快,可做中早熟品种利用。抗退化能力较强,植株抗晚疫病,生育前期抗旱。食味较好,淀粉含量 14%。株型较扩散,株高 75 cm 左右,分枝较多。茎绿色,茎翼波状,叶大小中等,叶面茸毛较多。开花繁茂,花白色。块茎扁椭圆形,大而整齐,白皮白肉,表皮带有细网纹。芽眼浅,数目少。耐贮性差,结薯极为集中。一般肥力条件下适宜栽培密度为每公顷 57500 株左右。该品种抗逆性强,适应性广,产量稳定,一般产量可达 25000 kg/hm² 左右。块茎易感晚疫病。

该品种适于北方省区种植,在秦岭南麓的平川区种植普遍较多。

11. 兴佳 2 号　由黑龙江省大兴安岭地区农林科学研究院以 Gloria 为母本,21-36-27-31 为父本,通过有性杂交选育而成。2015 年通过黑龙江省农作物品种审定委员会审定。

中熟品种,生育期 90 d 左右。株型直立,株高 70 cm 左右,分枝较多,茎绿色,茎横断面三棱形,叶深绿色。花冠白色,花药黄色,子房断面无色。块茎椭圆形,皮淡黄色,肉浅黄色,表皮光滑,芽眼浅。结薯集中,单株结薯 3~5 个,大中薯率达 86%;干物质含量 19.8%,淀粉含量 12%~15%,还原糖含量 0.57%,粗蛋白含量 1.10%~2.13%,维生素 C 含量 11.18~14.34 mg/100 g 鲜薯。抗晚疫病,抗 PVX、PVY 病毒,较耐寒。

该品种适宜秦岭南麓大部分地区种植。

12. 中薯 18 号　中薯 18 号是中国农业科学院蔬菜花卉研究所从国际马铃薯中心引进"C91.628×C93.154"的实生种子选育的马铃薯新品种。2011 年通过内蒙古自治区审定。2014 年通过国家农作物品种审定委员会审定,审定编号为国审薯 2014001,定名为"中薯 18 号"。

中晚熟鲜食品种,生育期 99 d。株型直立,生长势强,茎绿色带褐色,叶深绿色,花冠紫红色,天然结实少,匍匐茎短,薯块长圆形,淡黄皮淡黄肉,芽眼浅。株高 68.5 cm,单株主茎数 2.3 个,单株结薯 6.1 个,单薯重 120.5 g,商品薯率 72.8%。块茎品质:淀粉含量 15.5%,干物质含量 23.7%,还原糖含量 0.43%,粗蛋白含量 2.34%,维生素 C 含量 17.3 mg/100 g 鲜薯。接种鉴定,抗轻花叶病毒病、重花叶病毒病,感晚疫病,田间鉴定对晚疫病抗性高于对照品种紫花白。2011—2012 年参加国家马铃薯中晚熟华北组品种区域试验,平均产量为 33150 kg/hm²,比对照品种克新 1 号增产 6.8%。

该品种适合于秦岭南麓大部分地区种植。

(三)选用脱毒种薯及播前处理

1. 脱毒种薯来源

(1)外购　秦岭南麓马铃薯种植和收获时期与中国北方温带地区存在很大差异。北方马铃薯收获期在 10 月份前后,收获后即进入秋冬季节,马铃薯处于休眠状态,所以具有得天独厚的种薯繁育、贮藏、销售等条件优势。而秦岭南麓为亚热带地区,马铃薯收获期在 5—6 月份,收获后正处于炎热的夏季,自然状态下休眠很快被打破,继而面临发芽、烂薯等诸多问题。在夏季较高的气温条件下控制种薯发芽的成本较高,所以秦岭南麓平川区所用的脱毒种薯几乎全部从北方地区调入。其中内蒙古、辽宁、陕西榆林等地区种薯企业就成了该区脱毒马铃薯脱毒种薯重要的供应基地。

(2)脱毒自繁   脱毒种薯三级繁育体系,即繁殖原原种(G1)、原种(G2)、一级种(G3)三级种薯繁育体系。原原种、原种级别较高,也称基础种,必须在防虫网内进行生产,而一级种薯可在大田中繁殖,提供给种植户做种用的种薯。三级脱毒种薯繁殖体系是根据中国脱毒种薯生产情况提出来的,推广这种繁殖体系,就是为了设置一种标准,限制种薯生产单位繁殖周期过长、代数过多、病毒在植株体内积累的问题,有利于加速脱毒种薯的生产技术水平和脱毒种薯的普及率,达到提高品质,提高产量的目的(图4-1)。秦岭南麓地区由于受气候、地理等条件的限制,种薯生产一直不能大规模生产。通过多年的探索,利用秦岭南麓海拔差异,形成了切实可行的三级种薯繁育体系。科研单位利用组织培养技术,在特定的环境场所里生产试管苗和原原种,为1000 m以上高海拔地区的山区大量提供原原种薯,通过"千村万户一亩田"的模式发放给农户,利用高海拔山区冷凉气候蚜虫较少的自然环境繁殖原种,繁殖的原种再通过扩大繁种面积,进一步发展到中海拔(700~1000 m)地区繁殖一级种薯,低海拔地区(700 m以下)栽培用种再向中高海拔购买种薯,实现了种薯自然越夏、自给自足的问题,形成了一个良性循环,为本地区种薯企业发展种薯繁育提供了借鉴。

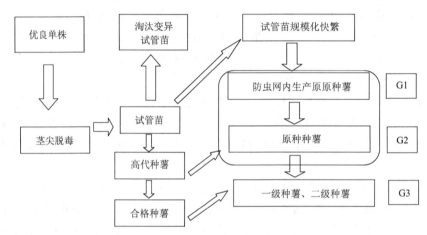

图4-1   脱毒种薯三级繁育体系示意图(付伟伟绘,2019)

2. 脱毒种薯的播前处理

(1)整薯处理

① 选择合格的脱毒种薯   脱毒种薯包括原原种(G1)、原种(G2)、一级种(G3)三个等级。选择具有种薯繁育和经营资质的正规企业购种。在挑选种薯方面,挑选薯表光滑、新鲜、无病、无伤、无畸形的脱毒种薯。单薯重100~200 g的种薯为宜。也可选择小型整薯作种薯,可以节省用种成本,用工成本及促壮苗。

② 选择适宜的栽培品种   根据不同需求选择不同品种的种薯。汉中市主栽的马铃薯脱毒品种有早大白、荷兰15、克新6号、台湾红皮、沙杂15等。

③ 种薯的挑选和分级   购买整薯后,首先进行挑选和分级,小于60 g的种薯可以做整薯播种。及时去除烂薯、伤薯、虫薯、畸形薯。将种薯按照大中小进行分类。

④ 种薯消毒   从外地调运的种薯需要进行摊晾晒种,同时用甲基托布津和农用链霉素进行浸种消毒处理后才能栽种,避免病害传播危害。

(2)切块   种薯的切块要在播种前30 d前后进行,每个薯块的重量45~60 g为宜。切块尽量使每个切块都带顶芽,充分发挥顶芽出苗早、出苗快的优势。100 g 左右的种薯应从顶部纵切一刀,分成 2 块;200 g 的大薯切块时,可以延薯顶部分纵切为四块;300 g 的大薯,可延薯尾开始向顶部斜切,保证每块重量 50 g 左右,最后把薯顶部分一分为二。切块应为楔形,不要成条状或片状,每个切块应含有 1～2 个芽眼。将薯顶部的切块另外收集统一播种。切块时注意用 75% 酒精或 0.5% 的高锰酸钾为切刀消毒。切好的薯块,用 5% 的丽致＋95% 的滑石粉拌种,或用甲基托布津＋春雷霉素＋克露＋滑石粉＝1 kg＋50 g＋200 g＋20 kg 比例拌种薯1000 kg,也可根据所防病虫害种类调整种类拌种。以上药剂配方,就可以防治马铃薯的真菌和细菌性病害。拌种所用药剂与滑石粉一定要搅拌均匀,防止种薯发生药害。

(3)催芽

① 薯块催芽　为了促发壮苗、齐苗、早出苗,需要进行薯块催芽。对薯块进行催芽,常采用沙培催芽法。具体方法如下:将切好的种薯于冬季播种前 15～20 d,拣除病薯、烂薯、伤薯、畸形薯,一层薯一层沙置于温度 20 ℃ 左右,湿度 60% 的沙中暖种。同时,也可以在薯表喷5 ppm 的赤霉素打破休眠,激活薯块内各种酶促反应,促使种薯淀粉分解,加快芽体萌动。待多数种薯芽长度为 0.5～1 cm 时,按发芽长度将种薯分成 2 级分别催芽。同时不断淘汰病烂薯、皱薯等质量较差的薯块,并将种薯放在散射光下摊晒,促使白色嫩芽变为绿色的硬芽。通过催芽摊晒后的种薯,出苗可提前 1 周左右,为壮苗、全苗奠定基础

② 小整薯短壮芽的培育　由于小整薯一般 40 g,所处生理年龄不一致,播前要打破休眠做好催芽工作。短壮芽栽培技术曾是秦岭南麓防止种薯退化,解决就地留种的一项有效措施。带短壮芽的小整薯播种后,出苗早,植株生长健壮,一般比无芽种薯提早出苗 5～10 d,增产10% 以上。选用高海拔地区生产的种薯留种,选择薯形端正,色泽鲜艳,具有该品种典型特征特性的薯种,四周密闭的场地,用生石灰喷洒消毒。将种薯芽眼向上单层摆放薯顶直立靠放。控制好室内的透光度,保持室内 65%～70% 的相对湿度,如果温度不够,需要适当加热。光线不足,可采用日光灯补光。催芽温度应保持在 15 ℃ 左右,最高不超过 20 ℃。短壮芽催芽,要防止芽薯在－1～2 ℃ 时发生冻害,应即时采取取暖措施,使室内温度保持在 6 ℃ 以上。经过催芽,但芽长约 1～2 cm 左右,即可播种。播种时应剔除烂薯和芽不够壮的小薯。每个薯只留整齐度较高的芽 2～3 个,其余的掰除。择时播种。

③ 整薯育芽移栽

A. 催芽方法

激素处理崔芽:将切好的薯块,放在 0.1% 的赤霉素溶液中进行催芽,浸泡 5～10 min 晾干后播种。赤霉素用酒精溶解后加水,一般 100 kg 水可浸薯块 2000 kg。

直接堆积催芽:将切好的种薯摊晾后,堆积催芽,每堆种薯约 30 kg,薯堆上覆盖 5 cm 的湿润细沙,再覆盖湿草帘保墒,10 d 后查看发芽情况,直到芽长到 1.5 cm 时,进行见光处理炼芽切块。

沙培法催芽:即一层种薯一层湿沙,每层湿沙 2～3 cm 后,最上面盖湿草帘催芽。

B. 整薯育芽移栽

精选种薯:要选择 40～50 g 无损伤、无病害的小薯进行育芽处理。

提前育芽:根据当地播种马铃薯时期前推 2～3 个月开始育芽。马铃薯一般在 5 ℃ 就开始发芽,12 ℃ 出苗,从发芽到出苗需要 30～40 d。再从芽萌发到伸长生长到 1.5 cm 的移栽标准需要 20 d 以上。摆薯育芽时,将薯顶朝上挨着摆放,使种薯的顶部保持平整,再覆盖 2～3 cm

的湿沙。

培育壮芽：保证充足的水分是培育壮芽的基本条件，一般湿沙中含水量50％～60％较好；其次保证适合的温度。确保育芽箱温度不低于15 ℃，不高于20 ℃；再次在拌湿沙时要混合一定量的复合肥，利于生根长芽；移栽前严格淘汰纤细、弱小、过长的幼芽，保留3个顶部芽即可，当幼芽长到2～3 cm时即可移栽。

摆种：一般采取垄作或穴栽法。移栽前施足底肥，配合施足速效化肥。按单垄双行种植法摆种。垄距1.0 m，垄内小行距30 cm，株距30 cm。摆薯前进行定芽，一个种薯留深浅粗细基本一致的芽2～3个即可，其余的全部掰去。移栽动作要轻，避免碰断芽体。尽可能短时间内完成移栽工作。

（四）播种

1. 播种方式　秦岭南麓年降雨较多，产区内马铃薯主要以高起垄栽培为主，但在汉中镇巴等高海拔地区，没有灌溉条件，常常采用不起垄或起低垄（平作）与玉米套种的方式种植马铃薯，其作用是增加土壤持水量。在中低海拔区域，全部采用起垄栽培。高起垄栽培的主要优点是控制土壤水分，提高地温，提高土壤含氧量，充分发挥宽窄行边际效应，把耕地表面肥沃土壤集中在马铃薯根系周围，既有利于养分集中，又能保证土壤疏松透气，满足马铃薯发芽、生根结薯对"气"的需要。达到增加产量和效益的目的。

秦岭南麓马铃薯播种主要有以下几种方式：单垄单行、单垄双行、一膜多垄等方式栽培，双膜大棚栽培全部采用单垄双行播种，地膜栽培常采用单垄单行、单垄双行或一膜多垄等方式栽培。

（1）单垄双行　畦宽85～90 cm，畦面小行距30 cm，畦沟宽行距55～60 cm，株距25～28cm，亩定植5000～5500株。单垄双行在平川区地膜和露地栽培较为常见，设施栽培全部采用单垄双行种植方法。垄高20～30 cm，垄距85～90 cm，垄宽55～60 cm，单垄双行小行距30 cm，株距24～30 cm，播种5500株/亩。

（2）单垄单行　按照垄距50～55 cm开沟，沟深8～10 cm，株距为25 cm，中熟品种株距为28cm。覆土厚度8～10 cm。中等地力条件下，保证每亩种植5000穴以上。单垄多行在丘陵区露地和地膜种植较多，垄距55～60 cm，垄高15～20 cm，株距24 cm，播种5000株/亩。

（3）一膜多垄　通常认为从沟底到垄顶的距离低于15 cm为低起垄，高于15 cm为高起垄。又根据起垄种植方式的不同，又分为单垄双行，单垄单行。一些平川地区还采取多垄单行地膜覆盖种植法，又叫一膜多垄种植法，即根据地膜不同宽幅规格（0.8 m、1.2 m、1.5 m）等不同规格，采用一张地膜覆盖多行的种植方法。起垄从一膜双垄、一膜三垄、一膜四垄、一膜五垄至一膜七垄。垄高10～15 cm，垄距35～40 cm，单垄单行，垄顶馒头状。种植5500株/亩。

2. 适期播种　各地区的最佳播种时间不完全一致。确定因素因海拔高度不同、田块位置各有差异。确定播种期的原则是播种后马铃薯块茎不受冻，出苗后马铃薯秧苗不受冻伤，将马铃薯块茎膨大期安排在当地最长时间段内气温处于18～20 ℃的范围内，就是最佳播期。按照秦岭南麓播期特点，主要分为春季播种、秋季播种、冬季播种。近年来，主要以春播和冬播为主。

（1）春播　秦岭南麓地形起伏较大，垂直差异明显，气候、土壤均具有南北过渡性特点，海拔从500～1300 m都有马铃薯种植，所以播种时期跨度较长。海拔越高，播期越迟。高海拔山区、浅山丘陵区主要以露地春播为主,少量采用单膜栽培。多数集中在1月下旬—2月中旬。海拔高的地方3月份才开始播种。近年来播种时间向早播方向发展。秦岭南麓高海拔地区,可以采取顶凌播种,即把播种期安排在土壤刚解冻的时间段内,前提是地温高于5 ℃以上种薯不受冻为原则进行播种。汉中、安康、商洛地区海拔600 m以上的地区几乎把播种期都安排在了2月中旬前后。此时气温回暖,地温高于5 ℃以上,可以安全播种。品种主要以自留的中熟、中晚熟品种为主。

(2)冬播　低于600 m的平川区多采用以单膜(地膜)和双膜(大棚)栽培为主。低于600 m的汉江沿岸平川冬播区,为了赶在4月下旬前采挖上市,已经将播种期提前到11月中旬—12月上旬,马铃薯封垄期安排在2月中下旬,此时大棚温度正处于16~20 ℃,适合马铃薯块茎膨大。目前已经稳定在这个时间段。栽培品种主要以特早熟、早熟品种为主。

(3)播期对马铃薯生育期和产量的影响　马铃薯是喜冷凉作物,对温度变化非常敏感。0 ℃以下茎叶受冻;2~4 ℃适宜块茎贮藏;4 ℃块茎休眠后萌动,7~8 ℃芽开始发育,17~21 ℃适宜茎叶生长发育,26 ℃最适宜花的生长,地温16~20 ℃最适宜块茎膨大,30 ℃左右停止生长。温度高茎叶生长旺盛,气温达30 ℃以上时,由于呼吸作用加强,地下部分与地上部分生长失调,营养物质消耗快而不易积累,茎叶徒长,推迟结薯期,长小薯,甚至尖端伸出地面变为地上茎。马铃薯产量的高低与块茎膨大期所处的土壤温度、湿度、养分关系很大。播期过早或过迟,块茎所处的最适温度长短不一,将会对产量的形成产生影响。海拔600 m以下的平川区冬播大棚双膜马铃薯和冬播地膜马铃薯将块茎膨大期安排在2月中旬以后,此时正处于春季,温度与水分非常适合于马铃薯生长,持续时间较长,所以产量较高。以早大白为例,大棚双膜栽培产量可达30000~45000 kg/hm^2,冬播地膜马铃薯产量也可达到30000~37500 kg/hm^{2}的平均产量。高海拔的春播马铃薯产量不足22500 kg/hm^2,而秋播产量则更低。

3. 合理密植　密度是构成产量的重要因素,在一定范围内,密度越大产量越高。所以合理密植有利于产量的增加和效益的提高。在秦岭南麓马铃薯种植区,按海拔将其划分为三个栽培区域,即海拔低于600 m以下的平川区,600~800 m的浅山丘陵区,高于800 m的高海拔山区。总体呈现出海拔越低,光热水资源越多、土层越深厚、起垄越高、马铃薯种植密度越大的趋势。平川区土地面积有限,马铃薯主要以单作为主,水、肥、温度条件好,种植密度大(高于5500株/亩),管护精细,平均产量41250 kg/hm^{2}以上;高海拔山区多与玉米等间作套种为主。水、肥、温度等条件不如平川区,种植较稀(4300株/亩左右),管理粗放,产量较低,平均在7500~22500 kg/hm^2。浅山丘陵区则介于两者之间。密度4800~5300株/亩,产量22500~37500 kg/hm^2。

(五)种植方式

1. 单作　汉中马铃薯常年栽培面积59万亩,其中30%左右为单作区。主要分布在汉中沿江河滩地、川道平川区和浅山丘陵区。这些地方地势平坦,道路交通、土壤等基础条件好,机械化水平高,单作利于农事管理、便于销售等。栽培方式主要以单垄双行露地栽培和大棚栽培为主。

种植规格:垄距85~90 cm,小行距30 cm,株距25~28cm,亩定植5000~5500株/亩,株距24~30 cm,开沟深度8~10 cm,在沟内施化肥,化肥上面施有机肥,有机肥上面播芽块。斜调角摆种,芽向上,用少量细土盖住芽,在两株之间穴施种肥,再覆土起垄,形成深沟高畦,起垄高度 20~25 cm。这种方式可以把耕地表面肥沃的土壤进行集中,有利于马铃薯生长对肥料、水、气的需要。

2. 间套作

(1)实施条件　间作是指同一块田地里在同一生长期内,马铃薯与其他作物分行相间的种植方法。套种是指在前季作物生长的一段时期,在其行间种植后季作物的种植方法。田间合理的群落结构才能充分发挥群体利用自然资源的优势,间套作物要充分考虑间套作物间争光、争肥、争水的矛盾,如间套密度、带宽、高度差等方面合理搭配,才能达到增收、增效的目的。汉中光热资源丰富,为了提高复种指数,常采用薯粮间套、薯果间套、薯菜间套的模式来提高种植效益。

(2)规格和模式

马铃薯需轮作 2 年以上栽培,水旱轮作间隔一年即可,汉中主要栽培模式有:

① 早熟马铃薯品种与玉米 2:2 间作双行马铃薯(带宽 70 cm)和双行玉米(带宽 80 cm)带形间作,每一播幅为 150 cm 宽。马铃薯播种小行距 30 cm,株距 20~25 cm;玉米播种小行距 40 cm,株距 27~33 cm。

② 中晚熟马铃薯品种与玉米 2:2 间作　双行马铃薯(带宽 80 cm)和双行玉米(带宽 90 cm),每一播幅为 170 cm 宽。马铃薯播种小行距 33 cm,株距 27~30 cm;玉米播种小行距 45 cm,株距 30~33 cm。

③ 马铃薯和蔬菜间作　如蔬菜中的辣椒。种植规格:马铃薯 2 月开始播种,单垄双行,垄距 90 cm,株距 30 cm,小行距 30 cm。辣椒于 4 月中旬采用单穴双苗播于马铃薯行间,株、行距 60 cm×90 cm。

3. 轮作

(1)茬口关系　在同一块田地上,有顺序地在季节间或年间轮换种植不同作物的种植方式称为轮作。通过轮作倒茬,具有恢复和提高土壤肥力,均衡利用土壤养分,减少病虫草害等诸多优点。轮作需要注意不同地区作物间茬口衔接,轮作必须是不同科的作物之间的倒茬轮作。马铃薯为茄科,就不宜与茄科作物轮作。也不宜与十字花科作物、甘薯轮作,避免同源病害的侵染危害。

(2)规格和模式

马铃薯—葫芦科轮作(苦瓜、丝瓜、西瓜)。

马铃薯—夏玉米轮作。

马铃薯—蔬菜轮作(葱蒜、青菜、萝卜、芹菜)。

马铃薯—豆科作物轮作(花生、豇豆)。

轮作种植模式主要在浅山丘陵区和平川区较常见,高海拔山区较少。苦瓜、丝瓜、西瓜等与马铃薯轮作,需要提前育苗,待马铃薯 5 月 10 日收获后,再整地移栽。与玉米轮作,按照玉米单作规格进行。和葱蒜等蔬菜、豆科作物在年际内轮作,茬口要衔接紧密,确保光热资源充分合理利用。此模式充分利用了夏秋季的光热资源,提高了复种指数,栽培管理技术简单,病虫害少,省事省工,经济效益显著。

(3)水旱轮作　水稻-马铃薯进行年际间轮作,可有效解决马铃薯连作中的病害(疮痂病、晚疫病、早疫病、青枯病、灰霉病),虫害(红蜘蛛、蚜虫、白粉虱)等严重的问题,同时通过轮作解决了汉中冬闲田闲置的问题,推广意义重大。

水稻9月中下旬收获后,将田块进行深翻晾晒,播种前的10 d前后开始翻耙土壤,11月下旬准备播种,栽培措施参照露地马铃薯栽培技术。

(六)田间管理(以大棚双膜栽培为例)

1. 按生育进程管理

(1)发芽期管理　根据马铃薯不同生长发育阶段对光照、温度、水分、肥料的需求规律,开展田间管理工作。

12月10日—翌年2月1日是马铃薯出苗、建立根系、地上部分形态建成的关键阶段。保证全苗、壮苗是高产稳产的基础。播种后10 d即可长出新根,15 d后芽开始伸长生长,45 d左右时即1月中旬部分幼苗就会破土而出。当种薯出苗后,要及时破膜放苗,避免晴天中午地膜内高温烧伤茎尖和幼叶,放苗时间最好选择在上午10时前或下午3时后进行。放苗口要小,放苗后用土将放苗孔盖严压实,以利于保温。也可以在幼苗出土时,用土覆盖顶膜位置,幼苗可破膜出土,此期田间管理的核心是闭棚升温、提高地温。

(2)幼苗期管理　2月2—20日。幼苗期是从出苗到第8叶展平,即团棵期。此期历时15~20 d,此时匍匐茎、匍匐根快速生长,同时,匍匐茎顶端开始膨大。根据马铃薯幼苗期短和生长速度快这一特点,管理上以促快长苗为主,要求早施速效N肥。控制大棚温度,防止旺长。2月上旬有近70%的幼苗出土,应视土壤墒情进行第二次浇水。浇水前要及时调查苗情,将缺苗穴用预播在地块空闲处的健壮苗进行补栽,确保出苗率达95%以上,为丰产高效栽培提供全苗保证。此次浇水目的是促进枝叶快速生长,浇水时可随水撒施10 kg/亩的尿素加快植株生长。幼苗期重点是掌握好浇水量,使水分通过土壤以浸润吸水的方式将水分传导到垄内和垄顶,保持土壤疏松透气,避免垄表土形成土壳而不利于透气。有条件的地方通过膜下预埋微灌带进行补水。如出现双苗、多苗的情况,应视周围苗情长势进行剪留处理。此期管理要点是确保全苗、垄面表土疏松不板结,防止幼苗茎叶徒长。

(3)发棵期管理　2月20日—3月15日。从团棵到主茎顶叶展平早熟品种一般为第12叶展平或花蕾期,历时20~25 d。此期茎叶快速生长,植株高度达到正常株高的50%以上,进入封垄期。块茎膨大至3 cm左右大小。此时,管理的核心是协调营养生长与生殖生长的关系。要防止秧苗徒长,土壤不旱不浇水,发棵期需要补肥的可放在发棵早期或结薯初期,发棵中后期追肥会引起秧苗徒长而延迟结薯。追肥要看苗情进行,以速效P、K肥为主,可喷施0.3%磷酸二氢钾和杀菌剂,预防早、晚疫病菌滋生。此期应及时做好棚内通风排湿、降低夜温、控制徒长、构建强大的光合系统等工作,防治结薯推迟。此期大棚管理上应注重通风,白天棚内温度应低于25 ℃,超过25 ℃应掀开大棚宽方向两头薄膜,逐渐加大通风量,掀膜应在早、晚进行。随着气温明显回升,可将大棚长方向薄膜逐渐掀起,掀薄膜要切忌中午一次性大面积掀膜而出现"闪苗"情形。做好气候预测工作,择时去掉大棚薄膜。

(4)结薯期管理　3月16日—4月25日。叶片逐渐达到最大值。此期是产量形成关键时期,历时35 d以上。马铃薯开花后进入块茎迅猛生长时期,土壤持水量要始终保持在60%左右,结薯初期土壤含水量对幼薯生长最为敏感,避免因含水量急剧变化而形成畸形薯。土壤干旱时要及时补水,结薯期土壤水分管理要采取"前促后控"法。适合结薯的最佳气温为20 ℃左右,尽量将结薯期安排在这个温度范围内且尽可能持续较长时间,是获得大棚马铃薯高产的关键技术。此期要加大病虫防治力度,避免茎叶由于病害侵染而早衰。汉中3月气候易变,尤其是3月上中旬出现刮大风、突然降温(或降雪)等灾害性天气,要密切关注天气预报情况及时采取防范措施。3月下旬温度明显回升,喷施叶面肥和防病虫药剂,让秧苗叶片产能最大化,同时延长茎叶的功能期,接受更充分的光照,是该期的重点工作。当30%～50%的茎叶开始转黄时即可收获。

2. 科学施肥

(1)施足底肥   底肥主要是农家肥,以有机肥为主,主要是猪、牛、羊粪等。农家肥中不仅含有马铃薯需要的 N、P、K、S、Mg、Ca 等元素,还含有 Fe、Cu、Zn、B 及大量有益微生物。施用农家肥,不仅能改良土壤结构、增加酶活性、培肥地力,增强土壤透气性,还能增加土壤保肥保水能力,为马铃薯提供直接的可吸收利用的有益活性物质。所以种植马铃薯需要重施基肥,基肥需要腐熟,在播种前一次性旋耙于土中,每亩 3000 kg 为宜。

(2)按需追肥   马铃薯生长结薯需要的大量元素主要是 N、P、K,每生产 1000 kg 的马铃薯需要纯 N 约 5 kg、P_2O_5 约 2kg、K_2O 约 11 kg,对 N、P、K 的需求比例约 1:0.5:2,所以对 K 的需求量是最大最迫切的,其次是 N,对 P 的需求量相对较小。

① 施氮   N 是蛋白质、核酸、磷脂的主要成分,使用多少会直接影响植株生长。植株缺 N,茎秆细弱、植株矮小、叶片小而薄。N 肥作为追肥施用是在出苗后,根据苗情长势,随浇水冲施。常用的 N 肥主要有:碳酸氢铵(含 N 17%)、尿素(含 N 46%)、磷酸二铵(含 N 18%)、三元素复合肥(含 N 15%～17%)。N 肥当年有效利用率 60% 左右。生产上将尿素常用于追肥,将碳酸氢铵和磷酸二铵常用作基肥。N 肥当年有效利用率 60% 左右,按 45000 kg/hm² 马铃薯块茎需要纯 N 150 kg,除去土壤和农家肥可提供 80 kg/hm²N 肥外,还需要补充纯 N 70 kg 以上。

② 施磷   P 是植株体内多种重要化合物核酸、核苷酸、磷脂的组成成分。参与碳水化合物的合成与分解,对植物整个生长发育具有很大的作用,是仅次于 N 的第二大重要元素。P 肥不足,叶色暗绿无光泽,分枝减少,叶片向上卷曲,匍匐茎数量减少。P 肥的施用也分基肥和追肥,基施 P 肥量占全生育期 P 肥总量的 60%～70%,在耙地或播种时一并施入。追肥占 10%～20%,出苗后常与杀菌剂一起叶面喷施。常用的 P 肥(含 P 量用 P_2O_5 表示)主要有:过磷酸钙(含 P 量 14%～20%)、磷酸二铵(含 P 量 46%)、三元素复合肥(含 P 量 15%～17%)、磷酸二氢钾(含 P 量 99%)。P 肥当年有效利用率 20% 左右,按 45000 kg/hm² 马铃薯块茎,需要纯 P_2O_5 60 kg 计算,除去土壤和农家肥可提供约 40 kg/hm²P 肥外,还需要通过根外追施外,撒施一定量的追肥能补充纯 P 约 20 kg。

③ 施钾   马铃薯是喜 K 作物,K 对马铃薯整个生长发育具有很重要的作用,尤其在产量形成期,K 元素参与碳水化合物的代谢、呼吸作用及蛋白质合成。K 能促进蛋白质的合成,调节细胞渗透作用,激活酶的活性。K 充足时,形成蛋白质较多;K 与糖类的合成有关,K 肥充足时,蔗糖、淀粉、纤维素和木质素含量较高,葡萄糖积累较少;K 可促进糖类运输到贮藏器官;K 可使原生质胶体膨胀,施 K 肥能提高作物的抗旱性和抗寒性;秧苗缺 K 时,茎秆柔弱,易倒伏;抗寒和抗旱能力降低;叶片失水,叶绿素分解,叶色变黄逐渐焦枯;K 是易移动的而被重复利用的大量元素,缺素症首先表现在下部老叶。按施 K 时期划分,K 肥的施用也分基肥和追肥,基施 K 肥量占全生育期 K 肥总量的 40%,在播种时施入,追肥占 60%,在出苗后常与杀菌剂一起叶面喷施。常用的 K 肥(含 K 量常用 K_2O 表示)主要有:硫酸钾(含 K 量 45%)、氯化钾(含 K 量 52%)、三元素复合肥(含 K 量 15%～17%)、磷酸二氢钾(含 K 量 99%)。K 肥当年有效

利用率 50%左右。据测算 45000 kg/hm² 马铃薯块茎需要纯 K 330 kg,除去土壤和农家肥可提供约 130 kg/hm² K 肥外,还需要补充纯 K 约 200 kg 以上。

④ 微量元素肥料的施用

钙:Ca 胞壁间层果胶酸钙的重要成分。因此,缺 Ca 时细胞分裂无法完成;还具有稳定磷脂膜结构的作用;Ca 有助于愈伤组织的形成,对抗病性有一定作用。缺 Ca 会产生很多生理性病害;Ca 离子与可溶性蛋白结合形成钙调蛋白,参与植物细胞信号转导;缺 Ca 时,顶芽、幼叶初期呈现淡绿色,之后出现典型的钩状,随后坏死;Ca 是难移动、不易被重复利用的元素,故缺素症状首先表现在幼叶上。生产上主要通过叶面喷施 0.3%的氨基酸钙、硝酸钙肥进行补充。也可以基施过磷酸钙补充。

硼:B 不是作物体内各种有机物的组成成分,但能加强作物的某些重要生理功能。它能与富含羟基的糖和糖醇络合形成硼酯化合物,这些化合物作为酶反应的作用物或生成物,参与各种代谢活动影响植物的生长和发育。因而 B 与碳氮代谢、根系生长发育、营养器官和生殖器官的生长、种子、果实的形成密切相关。马铃薯缺 B,影响细胞的有丝分裂和 RNA 的合成。土壤干旱时,土壤中水溶性的 B 含量减少,影响根系吸收及根系生长。表现幼叶叶缘黄化,叶缘向下卷曲,整个叶片呈降落伞状。补充 B 元素可以 0.1%~0.3%的硼砂进行补充,也可以通过和基肥拌匀根施。

镁:Mg 是叶绿素的重要组成成分;Mg 是植物体内酶的重要活化剂,对植株体内多种代谢活动有促进作用;Mg 是易移动的元素,可以被重复利用;缺 Mg 症状最先表现在衰老的叶片上,叶片呈现青铜色或红色,但叶脉仍为绿色,进一步发展为整片叶全部发黄后变褐,最终坏死干枯。生产上常用含 Mg 元素的叶面肥料在马铃薯封垄前喷施补充。

硫:S 主要以 SO_4^{2-} 形式被植物吸收,是胱氨酸、半胱氨酸和蛋氨酸的重要组成成分,在植物体内约有 90%的 S 存在于含硫氨基酸中;S 参与叶绿素的形成;对植物体内一些酶的形成和活化有关;S 与植物的抗寒性、抗旱性的蛋白质结构有关;S 元素不易移动,缺乏时在幼叶表现缺绿症状。汉中缺 S 情况很少遇到,因为土壤中有足够的 S。

硒:Se 属于有益元素。Se 的价态较多,在土壤中常以 Se^{6+}、Se^{4+}、Se^0、Se^{2-} 等原子价存在,形成硒盐、亚硒酸盐、有机态硒等。据报道,Se 肥被植物吸收后,体内过氧化物酶活性升高,增强了植株体内抗氧化能力,从而提高了秧苗的抗衰老能力,保证了植株正常生长。同时,对农作物产量和品质具有明显的促进作用。植物对 Se 的吸收主要是通过根系和叶片进行,根系吸收的 Se 主要是硒酸盐和亚硒酸盐。叶片能够吸收利用 Se^{4+}、Se^{6+}。低浓度的 Se 对一些植物生长有利,但植物体内 Se 过量就会对植物产生毒害作用,Se 害主要表现为植物发育受阻、黄化。原因是硒酸盐干扰了硫的代谢。生产上常采用叶面喷施 Se 肥的方法补充,秋季与基肥拌匀根施匀。

(3)平衡施肥　种植马铃薯普遍存在重视 N、P 肥轻视 K 肥、重视大量元素忽视微量元素、重视化肥而忽视有机肥的使用,农家肥少施或不施的现象较多,只用地不养地的现象较普遍。造成许多土地板结,保肥保水能力下降,基肥少施或不施。平衡施肥是综合运用现代农业科学技术,根据马铃薯需肥规律提出的科学施肥方法。它是根据土壤和所施农家肥可提供的 N、P、K 的量为基础,对照马铃薯计划产量所需要的 N、P、K 的数量,提出平衡供给的施肥配方方案。根据配方,用不同的化肥种类和数量搭配,以满足计划产量指标所需要的全部养分,这样能最大限度地满足马铃薯形成经济学和生物学产量的需要,提高了肥料的利用率,又可避免成本增加和肥料的浪费。平衡施肥综合了有机肥、大量元素肥、微量元素肥等多种营养元素,使马铃薯单产水平在原有水平的基础上有所提高,还能增强抗病力,改善块茎品质,增加大中薯个数,提高商品率,淀粉含量增加。施肥更加合理,养分更加平衡,产出高投入低,是目前应该积极倡导的科学施肥方法。平衡施肥的"平衡"就在于土壤供应养分不足的部分需要通过施肥来补充,前提是施足有机肥的情况下进行配方和平衡。同时,施肥时期与植物营养临界期和植物营养最大效率期也息息相关,达到施肥与吸收利用的高效平衡。

据报道,每生产 1000 kg 的马铃薯约需要纯 N 5 kg、纯 P 2 kg、纯 K 11 kg,因此,目标产量 3000 kg,需要纯 N 15 kg、纯 P 6 kg、纯 K 33 kg。根据采土化验结果,计算得出,土壤和农家肥当年可提供纯 N 6 kg,纯 P 4 kg,纯 K 22 kg,按照 N、P、K 利用率分别为 60%、20%、50%,即可计算出需要施入的 N、P、K 的量。N、P、K 肥主要用尿素、磷酸二氢钾、磷酸二铵、硫酸钾复合肥进行配比,混匀后进穴施。P 肥、K 肥常以磷酸二氢钾为主在马铃薯出苗后与杀菌剂一起叶面喷施,作为 P、K 肥的有效补充。

3. 节水补充灌溉 汉中盆地天然降水较丰富,年均 800~1000 mm。通常年份情况下,天然降雨就可以满足露地马铃薯对水分的需求而不需灌溉。但很多年曾出现天然降水在季节之间分配不均衡的情况。在马铃薯苗期或块茎膨大期如遇干旱,也需补充灌溉。

(1)灌溉时期 根据马铃薯生长发育需水临界期特点和需水规律进行灌溉,有利于马铃薯产量的增加。马铃薯需水关键时期主要在播种期、出苗期、块茎膨大期等。播种期根据土壤墒情情况进行合理灌溉,山地或坡地种植可采取造墒播种,即在马铃薯摆放在垄沟后,可顺行少量浇水,后将马铃薯埋入垄内。这样有利于马铃薯快速生根。为了保证齐苗,当马铃薯出苗 75% 时视土壤干湿情况进行灌水。土壤含水量低于 40% 时需要灌水,确保根系快速生长和肥料吸水融化,提高出苗整齐度,本次浇水要及时,快进快退,浇水量不宜过大,不能将水漫过垄顶造成减产。块茎膨大期视土壤墒情选择性灌水,有利于马铃薯快速膨大时对水分的需求。但土壤湿度小于 40% 需要补充灌水。始终使土壤含水量保持在 60% 左右是获得马铃薯高产的前提。

(2)灌溉的主要方式 一般有沟灌、喷灌、膜下滴灌三种方式,可因地选用。在秦岭南麓地区,主要采用沟灌和膜下滴灌两种灌溉方式。

① 沟灌 在大棚双膜栽培和地膜单膜栽培应用较多。可以配合施肥同时进行。在灌水前全园撒入尿素或复合肥,再顺着垄沟浇水灌溉。浇水原则是水流动的速度要快,边流边渗,从沟底和沟壁向垄顶迅速浸润吸水即可,不可长时间停留。这样浇水对土壤结构破坏小,垄面表层土壤保持疏松不板结,不易发生积水沤根,有利于根系生长和薯块的生长和发育。主要应用于有浇水条件的平川大棚和单膜栽培。灌水后需要掀膜降湿。

② 喷灌 利用自然压力差或喷灌过滤加压系统,将灌溉水通过喷淋设施形成雾状水滴均匀喷撒到马铃薯植株上。突出的优点是对地形的适应力强、机械化程度高、雾化程度高、灌水均匀、节水性强,对地形的适应力强,机械化集约化程度高,灌水均匀,节水效率高,可调节空气湿度和温度,透水性强的田块常采用这种灌水方式。缺点是基建投资高,而且受风的影响大。

③ 滴灌 马铃薯主要采用膜下滴灌。在大棚双膜栽培和单膜栽培应用较为广泛。它结合了地膜覆盖和滴灌两项技术,突出的优点是集约化程度高,节约水资源,防止垄土板结,实现水肥一体化,相比沟灌降低棚内的湿度,减少病害的发生概率。该技术通过压力系统,将过滤后的肥水溶液均匀、定量地输送到马铃薯根部,浸润马铃薯根系周围,供根系吸收。相比以上

两种灌溉方式,膜下滴灌具有提高叶片净光合速率、气孔导度、水分利用效率、叶片叶绿素含量,增产效果最明显,值得大力推广。

4. 防病治虫除草

(1)主要病害　汉中马铃薯病害主要有细菌性病害、真菌性病害和病毒病。如软腐病、环腐病、晚疫病、青枯病、早疫病、干腐病、环腐病、黑胫病、疮痂病、病毒病等。

(2)主要虫害　汉中马铃薯生产中主要的虫害有蚜虫、飞虱、地老虎、金针虫、蛴螬、蝼蛄、红蜘蛛、茶黄螨、二十八星瓢虫、白粉虱。

(3)主要草害　汉中马铃薯生产中主要草害有:反枝苋、马齿苋、苣荬菜、灰藜、刺菜、稗草、莎草、看麦娘、狗尾草、马唐、牛筋草等。

具体详见第五章。

四、收获和贮藏

(一)汉中马铃薯收获标准和时期

1. 马铃薯收获标准　马铃薯收获标准因生产的薯块用途不同而存在差异,选用合理的收获方法标准和时期及时收获,是取得既高产又丰收的关键。一般来讲,生产的是做加工原料用的薯块,应等其充分达到生理成熟、薯块重量最大以后再进行收获,这样产量最高;若生产的是做种薯用的薯块,收获时则既要考虑品种的成熟度,还需要考虑合理的薯块大小,这样既保证了安全储藏,也兼顾到用种成本和客户要求;若生产的是应市商品薯,必须以市场价格和经济效益来确定收获时期,一般情况下,当产量达到 80% 左右、市场价格高时提前收获,每亩收益最高。无论薯块做什么用途,收获前 7～10 d 必须要停止浇水,晴天收获。当然,虽然生产的薯块用途不同,选择的收获标准也不一样,但生产上普遍判断种植的马铃薯是否可以收获还是有相同的观点,这就是马铃薯的生理成熟标志;马铃薯在自然生长状态下,田间马铃薯植株叶色由绿逐渐变黄,植株停止生长,三分之二以上茎叶枯黄;块茎脐部与着生的匍匐茎很容易分离;块茎表皮老化变硬,薯块间摩擦不易掉皮。薯块比重增加,干物质含量达最高限度,即为食用块茎的最佳收获期,应选择晴天及时收获。

2. 汉中马铃薯收获时期　汉中盆地马铃薯因海拔和栽培方式不同,每年的 4 月中旬—8 月初一直都有鲜薯收获。平坝川道冬播马铃薯生产区,收获期一般在 4 月中旬—5 月中旬,浅山丘陵生产区,收获期 5 月中下旬—6 月底前后,中高山生产区,收获期 6 月下旬—7 月底,个别地方到 8 月初才收获完毕;生产上平坝早熟马铃薯种植户往往因市场价格和种植效益,薯块未完全成熟提前收获。

(二)汉中马铃薯收获方法

汉中盆地马铃薯采用的收获方式有人工挖掘、牲畜犁翻和机械收获,主要以传统人工挖掘收获方法为主。近年来,在产业政策和政府引导下,大力推广脱毒新品种和高产高效栽培新技术,农户种植马铃薯的效益和生产理念显著提高,汉中马铃薯产业迅猛发展,形成了以镇巴、略阳、宁强为代表的山区晚熟马铃薯主产区和以汉台、城固、洋县、勉县汉江川道为代表的地膜早熟菜用为特色的两大马铃薯主产区。生产的早熟马铃薯因其上市早,作为新鲜春季蔬菜供应给西安、兰州、成都、重庆、巴中、广元等周边大中城市。为此,效率更高的机械收获技术在汉中

迅速发展。以机械收获为例,介绍汉中马铃薯收获应注意的技术要点:

1. 收获前的准备 收获前 7～10 d 先停止浇水,如遇下雨应及时清沟排水,保证收获时土壤干,以促进地下薯块薯皮老化,降低块茎内水分含量,增强薯块耐贮性;汉中山地多、地块小和大棚栽培方式因素,不宜选择北方马铃薯生产中常见的中大型机械,多选择手扶式或四轮驱动式小型马铃薯收获机械为宜。检修保养好收获农机具,并准备好足够的塑料网包装袋和临时预贮场地等。

2. 马铃薯植株处理 收获前,当马铃薯地上部茎叶开始枯黄达到生理成熟标志时,就须提前处理掉地上未枯萎的植株。马铃薯地上茎叶处理的方法主要有人工刀割、碌碡压秧、机械杀秧和药剂杀青几种方式;促使茎叶营养迅速转入地下块茎,催熟增产,促使土壤水分蒸发,便于收获。茎叶处理时地上植株留茬 10～20 cm 为宜,并及时清除田间残留枝叶,以免病菌传播。

3. 收获装运 马铃薯收获时一定要选择晴天进行,收获过程中要尽量减少机械损伤,翻出地面的薯块可适当晾晒干燥,但不要在烈日下曝晒,对土壤湿度大、黏土重的薯块应适当晾干再拾捡装袋,对田间收获晾干的薯块要及时将感病菌薯、虫蛀薯和机械损伤的块茎剔除,进行分级包装,及时运输到凉棚或仓库待储藏,避免在田间风吹和露晒。

(三)马铃薯贮藏

1. 储藏分级 收获后准备入库储藏的马铃薯,须进行分级处理。将耕翻出土的马铃薯在田间晾晒 2～4 h 后,按马铃薯用途类型和薯块大小、色泽、病虫害等情况进行分级包装。一般情况下,微型种薯:按照单个薯块 2 g 以下、3～5 g、5～10 g、10 g 以上且无畸形、无病斑、无疤痕、无虫眼、无腐烂用尼龙网袋分级包装储藏;栽培用种薯:按单个薯块 50～100 g、150 g、200 g 以下三个级别且无腐烂、无病斑、无虫眼、无疤痕分级包装;商品薯按单个薯块 250 g 以上、150 g 以上、100 g 以上且薯皮色泽光滑、薯形好、无虫眼、无病斑腐烂、无机械损伤、无青皮薯分为特级、一级、二级三个级别分级包装储藏,对 100 g 以下的商品薯分级处理后,可直接运往淀粉加工厂用于加工。

2. 贮藏方式 马铃薯是集粮食、蔬菜、饲料和工业加工原料于一身的优质农产品,因其营养丰富、用途广泛、耐旱耐瘠薄、增产潜力大等特点,在全国各个省、自治区、直辖市均有种植,已成为全世界第一生产大国,年产马铃薯 9000 余万吨。但每年因储藏而损失的马铃薯高达 1500 万 t 左右,占总产量的 15% 以上,因此,在马铃薯生产过程中,提高薯块的科学储藏保管技术,最大限度降低薯块储藏损失,是提升马铃薯种植效益重要的生产环节。

中国地域辽阔,马铃薯种植遍及大江南北每一个地区,全年每个月都有马铃薯在播种,每个月也都有马铃薯成熟,若不及时收获储藏,则会因块茎呼吸消耗造成损失或低温受冻影响品质和耐贮性。中国也是藏薯于民的国家,勤劳聪慧的华夏子孙在长期的马铃薯生产中,依据气候和自然条件发明了各式各样简单实用的马铃薯储藏方式,因南北气候差异较大,收获期不同,民间储藏马铃薯的方式也有所不同,马铃薯主要的贮藏方式有窖藏,沟藏,堆藏,常温库贮藏,气调库贮藏,化学及药物处理贮藏等。东北地区多以棚窖堆藏和沟藏为主;西北地区则习惯用窖藏,窖藏又分为井窖和平窖两种。近年来,随着马铃薯产业的发展和价格的提高,在东北、西北和马铃薯主产区,大型人为可控的现代先进的马铃薯贮藏库在许多地区迅速应用,主要是常温库贮藏、低温低湿气调库和减压气调库。

汉中盆地是陕西马铃薯重要的生产区之一,汉中农户贮藏马铃薯以堆藏、筐藏、棚架袋藏、小型 Y 型窖窖储藏方式为主,平坝川道早熟栽培区农户收获的薯块主要以鲜商品薯出售,一般不留存储藏,即使有个别农户留存少量自己食用的薯块,也主要在楼房第一层屋内自然堆藏或竹木筐贮藏;丘陵山区主要以筐藏、阁楼自然堆藏和小型窖窖窖藏为主。近年,镇巴县忆溪春、宁强县金穗两个种薯企业和汉中市农业科学研究所分别建成了一个马铃薯种薯低温低湿气调贮藏库,但容积都不大,存量有限。在汉中,除低温贮藏库外,不论哪种贮藏方式,收获的马铃薯在贮藏中发芽、失水、腐烂都特别严重。所以,搞好贮藏、控制发芽、减少水分流失和病害损失,是解决马铃薯生产储藏瓶颈,引导区域马铃薯生产由自给型向商品型、由小农户向规模化、产业化健康发展的重要措施。以下重点介绍汉中民间几种造价低、实用、易管理的储藏方法:

(1)堆藏法　选择通风良好、场地干燥的空房,清扫干净,消毒待用。消毒时,每立方米用40％浓度的甲醛溶液 20 mL 直接密闭熏蒸 8 h;也可用每立方米用 40 mL 福尔马林加 35 g 高锰酸钾兑水配成混合溶液,用喷雾器和洒水壶均匀喷洒在房间的地面、墙顶及墙壁,然后,关门窗密闭 12～24 h,消完毒的房间就可以堆藏马铃薯。堆藏时要注意高度,休眠期短、容易发芽的品种薯堆高度不宜超过 1 m;休眠期长、耐贮藏的品种薯堆高度 1.5～2 m 为宜。总体原则是贮藏量不超过房间容积的 2/3。每间隔 2 m 插 1～2 根芦苇或竹条通气筒,以利通风。薯堆上边用遮阳网或草帘盖好进行暗光贮藏。

(2)竹木筐或网袋贮藏　汉中平川和浅山丘岭地区农户喜欢用竹筐贮藏马铃薯。先用高锰酸钾溶液浸泡或喷洒竹筐表面进行消毒处理,将收获的马铃薯去掉烂薯和泥土,晾干后,按用途和大小分级,然后装入竹筐,单层或多层直接堆放在房间,贮藏马铃薯的房间应提前消毒。种植面积小、收获量不多的农户也常采用塑料网袋、尼龙编织袋贮藏马铃薯,方法与框藏相同。

(3)窖藏法　过去汉中海拔 700～900 m 山区部分种植户喜欢用窖窖来贮藏马铃薯和红薯,在靠近土丘或山坡地,选择通风好,不积水的地方开挖成 I 字平窖或 Y 字平窖。窖窖开挖时以水平方向向土崖挖成窖洞,洞高 1.6～2.5 m、宽 1.5～2 m、长 7～10 m,窖顶呈拱圆形,底部倾斜,入窖前先用高锰酸钾、甲醛溶液或石灰水对窖内四周消毒,将收获待贮藏的马铃薯泥土清理干净,严格选去烂薯、病薯和伤薯,堆放于避光通风处 10～15 d;然后将挑选、分级和经过后熟处理过的马铃薯堆放进去;入窖时应该轻拿轻放,防止碰伤。窖窖主要是利用窖口通风并调节温湿度,窖内贮藏不宜过满,薯堆高 1.0～1.5 m 为宜,每窖可储藏 3000～5000 kg 马铃薯。马铃薯入窖后,窖内相对湿度保持在 80％～85％,并用高锰酸钾和甲醛溶液熏蒸消毒杀菌(用 5 g/m² 高锰酸钾加 6 g 甲醛溶液),每月熏蒸一次,防止块茎腐烂和病害的蔓延。并且每周用甲酚皂溶液将过道消毒一次,以防止交叉感染。1 月份气温低时,窖口需覆盖棉被或草帘防寒,贮藏期间要尽量保持窖温和湿度的相对稳定,以降低储存期间的自然损耗。建窖时窖址应选择地势高燥,排水良好,地下水位低,背风向阳的地方建窖,以利安全贮藏。

(4)阁楼堆藏法　陕南中高山和高寒山区马铃薯种植户常利用阁楼来贮藏马铃薯。农户将 7—8 月份收获的马铃薯,先去掉泥土和烂薯,按大小分选,晾干以后直接堆放在阁楼房间内,薯堆高度 0.5～0.8 m,马铃薯贮藏前用高锰酸钾溶液消毒。汉中 12 月下旬至翌年 1 月份温度较低,可用稻草、树叶覆盖薯堆表面保温,这种储藏方式薯块容易失去水分,表皮变皱,贮藏时应注意防止失水。

(5)化学贮藏法　当温度保持在 6 ℃条件下,马铃薯渡过休眠期以后就开始萌芽。较低的温度可以长时期使马铃薯被动休眠不发芽,但作为加工和食用的商品马铃薯,温度过低会使淀粉含量迅速降低,加工品质下降;保持库温在 7 ℃以上是储藏加工用薯最理想的贮存温度,但又会使大量薯块发芽,尤其是在秦岭以南地区,马铃薯收获后正是6—7月高温季节,大型低温库少,马铃薯贮藏中发芽失水严重。因此,为了解决温度过高导致贮藏马铃薯发芽的问题,种植户们在当地马铃薯技术人员指导下,开始使用抑芽剂等化学辅助方法贮藏马铃薯,效果很好。

目前,生产上应用的抑芽剂主要有两大类:一是收获前茎叶杀青抑芽,如青鲜素(MH);二是贮藏期薯堆拌药抑芽,如氯苯胺灵、萘乙酸、乙烯利等。

使用方法和药量:粉剂拌土撒在薯堆里,以含量2.5%的氯苯胺灵为例,要储藏1000 kg马铃薯,称量0.4~0.8 kg的氯苯胺灵粉剂,拌细土25 kg,分层均匀撒在薯堆中即可,一般药薯比为0.4~0.8:1000,薯块每堆放30~40 cm厚度就需要撒一层药土;杀青抑芽,即在适宜收获前20~28 d用30~40 ppm浓度的青鲜素(MH),均匀喷洒在马铃薯茎叶上面,可抑制马铃薯块茎发芽;气雾剂施药储藏法,多用于大型库且有通风道的储藏库或窖内。具体做法是:按药薯比例先配置好抑芽剂药液,装入热力气雾发生器中,然后启动机器,产生气雾,随通风管道吹入薯堆。

无论哪种方式,用药结束以后都必须封闭窖门和通风口1~2 d,经过抑芽剂处理过的薯块,抑芽效果可以达到90%~95%,因此抑芽剂切忌在种薯中使用,以免影响种薯的出苗率和整齐度,给马铃薯生产造成损失。

(6)自然风冷常温库贮藏 利用自然冷风或鼓风机吹入冷风储藏马铃薯的自然风冷常温库,建设费用不高,管理简单,运行成本低,近年在西北地区推广较快。一般做法是,先用40%浓度的甲醛溶液对贮藏库密闭熏蒸1~2 d;或用高锰酸钾加甲醛兑水稀释混合后,用喷雾器和洒水壶均匀地喷洒在库房内的地面、墙顶及墙壁,关门窗密闭24 h,浓度和配比与上面相同。再将经过挑选处理过需要储藏的马铃薯散堆或装筐装袋放在库内,散堆堆高1.5~1.8 m,袋装每袋50 kg,6~8层为宜;筐装每筐25~30 kg,垛高以4~6筐为宜;薯堆中每隔2~3 m垂直放一个直径30 cm苇箔或竹片制成的通风筒,薯堆底部要设通风道,与通风筒连接,通风筒上端要伸出薯堆,以便于通风。薯堆与房顶之间和薯堆周围都要预留一定的空间,以利通风散热,刚入库的马铃薯、初冬时节或库内温度超标时,夜间打开通风系统,开启鼓风机交换冷热风。另外,马铃薯入库以后在整个贮藏期间要记录温湿度,勤检查,随时调整,保持温湿度的相对稳定。这种方法在汉中应用效果不是很好,原因是马铃薯收获入库前3个月,正值汉中一年中最高温度季节,库内库外温度均在20 ℃以上,根本达不到北方自然风冷5 ℃以下的条件,度过休眠期的薯块很快就会发芽。

(7)低温低湿气调库贮藏 目前,汉中市民间还没有一家可调节温湿度的马铃薯贮藏库,只有汉中市农业科学研究所和镇巴、宁强两个种薯生产企业建有马铃薯低温低湿气调贮藏库,但贮藏能力都非常有限。

气调贮藏指的是在适宜低温条件下,改变贮藏环境气体成分,达到长期贮藏马铃薯或果蔬的一种贮藏方式。它包括人为可控气调贮藏和自发气调贮藏两种方式。这里介绍的是根据马铃薯用途不同,人为可以设定和控制的低温低湿气调库,它由库容体、制冷设备、湿度调节系统、气体净化和循环系统、O_2和CO_2及其他指标记录监测仪器五大部分组成,虽建设费用大,运行成本高,但储藏效果好,在中国北方马铃薯种植发达地区和大型薯业加工企业,多采用这类方法贮藏商品马铃薯和种薯。具体做法是:在马铃薯入库前,首先要将库内打扫干净,然后用40%甲醛溶液熏蒸、或高锰酸钾、或50%多菌灵可湿性粉剂600~800倍溶液喷洒墙壁和地面,施药后密闭冷库 2 d,打开库门通风,通风 36 h 后,将去掉泥土和带病、畸形、虫蛀、机械损伤等病烂薯块,先用 50%多菌灵溶液均匀地喷洒在薯块上做消毒处理,待晾干后,按用途和大小进行分级,用网袋或透气性好的编织袋装成一定数量的标准包袋,就可以入库了。袋装马铃薯入库堆放时,一定要轻拿轻放,防止碰伤,错开码放,摆放整齐,堆高在 1.6～2.3 m,薯堆宽度 2.5～3.0 m,每隔 3 m 左右留 20～30 cm 通风道。二排薯堆与二排薯堆间留 50 cm 人行道,薯堆不要紧靠墙壁码放。刚入库的马铃薯,温度不宜下降太快,让其在 13～15 ℃条件下,先进行后熟和预冷处理,10～14 d 后,将温湿度调至马铃薯贮藏需要的环境条件就可以了。

3. 贮藏期间的管理　贮藏期间的管理最令汉中和秦巴地区马铃薯种植户"头疼":一是生长阶段的晚疫病,再就是贮藏时发芽、失水皱缩、感病腐烂。要解决好马铃薯贮藏期间的瓶颈问题,首先必须搞清楚马铃薯贮藏期间的生理变化和薯块贮藏需要的环境条件,选取力所能及的贮藏方式,控制发芽,减少水分流失和病害侵染,降低贮藏中的损失,促进汉中马铃薯产业健康发展。

马铃薯在储藏期间的生理生化反应与管理要点如下:

(1)马铃薯后熟阶段生理特点与管理　收获后的马铃薯有 7～15 d 的后熟过程。这一时期是马铃薯愈伤组织形成、恢复收获时因物理损伤薯块被破坏,形成木栓保护结构层的时间,薯块木栓化尚未形成,呼吸旺盛,含水量高,放热量多,湿度大,受损薯块伤口未愈合,易感染病菌。这一阶段也叫作预储藏期或储藏早期。把收获后的薯块运回家中在凉棚或房间堆放,薯堆不要超过 1 m,通风好,太阳不直晒、不雨淋,阴干,去净泥土,去掉有病、有虫蛀、畸形和有伤薯块;保持温度 12～15 ℃,湿度 90%以上,堆放处理 10～15 d 即可。经过后熟处理的马铃薯,其表皮充分木栓化,伤口得以愈合,降温散湿后、块茎呼吸渐趋减弱,生理生化活性逐渐下降,可明显地降低贮藏中的腐烂和自然损耗。后熟处理前配加 50%多菌灵可湿性粉剂 600 倍溶液对薯块进行消毒,效果更好。

(2)马铃薯休眠阶段生理特点及管理　与其他作物不同的是,刚收获的马铃薯必须经过一段时间后才能发芽,这种生理现象称之为休眠,把经历的这段时间称之为马铃薯休眠期。马铃薯休眠期的生理特点:薯块呼吸进一步增强,生理生化活性下降并渐趋至最低点,块茎物质损耗最少,淀粉开始向糖分转化,薯块中淀粉含量由多逐渐减少,糖分含量由少逐渐增多,低温可增强淀粉水解酶的活性,促进淀粉的水解,加速淀粉向糖分的转化速度;温度升高,糖化作用减弱,薯块中的糖又会向淀粉转化,促使其萌动发芽,所以温度是影响同一品种马铃薯休眠期长短的重要因素。可利用休眠这一特性进行储藏和长途运输。

马铃薯块茎的休眠期长短因品种不同而大有差异,一般为 60～90 d,即使同一品种,薯块大小、块茎有无机械损伤和收获时成熟度差异也有所不同;试验中发现:若湿度相同,温度越高休眠期相对缩短,反之温度偏低休眠期相对延长;同一品种薯块大的休眠期相对较长,薯块小的相对较短,有机械损伤的薯块相对于完整的薯块休眠期变短,提前采收、成熟度不够的薯块相对于成熟度好的薯块休眠期较长。在湿度达到 85%、温度 2～4 ℃的条件下马铃薯最多可以保持 7～9 个月不发芽。合理利用这一特点、巧妙贮藏、淡季增值上市是保证马铃薯周年供应,调节市场盈缺的重要手段,也是增加农民收入的有效途径。

(3)影响马铃薯储藏期间的环境因素

① 温度　温度调节和最佳温度控制是马铃薯贮藏期间管理的关键。温度过高会使薯堆发热,休眠期缩短,薯块内心变黑、烂薯;温度过低(0 ℃以下)又会导致薯块受冻、变黑变硬进

而很快腐烂。例如在-1～-3 ℃环境下,持续9 h马铃薯块茎就已经受冻,-5 ℃环境下只需2 h薯块就已冻坏。根据薯块用途不同和薯块贮藏期生理变化特点,后熟阶段最适宜温度为10～15 ℃;休眠期最适宜温度为:做种薯用2～5 ℃;做鲜食用4～7 ℃;做淀粉加工用7～9 ℃,并在出库前7～14 d温度恢复到14～20 ℃之间。经过低温(1～3 ℃)处理的种薯,休眠期过后在15～20 ℃条件下10～15 d便可发芽。温度的高低变化可促使淀粉和还原糖相互逆转。贮藏期间,温度一直保持在1～4 ℃状态下,马铃薯皮孔关闭,呼吸代谢微弱,薯块重量损失最小,不利发芽,而且,不利各种病原菌萌生,贮藏效果最好。因此,贮藏期的窖温既要保持适宜的低温,又要尽可能保持适宜温度的稳定性,防止忽高忽低。

② 湿度 贮藏马铃薯还要保持相对湿度的稳定,如果湿度过高,块茎上会出现小水滴,从而促使薯块长出白须根或发芽,过于潮湿还有利于病原菌和腐生菌的繁衍生长使块茎腐烂;湿度过大还会缩短马铃薯的休眠期。反之,如果湿度过低,虽然可以减少病害和发芽,但又会使块茎中的水分大量蒸发而皱缩,降低块茎的商品性和外观性。一般来说,马铃薯商品薯和种薯最适宜的贮藏湿度为85%～90%。

③ 光照 一般来说,收获后贮藏商品马铃薯应避免太阳光直射。光可以促使薯块萌芽,同时还会使马铃薯内的龙葵素即茄碱苷含量增加,薯块表皮变绿。正常成熟的马铃薯块茎每100 g龙葵素含量10～15 mg,对人畜无害。在阳光照射下变绿或萌芽的马铃薯,每100 g薯块中龙葵素的含量可高达500 mg,人畜大量食用这种马铃薯后便会引起急性中毒。不过,有临床研究,患有十二指肠和肠道疾病的病人,在食用龙葵素含量20～40 mg/(100 g)的马铃薯后,病情可以大大缓解。相关研究表明:龙葵素含量20 mg/(100 g)为人体食用后有无不适反应的临界值。当然,如果是做种用的薯块,经过光照变绿后,产生的茄碱苷可以杀死马铃薯表皮病菌,保护种薯。表皮变绿的马铃薯经过暗光处理一段时间后,绿色会淡化或褪去。

④ 空气 马铃薯块茎在贮藏期间由于不断地进行呼吸和蒸发,所含的淀粉逐渐转化为糖,再分解为CO_2和水,并放出大量的热,使空气过分潮湿,温度升高。因此,在马铃薯贮藏期间,在保持合适的温度和湿度的前提下,必须经常注意贮藏窖的通风换气,及时排除CO_2、水分和热气,通风次数可以多一些,但每次时间不宜过长。

总之,相对较低的温度对马铃薯贮藏是有利的,贮藏马铃薯还要保持相对湿度的稳定和经常通风。此外,薯块贮藏前的药剂消毒处理也是必不能少,有资料报道:贮藏前将马铃薯放入浓度为1%的稀盐酸溶液中浸泡15 min左右,这样,可使马铃薯贮藏一年后,相对减少一半左右的损耗,且这样不影响食用及繁殖。当然,在实际操作中,安全贮藏马铃薯还必须做到以下几点:

准备贮藏的马铃薯收获前7～10 d必须停止浇水,以减少含水量,促使薯皮老化,以利于及早进入休眠和减少病害。在运输和贮藏过程中,要尽量减少转运次数,避免机械损伤,以减少块茎损耗和腐烂;入窖前要严格挑选薯块,凡是损伤、受冻、虫蛀、感病的薯块不能入窖,以免感染病菌(干腐和湿腐病)导致烂薯。入选的薯块应先放在阴凉通风的地方摊晾几天,然后再入窖贮藏;根据贮藏期间生理变化和气候变化,应两头防热,中间防寒,控制贮藏窖的温湿度;贮藏窖要具备防水、防冻、通风等条件,以利安全贮藏。窖址应选择地势高燥,排水良好,地下水位低,向阳背风的地方;鲜食的薯块必须在无光条件下贮藏。

(4)马铃薯贮藏期间病害种类与防治 汉中盆地马铃薯储藏期间易发生的主要病害有干腐病、软腐病、环腐病和黑心病。

① 干腐病　薯块内部空腔处产生无色弯曲分生孢子霉层病菌,多种真菌侵染致病。为马铃薯贮藏后期病害,发病初期薯块感病部位表皮局部颜色发暗,变为褐色,继而发病部位逐渐略微凹陷,形成褶叠,呈同心环纹状皱缩,薯块内部变为褐色空心状,空腔内长满菌丝;后期薯肉变为灰褐色或深褐色,僵缩,干腐,变轻,变硬。

② 软腐病　由薄壁菌门欧氏杆菌的三种细菌侵染致病。发病初期薯块表面出现褐色病斑,颜色很快变深、变暗,薯块内部逐渐腐烂,条件适宜时,病薯迅速变软腐烂,发病薯块干燥后呈灰白色粉渣状。储藏环境湿度过大容易造成此病发生。

③ 环腐病　为细菌性病害。感病薯块皮色稍暗,芽眼发黑,表皮有时会出现龟裂;切开发病薯块,薯肉呈乳黄色或黄褐色环状图形,严重时可连成一圈,用力挤压,会溢出乳黄色或黑褐色黏液;感病重的薯块用手搓压,薯皮与薯心易于分离。

④ 黑心病　发病初期发病薯块表面症状不明显,质地不变软,但薯块内部颜色变深、变暗,感病薯块横切后,可见黑褐色放射状病斑。

马铃薯贮藏期病害,以预防为主,综合防治。从田间管理、收获入窖和储藏等各个环节都要做好防病处理,防止病源侵入。一是选择综合抗病好的优良品种;二是加强田间病虫防治和肥水管理,增强薯块的抗病能力;三是收获前两周内大田不要浇水,收获后太阳不要暴晒,薯块表面阴干后入库(窖)贮藏。贮藏前期保持通风干燥,湿度不宜过大;四是药剂防治,入窖前用300倍高锰酸钾或甲基托布津药液进行库(窖)消毒;贮藏中对有发病症状的薯堆,用25%甲霜灵800倍液或64%噁霉锰锌800倍液喷洒薯块,也可用多菌灵粉剂兑水或1000万单位农用链霉素500倍液喷洒薯块。

五、汉中盆地马铃薯的特色栽培

(一)设施栽培

1. 大棚＋地膜双膜覆盖栽培　主要分布在沿汉江河床周围的沙壤土地带。大棚采用热镀锌钢管建造,地上部钢管长度12 m,屋面跨度8.4 m,长度根据田块长度情况而建造。一次性建造永久性使用,主要用于冬播马铃薯生产,棚内采用单垄双行覆地膜种植法,一般每棚11行左右。由于该棚棚体大,马铃薯收获后适合轮作攀缘型蔬菜。该棚体结构牢固,遇风雨不容易垮塌,大棚升温快,建造要求田块较大,地势平坦,肥力均匀,对种植者操作能力要求相对较强。产量37500～46500 kg/hm²。每亩效益可以达到6000元。

2. 中棚＋地膜双膜覆盖栽培　主要分布在沿汉江河床周围的沙壤土地带。大棚也采用热镀锌钢管建造,地上部钢管长度9 m,跨度6 m。长度根据田块长度情况而建造。一般长度控制在50 m以内。当年可以拆除次年继续建造,主要用于冬季播马铃薯生产,棚内采用单垄双行覆地膜种植法,一般种植8行。棚体结构较牢固,升温相对大棚稍慢,要求地势平坦,肥力均匀,田块大小中等,对种植者操作能力要求严格。该棚管理操作方便,应用最为广泛,一次性搭建,可长期使用。产量30000～41250 kg/hm²,每亩商品薯经济效益较高,每亩效益可以达到5500元左右。

3. 小拱棚＋地膜双膜覆盖栽培　主要分布在沿汉江河床周围的沙壤土地带。采用竹木结构建造或钢管建造,长度6 m,跨度3.8～4.0 m。建造长度根据田块情况而定。一般长度控制在30 m以内。此棚灵活性强,便于搭建和拆卸,投资较小,当年可以拆除次年继续建造,不受地理条件限制,但抗风能力较差,费工费时,主要用于冬季播马铃薯生产,棚内采用单垄双行覆地膜种植法,一般种植5行。对种植者操作能力要求没有前二者严格。产量30000～33000 kg/hm²,每亩商品薯经济效益较高,每亩效益可以达到5000元左右。

(二)稻茬免耕马铃薯栽培

马铃薯稻茬免耕即水稻收获后,将马铃薯进行播种,利用稻草的保温性、保湿性、遮光性等特点种植马铃薯的一种轻简化栽培方式。这种栽培方法与普通种植方式最大的不同是,它改变了马铃薯种植在土壤中的传统种植方式。利用水稻收获后稻田空茬期,不用耕翻稻田,改种薯为摆薯,改挖薯为拣薯,省工省力,降低了成本。与此同时,稻草覆盖抑制了杂草生长,改善地表小气候,减轻病虫害,培肥了稻田土壤,减少农药使用,且薯块圆整,色泽鲜嫩,收获时带土少,破损率低,显著提高了马铃薯的商品率。可在陕南浅山丘陵早熟稻区及平川早熟稻区种植应用。具体种植方法:

1. 播期确定 根据播种时间可分为春播、秋播、冬播。因陕南秋季多雨,且具有降温早、降温快的显著特点,一般在10月上中旬,秋季高温的天气就会明显减少,到了11月中旬局部地区将会迎来初霜期,进入初霜期后,气温会逐渐降低,低于15℃块茎的膨大就会受到影响。所以在秦岭南麓秋季播种马铃薯必须要重视地区气候的差异性,在选择种植区域时选择水稻成熟较早、初霜期较晚的产区,马铃薯品种也必须选择特早熟或早熟品种。这样马铃薯可以提早播种,可以保证马铃薯出苗后有2个月以上的有效生长时长,这样生长期相对较长产量较高,否则产量将会受到影响。春季播种一般集中在1月下旬—2月中旬,5月中下旬收获;秋季在9月初播种,早中稻收获后于9月10日前下种,11月底后收获。

2. 播前准备及播种

(1)整地掏沟 应用免耕技术的稻田需要精细整地,保证畦面平整、沟深笔直、方便排灌,选择沙性较强的田块为宜。整地规格按畦面宽160 cm开挖排灌沟,沟宽20 cm,深30 cm,使畦面略呈弓背形,以免畦面积水。掏出的沟土不可堆在畦面上,应粉碎散开。及时清除杂草,稻茬新长出的幼苗并不影响种植,若有大草可踩倒或除掉,尽量不使用除草剂。

(2)种薯准备 选用适合的早熟品种,如东农303、早大白等特早熟或早熟品种,这样的品种出苗后70 d左右即可收获。品种选好后在播前一个月内做好切块及催芽工作。秋季播种最好选择50～70 g整薯播种。春季播种的薯种应切块,每个切块至少带有一个健壮的芽,切口距芽0.5 cm以上,切块形状半圆状为佳,避免切成薄片。切块可用50%多菌灵可湿性粉剂250～500倍液浸5～10 min,稍晾干后用草木灰拌匀催芽,催芽方法同设施栽培催芽方法。马铃薯薯块催芽至1 cm长的壮芽时播种效果好。

(3)摆薯播种 隔日即可播种,种植密度。摆薯施肥每畦播种4行,行距30～40 cm,株距30 cm,畦边各留20 cm,将种薯芽眼向上摆好,摆放种薯时要轻拿轻放,避免碰坏幼芽。施肥时可根据稻田肥力和产量要求一次性施足,不再进行追肥。若以腐熟的厩肥为基肥时,在摆放完薯块后顺行撒在种薯面上,在施入厩肥时须配合使用速效化肥,种类以复合颗粒肥为佳,方法是将肥料放在两株种薯中间,也可放在种薯近旁,切不可将肥料与种薯接触以免烂薯,每株施肥60～70 g。然后均匀地盖上10～15 cm厚的稻草。稻草应均匀铺满整个畦面,压实后浇水。

3. 田间管理 浇水是田间管理的主要任务,浇水次数和浇水量要根据天气情况而定。秦岭南麓秋季自然降水一般能够满足马铃薯需水要求。秋季播种时气温偏高,要注意及时灌溉,保证齐苗苗壮。稻草一度腐烂后其保水性增强,尤其是接近土面的稻草湿度大、不易干燥,对薯苗生长不利。所以遇到连绵阴雨天气要注意排水。但是,春季降雨少,新稻草吸收水分少、慢,容易使覆盖的稻草失水干燥造成薯苗受旱,可由灌水沟适量灌水,灌水宜缓而浅,以不使稻草漂移为度,当稻草浸透后及时排水落干。稻草覆盖能抑制杂草生长,一般不用除草剂。病害也轻,可以做到不使用农药。

4. 及时收获　当植株下部分叶片逐渐发黄时,即可认为到了采收时期。秋季播种产量可达 1500～1800 kg/亩,春季播种产量要高一些。可达到 2000～2500 kg/亩。与常规土壤栽培相比,应用稻田免耕种植法生产的马铃薯不仅具有薯块圆整,色泽鲜嫩,破损率明显降低等优点,而且具有收获轻便,降低劳动强度,节省劳动力等诸多优点。收获时由于薯块入土很浅,拨开稻草即可拣收。在劳力许可的情况下,还可以采取分批采收,即将稻草轻轻拨开即可采收已经长大的马铃薯,再将稻草盖好让小薯块继续生长,既能选择收获的最佳时期,又能具有较高的产量,提高总体经济效益。

5. 生态效益　稻茬免耕马铃薯栽培技术在节省劳动成本,充分利用稻草资源,减少秸秆焚烧带来的环境污染,不仅节省劳动力,充分利用土地、光能、热、水等资源,增加了经济效益,在促进秸秆还田、培肥地力等促进碳元素循环利用等方面具有显著的生态效益。

(三)果薯间作

水果和马铃薯间作是秦岭南麓较为常见的果粮套种模式之一,这种套种模式在柑橘、葡萄、樱桃园建园初期较为常见。以柑橘为例,柑橘从幼苗定植到进入结果期一般需要 3～5 年。新建园栽植密度通常为 3 m×1.5～2 m,在橘园进入丰产期前 4 年,橘树冠冠幅小,枝叶生长量有限,土地留白空间大,没有经济效益,此时进行间作套种马铃薯,不仅能够提高光、热、水、肥、气的利用率,增加单位面积的纯收益。同时又能起到培肥土壤、涵养水分、控制杂草、增强树势、调节果园微环境的作用,果薯间作是一种较为成熟的间作套种方式。具体做法是:顺行距方向距离柑橘树根颈部 0.60 m 为清耕带,深翻耕耙土地,耕耙前施足底肥,平整粉碎土壤顺行开沟准备播种。一般顺行起垄通常行间种植 2～3 垄,采用一垄双行种植法。垄距 0.8～1.0 m,垄内行距 0.3m,株距 0.30 m。也可以采用一垄单行的种植方法,垄距 0.6m,株距 0.3 m。种植时间一般为农历腊月中旬至正月中旬。种植方法与陆地马铃薯栽培方法相同。

六、汉中马铃薯机械化现状和发展

随着城市化的推进和外出打工的职业化,农村劳动力越来越紧缺,土地撂荒,谁来种地一直困扰着决策层,提高机械化耕种,降低人工使用数量是农业各个产业今后发展必然趋势,陕南山多平地少,丘陵地块小,马铃薯生产不适宜北方大型机械化作业,因此,发展马铃薯小型机械化生产是汉中乃至西南产区马铃薯生产的迫切需求和必然趋势。2013 年以来,汉中科技人员在西乡柳树镇开展了马铃薯小型机械化生产农机农艺融合技术试验,建立示范基地,从马铃薯播种、覆膜、培土、喷药到收获全程使用小型机械作业,在城固三合镇试验推广双膜大棚马铃薯小型机械收获,大大降低了人工使用量,均取得很好的经济效益和社会效益,可在汉中其他马铃薯产区示范推广。

马铃薯已经成为中国第四大主粮作物,实施马铃薯机械化生产是提高马铃薯种植效益、节约人力资源成本、解决农村劳动力短缺问题和促进马铃薯产业又好又快发展的有效手段。

马铃薯生产全程机械化技术是以机械化种植和机械化收获技术为主体技术,配套机械化深耕和中耕培土、机械植保、机械杀秧技术及耕整地技术等,达到减少工序,提高生产效率的目的,具有保墒、省工、节种、节肥、深浅一致等优点,为稳定、扩大马铃薯种植面积,提高种植质量,减轻劳动强度、提高生产效率、确保增产增收等发挥了重要作用。

(一)国外马铃薯机械化生产概况

国外马铃薯机械化收获起步早、发展快、技术水平高。马铃薯栽培技术的推广和种植规模的扩大,促进了马铃薯收获机械等农业机械的发展。

20世纪40年代初,苏联和美国就开始研制、推广应用马铃薯收获机械,20世纪50年代末基本实现了生产机械化,20世纪70—80年代德国、英国、法国、意大利、瑞士、波兰、匈牙利、日本和韩国相继实现了马铃薯生产机械化,意大利、日本、韩国等国家以中小型马铃薯种植、收获机械为主,德国、美国等国家以大中型马铃薯种植、收获机械为主。随着马铃薯产业快速发展,国外马铃薯收获机械中,挖掘机的生产和使用趋于下降,而联合收获机迅速发展。俄罗斯、德国、法国、英国、美国和日本等国家马铃薯收获机械化程度较高,机械性能稳定。目前,国外一些马铃薯收获机械不但生产率高,并将高新技术融于农具之中,如采用振动、液压技术进行挖掘,采用传感技术控制喂入量、传运量及分级装载;采用气压、气流、光电技术进行碎土和分离以及利用微机进行监控和操作等。总之,在国外几个主要种植马铃薯的发达国家,基本形成了用联合收获机直接收获,或用挖掘—捡拾装载机加固定分选装置来进行分段收获的两种全面实现收获机械化的配套系统,实现了马铃薯收获机械化。

(二)中国马铃薯机械化生产概况

长期以来,中国马铃薯生产主要依靠人工种植和收获,劳动强度大,生产成本高、费工费时,效率低、损伤丢薯率高,且占用大量劳动力资源,影响劳动力转移和经济效益提高,马铃薯的全程机械化生产需求越来越强烈。

中国对马铃薯生产机械化设备研制较早,但发展缓慢,正处于中小型悬挂式种植机和集条收获机的研制推广阶段,与国外先进的集自动化控制、液压系统、播种电子监测等系统为一体的大功率马铃薯种植机相比还较落后。近年来,中国马铃薯收获机械发展速度较快,已初步形成了主导系列和产品,基本解决了人工挖掘马铃薯费工费力、劳动强度大、生产效率低等问题,但中国马铃薯种植机械化收获程度不足20%,马铃薯收获过程占整个生长期总用工量的50%左右。按照马铃薯的生产过程,可将马铃薯机械分为播种机械、中耕机械及收获机械三大类。目前,中国常见的马铃薯播种机械、中耕机械及收获机械见表4-13。

表4-13　我国常见的马铃薯播种机械、中耕机械及收获机械(王艳龙整理,2019)

类别	名称	型号
播种机械	全自动马铃薯种植机	SPEDOSPA-S4型
	马铃薯起垄播种机	2BSL-2型
	马铃薯播种机	2BM-01系列
	马铃薯双行播种机	1220型
	全自动马铃薯播种机	SPA-2型

类别	名称	型号
播种机械	马铃薯种植机	2CM-2 型
	马铃薯高垄高墒施肥播种机	2BDS-4 型
	大垄双行覆膜马铃薯播种机	2MB-1/2 型
	马铃薯挖掘机	4UM-1AJ160 型及 4SW-40 型
	马铃薯播种机	2BFM-2 型
	马铃薯挖掘机等	4SW-2 型
	单体双行施肥马铃薯播种机	2BXSM-2A-B 型
中耕机械	中耕施肥机	3ZF-4 型
	中耕培土机	3ZP-2 型
	中耕机	3Z-2A 型
	分组旋转中耕机	4SPI 型
	中耕培土机	121 型
收获机械	马铃薯收获机	1520 型
	马铃薯联合收获机	中农机美诺系列 1700 型和 1710 型

注：表中数据来源参考柯剑鸿等(2017)文献。

(三)陕西省马铃薯机械化生产概况

马铃薯是陕西第三大种植作物,主要分布在陕南、陕北,常年种植面积 26.7 万 hm² 左右,仅次于小麦、玉米。作为全国主产区之一,陕西有着发展马铃薯生产的优越条件和基础。由于陕南、陕北土质、气候等的不同,马铃薯的收获机型也不同,有国外引进、国内生产、省内企业自主研发等机型,其中陕北是以大中型马铃薯机械为主,陕南以小型机械为主。

(四)汉中盆地马铃薯机械化生产概况

汉中盆地由于地貌限制,长期以来马铃薯种植和收获主要以人工为主,要实现马铃薯机械化主要是解决丘陵山区、小地块马铃薯机种和收获的问题,同时在研发上应综合考虑农技农艺结合、动力配套、机具可靠性和一机多用等多种因素研发相应机型。

目前,汉中盆地的城固县、西乡县、汉台区、洋县实现了马铃薯机械化的零突破。机械化品种方面,城固县和洋县主要以早大白、费乌瑞它、荷兰 15 为主,西乡县以荷兰 15 和紫花白为主。城固县、洋县、汉台主要人工大棚种植,手扶式小型机械化收获为主,发展较为迅猛,2019年推广面积超过 1 万亩,其他县区尚未开始马铃薯机械化。汉中市西乡县山水田园公司在汉中市农业科学研究所专家指导下率先在汉中探索马铃薯机械化生产技术,实现了马铃薯从开沟、播种、施肥、覆土、镇压、覆膜压膜、病虫害防治到收获的全程机械化,应用该机型每小时可以播种 2～3 亩,一天能播种 20 亩,收获 10 亩,每天播种能力相当于 20 个人的工作量,与传统人工播种相比,作业效率高,播种质量好,不仅省工省时,大大减轻劳动强度,还能降低成本,亩均可节约播种费用 80～120 元,增产 15%～20%。目前,西乡县依托马铃薯全程机械化项目与马铃薯种繁项目,在西乡县的柳树镇丰东村、高家店村、峡口镇井坝村等镇村建立了马铃薯机械化种植示范基地 500 亩,选用适宜机械化的品种为"荷兰 15"和"荷兰 7 号"脱毒原种,将农机农艺有效结合,破解山区农业农机化关键环节推广难的问题。2016 年在西乡县柳树镇丰东村马铃薯示范基地里,经实际测产,平均亩产达 2800 kg,每亩纯利润可达 5000~6000 元,经济效益十分可观。

第四节　陇南地区马铃薯栽培

一、环境特征

(一)地形地势和农田布局

陇南地处甘肃省东南部,位于东经 104°03′—106°36′,北纬 32°33′—34°33′之间,东邻陕西省、南连四川省,西北连接甘南州、定西市,北接天水市,东西长 237 km,南北宽 203 km,属秦岭山脉自北向南方向延伸山系,形成秦岭南麓。西部向青藏高原过渡,北部向陇中黄土高原过渡,南部向四川盆地过渡,东部和汉中盆地连接。全市地势西北高、东南低,平均海拔 1000 m,由秦岭南部山系形成高山峻岭与峡谷、盆地相间的复杂地形,山势陡峭,峡谷幽深、土地支离破碎,沟壑密度为 1.86。山岭海拔在 2500 m 至 4187m 之间,河谷海拔在 540 m 至 1750 m 之间,形成两岸峭壁陡立的白龙江、白水江、岷江、嘉陵江峡谷。域内除徽成盆地海拔 1000~1500 m 外,绝大多数是海拔 2000 m 以下的低山;其次是海拔 2000~3000 m 的亚高山,山势一般北部低缓,南部高峻;相对高差大部分在 1000 m 以上。最高山峰为文县的雄黄山,海拔 4187m,最低河谷为白龙江下游出境口,文县关子沟海拔 540 m;相对高差达 3600 m 以上。大部分耕地为坡耕地,土层较薄,石块较多,保水、保肥能力差。

根据陇南地区(1987 年)综合农业区划,区域内耕地布局划分如下:

1. 东北部徽成盆地农林牧经区　位于陇南东北部,辖徽成盆地、丘陵区,包括成县、徽县、两当全部及康县太石、平洛、迷坝等临近十几个乡镇,原有耕地面积 117.11 万亩(退耕还林后,耕地面积有所变小),占全区耕地面积的 21%,是商品粮生产基地,也是陇南发展粮食生产最具优势的区域,种植农作物有冬小麦、玉米、大豆、水稻、高粱、油菜、马铃薯、蔬菜、中药材等,冬小麦、玉米是该区域最具优势的两大作物,近年来随着种植结构的调整,冬小麦种植面积在缩小,玉米种植面积在扩大,经济作物比例也有所上升。

2. 北部中山粮果牧区　位于陇南北部,辖西和县全境及武都区鱼龙、甘泉、隆兴、龙坝,礼县的红河、马河、盐官、宽川、祁山、永兴、永坪、城关、石桥、江口、雷王、中坝、龙林、滩坪、雷坝、肖梁、王坝等乡镇,原有耕地面积 257.35 万亩。该区气候条件复杂多样,农业小气候明显,热量中等、光照较好、降水较少,水热匹配较差。多数地方气候阴凉,日照时间长,昼夜温差大,土层深厚,土壤腐殖质含量高,该区域主要种植农作物有马铃薯、冬小麦、玉米、蚕豆、油菜、中药材等。

3. 西北高寒阴湿农林牧药区　位于陇南西北部,辖除沙湾镇外的宕昌全境,礼县的固城、漱山、罗坝、草坪等乡镇,武都区的池坝、马营、蒲池等乡镇,原有耕地面积 177.63 万亩。本区气温南北差异大,同一地区垂直差异明显。土地瘠薄,旱、涝、洪、雹、霜冻、低温连阴雨等自然灾害每年都有不同程度的发生,该区域主要农作物有马铃薯、冬小麦、玉米、春小麦、蚕豆、油菜、当归、党参、黄芪、大黄等。

4. 西南山地农经果区　位于陇南西南部,包括文县的口头坝、尖山、临江、尚德、铁楼、梨坪、中寨等乡镇,武都区的外纳、桔柑、汉王、马街、安化、汉林、角弓、龙凤、三河、郭河、坪牙等乡镇和宕昌县沙湾镇,原有耕地面积92.51万亩。本区气候多样,土壤类型繁多,土地资源广阔,坡耕地多,水土流失严重,自然灾害频繁,适宜于多种农作物及经济林木的生长。该区域内主要种植农作物有冬小麦、玉米、马铃薯、纹党、红芪,其中纹党、红芪为优势农产品。

5. 东南部农经林药区　位于陇南东南部,包括康县的阳坝、三河坝、白杨、岸门口、王坝、嘴台、碾坝、豆坝等乡镇,武都区的洛塘、琵琶、月照、五库、三仓、五马、裕河、枫相等乡镇,文县的中庙、碧口、范坝、刘家坪等乡镇。原有耕地面积78.58万亩。本区土地宽广,地形复杂多样,生物资源丰富,区域内冬小麦、马铃薯、玉米、中药材都有种植。

(二)水文

陇南江河溪流纵横密布,境内既多山,又多水,且山有多高,水有多深,崇山峻岭间,处处溪水跌宕,飞瀑流泉,加上盆地、高山,不仅有千山竞秀万壑争流的风光,也有着"滔滔千江水,莽莽万重山"的雄浑气势。境内河流均属嘉陵江水系,主要支流有永宁河、青泥河、西汉水、燕子河、白龙江、白水江等,其中属嘉陵江一级支流的有白龙江、西汉水等48条,总长1297.2 km;二级支流有白水江、岷江、北峪河等751条,总长2679.5 km;三级支流中路河、丹堡河、平洛河、南河等1651条,总长4313.5 km;四级支流有1312条,总长3428.4 km,大小河流共3760条,年径流总量144.07亿 m³,河流密度达到0.5条/ km²。其特点是径流资源丰富,时空分布不平衡,且水土流失面积大,每年流失泥沙量大。区内水质良好,水文资料显示,区内河流水质矿化度均小于1.0 g/L,大多数在0.25~0.35 g/L,pH值在7.3~7.9;但在南部林区水质矿化度过低,在0.1~0.2 g/L左右,成为不宜饮用的过淡水。

(三)气候

陇南地处中国北亚热湿润、暖温半湿润、高原湿润等南北、东西气候过渡地带,兼有暖温带和北亚热带的气候特征,气候条件较好。全市冬季盛行干冷的西北气流,夏季盛行暖湿的偏南气流,干冷同季、湿热同季,是中国东部季风气候的一部分。气候属北亚热带向暖温带的过渡带,垂直分布明显,是甘肃省仅有的长江流域和亚热带气候地区。由于地形等因素的影响,陇南气候的显著特点:一是垂直变化大,二是水平差异大,三是坡向差异明显,四是地形气候多样,有"高一丈不一样""一山有四季,十里不同天""集四季气候于一时,聚南北生物于一地"之称谓。又因地貌俊秀,气候宜人,自然资源丰富,森林覆盖率高,素有"陇上江南"之称谓。春季(3—5月)升温略快,气候多变,旱多涝少;夏季(6—8月)热无酷暑,雨量集中,洪旱雹多;秋季(9—11月)降温迟缓,连阴雨多;冬季(12—2月)冷无严寒,降水稀少,湿润度小。

全市海拔540 m以上,年平均气温5~15 ℃,年≥10 ℃的积温1700~5100 ℃·d,无霜期120~260 d,是全省的高温区。武都区、文县年平均气温14.6~14.9 ℃,极端最高气温37.7~

40.0 ℃,≥10 ℃的积温 3500～5508 ℃·d,无霜期 210～260 d,气候温暖。徽县、成县、两当县、康县年平均气温 10.9～12.0 ℃,极端最高气温 34.5～38.3 ℃,≥10 ℃的积温 3344～4342 ℃·d,无霜期 194～211d,气候温和。礼县、宕昌县、西和县年平均气温 8.4～9.9 ℃,极端最高气温 33.5～35.6 ℃,极端最低气温 -16.9～-24.6 ℃,≥10 ℃的积温 2692～4097 ℃·d,无霜期 156～173 d,气候温凉。

1. 北亚热带　包括康县南部、武都南部、文县东部,白龙江、白水江沿岸河谷及浅山地区,在这一带是全市的热量高值区,年平均气温 12～14 ℃。依据陇南市气象局 2016—2018 年统计资料,年日照时数 1954.5～2197.4 h,≥10 ℃的积温 5016～5508 ℃·d,年最高气温 34.4 ℃,最低气温 -0.3 ℃,降水量在 600 mm 左右;耕地面积约 30 万亩,占全市耕地总面积的 6.7%,属一年两熟和多熟农业区。

2. 暖温带　包括全市的中部、东部的嘉陵江河谷及徽成盆地。年平均气温 12～14 ℃。依据陇南市气象局 2016—2018 年统计资料,年日照时数 1622.2～1892 h,≥10 ℃积温 3500～4342 ℃·d,年最高气温 33 ℃,年最低气温 -5.2 ℃,降水量在 500～828.4 mm 之间,耕地面积约为 170 万亩,占全市耕地总面积的 37.8%,为两年三熟农业区或两年四熟农业区。

3. 中温带　包括全市北部和西部地区,主要是宕昌、西和县大部,武都区的马营、池坝,礼县的草坪、桥头、王坝等区域。依据陇南市气象局 2016—2018 年统计资料,年日照时数 1676～1958 h,≥10 ℃有效积温 3619～3836 ℃·d,年最低气温在 -6.8 ℃,年最高气温 30.9 ℃,年降水量 600～900 mm 之间;耕地面积约 100 万亩左右,占全市总耕地面积的 22.2%,为一年一熟或三年四熟农业区。

陇南市典型代表区、县 2016—2018 年气候统计表(陇南市气象局)如表 4.14～表 4.16。

表 4.14～表 4.16 中四个县三年的气象资料,代表陇南三个气候类型区域,即武都——北亚热带,成县——暖温带,礼县、宕昌——中温带,据表中气候特征与马铃薯种植的关系如下:

陇南春播马铃薯生长季节在 5—8 月份,以上三年的气象数据显示陇南 5 月份最低气温在 10 ℃左右,平均气温在 15 ℃左右,有利于马铃薯的生长;6 月份最高气温和最低气温都能使马铃薯正常生长发育;7—8 月份是陇南全年气温最高的月份,气象数据显示 2017 年武都区 7 月最高气温达到了 34.4 ℃,但与气象观测点海拔相近的马铃薯冬播区此时已收获,而马铃薯春播区海拔要高出气象观测点 400～500 m,所以这一时期马铃薯春播的气温不会超过 30 ℃,也就是说武都区气象观测点观测到的高温天气不会影响马铃薯的生长发育,以此类推其余县也没有影响马铃薯生长的高温天气。气象数据显示 8 月份气温一般开始下降,高温影响马铃薯生长的情况也不会发生。

陇南春播马铃薯生长季节降水的不确定性较大,分析以上三年的气象数据结合多年的生产实践,结论是降水太少(月降雨量低于 50 mm)会造成干旱,影响马铃薯的生长发育,马铃薯生长后期(7—8 月)降水太多(月降雨量高于 150 mm)则造成空气湿度和土壤含水量过高,会导致马铃薯晚疫病等病害爆发,也可诱发马铃薯块茎腐烂,从而导致马铃薯产量和品质双下降。

表 4-14　2016 年气候条件

	1月 最高气温(℃)	平均气温(℃)	最低气温(℃)	降雨量(mm)	2月 最高气温(℃)	平均气温(℃)	最低气温(℃)	降雨量(mm)	3月 最高气温(℃)	平均气温(℃)	最低气温(℃)	降雨量(mm)	4月 最高气温(℃)	平均气温(℃)	最低气温(℃)	降雨量(mm)	5月 最高气温(℃)	平均气温(℃)	最低气温(℃)	降雨量(mm)	6月 最高气温(℃)	平均气温(℃)	最低气温(℃)	降雨量(mm)
武都	9.4	3.8	-0.3	0.0	12.8	6.6	2.0	3.5	18.5	12.6	8.5	17.1	23.7	17.5	13	42.6	26.5	20.1	15.3	71.7	31.0	24.5	19.5	59.8
成县	5.9	-0.6	-5.2	4.1	10.5	2.5	-3.0	10.2	16.1	9.7	5.3	23.1	22.2	14.7	9.3	53	24.3	17.4	11.9	59.4	30.6	23.0	16.6	42.9
宕昌县	6.4	-1.8	-7.2	0.7	9.4	1.0	-5.0	3.8	15.3	7.4	1.9	24.7	20.0	12.6	7.2	25.7	23.0	15.0	9.1	81.3	26.9	18.6	12.5	67.0
礼县	5	-1.9	-6.8	2.1	8.8	1.0	-4.8	5.4	15.0	8.8	3.1	14.0	20.3	13.4	8.3	50.7	23.0	16.1	10.8	61.9	28.5	20.8	14.7	16.4

	7月 最高气温(℃)	平均气温(℃)	最低气温(℃)	降雨量(mm)	8月 最高气温(℃)	平均气温(℃)	最低气温(℃)	降雨量(mm)	9月 最高气温(℃)	平均气温(℃)	最低气温(℃)	降雨量(mm)	10月 最高气温(℃)	平均气温(℃)	最低气温(℃)	降雨量(mm)	11月 最高气温(℃)	平均气温(℃)	最低气温(℃)	降雨量(mm)	12月 最高气温(℃)	平均气温(℃)	最低气温(℃)	降雨量(mm)	年≥10℃有效积温	年日照时数
武都	31.9	26.2	19.5	71.4	33.2	28.1	22.0	24.5	27.1	21.5	17.9	96.7	19.5	15.7	13	86.9	15.5	10.5	6.9	0.4	12.2	7.0	3.3	1.0	5508.1	2197.4
成县	30.5	23.9	19.7	174.2	31.8	25.5	20.8	15.2	25.8	19.5	15.5	89.2	17.4	13.4	10.7	79.1	12.0	7.2	4.1	9.6	9.1	3.1	-0.7	3.3	4342.7	1892
宕昌县	29.7	20.4	18.6	56.4	30.4	23.1	19.7	35.5	24.4	18.1	13.9	88.0	16.2	11.9	9.1	63.1	11.9	5.8	1.8	2.1	7.8	1.8	-2.3	3.9	4097.8	1923.6
礼县	29.4	21.7	16.7	38.1	30.4	23.3	18.8	54.4	23.0	16.0	12.1	64.6	16.9	11.3	8.1	59.4	13.6	5.5	0.4	2.2	9.9	1.7	-3.1	6.1	3619.9	1958.2

表 4-15　2017 年气候条件

	1月 最高气温(℃)	平均气温(℃)	最低气温(℃)	降雨量(mm)	2月 最高气温(℃)	平均气温(℃)	最低气温(℃)	降雨量(mm)	3月 最高气温(℃)	平均气温(℃)	最低气温(℃)	降雨量(mm)	4月 最高气温(℃)	平均气温(℃)	最低气温(℃)	降雨量(mm)	5月 最高气温(℃)	平均气温(℃)	最低气温(℃)	降雨量(mm)	6月 最高气温(℃)	平均气温(℃)	最低气温(℃)	降雨量(mm)	年≥10℃有效积温	年日照时数
武都	10.2	5.7	2.4	0.0	12.7	7.4	3.5	11.4	15.1	10.4	7.1	23.6	22.7	16.5	12.0	37.6	26.8	20.1	15.0	93.9	28.6	22.7	18.5	88.0		
成县	7.7	2.2	-1.5	4.2	10.0	4.0	-0.2	22.9	13.1	7.5	3.3	39.7	21.5	14.0	8.3	40.9	25.9	17.8	11.3	59.3	28.2	21.3	15.9	107.3		
宕昌县	7.7	0.5	-4.4	1.0	10.6	2.6	-2.7	10.2	10.8	5.0	1.3	49.8	18.5	11.2	5.9	56.4	22.3	14.1	8.2	123.7	24.5	17.8	12.9	49.8		
礼县	6.3	0.6	-3.3	3.2	8.8	2.7	-1.6	11.5	11.2	5.7	2.0	43	19.5	12.5	7.4	39.8	23.7	16.2	10.2	70.3	26.1	19.4	14.4	120.2		

续表

地点	7月最高气温(℃)	7月平均气温(℃)	7月最低气温(℃)	7月降雨量(mm)	8月最高气温(℃)	8月平均气温(℃)	8月最低气温(℃)	8月降雨量(mm)	9月最高气温(℃)	9月平均气温(℃)	9月最低气温(℃)	9月降雨量(mm)	10月最高气温(℃)	10月平均气温(℃)	10月最低气温(℃)	10月降雨量(mm)	11月最高气温(℃)	11月平均气温(℃)	11月最低气温(℃)	11月降雨量(mm)	12月最高气温(℃)	12月平均气温(℃)	12月最低气温(℃)	12月降雨量(mm)	年≥10℃有效积温(℃)	年日照时数
武都	34.4	27.6	18.5	87.9	30.1	24.9	22.6	121.1	25.7	21.1	18.0	57.5	18.2	14.7	12.4	75.8	15.9	10.8	7.3	0.1	10.5	4.9	0.9		5016.2	1954.5
成县	33.0	25.9	20.3	96.5	28.5	22.9	18.9	298.3	24.3	19.0	15.9	63.1	15.7	12.2	10.1	91.5	13.3	7.1	3.3	6.9	8.6	0.5	-4.4		4162.4	1739.3
宕昌县	31.0	22.7	16.8	49.8	26.3	20.1	16.2	87.2	22.6	16.6	13.2	91.1	15.7	10.9	8.2	70.1	13.1	5.9	1.4	6.9	8.4	-0.2	-5.6	0.1	3320.1	1736.9
礼县	30.9	24	18.7	65.5	26.5	21.2	17.5	171.3	22.8	17.6	14.4	53.7	14.7	10.9	8.2	71	12.5	5.8	1.8	1.2	7.4	-0.5	-5.9		3700.3	1730.8

表4-16　2018年气候条件

地点	1月最高气温(℃)	1月平均气温(℃)	1月最低气温(℃)	1月降雨量(mm)	2月最高气温(℃)	2月平均气温(℃)	2月最低气温(℃)	2月降雨量(mm)	3月最高气温(℃)	3月平均气温(℃)	3月最低气温(℃)	3月降雨量(mm)	4月最高气温(℃)	4月平均气温(℃)	4月最低气温(℃)	4月降雨量(mm)	5月最高气温(℃)	5月平均气温(℃)	5月最低气温(℃)	5月降雨量(mm)	6月最高气温(℃)	6月平均气温(℃)	6月最低气温(℃)	6月降雨量(mm)	年≥10℃有效积温(℃)	年日照时数
武都	8.0	3.3	0.1	1.5	12.0	6.2	2.0	0.3	21.3	14.9	10.2	13.8	24.8	17.8	12.4	46.9	27.2	21.0	16.1	56.1	30.0	23.5	13.8	100.5	5138.4	2001.9
成县	4.6	-1.2	-4.8	16.1	9.6	2.5	-2.3	2.0	19.3	11.2	5.1	24.9	22.8	14.7	8.5	48.9	24.8	18.1	16.2	46.7	27.4	21.3	16.7	87.6	3877.2	1622.2
宕昌县	4.5	-2.1	-6.3	5.1	8.8	0.5	-4.9	8.8	17.8	9.3	3.1	15.2	20.4	11.9	5.7	68.1	23.0	15.7	10.2	79.0	25.2	18.4	13.5	149.4	3199.0	1642.1
礼县	3.0	-2.8	-6.7	9.5	7.6	0.2	-4.7	7.2	17.8	10.1	4.2	16.1	20.9	12.9	7.0	90.6	23.4	16.4	10.9	95.3	26.3	19.7	15.1	95.5	3836.7	1676.7

地点	7月最高气温(℃)	7月平均气温(℃)	7月最低气温(℃)	7月降雨量(mm)	8月最高气温(℃)	8月平均气温(℃)	8月最低气温(℃)	8月降雨量(mm)	9月最高气温(℃)	9月平均气温(℃)	9月最低气温(℃)	9月降雨量(mm)	10月最高气温(℃)	10月平均气温(℃)	10月最低气温(℃)	10月降雨量(mm)	11月最高气温(℃)	11月平均气温(℃)	11月最低气温(℃)	11月降雨量(mm)	12月最高气温(℃)	12月平均气温(℃)	12月最低气温(℃)	12月降雨量(mm)	年≥10℃有效积温(℃)	年日照时数
武都	30.2	25.6	22.2	132.1	32.6	26.9	22.7	46.9	25.2	20.8	17.8	54.8	25.2	20.8	17.8	46.9	14.4	9.2	5.7	6.9	8.4	4.3	1.4	1.7	5138.4	2001.9
成县	28.6	24.0	20.7	205	31.2	24.6	20	51.7	23.0	18.1	15.2	7.7	18.5	12.1	7.9	7.7	11.7	6.2	2.4	16.6	4.5	0.5	-2.3	7.3	3877.2	1622.2
宕昌县	26.8	21.4	17.9	149.4	28.1	22.0	18.0	56.7	20.9	15.8	12.7	16.9	16.5	10.2	6.4	16.9	11.3	4.2	0.1	20.0	5.2	-0.7	-4.3	1.9	3199.0	1642.1
礼县	27.4	22.4	19.2	130.9	29.3	22.8	18.5	26.1	21.5	16.3	13.3	12.2	16.9	10.4	6.1	12.2	10.0	4.1	0.3	16.3	4.0	-0.8	-3.9	2.5	3836.7	1676.7

(四)土壤

根据陇南地区土地资源调查报告(1987年),全区土壤暂分为9个土纲、19个土类。

1. 淋溶土纲

(1)黄棕壤　属红壤、黄壤和棕壤、褐土的南北过渡带土壤。主要分布在白龙江下游的文县、武都南部和康县柯家河、托河、阳坝河海拔1300 m以下的地区,面积100多万亩。土壤表层有机质3%~5%(耕地1.5%~2%),pH值在5~6.5,适宜茶叶、棕榈、油桐、橘柑、水稻等亚热带作物生长。

(2)棕壤　与黄棕壤、暗棕壤或褐土毗连或交错分布。分布于陇南暖温带湿润和半湿润山地,面积900多万亩。土壤表层有机质4%~5%(耕地2%左右),pH值在6~7之间,适宜马铃薯等各类作物生长。

(3)暗棕壤　一般垂直分布于棕壤或黑土带以上,海拔2500~3000 m的地方,分布在陇南秦岭南麓山地温凉、半湿润气候区,面积近200万亩,地势较高,有季节性冻层。

2. 半溶土纲

褐土　陇南分布于秦岭南麓山地北亚热带与暖温带交汇地段,各区县均有分布,面积达2000万亩,土层深厚,适种作物广。

3. 钙土土纲

黑垆土　具有深厚的黑色垆土层,分布在西和、礼县丘陵地带,面积80多万亩,熟化度高,土质肥沃,适宜马铃薯等多种农作物和经济林生长。

4. 均腐殖土纲

(1)黑土　主要分布在陇南西北部海拔2500 m以上的山塬地带,面积30多万亩。土壤养分含量丰富,适种青稞、春小麦、油菜、马铃薯及当归等。

(2)黑钙土　系栗钙土向黑土的过渡类型,主要分布在宕昌县海拔2300 m以上的山丘缓坡地,面积40多万亩,土壤养分含量较丰富,适种作物种类较多。

5. 初育土纲

(1)黄绵土　少量分布于陇南中北部,面积20多万亩;土壤有机质含量不足1%,但富含Ca、K等多种矿质元素。

(2)红黏土　分布于武都区中北部的米仓山及其周边地带,面积80多万亩;含矿质养分较丰富,适种马铃薯、红芪等多种农作物和中药材。

(3)新积土　分布于陇南水土流失区的山麓或河沟阶地,面积50万亩。

(4)石质土　分布于陇南石质山地的岩石裸露地带,面积40多万亩,目前难以利用。

(5)粗骨土　分布于与石质土相似,面积60万亩,仅生长稀疏灌丛。

(6)紫色土　分布于西汉水流域紫色岩露头处,土壤有机质含量较低,但P、K含量较丰富,自然肥力较高。

6. 水成土纲

沼泽土零星分布于宕昌、礼县山塬凹地,面积20万亩,植被为沼泽植物或水生杂草类。

7. 半水成土纲

(1)潮土　零散分布于陇南境内山前冲积堆或河沟阶地,面积30万亩,水肥条件好,适种作物广泛,复种指数高。

（2）山地草甸土　分布于陇南境内海拔 1800～2900 m 的山帽或较平缓的向阳坡地,面积 100 万亩,有机质含量 5% 左右,中性至微酸性。

8. 人为土纲

水稻土　系在长期水耕熟化条件下形成的农业土壤,主要分布于武都、文县及徽成盆地等河谷川坝地带,面积 8 万多亩。

9. 高山土纲

（1）高山草甸土　分布于宕昌雷鼓山和文县雄黄山等海拔 3600 m 的山梁地带,面积约 1 万亩,腐殖质层较厚,植被为高山矮草草甸或与灌丛混生。

（2）亚高山草甸土　分布于高山草甸土之下,林线（海拔约 3000 m）以上的带幅内,宕昌、文县、武都等均有分布,面积 40 多万亩;草毡层厚,有机质含量高。

从陇南地区土地资源调查报告（1987 年）中看出,淋溶土纲中的棕壤,半溶土纲中的褐土,钙土土纲中的黑垆土,均腐殖土纲中的黑土、黑钙土,初育土纲中的红黏土、紫色土,半水成土纲中的潮土、山地草甸土等,以上土壤类型的分布区域,土壤有机质及 P、K 含量丰富,肥力水平较高,适宜马铃薯等农作物和经济林果树和中药材的生长。

二、熟制和马铃薯生产

（一）熟制

适应地理位置和气候条件的过渡性,陇南农作物在熟制上也有从一熟制、二熟制向多熟制过渡的特点。

1949—1970 年,陇南农作物种植方式绝大部分地区采用一年一熟的粗放型种植制度,土地利用率较低。此后,由于农业科学技术的不断提高,间、套、复种面积不断增大,特别是带状种植的试验、示范和成功推广等,粗放的种植方式逐步改变,集约经营和设施农业开始发展,到 1985 年全区种植方式有一年一熟、一年二熟和二年三熟等,前茬作物有冬小麦、玉米、冬（春）油菜、马铃薯、大蒜等,复种作物有玉米、马铃薯、大豆、糜子、谷子、荞麦、绿肥和蔬菜,前茬作物收获后移栽的作物有水稻、蔬菜、烟草等。

熟制类型主要有以下四种

1. 一年两熟或多熟制　主要在白龙江、白水江、西汉水流域,海拔 1200 m 以下的河谷区,面积约 30 万亩,占总面积的 15.2%。具体种植模式如下:

冬小麦（冬油菜）—大豆（玉米）

冬马铃薯—（青）玉米—蒜苗

玉米—蔬菜—冬小麦（冬油菜）

冬油菜（冬小麦）—水稻—蔬菜

蒜苗—冬马铃薯—玉米

2. 二年三熟或二年四熟制　主要在海拔 1200～1700 m 的徽成盆地、浅山丘陵区和半山区,面积约 170 万亩。具体种植模式如下:

冬小麦—玉米（马铃薯）—冬油菜

冬小麦—荞麦（糜、谷）—蔬菜

冬油菜—玉米（大豆）—冬小麦—蔬菜

马铃薯(玉米)间种大豆—冬油菜(冬小麦)—荞麦(糜、谷)

冬小麦—蔬菜—玉米(豆类)—冬油菜

胡麻—绿肥—高粱—冬小麦

3. 三年四熟制 主要在海拔1800~2500 m的高山阴凉地区,面积约150万亩。具体种植模式如下:

春小麦—蚕豆—蔬菜—中药材

马铃薯—中药材—青稞—蔬菜

春油菜—蔬菜—春小麦—中药材

蚕豆—马铃薯—燕麦—蔬菜

胡麻—蔬菜—马铃薯—中药材

4. 一年一熟或多年一熟制 主要在海拔2500 m以上的高寒阴湿地区,面积约100万亩。该地区多数作物都是一年一熟,也有羌活等中药材两年或三年一熟。

(二)马铃薯生产地位

近5 a马铃薯主要种植区生产情况统计见表4-17。

表4-17 近5年马铃薯主要种植区生产情况统计表(陇南统计年鉴公布)(李荣整理,2019)

年 份		2014	2015	2016	2017	2018
陇南市	播种面积(万亩)	86.91	85.61	83.02	84.92	87.39
	平均亩产(kg)	198.37	194.84	188.51	192.77	202.39
	总产量(t)	172400.00	166800.00	156500.00	163700.00	176858.97
西和县	播种面积(万亩)	23.00	22.07	20.99	21.58	22.03
	平均亩产(kg)	264.35	265.07	261.82	239.11	260.00
	总产量(t)	60800.00	58500.00	52600.00	51600.00	57290.34
礼 县	播种面积(万亩)	21.29	20.37	18.72	18.75	19.30
	平均亩产(kg)	138.56	137.95	119.66	97.06	95.00
	总产量(t)	29500.00	28100.00	22400.00	18200.00	18335.00
武都区	播种面积(万亩)	17.61	17.90	17.89	18.50	19.03
	平均亩产(kg)	192.50	178.77	181.67	228.11	246.46
	总产量(t)	33900.00	32000.00	32500.00	42200.00	46889.92
宕昌县	播种面积(万亩)	8.32	8.36	8.38	8.57	8.87
	平均亩产(kg)	300.48	282.23	258.95	291.72	294.50
	总产量(t)	25000.00	23600.00	21700.00	25000.00	26124.81
文 县	播种面积(万亩)	6.27	6.09	6.22	6.36	6.55
	平均亩产(kg)	106.86	114.94	109.32	102.20	103.20
	总产量(t)	6700.00	7000.00	6800.00	6500.00	6759.00
康 县	播种面积(万亩)	3.98	4.01	4.01	4.10	4.32
	平均亩产(kg)	75.38	72.32	122.19	65.85	64.44
	总产量(t)	3000.00	2900.00	4900.00	2700.00	2784.00

据陇南市农业科学研究所档案资料记载,1949年,武都全区(专区)马铃薯种植面积33.69万亩,占粮食作物播种面积的11.8%,平均单产68.5 kg(折主粮),表明马铃薯早就是陇南人民群众日常生活不可缺少的重要组成部分,具有粮菜兼用的属性。2010年发展为全市五大区域优势产业之一,在全市农业生产中具有非常重要的地位。以西和县马铃薯生产为例,20世纪70年代以来,西和县马铃薯历年种植面积在12万亩以上,占当年粮食作物面积的20%~22%,历年总产保持在0.5亿kg左右,1972年达到0.88亿kg。此后在马铃薯生产中推广了坑种垄作、地膜覆盖、脱毒种薯、病虫害综合防治等技术,马铃薯生产水平逐年提高。

据陇南农业区划(1987年)统计,在北部中山粮果牧区,1983年马铃薯占农作物面积的30%,产量占农作物总产的35%。《陇南统计年鉴》数据显示,2000年陇南地区马铃薯种植面积在67.41万亩,总产量(折算)99063 t,2001年陇南地区马铃薯种植面积在66.46万亩,总产量(折算)96098 t。

据陇南市统计年鉴2014—2018年的生产统计表明,在陇南地区马铃薯总种植面积在83.02万~87.39万亩波动,总产量(折算)在156500~176858.97 t,平均亩产量(折算)在188.51~202.39 kg,2018年收获鲜薯为884294.85 t,全市每人年平均消费本地鲜薯为307 kg。

三、陇南地区马铃薯大田常规栽培技术

(一)选茬和选地整地

1. 选茬　马铃薯是茄科作物,喜水肥,忌重茬。连作的害处较多,主要体现在四个方面:第一,会使N、P、K大量元素不足,植株生长势差,后期田间早衰,导致产量降低。第二,会影响土壤微量元素、微生物菌群失衡,进而使耕作层土壤团粒结构被破坏、通透性下降,导致土壤板结,不利于块茎正常生长。第三,青枯病、疮痂病、粉痂病、黑痣病等土传病害加重。第四,会引起烂根、僵苗、死颗,从而造成产量大幅减少和品质严重降低。一般选择禾本科作物冬小麦、玉米、水稻、豆类或十字花科油菜等作物较好,不宜选择西红柿、辣椒等茄科作物。

陇南地区马铃薯种植属北方一季作的范围内,市内各县区都有,种植范围较广。陇南适宜种植马铃薯的区域在全市农业区划(1987)中,主要是西和、礼县、武都和宕昌四县区,分三大区域,北部中山粮果牧区、西北高寒阴湿农林牧药区和西南山地农经果区。按海拔分为1800 m以上至海拔2600 m以下的种植区域,该区域是陇南马铃薯主要种植区。属高寒阴湿区,典型的主要是武都区池坝、马营、鱼龙、龙凤、三仓、礼县草坪、铨水、洮坪、崖城、固城、宽川、西和西高山、姜席、宕昌狮子、理川、阿坞、哈达铺等乡镇,区域内都是一年一熟制,主要种植作物有马铃薯、当归、蚕豆、大黄、黄芪、党参、羌活、柴胡、冬小麦、玉米、春油菜、胡麻、荞麦等。区域内种植一般只要倒茬就可以丰产,最好的茬口模式是蚕豆—马铃薯、油菜—马铃薯、冬小麦—马铃薯、玉米—马铃薯等。蚕豆可以固氮肥地,油菜和冬小麦收获早,一般7月份夏收后通过耕地能有效祛除田间茄科杂草龙葵、曼陀罗、灯笼草等,8月、9月、10月三个月土地休闲。其次,羌活—马铃薯、黄芪—马铃薯、党参—马铃薯三种模式,倒茬可获高产。该区域少有其他茄科作物种植。较差的茬口是胡萝卜、甜菜、大黄等。其次是海拔1200 m以上,1800 m以下的半山干旱区,典型的是礼县白关、桥头、滩坪、雷坝、王坝、龙林、石桥、西和洛峪、十里,武都安化、马街、蒲池、龙凤、宕昌化马、官亭、临江铺、南阳等乡镇。该区域主要种植农作物有马铃薯、冬小

麦、玉米、大豆、半夏等,经济林果树较多,只要不重茬,都是好茬口。再就是海拔 1200 m 以下的西汉水、白龙江、白水江流域河谷地区,典型的代表乡镇有礼县雷坝镇、西和蒿林、大桥、宕昌沙湾、武都两水、石门、角弓、汉王、透房、文县临江、桥头等乡镇,该区域内种植农作物主要有冬小麦、马铃薯、水稻、玉米、油菜、大白菜、大蒜、西红柿、甘蓝、西葫芦、芹菜、黄瓜、洋葱等,尤以蔬菜为主,属一年两熟或多熟区。该区域内农作物病虫害世代交替、周年循环发生,马铃薯种植模式较多,以冬播为主、有少量夏、秋播存在。冬播马铃薯最适宜的茬口模式有大白菜—马铃薯、大蒜—马铃薯、甘蓝—马铃薯、水稻—马铃薯等。忌以西红柿、辣椒、茄子、烟草、人参果等作物为前茬。

2. 选地整地　马铃薯一定要选择在适宜种植的区域内种植。北部中山粮果牧区、西北高寒阴湿农林牧药区、西南山地农经果区,三大区域内土壤主要是褐土、棕壤及暗棕壤、黑土、红黏土、鸡粪土、山地草甸土及沙土等,该三大区域的划分,直接指导全市马铃薯种植向优势区域集中,有利于充分利用环境和环境资源,提高马铃薯生产水平。

马铃薯是块茎作物,种植收获的产品本质是茎,土壤是种植的基础,区域内选地也非常关键,关系到能否为马铃薯生长提供良好的土壤环境条件和物质基础。马铃薯种植生产上采用的是块茎作为种子,根系属须根系,穿透能力弱,植株生长喜欢深厚疏松的耕作层和富含有机质、P 和 K 素的土壤,尤以轻质壤土土质疏松、通透性好,生长整齐,最适宜其生长。春季土壤易升温,块茎发芽快,有利于根系、匍匐茎和块茎生长,有利于块茎干物质积累。陇南地区马铃薯种植主要以春播为主,冬播为辅,夏、秋播现在属零星种植。

不同土壤对马铃薯产量影响较大。马铃薯喜微酸性土壤,以 pH 值 5.6~6.5 最适宜,pH值在 6.8 以内均能正常生长。抗盐碱能力差,含盐量达到 0.01% 就有反应,块茎产量随土壤中氯离子含量的增加而减少,碱性土壤块茎表皮粗糙,生长势弱。除白龙江、嘉陵江、白水江沿岸河谷地区冬播区域生长期间浇水外,大部分生产田都属雨养农业区,没有灌溉条件。根据2016—2018 年陇南市气象局统计资料,三大区域内常年降水量平均为 523.8~563.9 mm,基本能够满足马铃薯生长期间对水分的需求。

选地的标准,选择地势平缓,坡度较低,耕作层疏松、肥沃、有机质丰富的黑垆土、鸡粪土或沙土地为好;不选前茬是茄科作物的地块,不选已经被污染的田地;不宜选地势低、易涝的地块,不宜选黏土地、盐碱地。

整地的时间,春播地区可以是秋末冬初,也就是前茬作物收获后的 9 月、10 月及 11 月初,也可以是立春后 2 月份田间土壤解冻后开始,直到播种之前。冬播地区是 11 月、12 月及 1 月初,结合土壤墒情、播种的时间可由耕种者自主把握。

选好地后,整地必须做细,做全面,不能马马虎虎,敷衍了事。马铃薯种植的目标是要收获块茎,块茎在地下生长期间的水分、养分、空气和温度等物质条件的保证是优质丰产的保障。整地的方法主要是深耕和耙压,有的地方称为深翻和耙耱。陇南地区深耕主要是畜耕、农机耕两种方法,零星也有依靠人力的。畜耕采用单铧犁或木杠头,农机耕采用单铧犁、双铧犁或旋耕机。深翻靠畜力的地方多,耕地时深度有时不均匀,甚至有遗漏的地方,有的地方称留"生格子",影响翻地的质量。耙压是一种保墒措施,在墒情不好的地方或季节,不论是秋季、冬季还是春季,深翻时都应做到随翻随耙压。条件具备的地方,三年深松一次,深松深度 35 cm。耙压的方法是根据地块情况选择在耱上放一个几十千克的东西,也可以是一个体重较轻的成年人,再用人力、畜力或农机拉耱来回或转圈耱。耙耱尽量不漏耙,漏耙率要小于 3%,整地的标准是耕作层土壤深度要达到20～25 cm。1 m² 面积内直径大于5 cm的土块要少于3个,看着无沟无垄,做到地平、地暄、土细,上实下虚,以防止跑墒。遇到雨多湿度大的时候,整地就要起垅,以便跑墒散湿,还有利于提高地温。遇到干旱墒情不好的时候,也要起垄,这就要选择墒情相对好的时候起垄,再覆膜,起保墒的作用。起垄时要先计算好行距、一垄播种行数及垄距,不能太大,也不能太小;地膜覆盖还要结合所要采用的地膜规格起垄,否则播种时就麻烦,做不好就可能需要返工修改。陇南地区推广地膜覆盖栽培技术,市场供应地膜有75 cm、120 cm、200 cm宽幅三种规格,覆膜时根据需要选择。春播地区以冬前整地为最好,有利于立土晒垡,接纳降水,积温熟化。

3. 起垄　陇南地区马铃薯种植垄作是主要方式,垄作有先播种后起垄和先起垄后播种两种。实际生产上又分为一垄一行、一垄二行和一垄三行三种规格模式。

(1)先播种后起垄　在实际生产中对整好的田地,主要是平地开沟播种,出苗后结合苗期中耕除草管理,在培土(俗称壅土)的过程中起垄。这种垄作方式在苗期以前不起垄,只是播时按照确定好的行距、株距播种,播种深度10～13 cm。行距、株距的多少依据种植密度确定,一般晚熟品种密度在3500株/亩左右,早熟品种5000株/亩左右。一垄一行规格的播种方式有两种:行距60 cm或40 cm,生产中以后者为主,株距在25～35 cm之间。行距60 cm规格的,使用畜力单犁开沟,沟宽20 cm,播种一沟,空犁二沟,再犁一沟播种,也就是犁三沟方才播一沟。使用农机开沟的播一沟,空犁一沟,一沟宽30 cm,也就是犁二沟播种一沟。行距40 cm规格的,就是使用畜力犁地,隔空一沟播种。出苗中耕除草后,结合壅土(也称培土)时才起垄,这种起垄垄面较窄,呈圆弧形,垄高20～25 cm。一垄二行规格的播种方式,就是使用畜力犁地,犁一沟宽20 cm,种两行,空两行。出苗后中耕除草中,结合培土起垄,这种起垄垄面宽30 cm左右,垄高也是25～30 cm。一垄三行规格的播种方式就是畜力犁地,种三行,空三行,中耕锄草后结合壅土起垄。

(2)先起垄后播种的方式　主要是地膜覆盖种植采用,有一垄三行和一垄二行两种规格。一垄三行种植垄的规格是垄面宽100 cm,垄高20～25 cm,垄沟宽80 cm。一垄二行种植垄的规格是:垄面宽80 cm,垄高20～25 cm,垄沟宽40 cm。起垄分农业机械起垄和人力用锄头或铁锨起垄,也可以用畜力拉单铧犁翻土起垄。

(二)选用良种

马铃薯良种,就是高产、优质、高效的品种,具备单株生产能力强,生产上平均单薯重量较大,单株结薯个数适中,农艺性状优良,薯形好,芽眼浅、品质优;具备较强的抗逆性和忍耐性。在不同的自然地理条件、气候条件和生长环境中都能够种植生长,在同样的条件下,表现抗病或感病轻,稳产性好;抗旱、抗退化、耐涝、耐冻,能适应不同的环境生长,或者在某一个或几个性状方面具备其显著的优势。

马铃薯良种的选用主要由三个方面确定。第一是种植目的,种植者可根据当前市场的需要,选择种植菜用型、加工型、还是鲜食类型品种。鲜食和菜用,要求大中薯率高,在75%以上,商品性好,薯形规则,整齐一致性中等以上,芽眼不深。对薯皮和肉色,不同的人喜好不同,宕昌西北部哈达铺、理川片的人喜欢白皮白肉、黄皮黄肉的;宕昌两河口、沙湾、武都角弓、石门、城关、汉王、鱼龙、安化,礼县的江口、中坝、雷坝、白关及西和蒿林、大桥等地区的中老年人喜好紫皮白肉、白皮白肉,鲜食喜欢有特殊薯香味且高淀粉的品种,年轻人喜好不是很明显。

第二是考虑种植地区地理气候自然条件和生产条件、种植习惯、种植方式等。比如距离城镇较近或交通便利,条件好的地区,可选择休眠期短的早熟菜用型品种种植,以便早收获,早上市,抢个好价多卖钱。比如宕昌何家堡、新城子、临江铺,礼县石桥、城关,武都白龙江,文县的白水江沿岸河谷冬播区,甚至包括武都鱼龙、龙凤等半山干旱地区。第三是良种的特征特性和农艺性状。比如陇南海拔 1600 m 以下的半山干旱地区就要选择抗旱品种,高寒阴湿的礼县宽川、固城、崖城、草坪,武都池坝、马营、宕昌狮子、理川、阿坞和哈达铺、西和西高山、姜席等地区,就要选择耐涝、抗晚疫病、休眠期长、耐贮藏的晚熟品种,达到高产稳产的目标。马铃薯加工专用型品种目前有一定面积,但陇南地区尚没有薯条和薯片加工厂,也没有上规模的专门为马铃薯食品加工提供原材料的种植基地,仅有淀粉、粉条加工厂,选择品种要求主要是高淀粉、薯形好。马铃薯种植,产量高低,品种是内部因子,种植管理技术是外因,外因促进作用提高产量和质量,选择合适的优良品种,是高产稳产的重要因素。

当前适宜陇南地区内广泛种植的优良品种主要介绍以下 16 个。

1. 武薯 3 号

品种来源:以早熟白为母本,长薯 4 号为父本杂交选育而成。

选育单位:甘肃省陇南市农业科学研究所。选育人员:李德生。审定情况不详。

熟期类型:中熟,出苗后 100~110 d 可收获。

特征特性:株型半直立、紧凑,株高 60~78 cm 左右,生长势强。茎粗 1.0~1.3 cm,分枝数较多,茎浅绿色。叶有邹缩、浅绿色。花冠白色,天然结实无。匍匐茎短、结薯集中,单株结薯数 3~4 个。块茎圆或长圆形,头部略小,脐部较大;薯皮白色、薯肉白色,表皮光滑,块茎大,大中薯率 76% 以上,薯块整齐一致性中等,芽眼较深且多。

产量:试验期间平均亩产 1806 kg 左右,示范种植最高的亩产可达 2500 kg。

品质:鲜食口感和风味好,淀粉含量 17.0% 以上。

适宜区域:适宜临夏、定西、兰州、平凉、静宁、永昌、会宁及陇南地区推广种植。

2. 武薯 4 号

品种来源:以 72-2-10 为母本,工业为父本杂交选育而成。

选育单位:甘肃省陇南市农业科学研究所。选育人员:李德生。审定情况不详。

熟性:晚熟,出苗后 130 d 左右成熟。

特征特性:株型半直立,株高 90~105 cm 左右,生长势强,茎粗 1.0~1.3 cm,分枝数较多,茎浅绿色。复叶平展、绿色。花冠蓝色、花粉可育,天然结实中等。匍匐茎短,结薯较集中,单株结薯数 3~5 个。块茎圆形,薯皮黄色、薯肉黄色,表皮粗糙,块茎大,大中薯率 80%~90%,较整齐,芽眼较深且多。高抗晚疫病,中抗黑茎病和环腐病,抗 PVX,PXY 和卷叶病毒。

产量:试验平均亩产 1857.5 kg 左右,最高的亩产可达 3933 kg。

品质:煮食口感和风味好,淀粉含量 18.0%~1.92% 之间,干物质含量 18.24%~28.67%,蛋白质含量 1.82%,赖氨酸含量 0.104%,维生素 C 含量 21.16 mg/100 g。

适宜区域:适宜在海拔 1500~2500 m 的岷县、宕昌、武都、文县、礼县的高半山地区推广种植,也可在康县、成县等地的浅山丘陵地区与玉米套种。

3. 武薯 8 号

品种来源:以武薯 4 号为母本,爱得嘉为父本杂交选育而成。

选育单位:甘肃省陇南市农业科学研究所。选育人员:李德生、严文凯。于 1994 年完成选育程序,审定情况不详。

熟期类型:中晚熟,出苗后117 d左右。

特征特性:株型半直立,株高84~108 cm,生长势强,茎粗1.48~1.9 cm,分枝数4~6个,茎绿色。复叶平展光滑、叶浅绿色;花冠白色,花粉可育,花期45 d左右。天然结实少,匍匐茎短,结薯较集中,单株结薯数4~6个。块茎圆形,薯皮白色、薯肉浅黄色,表皮光滑,俗称"白洋芋"。块茎大,大中薯率84%以上,较整齐,芽眼较浅。1988年甘肃省农科院植保所鉴定,高抗普通花叶、卷叶,高抗晚疫病,对环腐病、黑茎病有较强的田间抗性。

产量:试验平均亩产2374 kg左右,最高亩产可达2560 kg。

品质:鲜食口感和风味好。1993年甘肃省农科院中心测试室品质分析:淀粉含量18.06%,还原糖1.03%,干物质25.14%,粗蛋白1.35%,维生素C含量21.5 mg/(100 g),龙葵素含量7.5 mg/(100 g)。

适宜区域:适宜在定西、陇南、甘南、临夏、天水、静宁、平凉、庆阳、武威等地区海拔1360~2570 m范围内种植。

4. 宕薯5号

品种来源:以秦芋30号为母本,克新4号为父本杂交选育而成。

选育单位:甘肃省宕昌县马铃薯开发中心。选育人员刘月宝。审定年代2012年,甘农牧发(2012)23号甘肃省农牧厅关于第27次农作物品种审定结果的通告。

熟期类型:中晚熟,出苗后至成熟125 d左右。

特征特性:株型半直立,幼苗生长势强,植株繁茂。主茎分枝数3~5个,分枝较多,株高56.5~70 cm。茎粗1.3~1.6 cm,茎绿色,叶绿色,茎翼直状,茎横断面近三角形,叶深绿色,茸毛中多,叶缘平展;复叶较大,侧小叶3对、长卵圆形,顶小叶近椭圆形。花序总梗绿色,花柄节淡紫色,花冠白色,花冠中肋乳白色,雄蕊黄色,花粉量多,柱头绿色2分裂,柱头较长,子房断面白色,天然结实性少。薯形长椭圆,黄皮淡黄肉,薯皮光滑,薯块大小整体,芽眼较浅,薯形评价较好,食味优。中抗晚疫病,退化轻。结薯集中,单株结薯4~5个,大中薯率一般80.7%以上,薯块休眠期长,耐运输、贮藏。

产量:试验平均亩产1382.5 kg,生产试验平均亩产1548.7 kg。

品质:干物质含量22.1%,淀粉含量17.5%,粗蛋白含量2.52%,维生素C含量13.35 mg/100 g,还原糖含量0.305%。

适宜区域:适宜甘肃省高寒阴湿、二阴地区及半干旱地区推广种植。

5. 宕薯6号

品种来源:以陇3号为母本,94-3-17为父本杂交选育而成。

选育单位:甘肃省宕昌县马铃薯开发中心。选育人员:刘月宝。审定年代2012年,甘农牧发(2012)23号甘肃省农牧厅关于第27次农作物品种审定结果的通告。

熟期类型:中晚熟,出苗后至成熟127d左右。

特征特性:株型半直立,幼苗生长势强,植株繁茂。主茎分枝数3~5个,分枝较多,株高70~85 cm。茎粗1.3 cm,茎绿紫,茎翼直状,茎横断面近三角形,叶色深绿,茸毛中多,叶缘平展;复叶较大,侧小叶3对、长卵圆形,顶小叶近椭圆形。花序总梗绿色,花柄节浅紫色,花冠紫色,花冠中肋乳白色,雄蕊黄色,花粉量多,柱头绿色2分裂,柱头较长,子房断面白色,天然结实少。薯形椭圆,浅黄皮浅黄肉,薯皮粗糙,薯块大小整体,芽眼较浅呈浅红色,薯形评价较好,食味优。中抗晚疫病,退化轻。结薯集中,单株结薯 4~5 个,大中薯率一般 80％以上。薯块休眠期长,耐运输、贮藏。薯皮较厚抗敲击力强,适宜机械化生产。

产量:试验平均亩产 1388.5 kg,生产试验中平均亩产 1749.1 kg。

品质:干物质含量 23.9％,淀粉含量 17.45％,粗蛋白含量 2.48％,维生素含量 C 14.88 mg/100 g,还原糖含量 4.07 mg/g。

适宜区域:适宜甘肃省高寒阴湿、二阴地区及半干旱地区推广种植。

6. 陇薯 3 号

品种来源:以 35-131 为母本,73-21-1 为父本杂交选育而成。

选育单位:甘肃省农科院马铃薯研究所。选育人:王一航。1995 年通过甘肃省农作物品种审定委员会审定。

熟期类型:中晚熟,出苗至成熟 127 d 左右。

特征特性:株型半直立,较紧凑,株高 60~70 cm,茎绿色,叶片深绿色,花冠白色,天然偶尔结实。薯块扁圆或椭圆形,薯块大而整齐,白皮白肉,芽眼较浅并呈浅紫红色。结薯集中,单株结薯数 5~7 个,大中薯率 90％以上。块茎休眠期长,耐贮藏。

产量:试验平均亩产 2793.2 kg,比对照平均增产 37.3％,大田生产中最高亩产记录 5000 kg。

品质:干物质含量 24.10％~30.66％,淀粉含量 20.09％~24.25％,维 C 含量 20.2~26.88 mg/(100 g),粗蛋白质含量 1.78％~1.88％,还原糖含量 0.13％~0.18％,食用口感好,有香味。

适宜区域:适宜甘肃省高寒阴湿、二阴及半干旱地区推广种植。

7. 陇薯 7 号

品种来源:以庄薯 3 号为母本,菲多利为父本杂交选育而成。

选育单位:甘肃省农科院马铃薯研究所。选育人:王一航。2008 年甘肃省农作物品种审定委员会审定,2009 年 7 月 28 日经第二届国家农作物品种审定委员会第三次会议审定通过,审定编号为国审薯 2009006。

熟期类型:中晚熟,出苗至成熟 98~99 d。

特征特性:株高 47.6~55.4 cm,茎深绿色,叶深绿色。块茎椭圆形,黄皮黄肉,薯皮光滑,芽眼浅。薯块整齐度中等,商品薯率为 84.64％~87.51％。食味鉴定为优,分值 8.1~9.0 分,抗病性接种鉴定为中抗晚疫病。

产量:2007—2008 年参加西北组区域试验,两年平均块茎亩产 1912.1 kg,比对照陇薯 3 号增产 29.5％。2008 年生产试验,块茎亩产为 1756.1 kg,比对照品种陇薯 3 号增产 22.5％

品质:还原糖含量 0.071~0.110 g/100 g,蛋白质含量 1.94％~2.71％,块茎干物质含量 18.1％~19.4％,淀粉含量 12.2％~14.6％。

适宜区域:适宜甘肃省高寒阴湿、二阴地区及半干旱地区

8. 陇薯 10 号

品种来源:以庄薯 3 号为母本,菲多利为父本杂交选育而成。

选育单位:甘肃省农科院马铃薯研究所。

熟期类型:晚熟品种,出苗至成熟 120 d 左右。

特征特性:结薯集中,单株结薯 6~8 个,大中薯率 80％。薯块长椭圆形,黄皮黄肉,芽眼

少且极浅,薯块休眠期长,耐贮藏。高抗晚疫病,对病毒病有较强的田间抗性。

产量:在 2004—2006 年度全省马铃薯品种区试中,平均亩产 1978.6kg,比统一对照渭薯 1 号增产 76.5%,比当地对照品种增产 30.0%。

品质:干物质含量 25.23%,淀粉含量 18.75%,粗蛋白含量 2.68%,维生素 C 含量 20.31 mg/100 g,还原糖含量 0.177%,蒸煮食味优,经马铃薯全粉加工企业加工鉴定,其全粉产品质量达到行业标准。

适宜区域:适宜在甘肃省高寒阴湿、二阴地区及半干旱地区种植。

9. LK99

品种来源:从 Kennebec 品种组培苗中不同类型单株系选而成。

选育单位:甘肃省农科院马铃薯研究所,2008 年甘肃省农作物品种审定委员通过审定。

熟期类型:中早熟,出苗至成熟 85 d 左右。

特征特性:幼苗生长势强,植株繁茂性中等,茎绿色,叶片宽大、深绿色,株型半直立,株高 50~55 cm。花冠白色,天然不结实。结薯集中,单株结薯 4~5 个,大中薯率 84.0%。薯块椭圆形,白皮白肉,芽眼少且极浅,生育期 85 d 左右,中早熟。中抗晚疫病,对花叶病毒病和卷叶病毒病在田间具有很好的抗性,薯块休眠期较长,耐贮藏。

产量:2004—2006 年甘肃省马铃薯品种区试中,平均亩产 1083.5 kg,比统一对照渭薯 1 号减产 3.3%,生产试验平均亩产 2307.9kg,较对照克新 2 号增产 7.2%。

品质:干物质含量 25.24%,淀粉含量 15.91~16.78%,还原糖含量 0.143~0.22%,粗蛋白含量 2.41~3.332%,维生素含量 C 15.2~18.7 mg/100 g,蒸煮食味优。

适宜区域:适宜在甘肃省渭源、临夏及天水高寒阴湿、二阴地区种植。

10. 天薯 10 号

品种来源:以庄薯 3 号为母本,郑薯 1 号为父本杂交选育而成。

选育单位:甘肃省天水农业科学研究所。选育人吕汰。2010 年甘肃省农作物品种审定委员会审定通过。

熟期类型:中晚熟,全生育期 126 d。

特征特性:淀粉加工型马铃薯品种。株高 67.0 cm 左右,株型扩散,植株繁茂,单株主茎数 1~5 个,茎、叶绿色,侧小叶 3~4 对。花冠白色,天然结实性中等。薯块扁圆形,黄皮黄肉,芽眼少且浅。结薯集中,单株结薯 4.9 个,块茎大而整齐,大中薯率 89.8%。高抗晚疫病,中抗马铃薯 X 病毒(PVX),对马铃薯卷叶病毒病(PLRV)表现感病。

产量:2007 年甘肃省区试,平均亩产量 1942.6kg,较对照陇薯 6 号增产 0.6%,2008 年区试,平均亩产量 1778.2kg,较对照陇薯 6 号增产 12.8%,两年平均亩产量 1860.4kg,比统一对照陇薯 6 号增产 6.1%;2008 年参加省生产试验,平均亩产量 2073.9kg,较陇薯 6 号增产 7.9%。

品质:块茎含干物质 25.34%,淀粉含量 19.44%,维生素含量 C 16.42 mg/100 g,粗蛋白含量 2.90%,还原糖含量 0.439%。

适宜区域:适宜在天水、定西、陇南、平凉地区种植。

11. 天薯 11 号　品种来源:以天薯 7 号和庄薯 3 号杂交选育的品种。

选育单位:甘肃省天水农业科学研究所。选育人吕汰。2015 年 1 月国家农作物品种审定委员会通过审定。

熟期类型:中晚熟鲜食品种,出苗至成熟 116 d。

特征特性:株型直立,生长势强,分枝少,枝叶繁茂,茎绿色,叶深绿色。花冠浅紫色,落蕾,天然结实少。薯块扁圆形,淡黄皮黄肉,芽眼浅,匍匐茎短,结薯集中。株高 71.7 cm,单株主茎数 2.7 个,单株结薯 5.7 个,单薯重 137.5 g,商品薯率 79.9%。接种鉴定,抗马铃薯轻花叶病毒病、马铃薯重花叶病毒病,感晚疫病;田间鉴定对晚疫病抗性高于对照品种陇薯 6 号。

产量:2011—2012 年参加中晚熟西北组区域试验,块茎亩产分别为 2522 kg 和 2043 kg,分别比对照陇薯 6 号增产 5.8% 和 6.6%,两年平均块茎亩产 2282 kg,比陇薯 6 号增产 6.2%;2013 年生产试验,块茎亩产 2264 kg,比陇薯 6 号增产 7.6%。

品质:淀粉含量 16.0%,干物质含量 24.6%,还原糖含量 0.25%,粗蛋白含量 2.36%,维生素 C 含量 35.6 mg/100 g 鲜薯。

适宜区域:适宜甘肃中部、东部,宁夏中南部、青海东部等西北一季作区种植。

12. 天薯 13 号

品种来源:以 99-5-4 为母本、95-7-5 为父本杂交选育而成。

选育单位:甘肃省天水农业科学研究所。选育人吕汰。2016 年 1 月甘肃省农作物品种审定委员会通过审定。

熟期类型:晚熟品种,从出苗至成熟 116 d。

特征特性:株型半直立,株高 63.3 cm,植株繁茂,单株主茎数 2～4 个,分枝数 9～12 个,茎绿色,叶绿色,小叶排列紧密。花冠白色,天然结实性中等。结薯集中,单株平均结薯 3.7 个,平均薯重 222.5 g,大中薯率 83.4%,薯块椭圆,薯皮光滑、黄色,薯肉淡黄色,芽眼少且浅。抗晚疫病,对花叶病毒病具有较好的田间抗性。

产量:在 2013—2014 年甘肃省马铃薯品种区域试验中,平均亩产 1926.9 kg,比统一对照陇薯 6 号增产 31.8%,比当地对照增产 56.4%;2015 年生产试验平均亩产 1864.0 kg,比陇薯 6 号增产 11.5%。

品质:块茎含干物质含量 25.2%,淀粉含量 19.01%,维生素 C 含量 13.7 mg/(100 g),粗蛋白含量 2.58%,还原糖含量 0.11%。食味良好,耐贮藏。

适宜区域:适宜在甘肃省临夏、渭源、安定、宕昌、秦州等地同类生态区种植。

13. 青薯 168

品种来源:以辐深 6-3 为母本,狄西芮(Desiree)为父本杂交,于 1989 年选育而成。

选育单位:青海省农业科学院作物研究所。1989 年青海省农作物品种审定委员会通过审定,1993 年全国农作物品种审定委员会通过审定。

熟期类型:晚熟品种,从出苗到成熟 130 d 以上。

特征特性:植株直立,茎秆粗壮,茎粗 1.3 cm 左右,主茎数 2～3 个,分枝数 2 个左右,分枝部位较高,枝叶繁茂,叶色浓绿,叶片中等大小,叶较厚。花紫红色,开花较多,结薯较早且集中,每株平均结薯 7～10 个,大中薯率占 88% 以上,薯块长圆形,薯形好,薯皮红色,光滑、芽眼浅,薯肉黄色。抗病性和抗逆性较强,耐贮藏,商品率高,食味中等。

产量:1990—1991 年参加全国马铃薯品种西北片区试,平均亩产为 2390 kg 和 1783 kg。

品质:薯块含淀粉含量 17.3%,粗蛋白含量 2.07%,干物质含量 21.7%,还原糖含量 0.68%,维生素 C 含量 113.4 mg/(100 g)。

适宜区域:西北地区高寒阴湿区域种植。

14. 青薯 9 号

品种来源:3875213×APHRODITE,通过有性杂交选育而成。

选育单位:青海省农林科学院生物技术研究所。2006 年青海省农作物品种审定委员会通过审定。

熟期类型:晚熟品种,从出苗至成熟 125 d,全生育期 165 d。

特征特性:株高 97 cm,幼芽顶部尖形、呈紫色,中部绿色,基部圆形,紫蓝色,稀生茸毛。茎紫色,横断面三棱形。叶深绿色,较大,茸毛较多,叶缘平展,复叶大,椭圆形,排列较紧密,互生或对生,有 5 对侧小叶,顶小叶椭圆形;花蕾绿色,长圆形,萼片披针形,浅绿色;花柄节浅紫色,花冠浅红色,天然结实无。薯块椭圆形,红皮有网纹,薯肉黄色,芽眼浅,红色,芽眉弧形,脐部凸起。结薯集中,较整齐,耐贮性中等。单株结薯数 8.6 个,单薯平均重 117 g。幼苗生长势强、植株繁茂、抗病性强、商品薯率 85.6%。植株耐旱,耐寒。抗晚疫病,抗环腐病。

产量:一般水肥条件下亩产量 2250～3000 kg,高水肥条件下亩产量 3000～4200 kg,单产最高 4949 kg。

品质:块茎淀粉含量 19.76%,还原糖含量 0.253%,干物质含量 25.72%,维生素 C 含量 23.03 mg/(100 g)。

适宜区域:适宜在青海省海拔 2600 m 以下的东部农业区和柴达木灌区以及甘肃高寒阴湿及二阴地区种植。

15. 西和蓝

品种来源:原西和地方品种兰花洋芋提纯脱毒复壮

选育单位:西和县何坝镇民旺马铃薯专业合作社,2017 年参加甘肃省马铃薯联合区试,尚未登记。

熟期类型:中晚熟,出苗至成熟 110 d 左右。

特征特性:株型半直立,分枝较多,株高 60～70 cm,叶绿色。花冠蓝白色,天然结实无,匍匐茎中等,结薯较集中,大中薯率高,薯形长纺锤形,芽眼较深,薯皮紫色,薯肉白色。

产量:试验亩产 1866kg,

品质:干物质含量 23.8%,蛋白质含量 1.56%,维生素 C 含量 16.7 mg/(100 g)。

适宜区域:适宜西和高半山及高寒阴湿地区种植。

16. 品系 01-9-15-1

品种来源:以定薯 1 号为母本,阮吉尔为父本杂交选育而成。

选育单位:陇南市农科所、定西市农科院。2018 年参加甘肃省马铃薯联合区试,尚未登记。

熟期类型:中晚熟品种,出苗至成熟 105～120 d。

特征特性:株型半直立,生长势强,分枝少,叶繁茂,茎浅绿色,叶绿色,叶缘平展,椭圆形,对生,有 3 对侧小叶;花冠紫色或浅紫色,中脉白色,天然结实少,块茎扁椭圆形,白皮白肉,芽眼浅平,匍匐茎短,结薯集中。株高 84 cm,单株主茎数 2.1 个,单株结薯 4.3 个,平均单薯重 127.0 g,商品薯率 83.9%。

产量:2015—2018 年品系比较试验中平均亩产量 1747.25 kg,最高亩产量 2015 kg,三年据全试验的第一位,一年居第二位,高产、稳产。

品质:2018 年 11 月甘肃省农科院农业测试中心测定,干物质含量 24.4g/(100 g),蛋白质含量 1.63g/100 g,粗淀粉含量 18％,维生素 C 含量 14.3 mg/100 g,还原糖含量 0.13g/(100 g)。

适宜区域:陇南地区高寒阴湿及半山干旱地区。

(三)选用脱毒种薯及播前处理

1.脱毒种薯来源

(1)外购　陇南脱毒种薯生产相比较周边地区有较大差距,落后定西和天水,其中宕昌县主要是从甘肃省农科院一航薯业公司购进脱毒原种,哈达铺镇马铃薯农民专业合作社网棚扩繁良种。礼县主要是从天水、省农科院一航薯业公司、定西购进脱毒种薯,西和县主要是民旺马铃薯合作社在甘肃省农科院马铃薯所合作指导下,生产原种,网棚繁殖良种。

(2)自育　西和县民旺马铃薯专业合作社自育脱毒原种。合作社拥有占地 50 亩的脱毒马铃薯种薯生产基地,建成新产品、技术研发中心 2002.32 m²,办公楼 800 m²;建成 1 万 t 脱毒种薯贮藏窖群,散户交易棚 900 m²,建成年生产千万粒的脱毒种薯组培流水生产线,拥有组培与病毒检测检验实验室 550 m²,瓶苗生产温室 800 m²,原种生产温室 7585 m²;有设备 165 台套,农机具 126 台套。建成千万粒原种生产线,每年可生产 27.5 万瓶约 550 万株,生产脱毒马铃薯微型薯 1000 多万粒。合作社流转土地 30000 亩,下辖民乐种业科技有限公司,现有 2000亩原种繁育基地,2.8 万亩一级种薯繁育基地,"合作社＋企业＋基地"的现代经营体系已经形成。武都区薯为庶农业科技有限公司开展组织培养、光照培养、日光温室、恒温库、脱毒苗栽培工作,年繁殖脱毒微型薯 50 万粒。

2.脱毒种薯的播前处理

(1)整薯处理　马铃薯在农业生产上采用块茎作为种子,为了扩大繁殖系数,提高利用率,减少用种的数量,通常都是将一个完整薯块按薯块上芽眼的分布切成芽块播种。选定一个优良品种后,播种前整薯处理非常重要,首先是整理挑拣种薯,种薯质量好才能把该优良品种的特征特性充分地表现出来,如果种薯质量低劣,优良品种的特征特性就不能正常地体现出来,也就很难达到丰产的目标,因此种薯不论是自己贮藏出窖的,还是购买或串换的,都要仔细挑拣,也可以说是去除受到虫、鼠、人伤害的种薯,以及冻、烂、病及萎蔫的薯块,也要将已长出纤细瘦弱、丛生幼芽的种薯去除,选择薯形典型、符合该品种特征、特性,整齐一致、薯皮色泽鲜亮健壮的薯块做种子。不可选畸形、尖头、裂口、薯皮老化色泽暗淡和不洁净的种薯。如果种薯不经过处理,马上切芽播种,则播种后就不仅出苗较晚,大约需要 30~40 d,而且肯定会出现出苗不齐、不全和不健壮的现象。陇南春播地区范围大,气候差异显著,播期较长,播期贮藏种薯的窖温一般在 3~5 ℃,种薯温度大约也在 4 ℃左右,虽然从秋季收获,在窖内贮藏已过了 5 个多月,休眠期已过,但种薯却仍处于休眠之中。春季播种之后,地温上升缓慢,小芽块在土壤中体温上升也缓慢,而且各个小芽块所处的小环境也有差异,不完全一致。再者因为每个芽在薯块上的位置不同,造成小芽块体内生长素含量及芽块自己所带营养物质有差异,从而导致播种后发芽不一致,出苗不整齐,幼苗差异大,这种现象在冬播区尤为突出。武都区东江镇实地调查发现,冬播马铃薯出苗时间前后相差 30 多天。出苗先后差别大,有的芽块甚至还会腐烂,出现缺苗。针对这种情况,为了有效避免上述情况的出现,简单有效的办法就是播种前催芽处理。其次就是困种、晒种,也称见光催芽,使种薯渡过休眠期。困种就是把已经挑拣好的种薯装在麻袋或网袋里面,用席帘等围起来或堆放在空房子、日光温室或仓库等处,有散射光线即可,使温度保持在 10~15 ℃。经过 15 d 左右,看到芽眼开始萌动,小白芽开始露出时,就可以切芽播种。晒种必须是没有切的薯块,晒种就是种薯数量少,又方便又有地方晒,将种薯摊开2~3层,摆放在光线充足的房间或日光温室内,温度保持在10~15℃左右晒,并经常翻动种薯,当薯皮变绿,芽眼萌动时,长出的幼芽也显绿色,柔韧性强,就可以切籽播种,农民俗称"种薯不晒不睁眼",说的就是阳光晒可促使马铃薯幼芽萌发。困种和晒种作用是相同的,都是提高种薯体温,供给充足的空气,促其解除休眠,从而快一些发芽,提高发芽的整齐度;进一步淘汰低劣种薯,保证播种后苗齐、苗全、苗壮。其缺点是幼芽长好后切籽时容易损伤幼芽,不易切籽。

(2)切籽　种薯整理好后,就可以切籽了。通过切籽,还可以对种薯做进一步的挑拣,拣除不同色杂薯和病薯,遇到环腐病、黑胫病等病害的病薯当坚决除去,并为了防止通过切刀传染,切籽时有条件的最好准备两把刀,用瓶装上酒精或其他消毒液,一旦切到病薯,即把病薯扔掉,把切过病薯的刀用酒精或消毒液消毒,同时换用另一把刀切籽。方便好用的切刀消毒方法是:将切籽使用的刀具用75%的酒精或0.5%的高锰酸钾水溶液浸泡消毒,尤其是75%的酒精,药店均有出售,方便安全。切籽,一定要尽量多地把薯肉切到芽块上,不要切成一个芽楔子;也不能切成一个小的芽薄片或只有一个芽、带薯肉很少的一个小芽锥体,还必须要保证至少有一个完整的芽;芽要尽量留置在小芽块的中间部分。具体芽块的大小,一般情况就是质量在50 g左右,也就是农民常说的一两,最小也不能小于30 g,也就是六钱。由于发芽初期的营养物质主要来自芽块,所以大芽块是丰产种植中壮苗的主要技术措施之一,切籽时一定要非常重视。在切籽的实践中,选择的种薯具体大小不一,50 g左右的种薯就不用切了,可以直接整薯播种;60~100 g的薯块,可以从顶芽处顺着对称线切一刀成两块;100~150 g的种薯,先从脐部大约三分之一处,看到有芽处切一刀,再从顶芽处顺着对称线劈开,这就切出3个籽;160~200 g的种薯,先在顶芽处对称顺切一刀,再在中腰有芽靠顶芽处切一刀,需要随机灵活运用切刀,尽量使两个芽块重量一样。更大的种薯,就要切籽的人根据芽眼出芽情况和芽眼的多少灵活掌握,一个原则就是每个芽块有一个完整的芽,重量大约50 g,最好用常切籽的人来切籽,经常切籽的人,熟能生巧,能确保精准到位,这样切得的芽块既能达到优质芽块的标准,且省工时,还能省种薯。

生产实践中,切籽要依据实际需要、播种习惯和农时条件等随切随播种,不能堆积存放时间太长。如果籽切好后堆积时间较长才播,往往就会出现籽块因堆积而发热或风干皱缩,使幼芽受到伤害,这样播种后幼苗不壮,纤细瘦弱发黄,容易感病,造成幼苗长势不好。如果因为某些不可抗拒的因素造成不能及时播种,切好的种籽一定要做好存放管理工作。存放的地方一定要阴凉、密闭,阴凉可预防外部温度传给种籽,密闭可预防种籽风干;种籽堆放厚度不能超过25 cm;如果装袋就最好用网袋,用编织袋就少装些,并敞开袋口,有利于种籽散热。绝不能将切好的籽块放置在露天,露天放置,一是籽粒水分散失太快,时间长了会干;二是外界气温高,较高的温度会使已经萌动的芽生长较快,幼芽变纤细、瘦弱,影响播种出苗质量。

3. 催芽　陇南地区马铃薯种植模式较多,春播、夏播、冬播催芽技术相同,休眠期已过的种薯,不用药剂催芽,只是创造适宜的温度条件就会自然发芽,如果是秋播、冬播的种薯休眠期尚未通过,就必须用药剂处理,强制发芽。

春播种薯休眠期已过,催芽就是在播种前40 d,采取技术措施,促进种薯出芽生长,同困种和晒种是一个道理,相同作用。陇南地区马铃薯种植,春播和夏播种薯一般没有采用化学催芽措施的,因为种薯从上一年9月、10月收获,贮藏到来年2月播种用,已过去100多天,自然休眠已基本解除,只是在等待适宜的环境生长,要保证苗齐、全、壮,最好的做法是播前催芽处理;在冬播区催芽处理更为重要。如果买来了种薯,没有提前计划采取催芽措施,直接切籽播种,出苗一定是不整齐,马铃薯出苗后生长较快,田间生长会高低不齐,迟出苗的刚透出来,早出苗的已长到现蕾。2017年3月在武都区汉王镇白龙江岸边实地调查,缺少催芽处理环节,出苗前后相差达30多天,甚至有缺苗情况发生,严重时会影响产量水平。

一般采用的催芽技术措施有湿沙层积法。在有温床或火炕的地方,把已切好的将要播种的种子和湿沙分层堆积(即一层湿细沙一层已经切好的芽块种子),共堆积5~6层,高度保持在0.5 m以内,堆温保持在15 ℃左右。当幼芽生长到0.5~1 cm,并开始出现根系时就可以播种了,芽催好后要及时播种,防止风干。如果遇到特殊情况,不能及时播种,就要结束催芽措施,及时将芽块放到散光条件下抑制芽生长,散光有利于壮芽。

药剂处理一般用5~10 ppm的赤霉素溶液浸种15~20分钟,或者是1‰的硫脲浸种1小时。两江一水河谷地区冬播区域内,在地面上铺5 cm厚沙土,将种薯密摆上,再铺3~4 cm湿沙土即可。如发现沙干了,需适量洒水。如有需要,对芽块消毒处理,用0.2%的多菌灵或百菌清喷洒消毒。

催芽的优点是提高产量,可以达到10%,效果明显。催芽时间较长,此时种薯萌动,种薯内潜伏的环腐病、黑胫病和晚疫病也会快速体现出初期的部分症状,这有利于帮助去除带病的种薯、杂薯。通过催芽技术措施处理的种薯,生长快,生育期变短,有利于提早收获上市;缺点是如果种植面积过大,种薯用量多了,操作实施有困难,而且催了芽的种薯,地温必须稳定在10 ℃以上,土壤墒情要好,若遇到干旱或低温天气,反而使已经出来的幼芽受到伤害,可能出现缺苗、甚至不出苗的情况发生;催芽播种必须事先把种植地块整理好,催芽的块茎不易堆积太厚,边催边查看,随时拣除有病、腐烂、畸形不健壮的芽块。

小整薯短壮芽的培育方法是播种前20 d,将过了休眠期的小整薯,放在有阳光下、15~20 ℃的环境中晒种,每天翻种一次,处理15 d左右即可,晒种时间不可太长。壮芽的标准是芽体粗壮,呈绿色或紫色,无受伤。小整薯无腐烂,出苗时间比切籽出苗时间短,出苗整齐一致,苗期生长快,表现抗旱能力强,较切籽有优势,推广小整薯播种也是一项增产技术措施。

(四)播种

1. 播种方式　马铃薯垄作种植在陇南地区是20世纪80年代后期开始推广,90年代推广地膜覆盖垄作种植,21世纪初期全面普及垄作种植。垄作优点较多,首先是一种抗旱保墒措施,中国古代畎亩法的特点就是在地势高的田里,将作物种在沟里,而不种在垄上;在地势低的田里,将作物种在垄上,而不种在沟内,垄台与垄沟位差大,利于排水防涝,有条件的地方干旱时可顺沟灌水抗旱。其次是有利于集中播种,提高种植密度;有利于集中施肥,提高肥料利用率。再是有利于改善植株间通风、透光,提高光照利用率,有利于土壤白天提高温度,晚间降低温度,扩大温差促进作物干物质积累;还有利于中耕、除草、壅土、施肥、喷药等种植管理上的便利。总之垄作是马铃薯丰产的一项栽培技术措施。

陇南地区目前马铃薯播种的方式有:

(1)平地沟播一垄一行小垄模式　该模式主要用于春播、夏播、秋播区域。整好地,畜力耕地,跟杠(或单铧犁)播种,株距25~35 cm,一杠宽20 cm,种一行,隔一行,再种一行,再隔一行……该模式垄中距40 cm。

(2)平地沟播一垄一行大垄模式 该模式主要用于春播、夏播、秋播区域。整好地,畜力耕地,跟杠(或单铧犁)播种,株距 25～35 cm,一杠宽 20 cm,种一行,隔两行,再种一行,再隔两行……该模式垄中距 60 cm。

(3)平地沟播一垄双行模式 该模式适用于春播、夏播、秋播区域。整好地,畜力耕地,跟杠(或单铧犁)播种,株距 25～35 cm,一杠宽 20 cm,种两行,隔两行,再种两行,再隔两行……该模式垄中距 80 cm,也称双行模式。

(4)平地坑种模式 也称点种,先划好行距,株距,确定下籽的位置,再用镢头、锄头挖窝或铁锨插坑,下籽后覆土,完成播种。该模式适用于小面积、用工量少的情况下播种。

(5)平地上跟行放籽,覆土播种起垄模式 该模式用于潮湿、降雨量大易积水的田地。先整好地,计划好行、株距在平地上放好种籽,再取土覆盖种籽,垄台、垄沟成型,即完成播种,垄沟地势低于种籽的位置,有利于排水防涝。

2. 适期播种

(1)春播 春播主要在半山干旱地区和高寒阴湿地区,海拔 1200～2600 m 区域内。该区域内绝对高度差 1400 m,从半山到高山、高原,气候差异极大,适期播种非常重要。播种时期的选择主要参考三个要素,第一个要素是温度,马铃薯属低温耐寒的作物,对温度的要求较为严格,发芽及苗期生长所需的水分和养分都由种薯供给,生长的条件就是温度。一般情况下,播种后当 10 cm 土层的温度稳定在 5～7 ℃时,种薯的幼芽就开始缓慢萌发和生长,种薯经过处理的,幼芽已经萌动开始伸长,如果地温低于芽块体温,不仅影响种薯继续发芽、伸长,甚至停止生长,种薯供给的营养物质便会贮存起来,长一个小薯,这种薯就不能再长出苗了,这就会缺苗。当土温度达到 10～12 ℃时,薯芽就可以健壮生长,伸长速度加快,当土温升高到 13～18 ℃时,是幼芽生长最适宜的温度。马铃薯生长对温度的要求,决定了不同地区播种时间,必须跟上该地区土壤温度的回升时期,参考生长期当地气候情况,比如降雨期、高温期等,块茎膨大期一般月平均气温应在 20～25 ℃。第二个要素是土壤墒情,尤其是半山干旱地区,春旱经常发生,马铃薯发芽对水分的要求不是很高,由于发芽后很快进入苗期,是需要一定的水分供给,土壤含水量一般要求 14%～16%。半山干旱地区可采用抢墒、覆膜播种,高寒阴湿地区如果墒情太大,可翻耕、起高垄,在垄上播种等。第三个要素是所选择种植的品种和目的,如果是要提早收获上市,就选择早一点播种,如果是晚熟高产,可以适当晚播一点。该区域内春播时期从 2 月立春开始,直到 5 月初立夏结束,种植者可灵活掌握。

(2)冬播 冬播主要在宕昌南部、武都南部、文县东南部、康县,西和县海拔在 1200 m 以下,即陇南"两江一水"沿岸河谷地区,徽成盆地浅山丘陵地区有少量种植。该区域内冬季没有严寒,土壤没有冻土层,常年不结冰或很少结冰,土温较高,10 cm 处土温最低在 3～4 ℃,无霜期长。根据 2016—2018 年陇南市气象局统计资料,≥10 ℃有效积温平均 5220.9 ℃·d,年日照时数平均 2051.3 h,年平均降水量 523.8 mm,1 月份常年最低气温－3 ℃。马铃薯播种后,只要气温升高,土温也很快升高,种薯就开始发芽生长。该区域内冬播种植,都是采用地膜覆盖模式,选择早熟品种,目的是提早上市;播种期一般是 12 月中旬开始,至 1 月底结束,不包括设施栽培等其他模式。

(3)夏播和秋播 夏播主要是海拔 1200～1500 m 区域内。夏季冬小麦或油菜收获后复种,面积较小,适宜播期为 5 月上旬至 6 月中旬。该区域内马铃薯夏播和春播的生长时期重合。秋播主要是海拔在 1200 m 以下地区,和冬播区域一致,在武都南部、文县东部的白龙江、白水江沿岸零星种植,播种期气温较高,一般在9月上、中旬播种。

(4)播期对马铃薯生育期和产量的影响　"一杠定乾坤",这是一句流传在陇南农民中间的谚语,可见播种对于种植一季马铃薯的丰收是多么的重要。影响作物产量的因子很多,如品种、播期、土壤肥力水平、种植管理措施、气候因子等,是一个复杂的、系统性的综合效应;有试验研究表明,在其他因素相同时,播种过早和过迟都会使产量水平显著降低,影响单株结薯数、影响平均单薯重量,播期影响马铃薯产量水平,所以播期的选择非常重要,春播区域通常说的适时播种是指土壤10 cm深处地温稳定在5 ℃以上,达到7~8 ℃最适宜,还需要从种植目的、种植品种、切籽、发芽生长情况、土壤墒情、天气因子、劳动力等方面全面考虑。以马铃薯出苗时能避开晚霜冻害为第一个参考依据,在当地终霜日期前推25~30 d,即为适宜播期。催了芽和覆膜种植的要适当晚播几天;把块茎形成和膨大期放在最适宜生长的季节为第二个参考依据。选择一个适宜的播期播种,要有丰富的经验,只有全面了解马铃薯种植技术,才能抓住这个适宜的时机播种,为将来的丰收奠定基础。

马铃薯种植期间,影响生育期的外部因素有播期、土壤肥力水平、降水量、光照时数等因素,随着播期的推迟,从播种到出苗的天数是缩短的,品种生育期有缩短但不是很显著;出苗期、开花期、盛花期和成熟期都有影响。陇南高寒阴湿地区的农民有一句谚语说:"隔月种,同月收",就形象描述了这个意思。

3. 合理密植　确定单位面积的土地上种植多少株数,是马铃薯高效种植的又一个重要内容,通常需要考虑多个方面的因素。如个体与群体的关系、种薯成苗的情况、土壤肥力水平、种植品种植株高矮、植株形态类型、繁茂性、叶面积大小、单株主茎数、单株结薯数、平均单薯重量、熟期类型等等,才能合理安排种植密度,它们都对种植密度有直接的影响。马铃薯种植产量是由单位面积的株数和单株块茎的重量构成,处理好单株生长与群体间的关系,使单株能最大限度地发挥作用,有效避免群体内相互抢肥、抢水,争光的现象出现。密度太大,单位面积内株数就多,水肥都充足时植株就出现茂盛的徒长,田间的情况就是枝叶密闭,相互遮挡,为了光合作用,植株就努力向上生长,这种徒长大量利用了吸收的养分和光合作用的产物,从而减少了光合作用产物流向块茎的量,影响块茎的膨大,降低了产量。相反,如果单位面积上株数太小,在水肥条件好时,单株能发挥潜力,但由于密度小,不能合理地利用空间,群体结构不合理,群体光合作用的产物不能达到最高的值,也就达不到高产的目标。在贫瘠的田地里,受肥力水平和水分的限制,田间植株不发生徒长但植株矮小,生长量不够,单株块茎数少,重量小,产量低,也不能达到高产目标。

适宜的种植密度,与品种的熟期类型、生产潜力、叶面积大小、植株繁茂性有关系。植株叶面积与主茎数、分枝数、植株高矮有关。以高产单株的叶面积为依据,计算单位面积上种植的株数比较合理,这需要测定单株的叶面积。研究结果表明,高产的马铃薯植株叶面积指数为3.5~4.5。叶面积指数 $= \dfrac{\text{单位面积上叶面积总和}(m^2)}{\text{单位土地面积}(m^2)}$,一般优良品种叶面积指数为4.0时,即可获得高产。比如测定的叶面积为0.8,叶面积指数按4.0计算,可确定一亩地的马铃薯种植株数。计算公式为:一亩种植株数 $=$ 叶面积指数 $\times \dfrac{666.7(m^2)}{\text{单株叶面积}(m^2)} = 4 \times 666.7 \div 0.8 = 3334$(株)。单株叶面积越大,单位面积上种植的株数也就越少,设计严格的品种比较试验中,目的主要就是试验一个品种产量的高低,中晚熟品种通常设计行距60 cm,株距33 cm,这个密度适宜大多数品种试验。种植密度还可以依据种薯的情况、品种主茎数的多少加以调节；一般顶芽成株主茎数多，中下部芽成株主茎数少，整薯成株主茎数多。陇南地区高寒阴湿和半山干旱地区春播种植，土壤肥力水平高的田块，选择晚熟品种，株高在 70～100 cm，每亩种植密度保持在 2800～4000 株之间；中熟品种，株高在 50～80 cm，每亩种植密度保持在 3600～4500株；白龙江、白水江沿岸河谷地区冬播种植，都选择早熟品种，株高 35～60 cm，每亩种植适宜密度在 4000～5200 株。一般早熟品种密度大，晚熟品种密度小，种植时应根据具体情况灵活安排。总之马铃薯种植能做到合理密植，就能达到最高产的目标。

比较而言，陇南地区马铃薯种植产量水平较低，2014—2018 年陇南统计年鉴数据显示，全市平均亩产鲜薯 940～1012 kg，平均产量低可能是多因素造成的，但主要是受经济效益的影响，广大农民都外出务工，对农业重视程度不高，生产上严重缺乏劳动力；劳动力工价居高不下，这就出现种植投入降低，生长期间管理粗放，种植者用心不多，良种应用、种植技术没有能够发挥出高产潜力。

（五）种植方式

1. 单作　单作是陇南地区马铃薯种植的主要方式。在同一块田地，不论是露地种植，还是地膜覆盖或者是大棚等设施种植，绝大多数是只种马铃薯一种作物，主要优点是耕作简单，生产率高，管理方便，有利于高产；缺点是群体竞争激烈，易倒伏，病虫害易蔓延。

2. 间套作

（1）实施条件　马铃薯同其他作物间套作，两种作物之间能够和平共处，即两种作物之间不能有拮抗作用，二者的共生期不能太长，共生期越长，相互之间的影响就越大；两种作物没有共同的病害或者共同病害的发生时期不同，能够避免相互影响；用来间套种的作物符合市场需求，间作套种后经济效益能够达到最大化，即能显著超过单种一种作物。

（2）规格和模式　当下陇南地区马铃薯间作主要体现在庭院、菜园、经济林果园中，规格主要根据地形或经济林果栽植的设计规格来确定，即经济林果栽植的行、株距确定。在西和、礼县半山干旱区域的苹果产区和武都、礼县的花椒产区以及武都、文县等两江一水沿岸河谷地区的桃子产区。间作模式如：春马铃薯—苹果、春马铃薯—花椒常见，冬小麦—春马铃薯、冬播区域冬马铃薯—春玉米、冬马铃薯—桃子间作常见，春马铃薯—桃子、马铃薯—甘蓝间作模式少见。

陇南地区 20 世纪 70 年代以粮为纲的年代大田套作生产中多见，当前马铃薯套作只有零星种植，面积小，规格没有明确的规定。模式主要有冬蒜苗—冬马铃薯、冬马铃薯—春玉米；马铃薯—冬小麦、马铃薯—蚕豆等，现在不常见。

3. 轮作

（1）茬口关系　陇南种植农作物种类繁多，在海拔 1800 m 以上的高寒阴湿区域，选择茬口以冬小麦、玉米、蚕豆、甘蓝、黄芪、羌活、大蒜、春油菜为最佳，党参、当归次之，大黄、甜菜较差。海拔 1200～1800 m 的半山干旱区域，选择茬口主要以冬小麦、玉米、大豆、冬油菜为最佳，红芪、党参、荞麦为次之。海拔 1200 m 以下地区，属特色种植，选择茬口以水稻、大蒜、甘蓝、大白菜、冬油菜、萝卜、玉米为最佳，忌甘薯、西红柿、辣椒等茄科作物。

（2）规格和模式　马铃薯不宜和其他块根类作物轮作，不宜和茄科作物轮作，适宜和禾本科作物轮作。轮作的规格主要有两年轮作和三年轮作。

高寒阴湿地区轮作模式有：春马铃薯—大黄—羌活、蚕豆—春马铃薯—党参、羌活—春马铃薯—玉米、春玉米—春马铃薯—春大蒜、冬小麦—春马铃薯—黄芪、春油菜—春马铃薯—羌活等。半山干旱地区轮作模式有：冬小麦—马铃薯—红芪、玉米—马铃薯—党参、大豆—马铃薯—冬小麦、红芪—马铃薯—冬小麦、冬油菜—马铃薯—玉米等。两江一水沿岸河谷地区轮作模式有：水稻—冬马铃薯—大白菜、冬蒜苗—冬马铃薯—甘蓝、夏玉米—冬马铃薯—水稻、冬马铃薯—夏玉米—冬油菜、冬油菜—水稻—冬马铃薯等。

（3）水旱轮作　陇南马铃薯种植水旱轮作主要体现在两江一水沿岸河谷地区。冬马铃薯与水稻的轮作，5月冬马铃薯收获后，立即整地，栽植水稻，10月水稻收获后，整地可再种植冬马铃薯，属一年两熟制。

（六）田间管理

1. 按生育进程管理　马铃薯生产田间管理的目的是为幼苗、植株、根系和块茎的生长发育制造良好的环境条件，管理的重点内容应随当年的气候、环境情况而定。比如天旱年份要有保墒措施，有条件的要浇水；天涝年份要抓排水防涝，晚疫病流行年份要主抓晚疫病防治等等。正常的生育期管理措施按生育进程有打萌草、中耕除草、壅土等是管理的中心内容。马铃薯生长的苗期、发颗期都短促，各项管理应以早促早，在块茎膨大之前，把壅土做完。后期的管理是保证生长的条件，保证植株健康，调控生育期，使其尽量多制造营养物质，促进块茎膨大增重，提高产量。病虫草害综合防治。参见第五章，环境胁迫及应对。

（1）打萌草　马铃薯播种后在没有出苗前，常常已经有各种杂草丛生，尤其是前茬作物是秋粮作物的茬口，杂草如灰灰菜、断须、小蓟、大蓟、龙葵、洋芋草、苦苦菜、荠菜、萹蓄、马齿苋、水蒿、野荞等等。不同的区域内杂草的种类、主次有差异。播种后土壤温度上升，只要土壤墒情好，杂草很快就能出土，如灰灰菜、野荞靠种子繁殖，大约12～15 d种子萌动发芽，小蓟、苦苦菜等主要通过根繁殖，则是7～12 d出苗，待马铃薯出苗时已经杂草丛生。这就要在马铃薯即将出土又尚未出土时，选择晴好天气，用小锄或耧耙将薯田浅锄一次，尽量在行间锄耧，打破土皮，深度3～4 cm，有较大的杂草要用手拔，不可伤及薯芽及芽块，以锄后萌动杂草能干死为最佳。苗期前打萌草，不同的地方叫法不一样，有的地方叫耙，可起灭草、松土、保墒和提高土温的作用；能促进根系生长、透苗，为以后的健壮生长打好基础。

（2）中耕锄草　春播马铃薯播种后30～40 d，待幼苗都出土，检查苗齐后，在苗高5～10 cm的时期可进行"二次锄草"——中耕除草。以暄地、灭草为目的，增加吸收能力，有促地下，带地上，蹲住苗的作用。中耕可改善根际环境，促进根生长，中耕时一定要注意做到植株根部近处浅、远处深，尽量不伤根。中耕一方面可以切断土壤毛细管，使表层土壤疏松干燥，下层水分保蓄良好，保证土壤上干下湿，利于根系向纵深伸长；由于中耕切断了部分表层侧根，也有利于植株生长健壮。另一方面中耕还能消除田间杂草，防止杂草与马铃薯争夺养分、水分和阳光。同时，杂草又是病虫害的潜伏场所，消除杂草可以减少病虫危害。在暴雨过后中耕松土，可促进马铃薯快速生长。陇南高寒阴湿地区这项管理工作一般在5月中下旬至6月初完成，半山干旱地区在4月完成，种植户随机掌握。

（3）壅土　也称培土。马铃薯的壅土，有时间和中耕结合在一起，当植株生长到现蕾发棵期，就要大量向植株根部壅土，壅土也有暄土、除草、透气的作用，应适时壅土、壅厚土。同时结合壅土可追肥，应做到宽又厚。壅土可加速肥料分解，促进微生物活动，制造植株生长的土壤环境;同时不能过多伤害到匍匐茎,要保护匍匐茎顶端膨大形成块茎,匍匐茎一旦伸出土壤外面,就在地上生长成一根枝条。壅土既创造了一个多结块茎数的土壤条件,又保护块茎后期不外露,也就是不出现青头,免受虫、畜害。另外壅土要依据品种的结薯特性,结薯集中、早熟品种一般壅土可少些,结薯分散和晚熟的品种,壅土要宽些、厚些,尽量使壅土的厚度和宽度能覆盖住块茎为原则。壅土只是一种管理措施,如果种植品种块茎大,且结薯较分散,那就应当深播种,而后才能结合壅土把块茎完全覆埋在土中,要注意的是壅土管理必须要在田间植株封垄之前完成,封垄后则不便于壅土管理,这非常重要。陇南地区春播马铃薯种植壅土管理一般在5月、6月完成。

2. 科学施肥

(1)施足基肥　马铃薯是高产作物,对肥料的需求量较高,尤其是优良品种田间长势旺盛,吸收能力强,增产潜力大,要想高产,就要施好肥、施足肥,保证养分的供给。施肥的作用就是调节养分供给,提高土壤肥力水平,种植才能获得高产。俗话说:"庄稼一枝花,全靠粪当家""有收没收在于水,多收少收在于肥",说得非常有道理。施肥量与作物产量之间的关系不是简单的比例增减关系,在一定范围内,肥料施的多,产量就收的多,但超出一定的范围后,不科学的增加施肥量,甚至滥施肥,不仅会浪费肥料,甚至还会造成不良后果,轻者作物出现贪青、晚熟,重者作物出现烧苗、徒长,也可能造成严重减产。

陇南地区马铃薯种植施肥,20世纪80年代以前以农家肥为主,化肥为补充,重在施足基肥,农家肥数量大,肥源广,到了冬天,农民主要任务就是往田里送农家肥,尤其是烧土炕产生大量的炕灰,属草木灰,含有大量的K元素。马铃薯生长所需的大量元素N、P、K及微量元素和有益微生物农家肥都能够提供,可满足作物生长需要,化肥不可比拟。而且农家肥中含有的大量有机物质,在微生物的作用下,被矿质化、腐殖化,释放出的CO_2,既能供给植株吸收,又能使土壤疏松、肥沃,增加透气性和排水性,有利于薯块膨大,使薯块薯形好,表皮光滑,品质也好。农家肥的施用,习惯上都是播前整地时撒于田地,或播种时跟上杠头(或犁)撒于播种沟中。农家肥的用量根据自家肥料的产量,一般每亩在1000~3000 kg。马铃薯春播地区中等肥力地块一般每亩施基肥需补充N素4~7 kg,补充P素4~5 kg,补充钾素6~8 kg,作为补充肥料的化肥用量较少,根据土壤肥力灵活施用。

(2)按需追肥　陇南地区马铃薯追肥数量较少,早熟品种不追肥,晚熟品种有部分也不追肥,管理中需要追肥的,一般在团棵期(也可以在封垄前),开花以后再不追肥。追肥主要是尿素(N素)、磷酸二氢钾(K素),通常不追施P肥。N素、K素二者都速效,对植株生长见效快。马铃薯叶面积较大,叶面上有茸毛,对喷洒溶液有很好的吸收能力,叶面追肥用量少,见效快。但由于要用工费时,故生产上实际叶面喷施追肥使用较少。

① 施氮　一般施N肥就是施尿素,在团棵期或者封垄前完成,结合壅土撒在土层上,每亩施尿素5~8kg;也可叶面喷施,选择晴好天气,浓度应控制在1.5%~2.0%以内,施尿素过多容易引起徒长,影响生育期和结薯质量。

② 施钾　一般施K肥就是磷酸二氢钾,硫酸钾和氯化钾较少,马铃薯对K素敏感。追施钾素在团棵期或者说封垄前完成,结合壅土撒在土层上,每亩2~3袋,也可叶面喷施,选择晴好天气,浓度应控制在1.5%~2.0%以内。叶面喷施磷酸二氢钾,可根据植株生长情况,如表现丛生状,小叶叶尖萎缩,叶片向下卷曲,叶片退绿,甚至变为古铜色的缺钾症状,可增加追施钾素次数。

③ 施磷　一般陇南地区土壤中含 P 素充足,马铃薯种植期间不追施 P 素,如个别需要追施,市场可选择的也就是过磷酸钙,在植株团棵期或封垄前,可先估算出追施量;追施的方法是撒在土层上结合中耕或壅土,翻入土壤。

(3)平衡施肥　随着陇南农村经济社会的发展,施肥的种类、技术水平也在变化,时下陇南地区农户一般不再喂养牲畜,家中原来的旱厕也正在改成水冲厕,农家肥在农村越来越少,施用有机肥、化肥已经是发展的趋势。马铃薯种植所施肥料演变为以化肥为主,农家肥为补充,且农家肥越来越少,生产上大多数农田是仅仅施化肥,没有了农家肥的味道,被农民戏称为"卫生田"。"卫生田"是卫生、省工,它却不仅影响产品的品质,引起产品风味的变化,且不利于农业生产的持续发展。为此,时下化肥的施用正逐渐推广平衡施肥(也称配方施肥),平衡施肥充分考虑马铃薯的需肥特点、当地土壤肥力水平、气候条件和种植习惯,将某些农作物所需要的各种肥料元素按统一的标准,按照种植作物的需要,全面平衡配制出一个合适的比例,再按照这个比例生产一种多元素的肥料再施用。平衡施肥的步骤简要如下:

第一步,先要做土壤肥力水平测定,农家肥中 N、P、K 主要营养成分测定,再按马铃薯作物有效利用率计算出用量。第二步,依据马铃薯生产 1000 kg 块茎,需纯 N 5 kg、纯 P(P_2O_5)2 kg、纯 K(KCl)11 kg,计算出预计达到产品量的 N、P、K 的总需求量,再减去土壤和农家肥中可提供的 N、P、K 数量,得出需要补充的 N、P、K 数量,根据当地的施肥水平、施肥经验,对需要补充的各种肥料元素数量适当调整,提出平衡配方。第三步,按照化肥的有效成分、有效利用率,计算出需要施用的不同品种的化肥用量。第四步,根据施肥经验,决定基肥、追肥分别施用的品种和数量。在一个土壤肥力均匀和施肥水平接近的区域内,一个平衡配方的肥料适用范围可大一些,但必须配方之前一定要多点取土样,配方才能有较为广泛的代表性。平衡施肥最关键的是试验结果和施肥经验,最终的平衡配方是由推理分析和估算出来的。现在的配方都是由农技部门和肥料生产公司合作做出来的,一般农民不适宜做,或者做也只能是大概,做不到精准的水平,种植合作社或较多的农民联合可以做,这样的配方施用的面积不大,因为土壤差异小,测土和平衡配方更接近实际,才能做到更准确,缺点是麻烦一些。

测土平衡配方,平衡施肥是农业生产中的一项新技术,正在逐渐推广过程中,也是以后农业生产的重要技术部分,将来主要农作物施肥都将要走这一条路。目前陇南农村农民经济基础薄弱,普及土壤检测设备也不现实,平衡施肥只是在一定区域内开展试验、示范工作。在一定的区域内,肥力水平非常接近的行政区域或自然生态区域,农业科研、农技或其他机构,经多点取样测其土壤肥力水平,参照马铃薯的需肥水平和当地的施肥经验,采用计算和估算相结合,提出较大区域的一个比例配方,然后集中设备、技术和力量统一生产,或者同肥料生产企业合作生产,这就是陇南地区部分区域内应用推广的马铃薯专用肥的来源。这种专用肥料,解决了因化肥品种不全,无法平衡施肥的问题,也解决了较大范围的土壤肥力测定问题,还降低了肥料成本。陇南地区时下推广应用的马铃薯平衡配方肥料主要有甘肃榆中苏地肥业有限公司生产的掺混肥料、甘肃徽县金牛有限责任公司生产的生物有机肥等。

3. 节水补充灌溉　陇南地区马铃薯是主要农作物之一,春播种植主要在半山干旱及高寒阴湿地区,降水较为丰富,2016—2018 年平均降水在 523.8~563.9mm,天然降水季节常年集中在 5 月、6 月、7 月、8 月、9 月五个月,在生长期间遇到干旱,也需要补充灌溉。但春播区域几乎都没有灌溉条件,小面积类似庭院、菜园种植的有适当补充灌溉。冬播区在两江一水沿岸河谷地区种植,采用垄作地膜覆盖种植,从种前整地开始,到整个田间生长期间,如遇干旱,都需要补充灌溉,多采用直接引水灌溉,采用滴灌、渗灌、喷灌等节水灌溉模式的较少,虽然这些补充水分方式可降低病害发生率,但由于受经济效益和条件的制约,采用的较少。

4.防病防虫除草 陇南地区马铃薯种植区域不同,病虫害基本相同。常见病害主要有晚疫病、早疫病、环腐病、黑胫病,常见病毒病有花叶、卷叶、丛枝、束顶。常见虫害主要有蝼蛄、蛴螬、金针虫、地老虎、蚜虫、甲虫等。草害随种植区域的不同有较大的差异,常见杂草主要有水蒿、白蒿、洋芋草、野荞、苦苦菜、灯笼草、萹蓄、小蓟、断须草、苍耳、水旗叶、灰灰菜、龙葵、青蒿(也称麦蒿)、荠菜、铁苋菜、软角草等等。具体防治措施参见第五章环境胁迫及其应对。

四、收获和贮藏

(一)收获的标准和时间

马铃薯的收获时间不像其他农作物,根据市场需求可提前收获,也可以在田间多长一段时间,这一点和蔬菜有共性,显著不同于小麦的成熟,其块茎从小到大都可以食用,主要看需求、特色、条件和种植目的。在生理成熟期收获产量最高,通常生理成熟的标准是:①田间植株生长停止,叶色由绿逐渐变黄转枯,茎叶枯黄率达到70%,这时茎和叶中养分向块茎输送基本停止。②块茎脐部与连接的匍匐茎容易脱离,不需用外力就和连着的匍匐茎断开。③块茎表皮皮层变厚变硬,韧性增强,摩擦不易受伤掉皮,色泽鲜亮,比重增加至最大,干物质含量达到最高限度,即为食用块茎的最佳时期。春播马铃薯中晚熟品种除个别生育期特别长的品种外,都有以上特征,马铃薯生理成熟通常可以参考种植品种生育期,一般中晚熟品种从出苗到收获100~120 d,中熟品种80~100 d。春播马铃薯如遇7月中下旬、8月上旬连续降水,农民俗话说的:"入伏三场雨",马铃薯晚疫病就会大流行,就会有生理尚未成熟,植株却提前枯死的假"成熟"现象,不正常"成熟"也是成熟。马铃薯的生理成熟,受水、肥、光照等因素的影响明显,正常生理成熟需要多年的种植经验来判断;高寒阴湿地区早霜后,马铃薯虽未达到生理成熟,由于霜后叶干茎枯,就可以收获;有的地势较低,遇秋雨季节,为了避免受水涝也可提前收获。需要注意的是商品薯种植同鲜食种植一样,是为了高产的目标,收获的最佳时机是生理成熟期。

半山干旱地区正常收获时间一般是7—8月,高寒阴湿地区收获时间一般是9—10月,地膜覆盖种植的成熟期会提前20 d左右。两江一水沿岸地膜覆盖冬播种植的都是早熟品种,属菜用型,从出苗到成熟60~80天,一般正常的收获时间是5—6月,设施种植的会提前,即4月就可收获。根据市场供需情况,有时为了提早上市可提前收获,反而能提高收入;有时根据市场需求,晚收也会增加收入。种薯与商品薯的收获在春播地区基本一样,没有大的不同,春播地区留种田一般选高海拔,传毒桃蚜生存季节较短,也不是其主要的迁徙之地。在冬播区域就有大的不同,冬播区域种植商品鲜食薯,提早上市,增加收入。如果是秋播为留种薯种植,就必须考虑病害传播的问题,最好避开晚疫病和蚜虫传毒期,兼顾休眠期,从留种的角度看最好是早收,以降低种薯感病和受伤害的概率。收获期的选择,还必须考虑劳动力,陇南地区机械化应用率低,马铃薯收获、运输要使用人力、畜力,否则缺少劳动力,收获也就不会顺利进行。总之,收获期应根据实际情况,根据自己的种植目标,选择晴好天气,尽量避免阴雨天气,以免拖泥带水,不便收获,也不便运输,又容易损坏块茎,使病菌容易入侵块茎,发生烂薯,进而影响食用和贮藏。

(二)收获方法

马铃薯的块茎像水果一样,鲜薯含水量达 70%以上,如果收获工作没有做好,贮藏期会有烂薯的危险,所以要高度重视收获工作,全面做好收获前的准备。使用农机收获的要提前检修,加油调试,陇南地区内使用的农机一般是低端产品,容易损坏的零部件要提前预备,有的要多预备,保证使用时不会炮蹶子,出现窝工的现象,用杠(或开沟器)犁的也要提前检修准备。高寒阴湿及半山干旱地区春播种植的,机械利用率低,收获大多采用人力直接挖的办法,这也要准备挖的镢头、三叉,另外还要准备背篓、袋子等用具。块茎收获前还要选好预存、贮藏场所。收获的方法要根据种植面积和产量提前安排和准备。鲜薯收获用袋子装时,运输过程难免擦伤薯皮,有条件的向冬播区一样,尽量用竹筐或塑料筐装运,能有效预防晚疫病、粉痂病、环腐病等的侵染和传播,更能减少人为伤害。马铃薯的收获方法:

1. 机械收获　陇南地区马铃薯采用机械收获的面积较少,存在于高原和川地中,西和县民旺马铃薯合作社在使用机械收获,宕昌县使用很少,且属简单的机械。针对垄作种植,收获时机械将块茎从土壤里面翻出来,再利用人工拣拾,大型刨翻、拾拣一体化的机械目前尚未推广。

2. 人畜结合收获　垄作种植的,由牛、骡子或马套上杠头(或开沟器)跟垄犁,人再跟上拣拾。收获的方式同播种有不同,是犁一垄,隔一垄再犁,这种方法一般要犁三遍,才能将埋在土里面的块茎基本收拾干净。

3. 人工挖刨收获　就是通过人力,利用镢头、三叉、锄头等农具刨挖,过去没有三叉,只有镢头和锄头,一些老农的说法挖洋芋就叫刨洋芋,就是挖的时候要掌握分寸,一镢头下去,挖到垄(或壅土堆)上的土层的厚(或深)度不超过 6 cm,也就是农民说的不到 2 寸*,而且一般不能在垄(或堆)中间植株生长的地方挖,从垄两边向中间刨挖,这样块茎就会逐渐显露出来,要根据植株生长的部位和显露出块茎的位置,主动让着块茎从旁边刨,有经验的人凭显露出来的块茎部分,就可以准确知道块茎的大小、位置,然后清楚知道怎么刨,使多大的力就能一下子将块茎完好刨出来。

不论采用哪一种方法,都应注意两点:一是防止大量损伤块茎,如果发现有损伤块茎的情况应及时停止,查找分析原因。如果是机收,更要停止收获,问题解决后再开工。二是收获要彻底,不能有大量块茎遗漏在地中,特别是机械和人畜结合的收获方式,容易遗漏块茎。俗话说:"土里的东西不好刨",马铃薯收获就是如此,因为其生长在土里,有的品种颜色和土壤差不多,皮白的相对好拣些,皮黑和红的皆不好拾拣,尤其遇到土壤湿度大时,湿土就粘在薯块上更不好弄。宕昌县西北部哈达铺地区的农民,为了追求挖的速度,现多不用镢头,采用三叉挖,三叉力度大,虽然速度快,却有一个缺点,三叉头太尖,非常容易扠伤薯块,由于损伤的薯块受伤面小,是一个小孔,在拾拣时不易发现,可就给后来的贮藏留下巨大的隐患。受伤薯块,表面受伤面小,但却受伤不浅,伤口里面的水分由于受孔口小的限制不能风干,致使贮藏期间有害微生物繁殖生长,变为烂薯。

如果有留种用薯,收获时先收种薯,后收商品薯,将种薯块茎依次拣好,装运回家,单独存放贮藏,防止混杂,要保持纯度不降低。如果是不同品种,一定要先查看确认好品种,要注意分别收获,做好名称标记。

收获时块茎应尽量不要在田里放置时间太长,有蛾子危害的田块更不能让块茎在田间过夜,

---

* 1 寸＝3.3 cm。

有晚疫病危害的田块不能用薯秧苗遮盖薯块,防止对薯块的危害加重;收获后要立即装运存放,收获量大时,要一边收获,一边往回运送,避免雨淋,避免阳光较长时间暴晒,防止薯皮变绿影响食用。薯块运送过程一定要轻装轻卸,减少受到擦伤、碰伤、摔伤、挤压等。有条件的,准备一个适当的预存场所,刚收获的块茎湿度大,堆放高度通常不能高于 1 m,鲜食的避免阳光暴晒,预存的场所要通风情况良好,最好有换气设施。预存的好处是正式入窖时把病、烂、损伤和虫咬的薯块再拣一次,有利于提高入窖薯块的质量,显著提高出窖时的商品率。一般预存时间为 10 d 左右,要保持预存场所的温度在 12 ℃左右,相对湿度在 80%~90%,可有效防止受伤薯块腐烂。

(三)贮藏

1. 分级贮藏　马铃薯块茎的贮藏应按照用途的不同,分别贮藏为好。鲜食块茎应当在完全黑暗的条件下贮藏,不能有光线照射,防止块茎表皮变绿,龙葵素含量增高,影响食用。当贮藏温度过低时,块茎内淀粉会转化为糖类,食用时甜味就会增加。种薯贮藏,控制薯块贮藏期间发芽和幼芽的生长速度是目标,贮藏期间如遇发芽,不能控制温度时,可将薯块放置在光照条件下,幼芽就大大地降低伸长的速度。鲜食块茎是陇南地区马铃薯种植生产和贮藏的主体部分。作为种薯,块茎长出的一次芽、二次芽、三次芽其出苗成株能力有明显差异,质量差的芽种植,会严重影响收获产量水平,贮藏期间应尽量控制不让其早发芽。加工薯块的贮藏,要求淀粉含量高,糖分含量低,所以不宜在太低温度下贮藏。

2. 贮藏方式　陇南地区马铃薯种植,贮藏主要是春播和夏播的块茎,冬播收获的块茎一般都抢时上市出售了,不存在贮藏的问题;秋播是零星种植,数量少,贮藏也不是问题。在高寒阴湿地区,多采用地下或半地下专用窖贮藏,2011 年财政项目投资,在全市马铃薯主要种植区选点修建了容积 1000 m³ 的薯块专用贮藏窖 10 个,西和县民旺马铃薯合作社目前有一个气调贮藏窖。半山干旱地区,多采用地下、半地下窖、窑洞、地下坑或沟渠等贮藏;环境条件是气温不太低,也不太湿,有的农户采用随地挖沟或挖坑贮藏,上面覆地膜、土、秸秆或草一类的,条件较差,但对贮藏量少的农户较为方便,也是可用的方法。冬播区域贮藏就更简单,由于存放时间较短,随便找一个地方,潮湿不见阳光就可以存放。

3. 贮藏期间的管理　作为种植主要区域,块茎贮藏是保产保收的一个重要环节,无论自己食用、种用、加工还是商品出售,都需要通过贮藏最大限度保持块茎的质量。贮藏目标有三个:第一是防止块茎腐烂,块茎贮藏期间腐烂的主要原因是在田间生长期间,发生晚疫病、环腐病、黑胫病、粉痂病和青枯病等,收获后入窖贮藏前块茎带病没有被发现,也就没有被拣出,带病入窖存放,贮藏后温度、湿度适宜时病菌开始生长发展,轻则有个别烂薯,重则整窖或整窑成烂薯。再就是收获和运输的过程中,块茎受伤,贮藏前受伤部位没有风干,贮藏后病菌感染,逐渐生长发展烂薯、烂窖、烂窑。也有可能是收获期过晚,天气已经比较寒冷,块茎受冻所致。刚收获的块茎湿度大、体温较高,有条件的地方,不要着急入窖,最好在入窖前先预贮十多天,以便让刚收的块茎散发多余的水分,降一降体温,这样有利于以后的长期贮藏。防止烂薯要把好块茎入窖关口,不要带病块茎、受伤块茎入窖。如果发现部分块茎感病或受伤,就不能较长时间贮藏,否则出现烂薯后损失大。短时间贮藏要让块茎保持低温、浅堆、防冻,尽量不让病害发展。收获块茎量大时,一定要做预存处理,除去带病块茎,让受伤块茎组织愈合。专用窖或窑贮藏,一定要多查看,发现烂薯及时拣出,做到这些就能达到安全贮藏的目标。第二个是防止块茎发芽和皱缩,贮藏的块茎在休眠期过后,温度升高时本身呼吸作用增强,块茎就会发芽生长,水分和营养物质逐渐消耗,发芽时间越长消耗越多,块茎表皮就开始皱缩,并逐渐严重。时间长了,块茎消耗太多,会严重影响食用品质,作为种薯,也会严重影响出苗的质量,以致影响第二季种植收获产量。防止块茎在贮藏期间发芽和皱缩,应在贮藏期间保持较低的窖温和较高的相对湿度。一般情况下贮藏在 2～4 ℃条件下长时间不发芽,在相对湿度 85%～90%的条件下可保持新鲜状态,不同品种之间有一点差异。第三是防止块茎变质,块茎变质的原因首先是贮藏窖温较高,块茎会因呼吸缺氧而变黑心,窖堆中间尤为严重;其次是块茎见光变绿,皮薄的品种更突出;最后是发芽严重的情况下,大量营养物质被消耗,块茎品质也就降低。为了防止以上问题出现,管理措施就是要根据条件,经常给贮藏场所通风换气,维持较低的温度和较高的湿度,且要防止可见光照射。

陇南地区马铃薯种植户基本都有自己固定的贮藏场所。因常年存放薯块,一定要打扫干净,将残渣、污土全部清除,最好存贮块茎前用高锰酸钾溶液、来苏水或百菌清等消毒处理,因为连年用,病薯、烂薯残存,菌源的存在就难免。块茎贮藏,要控制好薯堆高度,薯堆高度应依据窖的条件和贮藏品种的特性确定,地下、半地下窖堆放时,不耐贮存、休眠期短的品种堆高不超过 1 m;耐贮藏、休眠期中等的品种,堆高以 1.5 m 较为适宜;既耐贮藏,又休眠期长的品种,堆高以不超过 2.5 m 为宜。窖贮藏还要看窖的容积,贮藏薯量以占窖容积的 1/2～3/5 为适宜,便于管理和空气流通。块茎贮藏后冬季的到来,窖外气温降低,窖内温度也逐渐降低,长期贮藏的块茎,贮藏期间块茎因呼吸作用散出的水分,在温度降低时就凝结在上层块茎上,俗称"出汗",严重的会引发霉烂,当窖内温度降低时在上层覆盖一层干草或旧麻袋等吸水散湿,有利于安全贮藏。

五、陇南地区马铃薯的特色栽培

(一)马铃薯地膜覆盖高产栽培

马铃薯采用覆膜高产栽培是陇南地区主要应用技术之一。20 世纪 90 年代全面推广,地膜覆盖栽培的主要内容概括起来就是"两大、一深",即"大垄、大芽块、深播种"。具体分以下五个步骤:

1. 选地整地 选地切忌重茬,不宜选位置低、容易涝的地块,不宜选黏质地块,而要选择地势平坦、土壤疏松肥沃、不积水、沙质、坡度小的地为好。整地主要是深耕和耙压,要求耕地深度要达到 22～25 cm。

2. 施肥 马铃薯施肥最好以有机肥为主,化肥为补充;施肥的主导思想是以基肥为主,追肥为补充。要注意预防发生化肥烧芽,影响出苗。有机肥越多越好,一般一亩地 3000 kg 左右,化肥要控制好施肥量;追肥主要在春播中采用,冬播一般不追肥。

3. 种薯准备 一是选择品种。陇南"两江一水"冬播区域的地膜覆盖栽培,选择早熟品种。菜用型品种,如夏波蒂、大西洋、费乌瑞它、LK99、台湾红皮、东农 303、东农 304、克新 9 号等;一季作的地方,也就是高半山地区和高寒阴湿地区春播,为了提高产量,可以选择中晚熟的品种,陇南农科所所选育的武薯系品种、陇薯 3 号、陇薯 6 号、陇薯 7 号、陇薯 10 号、庄薯 1 号、临薯 15 号、天薯 10 号、天薯 13 号、天薯 14 号、青薯 168、青薯 9 号、品系 01-9-15-1、西和蓝等。二是选择优质的种薯。选好品种后,还要选择生长良好,没有受伤的块茎切芽块,要求所切芽块的大小要达到 35～50 g,这就是"大芽块"。必要时还要做催芽,消毒处理。

4. 起垄、覆膜和播种　地膜覆盖栽培中,起垄、覆膜和播种是一套完整的相连贯的农艺措施。若采用先播种、后起垄再覆膜的方式,就是先播种,平地起垄,再覆膜,优点是种子与土壤接触良好,保墒提温效果好,种子发芽,须根接地气有利于生长,这也是一种比较好的方式;缺点是放苗用工量大,无形中增加了投入。可以采用穴播,也可以采用开沟下籽的方式。播种和起垄是紧密结合在一起的,播种时先要确定种植的密度也就是种植的行距和株距。起垄垄面的宽度由种植行数、行距、选择的地膜宽幅确定,也可以是垄宽决定种植的行数、行距;如果是地膜种类多,可以选择 80 cm、120 cm、200 cm 宽幅的地膜,也可以根据垄面宽度去选择地膜。决定了垄宽,再由垄宽和密度计算行距和株距,一垄 2 行或 3 行;定好行距和株距后,无论是开沟播种还是挖穴点播,种子上覆土要达到 15 cm,这就是深播种。因为地膜洋芋不培土,覆膜也就是培土。播种后,覆土起垄;如 80 cm 的地膜要求所起垄的宽度大约 50~60 cm,垄间的距离 10~15 cm,要求垄面平整。如果地膜宽幅不够,也可以一垄一行播种。起垄和种植方式可参考垄作中的起垄方式。另一种方式就是先起垄后覆膜,再破膜点播的方式,有条件的地方也可以采用农业机械起垄覆膜一次完成,再破膜播种。覆膜要求膜面平展、膜边用土压紧实。不能采用农机具的地方,人工用镢头、铁锨或锄头从垄沟取土压膜;如果劳动力多,两边同时压膜覆土,压膜的效率高、效果好;如果劳动力少,一个人可以两边交叉压膜覆土,完成覆膜。起垄、覆膜完成后,再根据定好的行距和株距用工具破膜点播。这种方式缺点是播种的质量和覆膜效果都不是最好,优点是后期放苗的劳动量小,省工,减少了用工投入。

5. 放苗　先覆膜后播种的地块,播种后 20~30 d 以后要放苗,也就是查看未能长出地膜的幼苗,人工把仍压在地膜下的幼苗放出来,大部分会自己长出来。对于采用先播种后覆膜的农田,播种后 20~30 d 以后,尤其是一季作的春播马铃薯区,要经常观察,春季气温回暖,遇晴好天气膜下温度上升快,要做到及时破膜放苗,预防烧苗事件的发生;冬播田气温虽然没有春播田高,但也要做到及时破膜放苗。

(二)马铃薯冬播双膜栽培

冬播马铃薯双膜覆盖栽培,提早播种、适期早收、及早上市,可大大提高经济效益。陇南冬播马铃薯双膜栽培技术要点如下:

1. 播前准备　播前准备工作主要是地块选择和整地施肥。马铃薯优质丰产的关键在于土壤质地,应选择地势平坦,土层深厚、肥沃的地块,有灌溉条件的沙壤土或壤土最好,忌与烟草等茄科或块根类作物连作,前茬一般选择大蒜、白菜或禾谷类作物。播前 10 d 灌水,待地稍干后深耕。马铃薯的大部分根系分布在 30 cm 深的土层中,所以深耕是保证马铃薯高产的基础。先清除田间杂草、前茬作物残枝,石块等,耕地时深翻 20~25 cm,并耙糖整平。马铃薯根系比较分散,栽培密度较大,要重施底肥,结合整地每亩施农家肥 3000 kg、尿素 15 kg、过磷酸钙 50 kg、硫酸钾 15 kg。随肥撒入地虫净杀虫剂,以杀灭地下害虫如蛴螬,地老虎等。

2. 播种　种薯选择与处理,宜选用休眠期短、休眠强度小的早熟马铃薯品种大西洋、小白花、陕白洋芋、LK99、费乌瑞它、荷兰 15 号等,薯形要规则,表面要光滑、无病害、无伤口。剔除形状不规则、尖头、裂口、畸形、芽眼突出等薯块。做到大薯切块,小薯整薯播种,有条件的选用专用型小种薯种植。种薯一般处于休眠状态,为打破种薯休眠,促进发芽出苗,在播种前 15 d 将种薯从窖中取出后放到室内用稻草,麦草等围住增温,当初芽冒出 1~2 mm 即可;若发现烂薯及时拣出,也可将种薯摊开在太阳下晒,直到芽眼萌动,幼芽冒出为止。也可用赤霉素溶液浸种催芽。适期早播是马铃薯冬播双膜栽培的关键,陇南一般在 12 月下旬开始播种,到第二年 1 月初结束。

播种方法:马铃薯冬播双膜栽培一般采用垄作,在播前 10～15 d 起垄,垄面宽 50 cm,要求土壤细碎,垄面平整,垄高 15～20 cm,垄间距 30 cm,起垄后立即覆膜,以利于保墒。每垄 2 行,垄上株行距 30 cm×35 cm,播深 15 cm,地膜一般用 80 cm 宽的超薄膜,覆膜后膜要平整,两边要拉紧、压严实、压展,压平。播种时按株行距在膜面划三角形小口破膜,破膜口要小,播种膜口用沙土盖实,以利保墒增温,促进出苗。非沙壤土最好在表面用细沙覆盖,防止板结。一般每亩播种密度为 5000 株。

3. 搭建小拱棚　播种后随即用幅宽 3～4 mm 左右的棚膜每 3 垄搭建一小拱棚,形成双膜,即双膜栽培。

4. 田间管理　双膜栽培田间管理的要点,一是放苗、查苗、补苗、定苗,根据小拱棚地膜马铃薯生育期短,收获早的特点,田间管理要突出一个"早"字,马铃薯播种后 25～35 d,幼苗出土后需及时放苗,采用整薯播种的出苗多,要及时间苗、定苗,如有缺苗就近疏苗补栽,每窝留苗 1～2 株;切块播种的则出苗少,如发现缺苗,应及时检查原因,并采用芽栽等方法补苗。二是灌水与揭膜,全生育期内一定保证土壤含水量适中,在苗出齐发棵前要及时灌水 1 次,以促早发棵,待株高 50 cm 以上,棚内温度达 20 ℃,气温稳定在 10 ℃以上时可揭去棚膜,以免因高温灼伤幼苗或导致病害严重发生。揭膜前须先经过通风炼苗,以防止因棚内外温度、湿度差别过大而导致幼苗停止生长甚至死亡。三是摘除花蕾,为了调节养分的分配,促进块茎生长,现蕾期应摘除花蕾。

5. 收获　适时早收是提高经济效益的关键。陇南冬播双膜栽培马铃薯一般在 4 月下旬,当植株大部分叶片由绿变枯黄,块茎停止膨大时采收,收获时尽量减少损伤薯块,以提高商品价值。过早采收则薯块未充分膨大,产量低,过迟收获则有可能错过销售黄金季节,经济效益下降;远销时适当迟收,若不影响下季作物种植,也可待完全成熟后收获,总的来说收获时间要随市场需求而定。

(三)陇南马铃薯冬播地膜＋小拱棚＋大棚三膜栽培

1. 播前准备　地块选择、整地施肥和选用良种同双膜栽培相同,种子的处理和切籽同大田栽培技术;10 月下旬棚架上盖上棚膜,整地待用。

2. 适期播种　三膜栽培一般在 11 月初,大棚内 10 cm 深处土壤温度 10.0 ℃左右播种。

3. 起垄播种　按垄面宽 80 cm,垄沟宽 30 cm,垄高 15～20 cm 起垄。在垄面上开双沟,沟内施底肥。有机肥和化肥要混合均匀,底肥施入沟内后再撒一层细土,以防化肥接触种皮,造成薯皮芽眼受害或腐烂,失去发芽能力。为防治地下害虫,播前用 80％的敌百虫可湿性粉剂 500 g 加水稀释,而后拌入 35 kg 细土中,制成毒土,撒于播种沟内,然后按 33～35 cm 的行距,20～25 cm 的株距摆放种块,地干时芽眼朝上,地湿时芽眼朝下,覆土 10 cm,然后将甲草胺除草剂 0.2 kg 兑水 75 kg 喷洒于垄面,再用 1 m 宽地膜覆盖垄面,地膜一定要扯平铺好,紧贴地面,然后把两边的地膜压入土内。

覆盖地膜与盖棚　一般每两垄盖一小拱棚,白天在气温 20 ℃以上时,每天上午 10 时,打开大棚两端通风,下午 4 时左右封口,棚温控制在 18～25 ℃,地温保持在 16～20 ℃,夜间棚温保持在 12～15 ℃。

4. 田间管理　田间管理工作主要是放苗、灌水。播种后要经常到田间查看,检查棚膜是否完整盖好,如发现有破损透气,应及时处理好,当发现薯苗露出地面时应及时破地膜放苗,做到先出的先放,后出的后放,否则膜内温度高会烧伤薯苗,如果空气温度较低,出苗不整齐时,应该放绿苗不放黄苗,放大苗不放小苗,适当推迟放苗时间,避免薯苗受凉。放苗后苗孔应用土封死,注意在晴天中午不宜放苗,以防因温度高而造成烧苗。苗期控制灌水,后期按时灌水。现蕾期灌一次水,以利于块茎形成,盛花期需水最迫切,应及时灌 1 次水,保证块茎膨大对水分的需要,此时,如干旱、缺水,不但会导致大幅度减产,而且还会形成畸形薯块,每次灌水应控制水量不能淹到垄面。应注意通风透气,控制棚内温湿度,预防晚疫病等病害发生,具体病虫害防治措施参考第五章,环境胁迫及应对。

5. 适时收获　冬播马铃薯地膜＋小拱棚＋大棚栽培收获期应突出一个“早”字,一般在 2 月上中旬农历正月上市。应选择晴天上午采挖,下午运输,要轻挖轻放,应选择编筐或塑料筐盛放,防止擦伤薯皮而影响商品质量,防止机械损伤,保持薯皮完整,收获后尽量避免见光,防止薯皮变绿。

(四)陇南马铃薯全膜覆盖双垄沟播栽培

2008 年甘肃省农业技术推广总站在总结玉米全膜覆盖双垄沟播种栽培技术时提出了马铃薯全膜覆盖双垄沟播栽培,是一项集覆盖抑蒸、垄沟集雨、垄沟种植技术为一体的新型抗旱技术,并在全省推广,陇南地区主要在半山干旱地区推广。

1. 选地、施肥、整地　选择地势平坦、土层深厚、土质疏松、肥力中上、保水保肥能力强、坡度在 15°以下的地块,施肥和整地同大田栽培技术。

2. 种子准备　同大田栽培。

3. 划行起垄　划行,每幅垄分为大小两垄,垄幅宽 110 cm。用木材或钢筋制作的划行器(大行距 70 cm、小行距 40 cm),一次划完一副垄。划行时,川地按设计马铃薯种植走向划线开沟起垄,缓坡地沿田中等高线划线开沟起垄,首先距地边 35 cm 处划一边线,然后沿边线按照一小垄一大垄的顺序划完全田。起垄,大垄宽 70 cm、高 10 cm,小垄宽 40 cm、高 15 cm,一大一小双垄成对。

平地也可以使用起垄机沿设计小垄划线开沟起垄。采用步犁开沟起垄的,沿小垄划线来回向中间翻耕起小垄,用整形器整理垄面,使垄面隆起,防止形成凹陷不利于集雨。也可以人工用锄头、铁锨起垄;要求起垄覆膜连续作业,防止起垄流失,土壤水分散失。

4. 覆膜　起垄覆膜的时间,一是秋季覆膜,前茬作物收获后,及时深耕耙地,在 10 月中下旬起垄覆膜。此时覆膜能够有效阻止秋冬及早春三季水分的蒸发,最大限度地保蓄土壤水分,但是地膜在田间保留时间长,要做好冬季管理,秸秆富余的地区可用秸秆覆盖护膜。二是顶凌覆膜,陇南半山干旱地区早春 2 月,高寒阴湿地区 3 月,此时春天来临,气温回升至土壤消冻时,起垄覆膜。此时覆膜可有效阻止春季水分的蒸发,提高地温,保墒增温效果好,利用春节期间劳动力充足,农闲时间进行起垄覆膜。三是播前覆膜,播前降雨后,抢墒覆膜播种。

早春宜选用厚度较薄规格,秋季宜选用厚度较厚规格,宽幅 120 cm 的地膜。沿边线开 5 cm 深的浅沟,地膜展开后,靠边线的一边在浅沟内,用土压实;隔一边在大垄中间,沿地膜每隔 1 m 左右,用铁锨从膜边下取土原地固定,并每隔 2～3 m 用土腰带横压住膜。覆完第一幅膜后,将第二幅膜的一边与第一幅膜在大垄中间对接,膜与膜不重叠,从下一大垄垄侧取土压实,依次类推铺完全田。覆膜时要将地膜拉展铺平,从垄面取土后,应随即整平。

5.适时播种　全膜覆盖双垄沟播中,当地表下 10 cm 处温度稳定在 7~8 ℃以上时,即可播种,陇南半山地区至高寒阴湿地区,海拔高度落差较大,春天来临的时间前后差异大,各地要根据当地的实际情况,从 2 月下旬开始至 4 月底,抢墒适时播种。播种时将切好的籽粒按照设定的株距破膜点播于垄沟内。

6.田间管理　田间管理主要有三点,一是拔除杂草,全膜覆盖田内温湿度相对较高,春天来临,温度上升,因为不能中耕锄草,杂草生长更快,在膜的缝隙、种植孔或渗雨孔都会有杂草长出,如不能及时拔除,会严重影响幼苗生长,这项管理要贯穿全生长期。二是地膜管理,覆膜后成株前,要经常查看地膜破损情况,尤其是秋季覆膜和顶凌覆膜后,尚未播种,时间长了受降水和风的侵蚀,容易出现覆膜质量问题,对出现的地膜松动或张开等问题要及时解决。三是追肥,全膜覆盖基肥充足,一般不追肥,如需要追肥,可选用追肥枪追肥,也可叶面喷施。

7.适时收获　全膜覆盖沟播栽培,在马铃薯生长后期,如遇降水多,因降水蒸发受到限制,土壤湿度就会过大,块茎淀粉从气孔处析出,滋生病菌会造成块茎腐烂,一定要及时收获,防止出现腐烂损失。

六、机械化现状和发展

(一)机械化现状

陇南地区山大沟深,交通条件差,全市农业机械化发展水平整体不高,马铃薯种植主要在半山干旱和高寒阴湿地区,马铃薯生产的机械化程度较其他地区偏低。2004 年农业部将甘肃列为全国马铃薯机械化生产示范省,相关部门制定了发展马铃薯机械化生产的措施和办法,大力发展马铃薯机械化生产。通过十五年的发展,马铃薯生产机械运用主要体现在整地时翻耕耙磨、农药喷洒、生产资料和收获产品运输等方面,播种、锄草和收获中运用较少。马铃薯生产上仍以传统人畜力为主,农业机械化处于初级阶段,突出特点是:大型农业机械,如联合收挖机、播种机数量很少,小型农业机械如拖拉机、旋耕机、多功能微耕机、耕整机在生产中有应用。由于马铃薯块茎生长在地下,需要的农机具种类较复杂,不同区域对农机具的需求也有所不同,致使马铃薯生产机械化水平很低。根据陇南市农机局统计资料,全市马铃薯耕、种、收综合机械化率 2017 年为 4.55%。在垄作和地膜覆盖栽培中,有起垄和覆膜机械在使用,有部分种植户已实现马铃薯小型机械化生产作业,主要使用微耕机或手扶拖拉机配套相应农机具开沟扶垄,人工点种,机械扶垄覆膜。西和民旺马铃薯农民专业合作社目前拥有较完备的马铃薯机械化生产农机具,采用垄作机进行马铃薯播种,一次性完成开沟、施肥、播种、起垄、铺膜等复式作业。在田间管理中也有选用马铃薯培土机,实现马铃薯的培土工作。马铃薯收获主要采用分段式收获,用收获机一次完成挖掘、薯土分离、铺薯于地三道工序,再用人工拣薯的收获方式。另外 2019 年,在马铃薯病虫草害防治中,无人机喷洒农药的技术已推广应用。

(二)陇南马铃薯生产机械化发展

受国家农机购置补贴政策激励,农业机械在陇南的使用越来越广泛,马铃薯生产机械化分两类:一是使用小型机械,以家庭生产为主,二是使用中型机械,以专业合作社和农机大户生产为主,种植至收获机械化程度较高。当前推广应用的农业机械中,有些机型还存在着性能不稳定、不耐用等问题,表现质量欠佳。为了提高农业机械在马铃薯生产中的使用效率,就必须培育发展农机专业合作示范社,完善农机服务体系,改善道路等基础条件,使马铃薯种植规模化,为生产机械化创造有利条件。

依据当前陇南地区的基础条件,马铃薯生产机械化发展,首先是农机小型化为主,因为小型农机能适应陇南地区小块土地和狭窄山路,并且有利于提高耕地的利用率。二是简单实用,现在农村劳动力老龄化严重,多用途农机使用率低,农业机械的设计不能过于复杂,老年农民操作要越简单越好,既推广容易,还便于广大农户操作使用和维护;如马铃薯培土机就简单实用,上土均匀。三是要耐用,制造或引进机械质量要过硬,使用过程中不经常尥蹶子误事,因为山区的农田较偏远,机械在田间出问题要修复非常麻烦。四是农业机械半自动化和自动化,随着现代科技的发展,农业机械自动化、智能化是发展的方向。

参考文献

毕金峰,魏益民,2008.马铃薯片变温压差膨化干燥影响因素研究[J].核农学报,22(5):661-664.

剟旭珍,2008.陇南春播马铃薯高产高效栽培技术[J].农业科技信息(7):17.

车文利,庞国新,阚玉文,等,2014.春播马铃薯与夏播青贮玉米两种两收高产栽培技术[J].现代农业科技,(22):12-13.

陈功楷,权伟,朱建军,2013.不同钾肥量与密度对马铃薯产量及商品率的影响[J].中国农学通报,29(6):166-169.

陈进,王艳龙,韩鼎,等,2016.马铃薯主粮化发展对策[J].安徽农业科学,44(35):220-221.

陈潇,2004.高产抗病多用途加工型马铃薯新品种秦芋30号[J].中国种业(2):58-58.

陈晓云,2016.陇南冬播马铃薯高产高效栽培技术[J].中国马铃薯,30(3):154-157.

陈雪华,2016.马铃薯育种及保护地栽培[J].农业与技术,36(13):99-100.

陈彦云,2006马铃薯贮藏期间干物质、还原糖、淀粉含量的变化[J].中国农学通报,22(4):84-87.

陈占飞,常勇,任亚梅,等,2018.陕西马铃薯[M].北京:中国农业科学技术出版社.

程天庆,王连铮,1994.马铃薯脱毒高产技术问答[M].北京:科学普及出版社.

代明,侯文通,陈日远,等,2014.硝基复合肥对马铃薯生长发育、产量及品质的影响[J].中国土壤与肥料(3):84-87,97.

邓根生,宋建荣,2015.秦岭西段南北麓主要作物种植[M].北京:中国农业科学技术出版社.

丁映,张敏,雷尊国,等,2009.化学试剂处理对贮藏后马铃薯品质变化的影响[J].安徽农业科学,37(1):359-360,36.

丁玉川,焦晓燕,聂督,等,2012.不同氮源与镁配施对马铃薯产量、品质及养吸收的影响[J].农学学报,2(6):49-53.

董忠强,熊一,李丹妮,2015.汉中马铃薯晚疫病综合防治[J].农民致富之友(8):63-64.

段志龙,2000马铃薯高产高效施肥技术[J].作物杂志(4):100-102.

范士杰,王蒂,张俊莲,等,2012.不同栽培方式对马铃薯土壤水分状况和产量出影响[J].草业学报,21(2):271-279.

冯杰,梁文华,李龙珠,等,2014.水稻-马铃薯-白菜一年三熟栽培模式及关键技术[J].蔬菜(12):39-40.

冯琰,蒙美莲,马恢,等,2008.不同马铃薯品种硫素吸收分配规律的研究[J].作物杂志(5):62-66.

冯忠贤,常崇信,樊维翰,2013.汉江河源考析[J].陕西水利(4):179-181.

付伟伟,肖萍,2013.汉中市脱毒马铃薯种薯繁育[J].中国种业(8):94-95.

付业春,顾尚敬,陈春艳,等,2012.不同播种深度对马铃薯产量及其外构成因素的影响[J].中国马铃薯,26(5):281-283.

葛茜,张万春,马晓丽,等,2019.汉中市丘陵山区马铃薯玉米一体化套种带型试验研究[J].陕西农业科学,61(03):33-35.

巩慧玲,赵萍,杨俊峰,2004.马铃薯块茎贮藏期间蛋白质和维生素C含量的[J].西北农业学报,13(1):49-51.

谷浏涟,孙磊,白瑛,等,2013.氮肥施用时期对马铃薯干物质积累转运及产量的影响[J].土壤,45(4):610-615.

郭焕忠,王崇乐,谢家森,等,1989.安康土壤[M].西安:西安地图出版社.

汉中市地方志编撰委员会,2005.汉中地区志(第一册)[M].西安:三秦出版社

贺碧霞,孙连虎,魏旭斌,等,2018.陇南市马铃薯品种比较试验[J].安徽农业科学,46(23):28-30,43.

赫连明,2012.马铃薯不同生长期的管理[J].农家之友(11):47.

黄飞,2015.喷灌马铃薯高产栽培技术[J].现代农业(2):46-47.

黄承建,赵思毅,王季春,等,2012.马铃薯/玉米不同行数比套作对马铃薯光合特性和产量的影响[J].中国生态农业学报,20(11):1443-1450.

黄承建,赵思毅,王季春,等,2013.马铃薯/玉米不同行比套作对马铃薯品种产量和土地当量比的影响[J].作物杂志(2):115-120.

黄承建,赵思毅,王龙昌,等,2013.马铃薯/玉米套作对马铃薯品种光合特性及产量的影响[J].作物学报,39(2):330-342.

黄承建,赵思毅,王龙昌,等,2013.马铃薯/玉米套作不同行比对马铃薯不同品种商品性状和经济效益的影响[J].中国蔬菜(4):52-59.

江俊燕,汪有科,2008.不同灌水量和灌水周期对滴灌马铃薯生长及产量的影响[J].干旱地区农业研究,26(2):121-125.

姜悦,常庆瑞,赵业婷,等,2013.秦巴山区耕层土壤微量元素空间特征及影响因子—以镇巴县为例[J].中国水土保持科学,11(6):50-57.

康跃虎,王风新,刘士平,等,2004.滴灌调控土壤水分对马铃薯生长的影响[J]农业工程学报,20(2):66-72.

柯剑鸿,杨波华,焦大春,等,2017.我国马铃薯机械化生产发展现状与对策[J].南方农业,11(19):71-72,75.

孔祥荣,王荣芳,赵庆洪,等,2015.马铃薯与玉米不同套作模式种植效果研究[J].现代农业科技(9):78.

李彩虹,吴伯志,2005.玉米间套作种植方式研究综述[J].玉米科学,13(2):85-89.

李伦成,廖川康,李志远,2017.安康市汉滨区冬播马铃薯高产栽培技术[J].现代农业科技(5):82-82.

李雪光,田洪刚,2013.不同播期对马铃薯性状及产量的影响[J].农技服务,30(6):568.

李艳,余显荣,吴伯生,等,2012.马铃薯不同种植方式对产量性状的影响[J].中国马铃薯,26(6):341-343.

李彦明,张宋平,巩代荣,等,2017.陇南市武都区冬播马铃薯产业发展现状及对策[J].中国农业信息(14):91-92.

李智勇,蒙贺伟,李亚萍,2016.马铃薯收获机械研究现状及存在问题[J].新疆农机化(2):19-22,25.

令狐铭,2012.汉江以长江最长的支流中华文明的摇篮之一楚文化的发祥地名冠华夏[J].中国地名(6):62-63.

刘瑛,2014.陇南市马铃薯脱毒种薯生产现状分析[J].甘肃农业(17):22,24.

刘玉华,王文桥,2010.河北省一季作区马铃薯病虫害发生及综合防控[J].中国马铃薯,24(3):159-164.

卢肖平,2015.马铃薯主粮化战略的意义、瓶颈与政策建议[J].华中农大大学学报(社会科学版)(3):1-7.

卢修富,2009.安康市水文特性[J].水资源与水工程学报,20(4):154-157.

吕慧峰,王小晶,陈怡,等,2010.氮磷钾分期施用对马铃薯产量和品质的影响[J].中国农学通报,26(24):197-200.

马炼,张明波,郭海晋,等,2002.嘉陵江流域水保治理前后沿程水沙变化研究[J].水文(1):27-31.

蒙忠升,2014.马铃薯不同种植方式比较试验[J].现代农业科技(21):68-69.

南佐纲,赵志励,2000.南郑县果业发展的思考[J].陕西农业科学(农村经济版)(6):47-48.

牛建中,弓玉红,2012.早熟马铃薯两季栽培技术研究及推广[J].现代农业科技(10):8-9.

秦军红,陈有军,周长艳,等,2013.膜下滴灌灌溉频率对马铃薯生长、产量及水分利用率的影响[J].中国生态
　　农业学报,21(7):824-830.

阮俊光,2015.冬马铃薯高产栽培技术探讨[J].北京农业(12):47.

邵世禄,万芳新,魏宏安,等,2010.我国马铃薯收获机械研制与发展的研究[J].中国农机化(3):34-39,50.

宋亮,2003.陇南地区马铃薯-玉米-大蒜"三熟"高效栽培技术[J].甘肃农业(4):59-60.

宋树慧,何梦麟,任少勇,等,2014.不同前茬对马铃薯产量、品质和病害发生的影响[J].作物杂志(2):
　　123-126.

苏斌惺,魏旭斌,吴疆,等,2007.陇南马铃薯冬播双膜栽培技术要点[J].甘肃农业科技(10):51-52.

孙杰,2005.陇南小拱棚地膜覆盖马铃薯早熟高产栽培技术[J].甘肃农业科技(2):3.

汤祃德,刘耀宗,1992.马铃薯大全[M].北京:海洋出版社.

汪湛,2011.陇南地区冬播马铃薯-水稻一年两熟丰产栽培技术[J].现代农业科技(15):131,134.

王长科,张百忍,蒲正斌,等,2010.秦巴山区脱毒马铃薯冬播高产配套栽培技术[J].陕西农业科学,56(4):
　　218-219.

王军生,1997.抓住历史机遇加快汉江开发[J].陕西省人民政府公报(11):35-36.

王开昌,陈新举,李全敏,等,2011.不同播期、海拔和种薯处理对秋播马铃薯产量的影响[J].现代农业科技
　　(2):130-131.

王益辉,2011.循环经济富汉中[J].西部大开发(12):91-93.

王银玲,2010.土壤条件对马铃薯种植的影响分析[J].中国新技术新产品(8):188.

王志信,2013.早熟马铃薯栽培技术[J].农技服务(4):325.

韦冬萍,韦剑锋,吴炫柯,等,2012.马铃薯水分需求特性研究进展[J].贵州农业科学,40(04):66-70.

魏玲,胡江波,杨云霞,等,2010.汉中地区马铃薯栽培的适宜性分析[J].现代农业科技(15):180-180.

魏延安,2006.对推进陕西马铃薯产业发展的几点思考[J].中国马铃薯(1):60-62.

魏玉琴,姜振宏,陈富,等,2014.包膜控释尿素对马铃薯生长发育及产量的影响[J].中国马铃薯,28(4):
　　219-221.

武朝宝,任罡,李金玉,2009.马铃薯需水量与灌溉制度试验研究[J].灌溉排水学报,28(3):93-95.

肖继坪,颉炜清,郭华春,2011.马铃薯与玉米间作群体的光合及产量效应[J].中国马铃薯,25(6):339-341.

谢世清,1992.温度对马铃薯块茎形成膨大的影响[J].云南农业大学学报(4):244-249.

谢伟松,2014.马铃薯播前良种选择及种薯准备[J].农业开发与装备(5):115.

熊汉琴,2014.秦巴地区马铃薯高产高效生产技术[J].陕西农业科学,60(7):113-114.

薛振彦,李小平,铁军,2012.马铃薯全程机械化生产技术的应用[J].农机科技推广(3):35-36.

杨吉荣,等,1987.汉中地区农业区划[M].西安:空军西安印刷厂.

易九红,刘爱玉,王云,等,2010.钾对马铃薯生长发育及产量、品质影响的研究进展[J].作物研究,24(1):
　　60-64.

阴文玉,肖应聪,1987.试论汉中地区农村产业结构调整方向及对策[J].农业区划(1):56-59,29.

余帮强,张国辉,王收良,等,2012.不同种植方式与密度对马铃薯产量及品质的影[J].现代农业科技(3):
　　169,172.

张海,2015.不同施肥处理对马铃薯性状及产量的影[J].现代农业科技(14):63.

张百平,2019.中国南北过渡带研究的十大科学问题[J].地理科学进展,38(3):305-311.

张百忍,解松峰,2011.陕西秦巴山区不同农田农作物硒含量变化规律分析[J].东北农业大学学报,42(10):
　　128-134.

张静,2015.汉中市土地利用变化驱动力分析[J].西北师范大学学报(自然科学版),51(6):98-104.

张嵩午,1988.汉中盆地水稻区气候生态条件的综合评判和分型问题[J].生态学杂志(4):35-39.

张文忠,2015.马铃薯的生长习性及需肥特点[J].农业与技术,35(22):28.

张西露,汤小明,刘明月,等,2010.NPK对马铃薯生长发育·产量和品质的影响及营养动态[J].安徽农业科学,38(18):9466-9469.

赵碧芬,2013.不同播期对秋马铃薯产量及经济性状的影响[J].农技服务,30(7):686-687.

赵鸿,任丽雯,赵福年,等,2018.马铃薯对土壤水分胁迫响应的研究进展[J].干旱气象,36(4):537-543.

朱惠琴,马辉,马国良,1999.不同生育期追施磷肥对马铃薯产量的影响[J].中国蔬菜(1):38.

邹华芬,金辉,陈晨,等,2014.不同钾肥水平对马铃薯原种繁育的影响[J].现代农业科技(15):83-84.

Hadi M R,Taheri R,Balali G R,2014. Effects of iron and zinc fertilizers on the accumulation of Fe and Zn i-ons in potato tubers[J]. Journal of Plant Nutrition. 38(2):202-211.

Chi Z X,Pan X Y,Zhang P Y,et al,2010. Analysis of main climatic factors affecting potato yields of Western Guizhou[J]. Meteorological and Environmental Research,38(10):85-88.

第五章 马铃薯种植中环境胁迫及应对

第一节 生物胁迫及应对

秦岭是中国的南北分水岭,同时也是东洋界和古北界两大动物区系的分界线。秦岭山地沟谷纵横、植被繁茂、地形复杂,以汉水为界与巴山紧密相连,为多种生物物种生存繁衍提供了得天独厚的自然条件,成为了中国北方生物多样性的代表地区。秦岭南麓具有亚热带湿润季风气候特点,山势缓长、降水多、适宜植物生长。植被分布包含北亚热带落叶阔叶林,常绿阔叶混交林。拥有总面积 1614.5 km^2 的自然保护区群和 13 个森林公园,其生态因子和生物多样性得到了有效的保护。秦岭动植物资源丰富,受海拔、气候、土壤等综合因素的影响,南北坡均呈现明显的垂直分布规律,气候带由高向低依次为亚寒带、寒温带、温带和暖温带,因此其动植物区系十分复杂,物种的丰富度和多样性均高于其他区域。复杂多样的生态环境为多种动植物提供了适宜的生存条件,秦岭南麓的马铃薯种植中不可避免会受到各种病、虫、草等生物因素的胁迫影响。

一、马铃薯常见病害及其防治

在秦岭南麓马铃薯种植区,常见马铃薯主要病害为晚疫病、早疫病、黑痣病、干腐病、疮痂病、黑胫病、环腐病、软腐病、卷叶病毒病、花叶病毒病、X 病毒病与 Y 病毒病等病原病害。本章节将主要介绍马铃薯上述主要病害的病原物分类地位、为害症状、传播途径以及在田间的发生条件等,并简述综合防治措施。

(一)卵菌性病害

马铃薯晚疫病(late blight)又称马铃薯瘟,是马铃薯上的一种毁灭性病害,具有流行性强、蔓延速度快、致病程度严重等特点,被视为马铃薯生产的头号杀手,也是 19 世纪 40 年代爱尔兰大饥荒事件的直接原因。

1. 分类地位 尽管在过去很长一段时间内将马铃薯晚疫病归为真菌性病害,但其病原物为藻物界卵菌门(Oomycota),霜霉科(Peronosporaceae),疫霉属(*Phytophthora*),致病疫霉菌[*Phytophthora infestans*(Mont.)de Bary],因此应当归属于卵菌性病害。

2. 为害症状 马铃薯晚疫病症状最先在叶片上显现,其次在叶柄、茎和块茎上都可以显现发病症状。在侵染叶片初期,叶尖或者叶缘处出现淡褐色水渍状病斑,当遇到空气湿度较高时,病斑快速蔓延扩大,在病斑边缘处可见白色稀疏的菌丝形成的霉轮,叶片背面的霉层更为明显。侵染中期,病原常扩散到叶柄、主脉和主茎,受害部通常表现为褐色条斑,潮湿时会产生稀疏的白霉,病部组织逐渐坏死、软化甚至崩解,植株全部叶片萎蔫下垂;侵染后期,整个植株变为焦黑湿腐状死亡腐烂。当薯块感病时,病薯首先出现茶色或紫褐色病斑,后期在表皮处会形成灰褐色不规则的凹陷病斑,病斑下的薯肉切开时可看到褐色坏死,感病严重时薯块田间腐烂,感病轻时在贮藏时薯块腐烂,腐坏变烂的病薯成稀软状,有脓状物流出,发出腥臭难闻的味道,整个薯块完全失去商品价值。

3. 病原及传播途径 马铃薯晚疫病致病疫霉菌菌丝无色,没有隔膜,寄生专化性强,基本只寄生于茄科植物,靠吸器吸取营养物质,同时具有有性世代和无性世代两种繁殖方式。有性生殖过程中会产生圆形卵孢子,萌发后在芽管上出现孢子囊,可成为晚疫病的初侵染源;无性繁殖过程中会产生纤细、无色的孢囊梗和单胞、无色的孢子囊,在 5 d 内即可完成全部生活史实现增殖。无性繁殖是致病疫霉菌在田间的主要增殖方式,通常 7～10 d 内就可以在大面积范围内广泛传播。致病疫霉菌侵染过程主要分为两个步骤,是典型的半腐生生活病原菌:初始阶段为活体营养侵染阶段,植物在该阶段病症不明显;第二阶段为死体腐生阶段,且伴随着病原菌菌丝生长和孢子产生。当发病时,中心病株先在田间出现,之后在中心病株上会产生孢子囊。之后大量孢子可以通过气流传播,进而在更大范围内造成危害。

4. 发生地区和条件 目前该病害在全世界马铃薯种植区内普遍发生,一般湿度越大,发生越重。研究表明,孢子囊的萌发与温湿度有关。在低温(18～23 ℃)、高湿(湿度超过 85%)环境下,孢子囊萌发,当叶片有水滴或水膜时,病菌便开始侵入。除此之外,病株上的病菌还可通过雨水和灌溉水传播到其他薯块上,使薯块发病,病薯上的病菌又通过土壤里水分的扩散作用传播到健薯,使得健薯感病受害,一般块茎有伤口时病菌更容易侵染发病。在田间,不论是降雨、冷凝水还是灌溉水都有利于孢子囊传播、萌发以及孢子的形成和成功侵染。在连续低温多雨的自然条件下,晚疫病极易爆发流行。在一般流行年份,导致 20%～40% 的产量损失,重发年份往往绝收。

(二)真菌性病害

1. 马铃薯早疫病(early blight)

(1)分类地位 马铃薯早疫病俗称夏疫病、轮纹病、干斑病等,是马铃薯上仅次于晚疫病的第二大病害。其致病菌为茄病交链孢霉(*Alternaria solani* Sor.),属真菌半知菌亚门(Deuteromycotina),丝孢纲(Hyphomycetes),丛梗孢目(Moniliales),暗色孢科(Dematiaceae),链格孢属(*Alternaria*)真菌。

(2)为害症状

马铃薯早疫病主要为害马铃薯的叶片,也可为害茎和薯块。病斑首先出现在马铃薯中下部老的叶片上。叶片受侵染时,先在叶尖或叶缘形成水浸状、绿褐色、凹陷的小斑点,后逐渐扩大呈圆形或近圆形的具有多圈同心轮纹黄褐色坏死斑。田间湿度大时,病斑外缘会产生黄色晕圈,正面产生黑色霉层;干燥时,病斑变褐干枯,质脆易裂,扩展的速度也会减慢。发病严重的叶片病斑之间彼此相连,叶片整体萎垂、卷缩,整体枯死甚至脱落。茎和叶柄上发病会形成条状褐色病斑,常出现在分节处,慢慢向周围扩大,呈灰褐色、长椭圆形病斑,具有同心轮纹。块茎染病,常出现褐色或紫褐色大块圆形或近圆形病斑,稍凹陷,病部皮下薯肉呈浅褐色海绵状干腐,慢慢向四周扩大或烂掉。该病菌在为害作物生长的同时可以产生 70 多种有毒代谢产物,如链格孢毒素等。这些毒素不仅是重要的植物致病因子,影响马铃薯的产量与品质,同时一旦被人畜食用,还可引起急性或慢性中毒,部分还有致畸、致癌、致突变作用。

(3)病原及传播途径　病原菌在 PDA 平板上菌落初期为灰白色,后期为灰色,气生菌丝不发达,绒毛状,基质颜色为黄褐色或砖红色。正常条件下在 PDA 平板上不能产生分生孢子,经紫外线照射后产生大量分生孢子。分生孢子为暗褐色,倒棍棒形,大小为 $50\sim106~\mu m\times9\sim18~\mu m$,有 $7\sim13$ 个横膈膜及 $3\sim7$ 个纵隔膜,横膈膜处缢缩。分生孢子顶端有细长的喙,喙透明与孢身等长或略长,一般喙有 $3\sim5$ 个横膈膜。病菌主要以分生孢子、菌丝体在病残体或带病薯块上过冬,从而成为翌年田间发病的初侵染源。病菌可以从植株的气孔或伤口侵入,也可由表皮直接侵入。病原菌潜育期极短,条件适宜时,病菌侵入 $3\sim5$ d 就能形成病斑,$5\sim7$ d 后病部即可长出新的分生孢子,通过风雨的传播,引起再侵染,造成病害流行。

(4)发生地区和条件　近年来,早疫病在全国各马铃薯产区均有不同程度发生,南方地区发生重于北方马铃薯产区,整体发生情况呈逐年上升趋势。气候因素对马铃薯早疫病的发生和流行影响十分明显,其中以温度和湿度的影响最大。病原菌分生孢子萌发与生长的最适温度为 $26\sim28~℃$,当叶片上有结露或水滴时,即使很短的时间病菌也能够成功侵入植株。一般年份造成马铃薯减产 $5\%\sim10\%$,病害严重年份减产可达 50% 以上。早疫病不仅可在田间造成产量损失,采收后贮藏过程中也会造成品质降低,部分地区,贮藏过程中损失可高达 30% 以上。

2. 马铃薯黑痣病(black scurf)

(1)分类地位　马铃薯黑痣病又称立枯丝核菌病、茎基腐病、茎溃疡病、丝核菌溃疡病或黑色粗皮病,是马铃薯上一种严重的土传真菌病害。其致病菌为立枯丝核菌($Rhizoctonia~solani$ Kühn),属于半知菌亚门(Deuteromycotina),丝孢纲(Hyphomycetes),无孢目 Agonomyce-tales,无孢科(Agonomycetaceae),丝核菌属($Rhizoctonia$)真菌。其有性态属于担子菌门亡革菌属($Thanatephorous~cucumeris$),是一种不产生无性孢子的土壤习居菌,在自然界中一般以菌丝或菌核的形态存在,田间一般表现为无性态。立枯丝核菌种内存在着丰富的遗传多样性,因此,该种通常被界定为一个遗传差异很大的复合种。

(2)为害症状　病原菌侵入马铃薯幼芽后,幼芽顶部出现褐色病斑,生长点坏死,种芽在未出土时腐烂,形成芽腐,也有的坏死芽从下边节上再长出一个芽条,田间表现为缺苗断垄或出苗晚,生长弱;苗期和成株期主要侵害地下茎,茎基部产生褐色凹陷斑,直径 $1\sim5$ cm,病斑及其周围常覆有紫色菌丝层,使地下茎形成褐色溃疡斑,因输导组织受阻,植株生长减弱,地上部表现出叶片萎蔫、枯黄卷曲,植株容易斜倒死亡,此时常在土表部位再生气根,产出黄豆大的气生块茎;匍匐茎感病形成淡红褐色病斑,匍匐茎延伸受阻,顶端停止膨大,不能形成薯块,或匍匐茎疯长,结薯小,有畸形薯产生。成熟的块茎感病时,在其表面形成大小形状不规则的、坚硬的、土壤颗粒状的黑褐色或暗褐色的菌核,不易冲洗掉,而菌核下边的组织完好,也有的块茎因受侵染而造成破裂、锈斑和末端坏死、薯块龟裂、变绿、畸形等。

(3)病原及传播途径　马铃薯黑痣病病原菌初生菌丝无色,直径 $4.98\sim8.71~\mu m$,分枝呈直角或近直角,分枝处多缢缩,并具 1 隔膜,新分枝菌丝逐渐变为褐色,变粗短后纠结成菌核。菌核初白色,后变为淡褐或深褐色,大小 $0.5\sim5$ mm。马铃薯黑痣病主要有两种传播方式,一种是病菌以菌核或者菌丝体在块茎或土壤里的植株残体上越冬,待到第二年温湿度等条件适宜时,对马铃薯进行侵染,这种传播方式为土壤传播,也是一种近距离传播方式;另一种是带病种薯传播,即从病区引种过程中,所用种薯本身带病,这是一种远距离传播方式。当温度、湿度等条件适宜时,立枯丝核菌菌核在土壤中萌发菌丝,在遇到马铃薯植株时,主要通过茎尖和芽尖进行侵染。

（4）发生地区和条件　目前,该病在全世界范围内普遍发生,在秦岭南麓马铃薯种植区发生较为严重。立枯丝核菌菌丝在 5～33 ℃ 都可以生存,25 ℃ 最适宜其生长,在偏酸性环境下比在碱性环境下生长更快。菌核在 12～15 ℃ 就开始形成,温度达到 40 ℃ 或更高时不再形成菌核,菌核最适形成温度区间为 23～28 ℃。后期菌丝体变褐,菌核萌发时可从萌生孔伸出。菌核萌发与温度有关,在适宜温度范围内,一般温度越高,萌发率越高。另外,菌核在干燥的环境下可以保存很长时间,病原体在土壤中可存活 2～3 年。据报道,马铃薯黑痣病在部分田块发病率可达 70%～80%,严重的高达 90%,一般年份可造成 15% 左右的产量损失,大发生年份,损失可达 50% 以上,甚至灭种毁田。

3. 马铃薯干腐病(dry rot)

（1）分类地位　干腐病是马铃薯贮藏期薯块常见主要病害。其致病菌隶属于半知菌亚门(Deuteromycotina),丝孢纲(Hyphomycetes),瘤座菌目(Tuberculariales),镰刀菌属(*Fusarium*),也称镰孢菌属。目前已报道的致病种及变种主要有茄病镰孢菌[*F. solani*(Mart.)Sacc.]、茄病镰孢菌蓝色变种[*F. solani* var. *coeruleum*(Sacc.)Booth]、接骨木镰孢菌(*F. sambucinum* Fuckel)、半裸镰孢菌(*F. semitectum* Berk. & Ravenel)、锐顶镰孢菌(*F. acuminatum* Ellis & Everh.)、层生镰孢菌[*F. proliferatum*(Matsush.)Nirenberg]、串珠镰孢菌(*F. moniliforme* Sheldon)、串珠镰孢菌中间变种(*F. moniliforme* var. *intermedium* Neish et Leggett)、串珠镰孢菌浙江变种(*F. moniliforme* var. *zhejiangensis* Wang & Chen)、拟丝孢镰孢菌(*F. trichothe-cioides* Wollenw.)、拟枝孢镰孢菌(*F. sporotri-chioides* Sherb.)、尖孢镰孢菌(*F. oxysporum* Schlecht.)、尖孢镰孢菌芬芳变种[*F. oxysporum* var. *redolens*(Wolle.)Gordon]等。其中,茄病镰孢菌、接骨木镰孢菌和串珠镰孢菌是优势种群且致病力较强。

（2）为害症状　薯块内部自然发病时多以脐部为主,发病较轻时,块茎表面呈暗褐色,发病部位略有凹陷,并逐渐扩大使得薯块表皮呈现皱缩且形成不规则的同轴褶叠。发病较重时,薯块像泡发状,颜色变黑,病变组织部位有褶皱或者各种颜色的斑点,有白色或淡黄色菌丝,甚至有粉红色或白色的多泡状突起。块茎颜色变深的病变部位,薯肉多为颗粒状,病组织呈现褐色有空腔,干燥后薯块内的空腔充满白色菌丝。最后,薯肉变为灰褐色、褐色或暗褐色,呈现僵缩、变轻、变硬的症状。在湿度相对较大时,发病部位多为无气味的深红褐色糊状物。

（3）病原及传播途径

马铃薯干腐病由半知菌亚门镰刀菌属茄病镰刀菌和接骨木镰刀菌侵染所致,是典型的土传病害。其以分生孢子或菌丝体在土壤和病残组织中越冬,通过空气、水流、机械设备传播,从块茎皮孔、芽眼等自然孔口和运输或其他病害造成的伤口侵染薯块。被侵染的薯块发病腐烂,污染土壤,进而再次附着在收获的块茎表面。

（4）发生地区和条件　马铃薯干腐病在马铃薯种植区均有发生,且随着连作年限的延长,其发生有逐年加重的趋势。病菌依靠雨水溅射而传播,经伤口或芽眼侵入,又经操作或贮存薯块的容器及工具污染传播、扩大为害。被侵染的种薯和芽块腐烂,又可污染土壤,以后又附在被收获的块茎上或在土壤中越冬。病害在 5～30 ℃ 温度范围内均可发生,以 15～20 ℃ 为适宜。较低的温度,加上高的相对湿度,不利于伤口愈合,会使病害迅速发展。通常在块茎收获时表现耐病,贮藏期间感病性提高。早春种植时达到高峰。播种时土壤过湿易于发病。收获期间造成伤口多则易受侵染。马铃薯不同品种间存在抗性差异。贮藏条件差,通风不良利于发病。马铃薯干腐病常年发病率为 10%～30%,严重时可导致整个薯窖腐烂。每年由马铃薯干腐病造成的产量平均损失可达 6%,最高时可达 60%。

(三)细菌性病害

1. 马铃薯疮痂病(common scab)

(1)分类地位　马铃薯疮痂病是在全世界范围内广泛发生的土传病害。其主要病原物为马铃薯为疮痂病链霉菌 *Streptomyces scabies*(Thaxter)Waks. et Henrici,是丝状革兰氏阳性菌,同时链霉属部分其他致病种,如 *S. acidiscabies*、*S. turgidcabiesis* 等也可导致马铃薯疮痂病。

(2)为害症状　在感染初期,块茎表面首先产生小的近圆形至不定形木栓化疮痂状淡褐色细小隆起的斑点;随着薯块的生长膨大,病斑逐渐扩大形成褐色圆形或不规则大斑,侵染点周围的组织坏死,块茎表面变粗糙,质地木栓化,几天后形成直径 0.5 cm 左右的圆斑,病斑表面形成硬痂,疮痂内含有成熟的黄褐色病菌孢子球,一旦表皮破裂、剥落,便露出粉状孢子团;后期中央凹陷或凸起呈疮痂状硬斑块。病斑有平状、凸起、开裂及凹陷四种类型,也可以在块茎上集聚形成一片大的结痂区域。不同症状类型主要与不同的病原菌类型和马铃薯不同品种有关,但病斑仅限于皮层,不深入薯肉。

(3)病原及传播途径　马铃薯疮痂病是由链霉菌侵染所致。疮痂病链霉菌不但能在薯块上寄生,也可以在土壤中营腐生生活。病菌主要以孢子形式繁殖及传播,新生孢子可以在植物种子、土壤和泥水中存活,并随节肢动物或线虫等动物携带传播。带菌肥料、带菌土壤、带病种薯是马铃薯疮痂病远距离传播的主要最初原始侵染源。

(4)发生地区和条件　属世界范围内普遍发生的土传病害,影响马铃薯外观和品质,对马铃薯产业尤其是脱毒种薯生产造成巨大损失。马铃薯疮痂病在 pH 范围为 5.5 至 7.5 的土壤中病害发生程度最为严重,pH 低于 5 的土壤中几乎不发生。此外,病原菌的最适生长温度为 24 ℃,适合该病发生的温度为 22～30 ℃,当土壤温度为 22～23 ℃时,薯块发病率最高。一旦疮痂病链霉菌进入土壤中,在没有马铃薯的情况下存活很长时间。病菌主要侵染块茎,孢子可以通过植物伤口、气孔、皮孔等部位侵入植物组织内。有研究表明,在块茎开始形成到膨大四周这一时间范围内,马铃薯块茎最容易受到病菌的侵染。当块茎暴露于疮痂病链霉菌时,病原体可以穿过外部少数细胞层在种皮和质体间生长。

2. 马铃薯黑胫病(black leg)

(1)分类地位　马铃薯黑胫病又称黑脚病,是以马铃薯茎基部变黑的症状而命名的。其病原菌为果胶杆菌属黑腐果胶杆菌 *Pectobacterium atrosepticum*[原欧文氏杆菌属胡萝卜软腐欧文氏菌马铃薯黑胫病亚种,*Erwinia carotovora subsp. atroseptica*(van Hall)Dye],是一种可运动的革兰氏阴性致病菌。

(2)为害症状　幼苗发病一般植株在 15 cm 左右,常表现为植株矮小,节间缩短,叶片上卷,叶色褪绿,被侵染茎部维管束呈现典型的黑褐色腐烂,最终萎蔫而死,且根系不发达,易从土中拔出。通过横切植株茎蔓,可见 3 条主要维管束变为褐色。病菌从脐部开始侵染薯块,呈放射状向髓部扩展,被感染部位变为黑褐色,通过横切观察,维管束也变为黑褐色。外力挤压薯块,皮肉不会分离。较为潮湿时,薯块变为黑褐色,并腐败发出令人反感的气味。相较于感病严重的薯块而言,感病较轻的薯块内部则无明显肉眼可观察到的症状。

（3）病原及传播途径　马铃薯黑胫病是细菌性病害，菌体短杆状，单细胞，极少双连，周生鞭毛，具荚膜，大小 $1.3 \sim 1.9 \ \mu m \times 0.53 \sim 0.6 \ \mu m$，革兰氏染色阴性，能发酵葡萄糖产出气体，菌落微凸乳白色，边缘齐整圆形，半透明反光，质黏稠。初侵染源主要有带病种薯与残留在田间的染病病薯未完全腐烂遗留的病菌残留物。由于马铃薯黑胫病的症状在薯块上通常不易发现，因此病组织带菌的情况时有发生。田间病菌还可通过灌溉水、雨水或昆虫传播，经伤口侵入致病，后期病株上的病菌又从地上茎通过匍匐茎传到新长出的块茎上。贮藏期病菌通过病健薯接触经伤口或皮孔侵入使健薯染病。

（4）发生地区和条件　马铃薯种植区均有发生，但只在局部地区造成为害。在田间，细菌会通过灌溉水、雨水、气雾等从机械、杂草或昆虫媒介在马铃薯植株上形成的伤口处侵入。在适宜的温度、湿度等环境下，病原菌会沿维管束侵染块茎的幼芽，在植株整个生长过程中，逐步经由幼芽进一步侵入植株茎、根、匍匐茎和新生块茎，并沿维管束向四周扩散。

（5）对马铃薯生长和产量的影响　近年来，马铃薯黑胫病通过带菌种薯传播，发生面积不断扩大，且自身发病早、发病快、死亡率高，防治困难，最终造成商品薯减产现象严重，薯块大量腐烂变质，带来了严重的直接经济损失。田间马铃薯黑胫病的植株发病率不一，轻者可在 $2\% \sim 5\%$，严重情况下可达 $40\% \sim 50\%$。在生产中容易造成大田有缺苗断垄，甚至块茎腐烂等现象。贮藏时，如果通风不好，窖温偏高，较潮湿也极易引起烂窖。

3. 马铃薯环腐病（ring rot）

（1）分类地位　又称轮腐病，俗称转圈烂、黄眼圈，是一种低温型细菌性病害。病原菌为棒形杆菌属密执安棒形杆菌马铃薯环腐致病亚种，学名为 *Clavibacter michiganensis* sub-sp. *sepedonicus*（Spieckermann & Kotthoff）Davis et al，是革兰氏阳性菌。

（2）为害症状　植株症状因环境条件及品种抗性存在差异，可分为枯斑型和萎蔫型两种。有的品种兼有两种症状类型，而有的品种仅以某一种为主。枯斑型最常见，即初期叶脉间褪绿变黄，但叶脉仍为绿色，呈斑驳状。之后随着病情发展，叶片边缘或全叶黄枯，同时叶尖渐枯干并向内纵卷，植株矮缩，分枝少。植株下部叶片先发病，后逐渐向上发展至全株，最后整株枯死，而萎蔫症状不明显。另一种症状类型是植株急性萎蔫，初期从顶端复叶开始萎蔫，似缺水状，叶缘卷曲萎垂，后逐步向下发展。发病较轻的仅部分叶片和枝条萎蔫，发病严重的则大部分叶片和枝条萎凋，甚至全株倒伏、枯死。晚期出现的病株，株高、长势无明显变化，仅收获前萎蔫。病株茎基部和根部维管束变为淡黄色至黄褐色，有时溢出白色菌脓。马铃薯生长后期，病菌可沿茎部维管束经由匍匐茎入侵新生的块茎。从薯皮外观不易区分病、健薯，感病轻者病薯仅在脐部皱缩凹陷变褐色。在薯块横切面上可看到维管束颜色变深，呈黄褐色，周围组织轻度透明，有时轻度腐烂，用手挤压会出现一种黄色乳脂状物质，为菌脓，无气味；重者病菌从脐部扩展到整个薯块维管束环，维管束变黄或褐色，呈环状腐烂，甚至形成空腔，用手挤压时，受害部分内外皮层和髓即可分离，但无恶臭。环腐病还可在贮藏期继续为害块茎，病薯芽眼干枯变黑，表皮龟裂，严重时引起烂窖。

（3）病原及传播途径　马铃薯环腐病是一种维管束细菌病害，菌体短杆状，大小 $0.8 \sim 1.2 \ \mu m \times 0.4 \sim 0.6 \ \mu m$，无鞭毛，单生或偶尔成双，不形成荚膜及芽孢，好气性。在培养基上菌落白色，薄而透明，有光泽，人工培养条件下生长缓慢，革兰氏染色阳性。多在现蕾、开花期出现明显症状，而带病种薯是主要侵染源。该病菌自身不能从气孔、皮孔等侵入，主要靠切刀传播，经伤口侵入。病薯播种后，病菌在块茎组织内繁殖到一定数量后，沿维管束进入植株茎部，引起地上部发病。

（4）发生地区和条件　在马铃薯生长期和贮藏期均能发生危害，在冷凉地区流行尤为猖獗。最适生长温度 20～30 ℃，田间土壤温度在 18～22 ℃时病情发展快，而在高温（31 ℃以上）和干燥气候条件下则发展停滞，症状推迟出现。最适 pH6.8～8.4。马铃薯环腐病最先在中国北方地区发生，目前已遍及全国马铃薯栽培区。马铃薯受环腐病菌为害后，常造成马铃薯烂种、死苗、死株，一般减产 10%～20%，重者达 30%，个别可减产 60%以上。贮藏期间病情发展则会造成烂窖，会造成相当大的产量损失和经济损失。

4. 马铃薯软腐病（soft rot）

（1）分类地位　目前，公认的引起马铃薯软腐病的病原菌主要有三种：胡萝卜果胶杆菌（*Pectobacterium carotovorum*），隶属于果胶杆菌属（*Pectobacterium*）；黑腐果胶杆菌（*Pectobacterium atrosepticum*），隶属于果胶杆菌属（*Pectobacterium*）；菊迪基氏菌（*Dickeya chrysanthemi*），隶属于迪基氏菌属（*Dickeya*）。在这三种病原菌中，胡萝卜果胶杆菌为引起马铃薯软腐病的主要病原菌，也是中国马铃薯软腐病的优势致病菌，是一种革兰氏阴性菌。

（2）为害症状　染病时近地面老叶先发病，病部呈不规则暗褐色病斑，湿度大时腐烂。茎部染病，多始于伤口，再向茎干蔓延，后茎内髓组织腐烂，具恶臭，病茎上部枝叶萎蔫下垂，叶变黄。被侵染的块茎，气孔轻微凹陷，棕色或褐色，周围呈水浸状，后迅速扩大，并向内部扩展，呈现多水的软腐状。在干燥条件下，病斑变硬、变干，坏死组织凹陷。发展到腐烂时，软腐组织呈湿的奶油色或棕褐色，其上有软的颗粒状物。被侵染组织和健康组织界限明显，病斑边缘有褐色或黑色的色素。腐烂早期无气味，二次侵染后有臭气和黏稠状的黏液物质。窖内堆积过厚、温度高、湿度大、通风不良等情况下造成大量软腐烂薯。

（3）病原及传播途径　马铃薯软腐病由细菌侵染所致。菌体直杆状，大小 1～3 μm×0.5～1 μm，单生，有时对生，革兰氏染色阴性，靠周生鞭毛运动，兼厌气性。带菌的种薯是该菌远距离和季节间传播的重要侵染来源。病原菌可在病残体上或土壤中越冬，在种薯发芽及植株生长过程中可经皮孔侵染、经伤口、幼根或自然裂口侵入新薯块，也可借雨水飞溅或昆虫传播蔓延。

（4）发生地区和条件　该病害分布比较广泛，在中国每年在几乎所有马铃薯种植区均有发生。一般地温在 20 ℃以上，且收获过晚时，收获的块茎会高度感病。贮窖温度在 5～30 ℃范围内均可发病，以 15～20 ℃为适宜条件，而当温度升至 25～30 ℃并伴以潮湿条件，易于引起薯块腐烂。马铃薯块茎染病多由皮层伤口引起，病原菌潜伏在薯块皮孔内及表皮，遇高温、高湿、缺氧，尤其是薯块表面有薄膜水，薯块伤口愈合受阻，病原菌就会大量繁殖，并在薯块薄壁细胞间隙中扩展，进而分泌果胶酶降解细胞中胶层，引起软腐。腐烂组织又可在冷凝水的传播下导致其他薯块被危害，最后导致成堆腐烂。感染病菌的薯块先出现水渍状，并形成轻微凹陷病斑，呈乳白色，随后变成淡褐色或褐色，且心髓组织出现腐烂症状呈灰色或浅黄色，在感病初期腐烂组织无明显臭味，但随着侵染时间的延长，后期会出现恶臭味。此外，茎叶部位也可表现病状。一般年份减产 3%～5%，严重可达 40%～50%，在田间常导致缺苗断垄及块茎腐烂。贮藏期如果管理不善，窖温偏高，则容易引起烂薯，造成更加严重的经济损失。

（四）病毒性病害

马铃薯病毒病是影响马铃薯产量的主要原因之一，能够引起马铃薯病毒病的病毒类别多达 40 多种，其中以马铃薯命名的病毒就有 20 多种，占总病毒种类的 50%。根据病毒感染后表现的症状不同,将马铃薯病毒病分为轻花叶病毒病、重花叶病毒病和马铃薯卷叶病毒病等。此外,马铃薯田间生产过程中,两种以上病毒复合侵染的现象非常普遍,也使得马铃薯植株病害症状更为复杂,识别更加困难。

1. 马铃薯 X 病毒(Potato virus X,PVX)

(1)分类地位　属于甲型线形病毒科 Alphaflexiviridae,马铃薯 X 病毒属 *Potexvirus*,是马铃薯上发现最早、传播最广的一种病毒。其引起的病害一般被称为马铃薯普通花叶病或轻花叶病。

(2)为害症状　目前推广的马铃薯品种都较抗马铃薯 X 病毒。感染后植株一般生长较正常,叶片基本不变小,仅中上部叶片叶色减退,浓淡不均,表现出明显的黄绿花斑。在阴天或迎光透视叶片,可见黄绿相间的斑驳。有些品种的植株叶片感染马铃薯 X 病毒之后,植株会表现出矮化,叶片上出现轻花叶、坏死斑叶斑、斑驳或环斑等症状。有的严重的可出现皱缩花叶,植株老化,植株由下向上枯死,块茎变小。有些马铃薯品种感染了马铃薯 X 病毒后叶片没有肉眼能观察到的典型特征。此病毒的株系主要分 4 个,各株系对不同寄主和不同马铃薯品种的毒性和引致的症状不同,有的不引致症状(隐症),有的引致轻微花叶感病,个别引起过敏反应,还有个别可引致严重的坏死症状。当马铃薯 X 病毒与马铃薯 Y 病毒复合侵染植株时,植株叶片表现出明显的皱缩且带有花叶症状,称之为皱缩花叶病,叶尖向下弯曲,叶脉下陷,叶缘向下弯折,严重时植株极矮小,呈绣球状,下部叶片早期枯死脱落。

(3)传播途径　马铃薯 X 病毒主要传播途径有种薯传播、汁液摩擦传播、蚜虫以非持久性方式传播。另外寄生植物菟丝子及内生集壶菌也能传播。马铃薯植株内的病毒浓度以花期最高,以后逐渐降低,但块茎内的浓度则逐渐增高。

(4)发生地区和条件　该病毒广泛分布于马铃薯种植区,是马铃薯生产上常发病害。侵染速度与植株老化程度和气温有关,植株叶片越嫩,被侵染后病毒的扩展速度越快,叶片越老被侵染后病毒的扩展速度越慢,气温较低时病症表现明显,气温较高时症状表现不明显甚至隐症。马铃薯 X 病毒单独侵染叶片后引起的马铃薯产量损失不足 10%,但其本身可以与其他马铃薯病毒复合侵染,从而给马铃薯的生产造成严重危害。对马铃薯产量的影响远比单独感染病毒的影响大。

2. 马铃薯 Y 病毒(Potato virus Y,PVY)

(1)分类地位　马铃薯 Y 病毒科 Potyviridae,马铃薯 Y 病毒属 *Potyvirus* 的代表种,是马铃薯花叶病害中最严重的一类病毒,也是引起马铃薯退化最重要的病毒之一。其引起的病害一般被称为马铃薯重花叶病、条斑花叶病、条斑垂坏死病、点条斑花叶病等。

(2)为害症状　PVY 病毒存在多个株系,且不同株系在不同品种马铃薯上引起的症状不同:普通株系(PVYO)侵染引起马铃薯严重的皱缩或条纹落叶病以及烟草的系统斑驳症状;脉坏死株系(PVYN)侵染马铃薯栽培叶片无症状或很轻度的斑驳病症,侵染烟草造成系统脉坏死;点条纹株系(PVYC)侵染马铃薯引起条痕花叶症状等过敏性反应,一般不表现花叶或皱缩。近年来,不断有新的基因重组株系,如 PVYNS、PVYNTN、PVYNTN-NW、PVYN-Wi、PVYN-HcO 等,并在全球不同地区蔓延。

(3)传播途径　此类病毒的主要传播途径是通过桃蚜等蚜虫以非持久方式传播,在田间也可通过摩擦进行汁液传播、随嫁接及机械等农事操作传播。此外,该病的远距离传播主要依赖带毒种薯调运。作为主要传毒媒介,蚜虫主要集聚在带毒植株新叶、嫩叶和花茎上,以刺吸式口器刺入植物组织内吸取带病毒的汁液后获得病毒,随即在取食健康植株时即可传毒。但该病毒仅在短时间内保留其侵染性,一般不超过 1 小时,因此蚜虫介体仅能在短距离内传播病毒,如遇强风也可传播较远。

(4)发生地区和条件　马铃薯 Y 病毒分布十分广泛,几乎所有马铃薯种植区均有该病的发生。在天气较为干旱的地区,由于蚜虫数量多、传毒效率高,马铃薯 Y 病毒感染率较高。此外,马铃薯 Y 病毒的感染与当地气候和海拔有一定的关系,在海拔高的地区,温度高且风较大,不适合蚜虫的生长繁殖,马铃薯 Y 病毒的检出率相对也较低。

3. 马铃薯卷叶病毒(Potato leafroll virus,PLRV)

(1)分类地位　属于黄症病毒科 *Luteoviridae*,黄症病毒属 *Luteovirus*,也是马铃薯上的一种重要病毒病害,可以引起马铃薯退化。

(2)为害症状　马铃薯卷叶病毒分为五个不同株系,不同株系间存在交叉保护作用,在马铃薯上均可表现出卷叶症状。此类病毒表现典型症状为叶片卷曲,采集叶片的时候用手指轻轻挤压叶片,会听到叶片发出很脆的声音,被卷叶病毒感染的叶片会变硬,叶片呈现革质化,且颜色也比正常叶片的颜色浅。此外,患病植株表现出的症状随感染的类型和程度(初侵染或继发性侵染)不同而存在差异。初侵染植株为首次被病毒侵染的植株,典型症状为幼叶卷曲直立、褪绿变黄,小叶沿中脉向上卷曲,小叶基部着有紫红色,严重时呈筒状,但不表现皱缩,叶质厚而脆,稍有变白。有些品种叶片可能产生红晕状,主要发生在小叶边缘。继发性侵染为二次侵染,即即上年马铃薯卷叶病毒已经初侵染的块茎,在下年做种薯再发病。继发性侵染的病株表现为全株病状较为严重,一般在马铃薯现蕾期以后,病株叶片由下部至上部,沿叶片中脉卷曲直立,呈匙状,叶片干燥、变脆呈革质化,叶背有时候出现紫红色,上部叶片可能出现褪绿症状,严重时植株全株直立矮化、僵直、发黄,叶片卷曲、革质化。

(3)传播途径　马铃薯卷叶病毒主要通过种薯进行远距离传播,在田间病毒严格依赖蚜虫以持久方式传播,不能通过摩擦进行汁液传播,也不能通过种子、花粉、机械操作传播。桃蚜作为马铃薯卷叶病毒传播效率最高,最重要的传播介体,病毒可以在其体内进行增殖。蚜虫可以终生带毒,但不传给后代。

(4)发生地区和条件　广泛分布于马铃薯各种植区。在气温较低且环境较潮湿的地区,发病较轻。环境温度较高且周围干燥的条件,适合蚜虫的生长繁殖,就扩大了病毒传播的范围,也加快了病毒传播速度,会加重马铃薯植株染病概率。病毒在寄主体内含量低,主要集中于寄主维管束中。严重侵染的马铃薯植株通常生长一段时间之后会提前死亡,使得马铃薯块茎变瘦小,薯肉呈现锈色网纹斑。初侵染病株减产程度小于继发性侵染病株。

(五)病害综合防治措施

由于马铃薯在田间生长的各个阶段及贮藏期都面临着多种病害的威胁,因此生产上需要本着"预防为主,综合防治"的植保方针,从产前、产中、产后等各个环节综合使用多种防治措施,从而保障马铃薯的生产安全。同时考虑到"肥药双减,质效双增"的农业发展理念,在防治措施的选择上应当优先选择农艺措施防治、物理措施、生态措施,以化学防治为辅的防治办法。

1. 农艺防治

(1)选择抗病品种　培育和种植抗病品种是最经济有效的病害防治措施。各地有条件的部门应当结合种植区域的气候环境、地质特征及主要发生病害类型等因素来选育抗病品种。

对于种植户来说,选用良种是保证马铃薯高产的一个重要环节。适宜品种应当高产、稳产,综合抗病性较强,品质较好。在加强马铃薯品种选择控制力度的同时,可以根据各地具体气候条件及病害发生规律,合理调整播期、采收期,避免病害造成较大损失。此外,在从外地调运种薯的过程中,应当加强植物检验检疫工作,严把调种检疫关。对调运的马铃薯一般应重点进行细菌学检验及病毒学检验。其中针对病毒,可以通过生物学检测、电子显微镜检测、血清学(酶联免疫吸附剂法,ELISA)检测以及分子生物学(RT-PCR法)检测等多种方式进行检测。

(2)种薯脱毒　种薯是大多数病害的最初侵染源,特别是病毒病害,因此在生产中应选择无病种薯或脱毒种薯进行种植。在种植前,最好能够按照要求进行马铃薯种子的筛选和检测。种植采用茎尖脱毒培养的试管苗也是防止马铃薯病毒病发生的重要途径,但在试管苗栽培前同样需要抽检。种薯应进行合理晾晒,提高抗病性同时兼具催芽作用。种薯切块催芽技术在马铃薯种植过程中也是非常重要的一项技术,该技术可以促进块茎内外氧气交换,破除休眠,提早发芽和出苗,切块时要注意剔除病薯,切块的用具也要严格消毒,以防传病。为了避免切刀传染,也可采用幼壮薯、小整薯播种,此技术可大大减轻为害。研究表明,小整薯播种可比切块播种减轻发病率50%~80%,提前出苗率70%~95%,增产2~3成。幼壮薯、小整薯播种过程中,仍应注意进行药剂浸泡种薯。之后,催芽的过程当中,可以将那些烂薯、病薯等进行淘汰,将播种后田间病株率减少到最低程度,避免缺苗断垄的出现,从而促使全苗壮苗目标的顺利实现。为培育无病壮苗,应建立无病留种地,采用高畦栽培,从而彻底消除病源。此外,为避免带有病毒的马铃薯种薯出现,可建立无毒种薯繁育基地,原种田应设在高纬度或高海拔地区,并通过各种检测方法淘汰病薯,进一步推广茎尖组织脱毒。

(3)轮作倒茬　由于马铃薯是忌连作的作物,因此种植马铃薯的地块要选择三年内没有种过马铃薯和其他茄科作物的地块。地块选择较高或平坦的地块,土质疏松、土层深厚、排水方便、肥沃的沙壤土或壤土最佳,同时通风透光良好,保水保肥能力强,排灌便利,易于进行培土作业,运输方便。在对马铃薯进行倒茬轮作时,要尽量避免选取茄科类草本植物,例如辣椒、茄子等。可选取油菜、小白菜、甘蓝类等十字花科或禾本科作物,如水稻、玉米等进行4年以上轮作,有条件的地区最好与禾本科作物进行水旱轮作。

(4)深耕灭茬　在马铃薯种植过程中,由于马铃薯是地下茎作物,为使植株生产苗生长健壮,结薯多而大,可以采取封冬前整地,加强土壤熟化,增加土壤活土层,调节土壤中水、肥、气和热状况,从而保障马铃薯的稳定健康生长。有研究表明,采用平地开浅沟,然后破垄台的种植方式,可以提高地温,有利于健壮苗的形成,从而减少病害发生。在马铃薯收获完成后,必须采取深耕灭茬处理措施,耕地深度达到35~40 cm最佳。深翻后将土壤裸露,晾晒土壤,可以有效破坏土壤中病原菌滋生的环境,从而防止下一年种植过程中因为病菌的出现而影响到马铃薯的正常生长。

(5)加强田间管理　根据不同品种马铃薯生育期长短、结果习性不同,可以采用不同的种植密度。合理密植,可改善田间通风透光条件,降低田间湿度,减轻病害的发生。马铃薯种植过程中推荐高垄栽培,出苗后及时封垄。灌水要采取起垄沟灌,避免大水漫灌,低洼田要注意排水,降低土壤湿度。雨后、连日阴雨时,要及时清沟,使排水保持畅通,防止露水凝结于叶面,降低田间湿度。

(6)合理施肥提高抗性　在马铃薯生长繁殖周期需要大量的K元素,而K元素自身也能有效防治马铃薯早疫病,因此科学施肥能有效防治病害发生。合理施用肥料,增施P、K肥,避免 N 肥过多、过量,有条件的建议测土配方施肥,从而促进植株生长,提高作物自身抗性。

(7)适时采收 为减少贮藏期发病、传染而造成的巨大损失,应选择晴天时收获,收获前 5~7 d 马铃薯田不宜浇水。对田间病株应连同薯块提前收获,避免同健壮植株同时收获,防止薯块之间病害传播。对病害发生严重的地块,在收获前应先将地上茎叶全部割除,减少病菌侵染薯块的机会。对留种田应摘除病株,单独采收、单独储存。

(8)贮藏期防治 收获后,要将块茎在阴凉通风的地方晾晒 3 d 左右,使块茎表面水分充分蒸发,使一部分伤口愈合,形成木栓层,防止病菌的侵入。入窖前还可用 45% 的曝菌灵(特克多)悬浮剂 400~600 倍液或 25% 的咪鲜安(施保安)乳油 500~1000 倍液喷雾对薯块进行处理,药液晾干后即可入窖贮藏。新薯贮藏前清理窖藏室,防止残留病原菌。薯窖应晾晒通风 7 d 以上,同时用石灰水或者用 1% 高锰酸钾溶液消毒,也可用硫黄粉、或高锰酸钾与甲醛、或百菌清烟剂等熏蒸剂进行消毒处理。贮藏早期应适当提高温度,做好通风透气工作,促进伤口愈合,控制环境温度在 1~4 ℃。封窖后,还应在贮藏期间定期查窖,适时通风换气,降温降湿,合理调整温度和湿度,特别是当外界气候发生变化时,要及时开关通风孔或窖口,防止窖内出现 CO_2 积存和 O_2 缺乏的状况。

2. 化学防治 由于马铃薯田间病害发生种类众多,因此在病害集中爆发时期需要及时因病施治,合理施用农药。本书总结了部分马铃薯上重要病害的有效防治药剂。

(1)马铃薯晚疫病 马铃薯晚疫病常用的化学药剂可以分为保护性和治疗性两种类型。其中保护性杀菌剂包括硫酸铜钙、全络合态代森锰锌、克菌丹、百菌清、丙森锌、双炔酰菌胺等;治疗性杀菌剂包括波尔多液+霜脲氰、波尔多液+甲霜灵、甲霜灵+锰锌、百菌清+甲霜灵、三乙膦酸铝等几种类型。保护性药剂是在病菌侵染马铃薯之前进行喷施,预先对植株形成保护从而避免受侵染,对发病植株没有治疗效果;治疗性药剂则可以贯穿于晚疫病病害发生之前、之中进行喷施,对晚疫病症状有一定的治疗作用。在预警监测系统的指导下,将保护性药剂和治疗性药剂组合或者交替使用,可以有效预防和治疗田间马铃薯晚疫病的流行。

近年来,部分新型药剂表现出了对马铃薯晚疫病更为显著的药效,如银法利、抑快净、克露等。银法利是由氟吡菌胺和霜霉威盐酸盐复配而成,具有治疗性和强内吸性。植株一个部位接触药剂后,便能经过传导遍布植株各处,只需较少剂量,就能保护整个植株,已成为目前研究马铃薯晚疫病药效试验中的热门杀菌剂。抑快净是由恶唑菌酮和霜脲氰复配而成,兼具保护、治疗和局部内吸作用。药剂作用后,病菌线粒体电子的正常转移遭到抑制,进而抑制孢子产生和侵染,最后达到杀菌的目的。克露是由霜脲氰与代森锰锌的复配剂,具有内吸性和触杀性,兼具预防和治疗作用,可在潜伏期抑制病原菌,又能一定程度上阻止病菌的继续传播,药剂渗入作物组织后可以转移到其他部位,药剂使用剂量低、见效快、持效期长,在目前生产中得到广泛应用。

(2)马铃薯早疫病 传统防治早疫病的化学药剂主要有百菌清、代森锌、喹啉铜、丙森锌、甲霜灵等。近年来,啶酰菌胺、吡噻菌胺、肟菌酯、咪唑菌酮、唑菌胺酯、啶氧菌酯、恶唑菌酮与霜脲氰混合剂、嘧菌酯等大量新型药剂开始被应用于马铃薯早疫病的防治过程当中。除了有机杀菌剂外,还有 Cu、Zn 和 B 等无机物制剂。也有一些马铃薯早疫病防治制剂。铜制剂主要包括氢氧化铜、氧氯化铜、硫酸铜等,铜离子是其主要活性成分,对病菌孢子萌发有较强的抑制作用。有报道指出,使用 50% 氧氯化铜可湿性粉剂防治马铃薯早疫病,可以使病情指数下降 42.87%,防治效果与使用 75% 百菌清可湿性粉剂相当。在马铃薯试剂生产中,可以将多种药剂进行轮换用药或混合用药,在获得一个较为理想的防治效果的同时,可以延缓病原菌抗药性的产生,从而增加药剂的使用寿命。

(3)马铃薯黑痣病　防治马铃薯黑痣病的药剂主要有咯菌腈、氟唑菌苯胺、唑醚·氟酰胺、噻呋·嘧菌酯、噻呋酰胺、克菌丹、嘧酯·噻唑锌、嘧菌酯、嘧菌·噁霉灵等。22%氟唑苯菌胺作为种衣剂,具有内吸性和传导性,药剂通过抑制琥珀酸脱氢酶对病菌达到控制作用,可以较长时间保护马铃薯免受病菌侵染,无论对土传或种传的黑痣病都有很好的防效。25%嘧菌酯,是一种 β-甲氧基丙烯酸酯类杀菌剂,能够抑制病原菌线粒体的呼吸作用,兼具预防、保护和治疗作用,并且具有一定的内吸性,其杀菌谱广、活性高、对生物环境安全,能有效防治半知菌类病害。张智芳等(2011)做了杀菌剂对马铃薯黑痣病病菌的抑菌效果比较试验,结果发现 5 种杀菌剂都对该病菌有不同程度的抑制,并且抑菌效果最好的是阿米西达;马永强等(2013)在甘肃省渭源县做的不同杀菌剂不同施药方式对马铃薯黑痣病的防治试验,结果显示沟施 25%嘧菌酯对收获期马铃薯薯块茎防效在 69%左右,防治效果较好;陈爱昌等(2015)在临洮县做了 8种不同药剂拌种对马铃薯黑痣病的防效试验,结果表明 30%噻氟酰胺悬浮剂、250 g/L 嘧菌酯悬浮剂和 70%甲基硫菌灵可湿性粉剂的防治效果显著高于其他几种药剂,并有一定的增产作用;董利娟等(2014)做了 22.4%氟唑菌苯胺悬浮种衣剂和 25%阿米西达悬浮剂沟施防治马铃薯黑痣病的药效试验,结果发现两种杀菌剂防效接近,具有市场推广价值。

(4)马铃薯干腐病　在对马铃薯干腐病药剂防治防效的大量试验中发现,镰刀菌不同致病种及变种对不同药剂的敏感性存在差异。对接菌薯块进行药剂处理可抑制病斑横向扩展及病原菌纵向侵入,但不同杀菌剂防效不同。张庆春等(2009)研究结果表明,浓度为 45 mmol/L的柠檬酸处理对干腐病病菌的抑制效果较好。张廷义等(2006)试验结果表明,58%的甲霜灵锰锌可湿性粉剂 400 倍液处理薯块防效最好,可有效缓解马铃薯块茎干腐病的扩展蔓延。陈亚兰等(2016)发现,43%戊唑醇悬浮剂、10%适乐时悬浮剂、45%噻菌灵悬浮剂、72%农用硫酸链霉素可湿性粉剂和霜疫净烟雾剂,这 5 种药剂处理对贮藏期马铃薯干腐病均有一定的防治效果,其中 43%好力克悬浮剂对马铃薯干腐病的防效显著优于其余四种药剂,推荐以 3000 倍液喷雾对薯块进行马铃薯干腐病防治。王育彪等(2015)对 7 种常用杀菌剂的马铃薯干腐病防治效果进行了室内试验,结果表明,对马铃薯干腐病的防治效果由高到低依次为:噁霉灵、多菌灵、苯醚甲环唑、氟硅唑、百菌清、甲基硫菌灵、异菌脲,其防效分别为 70%、62.50%、53.30%、48.30%、47.50%、43.70%、12.50%。

(5)马铃薯疮痂病　用化学药剂防治疮痂病的报道较多,可采用氢氧化铜(可杀得)、波尔多液、20%噻菌铜悬浮剂(龙克菌)、春雷·王铜(加瑞农)等对马铃薯疮痂病进行田间防治。有研究表明,20%噻菌铜悬浮剂(龙克菌)的防效较好,值得进一步推广。此外,还可用对苯二酚或 0.1%HgCl$_2$ 等对种薯进行消毒浸种处理,用 72%农用链霉素进行药剂拌种也对马铃薯疮痂病具有良好的防效。在幼苗期、现蕾期用 33.5%喹啉酮 600 g/hm^2 兑水 750 kg/hm^2 进行叶面喷雾,防治疮痂病效果最佳,增产效果明显,可在生产中大面积推广应用。此外,还有研究表明,以合理浓度喷施植物生长素 2,4-D 不仅对马铃薯增产作用显著,还可有效防治马铃薯疮痂病的发生。

(6)马铃薯软腐病　对马铃薯软腐病的防治应抓住发生初期及时进行防治,50%琥胶肥酸铜、14%络氨铜水剂、20%龙克菌(噻菌铜)、77%可杀得等药剂都具有很好的防治效果,在生产中可以交替选择使用,在有效防治软腐病的同时,避免药害的产生。此外,有研究对 1.5%噻霉酮水乳剂、3%中生菌素可湿性粉剂、20%噻唑锌悬浮剂、20%噻菌铜悬浮剂、33.5%喹啉铜悬浮剂、46%氢氧化铜水分散粒剂、27.12%碱式硫酸铜悬浮剂、1.2%辛菌胺醋酸盐水剂、20%溴菌腈·5%壬菌铜乳剂等9种药剂进行了室内平板试验,检测了上述药剂对马铃薯软腐病病菌的抑制性,结果发现20%溴菌腈·5%壬菌铜的抑菌效果最好。

二、马铃薯常见害虫及其防治

(一)地下害虫

常见有地老虎类、蛴螬类、金针虫类、蝼蛄类等。

1.地老虎类

(1)分类地位　地老虎,属鳞翅目(*Lepidoptera*)夜蛾科(Noctuidae),又名切根虫、土蚕、地蚕等,有记载的地老虎有170余种,其中对农作物造成危害的有20多种,为害严重的为5种,即小地老虎(*Agrotis ypsilom*)、黄地老虎(*A. seget μm*(Denis et Schiffermüller))、白边地老虎(*Euxoa oberthuri* Leech)、警纹地老虎(*A. exclamationis*)和大地老虎(*A. tokionis* Butler)。其中主要为害马铃薯的是小地老虎。

(2)形态特征

卵:半球形,直径约0.6 cm,初产时为乳白色,随后颜色加深为淡黄色,孵化前顶部出现黑点,整体呈棕褐色。

幼虫:老熟幼虫体长37~47 cm,黄褐色至黑褐色,体表密布大小不一的黑色突起的小颗粒,背面有淡色纵带,腹末臀板有2条深褐色纵带。

蛹:体长18~24 cm,红褐色或黑褐色,有光泽,具有1对臀棘。

成虫:体长16~23 cm,翅展42~54 cm,前翅为黑褐色,有肾形纹、环状纹、棒状纹和两个黑色剑状纹,后翅为淡灰白色。

(3)生活史　小地老虎在全国各地发生世代各异,发生代数由北向南,由高海拔到低海拔依次增加。在秦岭南麓地区每年发生3~4代,4月初可见到成虫。该虫无滞育现象,在等温线(北纬33°)以北地区无法越冬,秦岭地处等温线附近,秦岭南麓地区的小地老虎可以越冬。越冬形式为老熟幼虫或蛹,越冬场所为麦田、绿肥、草地、菜地、休闲地等。3—4月份气温回升,越冬幼虫开始活动,幼虫多数为6龄,少数为7~8龄,于土壤中化蛹,4—5月份为羽化盛期。

(4)生活习性　幼虫具有假死性,受精后呈环形。1~2龄幼虫对光不敏感,昼夜活动,4~6龄表现出明显的避光性,夜晚出来为害。3龄以上幼虫具有自相残杀性。成虫有强烈的趋化性,对糖蜜的趋性很强,喜欢取食带酸、甜、酒味的发酵物、泡桐叶和各种花蜜。具有远距离南北迁飞习性,春季由低海拔向高海拔迁飞,秋季则沿着相反方向飞回南方;微风有助于其扩散,风力在4级以上时很少活动。

(5)为害症状　主要以幼虫为害,1~2龄幼虫主要为害马铃薯幼苗顶心的嫩叶,被咬食的叶片呈半透明的白斑或小孔。3龄后白天潜伏在地表下,啃食马铃薯块茎,夜出到地面为害,咬断近地面的嫩茎,并将嫩茎拖入穴内取食。5~6龄幼虫食量最大,为害最为严重,可将近地面的茎部全部咬断,造成整株死亡,形成缺苗断垄的现象。

(6)发生地区和条件　成虫的活动性与温度有关,在春季夜间气温达8 ℃以上时即有成虫出现,适宜生存温度为-25~15 ℃。地老虎喜湿,在沿湖、沿河流域和低洼内涝、雨水充足及常年灌溉的地区易暴发。凡管理粗放、田间杂草多、附近有荒地的地块易受害。马铃薯幼苗期与 3 龄以上幼虫发生期一致时,受害就重,反之则轻。春季田间蜜源植物丰富,越冬代成虫营养充分,产卵量高,发生量大,为害重。而夏季蜜源少,产卵量少,发生量就小,为害轻。

(7)对马铃薯生长和产量的影响　马铃薯块茎的主要为害症状为表面出现大小不一的啃食疤痕,增加微生物侵染风险,给农户带来巨大经济损失。

2. 蛴螬类

(1)分类地位　鞘翅目(Coleoptera),金龟总科(Scarabaeoidea)幼虫的总称。蛴螬俗称壮地虫、白土蚕、地漏子等。蛴螬能够为害马铃薯块茎和幼苗,是马铃薯生产上的重要地下害虫,广泛分布于各个马铃薯主产区。秦岭南麓产区主要为害马铃薯的蛴螬包括大黑鳃金龟子(Holotrichia diomphalia Bates)、暗黑鳃金龟子(Holotrichia parallela Motschulsky)和铜绿金龟子(Anomala corpulenta Motschulsky)等。

(2)形态特征

卵:椭圆形,长约 2 cm 左右,宽约 1.5 mm 左右,孵化前近圆形。

幼虫:身体肥大弯曲呈 C 形,3 龄幼虫体长 30～40 mm,头宽 4.9～6.1 mm。体色多白色,有的黄白色,体壁较柔软,多皱,体表有疏生细毛,头部较大且呈圆形,黄褐色或红褐色,左右生有对称的刚毛,有三对胸足,后足较长,腹部 10 节,第 10 节称为臀节,上面着生有刺毛(大黑鳃金龟和暗黑鳃金龟无刺毛列)。

蛹:体长 18～25 mm,宽 10～12 mm。

成虫:以大黑鳃金龟为例,体长 16～21 mm,宽 8～11 mm,黑色或黑褐色,具光泽。鞘翅每侧具 4 条明显的纵肋,前足胫节外齿 3 个,内方有距 1 根;中、后足胫节末端具端距 2 根。臀节外露,背板向腹部下方包卷。前臀节腹板中间,雄性为一明显的三角形凹坑,雌性为枣红色菱形隆起骨片。

(3)生活史　蛴螬年生代数因种、因地而异。一般一到两年发生 1 代,多数以 3 龄幼虫和成虫在土中越冬,少数以 2 龄幼虫越冬。不同种类的蛴螬生活史稍有不同,大黑鳃金龟子 5 月中旬为成虫盛发期,6 月上旬至 7 月上旬是产卵盛期,卵期 10～15 d。6 月下旬进入化蛹盛期,蛹期约 20 d,7 月下旬至 8 月中旬为成虫羽化盛期,羽化的成虫不出土,即在土中越冬。暗黑鳃金龟子 5 月中、下旬为化蛹盛期,蛹期 15～20 d。6 月上旬开始羽化,盛期在 6 月中旬,7 月中旬至 8 月中旬为成虫交配产卵盛期,7 月初田间始见卵,7 月中旬为卵盛期,卵期 8～10 d。初孵幼虫即可危害,8 月中、下旬是幼虫危害盛期,9 月末幼虫陆续下潜进入越冬状态。铜绿金龟子 5 月上旬进入预蛹期,化蛹盛期在 6 月上、中旬,6 月为下旬成虫羽化和产卵盛期,8—9 月是幼虫危害盛期 10 月中、下旬潜入土中越冬。

(4)生活习性　蛴螬具有分布区域广,食性杂,种类多的特点,按其食性可分为植食性、粪食性、腐食性三类。其中为害马铃薯的主要为植食性蛴螬。蛴螬白天藏在土中,晚上 8—9 时进行取食活动,有假死和负趋光性,并对未腐熟的粪肥有趋性。

(5)为害症状　金龟子幼虫和成虫均可为害马铃薯,以幼虫为害时间最长。成虫具有飞行能力,主要通过取食为害马铃薯地上部幼嫩茎叶。幼虫主要取食地下部的块根、纤维根和地下茎。为害幼苗根茎部时,造成缺垄断苗,植株枯黄死亡。为害块根时会造成大而浅的孔洞。

(6)发生地区和条件　马铃薯各种植区均有分布,并造成严重为害。近年来由于处理土壤的高度农药的禁用及土壤深翻面积的减少,其发生有逐年加重趋势。蛴螬幼虫始终在地下活动,与土壤温湿度关系密切。当 10 cm 土温度到达 5 ℃时开始上升土表,13~18 ℃时活动最盛,23 ℃以上则往深土中移动,至秋季土温下降到其活动适宜范围时,再移向土壤上层。土壤潮湿活动加强,尤其是连续阴雨天气,春、秋季在表土层活动,夏季时多在清晨和夜间到表土层。

(7)对马铃薯生长和产量的影响　蛴螬啃食块根时,咬食的孔洞会造成病原菌的侵染,诱发薯块发生病害,加重田间和储藏期薯块腐烂。蛴螬大面积发生时,对马铃薯的外观品质及产量都会造成较大的经济损失。

3. 金针虫类

(1)分类地位　金针虫是鞘翅目(*Coleoptera*),叩甲科(Elateridae)幼虫的统称。金针虫又名铁丝虫、姜虫、金齿虫等,成虫俗称叩头虫。常年在地下活动和为害,具有隐蔽性强、发生周期长,且能随着温度、湿度等外部环境变化而改变在土壤中分布深度的特点,杀灭难度大,是马铃薯生产中的重要地下害虫,主要包括四大类:沟金针虫(*Pleonomus canaliculatus*)、细胸金针虫(*Agrotes fuscicollis*)、宽背金针虫(*Selatosomus latrs*)和褐纹金针虫(*Melanotus caudex*),在秦岭南麓地区为害马铃薯的主要为细胸金针虫。

(2)形态特征

卵:为乳白色,近圆形,体长 0.5~0.7 mm,产于土中。

幼虫:为浅黄色,较亮。老熟幼虫体长约 32 mm,宽约 1.5 mm。幼虫第 1 胸节比第 2 胸节和第 3 胸节相对较短。1~8 腹节几乎等长。头部较扁,口器呈重褐色。其尾部呈圆锥形,顶部有 1 个圆形且突起,接近基部的两面各有 1 个褐色圆斑与 4 条褐色纵纹。

蛹:体长 8~9 mm,暗黄色,藏于土中,体长接近成虫。

成虫:体长 8~9 mm,宽约 2.5 mm,呈黑褐色,密被灰色短毛,十分光亮。雄成虫前胸背面后缘角上部的隆起线不十分明显,触角超过成虫前胸,前板后缘略短于后缘角。雌成虫体形相对于雄虫较大,其后缘角有条较明显隆起线,翅鞘略显浅褐色,触角仅及前胸背板后缘处,前胸背板呈暗褐色。

(3)生活史　金针虫多数为 2~3 年完成一代,以不同龄期的幼虫在 20~50 cm 土层越冬,卵期为 35~45 d,幼虫期为 1~3 年,蛹期为 10~30 d,成虫期为 80~100 d,全育期为 2~3 年。在秦岭南麓地区,3 月下旬至 6 月上旬产卵,卵期平均约 42 d,5 月上中旬为卵孵化盛期。孵化幼虫开始为害,咬食刚播下的块茎至 6 月底下潜越夏,待 9 月中下旬又上升到表土层活动,为害至 11 月上中旬,开始在土壤深层越冬。第 2 年 3 月初,越冬幼虫开始活动,3 月下旬至 5 月上旬为害最重。

(4)生活习性　越冬成虫,春季天气转暖后开始活动,成虫在夜晚爬出土面活动并交配,白天躲藏在表土中或田边石块、杂草等阴暗而较湿润的地方。雌成虫行动迟缓,不能飞翔,无趋光性;雄成虫飞翔力较强。雌雄成虫稍有假死性,但未见成虫为害作物。成虫寿命约 220 d 左右。雄虫交配后 3~5 d 即死亡,雌虫产卵后不久也死亡。

(5)为害症状　金针虫主要以幼虫为害,幼虫主要为害新播种的种薯块茎,钻蛀块茎及萌发的幼芽,取食薯块的须根、主根等地下部分,受害秧苗根部形成不整齐的伤口。成虫的为害普遍较轻。主要为害马铃薯薯苗的地上部鲜嫩茎叶,因为成虫在地上活动时间不长,对马铃薯块茎为害性较小。

(6)发生地区和条件　广泛分布于马铃薯各种植区。金针虫类与蛴螬相似,随土温变化而上下移动,但临界的温度不同,春季地下 10 cm 土温达 6.0 ℃左右时开始活动,10.8~16.6 ℃ 是为害盛期,比其他地下害虫为害期早。秦岭南麓在 3—4 月间,是防治的关键时期。夏季地下 10 cm 土温上升到 21.0~26.0 ℃时,就向深土层下移,停止为害;秋季又上升为害,10 月中、下旬,气温下降到 6.0 ℃以下又下蛰越冬。除温度外,湿度对金针虫活动为害影响也很大。沟金针虫的适宜土壤含水量为 15.0%~28.0%。在干旱的平原地区,春季雨较多,对其有利,为害较重;但如表土过于潮湿,呈饱和状态,金针虫也向土壤深处转移,故浇水可暂时减轻为害。耕作制度和耕作技术对金针虫的为害有密切关系。在精耕细作地区,一般发生为害较轻,初垦的育苗地块,往往受害比较严重,应特别注意。

(7)对马铃薯生长和产量的影响 幼虫啃食嫩芽使得种薯不能正常发芽。通过取食薯块地下部分使得马铃薯秧苗受害后逐渐萎蔫至枯萎致死。伤口会加快其他病原菌侵染,造成巨大的经济损失。严重时,幼虫会不断取食块茎,在块茎内部形成蛀道,使得马铃薯失去商品价值。

4. 蝼蛄类

(1)分类地位 属于直翅目(*Orthoptera*),蝼蛄科(Grylloidea)。蝼蛄又名拉拉蛄、地拉蛄,土狗子。主要种类有华北蝼蛄(*Gryllotalpa unispina*)、台湾蝼蛄(*Gryllotalpa formosana Shiraki*)、金秀蝼蛄(*Gryllotalpa jinxiuensis* Youet Li)、河南蝼蛄(*Gryllotalpa henana* Caiet Niu)、东方蝼蛄(*Gryllotalpa orientalis* Burmeister)、非洲蝼蛄(*Gryllotalpa africana* Palisot de Beauvois)等。为害马铃薯的主要种类为华北蝼蛄、东方蝼蛄、非洲蝼蛄。东方蝼蛄在中国各地均有分布,南方为害较重;华北蝼蛄主要分布在北方各地;非洲蝼蛄主要分布在黄河以南地区。在秦岭南麓地区主要为害马铃薯的为华北蝼蛄和非洲蝼蛄。

(2)形态特征

卵:为较小的椭圆形,初产为乳白色,有光泽,后变为黄褐色,孵化前颜色进一步加深。卵初产长 1.6~1.8 mm,宽 1.1~1.3 mm。孵化前长 2.0~2.8 mm,宽 1.5~1.7 mm。

若虫:初孵化时为乳白色,头胸较细,腹部较大,体长 2.6~4 mm。二龄以后变为浅黄褐色,以后随着脱皮次数的增加,颜色不断加深,到五、六龄时与成虫同色。

成虫:体黄褐色,雌虫大雄虫小,雌虫体长约 45~66 mm,雄虫体长约 39~45 mm。腹部近圆筒形,颜色较浅,为浅黄褐色。背部颜色较深为黑褐色,头部为圆形的暗褐色。前胸背板呈现盾形,中央有一块心脏形的暗红色斑点。前翅短小,长 14~16 mm,后翅较长为 30~35 mm。后足胫节背面内侧有棘 1 个或者消失。

非洲蝼蛄卵较大,初产为黄白色,有光泽,后变为黄褐色,孵化前呈现暗紫色。初产长 2.0~2.4 mm,宽 1.4~1.6 mm。孵化前长 3.0~3.3 mm,宽 1.8~2.2 mm。

若虫初孵化时全身为乳白色,头胸特别细,腹部较大,腹部为淡红色。18 h 以后,全身逐渐变为浅灰褐色,二、三龄以后,颜色加深与成虫同色。

成虫体黑褐色,全体密被细毛,体长 28~43 mm。腹部呈纺锤形,前胸背板呈卵形,中央有一个凹陷明显的暗红色心脏形斑点。后足胫节背面内侧有能动的棘 3~4 根。

(3)生活史 在秦岭南麓地区约 1 年发生一代。蝼蛄主要以成虫和若虫在 40~60 cm 深土筑洞越冬,6 月、7 月份为产卵盛期,卵期 10~28 d 孵化,第一年以 8~9 龄若虫越冬,第二年以成虫越冬,第三年才开始产卵。

(4)生活习性 蝼蛄在产卵前,先挖隐蔽室,而后在隐蔽室里抱卵;在夜晚活动、取食为害和交尾,以每日 21—22 时为取食高峰;初孵若虫有群集性,怕光、怕风、怕水、孵化后 3~6 d 群集一起,以后分散危害;具有强烈的趋光性;嗜好香甜食物,对煮至半熟的谷子,炒香的豆饼等较为喜好;对未腐烂的马粪,未腐熟的厩肥有趋性;喜欢在潮湿的土中生活,通常栖息在沿河两岸、渠道河旁、苗圃的低洼地、水浇地等处。

(5)为害症状　蝼蛄成虫及若虫均在地下活动,取食马铃薯地下块茎幼芽,幼苗根茎往往被咬断,受害幼苗的根部呈乱麻状,从而导致幼苗凋萎枯死。

(6)发生地区和条件　马铃薯各种植区均有分布。蝼蛄的活动受土壤温度、湿度的影响很大,气温在 12.5~19.8 ℃,20 cm 土温在 12.5~19.9 ℃ 是蝼蛄活动适宜温度,也是蝼蛄危害期;若温度过高或过低,便潜入土壤深处;土壤相对湿度在 20% 以上是活动最盛,<15% 时活动减弱;土中大量施入未充分腐熟的厩肥、堆肥,易导致蝼蛄发生,受害也就严重。

(7)对马铃薯生长和产量的影响　蝼蛄除咬食作物外,还在土壤表层穿行,形成弯弯曲曲的纵横隧道,造成土壤松动、透风干旱,使幼苗根系悬空,不能吸收水分和养分最终枯死。因此流传广泛的俗言,"不怕蝼蛄咬,就怕蝼蛄跑",说明蝼蛄在地表造成的纵横隧道对作物的危害性比咬食作物的为害性更大。

(二)地上害虫

常见有斑潜蝇、蓟马、马铃薯块茎蛾、二十八星瓢虫、蚜虫、马铃薯跳甲等。

1. 斑潜蝇

(1)分类地位:属双翅目(*Diptera*),潜蝇科(Agromyzidae)。主要为害马铃薯的斑潜蝇为美洲斑潜蝇(*Liriomyza sativae*),又称为蛇形斑潜蝇,其次甘蓝斑潜蝇、蔬菜斑潜蝇。

(2)形态特征

卵:长 0.2~0.3 mm,宽 0.1 mm 左右,米色,半透明。

幼虫:蛆状,长 3 mm,初无色,后变为浅黄色至橙黄色,有后气门三孔。

蛹:长 1.7~2.3 mm,宽 0.5~0.75 mm,椭圆形,橙色,腹面稍扁平。

成虫:虫体较小,体长 1.3~2.3 mm,浅灰黑色,头部黄色,眼眶为黑色,体腹面黄色,胸背板亮黑色,中胸侧板大部分为黄色,雌虫个体大于雄虫,外顶鬃常着生在黑色区域上,内定鬃着生在黄色区域或者黑色区域上。

(3)生活史　在秦岭南麓地区一年可发生 10 多代,以蛹在土壤中越冬,田间 5 月中下旬开始出现成虫,7 月至 9 月中下旬是露地的主要为害时期,10 月后虫量逐渐减少。在保护地种植条件下通常有两个发生高峰期,即春季至初夏和秋季,以秋季为重。老熟幼虫多数在土中化蛹,也有的在叶面化蛹,化蛹高峰期为上午 7 时到 11 时,成虫的羽化高峰期为上午 7 时到下午2 时,羽化当日即可进行交配,且温度越高,交配越早,雌雄虫均可完成多次交配,成虫在白天取食产卵。

(4)生活习性　成虫对黄色和光具有正趋向性,成虫飞行能力有限,所以自然的远距离扩散能力弱。长时间高湿导致蛹粒霉变。降雨对该虫的影响主要表现为降低土壤中蛹的羽化率,大雨、暴雨可直接致死成虫和蛹。

(5)为害症状　幼虫可以取食叶片上下表皮之间的叶肉,残留上表皮,形成纵横交错的白色蛇形隧道,虫道渐渐变粗,虫粪为线状,导致叶片部分或全部失绿。成虫产卵、取食也造成圆形斑痕,雌成虫能刺伤叶片,形成白色刻点状刺孔,雄成虫可在雌成虫造成的伤口上取食。

(6)发生地区和条件　广泛分布于秦岭南麓马铃薯种植区。环境温度对斑潜蝇的发育速度有明显的影响。在一定温度范围内各虫期发育历期随温度升高而缩短。低于14 ℃蛹的羽化率明显降低,高于35 ℃显著影响幼虫存活及化蛹,26 ℃左右最适宜于各虫态生长发育和个体繁殖。但成虫耐高温能力较强,即使在40 ℃恒温下,经过6~8小时后仍有50%的成虫能够存活。春季5—6月保护地和秋季8—9月露地平均温度约为24~27 ℃,最适宜于斑潜蝇发生为害,田间虫口数量增长迅速。深秋与早春的低温及盛夏高温都严重影响种群数量增长。自然情况下空气相对湿度60%~80%对斑潜蝇发生繁殖十分有利。

(7)对马铃薯生长和产量的影响　斑潜蝇幼虫和成虫均可为害马铃薯,其中幼虫为害造成的损失最大。成虫或幼虫造成的取食孔会致使叶片细胞受到破坏,光合作用减弱,受害严重时植株大量枯黄脱落,早衰,甚至死亡。

2. 蓟马

(1)分类地位　属缨翅目(*Thysanoptera*),蓟马科(Thripidae),是昆虫纲缨翅目的统称。种类较多,约有6000种,中国蓟马种类约有400种。其中,西花蓟马(*Frankliniella occidentalis*)、八节黄蓟马(*Thrips flavidulus*)、葱蓟马(*Thrips alliorum*)、棕榈蓟马(*Thrips palmi* Karny)等的主要寄主都是马铃薯。秦岭南麓地区为害马铃薯的蓟马种类主要为西花蓟马。

(2)形态特征

卵:肾形,长约0.2 mm,不透明,白色或淡黄色。

若虫:若虫阶段可分为1龄和2龄,1龄刚孵化出来为白色,后变为黄色、橙色、深红色;有11节腹节,3对胸足,胸足结构相似,没有翅芽。2龄为淡黄色,之后脱皮进入蛹的阶段。

蛹:前蛹(3龄)与伪蛹(4龄)均具有发育较好的胸足,前蛹具有翅芽但是触角发育不完全,脱皮成为伪蛹后具有发育完全的触角,且虫体与成虫大小相似。

成虫:体长约1.5 mm,雌虫比雄虫大,雌虫腹部较圆,多为黄色或褐色,雄虫腹部较狭窄,多为灰色。在翅的前缘和后缘具有长的缨毛。

(3)生活史　蓟马在秦岭南麓地区1年可发生10代左右,世代重叠严重,主要以成虫的形式隐藏在土壤表皮或枯枝落叶上过冬。第二年4月中下旬开始出现第一代幼虫,5—6月份为幼虫盛发期,9—10月发生量最大,之后10月下旬成虫数量减少,11月份进入越冬代。

(4)生活习性　蓟马怕光直射,白天多潜藏在叶背面,早晚、阴天取食叶片;喜欢干旱、温暖的环境,湿度过大不能存活;对蓝色、黄色、白色均具有趋性,其中对蓝色具有极强趋性。

(5)为害症状　西花蓟马可在马铃薯叶片上大量繁殖,叶片正面及背面均会受到为害,背面有黑色的虫粪,正面白色斑点连成片并有食痕。为害较重的叶片会皱缩变小,光合速率降低,甚至出现黄化、干枯,严重时整株植株死亡。为害茎秆时,表面会出现透明、凹陷的银白色条纹,影响植株正常生长。为害花瓣时,花瓣上产生大量透明、银白色斑点,严重时干枯,皱缩,蓟马还喜食花药中的花粉粒,造成花药干瘪畸形,从而影响马铃薯杂交的坐果率。

(6)发生地区和条件　分布广泛,几乎马铃薯各种植区均有分布。蓟马喜欢温暖、干旱的环境条件,最佳存活温度均为23~28 ℃,相对湿度为40%~70%。超过38 ℃若虫死亡提高,高温高湿条件下为害减轻。

(7)对马铃薯生长和产量的影响　受蓟马为害的马铃薯植株营养流失,光合作用被破坏,生长受阻,坐果率降低,甚至停止生长,对马铃薯产量造成一定影响。蓟马不仅影响田间及温室内马铃薯的生长,降低马铃薯产量,蓟马还可在组培室内传播,严重危害马铃薯组培苗的生长,且引起组培苗大量的细菌、真菌污染。

3. 马铃薯块茎蛾

(1)分类地位　属于鳞翅目(*Lepidoptera*),麦蛾科(Gelechiidae)。该虫属于世界性分布害虫,在国际国内均为检疫对象。马铃薯块茎蛾又名烟草潜叶蛾,俗称绣花虫、串皮虫、漂皮虫、洋芋蛆等,喜食茄科作物。国内分布于14个省,以云南、贵州、四川、陕西发生为害最重,秦岭南麓地区为陕西省的重要为害区。

(2)形态特征

卵:椭圆形,长约0.5 mm,宽约0.4 mm,微透明,表面无明显刻纹。初产时为乳白色,后变为淡黄色,孵化前变为黑褐色,带有蓝紫色光泽。

幼虫:幼虫体长8～15 mm,灰白色,头部棕褐色,前胸、腹部末节背板以及胸足为暗褐色,背部呈粉红色或暗绿色,其余部分大体为白色和淡黄色。

蛹:圆锥形,体长约5～7 mm,宽约1.8～2 mm,棕褐色。臀棘短小而尖,向上弯曲,周围有刚毛8根,生殖孔为一细形纵纹,雌虫位于第8腹节,雄虫位于第9腹节。发育后期蛹的复眼、翅芽、胸足等均变为黑褐色,腹部为黄褐色,有稀生刚毛。蛹体外有土褐色的薄茧。

成虫:体长5～6.5 mm,灰褐色,稍带银灰色光泽。触角为黄褐色丝状,前翅狭长,披针形,无斑纹,鳞毛黄褐色,杂有黑色鳞毛。后翅前缘基部具有一束长毛,雄虫具有1根翅缰,雌虫翅缰3根。

(3)生活史　该虫无滞育现象,在秦岭南麓地区一年发生4～5代,有世代重叠现象。主要以幼虫在田间残留的薯块内以及贮藏期的马铃薯块茎上越冬,或者以蛹的虫态越冬。幼虫可随风、调运工具等落在附近植株叶片上潜入蛀食为害。幼虫老熟后,从叶片、薯块中爬出,在土表、枯叶、薯堆上结茧化蛹,大部分蛹均在光期羽化。羽化第二天雌雄虫进行交配,交配第二天即可产卵,产卵高峰期为4～5 d,单头雌虫产卵量为50～100粒。

(4)生活习性　成虫昼伏夜出,具有趋光性,成虫的交配行为受性激素引诱。

(5)为害症状　田间马铃薯以5—11月受害严重,贮藏期马铃薯以7—9月受害严重。为害叶片时,以幼虫潜入叶内,经叶脉蛀食叶肉,叶片被害初期,出现线形隧道,以后叶肉被食尽仅留上下表皮,呈半透明状。严重时,嫩茎、叶芽全部枯死,植株茎叶萎蔫甚至死亡。为害田间或贮藏马铃薯薯块时,成虫多将卵产在薯块芽眼、伤口处,初孵幼虫多由芽眼处蛀入块茎,形成弯曲虫道,蛀孔外有深褐色粪便排出。

(6)发生地区和条件　分布比较普遍,是秦岭南麓马铃薯种植区主要害虫之一。块茎蛾发生与耕作条件有密切关系,一般前茬或附近有烟草、茄子、辣椒、曼陀罗等茄科植物的马铃薯地块为害重;靠近水稻的地块或前茬为水稻的地块受害轻;山坡红壤土、沙壤土地块受害重。

(7)对马铃薯生长和产量的影响　能食光薯肉,受害块茎易霉变腐烂,失去食用或种用价值。

4. 马铃薯二十八星瓢虫

(1)分类地位　属于鞘翅目(Coleoptera),瓢虫科(Coccinellidae),瓢甲科(Ladybirds)。马铃薯二十八星瓢虫又叫马铃薯瓢虫,俗称花牛,花大姐等。在我国南北方均有分布,主要发生在北方地区,在秦岭南麓地区发生较多。

(2)形态特征

卵:子弹形状,长约1.4 mm,初产为亮黄色,之后变为暗黄色,有纵纹。

幼虫:纺锤形,长约 9 mm,淡黄褐色,背部隆起,各节有黑色的枝刺。

蛹:椭圆形,长约 6 mm,背部出现较软且稀疏的细毛,有黑色斑纹出现。

成虫:半球形,长约 7~8 mm,初生是呈淡黄色,鞘翅有 6 个斑点,1 h 后变为赤褐色,密生黄褐色细毛,鞘翅共有 28 个黑斑,前胸背板中央有一个较大的剑状纹,两侧各有 2 个黑色小斑点,有时会合并成一个。

(3)生活史 马铃薯瓢虫在秦岭南麓地区一年发生两代,以成虫群集越冬。成虫在每年的 5 月份开始活动,6 月份为产卵盛期,6 月下旬到 7 月上旬为第一代幼虫为害期,7 月中下旬为化蛹盛期,7 月底至 8 月初为第一代成虫羽化盛期,8 月中旬为第二代幼虫为害期,8 月下旬开始化蛹,羽化为成虫,9 月中旬开始寻找越冬场所,10 月上旬开始越冬。两代幼虫均会出现世代重叠,一代幼虫发育期较二代幼虫长,幼虫共有 4 龄。

(4)生活习性 瓢虫白天和晚上都可以进食,在上午 10 时至下午 4 时最活跃,白天进食较多,夜间进食较少,中午在叶背取食。瓢虫羽化后,2~4 d 进行交配,交配时间从几分钟到 4 d 不等。不交配的瓢虫可以产出少量的卵,瓢虫可以通过多次交配来增加产卵的数量。成虫具有假死性。

(5)为害症状 成虫和幼虫主要在叶面背部啃食叶肉,仅留叶脉和上表皮,形成不规则的透明凹纹,之后变为褐色的斑痕,导致叶片萎缩,严重时整个植株枯死;成虫和幼虫还会啃食茎表皮,使养分输送受阻,增加植株染病机会。

(6)发生地区和条件 广泛分布于秦岭南麓马铃薯种植区。马铃薯瓢虫生存环境为高温高湿。在同样气候环境下,湿润田马铃薯瓢虫发生重于旱地,平地高于坡地,湿润田、平地重于坡地。在相同的播种田,播种早比播种晚瓢虫数量大,受到的为害程度也重。

(7)对马铃薯生长和产量的影响 马铃薯瓢虫对马铃薯有较强的依赖性,若幼虫和成虫不取食马铃薯,则不能正常发育和繁殖,因此马铃薯瓢虫对马铃薯为害十分严重。受害马铃薯表面会形成许多凹纹,逐渐变硬,品质下降。

5. 蚜虫

(1)分类地位 属于半翅目(*Hemiptera*),蚜总科(*Aphidoidea*),蚜科(*Aphididae*)。为害马铃薯的蚜虫有很多种,包括桃蚜(*Myzus persicae*)、萝卜蚜(*Mustard aphid*)、甘蓝蚜(*Brevicoryne brassicae*)、菜豆根蚜(*Smynthurodes betae* Westwood)、棉蚜(*Aphis gossypii* Glover)等,其中以桃蚜为优势种群。桃蚜,又名烟蚜、菠菜蚜、波斯蚜、桃赤蚜、桃绿蚜,俗称腻虫、旱虫、油旱虫等。

(2)形态特征

卵:椭圆形,长 0.5~0.7 mm,初产时淡黄色,后变黑色,有光泽。

若蚜:共 4 龄,体型、体色与无翅成蚜相似,个体较小,尾片不明显,有翅若蚜 3 龄起翅芽明显,且体型较无翅若蚜略显瘦长。

有翅胎生雌蚜,体长 2 mm 左右,头部黑色,额瘤发达显著,向内倾斜,复眼赤褐色。触角黑色,共 6 节,第 3 节有一列感觉孔,9~17 个,第 5 节端部和第 6 节基部有感觉孔各 1 个。胸部黑色,腹部体色多变,有绿色、黄绿色、褐色或赤褐色,在腹部背面中部有一黑褐色方形斑纹。尾片黑色,较腹管短,圆锥形,中部缢缩,着生 3 对弯曲的侧毛。

有翅雄蚜,与有翅雌蚜相似,但体型较小,腹背黑斑较大,触角的第 3~5 节生有感觉孔,数目较多。

无翅胎生雌蚜,成虫长 2 mm,体型较肥大,近似卵形,体色多变,有绿色、黄绿色、橘红色或褐色;额瘤、腹管与有翅型相似。体侧有较显著的乳突,触角 6 节,黑色,第 3 节无感觉孔,基部淡黄色,第 5 节末端与第 6 节基部各有 1 个感觉孔。尾片较尖,两侧也各有侧毛 3 根。

无翅有性雌蚜,体长 1.5~2 mm,赤褐色或者灰褐色,头部额瘤向外方倾斜。触角 6 节,腹管端部略有缢缩。

(3)生活史　桃蚜在秦岭南麓地区孤雌世代与两性世代交替发生,繁殖很快,一般每年发生 10~20 代。在 10 月底至 11 月中下旬有翅雄蚜与无翅有性蚜在越冬寄主上交配、产卵后越冬。早春,越冬卵孵化为无翅胎生雌蚜(干母),干母在越冬寄主上孤雌生殖,繁殖数代皆为干雌,5 月上中旬,随着气候和食源的变化,干雌产生有翅的迁移蚜,即(有翅胎生雌蚜)。当环境不利于桃蚜生存时,会产生有翅性雌蚜,迁飞至越冬寄主上产生无翅有性蚜与有翅雄蚜交配。

(4)生活习性　蚜虫食性较广,包括 300 多种作物,是马铃薯病毒病传播的重要介体。桃蚜起飞时需要充足的光线,在黑暗条件下不起飞。

(5)为害症状　桃蚜的刺吸式口器可从马铃薯地上部分吸取大量汁液,桃蚜唾液侵入组织后,引起叶片出现斑点、卷缩、虫瘿等症状。桃蚜排泄物为透明黏稠的蜜露,较严重时会影响植株的光合作用,蜜露中糖分高,招引很多种昆虫。

(6)发生地区和条件　秦岭南麓马铃薯种植区均有分布,是长发性害虫。栽培条件好的地块发生较重,一般水地重于旱地。杂草丛生的地块蚜虫发生较重。温暖干旱天气对蚜虫发生有利,随着空气湿度的增加,有翅蚜数量逐渐减少。持续降水或阵雨造成的低温、高湿不利于有翅蚜迁飞和无翅蚜繁殖,且对蚜虫有较强的冲刷作用,持续强降水能在短时间内降低田间蚜虫数量,对蚜虫的影响较温度影响的程度大。

(7)对马铃薯生长和产量的影响　桃蚜通过刺吸式口器从地上植株中取食大量汁液,从而造成植株体内营养和水分的损失。若长期处在桃蚜持续为害的条件下,会使植物组织提前老化、早衰,最终导致马铃薯生长不良,产量下降。桃蚜是一种典型的病毒病传播介体,其中桃蚜传播的马铃薯病毒包括:马铃薯 Y 病毒(PVY)、马铃薯 A 病毒(PVA)、马铃薯 M 病毒(PVM)、马铃薯卷叶病毒(PLRV)、马铃薯奥古巴花叶病毒(PAMV)。在生产中,桃蚜传播病毒病和引起煤污病造成的间接为害往往大于刺吸植株汁液造成的直接为害。

6.马铃薯跳甲

(1)分类地位　属鞘翅目(*Coleoptera*),叶甲科(Chrysomelidea),俗称土跳蚤、土崩子、狗虱虫。是马铃薯的一种主要害虫,成虫和幼虫均可为害,在秦岭南麓地区常见的为黄曲条跳甲(*Phyllotreta striolata* (Fabricius))。

(2)形态特征

卵:椭圆形,长约 0.3 mm,初产时淡黄色,后逐渐变为黄色,多产于植物基部或者根部土壤缝隙中。

幼虫:圆筒形,长约 4 mm,头部及前胸背板呈淡褐色,胸腹部为淡白色。各节有瘤状突起,并着生黑色刚毛,末端臀板为淡褐色,腹末背面有一乳头状突起。

蛹:纺锤形,长约 2 mm,由乳白色逐渐变为淡褐色,腹部背面有稀疏的褐色刚毛,腹末有一对叉状突,叉端褐色,裸蛹。

成虫:椭圆形,体长 2~2.4 mm,黑色有光泽,前胸背板密布不规则刻点,鞘翅也有刻点,规则排列成行,中央有一条向内弯曲的黄色纵纹,鞘翅外侧中部凹陷很深,内侧中部平直。后足腿节发达,善于跳跃。

(3)生活史　黄曲条跳甲的年发生代数因地而异,由北向南发生世代逐渐递增,在秦岭南麓地区一年发生 5～8 代,世代重叠,无滞育现象。以成虫形式在植株老叶、残叶、杂草、土缝间越冬,当次年春天温度回升到 10 ℃以上,成虫开始活动,随着气温升高活动加强,中午前后温度较高时,活动能力强,温度高于 34 ℃时,成虫入土蛰伏。4 月中旬开始产卵,之后平均每月产卵一代,5—6 月份为产卵高峰期,为害盛期为 4—6 月份和 7—9 月份。

(4)生活习性:成虫善跳跃,高温时能飞,但飞行能力不强。早晚或阴雨天藏于叶片背面及土块下,中午前后温度较高时活动能力强,10 ℃左右开始取食,15 ℃渐增,20 ℃急增,32～34 ℃食量最大,34 ℃以上食量激减,温度再高便入土蛰伏。成虫有趋光性,对黑光灯特别敏感。

(5)为害症状　成虫主要为害马铃薯幼苗,喜食嫩叶和生长点,在叶背面聚集取食,被害叶片出现透明的椭圆形空洞,常造成毁苗断垄。幼虫主要取食根部,啃食后的根表皮会出现不规则的条状虫道,主根、侧根、地下茎均受其为害,表现出黑斑,引起腐烂。须根咬断后还会使叶片由外向内发黄萎蔫,幼虫还会传播软腐病。

(6)发生地区和条件　分布于秦岭南麓马铃薯种植区,在温暖湿润,高温高湿环境下活动较强。

(7)对马铃薯生长和产量的影响　幼虫取食马铃薯的块茎或块根,损害薯块的表皮和皮层,使薯块品质下降,特别是干旱夏季,造成的为害极重。

7. 叶蝉

(1)分类地位　属于半翅目(Hemiptera),叶蝉科(Cicadellidae)。在秦岭南麓地区主要为害马铃薯的叶蝉包括大青叶蝉(*Cicadella viridis*)和条沙叶蝉(*Psammotettix striatus* (Linnaeus))。其中大青叶蝉为害最重,又名青叶跳蝉、大青浮尘子、青头虫等。

(2)形态特征

卵:长卵圆形,长约 1.6 mm,初产时为乳白色,近孵化时为黄白色,逐渐变为无色透明,一般 10 粒左右排列成卵块。

幼虫:初孵化时灰白色,微带黄绿,头大腹小,胸、腹背面无显著条纹。3 龄后体色转黄绿色,胸、腹背面具褐色纵列条纹,并出现翅芽。老熟若虫体长 6～7 mm,形似成虫,但翅未发育完全。

成虫:雌虫体长 9～10 mm,雄虫 7～8 mm,体黄绿色,头部橙黄色,复眼黑褐色,有光泽。头部背面具单眼 2 个,2 单眼之间有 2 个多边形黑斑点,触角刚毛状。前胸背板前缘黄色,其余为深绿色;前翅绿色,末端灰白色,半透明。后翅及腹背面呈黑色。腹部两侧、腹面及胸足均为橙黄色。

(3)生活史:大青叶蝉 1 年发生 3 代,以卵在树干、枝条表皮下的形式越冬。翌年 4 月份孵化,若虫到杂草及其他寄主作物上群集为害,5—6 月第 1 代成虫出现,7—8 月第 2 代成虫出现。9—11 月出现第 3 代成虫,成、若虫均能为害马铃薯,但在大田马铃薯秋收后,至 10 月中旬成虫开始迁移到果树等其他作物上产卵,10 月下旬为产卵盛期,并以卵态越冬。

(4)生活习性　初孵化幼虫喜群聚取食,成、若虫喜栖息在潮湿窝风处,有较强的趋光性,常聚集在嫩绿低矮的寄主作物上为害。善飞跳跃,飞翔力较弱,以中午或午后气候温和、日光强烈时活动较盛,飞翔也多。

(5)为害症状:大青叶蝉成虫和幼虫均能为害马铃薯叶片,刺吸叶片,吸食汁液,一方面被为害的叶片褪色、干枯、畸形、叶缘上卷呈火烧状;另一方面大青叶蝉可以通过刺吸时将毒素注入叶片,从而传染病毒病。

(6)发生地区和条件 分布于马铃薯种区。夏季高温叶蝉繁殖较强,晚秋温度较低时活动不明显,种群数量较少。

(7)对马铃薯生长和产量的影响 叶蝉通过吸食叶片,破坏叶绿素和输导组织,影响马铃薯植株的光合作用和营养运输,严重时植株枯萎死亡,从而造成马铃薯减产。

(三)防治措施

1. 农艺防治 通过深耕整地,清洁田园,轮作换茬,加强田间管理等方面采取措施。

(1)合理安排茬口 通过与其他非寄主作物间作可以减少病虫害对马铃薯的为害,避免与茄科作物套作、间作、轮作,薯田附近也避免种植茄科作物。

(2)播种前进行土壤处理 春季播种马铃薯前,有条件的进行深耕灌水,能够破坏害虫越冬或产卵环境,减少土中的卵及幼虫数量。如在地老虎产卵至孵化盛期,及时进行中耕,可大大降低卵的孵化率。当小地老虎发生后,根据马铃薯长势,适当加大灌水量,能够在一定程度上淹死或者逼迫幼虫外逃,然后进行人工捕杀减少为害;在蛴螬越冬的秋季,进行深翻土壤并大水灌溉,能够破坏害虫越冬环境,减少虫量,从而减轻下年为害;斑潜蝇虫害发生初期深耕土地,幼虫化蛹时期大量灌水或者延长田间存水时间,可直接淹灭部分幼虫;马铃薯瓢虫发生初期也可通过深耕灌水的方式减少虫源基数。

(3)收获时及时清洁田园 秋冬季节马铃薯收获后及时处理残株、田间地头枯枝、杂草,做到田间无遗薯,无枯叶、无植株。杂草是地老虎的产卵场所,是马铃薯跳甲等的越冬场所,又是迁移到作物的中介桥梁寄主。通过在卵和1~2龄幼虫盛期彻底铲除田间地头的杂草,集中销毁或沤肥,可减少幼虫早期食料来源,达到消灭部分卵或幼虫的目的。

(4)人工捕杀 防治蝼蛄时,可通过深耕时人工捡除,并且通过隧道捣毁蝼蛄的栖息场所,从而大大减少虫源基数;也可利用熏蒸等作用杀死部分蝼蛄。防治马铃薯瓢虫时,可利用成虫假死性的特点,拍打植株叶片,集中杀灭,也可根据卵块颜色鲜明的特点,人工摘卵。防治蚜虫时,可及时修剪枝叶除蚜,摘除有蚜虫的底叶和老叶。

2. 物理防治

(1)灯光诱杀 利用防治地老虎、金针虫、蝼蛄、斑潜蝇、马铃薯块茎蛾、马铃薯跳甲、叶蝉等害虫的趋光性,在田间架设黑光灯、太阳能频振式杀虫灯等对成虫进行诱杀,从而大量消灭成虫,降低虫口密度。并在黑光灯下放清水,水中滴入少料煤油,该种措施在温度高,天气闷热,无风的夜晚,诱杀效果最好。需要注意的是,该种措施应用防治叶蝉时,主要用于防治第1、2代,第3代成虫产卵时气温低,活力小,诱杀效果较差。

(2)黄板诱杀 利用斑潜蝇、蚜虫、马铃薯跳甲等害虫的趋黄性,在田间使用黄色粘虫板对成虫进行诱杀,平均每亩地悬挂 20 片黄板,最适高度为距离地面 30 cm,每 10 d 更换一次,能够有效降低成虫的种群密度,达到防治目的。

(3)蓝板诱杀 利用蓟马对蓝色的较强趋向性,将色板悬挂于温室和大棚内,起到诱杀成虫,减少产卵的危害。

(4)糖醋液诱杀 利用地老虎,蛴螬等害虫的趋蜜糖性,通过蜜糖诱杀器或者糖醋液进行诱杀。糖醋液是用红糖 6 份、醋 3 份、白酒 1 份、水 10 份,另加 1 份敌百虫配制而成。也可用发酵变酸的红薯、胡萝卜、烂水果等加入适量敌百虫替代糖醋液。盛糖醋液的容器放置于地头距离地面 1 m 高的三脚架上，傍晚摆出，天亮收回，每 7 天更换一次糖醋液。

（5）堆草诱杀　利用地老虎、蛴螬、金针虫、蝼蛄等害虫对顶部叶片的趋嫩性，选择害虫喜食的灰菜、刺儿菜、苜蓿等鲜嫩杂草制成草堆，可人工捕杀也可拌入药剂进行毒杀幼虫。

（6）畜粪趋性　利用蛴螬、金针虫、蝼蛄等害虫对畜粪的趋避性和趋向性，通过在田间操作道左右各挖小坑，在坑内放置畜粪可趋避成虫或诱杀成虫，从而减少虫源。其中，金针虫对羊粪具有较强趋避性，蝼蛄对马粪具有趋向性。

（7）泡桐叶诱捕　利用地老虎幼虫对泡桐叶有趋向性特点，将较老的泡桐叶用清水或者敌百虫浸湿，于傍晚放入田间，次日掀开树叶进行人工捕杀或者毒杀。

3. 化学防治

（1）毒饵诱杀　用 90％的晶体敌百虫 0.5 kg，50％辛硫磷乳油 500 ml，加水 3～4 L，与 50 kg 碾碎炒香的棉籽饼、豆饼或者麦麸拌匀制成毒饵，在傍晚撒到幼苗根际附近，每隔一定距离一小堆，每亩用量 5 kg；或者用 50％辛硫磷乳油每亩 200～250 ml 拌细土 25 kg；或者 48％地蛆灵乳油每亩 200 mL 拌细土 10 kg 撒在田间；或者 50％杀螟丹可溶性粉剂与麦麸按照 1∶50 比例拌成毒饵。上述方法均可以引诱地老虎、蛴螬、金针虫、蝼蛄等地下害虫。

（2）灌根处理　地下害虫大发生时，可将 50％辛硫磷乳油 1000 倍液，或 90％晶体敌百虫 1000 倍液，或 50％二嗪农乳油 500 倍液，或 20％氰戊菊酯 1500 倍液在防治适期地面喷洒；虫口数量较多时，可用 5％溴氰菊酯乳油 2000 倍液，或 20％速灭杀丁乳油 4000 倍液灌根处理，顺着马铃薯植株基部浇根。上述除 20％氰戊菊酯安全间隔期为 2 d 外，其他药剂的安全间隔期均为 7 d，连续 2～3 次。

（3）拌种　防治蚜虫时可用 70％吡虫啉种衣剂 23 g，兑水 4 kg，喷洒在 100 kg 的种薯上进行拌种，阴干后播种；或用 70％噻虫嗪干种衣剂 1.8～2.5 g，加 1 kg 滑石粉，洒在 100 kg 种薯上，阴干后播种。

（4）熏蒸　马铃薯贮藏期防治块茎蛾，对进库的马铃薯进行杀虫剂消毒，也可用溴甲烷（35 g/m³）熏蒸 3 h。

（5）叶面喷雾　由于害虫的卵期短、高龄幼虫的抗药性强，在利用农药防治时，要注意科学用药，避免长期单一用药，防止害虫产生抗性。因此选择用药时期很重要，应该在成虫高峰期至卵孵化盛期用药或在初龄幼虫高峰期，幼虫未分散期用药。用药时间应选择早晚喷施，用药时要注意叶片两面均匀喷施。另外，害虫天敌较多，在利用药剂防治时要充分考虑天敌种群数量，慎重用药，用药应尽可能使用高效低毒药剂，在马铃薯生长期最多施用 2～3 次。需要注意的是，马铃薯跳甲的防治要针对成虫和幼虫分别进行防治。防治幼虫时，应该以保苗为重点，在幼龄期及时用药剂灌根或撒施颗粒剂。防治成虫时，尽可能从田块四周向内逐渐喷施，防治成虫跳跃逃逸。除此之外应尽量选用高效低毒杀虫剂。

防治斑潜蝇、蓟马、马铃薯块茎蛾、马铃薯瓢虫、蚜虫、叶蝉等害虫，拟除虫菊酯类杀虫剂可选用 2.5％溴氰菊酯、2.5％氟氯氰菊酯乳油、20％氰戊菊酯乳油、10％甲氰菊酯乳油、10％氯氰菊酯乳油、10％赛波凯乳油 1000～2000 倍液，2.5％三氟氯氰菊酯乳油 2500 倍液，2.5％氯氰菊酯乳剂、2.5％功夫菊酯乳油、2.5％敌杀死乳剂 3000 倍液，4.5％高效氯氰菊酯乳油、20％灭扫利乳油、20％氰戊菊酯乳油 4000～5000 倍液等。注意喷药时叶背叶面均匀见药。

有机磷类杀虫剂可选用 20％甲基异硫磷乳油、40％乐果乳油、40％二嗪农乳油、40％辛硫磷乳油、40％乙酰甲胺磷乳油、48％毒死蜱乳油、50％马拉硫磷乳油、50％氧乐乳油、90％敌百虫 1000～2000 倍液烟碱类杀虫剂可选用 20％吡虫啉可湿性粉剂 1000 倍液、10％吡虫啉可湿性粉剂 2000 倍液 22％氟啶虫胺腈 5000 倍液。氨基甲酸酯类杀虫剂可选用 25％西维因可湿性粉剂 300～400 倍液,20％丁硫克百威乳油 1000 倍液,50％巴丹可溶性粉剂、50％叶蝉散、50％异丙威乳油 1000～1500 倍液,50％抗蚜威可湿性粉剂 3000 倍液。

4.生物防治　主要是利用植物次生代谢物、生物制剂、引诱剂、寄生性天敌、捕食性天敌等。

(1)植物次生代谢物　金针虫幼虫对油桐叶、蓖麻叶、牧荆叶、马醉木、苦皮藤、臭椿、乌药、羞皂和芫花等的茎、根部分粉状物极为敏感,以上都具有较理想的驱杀效果;坡柳皂苷、印棟素、滇杨提取物、烟草提取物及马铃薯块茎蛾幼虫粪便等可抑制马铃薯块茎蛾成虫产卵;鱼藤酮能抑制马铃薯跳甲卵的孵化;马缨丹提取物的石油醚、丙酮等提取物和萃取物,番茄的甲醇提取物对马铃薯跳甲成虫均有较强的拒食作用。

(2)生物制剂　白僵菌、绿僵菌、苏云金芽孢杆菌、云菊素等生物制剂混合土壤撒施于表面然后施肥盖土,对蛴螬、金针虫、蓟马、马铃薯瓢虫等具有一定的防治效果。利用白僵菌可以防治贮藏期马铃薯块茎蛾成虫,利用苏云金杆菌可湿性粉剂 1000 倍液防治贮藏期马铃薯块茎蛾幼虫。

(3)引诱剂　促进产卵的植物提取物。如桉叶油醇、α-蒎烯、β-蒎烯、α-石竹烯、β-石竹烯、柠檬烯等可作为诱集植物,诱集马铃薯块茎蛾成虫产卵,从而减少其在马铃薯上的产卵量;如烟碱乙酸酯、苯甲醛、茴香醛等混合成引诱剂可以大量诱杀蓟马成虫;如壬醛、月桂烯、P-聚伞花素、松油烯和烟碱类等引诱剂对马铃薯块茎蛾成虫具有显著引诱作用。雌蚜虫可产生荆芥内酯和荆芥醇等性信息素,通过性信息素诱捕器来防治马铃薯田间的蚜虫。

(4)斑潜蝇天敌治虫　是寄生性天敌治虫。中国斑潜蝇类的寄生蜂较多,有 39 种,其中秦岭南麓地区的优势种有底比斯釉姬小蜂和芙新姬小蜂,另外黄腹潜蝇茧蜂、甘蓝斑潜蝇茧蜂、异角姬小蜂等也被用来防治斑潜蝇。

(5)蓟马天敌治虫　利用昆虫天敌。蓟马的天敌主要为花蝽类,包括无毛小花蝽、美洲小花蝽、刺小花蝽、淡翅小花蝽、狡小花蝽等。其中狡小花蝽最为常见,可在害虫发生初期进行释放,能够取食蓟马的成虫和若虫。捕食性螨主要包括胡瓜钝绥螨和巴氏钝绥螨,而捕食性螨只取食蓟马的一龄和二龄若虫。

(6)马铃薯瓢虫天敌治虫　是捕食性天敌。马铃薯瓢虫的天敌主要有草蛉、胡蜂、小蜂、蜘蛛等。寄生性天敌可在幼虫盛发期,利用人工饲养的瓢虫双脊姬小蜂在田间进行释放,增大田间马铃薯瓢虫蛹的寄生率,减少第一代成虫和越冬虫源。

(7)蚜虫天敌治虫　寄生性天敌包括烟芽茧蜂和丽蚜小蜂等,其中烟蚜茧蜂和丽蚜小蜂的生产技术已经成熟,可广泛应用。捕食性天敌包括异色瓢虫、大草蛉、丽草蛉、小花蝽、七星瓢虫等,其中异色瓢虫繁殖技术比较成熟,能够广泛用于马铃薯生产上。

(8)叶蝉天敌治虫　寄生性天敌主要包括赤眼蜂、叶蝉柄翅卵蜂、叶蝉缨小蜂等。其中赤眼蜂和叶蝉柄翅卵蜂的人工饲养技术已经较完备。捕食性天敌包括隐翅虫、猎蝽、草间小黑蛛等。需要注意的是在天敌出现盛期应减少施药次数,以保护天敌。

(9)蝼蛄天敌治虫　秦岭南麓地区植被较多,资源丰富,要注意保护鸟类。鸟类是蝼蛄的天敌,如喜鹊、黑枕黄鹂、红尾伯劳等都能取食蝼蛄。

三、马铃薯田杂草种类及防除

(一)中国杂草区系

中国地处欧亚大陆的东部,南北纬度跨越 50°,距离 5500 km;东西跨越的经度超过 60°,距离 5200 km,地域广阔、气候类型复杂多样,地势自西向东呈现下降趋势,决定着长江、黄河等水系的流向,也间接影响着植物的分布,形成了丰富多彩的植被类型。根据李扬汉(1998)《中国杂草志》记载,中国种子植物杂草有 90 科 571 属 1412 种,其中裸子植物 1 种,被子植物 1411 种。中国种子植物杂草的科、属、种分别占中国种子植物的 37.00％、20.79％和 5.93％。中国种子植物杂草世界分布的科占绝对优势,占比 48.89％,分别为禾本科、菊科、莎草科、豆科、蓼科、石竹科、旋花科、列当科、苋科、玄参科、唇形科和十字花科等。

李扬汉(1998)在《中国杂草志》中把中国杂草归为七大区系。即寒温带主要杂草区系、温带主要杂草区系、温带草原主要杂草区系、暖温带主要杂草区系、亚热带杂草区系、热带杂草区系、温带荒漠杂草区系。秦岭南麓杂草归入亚热带杂草区系中。

(二)秦岭南麓农田杂草种类

贺学礼等(1996)报道,陕西农田杂草种类共有 54 科、203 属、332 种,其中为害严重的以菊科(27 属 44 种)、禾本科(36 属 54 种)、豆科(13 属 24 种)、十字花科(11 属 14 种)、藜科为主。强胜等(1991)报道,甘肃农田杂草有 36 科、106 属、166 种,其中,陇南和河西地区水湿条件较好,农田杂草区系具有亚热带杂草区系成分的特点,和长江中下游地区杂草区系极为相似,具有 10 种以上的农田杂草的科有禾本科、菊科、豆科、十字花科、蓼科、藜科和唇形科,另外石竹科、莎草科、旋花科、紫草科的种类也在 5 种以上。秦岭南麓常见杂草有马唐、稗、狗尾草、苋菜、马齿苋、猪殃殃、婆婆纳、繁缕、刺儿菜、酸模、打碗花、田旋花、播娘蒿等。

(三)秦岭南麓马铃薯田常见杂草

1. 蓼科 Polygonaceae

以齿果酸模为例。学名 *Rumex dentatus* L.,酸模属一年生或多年生草本。又名醋缸、小红根。

幼苗全株光滑无毛,根系发达。下胚轴粗壮,红色,上胚轴不发育。子叶狭卵形,长 8 mm,宽 3.5 mm,先端钝圆,基部楔形,有柄;初生叶 1 片,阔卵形,先端钝尖,叶基圆形,全缘,表面稀布红色斑点,具长柄,托叶鞘膜质,呈杯状;后生叶叶尖初钝圆,后渐变尖,全缘,叶面有红色斑点。

成株高 15～80 cm,茎直立,多分枝,纤细,枝斜上,具沟纹,无毛。茎生叶较小,具短柄。

花簇轮生于茎上部和枝的叶腋内,再组成顶生带叶的圆锥状花序;花两性,黄绿色,常下弯,花梗基部有关节;花被片黄绿色,6 片,成 2 轮,雄蕊 6,排列成 3 对。瘦果卵状三棱形,具尖锐角棱,长约 2 mm,褐色,平滑。花期 4～5 月,果期 6 月。

2. 藜科 Chenopodiaceae

以灰绿藜为例。学名 *Chenopodium glaucum* L.,别名白灰条、碱灰菜,一年生或二年生草本。

幼苗上胚轴及下胚轴均较发达,下胚轴呈紫红色。子叶 2,紫红色,长约 0.6 cm,狭披针形,先端钝。基部略宽,肉质,具短柄。后生叶椭圆形或卵形,叶缘有疏钝齿。

成株植株高 10～45 cm,茎平卧或斜生,茎自基部分枝,具绿色或紫红色条纹,叶互生有短柄。叶片厚,带肉质,椭圆状卵形至卵状披针形,长 2～4 cm,宽 5～20 mm,顶端急尖或钝,边缘有波状齿,基部渐狭,表面绿色,背面灰白色、密被粉粒,中脉明显;叶柄短。

团伞花序排列成穗状或圆锥状花序;花两性或兼有雌性,花被裂片 3～4,浅绿色、肥厚,基部合生。胞果伸出花被片,果皮薄,黄白色;种子横生、斜生及直立,扁圆形,暗褐色,0.5～0.7 cm,有光泽。

3. 苋科 Amaranthaceae

(1)凹头苋　学名 *Amaranthus lividus* L.,苋属。又名野苋,一年生草本,成株高 10～30 cm,全体无毛,茎伏卧而上升,从基部分枝,淡绿色或紫红色。

幼苗子叶 1 对,长椭圆形,先端钝圆,基部连合。下胚轴发达,上胚轴短。初生叶阔卵形,先端平截,具凹陷,叶基阔楔形,有长柄。后生叶除叶缘略呈波状外,与初生叶相似。

成株肉质肥厚,有光泽无毛,绿色或紫色。叶片卵形或菱状卵形,长 1.5～4.5 cm,宽 1～3 cm,先端钝圆,顶端有凹缺,基部宽楔形,全缘或稍呈波状。茎圆柱形,倾斜或匍匐生长。

花簇大部生于叶腋,生在茎端或分枝端的花簇集成直立穗状或圆锥状花序;花被片 3,长圆形或披针形,花 3～8 朵,黄色,具凹头,下部结合;雄蕊 8～12 枚;花柱 4～6 枚,细长,伸出雄蕊之上;柱头 4～5 裂。

种子扁球形,直径约 1.2 cm,黑色至黑褐色,具环状边缘。花期 7—8 月,果期 8—10 月,种子随风、雨水或灌溉水及收获物进行传播。牲畜食用带有种子的苋菜,经消化道排出仍有发芽能力。

(2)苋　学名 *Amaranthus tricolor* L.,苋属,又名雁来红、老少年、三色苋等。成株高 80～150 cm;茎粗壮,直立,绿色或红色,常分枝,叶片卵形、菱状卵形或披针形,长 4～10 cm,宽 2～7 cm,绿色或常成红色,紫色或黄色,顶端圆钝或尖凹,具凸尖,基部楔形,全缘或波状缘,无毛;叶柄长 2～6 cm,绿色或红色。

花簇腋生,直到下部叶,或同时具顶生花簇,成下垂的穗状花序;花簇球形,直径 5～15 mm,雄花和雌花混生;苞片及小苞片卵状披针形,长 2.5～3 mm,透明,顶端有 1 长芒尖,背面具 1 绿色或红色隆起中脉;花被片矩圆形,长 3～4 mm,绿色或黄绿色,顶端有 1 长芒尖,背面具 1 绿色或紫色隆起中脉;雄蕊比花被片长或短。胞果卵状矩圆形,长 2～2.5 mm,环状横裂,包裹在宿存花被片内。种子近圆形或倒卵形,直径约 1 mm,黑色或黑棕色,边缘钝。花期 5—8 月,果期 7—9 月。

苋菜喜温暖气候,耐热力强,不耐寒冷。生长适温为 23～27 ℃,20 ℃以下植株生长缓慢,10 ℃以下种子发芽困难。苋菜是一种高温短日照作物,在高温短日照条件下,极易开花结籽。苋菜对土壤要求不严格,但以偏碱性土壤生长良好;全国大部分地区均有分布。

(3)反枝苋

学名 *Amaranthus retroflexus* L.,又名人苋菜、野苋菜、西风谷,是马铃薯早疫病、小地老虎、美国盲草牧蝽、欧洲玉米螟等病虫的田间寄主。一年生草本,高 20～80 cm,有时达 1 m多;茎直立,粗壮,单一或分枝,淡绿色,有时具带紫色条纹,稍具钝棱,密生短柔毛。

初生叶互生,全缘,卵形,幼茎近四棱形,单一或分枝,绿色,有时有淡红色条纹。叶菱状卵形或椭圆形卵形,长 4～12 cm,宽 2～5 cm,先端锐尖或微凹,具小芒尖,基部楔形,全缘或波浪缘,两面及边缘具柔毛。

圆锥花序顶生或腋生,直立,直径 2～4 cm,由多数穗状花序形成,顶生花穗较侧生者长;苞片及小苞片钻形,长 4～6 mm,白色,背面有 1 龙骨状突起,伸出顶端成白色尖芒;雄蕊 5,比花被片稍长;柱头 3,长刺锥状。

胞果扁卵形,长约 1.5 mm,环状横裂,薄膜质,淡绿色,包裹在宿存花被片内。种子近球形,直径 1 mm,棕色或黑色,边缘钝。花期 7—8 月,果期 8—9 月。

4. 马齿苋科 Portulacaceae

以马齿苋为例,学名 *Portulaca oleracea* L.,马齿苋属,又名马苋、五行草、长命菜、瓜子菜、麻绳菜。

成株株高 10～50 cm,全株无毛。茎平卧或斜倚,伏地铺散,多分枝,圆柱形,长 10～15 cm淡绿色或带暗红色。茎紫红色,叶互生,有时近对生,叶片扁平,肥厚,倒卵形,似马齿状,长 1～3 cm,宽 0.6～1.5 cm,顶端圆钝或平截,有时微凹,基部楔形,全缘,上面暗绿色,下面淡绿色或带暗红色,中脉微隆起;叶柄粗短。

花无梗,直径 4～5 mm,常 3～5 朵簇生枝端,午时盛开;苞片 2～6,叶状,膜质,近轮生;萼片 2,对生,绿色,盔形,左右压扁,长约 4 mm,顶端急尖,背部具龙骨状凸起,基部合生;花瓣 5,稀 4,黄色,倒卵形,长 3～5 mm,顶端微凹,基部合生;雄蕊通常 8,或更多,长约 12 mm,花药黄色;子房无毛,花柱比雄蕊稍长,柱头 4～6 裂,线形。蒴果卵球形,长约 5 mm,盖裂;种子细小,多数偏斜球形,黑褐色,有光泽,直径不及 1 mm,具小疣状凸起。花期 5—8 月,果期 6—9 月。

5. 石竹科 Caryophyllaceae

(1)雀舌草

学名 *Stellaria alsine* Grimm,又名天蓬草、雪里花,繁缕属二年生草本植物。幼苗直立,纤弱,全体无毛。下胚轴不发达,上胚轴较发达。子叶长 4 mm,披针形;初生叶 2 片,卵形,全缘。叶对生,无柄,长卵形或卵状披针形,长 5～20 mm,宽 2～8 mm,两端尖锐,全缘或边缘浅波状。

聚伞花序,顶生或腋生,花白色,花柄细长如丝;萼片 5,披针形,先端尖,边缘膜质,光滑;花瓣 5,与萼片等长或稍短,2 深裂几达基部;雄蕊 5;子房卵形,花柱 2～3。

蒴果较宿存的萼稍长,成熟时顶端 6 瓣裂。种子肾形,略扁,褐色,略具光泽,具皱纹状突起,大体呈同心性排列。种脐位于缺刻处,花期 4—7 月。

(2)繁缕

学名 *Stellaria media* (L.),又名鹅肠菜、鹅耳伸筋、鸡儿肠。繁缕属一年生或二年生草本植物,高 10～30 cm。

幼苗子叶出土,卵形,先端急尖,基部阔楔形,有叶脉,无毛。初生叶 2,对生,卵圆形,先端突尖,叶基圆形,具长柄,柄上疏生长柔毛。

全株鲜绿色,片宽卵形或卵形,长 1.5～2.5 cm,宽 1.1～1.5 cm,顶端渐尖或急尖,基部渐狭或近心形,全缘;基生叶具长柄,上部叶常无柄或具短柄。

疏聚伞花序顶生;花梗细弱,具 1 列短毛,花后伸长,下垂,长 7～14 mm;萼片 5,卵状披针形,长约 4 mm,顶端稍钝或近圆形,边缘宽膜质,外面被短腺毛;花瓣白色,长椭圆形,比萼片短,深 2 裂达基部,裂片近线形;雄蕊 3～5,短于花瓣;花柱 3,线形。

蒴果卵形,稍长于宿存萼,顶端 6 裂,具多数种子;种子卵圆形至近圆形,稍扁,红褐色,直径 1~1.2 mm,表面具半球形瘤状凸起,脊较显著。

（3）米瓦罐

学名 *Silene conoidea* L.,又名麦瓶草、净瓶、麦瓶子、麦黄菜,蝇子草属越年生或一年生草本植物。

幼苗上胚轴不发达。子叶长椭圆形,长 6~8 mm,宽 2~3 mm,先端尖锐,子叶柄极短,略抱茎。初生叶 2 片,匙形,全缘,有长睫毛。成株全体有腺毛。茎直立,高 15~60 cm,单生或叉状分枝,节部略膨大。

叶对生,无柄,基部连合,茎生叶长圆形或披针形,长 5~8 cm,宽 5~10 mm,全缘,先端尖锐。

花和籽实聚伞花序顶生或腋生,花少数,有梗。萼筒长 2~3 cm,开花时呈筒状,果食下部膨大呈卵形,裂片 5,钻状披针形。花瓣 5 片,倒卵形,紫红或粉红色。雄蕊 10 枚。花柱 3 裂。

蒴果卵圆形或圆锥形,有光泽,包于宿存的萼筒内,中部以上变细,先端 6 齿裂。种子肾形,螺卷状,长约 1.5 mm,红褐色。

6. 十字花科 Brassicaceae Burnett

（1）荠菜

学名 *Capsella bursa-pastoris* Medic.,荠属,又名护生草、地菜、地米菜等,是一种有较高的营养价值的野菜。

幼苗子叶椭圆形,先端圆,长约 3 mm,基部渐窄至柄,全缘,无毛。上下胚轴均不发达。初生叶 2 片,对生,单叶,阔卵形,先端钝圆,全缘,叶基楔形,叶片与叶柄均被贴生的星状毛或与单毛混生;后生叶互生,叶形变化很大,第一后生叶叶缘开始出现尖齿,之后长出的后生叶叶缘变化更大。

成株株高 10~50 cm,茎直立,有分枝,被单毛、分支毛或星状毛。基生叶丛生,莲座状、叶羽状分裂,偶有全缘,长 10~12 cm,宽约 2.5 cm;顶生叶片较大,叶片有毛,侧生裂片较小。茎生叶狭披针形或披针形,顶部几成线形,基部成耳状抱茎,边缘有缺刻或锯齿。

花多数,顶生成腋生成总状花序,开花时茎高 20~50 cm,总状花序顶生和腋生。花小,白色,两性。萼 4 片,绿色,开展,卵形,基部平截,具白色边缘,十字花冠。短角果扁平。花瓣倒卵形,有爪,4 片,白色,十字形开放,径约 2.5 mm;雄蕊 6,4 强,基部有绿色腺体;雌蕊 1,子房三角状卵形,花柱极短。短角果呈倒三角形,无毛,扁平,先端微凹,长 6~8 mm,宽 5~6 mm,具残存的花柱。种子约 20~25 粒,成 2 行排列,细小,倒卵形,长约 0.8 mm。花期 3—5 月。

（2）播娘蒿

学名 *Descurainia sophia*（L.）Webb. ex Prantl,播娘蒿属植物,又名麦蒿、米蒿。

幼苗子叶椭圆形,长 3~5 mm,全缘,先端钝,基部渐狭,具长柄。下胚轴较发达,上胚轴不发育,初生叶 1 片,3~5 裂,顶裂片大,两侧裂片小,基部楔形,具长柄,后生叶与初生叶相似,渐成羽状深裂,裂片更多。全株均被星状毛或叉状毛,灰绿色。

成株株高 10~80 cm,茎直立多分枝,有棱,被单毛和星状毛,下部常呈淡紫色,叶轮廓为矩圆形或矩圆状披针形,长 3~5 cm,宽 2~2.5 cm,二至三回羽状全裂或深裂,末回裂片条形或条状矩圆形,长 2~5 mm,宽 1~1.5 mm,茎下部叶有柄,向上叶柄逐渐缩短或近于无柄。

总状花序伞房状顶生,花多数、具花梗;萼片 4,条形直立,边缘膜质,早落,背面有叉状毛;花瓣 4,淡黄色,长匙形,长 2~2.5 mm,或稍短于萼片,具爪;雄蕊 6 枚,比花瓣长三分之一。

长角果圆筒状,长 2.5~3 cm,宽约 1 mm,无毛,稍内曲,与果梗不成 1 条直线,果瓣中脉明显;果梗长 1~2 cm。种子每室 1 行,种子形小,多数,长圆形,长约 1mm,宽约 0.5 mm。稍扁,淡红褐色,表面有细网纹。花期 4—5 月。

7. 旋花科 Convolvulaceae Juss

(1)打碗花

学名 *Calystegia hederacea* Wall,打碗花属,又名小旋花、喇叭花、面根藤、狗儿蔓。多年生蔓性草本植物。

幼苗光滑无毛,子叶近方形,先端微凹,基部截形,长约 1.1 cm,有柄,初生叶 1 片,阔卵形,先端圆,基部耳垂状,全缘,叶柄与叶片几乎等长,下胚轴较发达。

成株全体不被毛,茎蔓生,植株通常矮小,缠绕或匍匐,常自基部分枝,具细长白色的根。茎细,平卧,有细棱。基部叶片长圆形,长 1.5~4.5 cm,宽 1~2.5 cm,顶端圆,基部戟形,上部叶片 3 裂,中裂片长圆形或长圆状披针形,侧裂片近三角形,全缘或 2~3 裂,叶片基部心形或戟形;叶柄长 1~5 cm。

花腋生,1 朵,花梗长于叶柄,有细棱,长 2.5~5.5 cm;苞片宽卵形,2 片,长 0.8~1.6 cm,包围花萼;萼片长圆形,5 片,矩圆形,稍短于苞片;花冠淡紫色或淡红色,漏斗状,长 2~4 cm;雄蕊 5,花丝基部扩大,贴生花冠管基部,被小鳞毛;子房无毛,柱头 2 裂。蒴果卵球形,长约 1 cm,宿存萼片与之近等长或稍短。种子黑褐色,长 4~5 cm,表面有小疣。

(2)田旋花

学名 *Convolvulus arvensis* L.,旋花属,又名中国旋花、箭叶旋花、野牵牛、拉拉菀。多年生缠绕草本植物。

根状茎横走,茎平卧或缠绕,有棱。叶柄长 1~2 cm;叶片戟形或箭形,长 2.5~6 cm,宽 1~3.5 cm,全缘或 3 裂,先端近圆或微尖,有小突尖头;中裂片卵状椭圆形、狭三角形、披针状椭圆形或线性;侧裂片开展或呈耳形。

花 1~3 朵腋生;花梗细弱;苞片线性,与萼远离;萼片倒卵状圆形,无毛或被疏毛;缘膜质;花冠漏斗形,粉红色、白色,长约 2 cm,外面有柔毛,褶上无毛,有不明显的 5 浅裂;雄蕊的花丝基部肿大,有小鳞毛;子房 2 室,有毛,柱头 2,狭长。花期 5—8 月,果期 6—9 月。

蒴果球形或圆锥状,无毛;种子 4,卵圆形,无毛,褐色。

8. 茄科 Solanaceae

(1)龙葵

学名:*Solanum nigrum* L.,茄属一年生草本植物,又名苦菜、苦葵、灯笼草、山辣椒。

幼苗子叶阔卵圆形,先端钝尖,叶基圆形,边缘生混杂毛,具长柄。初生叶 1,阔卵形,密生短柔毛,羽状网脉,后生叶与初生叶相似。

成株高 0.25~100 cm,直立,茎无棱或棱不明显,绿色或紫色,近无毛或被微柔毛。叶卵形,长 2.5~10 cm,宽 1.5~5.5 cm,先端短尖,基部楔形至阔楔形而下延至叶柄,全缘或每边具不规则的波状粗齿,光滑或两面均被稀疏短柔毛,叶脉每边 5~6 条,叶柄长约 1~2 cm。

蝎尾状花序腋外生,3~10 朵花,总花梗长约 1~2.5 cm,花梗长约 5 mm,近无毛或具短柔毛;萼小,浅杯状,直径约 1.5~2 mm,齿卵圆形,先端圆,基部两齿间连接处成角度;花冠白色,筒部隐于萼内,长不及 1 mm,冠檐长约 2.5 mm,5 深裂,裂片卵圆形,长约 2 mm;花丝短,花药黄色,长约 1.2 mm,约为花丝长度的 4 倍,顶孔向内;子房卵形,直径约 0.5 mm,花柱长约 1.5 mm,中部以下被白色绒毛,柱头小,头状。浆果球形,直径约 8 mm,熟时黑色。种子多数,近卵形,直径约 1.5～2 mm,两侧压扁。

(2)曼陀罗

学名 *Datura stramonium* Linn.,曼陀罗属,又名洋金花、醉心花、狗核桃、万桃花。野生直立木质一年生草本植物,有时为亚灌木。

幼苗全株被毛,子叶披针形,大型,长约 2.2 cm,宽约 0.5 cm,先端渐尖。茎粗壮,圆柱状,淡绿色或带紫色,下部木质化。叶互生,上部呈对生状,叶片卵形或宽卵形,顶端渐尖,基部不对称楔形,有不规则波状浅裂,裂片顶端急尖,有时亦有波状牙齿,侧脉每边 3～5 条,直达裂片顶端,长 8～17 cm,宽 4～12 cm;叶柄长 3～5 cm。

花单生于枝杈间或叶腋,直立,有短梗;花萼筒状,长 4～5 cm,筒部有 5 棱角,两棱间稍向内陷,基部稍膨大,顶端紧围花冠筒,5 浅裂,裂片三角形,花后自近基部断裂,宿存部分随果实而增大并向外反折;花冠漏斗状,下半部带绿色,上部白色或淡紫色,檐部 5 浅裂,裂片有短尖头,长 6～10 cm,檐部直径 3～5 cm;雄蕊不伸出花冠,花丝长约 3 cm,花药长约 4 mm;子房密生柔针毛,花柱长约 6 cm。

蒴果直立生,卵状,长 3～4.5 cm,直径 2～4 cm,表面生有坚硬针刺或有时无刺而近平滑,成熟后淡黄色,规则 4 瓣裂。种子卵圆形,稍扁,长约 4 mm,黑色。一般花期 6—10 月,果期 7—11 月。

9. 玄参科 Scrophulariaceae

以婆婆纳为例,学名 *Veronica didyma* Tenore,玄参科婆婆纳属,一年至二年生草本植物。也可作为药用,具有凉血止血,理气止痛的功效,可治疗吐血、疝气、睾丸炎等症。

幼苗下胚轴较发达,略带紫色。子叶卵形,长 5～6 mm,宽 3～4 mm,先端钝,基部渐狭,柄与叶近等长。初生叶 2,三角状卵形,基部截形,叶缘有疏钝锯齿,柄极短,有白色柔毛。

株高 10～25 cm,成株茎自基部分枝成丛,匍匐或先端向上斜生,叶对生,具短柄,叶片三角形卵形,长 8～15 mm,宽 10～18 mm,先端钝,基部截形至心形,边缘有稀钝锯齿。

总状花序顶生,苞片叶状,互生;花梗细长,结果后下垂;花萼裂片卵形,4 深裂,顶端急尖,被短柔毛;花冠淡紫色、蓝色,直径 4～5 mm,裂片圆形至卵形;雄蕊比花冠短。

蒴果近于肾形,中央有纵沟分为两部分,各部略呈球形,密被柔毛,略短于花萼,宽 4～5 mm,间有腺毛,外包宿萼。

10. 茜草科 Rubiaceae Juss.

以猪殃殃为例,学名 *Galium aparine* Linn. var. *tenerum* (Gren. et Godr.) Rchb,二年生或一年生蔓生或攀缘状草本植物,又名拉拉藤、爬拉殃、活血草、小锯子草、八仙草等。

幼苗上、下胚轴均发达,带红色,上胚轴四棱形,棱上生刺状毛。子叶出土、阔卵形,全缘,具长柄。初生叶 4 片,轮生,先端钝尖,基部宽楔形。

成株通常高 30～90 cm;茎有 4 棱角,棱上、叶缘、叶脉上均有倒生的小刺毛。叶纸质或近膜质,6～8 片轮生,稀为 4～5 片,带状倒披针形或长圆状倒披针形,长 1～5.5 cm,宽 1～7mm,顶端有针状凸

花尖头,基部渐狭,两面常有紧贴的刺状毛,常萎软状,干时常卷缩,1 脉,近无柄。聚伞花序腋生或顶生,少至多花,花小,4 数,有纤细的花梗;花萼被钩毛,萼檐近截平;花冠黄绿色或白色,辐状,裂片长圆形,长不及 1 mm,镊合状排列;子房被毛,花柱 2 裂至中部,柱头头状。

果干燥,有 1 或 2 个近球状的分果爿,直径达 5.5 mm,肿胀,密被钩毛,果柄直,长可达 2.5 cm,较粗,每一爿有 1 颗平凸的种子。

11. 菊科 Asteraceae Bercht. & J. Presl

(1)飞蓬

学名 *Conyza canadensis* (L.)cronq.,菊科飞蓬属植物,一年生或二年生宿根草本植物,又名小蓬草、加拿大蓬、小飞蓬、小白酒草。

幼苗主根发达。下胚轴不发达,子叶阔椭圆形或卵圆形,基部逐渐狭窄成叶柄;初生叶一片,椭圆形,第二及第三叶和初生叶相似,但毛更密,两侧边缘有小齿。

成株高 40~80 cm,叶子像柳叶,边缘有锯齿,茎直立,茎下部多少木质化,上部多分枝,多叶,上部叶线形或线状披针形,全缘有齿裂。头状花序直径 5~6 mm,有短梗,再密集成圆锥状或伞房状圆锥花序;舌状花,白色或淡紫色,花期 7~10 月。瘦果,长圆形,稍扁平,淡褐色。

(2)艾蒿

学名 *Artemisia argyi* H. Lév. & Vaniot,菊科蒿属植物,多年生草本或略成半灌木状,植株有浓烈香气。又名香艾、艾蕭、艾蒿、蓬藁、艾、灸草、医草、艾绒等。全草入药,有温经、去湿、散寒、止血、消炎、平喘、止咳、安胎、抗过敏等作用。艾叶晒干捣碎得"艾绒",制艾条供艾灸用,又可作"印泥"的原料。

成株高 45~120 cm,茎直立,有纵条棱,密被短绵毛,茎中部以上有少数短的分枝。叶片羽状深裂或浅裂,侧裂片约 2~3 对,裂片菱形、椭圆形或披针形,上部叶渐变小,3~5 全裂或不分裂,上面被灰白色短柔毛。

头状花序钟形,花冠管状或高脚杯状,外面有腺点,密被灰白色柔毛。外围花雌性,8~13 朵,中央花两性,9~11 朵,红紫色。

瘦果长卵形或长圆形,无毛。花期 8—10 月,果期 9—11 月。

(3)刺儿菜

学名 *Cirsium setosum* (Willd.) MB,菊科蓟属多年生草本植物,别名小蓟,刺狗牙,蓟蓟草。多年生草本植物,也是一种优质野菜。

子叶椭圆形,长 6.5 mm,宽 5 mm,先端钝圆,基部楔形具短柄。下胚轴非常发达,上胚轴不发育。初生叶 1,长椭圆形,先端急尖,叶缘有齿,齿尖带刺状毛。中脉明显,无毛。后生叶形态与初生叶相似。

株高 20~50 cm,根状茎长,上部分支。茎直立,无毛或被蛛丝状毛。叶互生,无柄,椭圆形或长椭圆形状披针形,全缘有齿裂,有刺,两面被蛛丝状毛,基生叶花期枯萎,上部叶渐小,无柄。

头状花序单生茎端,雌雄异株,小花紫红色或白色,雌花花冠长 2.4 mm,檐部长 6 mm,细管部细丝状,长 18 mm,两性花花冠长 1.8 mm,檐部长 6 mm,细管部细丝状,长 1.2 mm。瘦果淡黄色,椭圆形或偏斜椭圆形,压扁,长 3 mm,宽 1.5 mm,顶端斜截形。冠毛污白色,多层,整体脱落;冠毛刚毛长羽毛状,长 3.5 cm,顶端渐细。花果期 5—9 月。

(4)泥胡菜

学名 *Hemistepta lyrata* (Bunge) Bunge,泥胡菜属 Hemistepta,又名猪兜菜,艾草,石灰菜、剪刀草,绒球。

幼苗子叶 2,卵圆形,先端圆,基部宽楔形,初生叶 1 片,椭圆形,先端急尖,基部宽楔形,边缘具疏齿,羽状脉明显,叶片下面及柄均被白色蛛丝状毛。

成株株高 30~80 cm,茎直立,具纵棱。基生叶莲座状,有柄,提琴状羽裂,先端裂片三角形,有时 3 裂,侧裂片 7~8 对,长椭圆形倒披针形,下面被白色蛛丝状毛,中部叶椭圆形,羽状分裂,无柄。

头状花序在茎枝顶端排成疏松伞房花序,总苞球形,总苞片 5~8 层,外层短,卵形,内层条状披针形,背面顶端下具 1 紫红色鸡冠状附片,花冠管状,紫红色。

瘦果圆柱形,具 15 条纵棱,冠毛白色,2 层,羽状。

(5)苦苣菜

学名 *Sonchus oleraceus* L.,苦苣菜属,又名苦菜、滇苦菜、苦荬菜,一年生或二年生草本。

幼苗下胚轴发达,上胚轴不发育,子叶阔卵形,具短柄;初生叶 1 片,近圆形,叶缘具细齿,无毛。第 3 后生叶开始叶缘具粗齿,叶基呈箭形,并下延成翼。

成株高 50~100 cm,根圆锥状,垂直直伸,有多数纤维状的须根。茎直立,中空,下部光滑。叶片柔软无毛,基生叶羽状深裂,全形长椭圆形或倒披针形。

头状花序直径约 2 cm,花序梗常有腺毛或初期有蛛丝状毛,总苞片 3~4 层。舌状小花多数,黄色。

瘦果褐色,长椭圆形或长椭圆状倒披针形,压扁,每面各有 3 条细脉,肋间有横皱纹,冠毛白色,长 7 mm,脱落后顶端有冠毛环,中央有白色花柱残痕。花果期 3—10 月。

(6)蒲公英

学名 *Taraxacum mongolicum* Hand.-Mazz.,蒲公英属多年生草本植物,又名黄花地丁、婆婆丁、华花郎等。

成株叶根生,排列成莲座状。叶成倒卵状披针形、倒披针形或长圆状披针形,长 4~20 cm,宽 1~5 cm,先端钝或急尖,边缘有时具波状齿或羽状深裂,有时倒向羽状深裂或大头羽状深裂,顶端裂片较大,三角形或三角状戟形,全缘或具齿,每侧裂片 3~5 片,裂片三角形或三角状披针形,通常具齿,平展或倒向,裂片间常夹生小齿,基部渐狭成叶柄,叶柄及主脉常带红紫色,两面疏被蛛丝状白色柔毛或几无毛。

花葶 1 至数个,与叶等长或稍长,高 10~16 cm,上部紫红色,密被蛛丝状白色长柔毛;头状花序直径约 3~4 cm,总苞钟状,长 12~14 mm,淡绿色;总苞片 2~3 层,外层总苞片卵状披针形或披针形,长 8~10 mm,宽 1~2 mm,边缘宽膜质,基部淡绿色,上部紫红色,先端增厚或具小到中等的角状突起;内层总苞片线状披针形,长 10~16 mm,宽 2~3 mm,先端紫红色,具小角状突起;舌状花黄色,舌片长约 8 mm,宽约 1.5 mm,边缘花舌片背面具紫红色条纹,花药和柱头暗绿色。

瘦果倒卵状披针形,暗褐色,长约 4~5 mm,宽约 1~1.5 mm,上部具小刺,下部具成行排列的小瘤,顶端逐渐收缩为长约 1 mm 的圆锥至圆柱形喙基,喙长 6~10 mm,纤细;冠毛白色,长约 6 mm。花期 4~9 月,果期 5—10 月。

12. 禾本科 Poaceae

(1)稗

学名 *Echinochloa crus-galli* (L.) Beauv.,稗属 *Echinochloa* Beauv.,又名稗子、稗草。

幼苗第一真叶条形,先端急尖,有 3 条直出平行脉,叶舌裂齿状,无叶耳,叶片与叶鞘均光滑无毛。

成株秆光滑无毛,高 40~120 cm,叶条形,宽 5~14 mm,无叶舌。

圆锥花序尖塔形,长 6～20 cm;主轴具棱,粗糙或具疣基长刺毛;分枝斜上举或贴向主轴,有时再分小枝;穗轴粗糙或生疣基长刺毛;小穗卵形,长 3～4 mm,脉上密被疣基刺毛,具短柄或近无柄,密集在穗轴的一侧;第一颖三角形,长为小穗的 1/3～1/2,具 3～5 脉,脉上具疣基毛,基部包卷小穗,先端尖;第二颖与小穗等长,先端渐尖或具小尖头,具 5 脉,脉上具疣基毛;第一小花通常中性,其外稃草质,上部具 7 脉,脉上具疣基刺毛,顶端延伸成一粗壮的芒,芒长 0.5～3 cm,内稃薄膜质,狭窄,具 2 脊;第二外稃椭圆形,平滑,光亮,成熟后变硬,顶端具小尖头,尖头上有一圈细毛,边缘内卷,包着同质的内稃,但内稃顶端露出。颖果椭圆形、凸面有纵脊,黄褐色。

(2)马唐

学名 *Digitaria sanguinalis* (L.) Scop.,马唐属一年生草本植物。

成株秆丛生,基部展开或倾斜,着土后节易生根或具分枝,光滑无毛。叶鞘短于节间,松弛包茎,散生疣基柔毛;叶舌膜质、黄棕色、先端钝圆,长 1～3 mm;叶片线状披针形,长 5～15 cm,宽 4～12 cm,基部圆形,边缘较厚,微粗糙,具柔毛或无毛。

总状花序 3～10 个,上部者互生或呈指状排列,下部近轮生;穗轴中肋白色,小穗披针形,通常孪生,一具长柄、一具极短的柄或无柄,第一颖微小,钝三角形,第二颖狭窄,具不明显的三脉,边缘具纤毛,第一小花具明显的 5～7 脉,中部脉更明显,脉间距较宽无毛,边缘具纤毛,第二小花淡绿色。颖果椭圆形,长约 3 mm,淡黄色或灰白色,脐明显,圆形,胚卵形,长约颖果的1/3。

(3)狗尾草

学名 *Setaria viridis* (L.) Beauv.,狗尾草属,又名狗尾巴草,谷莠子。

幼苗胚芽鞘阔披针形,呈紫红色,除叶鞘边缘具有长柔毛外其余均无毛,第一真叶倒披针状椭圆形,第二叶较第一叶长,倒披针状,先端尖,叶鞘疏松裹茎,边缘具长柔毛。

成株秆高 30～100 cm,叶舌毛状,长 1～2 mm,叶片条状披针形,长 5～30 cm,宽 2～20 mm,叶舌膜质,具毛环。

圆锥花序紧密,呈柱状。小穗椭圆形,3 至数枚成簇生于缩短的分枝上,基部有刚毛状小枝 1～6 条,成熟后小穗脱落,刚毛宿存;第一颖长为小穗的三分之一,具 1～3 脉,第二颖与小穗等长或稍短,具 5～6 脉;第一外稃和小穗等长,具 5～7 脉,内稃狭窄。颖果长圆形,顶端钝,具细点状皱纹,成熟时稍有肿胀。

(4)狗牙根

学名 *Cynodon dactylon* (L.) pers.,狗牙根属多年生草本植物,又名行仪芝、绊根草、爬根草等。具根茎,须根细韧。秆匍匐地面,长达 1 m,向上直立部分高 10～30 cm。叶鞘具脊、鞘口通常具柔毛,叶片线形,下部者因节间缩短似为对生,长 1～6 cm,宽约 1～3 mm,穗状花序长 1.5～5 cm,3～6 枚呈指状簇生于茎顶,小穗灰绿色或带紫色,长 2～2.5 mm;颖具一中脉以形成背脊,两侧膜质,长 1.5～2 mm;外稃草质,与小穗同长,具三脉,脊上有毛;内稃约与外稃等长,具二脊,花药黄色或紫色,长 1～1.5 mm。

花果期 6—10 月,多以根茎或匍匐茎繁殖,种子亦可繁殖。

(四)杂草的特性

杂草是一类经自然选择及人工选择双重作用下产生的植物类群,具有众多适应于人为干扰环境的特性。不同种类杂草的抗逆性、繁殖力、传播方式等生物学特性决定了杂草防除的难易程度,也是影响农作物产量和品质的主导因素。

1. 种子寿命长   杂草种子一般都具有长寿性。相关资料记载,藜的种子可在土壤中存活1700年以上,野燕麦的种子寿命比较短,在土壤中也可存活3年以上。节节麦种子可以在不适应的环境条件下进行长时间休眠,只要有适合其生长的环境就迅速发芽生长,节节麦如果没有从根部拔除,剩余的地下部分仍然可以再生长分蘖产籽。马齿苋、苋菜和车前子种子可保持发芽率40年以上。稗和藜的种子经过牲畜的消化器官后仍能发芽。

2. 繁殖能力强,繁殖方式多样   大多数杂草开花、结实和成熟参差不齐,甚至一面开花结实,一面成熟脱落,例如画眉草从5月到9月都有种子成熟,荠菜、繁缕从当年10月开始直到第二年6月为止,随时都有开花、种子成熟、脱落和萌发。大多数杂草的种子一般都很容易脱落,可随土壤、水流、风力、鸟类、人畜食用等多种方式传播至远方。

杂草具有结实力高的特性,绝大部分杂草结实力高于一般农作物的几十倍甚至更多,千粒重小于作物种子,十分有利于传播,如一株苋菜可结50万粒种子。藜的单株结籽量可高达20万粒。并且一年生杂草的营养生长与生殖生长一般同时进行,其结实可从其伴生植物生育中期开始一直持续到生长季节末期。

杂草一般既能异花授粉又能自花授粉,同时对传粉媒介要求不严格。杂草花粉一般可通过风、水、昆虫等动物或人类活动从一株传到另一株上。杂草多具有远缘杂草亲和性和自交亲和性。异花授粉有利于为杂草种群创造新的变异和生命力更强的变种,自花授粉则可保证杂草单株生存的特殊环境下仍可正常结实,以保证基因的延续。

杂草既可通过种子繁殖,也可通过地下根茎繁殖。如艾蒿在人工防除时被切断的地下根茎可进一步扩散繁殖;北美刺龙葵可通过种子、根和根的任何一段进行繁殖,其主根可长达3 m,侧根横向延伸可达6 m,甚至2 mm的根段都可以长出新的植株。蒲公英属植物的种子繁殖是通过风的传播以及虫媒传播等进行的,这种传播方式具有广泛的扩散性,这也是其广泛分布在世界各地的原因。

3. 传播方式多样   杂草的传播途径多种多样,其中人为活动起到了主要作用。在各种方式的农业生产中,引种、播种、灌水、施肥、耕作、运输等农业活动均可直接或间接将杂草从某一地块传播到另一地块。此外,风、水、鸟类、牲畜等也是杂草种子重要的传播途径。许多杂草还具有适于传播的植物学性状,例如菊科杂草的种子具冠毛、而且种子很轻,微风就能起到扩散传播作用,风力大时传播的距离更远,蒲公英、小飞蓬、紫茎泽兰等均具有这样的特点。有些杂草为适应动物传播在进化过程中形成了一系列特征,种子的颜色、大小、形状、展现方式、化学成分等均为适应动物的传播。例如节肢动物和啮齿动物通过捕食活动搬运杂草种子间接实现了对杂草的扩散传播。还有一些杂草种子具有芒、刺、钩或者黏液,能够黏附在动物皮毛上实现传播,例如金盏银盘、大狼把草、三爷鬼针草、苍耳等杂草的种子。很多禾本科的杂草是优良的饲草,其种子即使经过动物的消化后仍具有很强的发芽能力,可通过动物及其粪便传播蔓延,如马唐、稗、看麦娘等。

此外,人类传播也是影响最广泛的一种传播方式,地球上几乎每个角落都有人类活动的痕迹,几乎所有的植物区系都受到了人类活动的影响,人类传播对现代植物的分布格局产生了深刻的影响,尤其在外来物种入侵方面尤为显著。杂草种子通过人类的生产和活动传播要比其依赖自身所具有的传播能力拓展生存空间更为有效。

4. 顽强的生命力   杂草中C_4植物的比例明显较高,因此对光能、水资源和肥料的利用效率高,生长速度快。一般杂草对光能的利用率比农作物高 2~2.54 倍,对水的利用效率比农作物高 1.6~2.7 倍,在土壤含水量低的情况下,大部分杂草比农作物更耐旱。杂草的吸肥能力也非常强,在草害严重的情况下,施肥只会促进杂草生长,加重其为害。杂草的这些特点导致其比农作物具有更强的竞争力。

5. 抗逆性极强　杂草对生活条件的要求不严,能忍耐干旱、低温、盐碱和贫瘠等不良的环境,这与杂草具有强大的根系和吸收能力有密切关系。反枝苋在土壤有效水分增加时能迅速吸收水分,并高效地转化利用;在水分充足的条件下,反枝苋在生长过程中将水分主要储存于茎和繁殖器官中以便应对干旱胁迫之需,因此反枝苋能够快速适应水资源波动的环境。例如野燕麦的根长达 2 m,分布半径达 30~40 cm。黄花草木樨的根在个别情况下,深入土壤达5.5 m,有利于吸收水、肥,抵抗不良的环境条件。各种杂草对温度的要求也不严格,一般杂草在 23~27 ℃发芽最适宜,但当温度降到 10~12 ℃时,也不妨碍正常发芽。湿度条件对发芽的影响也是如此,如稻稗在浸水很深的稻田中也能发芽。

(五)杂草防除措施

杂草的防除措施主要有人工除草、农业措施和化学除草等几种方式。马铃薯田杂草的防除,一般采用人工拔除,但这种方法费工费时、效率低下,因此,化学除草仍是当前最有效的除草手段之一。马铃薯属阔叶类作物,阔叶杂草的化学防除相对较为困难,主要是以土壤处理为主,茎叶处理研究成果较少。而除草剂长期单一使用,加速了农田杂草群落的演变,选择性除草剂在除去一种或几种杂草的同时,往往对整个杂草群落产生重大影响。随着科技的发展,人们越来越重视绿色农业的发展,化学除草措施将逐渐被绿色除草技术代替,目前绿色除草技术主要有机械除草、生物除草、电力除草、热力除草、光化学除草等。

1. 农艺防除

(1)轮作灭草　同一作物连续种植多年,往往导致该作物的伴生杂草迅速增加,因此因地制宜实行多种形式的轮作倒茬是防治杂草的有效措施之一。秦岭南麓适宜种植的农作物种类多,马铃薯田轮作应结合本地区作物结构调整计划和市场需求实施进行。马铃薯与玉米、马铃薯与蔬菜、马铃薯与水稻等均是比较适宜的轮作模式。

(2)地膜覆盖　地膜覆盖具有保墒、保温效果,对控制杂草也是一项较好的措施,地膜全垄覆盖对阔叶杂草控制效果可达 90% 以上。使用全生物降解除草黑膜可有效抑制膜下杂草的生长,促进马铃薯出苗、生长和增产,不会造成环境污染。

(3)中耕除草　中耕是马铃薯生产中的重要环节之一。通过中耕作业能够有效地疏松耕地表层土壤的同时除去杂草、提升地温、提高肥料分解和吸收能力。中耕除草针对性强,目标明确,人工中耕和机械中耕均可进行。人工中耕除草不但可以除掉行间杂草,而且可以除掉株间杂草,但是由于工作效率低,目前人工劳动成本不断增加,人工除草的应用率越来越低。机械化除草方便、快捷、工作效率高,也是未来马铃薯机械化种植发展的需要。

(4)高温堆肥　有机肥中往往含有大量杂草种子,也是杂草传播蔓延的根源,夏季是高温堆肥的好时期,一般堆肥 1~2 个月,就可以杀死各种杂草种子以及病原菌和害虫卵。冬季一般堆肥 2~3 个月,在堆肥时还可加入能够促进温度升高的菌剂。

(5)合理密植　利用农艺措施、科学水肥管理,提高马铃薯个体和群体的竞争能力,使其充分利用光、热、水、气和土壤空间,尽快封垄,减少或削弱杂草对生存空间的竞争。即"以苗欺草,以高控草,以密灭草"的除草策略。

2. 除草机的应用

(1)除草机的优点和种类 机械除草不会污染环境,除草效率是人工除草的5倍以上。在清除杂草的同时能够疏松土壤,改善土壤透气性,提升土壤中的含氧量、促进作物根系的生长发育。中耕除草还可以对生长过旺的作物一部分根系进行切断处理,达到抑制养分吸收的目的。中耕作业还可以打破板结的表层土壤,保证好氧微生物在充足的氧气下生存,大量分解土壤中农作物生长的必须营养成分,优化耕地养分状态。通过中耕还可以有效减少土壤水分向耕层表面土壤移动,减少了水分蒸发,增强作物的抗旱能力。

(2)中耕除草机的种类 随着马铃薯种植规模和面积的加大,马铃薯中耕机逐渐得到了人们的深入认识,中耕机得到了快速发展。中耕机按照工作方式和工作原理可分为全面中耕机、行间中耕机、微型智能图像识别除草机、自走式除草机等。按照与拖拉机挂接方式可分为前置式、后置式、侧置式。按照切割器类型可分为甩刀式、圆盘式和往复式三种。比较典型的有山东五征研制的3ZMP-360型马铃薯中耕机、黑龙江德沃科技公司研制的3ZF-5型马铃薯中耕机、中机美诺研制的1304马铃薯中耕机、希森天成研制的3ZMP-360型马铃薯中耕起垄施肥机以及山东万烨公司研制的121A马铃薯中耕机等。彭曼曼等(2019)设计了一种驱动式马铃薯中耕机,采用三点悬挂方式与拖拉机挂接,由机架、地轮总成、深松铲、碎土刀、旋转单体及分土器等组成,可以实现在田间一次完成垄间碎土、松土、除草机做形等工作。毕春晖等(2017)设计了一款采用前置动力旋耕、后置覆土整形的马铃薯中耕机,针对黏重土壤设计动力旋耕松土、除草,前后部件均可拆卸成单独的工作部件,中耕作业能够满足不同工作需要。

(3)中耕除草机发展方向 随着现代农业的快速发展,土地的大量流转,马铃薯的种植将向规模化、规范化和集约化方向发展,马铃薯中耕机也将越来越广泛地应用在生产中。中耕机的设计方向首先向多功能、综合化方向发展,即一次作业实现除草、施肥、培土、起垄、整地等工作;其次,向智能化方向发展,即自动调整耕层深度、自动调整对行作业、智能图像识别作物与杂草等。

3. 化学防除

(1)禾本科杂草常用除草剂

① 精恶唑禾草灵 选择性内吸传导型芽后茎叶处理剂。主要剂型有6.9%、7.5%、69 g/L水乳剂,6.9%、8.5%、10%、80.5 g/L乳油。马铃薯出苗整齐后,杂草2叶期至分蘖前,夏季每亩用69 g/L精恶唑禾草灵水乳剂50～60 g,冬春季节每亩用60～80 g,对水30 L茎叶喷雾。应在杂草出齐苗后提早施药,叶龄大时药效降低。干旱条件下施药,可在药液中加入喷雾助剂提高除草效果。

② 精吡氟禾草灵 选择性内吸传导型芽后茎叶处理剂,主要剂型有15%、150 g/L乳油。马铃薯出苗整齐后,禾本科杂草3～5叶期,每亩用15%精吡氟禾草灵50～67 g,兑水30 L茎叶喷雾。环境湿度和温度适宜时除草效果较好,高温、低温、干旱条件下,防效降低,应使用推荐剂量的上限。与激素型苯氧乙酸类除草剂混用有拮抗作用,与触杀型除草剂混用会降低药效。

③ 高效氟吡甲禾灵 内吸传导型茎叶处理剂,主要剂型有10.8%、22%、108 g/L、158 g/L乳油。禾本科杂草3～5叶期,每亩用108 g/L高效氟吡甲禾灵乳油25～45 g(有效成分2.7～4.86 g),兑水30 L茎叶喷雾。防除多年生禾本科杂草时,每亩用60～90 g(有效成分6.48～9.72 g)。玉米、小麦、水稻等禾本科作物对本品敏感,施药时应注意避免药物飘移至上述农田,

与禾本科作物间作、套作的农田不宜使用。干旱影响药效的发挥,可浇水后施药或添加助剂。

④ 精喹禾灵　选择性内吸传导型芽后茎叶处理剂,主要剂型有 5％、5.3％、8.8％、10％、10.8％、15％、15.8％、17.5％、20％、50 g/L 乳油,20.8％悬浮剂,85％微乳剂,10.8％水乳剂。马铃薯封垄前、一年生禾本科杂草 3～5 叶期,春季每亩用药 5％的如 60～100 g,夏季每亩用 5％的乳油 50～80 g,兑水 30 L 茎叶喷雾。环境湿度较、温度适宜时除草效果较好,高温、低温、干旱条件下,防效降低,应使用推荐剂量的上限。与灭草松、三氟羧草醚、氯嘧磺隆等防除阔叶杂草药剂混用时,应注意药剂间的拮抗作用。

⑤ 喹禾糠酯　选择性内吸传导型芽后茎叶处理剂,主要剂型有 40 g/L 乳油。马铃薯封垄前,禾本科杂草 2～5 叶期,每亩用 40 g/L 乳油 60～80 g,兑水 30 L 茎叶喷雾。为兼治阔叶杂草,可与灭草松、三氟羧草醚、乳氟禾草灵等混用。玉米、小麦等禾本科作物对本品敏感,施药时应注意避免药物飘移至上述农田,与禾本科作物间作、套作的农田不宜使用。

(2)阔叶杂草除草剂

① 乙草胺　内吸型茎叶处理剂。有效成分被植物幼根、幼芽吸收后,干扰植物核酸代谢及蛋白质合成,使幼芽、幼根停止生长。主要剂型有 50％、90％乳油,50％微乳剂,40％、48％、50％水乳剂。春季每亩用 50％乙草胺乳油 200～250 g,兑水 40～50 L 播前土壤处理或茎叶喷雾,夏季每亩用 50％乙草胺乳油 150～200 g。土壤湿度适宜时,杂草幼芽未出土即被杀死,乙草胺活性高,用药量不宜随意加大。

② 灭草松　选择性触杀型茎叶处理剂。主要剂型有 25％、40％、48％、480 g/L 水剂。杂草 3～4 叶期,春季每亩使用 480 g/L 水剂 200～250 g,夏季每亩使用 480 g/L 水剂 150～200 g,兑水 30 L 茎叶喷雾。药效发挥作用的最佳温度为 15～27 ℃,最佳湿度 65％以上,施药后 8 h 内应无雨,可与无拮抗作用的禾本科杂草除草剂混用。不宜用作土壤处理,施药时应防止药液飘移到棉花、蔬菜等敏感阔叶作物。

③ 噻吩磺隆　主要剂型有 15％、20％、25％、75％可湿性粉剂,75％水分散粒剂。阔叶杂草 3～5 叶期,春季每亩用 75％水分散粒剂 2.3～3 g,夏季每亩用水分散粒剂 2.0～2.3 g,兑水 30 L 茎叶喷雾。可与乙草胺等酰胺类药剂混用做播后苗前处理,该药活性高,施药量低,用药时先配成母液再倒入喷雾器。该药作用速度较慢,不可在未见药效时急于人工除草。

④ 嗪草酮　有效成分被杂草根系吸收随蒸腾流向上传导,也可被叶片吸收在体内进行有限的传导,抑制光合作用。主要剂型有 44％悬浮剂、70％、75％水分散粒剂,50％、70％可湿性粉剂。马铃薯播前每亩用 70％嗪草酮可湿性粉剂 50～70 g,兑水 40～50 L 土壤处理。土壤有机质含量高、干旱则用高剂量,反之,用低剂量。可与防除禾本科杂草的除草剂混用扩大杀草谱。

⑤ 草除灵　选择性芽后茎叶处理剂,有效成分经叶片吸收传导到整个植株体,引起植物生长停滞,叶片出现激素类受害症状。主要剂型有 15％乳油,30％、50％悬浮剂。阔叶杂草 2～3 叶期,每亩用 30％除草灵悬浮剂 50～66.7 g,兑水 30 L 茎叶喷雾,对雀舌草、繁缕等防效较好。可与精喹禾灵、高效氟吡甲禾灵、精恶唑禾草灵等混用。避免低温天气施药,不得加大用药剂量。

(3)化学防除杂草注意事项　化学除草首先应准确选择品种,严格掌握用量,选择最佳的施药时间。在施药时注意温度和土壤湿度,在土壤湿度大的情况下,杂草生长旺盛,有利于除草剂的吸收和运转,除草效果高。在使用除草剂时,避免用药方法错误、用量不准确或者盲目混用引起药害或者农药残留超标。

第二节   非生物胁迫及其应对

一、水分胁迫

(一)季节性缺水

干旱是农业生产中最重要的非生物胁迫因素,同时也是世界上最常见、影响范围最广的自然灾害之一,在全球变暖的大背景下,其发生频率和强度都呈增加趋势。中国地处亚欧大陆东部,受东亚季风的两个子系统"东亚热带季风(南海季风)"和"东亚副热带季风"共同影响。在季风性气候中,由于春季增温较快,因此蒸发量很大,而夏季风弱,春季的雨带还未北进,因此会导致春季部分地区降水不足,易于引起春旱。在秦岭南麓马铃薯种植中,一般不会发生水分胁迫。但天然降水的季节性分配不均,导致春旱时有发生。而马铃薯是一种需水性较强的作物,除了在马铃薯发芽期需要的水分由马铃薯块茎自身提供以外,其他各个时期都需要从外界获取大量的水分,在其生长的每个阶段土壤水分含量都起到了关键的作用,因此马铃薯在生育期内对水分亏缺非常敏感。秦岭南麓马铃薯种植区春旱主要发生在每年4月份左右,会对马铃薯的生长造成不同程度的水分胁迫。

(二)干旱胁迫对马铃薯生长的影响

干旱对马铃薯生产中的影响主要表现在以下几个方面:

1. 影响马铃薯整体生长   干旱是农业生产中最重要的非生物胁迫因素。据不完全统计,每年由于干旱缺水导致农作物减产50%以上。干旱条件下土壤含水量下降,植物可利用水分减少,但是植物蒸腾作用仍能正常进行,从而消耗了植物体内大量的水分,根系吸收的水分又不能满足植物生长所需的水分,植物体内的水分含量在短时间内下降导致了渗透胁迫,植物表现出萎蔫现象。植物在长时间内水分得不到补充,细胞就会发生严重的质壁分离、脱水最终使植物干枯、死亡。在干旱胁迫下,马铃薯匍匐茎数量增加,但匍匐茎长度减小,匍匐茎上不定根数量减少,单株结薯数降低,最终影响马铃薯最终产量。有研究表明,不同生育时期进行干旱处理对马铃薯产量及产量构成因子的影响存在差异,如在马铃薯幼苗期受到中度和重度干旱胁迫时,植株生长会受到显著影响,且随着受胁迫时间的增加,其株高、茎粗、单株叶面积以及地上部分鲜重都明显降低,同时伴有萎蔫的现象;如在马铃薯块茎形成前受到干旱胁迫,其茎高、叶片数、叶长等都会受到影响,出现植株生长缓慢、叶片蒸腾作用下降等现象,单个主茎的结薯数不会减少,但单株主茎数会减少,从而导致单株结薯数减少,最终直接影响马铃薯产量和块茎数;如在马铃薯结块期受到干旱胁迫,则会对马铃薯块茎的品质和产量产生影响;如在马铃薯块茎形成期之后遭受干旱胁迫,则马铃薯块茎中干物质含量的下降,进而导致产量降低。干旱胁迫除了最终影响马铃薯产量形成外,在马铃薯生长发育过程中还会严重影响马铃薯根系发育、根系活力、植株形态、叶片光合特性、保护酶活性、渗透调节物质的含量激素水平、光合作用等一系列过程。

2. 影响马铃薯的生理进程   干旱胁迫会影响马铃薯细胞分裂。在地下部根系表现为:干旱胁迫条件下,马铃薯根系生物量、根系含水量、根系活力、根系表面积等指标会显著下降,严重影响植物根系对水分的吸收、运输能力。马铃薯根系在干旱胁迫下还会发生内皮层厚度增厚、皮层薄壁组织厚度减小,引起吸收能力受限,根系活力降低,导致由于水分和有机营养不足而引起的整体营养不足。干旱胁迫对马铃薯生长发育及形态建成在地上部的表现为:减缓叶片伸展速度,抑制植株生长与伸长。轻度胁迫会导致植株叶片面积减小,叶片厚度增加,叶绿素聚集。在干旱胁迫下,由于水分亏缺,会导致细胞生长和分裂受阻,体内分生组织发育缓慢,株高、茎粗、分枝数、匍匐茎数量等指标表现出明显下降。干旱还会进一步导致马铃薯叶片栅栏组织细胞发生形变,细胞空间变得疏松,表皮细胞大小不规则,细胞间隙变大,海绵组织厚度先增加后降低,叶片气孔关闭,叶片含水量降低,叶面积指数减小,从而造成光合速率下降。

脯氨酸(Pro)是调节叶内渗透势以维持水分平衡的重要物质。在正常条件下,植物中游离的脯氨酸含量微乎其微,当植物受到干旱胁迫时,脯氨酸可成十倍、百倍的增加。由于脯氨酸是水溶性最大的氨基酸,因此脯氨酸的含量显著升高有助于为细胞提供足够的自由水而增强组织的抗脱水力。在干旱胁迫下,马铃薯叶片内脯氨酸含量也会出现上升。大量研究发现,马铃薯叶片中脯氨酸含量积累的增加是品种耐旱性的标志。在干旱胁迫下,脯氨酸含量积累在一定程度上反映了马铃薯植株叶片对干旱胁迫的忍耐和适应能力。在干旱胁迫下,脯氨酸含量的增幅越大,说明马铃薯品种的抗旱性越强。

可溶性糖与可溶性蛋白也是马铃薯细胞内维持细胞膨压,修复维持体内水分平衡,从而抵御干旱的重要渗透调节物质。在干旱胁迫下,马铃薯植株叶内可溶性糖含量会增加以维持细胞形态,随着干旱胁迫程度增加和时间延长,可溶性糖含量会呈现一定程度的上升趋势,但在苗期,随着干旱胁迫程度增加和时间延长,可溶性糖含量呈不规律变化。可溶性蛋白含量在轻度干旱胁迫下会增加,但中重度干旱胁迫下的变化规律不明显。有研究表明,在干旱胁迫下,随着胁迫程度增加,抗旱马铃薯品种叶内会合成高度亲水的新蛋白质,可溶性蛋白含量呈上升趋势,但相较于水分充足的种植条件来说,马铃薯叶片中可溶性蛋白质含量相对呈下降趋势。总体来说,可溶性蛋白含量越大,马铃薯品种的抗旱性越强。

干旱胁迫还会对细胞膜系统造成损伤,使细胞器结构发生明显形变、丙二醛(MDA)含量增加、清除活性氧效率降低。丙二醛是细胞膜脂过氧化的产物之一,它的增加能加剧膜的损伤。马铃薯在各生育期受到干旱胁迫后均会导致其丙二醛含量增加,且随着处理时间的增长,马铃薯叶片中的丙二醛含量会大幅增加。研究表明,随着干旱胁迫时间延长和胁迫程度的加剧,马铃薯叶内丙二醛含量逐渐增加,而其积累速率越高说明细胞膜脂过氧化作用越强,马铃薯品种的抗旱能力越弱,而抗旱性越强的马铃薯品种丙二醛含量增幅越小。在干旱胁迫下,植物细胞碳同化过程受阻,会发生活性氧过量累积,植物中POD、SOD、APX和CAT等抗氧化酶的活性会显著升高,从而对马铃薯干旱逆境下产生的活性氧进行清除。但不同品种马铃薯在不同生育时期遭遇不同程度干旱胁迫的情况下,植物过氧化酶活性变化可能存在差异。

干旱胁迫同时会破坏植物体内源激素的平衡,进而会影响植物体内激素的调节,其中尤以脱落酸和乙烯的变化最为显著,但是马铃薯植株叶片、茎与块茎中的赤霉素(GA)含量变化不显著。在干旱逆境胁迫下,植物中脱落酸和乙烯含量会大大增加。而植物度过逆境胁迫后,二者的含量又会恢复到正常水平。在干旱条件下,脱落酸(ABA)主要传递植物根系感受到的胁迫信号和控制气孔打开、关闭,而乙烯能促进叶片脱落。

干旱胁迫下,植物光合作用也会受到影响。叶绿素作为光能吸收和转换的原初物质,在干旱胁迫下,马铃薯叶片中叶绿素 a、叶绿素 b、叶绿素 a/b 及总叶绿素含量均会表现出下降。干旱胁迫还会抑制光系统的光化学活性,使光合结构功能失活或遭受破坏,伴随着电子传递速率(ETR)、实际光化学量子产量(Fv'/Fm')、光化学猝灭系数(qP)、最大荧光(Fm)、稳态荧光(Fs)、可变荧光(Fv)、光系统Ⅱ潜在活性(Fv/Fo)、最大光化学量子效率(Fv/Fm)等一系列指标降低。干旱胁迫还会引起气孔关闭,导致气孔导度下降和 CO_2 底物供应不足,最终导致净光合速率下降。

(三)水分胁迫的应对措施

马铃薯对水有着非常大的需求量,其处在不同生长发育阶段的时候,通常在对水分的需求方面存在较为显著的不同。其中,播种过程中一定要确保土壤底部水分的重组,否则会给根系的形成造成不利的影响;幼苗时期无须进行再灌溉,需要确保地面的温度,为之后地下部的生长供应所需要的生长环境;发棵阶段需要保证水分的充足,以地上带动地下生长;发棵后则需要对水分进行适当的控制,保证马铃薯能够及时进入结薯期;结薯阶段对水的需求量相对较大,只有保证水分充足,使土壤始终处于温润状态,才能通过加快薯块膨大速度的方式,达到高产的目标。在农业生产中,应该根据马铃薯需水规律和生育特点,结合土壤类型、降水量和雨量分配时期等因素,合理灌溉,以最低限度的用水量获得最大的产量或收益。当前世界各国节水灌溉的主要措施包括渠道防渗、低压管灌、喷灌、滴灌、微喷、覆膜灌等。实行节水灌溉工程后,不仅可以减少灌溉过程中劳动力配置,还可以实现局部湿润灌溉,保持田间土壤疏松,通透气性良好。目前,灌溉效果较好的节水灌溉方法是喷灌和滴灌。喷灌灌水均匀,占用耕地较少,节省人力,但受风影响较大,设备投资高。滴灌节水效果最好,主要使根系层湿润,实现水分有效供给,减少马铃薯冠层的湿度。此外,滴灌技术可进一步将易溶性肥料、植物生长调节剂、内吸杀虫剂等加入灌溉水中,随水滴入,可减少中耕、施肥、喷药、锄草等的作业次数和劳动力投入,节省了大量的人力物力。

(四)渍涝

在秦岭南麓马铃薯种植过程中,由于地处山区,在夏季有偶发暴雨情况,导致土壤含水量过大,使作物生长受到损害,从而引起马铃薯涝害。马铃薯在遭受渍涝胁迫后,土壤中氧气减少,严重阻碍植株细胞的呼吸作用和光合作用,将对其自身营养吸收与积累造成影响。此外,土壤中厌氧微生物将成为优势种群,代谢活跃,会产生多几次胁迫,进一步影响马铃薯的正常生长。因此在发生渍涝时,需要及时清理排水沟,排水时对水涝程度低的可用人工排水,大面积受涝或受涝程度较深的则应用水泵等机械设备进行排水。排水后待表土略干(以不粘铁锹为宜)后,要及时进行中耕,中耕的目的是加速土壤水分的蒸发,增加土壤的透气性,提高根系活力。

二、温度胁迫

气候变暖已成为当今气候变化的主要特征,气候变化加剧了极端气候事件如高温、低温、干旱、冰雹、洪涝等的发生,对农业产生了重大影响,从而加剧了农业的波动性,甚至带来更严重的农业灾害,影响农业生产及其相关产业,威胁国家和全球粮食安全。马铃薯是一种喜凉作物,但不耐受低温。马铃薯在适宜温度范围 20~25 ℃能够正常的生长,16~18 ℃为块茎生长最适温度,较低的温度就会影响马铃薯的生长,属于低温霜冻敏感性,容易受到冷冻伤害,尤其是霜冻损害。而高温更是会抑制马铃薯的正常生长发育,当气温高于 29 ℃时,块茎停止生长,超过 39 ℃茎叶停止生长。因此,温度是限制马铃薯后期生长发育的重要环境因子之一。

(一)低温胁迫

目前马铃薯栽培品种普遍不具有低温霜冻耐受性。秦岭南麓地区在春季易发倒春寒,在成熟期则会遭受寒潮或早霜。早春的低温、突发性的寒流对马铃薯生长具有严重的影响。发芽的种薯在土壤中遇到低于 5 ℃的土温时就停止生长,低温时间稍长则容易造成烂薯或"梦生薯"、不出苗或出苗不齐,出苗后遇到寒流,幼苗即受冻害,部分茎叶受冻变黑而干枯,导致产量严重降低。在晚秋季节,如果遇到早霜、晚霜甚至寒潮的危害,马铃薯会严重减产,甚至绝收,造成严重的产量损失。有研究表明,在马铃薯生长发育的各个主要周期,如萌芽阶段、营养器官生长阶段、组织形成阶段、组织膨胀阶段以及成熟阶段,遭遇霜冻,特别是开花期后或组织建成期,马铃薯产量会严重下降。

在受到低温胁迫时,马铃薯体内也会发生多方面的生理生化变化。在低温胁迫下,细胞膜系统会受到冷害影响,细胞器膜结构的破坏是植物遭受寒害损伤和死亡的根本原因。因此,细胞质膜组成与抗寒性密切相关,特别是脂肪酸组分的变化与质膜的流动性和稳定性关系密切。渗透调节物质,如脯氨酸、可溶性糖、可溶性蛋白等的增加有助于缓解细胞因低温脱水造成的渗透胁迫。在低温胁迫下,马铃薯叶片中上述物质都会出现一定程度的积累,从而保护植物。此外,低温还会诱导马铃薯中产生大量新的蛋白条带,这些蛋白质的产生与积累也在马铃薯响应低温胁迫的过程中具有一定作用。低温胁迫能够破坏细胞内活性氧代谢的平衡,从而导致活性氧或超氧化物自由基的产生,这种氧化会对细胞膜造成很大的损伤,丙二醛作为膜脂过氧化的主要产物之一,含量也会显著上升。此外,植物信号物质,如植物激素脱落酸、细胞内重要第二"信使"——钙离子等的含量也会出现上升。

(二)高温胁迫

高温胁迫会抑制马铃薯生长发育,影响马铃薯的产量形成和品质。土壤温度高于 25 ℃会延缓马铃薯出芽,而持续高温会进一步影响马铃薯出苗。在高温条件下,出苗后空气相对湿度较低,且土壤墒情差,则幼苗生长势弱,植株生长不正常。此外,高温环境下容易发生蚜虫、斑潜蝇等虫害,也有利于马铃薯上多种病害的发生,马铃薯病毒病也相对发病较重,从而引起马铃薯种薯退化。在生长季后期,高温胁迫能够显著延缓马铃薯块茎的发育,持续的高温将严重影响马铃薯的结薯和薯块膨大,导致植株结薯数量减少,并且容易形成各种畸形薯块和次生生长的薯块,导致农业减产减收。高温作为一种最严重的自然灾害,同时也对作物的光合作用及许多生理特性有着显著的影响。

细胞膜系统是植物遭受热伤害和抗热的关键部位。在高温胁迫下,植物细胞膜的膜结构和功能都会受到破坏。高温胁迫下,膜脂的组成被改变,其蛋白质发生变性,内质网、高尔基体及线粒体等内膜系统的结构完整性受损,膜上离子载体的类型和功能发生变化,最终导致膜的选择性吸收丧失、电解质渗漏和相对电导率增加。在高温环境中,植物叶片的相对电导率会随着胁迫温度和时间的增加而增大,这表明植物可以耐受一定的高温,但这种耐热性是有限的。持续高温下,马铃薯植株高度及茎粗都会相对较小,叶片生长短小,鲜重及干物质重量显著降低,植株衰老加快,发生早衰。

高温胁迫下,细胞膜受到损伤,膜脂过氧化加剧,会导致叶片中丙二醛含量随着温度的升高而不断增加。而活性氧清除系统,如抗氧化酶超氧化物歧化酶(SOD)、过氧化物酶(POD)、过氧化氢酶(CAT)的活性表现出先上升后下降的趋势。虽然抗氧化酶可以清除植物积累的活性氧,防止膜脂过氧化作用损坏细胞中其他成分,但是其保护作用有限。在高温胁迫的后期,植物所能承受的极限胁迫压力被超过时,酶的活性中心将被损坏,酶蛋白的结构会发生变更,酶蛋白的表达也会受到抑制,最终导致氧化还原保护酶活性降低。

在高温胁迫下,植物渗透调节物质的含量也会发生变化。可溶性蛋白、可溶性糖以及脯氨酸作为最主要的渗透调节物质,在高温胁迫下,此类物质会被植物主动累积。一定程度的高温会加快可溶性蛋白的合成,从而很好地保护植物,相反,一旦胁迫过强,便会阻碍可溶性蛋白的合成,甚至加快其分解。在不利条件下,植物将主动积累具有保护作用的可溶性糖,以保护膜结构及降低渗透势,以适应外界条件的变化。同时,高温胁迫会改变糖代谢,引起叶片中还原糖和可溶性糖的积累增加。此外,可溶性糖类物质的增加也可以为植物内部各种代谢提供碳源,必要时可以在一定程度上清除活性氧。在高温胁迫下,脯氨酸也具有相似变化。在高温胁迫下,马铃薯还会被诱导产生一类应激蛋白,即热激蛋白。热激蛋白是植物在热胁迫下产生的一类逆境蛋白,在生物体内常常作为"分子伴侣"存在,主要参与细胞内新合成蛋白质的折叠、加工、转运和蛋白质变性后的恢复等,对高温胁迫下受损蛋白的修复和维持细胞的存活发挥着重要作用。

光合作用在植物生命活动过程中扮演着重要的角色,是产量形成的基础,且光合作用是植物对高温最为敏感的生理反应之一,在其他胁迫症状出现之前,其作用可以被完全抑制。光合机构中的光系统是电子传递链中对高温最敏感的组分,高温胁迫很容易抑制其电子传递,降低其光化学效率。研究发现,在高温胁迫下,马铃薯等叶绿素 a、叶绿素 b、总叶绿素及类胡萝卜素含量均降低。此外,高温还会影响植物叶片气孔的开闭,引起蒸腾作用上升,净光合速率下降,气孔导度和胞间 CO_2 含量上升。叶绿体基质的碳代谢过程和类囊体片层的光化学反应也会受到伤害。

(三)温度胁迫的应对措施

在马铃薯生产中,应结合气候特征,合理选择适宜品种。在植物生长过程中注意肥水供应,在盛夏高温干燥天气出现前,进行必要的田间灌溉,增施有机肥料,加强土壤保水能力,注意分期培土,减少伤根。在应对低温方面,可以对马铃薯进行冷驯化。冷驯化指在一定的低温条件下对植株进行锻炼,使其耐寒性得到提高的过程。冷驯化过程有助于马铃薯叶片脯氨酸和可溶性蛋白含量的增加,也会诱导植物体内过氧化物酶的活性升高,从而增强马铃薯的抗寒性。外源施加脱落酸,增施钙肥也有助于提高马铃薯的抗寒性。

参考文献

毕春晖,陈长海,吴家安,等,2017.马铃薯中耕机的设计[J].农机使用与维修(8):7-8

曹春梅,李文刚,张建平,等,2009.马铃薯黑痣病的研究现状[J].中国马铃薯(3):171-173.

曹涤环,2016.小麦金针虫的发生与防治[J].乡村科技(1):19.

曾岑,2015.浅析马铃薯瓢虫发生规律及防控对策[J].农民致富之友(22):119,13.

陈爱昌,魏周全,孙兴明,等,2015.8 种药剂拌种对马铃薯黑痣病的防效试验[J].甘肃农业科技(4):48-50.

陈丹,陈德鑫,许家来,等,2013.五种杀虫剂对烟草潜叶蛾的毒力测定[J].中国烟草科学,34(2):37-40.

陈海燕,秦双,林珠凤,等,2019.1.0％联苯菊酯·噻虫胺颗粒剂防治芥菜黄曲条跳甲田间药效试验[J].农业开发与装备(4):109,106.

陈杰,汤琳,郭天文,等,2014.马铃薯土传病原真菌拮抗放线菌的抗病促生作用[J].西北农林科技大学学报(自然科学版)(1):111-119.

陈万利,2012.马铃薯黑痣病的研究进展[J].中国马铃薯,26(1):49-51.

陈雯廷,蒙美莲,曲延军,等,2015.马铃薯黑痣病综合防控技术的集成[J].中国马铃薯,29(2):103-106.

陈亚兰,张健,2016.5种药剂对贮藏期马铃薯干腐病防效试验[J].甘肃农业科技(3):42-44.

陈彦云,2007.宁夏西吉县马铃薯贮藏期病害调查及药剂防治研究[J].耕作与栽培(3):15-16.

陈云,杨俊伟,岳新丽,等,2015.马铃薯黑胫病及其防治[J].农业技术与装备(12):40-42.

程坤,2018.地下害虫蛴螬的生物防治技术研究进展[J].吉林农业(12):66.

丁思年,2018.马铃薯干腐病的辨别及防治方法[J].园艺与种苗,38(7):24-25,28.

董传民,2019.浅述马铃薯瓢虫发生规律及防控对策[J].种子科技,37(5):130.

董利娟,崔健,2014.22.4％氟唑菌苯胺(阿马士)沟施防治马铃薯黑痣病药效试验.现代农业(9):30-31.

豆儿,2017.马铃薯瓢虫防治[J].农家之友(11):60.

杜培兵,2018.山西省马铃薯种薯贮藏窖调查报告[J].农业科技通讯(10):43-47.

段慧,陈学刚,邓胜楠,等,2013.杨柳大青叶蝉和黑蚱发生规律及防治方法[J].现代农村科技(20):24.

范国权,白艳菊,高艳玲,等,2014.我国马铃薯主产区病毒病发生情况调查[J].黑龙江农业科学,11(3):68-72.

范国权,陈卓,高艳玲,等,2010.免疫胶体金技术在马铃薯病毒检测上的应用[J].黑龙江农业科学,63(11):60-62.

方永生,2013.杂草的生物学特性分析[J].现代农业科技(7):170-171.

冯洁,2017.植物病原细菌分类最新进展[J].中国农业科学,50(12):2305-2314.

冯艳萍,2018.马铃薯病虫害发生危害特点及防治措施[J].河南农业(13):39.

冯渊博,郭鹏飞,付小军,等,2011.大青叶蝉发生特点与无公害防治[J].西北园艺(果树)(1):34.

高恩恩,2017.蛴螬对新育苗的危害和防治方法[J].特种经济动植物,20(08):50.

高芬,吴元华,2008.链格孢属Alternaria真菌病害的生物防治研究进展[J].植物保护,34(3):1-6.

高永健,孟云,2004.马铃薯黑胫病的发生与防治[J].农村科技(4):30-31.

葛君,张福娟,赵敬领,等,2011.金针虫的发生与防治[J].现代农业科技(12):176.

龚启青,朱江,牛力立,等,2018.七种杀菌剂对马铃薯早疫病的影响[J].耕作与栽培(4):25-27.

郭东红,2012.蝼蛄的发生规律及防治措施[J].种业导刊(12):30.

郭海琴,2017.小地老虎的发生与防治技术研究[J].种子科技,35(9):117-118.

郭建,肖婷,陈宏州,等,2009.六种药剂对大青叶蝉防治效果的试验分析[J].农业科技通讯(09):64-66.

郭庆海,吕卫东,张秀成,等,2018.2种种衣剂拌种对马铃薯蛴螬的防治效果[J].贵州农业科学,46(05):54-58.

郭水良,李杨汉,1994.杂草的基本特点及其在丰富栽培地生物多样性中的作用[J].资源科学(3):48-51.

海滨,卢扬,邓禄军,2006.马铃薯晚疫病发病机理及防治措施[J].贵州农业科学,34(4):76-81.

韩学俭,2003.马铃薯环腐病的危害及其防治[J].蔬菜(2):22-23.

郝东川,温华良,刘慧珍,等,2016.珠三角黄曲条跳甲的发生规律与综合防治[J].农业科技通讯(9):269-270.

何迎春,高必达,2000.立枯丝核菌的生物防治[J].中国生物防治,16(1):31-34.

贺学礼,赵丽莉,1996.陕西秋作物田杂草区系研究[J].杂草科学(3):12-15.

胡坚,2008.烟草潜叶蛾的发生及防治措施[J].植物医生(5):46.

华曹杰,陈伟,高寒,等,2019.不同药剂防治桃蚜田间药效试验[J].现代农业科技(8):96-97.

黄宝,2014.蝼蛄的发生特点与防治[J].河北林业科技(3):104.

黄宝,2015.地老虎的发生特点与防治[J].现代园艺(15):130.

黄丹,余琨,陈建斌,等,2015.马铃薯病毒PVY,PVS和PLRV多重RT-PCR检测[J].云南农业大学学报,30

(4):535-540.

黄华,张朝成,冯丽君,等,2009.马铃薯常见叶部病害的识别与防治[J].现代化农业(4):19-20.

黄文枫,赵海燕,唐良德,2018.不同杀虫剂对黄曲条跳甲的室内毒力和田间防效[J].中国植保导刊,38(02):65-69.

贾洪伟,2019.农业机械化中耕技术及相关要求[J].农机使用与维修(6):95.

姜丰秋,姜达石,2009.华北蝼蛄的生物学特性及防治技术[J].林业勘查设计(2):86-88.

赖荣泉,白建保,顾钢,等,2018.3种植物提取物混用对黄曲条跳甲成虫的控制作用[J].烟草科技,51(3):24-29.

李刚,尹志刚,谢旭东,等,2018.金针虫的特征及综合防治措施[J].贵州农业科学,46(9):55-58.

李红霞,张新喜,2017.地老虎的危害与防治[J].现代农业科技(13):129,136.

李宏群,韩宗先,吴少斌,等,2011.秦岭山区生物多样性的研究进展及保护措施[J].贵州农业科学,39(10):32-34.

李江涛,杨茹薇,徐琳黎,等,2018.马铃薯疮痂病药剂筛选试验[J].农村科技(9):20-21.

李金花,柴兆祥,王蒂等,2007.甘肃马铃薯贮藏期真菌性病害病原菌的分离鉴定[J].兰州大学学报,43(2):39-42.

李莉,杨静,刘文成,2017.马铃薯软腐病的辨别及防治方法[J].园艺与种苗(8):63-64,79.

李儒海,强胜,2007.杂草种子传播研究进展[J].生态学报,27(12):5361-5370.

李瑞琴,刘星,邱慧珍,等,2013.发生马铃薯立枯病土壤中立枯丝核菌的荧光定量PCR快速检测[J].草业学报,22(5):136-144.

李拴曹,李存玲,2016.马铃薯疮痂病的发生与防治[J].陕西农业科学,62(1):76-77.

李湍,2017.桃蚜发生与防治措施[J].江西农业(3):36.

李文刚,巩秀峰,唐洪明,1991.内蒙古南部地区马铃薯病毒种类及其危害规律的研究[J].中国马铃薯,19(1):18-24.

李香菊,梁帝允,2014,除草剂科学使用指南[M].北京:中国农业科学技术出版社.

李扬汉,1998.中国杂草志[M].北京:中国农业出版社.

李芝芳,2004.中国马铃薯主要病毒图鉴[M].北京:中国农业出版社.

梁帝允,张治,2013.中国农区杂草识别图册[M].北京:中国农业科学技术出版社.

梁俊桃,翟玉兰,2016.马铃薯病毒病的种类与防治措施[J].现代农业科技,62(9):139-139.

刘丹丹,陈爱端,李克斌,等,2016.饥饿胁迫对褐纹金针虫生理特征的影响[J].昆虫学报,59(5):509-515.

刘国英,2013.马铃薯瓢虫的鉴别与防治[J].农业灾害研究,3(21):5-8.

刘红飞,2011.马铃薯瓢虫的发生与防治技术[J].农业技术与装备(14):51-52.

刘俊,贺学礼,1995.陕西麦田杂草及植物区系研究[J].国外农学-麦类作物(4):46-48.

刘林珠,邹荣,徐新民,2016.小地老虎对蔬菜的危害及其防治对策[J].现代园艺(5):114-115.

刘小明,司升云,程萍,等,2018.15%哒螨灵·啶虫脒微乳剂防治萝卜黄曲条跳甲药效试验[J].长江蔬菜(10):75-76.

刘鑫,2017.镇巴县马铃薯晚疫病防控技术[J].中国农技推广,33(3):65-66.

刘洋,蒋继志,杨发茂,2006.几种化学物质诱导马铃薯对早疫病的抗性及其机理研究[J].华北农学报,21(2):113-117.

刘英,赵熙宏,2014.金针虫及其防治方法[J].北京农业(24):114.

刘永超,2018.马铃薯瓢虫的发生规律与绿色防控技术[J].现代农业(10):23.

刘在东,徐凤花,于德才,2008.黑龙江省马铃薯产业发展现状及对策[J].黑龙江省农业科学(4):124-126.

卢德清,2011.马铃薯瓢虫的发生与综合防治[J].农技服务,28(6):801,803.

罗燕娜,刘江娜,王航,2015.马铃薯病害种类及主要病毒检测方法[J].新疆农垦科技,34(11):65-67.

吕爽,2018.马铃薯块茎生理病害的识别与预防[J].吉林蔬菜(21):53.

吕要斌,贝亚维,林文彩,等,2004.西花蓟马的生物学特性、寄主范围及危害特点[J].浙江农业学报(5):73-76.

吕镇城,周香露,徐良雄,等,2018.马铃薯主要病害及防治研究进展[J].惠州学院学报,38(6):7-14.

马宏,2007.我国马铃薯软腐病防治的研究进展[J].生物技术通报(1):42-44.

马慧萍,潘涛,2011.马铃薯蛴螬的发生与防治[J].农业科技与信息(9):27-28.

马永强,李继平,惠娜娜,等,2013.2种药剂不同施药方式对马铃薯黑痣病防效比较[J].江苏农业科学,41(1):120-122.

牛春亮,孙晶,2015.保护性耕作机械式除草技术的研究现状及发展趋势[J].农业与技术,35(19):45-46.

牛树君,李玉奇,张新瑞,等,2017.防除马铃薯田阔叶杂草除草剂的筛选及对马铃薯安全性[J].中国马铃薯,31(5):278-282.

潘小刚,范婷,潘换来,2018.大青叶蝉的发生规律与综合防治措施[J].果农之友(7):40.

潘志萍,吴伟南,刘惠,等,2007.入侵害虫西方花蓟马综合防治进展的概述[J].昆虫天敌(2):76-83,68.

彭曼曼,吕金庆,兑瀚,等,2019.驱动式马铃薯中耕机的设计与仿真分析[J].农机化研究(3):58-63.

彭学文,朱杰华,2008.河北省马铃薯真菌病害种类及分布[J].中国马铃薯,22(1):31-32.

彭学文,朱杰华,2008.河北省马铃薯真菌病害种类及分布[J].中国马铃薯,22(1):31-33.

强胜,李汉杨,1991.甘肃省农田杂草区系的调查研究初报[J].杂草科学(4):12-14.

邱广伟,2009.马铃薯黑痣病的发生与防治[J].粮食作物(6):133-134.

沙俊利,2014.马铃薯环腐病的发生与防治[J].农业科技与信息(22):28-30.

邵小丽,2018.马铃薯常见病虫害综合防治措施[J].农业科技与信息(11):15-17.

石宝才,宫亚军,魏书军,2011.马铃薯瓢虫的识别与防治[J].中国蔬菜(11):21-22.

石呈安,2009.马铃薯免耕杂草覆盖栽培技术[J].农技服务,26(7):52-53.

苏晓丹,李学军,王淑贤,2008.寄生蜂对美洲斑潜蝇的控害作用研究进展[J].辽宁农业科学(6):32-34.

孙琦,张春庆,孟昭东,等,2009.马铃薯X、Y病毒的复合RT-PCR检测体系的建立[J].农业生物技术学报,17(4):737-738.

孙秀荣,2019.蔬菜美洲斑潜蝇的发生危害及综合防治[J].南方农机,50(2):74.

孙彦良,孟兆华,2008.马铃薯黑胫病的发生及防治方法[J].中国马铃薯,22(6):371-372.

谭宗九,郝淑芝,2007.马铃薯丝核菌溃疡病及其防治[J].中国马铃薯,21(2):108-109.

谭宗九,郝淑芝,2007.马铃薯丝核菌溃疡病及其防治[J].中国马铃薯,21(2):108-109.

田萍,王爱军,2017.马铃薯黑痣病的发生及防治措施[J].现代农业科技(13):126,132.

田帅,2018.美洲斑潜蝇发生规律与防治[J].吉林蔬菜(10):29-30.

拓宁,张君,等,2015.立枯丝核菌对马铃薯侵染过程的显微结构观察与胞壁降解酶活性的测定[J].草业学报,24(12):74-82.

王勃,2015.地老虎的生活习性及综合防治技术[J].新疆农业科技(6):12-13.

王东岳,刘霞,杨艳丽,等,2014.云南省马铃薯黑痣病大田发生情况及防控试验[J].中国马铃薯,28(4):225-229.

王峰,2015.小地老虎生物学特性及防治方法[J].现代农村科技(1):30.

王拱辰,郑重,叶琪明,等,1996.常见镰刀菌鉴定指南[M].北京:中国农业科技出版社.

王浩杰,刘立伟,舒金平,等,2008.金针虫控制技术及其研究进展[J].中国森林病虫(1):27-30,40.

王合松,王培红,2004.马铃薯主要病害的发生与防治对策[J].农资科技(1):26-28.

王金生,张学君,方中达,1990.几种软腐欧氏杆菌对马铃薯致病性及块茎感病性的研究[J].南京农业大学学报,13(4增):41-45.

王培云,邓丽,李阳,等,2015.花生田蛴螬的综合防治技术[J].农业科技通讯(10):152-153.

王权,2017.马铃薯高产栽培技术及病害防治[J].农业科技与信息(19):80.

王文锦,2014.玉米地老虎发生特点与综合防治技术[J].种子科技,32(9):50-51.

王宪富,吕景华,苏利军,等,2010.呼和浩特地区气候条件变化与马铃薯生育期的关系[J].北方农业学报,43(11):132-132.

王永崇,2014.作物病虫害分类介绍及其防治图谱——马铃薯软腐病及其防治图谱[J].农药市场信息(20):55.

王育彪,张果斌,焦建平,等,2015.7种杀菌剂对马铃薯干腐病的抑制剂病害防治效果[J].内蒙古农业科技,43(6):83-85

王志,2018.花生蛴螬生物防治与综合防控技术[J].农村新技术(6):22-23.

魏美荣,李桂英,2017.大同地区美洲斑潜蝇发生规律及防治对策[J].农业技术与装备(11):49-50.

吴仁海,孙慧慧,苏旺苍,等,2018.几种除草剂对马铃薯安全性及混用效果[J].农药,57(1):61-63,66.

吴兴泉,时妍,杨庆东,2011.我国马铃薯病毒的种类及脱毒种薯生产过程中病毒的检测[J].中国马铃薯,25(6):363-366.

肖春芳,田恒林,张舒,等,2014.45％霜霉威・咪唑菌酮悬浮剂对马铃薯晚疫病的防治效果[J].植物保护,40(2):171-174.

谢春霞,杨雄,赵彪,等,2018.马铃薯蓟马综合防治技术[J].云南农业科技(5):44-47.

谢联辉,林奇英,吴祖建,1999.植物病毒名称及归属[M].北京:中国农业出版社:137-142.

邢莹莹,吕典秋,魏琪,等,2016.黑龙江省部分地区马铃薯疮痂病菌种类及致病性鉴定[J].植物保护,42(1):26-32.

徐金兰,徐金龙,闫学凯,2010.马铃薯瓢虫的发生规律与防治技术[J].中国园艺文摘,26(11):151.

许建柏,2017.小地老虎的发生特征与防治措施[J].种子科技,35(5):95-96.

杨殿贤,苑凤瑞,2007.25％嘧菌酯悬浮剂防治马铃薯早疫病田间药效试验[J].农药科学与管理,28(8):28-29.

杨华,韩宏宇,窦钰程,等,2017.马铃薯中耕施肥机的研究与应用[J].农机使用与维修(2):9-12.

杨丽娟,杜艳红,李俊峰,等,2014.蔬菜常见害虫蝼蛄的发生与防治[J].农业与技术,34(10):97.

杨术江,2014.春季麦田金针虫、吸浆虫防治策略[J].基层农技推广,2(6):58.

衣岩敏,2015.浅谈地下害虫蝼蛄的发生及防治[J].内蒙古林业调查设计,38(5):107-108,91.

于恒纯,滕丽雅,闫明宇,2003.黑龙江省马铃薯细菌病害调查初报[J].中国马铃薯,17(2):122-123.

渊建民,王东侠,2016.城固县马铃薯疮痂病药剂防治对比试验[J].现代农业科技(09):124,130.

阎凡祥,王晓丹,胡林双,等,2010.黑龙江省马铃薯干腐病菌种类鉴定及致病性[J].植物保护,36(4):112-115.

张彩霞,2014.马铃薯瓢虫防治措施的探讨[J].农业技术与装备(4):35-36.

张春燕,2018.大青叶蝉对果品的为害及防治方法[J].园艺与种苗(3):30-31.

张贵森,刘慧芹,李彦蓉,等,2014.晋中、大同两地马铃薯瓢虫成虫抗药性监测[J].山西农业科学,42(10):1114-1116.

张庆春,李永才,毕阳,等,2009.柠檬酸处理对马铃薯干腐病的抑制作用及防御酶活性的影响[J].甘肃农业大学学报,44(3):146-150.

张抒,白艳菊,范国权,等,2017.马铃薯病毒病传播介体蚜虫的危害及防治[J].黑龙江农业科学(3):59-63.

张廷义,魏周全,2006.马铃薯贮藏期块茎干腐病药剂防治试验[J].中国马铃薯,20(6):348-349.

张艳玲,迟军,苑克凡,等,2010.沟金针虫的发生与防治[J].现代农业科技(24):165,168.

张颖,郝晓斌,贾彬宏,2015.浅谈地老虎的发生及防治措施[J].山西农经(4):54,56.

张玉东,师宝君,赵轩,等,2018.美洲斑潜蝇发生动态及药剂防治[J].西北农业学报,27(9):1375-1379.

张智芳,米丰,杨海鹰,等,2011.5种杀菌剂对马铃薯黑痣病病菌的抑菌效果比较[J].内蒙古农业科技(6):78-79.

张中华,赵璐,吴世燕,2014.大青叶蝉的发生与防治[J].现代农村科技(4):29.

张子易,周倩,2017.吡唑醚菌酯及其复配药剂对马铃薯晚疫病的毒力测定及药效试验[J].广东农业科学,44(4):108-112.

赵成银,何余容,吕利华,等,2011.西花蓟马的寄主、危害及防治措施[J].广东农业科学,38(05):95-98.

赵冬梅,魏巍,张岱,等,2017.马铃薯干腐病室内药剂筛选及防病研究[J].湖北农业科学,56(17):3268-3271.

赵桦,杨培君,2001.秦岭南坡中段种子植物区系初步分析[J].西北植物学报,21(4):732-739.

赵双喜,王得祥,边丹丹,等,2010.秦岭牛背梁自然保护区种子植物区系海拔梯度格局分析[J].西北植物学报,30(7):1468-1474.

赵天然,2008.春茬马铃薯病害防治[J].四川农业科技(2):50-51.

周芳,贾景丽,刘兆财,等,2018.2,4-D防治马铃薯疮痂病的效果[J].中国马铃薯,32(4):235-239.

朱生秀,向江湖,李万栋,等,2015.西花蓟马发生危害及防治技术[J].农村科技(9):33.

第六章 马铃薯品质与综合利用

第一节 马铃薯品质

一、马铃薯块茎营养品质

马铃薯块茎养分齐全。含有多种营养与功能性成分,包括淀粉、蛋白质、膳食纤维、维生素、多酚类化合物、矿物元素等,这些成分已被发现可以在预防和治疗癌症、糖尿病及心血管疾病等方面发挥重要作用。

吴巨智等(2009)介绍,马铃薯的块茎中含有大量碳水化合物,含量约为16.5%,其中大部分为淀粉,占9%~30%,并含有少量的非淀粉性多糖、蔗糖、还原糖等,是人类获得碳水化合物的一个重要来源。马铃薯的块茎中蛋白质的含量为1.5%~2.3%,若以无水物计算,则为9.8%,高于稻米中蛋白质的含量(8.9%)。马铃薯的蛋白质为完全蛋白,含有人体需要但体内又不能合成的8种必需氨基酸。这些氨基酸的含量和比例符合人体需要,因此,马铃薯的蛋白质具有很高的营养价值。马铃薯的块茎中维生素的含量很丰富,可与蔬菜、水果媲美。维生素C含量为27 mg/(100 g),是芹菜的3.4倍、番茄的1.4倍、苹果的6~8倍。维生素B的含量居常用蔬菜之冠。马铃薯的块茎中还含有多种矿物质,每100 g中Ca含量8 mg、Fe含量0.8 mg、Zn含量0.37 mg、P含量40 mg,还含有Se、K、Na、Mg等元素。

曾凡逵等(2015)介绍,马铃薯块茎干物质主要由淀粉组成,生的马铃薯原淀粉为抗性淀粉,但经过烹饪糊化后几乎能够完全被消化吸收。马铃薯淀粉的血糖指数与烹饪方式关系非常大,烹饪后冷却的马铃薯血糖指数降低,因为返生的淀粉为抗性淀粉,可以当成膳食纤维。马铃薯蛋白必需氨基酸含量高,营养价值高,而且富含赖氨酸。马铃薯也是膳食纤维、维生素、矿物质和植物营养素的重要来源,马铃薯富含胡萝卜素、叶酸、维生素B、绿原酸、花青素等。马铃薯K元素含量高,摄取马铃薯当中的K元素部分替代饮食摄取食盐中的Na元素,对人体健康具有十分重要的营养学意义。

文丽(2016)介绍,蛋白质在马铃薯块茎中的含量高达2%左右,与鸡蛋中蛋白质的含量相差不大。马铃薯还富含18种氨基酸,其中包括人体必需的全部氨基酸。膳食纤维含量0.6%~0.8%,比大米、小米和小麦粉含量高2~12倍,约含有0.2%的脂肪,属于低脂肪食品。100 g鲜马铃薯中约含有K 342 mg、Ca 8 mg、Fe 0.8 mg、P 40 mg。与其他蔬果相比,马铃薯中维生素C的含量是苹果的6倍,约为27 mg/(100 g),这在多数谷物中是不含有的。一个成年人每天吃500 g马铃薯即可满足人体对维生素C的全部需要量。胡萝卜素含量也较高,约为30 mg/(100 g)。此外,马铃薯还含有丰富的B族维生素。

黄元勋等(2002)介绍,马铃薯的营养成分主要是淀粉、蛋白质、维生素、矿物质。他们是组成块茎干物质的主要成分,块茎干物质含量的多少,是评价马铃薯品质好坏的重要指标,与一般以种子供人类食用的农作物不同,如与玉米、小麦、稻米、大豆等相比,马铃薯含水量高、干物质只占块茎的 15%~30%,只有极少数的天然品种和栽培品种干物质含量超过 30%的。湖北恩施南方马铃薯研究中心实验室之前九年所分析的 406 份样品中,干物质含量最高的为29.63%。中国西部地区主栽品种米拉,干物质含量为 23.34%。

二、马铃薯淀粉

(一)马铃薯淀粉的组成、含量和形态

1. 组成　马铃薯淀粉粒干物质中含有淀粉 99.5%、灰分 0.3%和 N 0.01%(Kroner 等,1950)。淀粉由直链淀粉和支链淀粉两种组分组成,其比例为 1:3(McCready 等,1947)。尽管有报道说该比值因品种而异,但看起来是恒定的,既不受贮藏温度也不受贮藏时间影响(Schwimmer 等,1954);然而,在块茎成熟期间,该比值随着淀粉粒的增大而增加(Geddes 等,1965)。

直链淀粉是一个 α-1,4 键连接葡萄糖基构成的高分子化合物(稍有分支);一直有报道称,其平均聚合度因块茎来源以及测定和制备的方法不同而异,变化为 1000~5000(Bottle 等,1954)。以商用淀粉制作的直链淀粉与以实验室较为精细制作的直链淀粉相比,前者链长显著短于后者。

支链淀粉是链分支的葡萄糖聚合物,平均每 20 个葡萄糖残基的 α-1,4 键就会被 α-1,6 键分开。这样就会形成高度分支的分子,其平均聚合度达到 10^5 数量级(Potter 等,1948)。一般认为直链淀粉在淀粉粒中的构成决定淀粉粒的结晶度。

洪雁等(2008)介绍,蜡质马铃薯的支链淀粉含量占总淀粉含量的 95%以上。而区别支链淀粉与直链淀粉的一个重要指标是蓝值。直链淀粉的线性聚合度(DP)很高,与碘液能形成螺旋结构的络合物,呈蓝色,蓝值较大,一般在 0.8~1.2,而支链淀粉分支度较高,蓝值较小。蓝值的大小可以作为衡量直链淀粉含量的有效方法之一。

曾凡逵等(2011)介绍,马铃薯淀粉一般都是由两种多糖组成的:一种为线性组分的直链淀粉,另一种为高度分支的组分的支链淀粉。马铃薯直链淀粉、支链淀粉的含量根据不同来源的淀粉而不同,通常直链淀粉的含量占总淀粉的 15%~25%。这两种多糖是同源葡萄糖,只是支链淀粉有两种链衔接方式,即主链上的 α-1,4 和支链上的 α-1,6。马铃薯和马铃薯淀粉的物理化学性质的影响因素包括:直链淀粉、支链淀粉含量,分子量,分子量分布,链长,链长分布和P 含量。

王丽等(2017)介绍,马铃薯淀粉中大约有 12%~20%的直链淀粉和 70%~82%的支链淀粉,并且不同品种中直链淀粉和支链淀粉的含量变化幅度很大。研究表明,直链淀粉含量越高,抗消化性越强,糊化峰值黏度、破损值、回复值也较高;支链淀粉含量越高,抗老化性越强,冻融稳定性好,膨胀性高、吸水性强。马铃薯中直链淀粉-碘结合物的吸收波长为 500~800 nm,支链淀粉-碘结合物的吸收波长为 500~600 nm,前者覆盖了后者,对马铃薯直链淀粉含量的测定会产生一定的干扰作用。

2. 淀粉粒的形态　马铃薯淀粉的平均粒径比其他淀粉大,在 30~40 μm,粒径范围比其他淀粉广,约为 2~100 μm,大部分粒径在 20~70 μm,粒径分布近乎正态分布。其他淀粉的粒

径范围,玉米为 $2\sim30\ \mu m$,甘薯为 $2\sim35\ \mu m$,小麦为 $2\sim40\ \mu m$。不同原料加工的淀粉其淀粉粒大小有差别;同一原料品种在生理上随生理发育、块茎增大,淀粉粒径也增大。在加工上,对其加工的淀粉进行大小粒分级,不同粒径的淀粉 P 含量不同,大粒部分的淀粉 P 含量低,小粒部分的淀粉 P 含量高(图 6-1)。

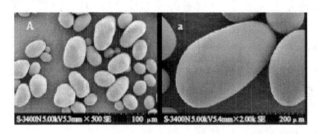

图 6-1　马铃薯淀粉颗粒的扫描电镜照片(王绍清等,2011)

(二)马铃薯淀粉的物理化学和胶体化学性质简介

马铃薯淀粉具有糊化温度低,膨胀容易,吸水、保水力大,糊浆黏度、透明度高等特点。淀粉糊化后形成具有一定弹性和强度的半透明凝胶,凝胶的黏弹性、强度等特性对凝胶体的加工、成型性能以及淀粉质食品的口感、速食性能等均有较大影响。

张根生等(2010)研究了马铃薯淀粉的物化性质。研究涉及马铃薯淀粉的组成、颗粒形貌、粒径大小及溶解度与膨润力、透明度、凝沉性、糊化方面的性质,并与绿豆、玉米淀粉进行比较。结果表明,马铃薯淀粉的蛋白质含量为 0.27%,直链淀粉含量为 20.4%,颗粒为椭圆形,平均粒径为 $40\ \mu m$;马铃薯淀粉的溶解度与膨润力较高;马铃薯淀粉的透明度为 66.8%,凝沉性高于豆类淀粉,峰值黏度为 2000 BU。

吕振磊等(2010)采用快速黏度分析仪(rapid viscosity analyzier,RVA)测定淀粉浓度、pH、蔗糖、柠檬酸、卡拉胶等对马铃薯淀粉糊化特性和凝胶特性的影响。结果表明:随着淀粉浓度的增加,马铃薯淀粉糊的热稳定性和凝沉性变差,凝胶性增强,容易回生;在 pH 7 时马铃薯淀粉的热稳定性、凝沉性和凝胶性较差,马铃薯淀粉不易回生;添加蔗糖、卡拉胶、明矾、食盐或苯甲酸钠,马铃薯淀粉的热稳定性、凝沉性、凝胶性增强;添加柠檬酸后马铃薯淀粉的热稳定性和凝沉性增强,凝胶性减弱。

方国珊等(2013)以马铃薯淀粉为材料,制各氧化淀粉、醋酸酯淀粉、氧化醋酸酯淀粉,比较其理化性质,并通过红外光谱(FT-IR)、电子扫描显微镜(SEM)等对其结构进行分析。结果表明:氧化淀粉、醋酸酯淀粉、氧化醋酸酯淀粉比原淀粉透明度高、流动性好、附着力强、涂抹性好。FT-IR 实验表明氧化淀粉有羧基的特征吸收峰,而氧化醋酸酯淀粉酯化改性过程中有醋酸酯基团的生成。SEM 扫描实验显示氧化淀粉的外形比较规整多为球状或椭球状,表面较光滑;醋酸酯淀粉颗粒形状未发生大的改变,但规整度很差;氧化醋酸酯淀粉颗粒完整,表面粗糙,低取代度的酯化反应仅发生在淀粉颗粒表面。

蔡旭冉等(2012)研究不同种类以及不同浓度的盐对马铃薯淀粉以及马铃薯淀粉-黄原胶复配体系糊化性质以及流变学性质的影响。结果表明:盐的加入均增加了马铃薯淀粉的成糊温度和回值,降低了峰值黏度、终值黏度和崩解值,且马铃薯淀粉糊的黏度值随着盐浓度的增加先降低后升高,成糊温度随着盐浓度的增加呈现先显著升高后略微下降的趋势。对于马铃薯淀粉-黄原胶复配体系,盐的加入升高了复配体系的成糊温度、峰值黏度和崩解值,并且复配体系的黏度值随着盐浓度的增加而增加。流变学性质表明盐引起马铃薯淀粉糊的假塑性增强,并随着盐浓度的增加假塑性先增强后略有减弱,相反盐引起马铃薯淀粉/黄原胶复配体系的假塑性减弱,并与盐浓度之间没有明显的规律性。

徐贵静等(2014)研究了亲水性胶体(黄原胶和魔芋胶)对马铃薯淀粉糊化的影响。通过扫描电子显微镜(SEM)观察结果显示,黄原胶和魔芋胶包裹在淀粉颗粒表面,抑制了淀粉颗粒的膨胀和可溶性组分的渗出,延缓了淀粉的糊化,并且亲水性胶体会与马铃薯淀粉形成了一定的网络结构。结合红外光谱分析结果显示:添加亲水性胶体后,马铃薯淀粉结合水的能力变强,且在一定程度上阻碍马铃薯淀粉氢键缔合结构破坏从而保护了马铃薯淀粉颗粒。在55 ℃、75 ℃和95 ℃下添加黄原胶和魔芋胶后,复配体系的冻融稳定性均好于马铃薯淀粉单独体系,表明亲水性胶体对马铃薯淀粉具有协效性。

郭俊杰等(2014)介绍了马铃薯淀粉的回生方法,包括酶解法、微波法、酸解法、晶种促进法、挤压法和压热处理。廖瑾等(2010)介绍了添加阿拉伯胶时会使马铃薯淀粉黏度显著降低,具有更好的热稳定性,但在冷却过程中,其淀粉黏度明显上升,回值略有增加。所以,在加工以马铃薯淀粉为原料的食品时,可以选择合适的添加物,以达到最终加工的目的。

三、马铃薯蛋白质

(一)马铃薯蛋白质种类

马铃薯的蛋白品质高且含量丰富,大部分为可溶性蛋白质,占总蛋白质含量的71.6%~74.5%。马铃薯可溶性蛋白质有水溶性蛋白、盐溶性蛋白和醇溶性蛋白三类。

卢戟等(2014)选取12个不同品种(系)马铃薯为材料,探索和建立较完备的马铃薯可溶性蛋白质分析技术体系。采用考马斯亮蓝法测定可溶性蛋白含量和聚丙烯酰胺凝胶电泳分别进行水溶蛋白、盐溶蛋白和醇溶蛋白分析。结果表明:马铃薯不同品种间可溶性蛋白含量有较大差异,同一品种内几种可溶性蛋白也存在差异,电泳分析显示不同品种马铃薯水溶蛋白、盐溶蛋白和醇溶蛋白均表现出一定的多态性。

肖成斌等(2015)提取马铃薯块茎可溶性蛋白(22.82 mg/g 鲜重)进行 SDS-PAGE 分析,马铃薯块茎可溶性蛋白中丰度最高的蛋白质可能是块茎储藏蛋白 patatin。BandScan 软件扫描分析蛋白质样品的电泳结果时蛋白质样品最好梯度上样,以此确保获得相对丰度一致的条带丰度扫描结果。

舒群芳等(1989)对中国5个不同品种的马铃薯块茎蛋白质作了几项分析研究,得出鲜重样品总蛋白质的含量为1.22%~1.69%,可溶性蛋白质占总蛋白质含量的71.6%~74.5%。5个品种马铃薯块茎的可溶性蛋白质在 SDS-PAGE 电泳上被分为三个主要组分,其分子量分别为78 KD,40 KD,18.5 KD。品种间在 SDS-PAGE 电泳上几乎无差异,但在双向电泳上差异较大。

朴金苗等(2009)开展马铃薯分离蛋白的溶解性和乳化性研究发现,马铃薯分离蛋白在pH 1~10(不含 pH 4),在蒸馏水中的溶解度高于在 1%NaCl 溶液中的溶解度,在 1%CaCl$_2$溶液中的溶解度受 pH 值影响小,都在 30%和 40%左右。由于盐的存在,表现出盐析的效果等,溶液中 pH 值对马铃薯分离蛋白的乳化活性指数(EAI)和乳化稳定指数(ESI)影响小。

(二)马铃薯蛋白质的营养价值

张泽生等(2007)采用国际上通用的营养价值评价方法,对马铃薯蛋白(PP)的营养价值进行了综合评价。马铃薯蛋白的必需氨基酸含量较高,占其氨基酸总量的47.9%,利用模糊识别法得出马铃薯蛋白的贴近度为0.912,高于大豆分离蛋白(SPI)的0.837,更接近于1。利用化学评价法得出PP的第一限制氨基酸为色氨酸,第二限制氨基酸为含硫氨基酸——蛋氨酸和胱氨酸。蛋白质的氨基酸评分(AAS)、化学评分(cs)、必需氨基酸指数(EAAI)、生物价(Bv)、营养指数(NI)和氨基酸比值系数分(SRCAA)分别为88.0、52.7、87.8、84.0、36.9、76.9。结果表明,马铃薯蛋白是良好的蛋白质来源。

刘素稳等(2008)以内蒙古卓资县的马铃薯蛋白粉与酪蛋白进行营养价值比较,马铃薯蛋白粉由19种氨基酸(已测的)组成,总量为42.05%,其中必需氨基酸含量为20.13%,非必需氨基酸含量为21.92%。马铃薯蛋白质的必需氨基酸含量占氨基酸总量的47.9%,其必需氨基酸含量与鸡蛋蛋白(49.7%)相当,明显高于FAO/WHO(世界粮农组织/世界卫生组织)的标准蛋白(36.0%)。并通过大鼠喂养试验,马铃薯蛋白质食物利用率、生物价、蛋白质净利用率、蛋白质功效比值等评价指标,均与酪蛋白接近,动物发育良好。因此,马铃薯蛋白质的营养价值不亚于酪蛋白,是一种天然的优良蛋白质。

侯飞娜等(2015)为了解中国不同品种马铃薯全粉中蛋白质的营养品质,收集了中国马铃薯主栽品种22个,分别制备成全粉,采用国际通用的WHO/FAO氨基酸评分模式及化学评分等评价方法对其蛋白质营养品质进行评价,并比较了不同品种间的差异。结果表明,22个品种马铃薯全粉粗蛋白含量范围为6.57~12.84 g/(100 g)DW,除色氨酸外,第一限制性氨基酸是亮氨酸;平均必需氨基酸含量占总氨基酸含量的41.92%,高于WHO/FAO推荐的必需氨基酸组成模式(36%),接近标准鸡蛋蛋白。从氨基酸评分、化学评分、必需氨基酸指数、生物价和营养指数可综合反映出大西洋蛋白的营养价值最高,夏波蒂、一点红次之;青薯9号、陇薯3号、中薯9号和中薯10号的蛋白营养价值较低,中薯11号最低。

木泰华(2016)介绍,马铃薯蛋白由18种氨基酸组成,其中必需氨基酸含量为20.10%,占氨基酸总量的47.90%。马铃薯蛋白的必需氨基酸含量与鸡蛋蛋白相当。若将鸡蛋中的蛋白生物效价定为100,则马铃薯蛋白的生物效价大约是80,明显高于FAO/WHO的标准蛋白,且其可消化成分高,极易被人体吸收,优于其他作物蛋白。研究表明,马铃薯蛋白能预防心血管系统的脂肪沉积,保持动脉血管的弹性,防止动脉粥样化过早发生,还可防止肝、肾中结缔组织的萎缩,保持呼吸道和消化道的润滑。

(三)马铃薯蛋白质的抗氧化性

潘牧等(2012)以从马铃薯生产淀粉的废液中提取的蛋白粉作为原料,对马铃薯蛋白质进行酶解,优化酶解工艺,并比较酶解前后马铃薯蛋白质的抗氧化性变化。研究发现,当酶解条件为pH 7.9,温度45 ℃,底物浓度5.0%,E/S 3.0%时马铃薯蛋白质的水解度达到最大。而且酶解液与蛋白质溶液相比,抗氧化性有了明显提高。

程宇等(2010)以Fenton体系催化氧化,以脂肪氧化产物丙二醛为指标,考察了不同水解时间(0.5 h、1 h、6 h)马铃薯蛋白水解物对大豆油O/W氧化稳定性的影响。1 h马铃薯水解物表现了较好的抗氧化作用。将1 h马铃薯蛋白水解物用G15凝胶色谱进行分离得到三个不同分子量的组分。分子量较小的组分表现出了更高的 ABTS 自由基清除能力和亚铁螯合能力。对这些组分进行的氨基酸分析表明,抗氧化活性较高的组分含有较高含量的易氧化氨基酸。

迟燕平等(2013)以马铃薯渣为原料,利用碱性蛋白酶将薯渣中的蛋白转化为具有抗氧化活性的多肽,分析了不用酶解时间和 pH 对马铃薯蛋白质水解度和溶解度的影响。运用二元二次通用旋转组合对马铃薯蛋白质的酶解条件进行优化,研究了酶解时间和 pH 对马铃薯抗氧化肽制备的影响,得出了马铃薯蛋白质溶解度和酶解时间、pH 之间的回归方程,确定了最佳组合。当酶解时间为 7 h、pH 为 7.5,马铃薯蛋白质的溶解度达到最大,主因素效应分析表明酶解时间对于溶解值大于 pH 值。

(四)马铃薯蛋白质的氨基酸组成

马铃薯的蛋白质含有 18 种氨基酸,包括人体不能合成的各种必需氨基酸。

Chick 等(1949)测定了马铃薯蛋白质(通常称之为马铃薯球蛋白)以及水溶性非蛋白质氮组分中必需氨基酸的含量。他们所得数据见表 6-1。在其研究结束时,他们仍然像以前的研究者一样感到很困惑:马铃薯怎么会是如此好的一个蛋白质源。他们的结论是:"马铃薯块茎是一个活的、不断变化的体系,所有分离其组分的方法,不管怎么样严格操作,似乎都会造成对营养价值不利的未知变化",这是一个让相信化学解析最终会给出营养方面所有答案的那些人目瞪口呆的结论。

表 6-1　马铃薯球蛋白以及水溶性非蛋白质氮组分中必需氨基酸的含量(Chick 等,1949 年)

氨基酸	马铃薯球蛋白[①]	NPN[②]	混合[③]
苯基丙氨酸	6.6	4.1	5.4
亮氨酸	17.5	4.3	11.3
缬氨酸	6.1	3.3	0.8
色氨酸	1.6	—	4.4
苏氨酸	2.2	2.6	1.7
精氨酸	6.0	1.1	5.0
组氨酸	7.7	1.9	5.0
赖氨酸	2.1	1.2	1.6
蛋氨酸	2.3	0.8	1.6

注:①单位为 g/g 蛋白质;②单位为 g/16g 氮,基本上就是氮在蛋白质中的百分数;③薯球蛋白占 53 份,非蛋白质氮(NPN)组分占 47 分。

曾凡逵等(2015)研究表明,马铃薯蛋白的营养价值高是因为其必需氨基酸含量高,如赖氨酸、苏氨酸和色氨酸(表 6-2)。赖氨酸含量高使得马铃薯作为主食非常具有吸引力,谷物蛋白作为主食的大米和小麦缺乏赖氨酸,因此用马铃薯作为主食正好能弥补米饭、面条和馒头等的缺陷。但是马铃薯蛋白半胱氨酸含量低对其加工成面条、馒头的加工性能造成了严重的不利影响。

表 6-2　马铃薯块茎蛋白的氨基酸组成

（曾凡逵等，2015）

氨基酸	含量（%）	氨基酸	含量（%）
丙氨酸	4.62～5.32	赖氨酸	6.70～10.10
精氨酸	4.74～5.70	蛋氨酸	1.20～2.15
天冬氨酸	11.90～13.90	苯丙氨酸	4.80～6.53
半胱氨酸	0.20～1.25	脯氨酸	4.70～4.83
谷氨酸	11.20～11.80	丝氨酸	4.90～5.92
甘氨酸	4.30～6.05	苏氨酸	4.60～6.50
组氨酸	2.10～2.50	色氨酸	0.30～1.85
异亮氨酸	3.73～5.80	酪氨酸	4.50～5.68
亮氨酸	9.70～10.30	缬氨酸	4.88～7.40

Lang（1957）研究，马铃薯中限制性必需氨基酸是蛋氨酸和胱氨酸。因为奶可较为丰富地提供这些氨基酸，所以马铃薯和奶就可组成很好的蛋白质搭配。同样，谷物一般赖氨酸太低，所以膳食上也可以同马铃薯很好地搭配。美洲马铃薯消费地区营养比较合理，因为该地区面包、奶油和马铃薯被认为能成为令人满意的膳食搭配，特别是食谱上添加牛奶更是如此。

鞠栋等（2017）等通过对马铃薯渣粉、以马铃薯渣为原料的马铃薯复配粉、马铃薯全粉、马铃薯冻干粉和高筋小麦粉的氨基酸组成及含量进行检测，共检出 17 种氨基酸，其中必需氨基酸 9 种，非必需氨基酸 8 种，色氨酸在酸水解过程中被破坏。单位质量的精氨酸含量中马铃薯复配粉最高，马铃薯渣粉和高筋小麦粉其次，马铃薯全粉和马铃薯冻干粉最低。而所测样品必需氨基酸含量较高的样品是马铃薯渣粉和马铃薯复配粉，其次是马铃薯冻干粉和马铃薯全粉，高筋小麦粉最低。

（五）马铃薯蛋白质的影响因素

不同的生态条件和栽培措施，对马铃薯蛋白质含量都有一定影响。

1. 不同栽培条件对马铃薯蛋白质含量的影响　刘喜平等（2011）为了提高马铃薯品质，增加经济效益，探讨不同马铃薯品种适宜的种植区，对青薯 168、宁薯 4 号、陇薯 3 号、青薯 6 号 4 个马铃薯参试品种在宁夏四个不同生态条件下的还原糖、蛋白质、干物质含量进行方差分析。结果表明：还原糖含量表现为试点之间的差异大于品种之间的差异，品种×试点的差异达极显著水平；蛋白质含量表现为试点之间的差异大于品种之间的差异，品种×试点的差异不显著。

张凤军等（2008）以国家马铃薯区域试验西北组试验品种为材料，对各参试品种在西北地区不同生态条件下的蛋白质含量变化进行测定和稳定性分析。结果表明，六个品种平均蛋白质含量为 2.32%，七个地点平均蛋白质含量为 2.32%，甘肃省定西市最高（2.68%），青海省海南州最低（1.86%）。

2. 不同播种期对马铃薯蛋白质含量的影响　焦峰等（2013）试验表明，播种后 63～91 d，不同处理的块茎粗蛋白含量随施氮水平的增加而增加，尤其是对块茎形成前期的粗蛋白质积累影响较大。同时，氮肥与马铃薯块茎蛋白质含量关系密切，较高的氮肥水平有利于粗蛋白的积累,并为马铃薯成熟至收获期的粗蛋白质的维持和提高创造了较好的基础。阮俊等(2009)在川西南地区进行马铃薯地理分期播种试验,研究马铃薯干物质、蛋白质、淀粉、还原糖、维生素C含量随海拔、播期的变化特征。结果发现,在优质高产的栽培措施中,选择最佳播期(根据地温、土壤情况、气候条件、品种等影响因素确定播期)对马铃薯优质高产至关重要。在最佳播期内播种,其干物质、蛋白质和淀粉含量高于非最佳播期的马铃薯,还原糖、维生素C含量则低于非最佳播期的马铃薯。

3. 不同肥料处理对马铃薯蛋白质含量的影响　Varis(1973)获得未施肥马铃薯最低蛋白质含量和最低蛋白质产量。要获得高蛋白质产量,土壤中必须有足量N。施用高N肥(10 kg/亩)会大大提高蛋白质含量和蛋白质产量。在波兰、匈牙利、瑞典、芬兰、保加利亚、俄罗斯、印度、美国及其他国家也都已获得了类似结果。增施N到13.75 kg/亩,可稍微增加必需氨基酸含量;且增加最明显的氨基酸是亮氨酸、异亮氨酸和精氨酸,增加较少的为赖氨酸和苯丙氨酸,只有微弱影响的是组氨酸(Schupan,1959)。王敬洋(2013)研究N肥不同用量对马铃薯产量和品质的影响,结果表明马铃薯的产量和品质随着N肥用量的增加而增加,其淀粉、粗蛋白的含量也随之增加,合理施N可以提高马铃薯的产量,改善其品质。周洋等(2011)运用均匀设计法研究不同N、P、K配施对马铃薯产量及品质的影响。以马铃薯品种尤金为供试材料,在田间条件下以N、P、K施用量和配比作为变量,马铃薯产量为目标函数建立方程。结果表明:在黑龙江省,N、P、K配施对马铃薯品质有较高影响,其中马铃薯田最优蛋白质含量施肥方案为:纯N为109.8148~114.4275 kg/hm²,P_2O_5为81.9045~87.1171 kg/hm²,K_2O为106.4927~126.3962 kg/hm²。王丽丽等(2014)通过不同施K水平和施K模式对马铃薯块茎粗蛋白的影响研究表明,马铃薯块茎粗蛋白含量随着施K量的增加而呈增加趋势,不同施K水平块茎粗蛋白含量表现为7 kg/亩<14 kg/亩<21 kg/亩,整个生育时期高K水平块茎粗蛋白含量分别较低K水平提高0.67%、0.92%、0.29%、0.71%和1.24%,可见增施K肥对提高马铃薯块茎粗蛋白含量有一定的促进作用;随着生育期的推进,马铃薯块茎粗蛋白含量平均下降1.6%~1.9%,不同施K模式各生育时期块茎粗蛋白含量均表现为一次性基施<1/2基施+1/2追施,1/2基施+1/2追施模式各生育时期粗蛋白含量分别较一次性基施模式提高0.05%、0.34%、0.20%、0.34%和0.32%,说明适量追施K肥较K肥全部底施更有利于提高马铃薯块茎粗蛋白质含量,进而改善品质。刘喜平等(2013)通过对马铃薯生长设置不同水平的Ca肥施用处理,研究外源Ca对马铃薯块茎贮藏期间几种酶活性及蛋白质含量的影响。结果表明,高浓度Ca处理对马铃薯块茎贮藏期间蛋白质的积累起促进作用,而不施Ca和施低浓度Ca未能促进蛋白质的积累。

四、马铃薯膳食纤维

(一)马铃薯膳食纤维含量

膳食纤维指能抗人体小肠消化吸收,而在人体大肠中能部分或全部发酵的或食用植物性成分、碳水化合物及其相类似物质的总和,包括多糖、寡糖、木质素以及相关的植物物质。膳食纤维虽然不是人体主要的营养素,但却可以在体内发挥重要的生理功能。马铃薯粉中粗纤维含量为1.31%~2.86%;马铃薯干薯渣中膳食纤维含量约占50%,是膳食纤维的良好来源。

曾凡逵等（2015）介绍，膳食纤维主要来自于植物的细胞壁。关于马铃薯膳食纤维，人们最先想到的是淀粉加工产生的薯渣，其生物质主要为淀粉、果胶和纤维素，除淀粉外其余两种物质主要来源于块茎的细胞壁。Harris 在 *Advances in Potato Chemistry and Technology* 一书的第三章专门对马铃薯细胞壁多糖进行了阐述，马铃薯细胞壁多糖的百分比构成为纤维素30%，果胶多糖56%，木葡聚糖11%，异甘露聚糖3%，异木葡聚糖<3%。目前，除了异甘露聚糖和异木葡聚糖，马铃薯细胞壁中的其他多糖的分子结构都已经阐述清楚。

张艳荣等（2013）研究表明，马铃薯膳食纤维中含有多种成分，总膳食纤维含量182.52 g/（100 g），其中可溶性膳食纤维含量为 4.98 g/（100 g），不溶性膳食纤维含量为77.54 g/（100 g）。有研究报道，木瓜渣的基本成分中总膳食纤维含量 69.58 g/（100 g），可溶性膳食纤维含量 6.97 g/（100 g）；甘薯渣中总膳食纤维含量 27.40 g/（100 g），可溶性膳食纤维含量 2.66 g/（100 g）；大豆皮中总膳食纤维含量 73.31 g/（100 g），可溶性膳食纤维含量0.79 g/（100 g）；玉米皮中总膳食纤维含量 60.00 g/（100 g），可溶性膳食纤维含量3.97 g/（100 g）。由此可见，马铃薯膳食纤维中总膳食纤维和可溶性膳食纤维的含量均较高，是一种较好的膳食纤维资源。

韩克等（2017）以不同马铃薯品种夏波蒂、白玫瑰、黑玫瑰、克新一号、费乌瑞它、冀张薯8号为研究对象，自提薯渣并采用中温 α-淀粉酶、碱性蛋白酶和糖化酶水解提取膳食纤维，研究了不同品种干马铃薯渣（DPR）及马铃薯膳食纤维（PDF）化学组成、微观结构及理化性质，结果表明：不同品种 DPR 化学组成差异显著（P<0.05），其中各品种夏波蒂、黑玫瑰的总膳食纤维含量较高，分别为 43.16% 和 31.87%。PDF 得率最高的是夏波蒂（62.19%），最低的是白玫瑰（42.99%），黑玫瑰为 51.27%。

（二）马铃薯膳食纤维的物理化学特性

张艳荣等（2013）采用黏度法测定马铃薯膳食纤维的平均相对分子质量和聚合度，并对其红外谱图表征进行分析；对马铃薯膳食纤维的持油力、持水力和膨胀力等物性进行测定。结果表明：马铃薯膳食纤维的平均相对分子质量为 170333 Da，聚合度为 1051；马铃薯膳食纤维具有 C=O 键、C—H 键、COOR 和游离的・O—H 等糖类的特征吸收峰，单糖中有吡喃环结构，可溶性膳食纤维中具有糖醛酸和羧酸二聚体；持油力为 1.90 g/g，持水力为 7.00 g/g，膨胀力为 7.37 mL/g。

物性优于未经功能化处理的玉米皮及大豆皮纤维。

梅新等（2014）以马铃薯渣为原料，采用酶法制备马铃薯渣膳食纤维，以马铃薯渣为对照，分析了 pH、NaCl 浓度和温度变化对马铃薯渣膳食纤维持水性、持油性、吸水膨胀性等物化特性的影响。结果表明，在相同条件下，马铃薯渣膳食纤维持水性、持油性和吸水膨胀性明显高于马铃薯渣，而黏度低于马铃薯渣；随 pH 的升高，膳食纤维持水性降低、吸水膨胀性升高、黏度呈“Z”字形变化；随着 NaCl 质量分数的升高，膳食纤维持水性降低、吸水膨胀性先上升后降低、黏度升高；随着温度的升高，膳食纤维持水性、持油性、吸水膨胀性和黏度均呈上升趋势。

吕金顺等（2007）用水蒸气爆破和氧化法对马铃薯废渣进行处理，制备马铃薯膳食纤维，并用红外光谱法、扫描电镜、热重及化学分析等方法对膳食纤维进行表征。结果表明，经过一系列的物理与化学处理，马铃薯渣中的半乳聚糖在蒸汽爆破下由长链断成短链，且由原来的块状变成片状、无规则的空间网层结构，断链的半乳糖醛基在氧化作用下生成羧基；所得到的膳食纤维具有比表面积大、热力学稳定等特点。研究了膳食纤维对胆固醇吸附性能,结果表明,马铃薯膳食纤维对胆固醇的吸附量为 1.4 mg/g 左右,其吸附机理符合 Freundlich 模式。马铃薯膳食纤维在生物体内对致病物质有一定的吸附作用。

马春红等(2010)采用酶碱法提取陕北马铃薯渣中的膳食纤维,并用正交试验法对淀粉酶添加量、淀粉酶作用时间和氢氧化钠溶液浓度三个影响提取率的因素进行了优化研究,同时还测定了提取所得膳食纤维的持水力及膨胀力。结果表明,酶碱法提取陕北马铃薯渣中膳食纤维的最佳工艺条件为 α-淀粉酶添加量为 0.032 g(0.8%,以马铃薯渣为基准)、α-淀粉酶作用时间为 90 min、氢氧化钠溶液浓度为 1.5%,膳食纤维的最高提取率为 58.23%,持水力为 454,膨胀力为 5.50 mL/g,感官性状较差。

(三)马铃薯膳食纤维的保健作用

木泰华(2016)介绍,马铃薯膳食纤维具有很强的吸水性和黏滞性,一方面可以增大肠道内容物的体积,增加饱腹感;另一方面还可以促进胃肠道的蠕动和刺激消化液的分泌,因此有改善胃肠道消化机能的作用。此外,由于膳食纤维的包裹作用,造成食物其他成分的消化吸收速度变慢,所以食用马铃薯后,食物在肠道中停留的时间要比米饭、面食长得多,这也能增加饱腹感,减少食物摄入量,有利于减肥和控制体重;同时,马铃薯膳食纤维能防止血糖水平的剧烈升高,减少对胰腺的刺激,使胰岛素的分泌更加平稳,使血糖的水平更加容易保持稳定。此外,膳食纤维还具有物理吸附作用,能吸附肠道内容物中的脂肪、胆固醇、胆汁酸及肠道中的其他有毒有害代谢产物,降低这些物质对肠黏膜细胞的毒害作用,因此有预防各种炎性肠病和结直肠癌的作用。同时,由于膳食纤维可以吸水膨胀,有利于肠道内容物的及时排泄,因此还可以预防大便秘结,有防止便秘和痔疮的作用,这一点对预防结直肠癌也非常重要。除此之外,膳食纤维还能促进肠道有益菌的生长,使肠道菌群更加平衡。肠道有益菌一方面可以抑制有害菌,减少有毒细菌代谢产物的产生;另一方面还可以将部分膳食纤维分解成能量供给人体,并可以合成许多人体必需的 B 族维生素,促进机体健康。由此可见,马铃薯膳食纤维对人体健康的益处是多方面的。

曾凡逵等(2015)介绍,纤维素能够吸水,可以防止形成溃疡和平均血液中葡萄糖的含量;木质素在肠道内作为阳离子交换体,能够与胆酸结合,可以降低血清中胆固醇的含量,防止大肠癌的发生;半纤维素能够与有害的重金属阳离子结合,还能防止体重过度增加。果胶能降低胆固醇含量,防止胆道结石。当食物中缺乏膳食纤维时,通常容易出现冠心病、消化道溃疡和肥胖。谷物、马铃薯、蔬菜、苹果和梨当中膳食纤维含量都比较高。

据梅新等(2014)介绍,Hipslev 于 1953 年首次提出膳食纤维(DF)的概念,将不能被人体肠道消化吸收的植物细胞壁组成部分定义为 DF,其中包括纤维素、半纤维素和木质素等。目前研究表明,DF 中还包括寡聚糖、果胶、树胶及蜡质等物质。膳食纤维在保障人体健康方面扮演着重要角色,很多疾病如便秘、肥胖、心血管系统疾病等都与 DF 摄入量不足有关。

吕金顺(2007)研究了用马铃薯渣制备的新型膳食纤维(PDF)对胆固醇的吸附。实验结果表明 PDF 对胆固醇具有一定的吸附作用,可作为人体较好的营养纤维,吸附的最佳条件为: PDF 用量 0.5~1.0 g,胆固醇的浓度为 60~100 μg/mL,吸附达平衡的时间约为 30 min,低温有利于吸附。PDF 对胆固醇的吸附机理是物理吸附。动力学研究表明,PDF 对胆固醇的吸附符合 Freundlich 模式。

五、马铃薯块茎维生素

马铃薯是所有粮食作物中维生素含量最全面的,包括胡萝卜素、硫胺素(维生素 B_1)、核黄素(维生素 B_2)、泛酸(维生素 B_5)、烟酸(维生素 PP)、吡哆醇(维生素 B_6)、抗坏血酸(维生素 C)、生物素(维生素 H)、凝血素(维生素 K)及叶酸(维生素 B_{11})等,其含量相当胡萝卜的 2 倍、大白菜的 3 倍、番茄的 4 倍,B 族维生素是苹果的 4 倍。特别是马铃薯中含有禾谷类粮食所没有的胡萝卜素和维生素 C,其所含的维生素 C 是苹果的 10 倍,且耐加热,维生素 C 是很好的抗氧化剂,能有效去除自由基,对人体健康十分有益。因此,维生素类物质也成为衡量马铃薯块茎品质的一项重要指标。

(一)维生素 C

对众多的酶而言是一种辅助因子,用作电子提供体,在植物的活性氧解毒中起到重要作用。缺乏维生素 C 最典型的疾病是坏血病,在严重的情况下还会出现牙齿脱落、肝斑、出血等特征。马铃薯含有丰富的维生素 C,而且耐加热。生活在现代社会的上班族,最容易受到抑郁、焦躁、灰心丧气、不安等负面情绪的困扰,而马铃薯可帮助解决上述问题。食物可以影响人的情绪,因为食物中含有的维生素、矿物质和营养元素能作用于人体,从而改善精神状态。做事虎头蛇尾的人,大多就是由于体内缺乏维生素 A 和维生素 C 或摄取酸性食物过多,而马铃薯可有效补充维生素 A 和维生素 C,也可在提供营养的前提下,代替由于过多食用肉类而引起的食物酸碱度失衡。因此,多吃马铃薯可以使人宽心释怀,保持好心情,马铃薯被称为吃出好心情的"宽心金蛋"。但是,维生素 C 在超过 70 ℃以上温度时就开始受到破坏,在烹调加工马铃薯时不宜长时间高温加工处理。

(二)维生素 B_6

维生素 B_6 可参与更多的机体功能,也是许多酶的辅助因子,特别是在蛋白质代谢中发挥着重要作用,也是叶酸代谢的辅助因子。维生素 B_6 具有抗癌活性,也是很强的抗氧化剂,并在免疫系统和神经系统中参与血红蛋白的合成,以及脂质和糖代谢。缺乏维生素 B_6 可能导致的后果包括贫血、免疫功能受损、抑郁、精神错乱和皮炎等。马铃薯是膳食维生素 B_6 的重要来源。提起抗衰老的食物,人们很容易会想到人参、燕窝、蜂王浆等高档珍贵食品,很少想到像马铃薯这样的"大众货",其实马铃薯是非常好的抗衰老食品。马铃薯中含有丰富的维生素 B_6 和大量的优质纤维素,而这些成分在人体的抗老防病过程中有着重要的作用。

(三)叶酸

叶酸也叫维生素 B_{11},是一种水溶性的维生素。叶酸缺乏与神经管缺陷(如脊柱裂,无脑畸形)、心脑血管疾病、巨幼细胞贫血和一些癌症的风险增加息息相关。不幸的是,叶酸摄入量在全世界大多数人口中仍然不足,甚至在发达国家也一样。因此,迫切需要在主食中增加叶酸的含量并提高其生物利用度。众所周知,马铃薯在饮食中是一个很重要的叶酸来源。在芬兰,马铃薯是饮食中叶酸的最佳来源,提供总叶酸摄入量高于 10%。有学者在希腊人口中检测血清中的叶酸状况与食品消费之间的关联研究表明,增加马铃薯的消费量与降低血清叶酸风险相关。

六、影响马铃薯块茎品质的因素

马铃薯块茎品质既有环境因素的影响,也有马铃薯生育进程的影响,还有人为因素的影响。

(一)环境因素和生育进程的影响

张小静等(2010)等分析了影响马铃薯块茎品质的环境因素。块茎内各成分的含量除受遗传基础和生理特性控制外,还主要因自然生态条件和栽培因素的不同而发生变化。影响马铃薯品质性状自然因素有光照、温度、水分、土壤特性等,还受种植密度、施肥等人为因素的影响。

赵韦等(2007)测定了两个早熟马铃薯品种(东农 303 和 Jemseg)产量及维生素 C 含量在不同生育阶段的表现。从 2004 年 7 月 1 日起每周取一次样,每次取 3 株,共取 9 次,测定单株结薯个数,单株薯重及维生素 C 含量。东农 303 单株结薯个数较多,多达 9 个。和东农 303 相比,Jemseg 结薯数较少,平均 4 个左右。就产量而言,东农 303 从 7 月 22 日起始终高于 Jemseg。东农 303 在生长发育期间维生素 C 含量的变化呈抛物线形式,8 月 5 日达到最大值,然后逐渐减小。Jemseg 的变化曲线和东农 303 的相似,但最高值出现在 7 月 29 日。维生素 C 含量东农 303 高于 Jemseg。东农 303 是高产高维生素 C 的品种。

宿飞飞等(2006)选用北方一作区 8 个当地主栽的马铃薯品种,在哈尔滨种植评价各品种的淀粉含量、淀粉产量和淀粉组成状况。试验结果表明,晚熟品种具有较高的淀粉含量和淀粉产量。各品种马铃薯淀粉组成中直链淀粉和支链淀粉含量比例不同。直链淀粉含量低于 25% 的品种多为晚熟品种,高于 25% 的品种多为中早熟品种。

赵凤敏等(2014)收集了国内广泛种植且产量较高的 29 个马铃薯品种,应用模糊识别法和氨基酸比值系数(RC)、氨基酸比值系数分(SRC)等指标全面评价了不同品种马铃薯氨基酸的营养价值,并利用系统聚类法对 29 个品种的氨基酸营养价值进行分类,筛选出氨基酸营养价值最高的 6 个马铃薯品种,分别为 LBr-25、青薯 168、俄 8、渝马铃薯 1 号和 Shepody。显著性分析结果显示系统聚类结果显著,对保证马铃薯营养价值全面发挥及品种的合理利用具有指导意义。

李超等(2013)对多地种植的费乌瑞它、克新 1 号的块茎营养品质分析,不同地区种植的费乌瑞它干物质含量为 $14.06\% \sim 19.80\%$;淀粉含量为 $11.22\% \sim 16.47\%$;还原糖含量在 $0.048\% \sim 0.54\%$;粗蛋白含量在 $1.47\% \sim 2.44\%$;维生素 C 含量为 $4.26 \sim 13.60$ mg/(100 g);K 含量为 $288.6 \sim 362.7$ mg/(100 g);Mg 含量为 $18.5 \sim 30.1$ mg/(100 g);Fe 含量为 $38.3 \sim 1773.8$ μg/(100 g);Zn 含量为 $202.1 \sim 446.8$ μg/(100 g);Ca 含量为 $571.0 \sim 1389.1$ μg/(100 g)。不同地点种植的费乌瑞它的淀粉、还原糖、粗蛋白、维生素 C、K、Mg、Fe、Zn 含量均存在显著差异,只有 Ca 含量差异不显著,说明种植地环境对马铃薯营养品质有显著影响。不同地区种植的克新 1 号其淀粉、还原糖、粗蛋白、维生素 C 含量均存在显著差异;而 K、Mg、Fe、Zn、Ca 含量差异不显著,说明同一品种在不同地方种植其块茎营养品质也有显著差异。

（二）人为因素的影响

施肥、其他处理、贮藏条件等对马铃薯块茎品质都有一定程度的影响。

丁玉川等（2012）在大田试验条件下，设置硝态氮、铵态氮、硝态氮和铵态氮混合 3 个氮源，0 kg/hm²、75 kg/hm²、300 kg/hm² 3 个硫酸镁施用量，研究不同 N 源与 Mg 配合施用对马铃薯产量、品质及养分吸收的影响。研究结果表明，等量硝态氮和铵态氮混合与适量 Mg 肥配合施用可增加马铃薯块茎产量、提高养分吸收、改善品质和提高商品率。

蔡旭冉等（2012）研究不同种类以及不同浓度的盐对马铃薯淀粉以及马铃薯淀粉-黄原胶复配体系糊化性质以及流变学性质的影响。结果表明：盐的加入均增加了马铃薯淀粉的成糊温度和回值，降低了峰值黏度、终值黏度和崩解值，且马铃薯淀粉糊的黏度值随着盐浓度的增加先降低后升高，成糊温度随着盐浓度的增加呈现先显著升高后略微下降的趋势。对于马铃薯淀粉-黄原胶复配体系，盐的加入升高了复配体系的成糊温度、峰值黏度和崩解值，并且复配体系的黏度值随着盐浓度的增加而增加。流变学性质表明盐引起马铃薯淀粉糊的假塑性增强，并随着盐浓度的增加假塑性先增强后略有减弱，相反盐引起马铃薯淀粉-黄原胶复配体系的假塑性减弱，并与盐浓度之间没有明显的规律性。

不同 N、P、K 肥用量都对马铃薯品质有影响。汤金龙等（2017）在配方施肥的基础上研究不同 N 肥用量对马铃薯产量和品质的影响。通过回归方程得出，当施 N 量为 14.3 kg/亩时，马铃薯的产量达到最大值。优化 N 肥处理对马铃薯产量及品质的影响均优于农民习惯性施肥处理；当氮肥水平过高时马铃薯产量和品质均有所下降，马铃薯中硝酸盐的含量随着施 N 量的增加而增加。岳红丽（2013）以费乌瑞它和紫花白为试验材料，研究了不同施 P 处理对膜下滴灌马铃薯产量、品质及 P 肥利用效率的影响。增施 P 肥提高了膜下滴灌马铃薯块茎淀粉和粗蛋白质含量。而降低了还原糖含量。殷文等（2005）研究表明，K 可以促进马铃薯的营养生长，提高生物产量，促进地下块茎膨大，从而提高经济产量和商品率；但过量 K 则表现为一定的负效应。适量 K 可提高马铃薯淀粉含量，而维生素 C 含量则呈下降趋势。

刘羽等（2018）通过施用微肥对马铃薯块茎产量、品质、薯皮超微结构及耐贮性的影响研究，得出干拌和叶面喷施 3 次大西北微肥，滴灌 Ca、Mg 肥 2 次后，马铃薯的多项生物学特性如株高、茎粗、单株结薯数、单薯重、商品薯率、块茎产量、薯皮厚度、薯皮粗纤维含量、薯肉可食部分不溶性膳食纤维均高于对照，而贮藏损失率较对照低 1.93 个百分点。

陈彦云（2006）针对生产中栽培的 5 个马铃薯品种贮藏期间干物质、淀粉、还原糖含量变化及其相互关系进行了分析研究。结果表明，贮藏期间马铃薯不同品种块茎干物质含量有极显著差异（$P < 0.01$）；同一品种不同贮藏时期干物质含量差异不显著；不同品种、不同贮藏时期马铃薯块茎淀粉含量和还原糖含量均有极显著差异（$P < 0.01$）；贮藏期间马铃薯块茎干物质含量与淀粉含量之间有显著的正相关关系 $r = 0.902$。

陈蔚辉等（2013）研究了热处理对马铃薯营养品质的影响。综合评价认为，蒸马铃薯是最好的烹调方法。

第二节　马铃薯综合利用

一、食用

(一)粮用

马铃薯几乎包含了粮食、蔬菜和水果中所含的所有营养成分,优质蛋白质含量高,且拥有人体所必需的全部氨基酸,特别是富含谷类缺少的赖氨酸,在所有粮食作物中,维生素含量最全,还富含膳食纤维、矿物质和其他微量元素等成分。不仅如此,马铃薯还是一种有益健康的主食,其脂肪含量几乎为零,用马铃薯作为主食,具有减肥效果,有利于控制体重,能较好地预防高血压、高胆固醇及糖尿病等。同时马铃薯是抗衰老的食物之一,含有丰富的维生素 B_1、B_2、B_6 和泛酸等 B 群维生素及大量的优质纤维素,还含有微量元素、氨基酸、蛋白质、脂肪和优质淀粉等营养元素。这些成分在人的肌体抗老防病过程中有着重要的作用。

马铃薯是人们的主食之一,做粮用主要通过蒸、煮、烧、烤、烙、摊、和等方式做成洋芋馍馍、土豆粉蒸肉、土豆馒头、土豆泥等。作为粮食最大的作用就是加工成全粉和淀粉进行储存。全粉可以加工成各种高档食品。高档的糕点、面包都用马铃薯全粉,高档的薯泥也是全粉做的。而马铃薯淀粉进一步加工成变性淀粉,广泛应用于食品、化工、医疗、钢铁制造、污水处理等几乎所有行业。

1. 蒸

(1)洋芋馍馍　将马铃薯去皮洗干净,将马铃薯磨成马铃薯末,磨的过程较长,当土豆氧化变红了,加凉水将其搅一搅,将马铃薯磨完后,准备纱布将土豆粗纤维分离,同时静置将土豆淀粉分离,将适量葱末盐和花椒粉加入分离好的土豆粗纤维中,同时把沉淀好的淀粉也加进来拌匀,把土豆末揉成一个个小丸子,开水蒸锅准备好,放到锅里大概蒸 15 到 20 min。把葱末和蒜末放到小碗里,吃辣的可以加点辣椒粉,热油浇透,加适量醋和酱油。

(2)洋芋擦擦　马铃薯洗净去皮,用擦子擦成丝,用适量面粉拌匀,放入蒸笼,约 20 min 蒸熟,然后拌入调料或酱汁即食。或者放入油锅中加入青椒、鸡蛋、食盐等佐料,翻炒拌匀,即可食用。人们习惯叫"马铃薯困困",是甘肃、陕西群众喜爱的一种小吃。这种做法与省外别的地方叫"马铃薯梭梭""马铃薯叉叉""马铃薯擦擦"类似。

(3)土豆粉蒸肉　土豆切滚刀块,入清水中浸泡 10 min,洗去淀粉;姜剁成末;蒜剁末。五花肉切成 3 cm 见方的小块,然后清洗沥干水分。姜、蒜末与五花肉一起倒入盆中,搅拌均匀,加入适量的盐、生抽、老抽、色拉油,搅拌均匀,生粉用少许水调开成湿淀粉,倒入肉块中,继续用手搅拌,使所有的原料充分融合,最后倒入蒸肉粉,搅拌均匀,让每块肉都均匀地裹上米粉,盖上保鲜膜,腌制 2 h,装备一蒸盘,土豆垫底,将腌制好的肉块平铺在上面。一定要平铺,不可擦堆在一起,平铺才会使食材受热均匀,将粉蒸肉放入蒸锅中,大火蒸约 1 h,取出撒上葱花,即可。

(4)剁椒排骨蒸土豆　先把排骨斩小块,有时间可用清水多泡几次,然后沥干水分;同时姜切丝,大蒜拍碎切粒,葱白切碎备用,锅里下少许油,把姜蒜、葱花、剁椒、干花椒放进去爆出香味,加入适量红糖和生抽调味。炒好的调料加入排骨中,拌匀腌制数小时。土豆去皮切小块儿,放碗底(根据排骨的分量和腌排骨的调料的分量以及土豆的分量,如果有需要可以用少许盐或者生抽、糖先把土豆拌一拌;但是如果腌排骨的酱汁本身就比较多或者土豆分量比较少就不用了)将腌过的排骨码在土豆上面,用高压锅或者普通蒸锅蒸至土豆软糯熟透即可。

(5)土豆泥　将马铃薯洗净上屉蒸熟,出屉去皮,制成土豆泥。取洗净的大盘,底下铺上一层土豆泥,抹平后铺上一层枣泥馅儿,抹平,上面再铺平一层豆沙泥;再将大盘放入屉中,用旺火蒸 3 min 取出,上撒金糕条即可。如果选用其他果料,上屉蒸制前,在豆沙泥上摆出花色图案,再入屉稍蒸一会儿取出即可。土豆泥也可和鲜虾做成土豆泥鲜虾球,将鲜虾去头去泥线剥出虾肉,保留虾尾备用,把鲜虾在案板上剁成虾蓉土豆洗净,整粒放入微波炉中,盖上可用于微波的保鲜膜,转 8 min 左右取出,剥去皮,压成土豆泥;也可用其他方法将土豆制成土豆泥。将虾蓉、土豆泥加入少许盐,充分搅拌均匀双手沾湿,取适量的土豆虾泥搓成小圆球,然后将虾尾插入搓成形的土豆虾球中,再把土豆虾球外面依次均匀地沾上面粉、打散的鸡蛋液,再均匀地裹上一层面包糠,锅中倒入油大火加热,待油温升高后,放入土豆虾球炸至金黄色即可。

同时也可做芝士焗土豆泥。将土豆去皮切小片,装入碗中盖上保鲜膜,入微波炉转 3～5 min,注意看护,防止转过头;或者可以直接蒸熟,就不需要微波炉了。将洋葱、胡萝卜和肉都切成末炒锅烧热,放入黄油融化后,将洋葱、肉末和胡萝卜用大火炒 1 min,将炒好的洋葱胡萝卜肉末倒入微波炉转好的土豆片中待冷却到不烫手状态,加入黑胡椒和盐,带上一次性手套,将所有材料抓匀捏碎,捏成混合土豆泥将马苏拉奶酪丝铺在土豆泥上,再撒上一点青红椒末,入烤箱,180 ℃,中层,上下火,10 min 左右,注意观察,看到芝士表面上色了,即可马上关火;如果没有烤箱,用微波炉也是可以的,大概 3～5 min,但是一定要注意看护,以免转过头。

2. 煮　将马铃薯水洗干净,放入锅内,加少许水大火烧开,小火煮约 40 min,焖约 20 min 即熟,大的也可切开煮。亦可将马铃薯洗净、去皮、切细丝或小丁,拌以胡萝卜丝以及佐料,用面皮包住煮熟或者蒸熟,即为马铃薯饺子或者马铃薯包子。

将马铃薯去皮洗干净,切块备用。将洗好的小米加入烧开的水中,待小米快熟时加入豆角段、土豆块煮熟,然后加入西红柿和配料,即可食用。即为马铃薯豆角小米粥。

先将土豆切成片,锅里加水烧开,入锅蒸(也可放入水中煮,捞出时沥干水分),直到土豆熟到最透便可出锅,熟到一压就成泥最好。把熟透的土豆压成泥。加入适量淀粉、少许盐、少许牛奶(喜欢甜的可以用甜牛奶或者加点糖)。将材料搅拌均匀,搅拌到不太粘手的程度,太干就加牛奶,太湿就加淀粉。在手上抹油,之后再将自己喜爱的大小的土豆泥放到盛有淀粉的碗里,使土豆泥均匀的蘸上淀粉。手上带一点淀粉,再用手揉搓成小丸子,放入备用碗中。锅中热油至七成热,一次少量的下锅炸,炸至金黄便可出锅。即为马铃薯丸子。

3. 烧　土豆洗净放入锅中加入清水,加入盐,大火煮开后转中火煮 12 min。然后开大火收干水分出锅前翻一下,让盐粘在土豆上。该做法为"盐烤土豆"。或者找一个避风的地方,如山窝或小土坡,用铲挖个小坑,状如锅台,上面依次叠加码放土疙瘩,点燃柴火将土疙瘩烧透烧红,把马铃薯放进去,捣塌炉灶,将马铃薯埋起来,上面再盖上一层干土,焖住热气,1 h 左右直至马铃薯焖熟,然后用铁锨或者棍子刨开灰土,马铃薯焦黄熟透,薯香宜人,趁热即食。定西老百姓把这种方法叫烧"锅锅灶",天水地区叫烧"地锅锅"。这是农村常用的办法,一般在秋季收挖阶段较常见。

4. 烤　烤制马铃薯,一般冬季较多。城市人一般用电烤箱烤,将马铃薯洗净,放入烤箱,烤熟后配佐料食用。

也可土豆去皮洗好,切花刀水泡。泡捞出来,放盐,鸡精,生抽腌30 min,腌好的土豆用锡纸分两份,先把不辣的放烤盘里放油拌一拌,剩下的把腌出的水倒掉,放辣椒粉,孜然粉,油拌好倒在另一边,烤箱温度控制在200 ℃,15 min,再拿出来翻一翻撒些盐,200 ℃再烤15 min,烤好后再撒些孜然粉和葱粉即食。

5. 烙 马铃薯去皮,用擦子擦成丝,再加入少许面粉、拌均匀,热锅加油,放入拌好的马铃薯丝,用锅铲压成约2 cm厚,中火加热,亮黄时翻转烙另一面,继续加热,熟透即可。亦可切成一定大小的方块,撒上调料食用。一般用平底锅较好,便于压实分切。这种做法常见于市场摊贩现做现卖,居民家庭中也有。也可直接烙马铃薯片,将马铃薯洗净、去皮,切成薄片,热锅加少许油,放马铃薯片,中火加热至亮黄,翻转烙另一面,熟透即可拌调料食用。也可将马铃薯洗净、去皮、切丝,拌以佐料,包在面皮内,热锅烙熟,两边涂油,即可食用。群众也叫"马铃薯油合"。

农村也有将马铃薯煮熟、去皮,压成薯泥,与面团一起揉好,烙马铃薯大饼的习惯。

6. 摊 摊马铃薯,群众常叫"马铃薯饼饼"。将马铃薯洗净、削皮,用专用擦子磨成细末,加入适量的水、面粉,调理成舀起能挂线的糊状,加入食盐、花椒粉等佐料,热锅上油,摊成薄饼,翻转摊熟。可以卷上菜直接食用,亦可将摊好的饼用刀切成菱形,锅内加油翻炒,加入佐料食用。

7. 和面 马铃薯面也叫一锅面,是一种常吃的面食。马铃薯洗净去皮,依喜好切成丁、条或块,锅里放油略炒,加水将马铃薯煮熟后,下入面条,放入葱、盐等调料即可食用。也有素马铃薯面,放入不同的肉丁,成为羊肉马铃薯面、牛肉马铃薯面、鸡肉马铃薯面、猪肉马铃薯面等。甘肃河西群众有种马铃薯面叫"山药米拌面",即马铃薯洗净、去皮、切块,放入锅内加水、加入小米,烧熟后下入菱形面条,食用爽口,风味独特。还有一种马铃薯和面的吃法俗称"馓饭"。马铃薯洗净、削皮、切块,锅内加水放入马铃薯切块,烧八成熟后将豆面、荞面、玉米面等杂面单独或者掺和些小麦面直接用擀面杖馓入锅内成黏稠糊状,熟后马铃薯块状成形,舀入碗内,调上佐料,食用风味俱佳。

将马铃薯洗净去皮,切细丁,和其他菜品、肉类做成臊子汤,在吃面条时浇在上面,成为马铃薯臊子面。

8. 酸饭 马铃薯酸饭是甘肃中部、南部群众常吃的食物。以浆水做汤汁的一种马铃薯面食。酸饭的做法是将水烧开后放入切好的马铃薯,待马铃薯熟后,将用小麦面手工擀出来的面条(片)下到锅里,面熟后不出锅,加入适量酸菜浆水烧开,配上葱花、香菜等,吃时以咸菜、油泼辣椒为佐料。

还有用豆面、荞面等杂面掺和小麦面做的群众叫"疙瘩子"(即"雀儿舌头")、懒疙瘩、拌汤等,做法类似。

(二)菜用

马铃薯常用的菜用烹饪方法有炒、炸、炖、凉拌等方式做成炒马铃薯丝、炒马铃薯片、炒马铃薯丁、凉拌土豆、薯条、风味马铃薯泥、马铃薯搅团、马铃薯沙拉、马铃薯糍粑、凉粉、粉条和土豆酱汤等。

1. 炒 炒马铃薯的方式有多种,如酸辣土豆丝、家常土豆丝、炒土豆片、炒土豆丁等。马铃薯也可和其他菜品一起翻炒,如芹菜、豆角、包菜等。

2. 炸　炸马铃薯的方式也有很多,如薯片、薯条、或炸马铃薯片。马铃薯洗净去皮,根据喜好切成片、条、块状,洗去表皮淀粉、淋干,锅内放油烧热炸熟,出锅撒入调味料即可食用。将马铃薯切成滚刀块,锅内加油,烧至七成热,将马铃薯块入锅炸至金黄色捞出,锅内留油,与葱、姜、蒜一起翻炒,加入辣椒、盐、豆瓣酱等其他佐料翻炒出锅或放葱炝锅,加汤,放入马铃薯块、酱油、盐烧酥、淋入水淀粉勾芡,加入香油出锅即可,即为干锅马铃薯或红烧洋芋。也可将马铃薯洗净去皮,切成马铃薯丝,拌以佐料,包在面皮内,炸熟即可食用,称为马铃薯格子或马铃薯盒子。也可将马铃薯蒸熟或煮熟,压成土豆泥和面,然后擀成博饼状,切成想要的形状放入油锅炸熟即可食用,称为洋芋糕。

3. 炖　家常炖马铃薯,将马铃薯洗净削皮切片或块,锅内放少许油,油热后放入马铃薯翻炒,加调味料、适量清水,烧开炖熟即可。

也可与牛肉、羊肉、猪肉、鸡肉等一起炖。肉切丁或剁块,焯水,再放入锅中将肉翻炒,加水炖八成熟时加入马铃薯块,同时加入洋葱、青椒等佐料,调料入味、炖熟即可。其次还可与排骨、红烧肉、茄子、豆角等一起炖熟,方法类似。

4. 凉拌　凉拌马铃薯是将马铃薯刮皮洗净,切片切丝,放入凉水中浸泡。多换几次水,洗掉淀粉。入开水锅焯烫半分钟即可,不要超过一分钟。捞出迅速过凉水浸泡几分钟。沥干水分,放上切碎的蒜末备用。青红椒分别切丝,香菜切段,大蒜拍碎切成末,锅里倒油,放入花椒,小火炸香,然后用滤网过滤,把热油倒在蒜末上。加青红椒丝、香菜、醋、盐、糖、辣椒油、香油拌匀即可。

5. 凉粉　将 1 kg 马铃薯淀粉,10 L 水,同时下锅,一边搅拌一边加热,熬至成熟时,汁液已变黏稠,待搅动感到吃力时,将 15 g 明矾及微量食用色素加入锅中,并搅拌均匀,继续熬煮片刻,此时再搅动已感到轻松时,说明已煮熟,即可出锅,倒入备好的容器中冷却即成。或者每 10 kg 马铃薯淀粉加温水 20 L、明矾 40 g,调和均匀后,再冲入 45 L 沸水,边冲边搅拌,使之均匀受热。冲熟后,即分别倒入箱套中,拉平表面,待冷却后取出,按规格用刀分割成块,即为成品。将切好的凉粉抄入盘子,放上适量生抽、香油、蒜泥、油泼辣椒、醋,再撒上香菜,柔软劲道,富有弹性。

6. 粉条　先将马铃薯淀粉做的粉条用凉水泡软,配上肉、葱等进行翻炒,即为炒粉条,或粉条炒肉。也可以与酸菜一起炒即为酸菜粉条;也可用粉条配以胡萝卜丝炒,即为胡萝卜粉条。配以什么菜就叫什么粉条,如白菜粉条、莲花菜粉条等。同时,土豆粉亦可做砂锅、酸辣粉和炒粉。

(三)制作风味食品

张喻等(2006)为提高马铃薯的利用率,丰富虾片品种,对马铃薯全粉虾片的加工技术进行了研究。结果表明,加工马铃薯全粉虾片的最佳工艺参数是:马铃薯淀粉与马铃薯全粉两者质量比为 65:35,粉团含水率为 40%,老化时间 16 h,50 ℃下干燥 4.5 h,坯料含水率 9% 左右,油炸温度 190~200 ℃。按此最佳工艺参数,加工过程中成形、蒸煮容易,所得产品马铃薯风味浓郁、口感细腻。

张小燕等(2013)为研究不同马铃薯品种加工油炸薯片的适宜性,试验以国内外广泛种植的 74 个品种的马铃薯为原材料,分别测定原料的 8 个加工指标(水分、淀粉、还原糖、总糖、灰分、可溶性固形物、维生素 C、蛋白质)及油炸薯片的 4 个品质指标(蛋白质、感官得分、脆性、白度),随机选取 56 个样品为校正集,其余 18 个样品为验证集,应用相关性分析、主成分分析、逐步回归分析方法建立薯片综合评价指标与马铃薯原料加工指标 $X_1 \sim X_8$ 之间的回归模型,模型决定系数 $R^2 = 0.607$,调整后 $R^2 = 0.585$,$F = 26.815$,sig. $= 0.000$,拟合度较高,回归模型显著。通过 K-means 聚类法对 74 个马铃薯品种加工适宜性进行初步划分,筛选出适宜加工薯片的品种 15 个,评价结果与实际应用现状相符。所建模型可应用于实际马铃薯油炸薯片加工适宜性评价。

石林霞等(2013)介绍了风味马铃薯食品加工技术。可制作出膨化土豆酥、土豆发糕、仿菠萝豆、油炸薯条、橘香土豆条等。

贺萍等(2015)为了提高马铃薯的附加值,丰富蛋糕的花色品种,将马铃薯全粉添加到蛋糕中,通过单因素试验和正交试验确定了马铃薯全粉蛋糕的最佳配方为:鸡蛋 180 g、白砂糖 50 g、水 40 g、植物油 20 g、泡打粉 0.5 g、塔塔粉 0.5 g、食盐 1 g,低筋面粉与马铃薯全粉质量比为 3∶2,分别为低筋面粉 30 g、马铃薯全粉 20 g。以此配方加工的蛋糕风味纯正、组织均匀细腻,品质优良。

二、产品加工

(一)食品加工

1. 油炸薯片　薯片食品因采用原料和加工工艺不同,又可分为油炸薯片和复合(膨化)薯片。油炸薯片以鲜薯为原料,生产过程对生产设备、技术控制、贮藏运输、原料品质等的要求与冷冻薯条基本相同。中国目前已有 40 余条油炸薯片生产线,总生产能力近 10 万 t。油炸马铃薯片营养丰富、味美适口、卫生方便,在国外已有 40~50 年的生产历史,成为欧美人餐桌上不可缺的日常食品及休闲食品。以下介绍的生产方法适用于乡镇企业、中小型食品厂、郊区农场、大宾馆、饭店等加工油炸薯片。其特点是设备投资少,操作简单,生产过程安全可靠,产品质量稳定,经济效益明显。

(1)主要生产设备　清洗去皮切片机、离心脱水机、控温电炸锅、调味机、真空充气包装机等。

(2)原料、辅料　马铃薯、植物油、精食盐、粉末味素、胡椒粉等。

(3)工艺流程　马铃薯→清洗、去皮、切片→漂洗→脱水→油炸→控油→调味→称量包装。

(4)操作要点

① 原料准备　所用马铃薯要求淀粉含量高,还原糖含量少,块茎大小均匀,形状规则,芽眼浅、无霉变腐烂、发黑、发芽。并去除马铃薯表面黏附的泥沙等杂质。

② 清洗、去皮、切片　这三道工序同时在一个去皮切片机中进行。该机利用砂轮磨盘高速转动带动马铃薯翻滚转动,马铃薯与砂轮间摩擦以及马铃薯之间相互磨擦去皮,然后利用侧壁的切刀及离心力切片。切片厚度可调。要求厚度为 1~2 mm。

③ 漂洗　切片后的马铃薯片立即浸入水中漂洗。以免氧化变成褐色,同时去掉薯片表面的游离淀粉,减少油炸时的吸油量以及淀粉等对油的污染,防止薯片粘连。改善产品色泽与结构。

④ 脱水　漂洗完毕。将薯片送入甩干机。除去薯片表面水分。

⑤ 油炸　脱水后的薯片依次批量及时入电炸锅油炸。炸片用油为饱和度较高的精炼植物油或加氢植物油，如棕榈油、菜籽油等。根据薯片厚度、水分、油温、批量等因素控制炸制时间，油温以 160～180 ℃为宜。

⑥ 调味　将炸好的薯片控油后加入粉末调料或液体调料调味。

⑦ 称量包装　待薯片温度冷却到室温以下时，称量包装。以塑料复合膜或铝箔膜袋充氮包装，可延长商品货架期。防止产品运输、销售过程中挤压、破碎。质量要求：薯片外观呈卷曲状，具有油炸食品的自然浅黄色泽，口感酥脆，有马铃薯特有的清香风味。理化指标：水分≤1.7%，酸价≤1.4 mgKOH/g，过氧化值≤0.04，不允许有杂质。

2. 马铃薯全粉虾片　虾片又称玉片，是一种以淀粉为主要原料的油炸膨化食品。由于其酥脆可口、味道鲜美、价格便宜，很受消费者喜爱，尤其是彩色虾片更受青睐。目前市面上的虾片大多是以木薯淀粉为主要原料，配以其他辅料制成，马铃薯全粉代替部分淀粉加工虾片未见报道。油炸马铃薯片和薯条加工中，因马铃薯大小不均匀、形状不规则，切片、切条时产生边角余料，通常这些边角余料被废弃导致环境污染，同时降低原料的利用率。用这些边角余料加工成全粉，或提取马铃薯淀粉后加工虾片，不仅可解决环保问题，提高马铃薯原料综合利用率，而且丰富虾片品种。另外，马铃薯全粉加工过程中基本保持马铃薯植物细胞的完整，马铃薯的风味物质和营养成分损失少。因此，马铃薯全粉加工虾片，产品具有马铃薯的特殊风味，并且营养价值高。

(1)生产材料　马铃薯淀粉、马铃薯全粉：市售；新鲜虾仁：市售，捣碎后备用；棕榈油、白糖粉、味精、食盐均为食品级，市售。

(2)仪器设备　电热鼓风干燥箱(101A-3ET 型)；电子天平(ALC-2100.2 型，精度＝0.01g)；油炸锅(CFK120A 型)；切片机(HB-2 型)；搅拌机(B10 型)。

(3)工艺流程

配料→煮糊→混合搅拌→成型→蒸煮→老化→切片→干燥→包装→半成品→油炸→成品。

(4)操作要点

① 配料　虾片基本配方为：马铃薯淀粉与马铃薯全粉质量之和为 100 g，虾仁 15 g，味精 2 g，蔗糖粉 4 g，食盐 2 g，加水按一定比例混合。

② 煮糊　将总水量 3/4 倒入锅中煮沸，同时加入味精、蔗糖粉、食盐等基本调味料。另取 20%左右的淀粉与剩余 1/4 的水调和成粉浆，缓缓倒入不断搅拌的料水中(温度＞70 ℃)，煮至糊呈透明状。

③ 混合搅拌　将剩余淀粉、马铃薯全粉、虾仁倒入搅拌机内，同时倒入刚刚糊化好的热淀粉浆，先慢速搅拌，接着快速搅拌，不断搅拌到使其成均匀的粉团，约需 8～10 min。

④ 成型　将粉团取出，根据实际要求制成相应规格的虾条。

⑤ 蒸煮　用高压锅(压力为 1.2 MPa)蒸煮，一般需要 1～1.5 h，使虾条没有白点，呈半透明状，条身软而富有弹性，取出自然冷却。

⑥ 老化　将冷却的虾条放入温度为 2～4 ℃的冰箱中老化，使条身硬而有弹性。

⑦ 切片　用切片机将虾条切成厚度约 1.5 mm 的薄片，厚度要均匀。

⑧ 干燥　将切好的薄片放入温度为 50 ℃的电热鼓风干燥箱中干燥。

⑨ 油炸　用棕榈油炸。

3. 速冻薯片　速冻薯条生产有严格的质量标准。生产过程中除加少量护色剂之外,不添加任何其他物质;生产过程连续化和操作控制自动化程度很高;必须建立贮运冷链;而且对加工用薯有特定要求,一般对原料薯的控制指标包括:还原糖含量低于 0.25%,耐低温贮藏,比重介于 1.085~1.100 之间,浅芽眼,长椭圆形或长圆形。国内薯条加工专用薯产量不足,制约了薯条生产的发展。速冻薯条的生产工艺流程为:原料→清洗→去皮→修整→切条→分级→漂烫→脱水→油炸→沥油→预冷→速冻→计量包装→成品入(冷)库。

(二)马铃薯饴糖加工

马铃薯含有丰富的淀粉及蛋白质、维生素等成分。用马铃薯加工的饴糖,口味香甜、绵软适口、老少皆宜,具有广阔的市场前景。于丽萍(2003)介绍了马铃薯加工饴糖的工艺,包括麦芽制作,马铃薯渣料制备,糖化方法,熬制饴糖。方法如下:

1. 麦芽制作　将六棱大麦在清水中浸泡 1~2 h(水温保持在 20~25 ℃),当其含水量达 45%左右时将水倒出,继而将膨胀后的大麦置于 22 ℃室内让其发芽,并用喷壶给大麦洒水,每天两次,4 d 后当麦芽长到 2 cm 以上时便可使用。

2. 马铃薯渣料制备　将马铃薯渣研细过滤后,加入 25%谷壳,然后把 80%左右的清水洒在配好的原料上,充分拌匀放置 1 h,分 3 次上屉,第一次上料 40%,等上气后加料 30%,再上气时加入最后的 30%,待大气蒸出起计时 2 h,把料蒸透。

3. 糖化方法　将蒸好的料放入木桶,并加入适量浸泡过麦芽的水,充分搅拌,当温度降到 60 ℃时,加入制好的麦芽(占 10%为宜),然后上下搅拌均匀,再倒入些麦芽水。待温度下降到 54 ℃时,保温 4 h,温度再下降后加入 65 ℃的温水 100 kg,继续让其保温,经过充分糖化后,把糖液滤出。

4. 熬制饴糖　将糖液放置锅内加温,经过熬制,浓度达到 40 波美度时,即成为马铃薯饴糖。

(三)低糖马铃薯果脯加工

近年来,作为马铃薯深加工主要产品之一的油炸薯片在市场上备受人们喜爱。然而,将马铃薯制成传统的果脯产品却未得到大规模的推广。究其原因在于,传统工艺生产的果脯多为高糖制品,含糖量高达 60%以上,已不适合现代人的健康和营养观念。因此,开发风味型、营养型、低糖型马铃薯果脯是充分利用马铃薯资源,创造农副产品经济效益的有效途径之一。马铃薯果脯加工工艺如下:

1. 生产材料　马铃薯:市售;优质白砂糖:市售一级;饴糖:浓度 70%以上。$NaHSO_3$、无水 $CaCl_2$:均为分析纯试剂。柠檬酸、维生素 C、CMC-Na 均为食品级试剂。

2. 仪器设备　电热恒温鼓风干燥箱、电子天平、手持测糖仪、不锈钢锅、搪瓷盆、刀具、烧杯等。

3. 工艺流程

选料→清洗→去皮→切片→护色→硬化→漂洗→预煮→糖煮→糖渍→控糖(沥干)→烘烤→成品。

4. 操作要点

(1)选料　要求选用新鲜饱满,外表面无失水起皱,无病虫害及机械损伤,无锈斑,无霉烂、发青发芽,无严重畸形,直径 50 mm 以上的马铃薯。

(2)清洗　用清水将马铃薯表面泥沙清洗干净。

(3)去皮　人工去皮可用小刀将马铃薯外皮削除,并将其表面修整光洁、规则。也可采用化学去皮法,即在 90 ℃以上 10%左右的 NaOH 溶液中浸泡 2 min 左右,取出后用一定压力的冷水冲洗去皮。

(4)切片　用刀将马铃薯切成厚度为 1～1.5 mm 的薄片。

(5)护色和硬化　将切片后的马铃薯应立即放入 0.2% NaHSO$_3$、1.0%维生素 C、1.5%柠檬酸和 0.1%CaCl$_2$ 的混合液中浸泡 30 min。

(6)漂洗　用清水将护色硬化后的马铃薯片漂洗 0.5～1 h,洗去表面的淀粉及残余硬化液。

(7)预煮　将漂洗后的马铃薯片在沸水中烫漂 5 min 左右,直至薯片不再沉底时捞出,再用冷水漂洗至表面无淀粉残留为止。

(8)糖煮　按一定比例将白砂糖、饴糖、柠檬酸、CMC-Na 复配成糖液,加热煮沸 1～2 min 后,放入预煮过的马铃薯片,直接煮至产品透明,终点糖度为 45%左右时取出,并迅速冷却到室温。注意,在糖煮时应分次加糖,否则会造成吃糖不均匀,产品色泽发暗,产生"返砂"或"流糖"现象。

(9)糖渍　糖煮后不需捞出马铃薯片,在糖液中浸泡 12～24 h。

(10)控糖(沥干)　将糖渍后的马铃薯片捞出,平铺在不锈钢网或竹筛上,使糖液沥干。

(11)烤　将盛装马铃薯片的不锈钢网或竹筛放入鼓风干燥箱中,在 70 ℃温度下烘制 5～8 h,每隔 2 h 翻动 1 次,烘至产品表面不粘手、呈半透明状、含水量不超过 18%时取出。

5. 成品质量指标

(1)感官指标

① 色泽　产品乳白至淡黄色,鲜艳透明发亮,色泽一致。

② 组织形态　吃糖饱满,块形完整无硬心,在规定的存放时间内不返砂、不干瘪、不流糖。

③ 口感　甜酸可口,软硬适中,有韧性,有马铃薯特有风味,无异杂味。

(2)理化指标　总糖 40%～50%,还原糖 25%,含水量 18%～20%。无致病菌及因微生物作用引起的腐败特征,符合国家食品卫生相关标准。

(四)马铃薯风味食品

1. 马铃薯果酱　将马铃薯洗净、蒸熟、剥皮摊开放凉后再用打浆机打成泥状。然后将砂糖倒入夹层锅内,加适量水煮沸溶化,倒入马铃薯泥搅拌使马铃薯泥与糖水混合,继续加热并不停搅拌以防煳锅。当浆液温度达 107～110 ℃时,用柠檬酸水调 pH 为 3～3.5,加入少量稀释的胭脂红色素,即可出锅冷却。酱体降至 90 ℃左右时加入适量的山楂香精,继续搅拌。为延长保存期,可加入酱重 0.1%的苯甲酸钠,趁热装入消过毒的瓶中,将盖旋紧。装瓶时温度超过 85 ℃,可不灭菌,酱温低于 85 ℃时,封盖后,可放入沸水中杀菌 10～15 min,然后冷却即可。

2. 马铃薯脯　选大小一致,薯块饱满、外表光滑的无绿斑薯块,洗净去皮,制坯,坯可根据需要制成各种形状,将选型制成的坯放入容器,倒入一定浓度的淡石灰水浸泡 16 h 后取出,放入清水中漂洗 4 次,每次 2 h。将灰浸、水漂过的坯料放入沸水中煮 20 min 再放入清水漂洗 2

次,每次 2 h,最后再放入 100 ℃ 水中煮 10 min,随后放入清水中冲洗 1 h。将处理好的坯料放入缸中,注入一定浓度的浓糖液,以坯能在其中稍稍转动为宜,4 h 后翻动一次,浸渍 16 h。然后进行糖煮,一般 2 次,第一次将坯与糖液舀入锅中,糖液煮沸后再煮 10min,使糖液达 104 ℃,制成半成品。将糖与坯舀入锅中,煮约 30 min,使糖温达 112 ℃,起锅。滤干,待温度降到 60 ℃,即可上糖衣(以糖坯粘满糖为宜),然后干制即为成品。

3. 马铃薯酥糖片 选择新鲜、无病虫害、单个重在 50～100 g 的马铃薯,洗净后放入浓度为 20% 的碱水中用木棒不断的搅动脱皮。待马铃薯全部脱皮后捞起冲洗,沥干碱水后切成厚度为 1～2 mm 的菱形或三角形薄片。然后将薄片浸在清水中,以免表面的淀粉氧化变色。将马铃薯薄片放入沸水中煮至八成熟,熄火捞出薯片,晒干或烘至一拿即碎。将晒干或烘干的马铃薯片放入沸腾的香油或花生油锅里炸。炸时要用勺轻轻晃动,使之受热均匀。当薯片炸至金黄时,迅速捞起沥干油。然后倒入融化的糖液中,不断地搅拌且用小火烘,使糖液中的水分完全蒸发,而在马铃薯片表面形成一层透明的糖膜,将附有糖膜的马铃薯片冷却后取出,立即密封包装,即为成品。

4. 橘香土豆条 选择无芽、无霉烂的新鲜土豆 100 g,面粉 11 g,砂糖 5 kg,橘皮粉 4 kg,奶粉 1～2 kg,发酵粉 0.4～0.5 kg,植物油适量。将土豆先浸泡 1 h 左右,再用清水洗净表皮附着的泥沙等杂质,放入蒸锅内蒸熟,然后剥去表皮,用粉碎机粉碎成泥状。将柑橘皮洗净,放入沸水中煮 5 min,倒入 5% 石灰水中,浸泡 2～3 h,接着再反复冲洗,干净后切成小粒,放入 7% 盐水内浸泡 2 h 左右,再用清水漂去盐分,晾干,碾成粉状。按配方将各种原料放入和面机内,充分搅拌均匀,静置 6 min 左右。将适量植物油倒入锅内加热,待油温升到 150 ℃ 左右时,将搅拌的土豆泥混合料通过压条机压入油锅,当泡沫消失,土豆条呈金黄色时即可捞出。炸热的橘香土豆条捞出后放在网筛上,搁置在干燥通风的地方冷却到室温后,按 200 g 或其他规格密封包装即为清香甜美,酥脆可口的风味食品。

5. 马铃薯膨化食品 马铃薯膨化食品是以马铃薯全粉为主要原料,经挤压膨化等工艺加工而成的系列食品。膨化后的马铃薯食品除水溶性物质增加外,部分淀粉转化为糊精和糖,马铃薯中的淀粉彻底糖化,改善了产品的口感和风味,提高了人体对食物的消化吸收率,在其理化性质上有较高的稳定性。马铃薯膨化产品具有食用快捷方便,营养素损失少,消化吸收率高,安全卫生等特点,是粗粮细作的一种重要途径。根据加工过程的不同,可以生产出直接膨化食品(如马铃薯酥、旺仔小馒头等)和膨化再制食品(即将马铃薯全粉膨化粉碎,并配以各种辅料而得的各种羹类、糊类制品)马铃薯膨化食品是以马铃薯全粉为主要原料,采用双螺旋杆挤压膨化工艺,亦可采用山东济南生产的双螺旋杆挤压膨化休闲食品生产线来生产休闲食品如马铃薯圈、马铃薯酥、马铃薯脆片及粥糊类方便食品。

(1)工艺流程

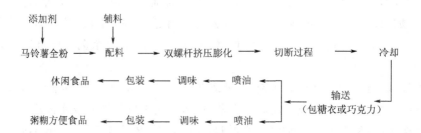

（2）操作要点　配料时辅料中面粉不超过20％，大豆不超过10％，芝麻、花生不超过5％。若在膨化前加入砂糖，一般不超过3％，食盐不超过2％。使含水量控制在15％～18％。

为确保制品具有较高的膨化度，应按最佳的参数配比，并按设定工艺条件进行膨化。一般开机前，清理机器，安装模具后，将膨化机预热升温，一区为100 ℃，二区为140 ℃，三区为170 ℃；开机工作时，首先开启油泵电机，启动后调整转速为400 r/min，开始喂料，进料速度逐渐增加，待正常出料后，开启旋切机，调整旋切速度直至切出所需形状的产品。

马铃薯全粉膨化后，不仅改善了口感，食品的营养成分保存率和消化率均得到提高，食用方便，而且还具有加工自动化程度高，质量稳定，综合成本低等特点。

（五）马铃薯精淀粉、变性淀粉、全粉加工

1. 马铃薯精淀粉　马铃薯淀粉具有其他各类淀粉不可替代的特性，与其他淀粉相比，马铃薯淀粉具有最大的颗粒、较长的分子结构、较高的支链含量（80％）和最大的膨化系数，同玉米、小麦淀粉相比，可节省2/3的用量。广泛用于食品、造纸、纺织、医药、漂染、铸造、建筑、油田钻井和纸品黏合等行业。同时，又是制造味精、柠檬酸、酶制剂、淀粉糖等一系列深加工产品的原料，在发酵工业领域也有十分广泛的应用。与玉米淀粉相比，马铃薯淀粉存在着成本和售价高、生产中水解产物回收率较低的实际问题，因此不可能无限替代玉米或其他淀粉。马铃薯精淀粉生产工艺为：马铃薯→清洗→锉磨→汁水分离→筛洗→除砂过滤→旋流分离→脱水→干燥→计量包装→成品。

2. 马铃薯变性淀粉　马铃薯淀粉再加工的产品种类很多，主要有变性淀粉。按照国家有关淀粉分类标准的概念，变性淀粉是指原淀粉经加工处理，使淀粉分子异构，改变其原有的化学物理特性的淀粉。再细分又包括酸处理淀粉、焙烘糊精、氧化淀粉、淀粉酯、淀粉醚、交联淀粉、接枝共聚淀粉、物理变性淀粉等门类。由于变性淀粉品种众多，具有比原淀粉更好的特性，所以用途也更加广泛，在食品、饲料、医药、造纸、纺织、化工、冶金、建筑、三废治理以及农林业等各领域均有应用。

3. 马铃薯全粉　马铃薯雪花粉生产过程中，蒸煮、破碎工序仍可能引起一定数量的细胞破裂，造成少量水溶性成分的流失，最终产品还含有7％左右的游离淀粉，所以在后续加工中表现出黏度较大的特性。同时，采用滚筒干燥工艺，成品粒度较大，容重较小，储运费用较高。但工艺流程短、能耗较低的技术特征，使雪花粉赢得了广大市场，并呈现持续发展的态势。雪花粉生产采用滚筒烘干工艺。其生产工艺流程为：原料→清洗→蒸汽去皮→切片→蒸煮→破碎→滚筒干燥→破碎→计量→包装→成品入库。马铃薯颗粒粉生产特别强调保持薯体细胞完整，工艺中采用了气流/流化床干燥和大量回填的路线，使薯块在干燥过程中自然破裂为粉状。因此马铃薯颗粒粉粒度较细，容重较高，储运中稳定性优于雪花粉。其固有缺陷是生产流程长、能耗较高，设备投资偏大，生产成本亦略高于雪花粉。但由于细胞破裂少，颗粒粉黏度较低，下游产品生产中可加入一些成本较低的预糊化淀粉调节黏度，实际成本反而低于直接使用雪花粉，因而也颇受厂家欢迎。颗粒粉生产采用的是气流干燥＋流化床干燥和回填工艺。马铃薯雪花颗粒粉是在颗粒粉生产流程中用雪花粉替代颗粒粉回填，因而具有介于雪花粉、颗粒粉之间的品质特性。

（六）紫马铃薯全粉加工

将紫马铃薯加工成粉能有效保留新鲜紫马铃薯的营养和风味，延长保存期。同时紫马铃薯全粉既能作为最终产品,也可以作为马铃薯食品深加工的基本原料,从而提高紫马铃薯的经济效益。据崔璐璐等(2014)介绍其工艺流程如下:

1. 原料　紫马铃薯、抗坏血酸、氯化钠、柠檬酸。

2. 工艺流程

紫马铃薯(添加 0.1％氯化钠溶液、0.2％柠檬酸、0.15％抗坏血酸)→分拣清洗→去皮切片→护色→蒸煮→热风干燥→过筛粉碎→包装→成品。

3. 操作要点

(1)原料的选择　选择无发芽、冻伤、发绿及病变腐烂,且成熟的紫马铃薯。

(2)去皮切片　将紫马铃薯去皮后切成厚度为 3～5 mm 的片状。

(3)护色　将切片的紫马铃薯进行护色处理。使用护色剂,0.1％氯化钠液、0.2％柠檬酸、0.15％抗坏血酸处理 20 min。

(4)蒸煮　对紫马铃薯片进行蒸煮,蒸煮温度设定为 100 ℃,时间为 10～15 min。

(5)热风干燥　将蒸煮熟化的紫马铃薯片送入热风干燥箱中进行干燥,干燥温度设定为 60 ℃,时间为 10 h。

(6)过筛粉碎包装　将紫马铃薯干片用粉碎机过筛粉碎(60～80 目粒度)。将合格的紫马铃薯全粉经称重计量后,装入不透明自封铝箔袋封口,进行避光干燥保存。

(7)成品指标　将紫马铃薯进行分拣清洗、去皮、切片护色、蒸煮漂烫、60 ℃下干燥 10 h,粉碎成 60～80 目的粒度,紫马铃薯全粉得率为 20.69％。产品为深紫色,颗粒组织均匀细腻,具有浓郁的鲜薯泥香味,有润滑的沙质口感,无其他杂质。水分含量 6.80％(＜10％),蛋白质含量 7.30％,淀粉含量 54.50％,总糖含量 60.55％,还原糖含量 0.75％,总多酚含量 466.40 mg/100 g,花青素含量 348.03 mg/100 g,产品品质较优,营养价值高。

(七)制作马铃薯粉条、粉丝

1. 马铃薯粉条

(1)工艺流程

选料提粉→配料打芡→加矾和面→沸水漏条→冷浴晾条→打捆包装。

(2)制作要点

① 选料提粉　选择淀粉含量高,收获后 30 d 以内的马铃薯作原料。剔除冻烂、腐个体和杂质,用水反复冲洗干净。粉碎、打浆、过滤、沉淀,提取淀粉。

② 配料打芡　按含水量 35％以下的马铃薯淀粉 100 kg,加水 50 kg 配料。取 5 kg 淀粉放入盆内,加入其重 70％的温水调成稀浆。用开水从中间猛倒入盆内,迅速用木棒或打芡机按顺时针方向搅动,直到搅成有很大黏性的团状物即成芡。

③ 加矾和面　按 100 kg 淀粉,0.2 kg 明矾的比例,将明矾研成面放入和面盆中,把打好的芡倒入,搅匀,使和好的面含水量为 48％～50％,面温保持 40 ℃。

④ 沸水漏条　在锅内加水至九成满,煮沸,把和好的面装入孔径 10 mm 的粉条机上试漏,当漏出的粉条直径达 0.6～0.8 mm 时,为定距高度。然后往沸水锅里漏,边漏边往外捞,锅内水量始终保持在头次出条时的水位,锅水控制在微沸程度。

⑤ 冷浴晾条　将漏入沸水锅里的粉条,轻轻捞出放入冷水槽内,搭在棍上,放入 15 ℃水中 5～10 min。取出后架在 3～10 ℃房内阴晾 1～2 h,以增强其韧性。然后晾晒至含水量

20%时,去掉条棍,使其干燥。

⑥ 打捆包装　含水量降至16%时,打捆包装,即可销售。

2. 马铃薯粉丝

(1)原料选择　挑选无虫害、无霉烂的马铃薯。洗去表皮的泥沙和污物。

(2)淀粉加工　将洗净的马铃薯粉碎过滤。加入适量酸浆水(前期制作淀粉时第一次沉淀产生的浮水发酵而成)并搅拌、沉淀酸浆水用量视气温而定。气温若在10 ℃左右pH值应调到5.6~6.0,气温若在20 ℃以上,pH值应调到6.0~6.5沉淀后,迅速撇除浮水及上层黑粉。然后加入清水再次搅匀沉淀、去除浮水,把最终产的淀粉装入布包吊挂,最好抖动几次,尽量多除掉些水分,经24 h左右,即可得到较合适的淀粉坨。

(3)打芡和面　将淀粉坨自然风干后,称少量放入夹层锅内,加少许温水调成淀粉乳,再加入稍多沸水使淀粉升温、糊化后,将其搅匀,形成无结块半透明的糊状体即为粉芡。将剩余风干淀粉坨分次加入粉芡中混匀,中途可加入少许白矾粉末,使和好的面团柔软、不粘手。

(4)漏粉成型　将和好的面团分次装入漏粉瓢内,经机械拍打,淀粉面团就从瓢孔连续成线状流出,进入直火加热沸水的糊化锅中。短时间粉丝上浮成型即可。

(5)冷却与晾晒　将成型的粉丝捞出经冷水漂洗、冷却,冷却水要勤换。冷却后,将粉丝捞出在竹竿上晾干即成。

三、提取和制备

(一)提取蛋白质及制备多肽

1. 提取蛋白质　传统提取蛋白质的方法主要有加热法、加酸法、絮凝沉淀法以及超滤法。加热提取蛋白的提取率达到了75%左右,但是加热使蛋白产生不可逆沉淀,对蛋白质品质影响很大;加酸提取蛋白的得率可达40%;絮凝法对废水的COD去除率较高,但是对蛋白质的回收率却很低。

(1)工艺流程　吕建国等(2008)采用超滤膜对马铃薯淀粉生产废水中蛋白质的回收率达到97.31%,COD去除率50%以上。但膜技术处理废水存在的缺点是一次性投资大,膜材料的性能、寿命、清洗等尚不能很好解决。其工艺流程为蛋白液→除泡沫→超滤、凝固→冷却→分离干燥→马铃薯蛋白质。

任琼琼等(2011)通过碱提酸沉结合超滤对提取蛋白工艺进行优化:淀粉废水→碱液提取→离心→调酸沉淀→离心取上清液→碱液提取→离心→调酸沉淀→离心取上清液超滤→浓缩蛋白液。优化后的碱提酸沉工艺结合超滤技术提取马铃薯淀粉废水中的蛋白质,总得率可达93.42%。

(2)操作要点　提取蛋白时,使用硝酸或者磷酸调节的pH值,不但COD去除率大,也为后期生物处理提供N、P营养物质。因此,选择硝酸或者磷酸调节酸碱度。

2. 马铃薯蛋白质酶解制备多肽　马铃薯蛋白的必需氨基酸平衡优于其他植物蛋白,与全鸡蛋和酪蛋白相当,其蛋白质的净消化利用率(PER)可达到2.3,维持人体N平衡实验证明马铃薯蛋白质优于其他作物蛋白质。国外研究表明,3种蛋白酶水解马铃薯蛋白质,发现超滤后的水解产物对血管紧张素转化酶有抑制作用。这种血管紧张素转化酶抑制剂(ACEI)是一种小分子活性肽,能清除超氧阴离子自由基、羟自由基等,可预防并治疗癌症、动脉粥样硬化和糖尿病等疾病。

曹艳萍等(2010)以马铃薯蛋白质为原料,用蛋白酶催化水解制备多肽。最佳工艺条件为马铃薯蛋白质质量分数 8%、中性蛋白酶(pH7.0)加酶量 5.0 mg、温度 45 ℃、水解时间 2 h,水解度可达 23.4%。所得产品总蛋白含量 70.26%、灰分 4.12%、水分 4.97%。

(1)工艺流程

原料→去皮→研磨→提取→过滤→沉淀→过滤→冷冻干燥→溶于缓冲液→加温→水解→过滤。

(2)操作要点　将马铃薯清洗去皮后,进行研磨打碎,加入 5 倍量水浸出,按料水比 1∶10加入 NaOH 调 pH8.5 提取过滤,滤液加 HCl 调节至 pH 4 沉淀,过滤后的滤饼冷冻干燥得马铃薯蛋白。

称取适量的马铃薯蛋白于 pH 7 的缓冲液中,混匀,将溶液迅速加温至 45 ℃,恒温15 min;加入 5.0 U/g 蛋白酶进行水解,灭菌后过滤得多肽。

(二)淀粉的分离和产物制备

1. 分离淀粉　马铃薯块茎中含淀粉 15%～24%,作为生产量仅次于玉米淀粉的第二大植物淀粉,在纺织、制药、饲料和食品等领域用途广泛。因为马铃薯淀粉无色、高韧、高黏和高稳定性等有着其他淀粉无法比拟的独特特性,所以在有关植物淀粉的基础研究中应用广泛。

(1)工艺流程　郭俊杰等(2014)介绍了马铃薯淀粉的分离程序:马铃薯洗涤→磨浆→水洗提取淀粉→离心脱水→筛选→精制→干燥脱水。

王大为等(2013)采用超声波辅助提取工艺提取马铃薯淀粉,研究淀粉特性。结果表明:超声功率、处理时间、粒度、料水比均对马铃薯淀粉提取率有显著影响。在马铃薯处理量 300 g、超声功率 500 W、超声时间 4 min、破碎粒度 60 目、料水比 1∶1(g/mL)时,淀粉提取率最高。相较于传统提取工艺,超声波提取平均粒径更小,且颗粒呈椭圆形和圆形,而传统工艺颗粒较大,多呈贝壳形。超声波提取的淀粉糊黏度下降,增稠性低,易于老化,因而在冷冻食品中应用优势低于传统工艺提取淀粉。且超声提取透明度降低,溶解度、膨胀力以及凝沉性提高,适合生产粉丝(条)类产品。

(2)操作要点

① 在相同生产条件下,马铃薯淀粉含量越高,则淀粉提取率越高。

② 在设备选型上,采用鲜薯刨丝机可以得到更高的提取率,选择合理的筛分级数,可有效控制和提高淀粉提取率,使薯渣中所夹带的游离淀粉最少。

③ 离心分离的工作参数确定以后,淀粉提取率与分离级数有关。选择合理的分离级数,可提高淀粉提取率,使薯渣或汁液混合物中所带走的游离淀粉最少。

④ 淀粉提取率与工艺过程用水量有关。料水比控制在 3.5 左右为宜,最大不超过 4。试验用水对上述品质特性有明显的影响。蒸馏水和去离子水所制备的淀粉品质特性明显优于硬水制备的淀粉。

2. 制备氧化淀粉　氧化淀粉具有较高的透明度、较低的黏度及较低的糊化温度,而且引入了亲水性较强的羧基,有更好的水溶性,从而成膜性更好。

(1)工艺流程　淀粉→35%淀粉乳→pH 调整→氧化反应(连续搅拌、控制反应温度,调整

pH)→中止反应→清除氯离子→真空干燥 24 h→成品。

(2)操作要点　氯酸钠用量以及反应 pH 值均对氧化淀粉的羧基含量、淀粉糊透明度及力学性能产生一定的影响。

李平等(2016)研究表明,次氯酸钠氧化马铃薯淀粉的最优工艺条件为反应时间 2 h、次氯酸钠用量 7 mL、反应 pH 8.3、反应温度 40 ℃。在此条件下制得的马铃薯氧化淀粉透氧系数和透水系数显著降低,表现出更强的阻隔性。而电镜结果表明,马铃薯淀粉经过氧化后,淀粉颗粒变小且更均匀,氧化淀粉膜具有更加均一致密的结构。

3. 制备磷酸寡糖　磷酸寡糖具有对人体健康有益的特殊生理功能,它在弱碱性条件下能与钙离子结合成可溶性复合物,抑制不溶性钙盐的形成,从而提高小肠中有效钙离子的浓度,促进人体对钙质的吸收,且不被口腔微生物发酵利用。它还有加强牙齿釉质再化的作用,达到防止齿质损害的效果,同时还具有抗淀粉老化的功效。

(1)工艺流程　马铃薯淀粉→调浆→配料→调节 pH 值→加液化酶→低压蒸汽喷射液化→一次板框压滤→液化保温→快速冷却→加真菌酶糖化→二次板框压滤→活性炭脱色→检测。

(2)操作要点

① 浆液制备　向配料罐里注入水,而后在不断搅拌下,徐徐投入 1 t 原料淀粉,直到浆料浓度为 10 波美度。

② pH 值调整　调好的浆液加入 0.6～0.7 kg CaCl₂ 作为酶活促进剂,用 HCl 和 Na₂CO₃ 将浆料调至 pH 5.4。

③ 加入 100 mL 新型耐高温 α-淀粉酶　低压蒸汽喷射液化料液搅拌均匀后,用泵将物料泵入喷射液化器,在喷射器中,粉浆和蒸汽直接充分相遇,喷射温度 110 ℃,并维持 4～8 min,控制出料温度为 95～97 ℃。喷射液化后的料液进入层流罐,在 95 ℃条件下保温 30 min,碘反应显碘本色时,通蒸汽灭酶。一次板框压滤开始压力应不低于 0.6 MPa,待滤饼形成阻力增大时再增加压力,但以不超过 2 MPa 为宜,料液应保持一定的温度,以增加其流动性,但不应高于 100 ℃。

④ 料液冷却　糖化将料液冷却至 60 ℃,向糖化罐中加入 100 mL 真菌淀粉酶和 50 mL 普鲁兰酶,调节 pH 值为 5.2,反应 2～4 h,然后通入高压蒸汽 100 ℃条件下灭酶 2～3 h。糖化后糖液随着管道进入脱色罐。活性炭脱色罐中含有活性炭,保持罐温为 80 ℃左右,糖液通入后,在不断搅拌的情况下,活性炭吸附糖液所含的色素以及部分无机盐成品。活性炭随同糖液一并进入板框压滤机,经过压滤除去活性炭的产品。

4. 加工糯米纸　据陈泽(2001)介绍:糯米纸原用糯米作主要原料制成,现用马铃薯淀粉代替糯米,也可生产出糯米纸,不仅可节约大量粮食,为食品包装工业急需的糯米纸广辟原料来源,而且为马铃薯的深加工增值,也开拓了新途径。

(1)工艺流程　马铃薯淀粉→乳化→搅拌过筛→加入磷脂乳液→调糊→抄膜→烘干。

(2)操作要点

① 马铃薯淀粉乳化温度因控制在 50～55 ℃,乳化后浓度为 15～17 波美度。

② 经乳化的马铃薯淀粉乳液,需不断搅拌防止沉淀。

③ 磷脂乳液 pH 值控制为 8～9.4。

④ 调糊时,将糊化锅里的马铃薯淀粉乳液加热至 50 ℃,边搅拌加入适量的预热至 84～

90 ℃的热磷脂乳液,并在锅中温度达到 90 ℃时,保温 1～2 h;搅拌速度以 40 r/min 为宜,浓度应控制在 7%～8%。

四、酿造

(一)酿酒

马铃薯可以作为酿酒的原料之一。以马铃薯为辅料,可以酿制黄酒、啤酒、白酒等。

1. 大米马铃薯混酿小曲白酒　马铃薯用途多,产业链条长,是农业生产中加工产品最丰富的原料作物。研究适宜的酿造工艺,采用大米马铃薯混酿小曲白酒,不仅能够丰富小曲白酒的品种,还能拓展马铃薯资源的利用和深加工,创造良好的经济效益和社会效益。

(1)原料和曲种　大米、马铃薯、酒饼粉(米香型)、糖化酶(粉剂型,活力 50000 U/g)、水。

(2)工艺流程

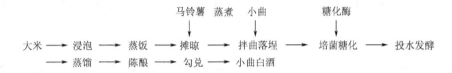

(3)操作要点

① 原料蒸煮　马铃薯洗净后通过蒸至完全软化透心;大米经浸泡、沥干,蒸煮至均匀熟透。

② 配料　将大米饭与蒸熟的马铃薯按 90:10 比例捣烂、混匀,注意分散薯料不结块儿。

③ 拌曲　当饭薯料摊晾至 28～30 ℃时撒入 0.3% 的酒饼粉拌匀、装入酒瓮。

④ 糖化发酵　当装料至瓮高 4/5 时于料中央挖一空洞,以利于足够的空气进入醅料进行培菌糖化。当糖化至酒瓮中下部出现 3～5 cm 酒酿时即示糖化过程基本结束。之后按料水比 1:2.0 投水、添加糖化酶进行液态发酵。当酒醪发酵至闻之有扑鼻的酒芳香、尝之甘苦不甜且微带酸味时,表明发酵基本结束,约 7 d。

⑤ 蒸酒　发酵采用蒸馏甑、接入蒸汽蒸馏取酒。蒸酒期间控制流酒温度 38～40 ℃,出酒时掐去酒头约 5%,当流酒的酒精度降至 30% 以下时,即截去酒尾。

2. 马铃薯蒸馏酒

(1)原料及试剂　马铃薯、α-淀粉酶(酶活≥4000 U/g)、糖化酶(酶活≥105 U/g)、酵母。

(2)工艺流程

马铃薯→打浆→蒸煮糊化→调节 pH 值→液化→调节 pH 值→糖化→调节 pH 值→调整糖度→加商业酵母→发酵 7 d→蒸馏→陈酿

(3)操作要点

① 将马铃薯洗净、切片,蒸约 30 min,按料水比 1:2 打浆。

② 调整马铃薯浆 pH 值为 6.5,添加 10 U/g 淀粉酶,90 ℃液化 70 min。

③ 调整液化后马铃薯浆的 pH 值为 4.5～5.5,添加 164.43 U/g 糖化酶,60 ℃糖化 7.17 h。

④ 酵母在添加前于 30 ℃下用水或马铃薯糖化液活化 30 min。调整马铃薯浆 pH 值为 3.5,添加 5% 酵母菌,发酵温度控制在 22～28 ℃,待糖度和重量近乎恒定时,即可判断为发酵

结束。

⑤ 发酵液在 90 ℃进行蒸馏,加入橡木片陈酿 15 d 后制得马铃薯蒸馏酒。

3. 以马铃薯为辅料的黄酒发酵

(1)原料及试剂 马铃薯、糯米、活性干酵母、麦曲、糖化酶(酶活 300 U/mL)。

(2)工艺流程

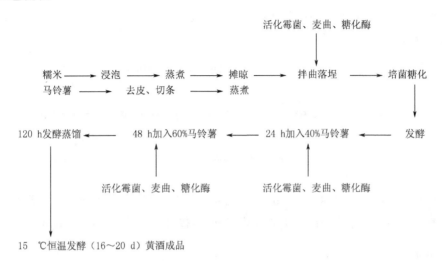

(3)发酵条件 每 100 g 原料添加 0.114 g 酵母、14 g 麦曲,425 μL 糖化酶,70 mL 水,发酵初始 pH 值为 4.0,主发酵温度为 28 ℃。酵母与麦曲添加量是影响黄酒品质的主要因素。

(4)特点 采用新鲜马铃薯为辅料,省去了浸米环节,可节约大量生产用水和时间,而且马铃薯蒸煮时间较短,可节约能源消耗,降低黄酒生产成本。其次,利用马铃薯为辅料酿造黄酒可以提高黄酒的营养价值,其游离氨基酸含量是普通黄酒氨基的 1.2~2.5 倍。以马铃薯为辅料的成品黄酒呈橙黄色,清亮透明,无沉淀。有典型的黄酒风格,口味醇和,酒体协调,风味柔和,鲜味突出。

4. 开菲尔马铃薯乳酒 开菲尔(kefir)是在牛乳或羊乳中添加含有乳酸菌和酵母菌的发酵剂,经发酵酿制而成的传统乙醇发酵乳饮料。其主要成分是乳酸、乙酸和 CO_2。益生菌的代谢作用水解了大部分乳糖,因此适宜乳糖不耐症者饮用。Kefir 不仅营养丰富,还有增强心脏收缩力及调整血压、血脂的功能,能有效预防脑血栓等疾病。

(1)原料 开菲尔粒、酵母、马铃薯、牛奶、白砂糖和饮用水。

(2)工艺流程

① 发酵剂的制作

调配牛奶、白砂糖→杀菌(115 ℃/20 min)→冷却(23 ℃)→发酵(酵母菌、开菲尔粒)→培养(26 ℃/20 h)→保存(4 ℃)

② 马铃薯乳酒酿造工艺流程

马铃薯泥(料液比=1:0.5)→调配(牛奶、白砂糖)→杀菌(115 ℃/20 min)→冷却(23 ℃)→发酵(酵母菌、开菲尔粒)→培养(26 ℃/20 h)→保存(4 ℃)

③ 发酵条件

发酵剂制作:开菲尔粒、酵母、白砂糖添加量分别为 0.2 g、1 g、6 g,26 ℃发酵 20 h。

马铃薯乳酒的酿造:于 20 g 马铃薯泥中添加 3 g 发酵剂、10 g 白砂糖,26 ℃发酵 12 h。

(二)马铃薯生料酿醋

传统的醋酿造方法能源和劳动力消耗太大,而生料发酵法可节约 70%,淀粉利用率可达 65%,比传统发酵法淀粉利用率高 1 倍以上。且生料发酵法采用的复合菌种性能稳定,可直接用于工业生产,减少菌种的污染概率。

1. 原料　马铃薯、大米、曲种、中科 AS1.41 醋酸菌。

2. 工艺流程

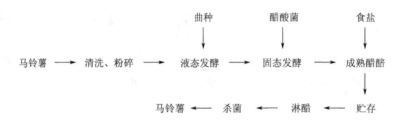

3. 操作要点　辅料添加量 60%(m/m),料水比 1∶2,接种 3% 曲种,发酵温度 30 ℃。调整酒精度为 7%,拌入质量比为 6∶4 的谷糠与麸皮,接种 5% 醋酸菌,发酵温度 32 ℃。

五、综合利用

(一)薯渣的综合利用

1. 马铃薯渣的成分　马铃薯渣含有大量的淀粉、纤维素、果胶及少量蛋白质等可利用成分,具有很高的开发利用价值。其中淀粉占干基总量的 37%,纤维素、半纤维素占干基总量的 31%,果胶占干基总量的 17%,而蛋白质、氨基酸仅占干基总量的 4%,由于马铃薯渣中含有较高质量分数的果胶,同时马铃薯渣量大,是一种很好的果胶来源。另外,其还含有大量的纤维素和半纤维素,可用来提取膳食纤维,国内也将其直接作为饲料,但由于其粗纤维含量高、蛋白质含量低、质量差,动物不易消化吸收。因此,对于薯渣的利用、国内外学者主要集中在提取果胶,膳食纤维等有效成分以及制备单细胞蛋白饲料。

2. 马铃薯渣可提取的多种产物及其工艺流程

(1)马铃薯渣中蛋白提取　马铃薯渣是马铃薯淀粉生产中产生的副产物,马铃薯淀粉生产企业每年都要排放大量的废渣废液,如何有效利用马铃薯淀粉加工副产物已成为制约马铃薯淀粉工业发展的瓶颈问题。国内外研究表明,马铃薯蛋白是一种全价蛋白,氨基酸组成均衡,必需氨基酸含量较高,适合研究开发马铃薯蛋白产品。但国内的淀粉生产厂家直接排放废水,不仅造成资源浪费,还污染环境,因此,淀粉废水中马铃薯蛋白的回收及开发利用研究对于增加产品附加值,提高环保性能,发展循环经济具有十分重要的作用。酸热处理回收细胞液中马铃薯蛋白的技术是目前欧洲和中国大中型淀粉加工厂普遍采用的工艺,优化提取工艺,提高马铃薯蛋白质的提取率,减少水耗和废水排放,从而使回收蛋白的技术得到应用。

(2)马铃薯渣中膳食纤维的利用　膳食纤维(DF)是食物中不被人类胃肠道消化酶所消化的植物性成分的总称,包括纤维素、半纤维素、木质素、甲壳素、果胶、海藻多糖等,主要存在于植物性食物中。马铃薯渣中不仅含有丰富的膳食纤维(约占干基重的 50%),而且还有淀粉、糖类及少量蛋白质,因此制取较高纯度的马铃薯膳食纤维,需降解淀粉蛋白质等物质。目前,制取马铃薯膳食纤维的方法主要有酸碱法和酶法,用来去除马铃薯渣中的淀粉、糖类及蛋白质物质、用马铃薯渣制成的膳食纤维产品外观白色、持水力、膨胀力高,有良好的生理活性。

(3)提取果胶　果胶属于多糖类物质,是植物细胞壁的主要成分之一,尽管可以从植物中大量获得,但是商品果胶的来源仍十分有限。中国每年果胶需求量在1500 t以上,且80%依靠进口。据有关专家预计,果胶的需求量在很长时间内仍以每年15%的速度增长。果胶的主要生产国是丹麦、英国、法国、以色列、美国等,亚洲国家产量极少。因此大力开发中国果胶资源,生产优质果胶,显得尤为重要。马铃薯渣是生产马铃薯淀粉后产生的废渣,利用程度低且极易造成环境污染,它含有丰富的果胶,是一种良好的果胶提取原料。将马铃薯渣作为生产果胶的原料,不仅增加马铃薯加工的附加值,也丰富了果胶生产的原料来源。目前果胶的提取方法主要有:沸水抽提法、酸法和酸法+微波提取等。果胶提取过程是水不溶性果胶转变成水溶性果胶和水溶性果胶向液相中转移的过程。工艺条件不同,果胶的得率及性质均有差异。

(4)生产马铃薯渣高蛋白饲料　马铃薯鲜渣或干渣均可直接作饲料,但是蛋白质含量低,粗纤维含量高,适口性差,饲料的品质低。研究表明,通过微生物发酵处理可大幅度提高薯渣的蛋白含量,从发酵前干重的4.62%增加到57.49%;另外,微生物发酵可以改善粗纤维的结构,增加适口性。有研究先用中温Q淀粉酶和Nutrase中性蛋白酶将马铃薯渣中的纤维素和蛋白质分解,再接种产生单细胞蛋白的菌株-产朊假丝酵母和热带假丝酵母,可将单细胞蛋白中的蛋白质含量增至12.27%。

(二)秧藤的利用

马铃薯秧藤是马铃薯植株的地上部分,是收获块茎后剩余的副产品。在传统的马铃薯种植业中,秧藤一般作为废弃物被处理。而在现代化的马铃薯种植业中,为了促进地下马铃薯块茎的成熟老化、便于机械收获马铃薯作业以及预防各类病原体的传播,一般在马铃薯收获前几天至十几天,采用化学杀秧、机械打秧等方式,将秧藤打碎还田或清除出田地。张雄杰等(2015)对秧藤青贮和提取物研究表明:采用"青贮饲料+混合粗提取物"的综合利用技术对秧藤进行青贮和提取物回收可实现一体化机械化作业,且生产效率高;所产青贮饲料产品质量良好、成本低廉。回收的粗提取物含有糖苷生物碱、茄尼醇、挥发油等70多种生物活性物质,这些物质都是医药、化工原料,具有良好的开发前景。该种秧藤处理技术,是近年来采用的新型技术,特别是在现代化程度较高的种植地区及种薯种植地区。该技术的应用为马铃薯秧藤新资源的开发利用提供了丰富的技术基础,可以作为还田绿肥和青贮饲料等应用于农牧业生产进行大量推广。

参考文献

蔡旭冉,顾正彪,洪雁,等,2012.盐对马铃薯淀粉及马铃薯淀粉-黄原胶复配体系特性的影响[J].食品科学,33(9):1-5.

曹艳萍,杨秀利,薛成虎,等,2010.马铃薯蛋白质酶解制备多肽工艺优化[J].食品科学,31(20):246-250.

常坤朋,高丹丹,张嘉瑞,等,2015.马铃薯蛋白抗氧化肽的研究[J].农产品加工(7):1-4.

陈蔚辉,苏雪炫,2013.不同热处理对马铃薯营养品质的影响[J].食品科技(8):200-202.

陈彦云,2006.马铃薯贮藏期间干物质、还原糖、淀粉含量的变化[J].中国农学通报,22(4):84-87.

陈泽,2001.用马铃薯淀粉生产糯米纸[J].四川粮油科技(03):32.

陈占飞,常勇,任亚梅,等,2018.陕西马铃薯[M].北京:中国农业科学技术出版社.

成善汉,苏振洪,谢从华,等,2004.淀粉-糖代谢酶活性变化对马铃薯块茎还原糖积累及加工品质的影响[J].中国农业科学,37(12):1904-1910.

程宇,冯英委,熊幼翎,等,2010.马铃薯蛋白水解物的抗氧化性与其组成的相关性[J].食品工业科技,31(19):98-100.

迟燕平,姜媛媛,王景会,等,2013.马铃薯渣中蛋白质提取工艺优化研究[J].食品工业(1):41-43.

崔璐璐,林长彬,徐怀德,等,2014.紫马铃薯全粉加工技术研究[J].食品工业科技(5):221-224.

邓春凌,2010.商品马铃薯的贮藏技术[J].中国马铃薯,24(2):86-87.

邓晓君,杨炳南,尹学清,等,2019.国内马铃薯全粉加工技术及应用研究进展[J].食品研究与开发,40(11):213-218.

丁玉川,焦晓燕,聂督,等,2012.不同氮源与镁配施对马铃薯产量、品质及养分吸收的影响[J].农学学报,2(6):49-53.

方国珊,谭属琼,陈厚荣,等.2013.3种马铃薯改性淀粉的理化性质与结构分析[J].食品科学,34(1):109-113.

宫占元,项洪涛,李梅,等,2011.植物生长调节剂对马铃薯还原糖及淀粉含量的影响[J].安徽农业科学,11(1):68-72.

郭俊杰,康海岐,吴洪斌,等,2014.马铃薯淀粉的分离、特性及回生研究进展[J].粮食加工,39(6):45-47.

韩克,张正茂,邢沁浍,等,2017.不同品种马铃薯膳食纤维化学组成及理化性质研究[J].安徽农业科学,38(17):158-163.

郝琴,王金刚,2011.马铃薯深加工系列产品生产工艺综述[J].食与食品工业(5):12-14.

贺萍,张喻,2015.马铃薯全粉蛋糕制作工艺的优化[J].湖南农业科学(7):60-62,66.

洪雁,顾正彪,顾娟,2008.蜡质马铃薯淀粉性质的研究[J].中国粮油学报,23(6):112-115.

侯飞娜,木泰华,孙红男,等,2015.不同品种马铃薯全粉蛋白质营养品质评价[J].食品科技(3):49-56.

黄洪媛,王金华,石庆楠,等,2010.马铃薯的品质分析及利用评价[J].贵州农业科学,38(11):24-28.

黄元勋,田发端,赵迎春,等,2002.论马铃薯营养成分及其营养改良[J].恩施职业技术学院学报(综合版),14(3):77-83.

焦峰,彭东君,翟瑞常,2013.不同氮肥水平对马铃薯蛋白质和淀粉合成的影响[J].吉林农业科学,38(4):38-41.

鞠栋,木泰华,孙红男,等,2017.不同工艺马铃薯粉物化特性及氨基酸组成比较[J].核农学报,31(6):1100-1109.

李超,郭华春,蔡双元,等,2013.中国马铃薯主栽品种块茎营养品质初步评价[M]//陈伊里,屈冬玉,主编,马铃薯产业与农村区域发展.哈尔滨:哈尔滨地图出版社:253-257.

李芳蓉,韩黎明,王英,等,2015.马铃薯渣综合利用研究现状及发展趋势[J].中国马铃薯,29(3):175-181.

李富利,2012.浅议马铃薯全粉[J].内蒙古农业科技(01):133-134.

李平,葛雪松,姜义军,等,2016.马铃薯氧化淀粉的制备及其成膜性研究[J].粮食与油脂,29(8):42-46.

廖瑾,张雅媛,洪雁,等,2010.阿拉伯胶对马铃薯淀粉糊化及流变性质的影响[J].食品与生物技术学报,29(4):567-571.

刘羽,刘富强,李文刚,等,2018.微肥对马铃薯产量、品质、薯皮超微结构及块茎耐贮性的影响[J].中国马铃薯,32(6):351-357.

刘素稳,张泽生,杨海延,等,2008.马铃薯蛋白的营养价值评价[J].营养学报,30(2):208-210.

刘喜平,陈彦云,任晓月,等,2011.不同生态条件下不同品种马铃薯还原糖、蛋白质、干物质含量研究[J].河南农业科学,40(11):100-103.

刘喜平,陈彦云,任晓月,等,2013.外源钙对马铃薯块茎贮藏期间几种酶活性及蛋白质含量的影响[J].江苏农业科学,40(2):62-64.

卢戟,卢坚,王蓓,等,2014.马铃薯可溶性蛋白质分析[J].食品与发酵科技,50(3):82-85.

陆雨项,2009.马铃薯风味食品的加工[J].农家科技(04):39.

吕建国,安兴才,2008.膜技术回收马铃薯淀粉废水中蛋白质的中试研究[J].中国食物与营养(4):37-40.

吕金顺,韦长梅,徐继明,等,2007.马铃薯膳食纤维的结构特征分析[J].分析化学,35(3):443-446.

吕振磊,李国强,陈海华,2010.马铃薯淀粉糊化及凝胶特性研究[J].食品与机械,26(3):22-27.

马春红,马雄平,延志莲,2010.陕北马铃薯渣中膳食纤维的提取[J].延安大学学报(自然科学版),29(2):84-86.

马健,刘万毅,董梅,2018.马铃薯淀粉废水中蛋白质的回收[J].宁夏工程技术(03):231-234.

梅新,陈学玲,关健,等,2014.马铃薯渣膳食纤维物化特性的研究[J].湖北农业科学,53(19):4666-4669,4674.

木泰华,2016.不可不知的马铃薯功能与作用常识[M].北京:中国农业出版社.

潘牧,陈超,雷尊国,等,2012.马铃薯蛋白质酶解前后抗氧化性的研究[J].食品工业(10):102-104.

朴金苗,都凤华,齐斌,2009.马铃薯分离蛋白的溶解性和乳化性研究[J].食品科学,30(17):91-94.

任琼琼,张宇昊,2011.马铃薯渣的综合利用研究[J].食品与发酵科技,47(4):10-12,15.

任琼琼,陈丽清,韩佳冬,等,2012.马铃薯淀粉废水中蛋白质的提取研究[J].食品工业科技,33(14):284-287.

阮俊,彭国照,罗清,等,2009.不同海拔和播期对川西南马铃薯品质的影响[J].安徽农业科学,37(5):1950-1951,1953.

石林霞,吴茂江,2013.风味马铃薯食品加工技术[J].现代农业(8):14-15.

史静,陈本建,2013.马铃薯渣的综合利用与研究进展[J].青海草业,22(1):42-45,50.

舒群芳,苗毓华,以凡,等,1989.马铃薯块茎蛋白质的分析[J].马铃薯杂志,3(4):207-210.

宋巧,王炳文,杨富民,等,2012.马铃薯淀粉制高麦芽糖浆酶法液化工艺研究[J].甘肃农业大学学报,47(4):132-142.

宿飞飞,石瑛,梁晶,等,2006.不同马铃薯品种淀粉含量、淀粉产量及淀粉组成的评价[J].中国马铃薯,20(1):16-18.

汤金龙,徐振,丁兴民,等,2017.不同氮肥施用量对马铃薯产量及品质的影响[J].生物灾害科学,40(3):205-208.

王丽,罗红霞,李淑荣,等,2017.马铃薯中直链淀粉和支链淀粉含量测定方法的优化[J].食品工业科技,38(17):220-223.

王大为,刘鸿铖,宋春春,等,2013.超声波辅助提取马铃薯淀粉及其特性的分析[J].食品科学,34(16):17-22.

王敬洋,2013.氮肥用量不同对马铃薯产量和品质的影响[J].北京农业(30):133-133.

王丽丽,张胜,蒙美莲,等,2014.施钾对膜下滴灌马铃薯产量·品质及钾素利用效率的影响[J].安徽农业科学,42(3):731-734.

王绍清,王琳琳,范文浩,等.2011.扫描电镜法分析常见可食用淀粉颗粒的超微形貌[J].食品科学,32(15):74-79.

王雪娇,赵丽芹,陈育红,等,2012.马铃薯生料酿醋中醋酸发酵的影响因素研究[J].内蒙古农业科技(2):54-56.

文丽,2016.马铃薯营养价值探讨[J].现代农业科技(4):293-294.

吴娜,刘凌,周明,等,2015.膜技术回收马铃薯蛋白的基本性能[J].食品与发酵工业,41(8):101-104.

吴巨智,染和,姜建初,2009.马铃薯的营养成分及保健价值[J].中国食物与营养(3):51-52.

伍芳华,伍国明,2013.大米马铃薯混酿小曲白酒研究[J].中国酿造,32(10):85-88.

肖成斌,李云春,马建忠,等,2015.马铃薯块茎可溶性蛋白的SDS-PAGE分析[J].中国食品工业(5):71.

邢宝龙,方玉川,张万萍,等,2018.中国不同维度和海拔地区马铃薯栽培[M].北京:气象出版社.

徐贵静,牛黎莉,许珍,等,2014.不同因素对马铃薯淀粉-黄原胶复配体系粘度的影响[J].甘肃农业大学学报,49(4):158-163.

许亮,向珣朝,龚明,等,2017.马铃薯淀粉的提取与直链淀粉的制备[J].食品工业科技,38(17):152-155.

杨文军,刘霞,杨丽,等,2010.马铃薯淀粉制备磷酸寡糖的研究[J].中国粮油学报,25(11):52-56.

姚春艳,孙莹,毕伟伟,等,2018.马铃薯淀粉废水中蛋白质回收方法综述[J].食品安全导刊(24):128-129.

姚立华,何国庆,陈启和,2006.以马铃薯为辅料的黄酒发酵条件优化[J].农业工程学报,22(12):228-233.

殷文,孙春明,马晓燕,等,2005.钾肥不同用量对马铃薯产量及品质的效应[J].土壤肥料(4):44-47.

于丽萍,2003.马铃薯加工饴糖[J].农业科技与信息(8):41.

岳红丽,张胜,蒙美莲,等,2013.施磷量对膜下滴灌马铃薯产质量及磷肥利用效率的影响[J].内蒙古农业大学学报(自然科学版)(3):40-45.

曾凡逵,赵鑫,周添红,等,2011.马铃薯直链/支链淀粉的分离[J].现代食品科技,27(12):1466-1468,1489.

曾凡逵,刘刚,2014.马铃薯蛋白的分离及氨基酸组成分析[J].食品科学,35(19):53-56.

曾凡逵,许丹,刘刚,2015.马铃薯营养综述[J].中国马铃薯,29(4):233-243.

张喻,熊兴耀,谭兴和,等,2006.马铃薯全粉虾片加工技术的研究[J]农业工程学报,22(8):267-269.

张凤军,张永成,田丰,2008.马铃薯蛋白质含量的地域性差异分析[J].西北农业学报,17(1):263-265.

张高鹏,吴立根,屈凌波,等,2015.马铃薯氧化淀粉制备及在食品中的应用进展[J].粮食与油脂,28(8):8-11.

张根生,孙静,岳晓霞,等,2010.马铃薯淀粉的物化性质研究[J].食品与机械,25(5):22-25.

张小静,李雄,陈富,等,2010.影响马铃薯块茎品质性状的环境因子分析[J].中国马铃薯,24(6):366-369.

张小燕,赵凤敏,兴丽,等,2013.不同马铃薯品种用于加工油炸薯片的适宜性[J].农业工程学报,29(8):276-283.

张雄杰,卢鹏飞,盛晋华,等,2015.马铃薯秧藤的饲用转化及综合利用研究进展.畜牧与饲料科学[J],36(5):50-54.

张艳荣,魏春光,崔海月,等,2013.马铃薯膳食纤维的表征及物性分析[J].食品科学,34(11):19-23.

张泽生,刘素稳,郭宝芹,等,2007.马铃薯蛋白质的营养评价[J].食品科技(11):219-221.

赵韦,白雅梅,徐学谱,等,2007.马铃薯早熟品种产量和维生素C含量在不同生育阶段的表现[J].中国马铃薯,21(6):334-336.

赵凤敏,李树君,张小燕,等,2014.不同品种马铃薯的氨基酸营养价值评价[J].中国粮油学报,29(9):13-18.

赵欣,朱新鹏,2013.安康市发展马铃薯加工分析[J].陕西农业科学,59(3):171-173.

周洋,李勇,王晶英,等,2011.基于均匀设计研究氮、磷、钾肥对马铃薯产量的影响[J].中国马铃薯,25(2):108-111.

Bottle R,Gilbert G,1954. A magnification procedure for the estimation of reducing end groups of the components of starch[J]. Chem and Ind,1201.

Chick H,Slack E B,1949. Distribution and nutritive value of the nitrogenous substances in the potato[J]. Biochem J,45:211-221.

Geddes R,Greenwood C,Mackenzie S,1965. Studies on the biosynthesis of starch granules. Part Ⅲ. The properties of the components of starches from the growing potato tuber[J]. Cabohydr Res,1:71-82.

Haas B J, Kamoun S, Zody M C,et al,2009. Genome sequence and analysis of the Irish potato famine pathogen Phytophthorain festans[J]. Nature,461(7262):393-398.

Kroner W,Volksen W,1950. The potato. 2nd ed[M]. Johann Ambrosius Barth,Leipzig.

Lang K,1957. Biochemie der Ernahrung[M]. Dietrich Steinkopff,Darmstadt.

McCready R,Hassid W,1947. Separation and quantitative estimation of amylose and amylopectin in potato starch[J]. J Am Chem Soc,65:1154-1157.

Potter A,Hassid W,1948. Starch Ⅱ. Molecular weights of amyloses and amylopectins from starches of various plant origins[J]. Am Chem Soc,70:3774-3777.

Schupan W,1959. The influence of increasing nitrogen fertilizers on the content of essential amino acids and the biological albumin evaluation of potatoes[J]. Z Pflanzenernahr Dung Bodenk,86:1-14.

Schwimmer S ,Bevenue A,Weston W,et al,1954. Survey of major and minor sugar and starch components of the white potato[J]. J Agric Food Chem,2:1284-1290.

Varis E,1973. Factors affecting the yield and quality of protein in the potato[J]. Acta Agro Fenn,128(3):1-12.